流体包裹体专著系列

地震流体包裹体

刘 斌 著

科 学 出 版 社
北 京

内 容 简 介

本书主要介绍流体包裹体和地震学之间发展起来的新的研究方向，探讨流体包裹体和地震之间的相互联系和相互依赖关系，利用流体包裹体研究古地震构造性质、应力场状态、物理化学环境及其地震来源、相互关系及规律性等。另外也涉及通过变形流体包裹体地震前兆信息来预报现代地震的基本思路和具体方法。作者避开了繁杂的数学推导，力求用通俗易懂的语言让更多的读者掌握利用流体包裹体研究古地震的有关测试原理与技术，同时让更多相关工作者了解利用流体包裹体预报现今地震的研究方法。

本书可作为地震工作人员拓宽研究思路与方法的补充教材，同时可供地球物理、地球化学及其他各专业人员和业余地震工作者参考。

图书在版编目(CIP)数据

地震流体包裹体/刘斌著.—北京：科学出版社，2014
(流体包裹体专著系列)
ISBN 978-7-03-041044-3
Ⅰ.①地… Ⅱ.①刘… Ⅲ.①地震观测-流体包裹体-研究 Ⅳ.①P315.72

中国版本图书馆 CIP 数据核字(2014)第 122926 号

责任编辑：耿建业 刘翠娜 杨若昕/责任校对：宋玲玲 钟 洋
责任印制：阎 磊/封面设计：耕者设计工作室

科学出版社 出版
北京东黄城根北街 16 号
邮政编码：100717
http://www.sciencep.com

中国科学院印刷厂 印刷

科学出版社发行 各地新华书店经销

*

2014 年 6 月第 一 版 开本：720×1000 B5
2014 年 6 月第一次印刷 印张：31 3/4
字数：622 000

定价：168.00 元

(如有印装质量问题，我社负责调换)

序

流体包裹体作为一种有效的地球科学微观研究手段已为国内外学者所公认，近年来得到长足的发展，取得不少研究成果。同时，构造流体包裹体研究在近20～30年的飞速进展带动了构造地质学领域的飞跃发展，并且出现了某些新的研究方向，地震流体包裹体就是这一领域中又一门新的分支学科。

地壳在永无休止地运动着，按运动速度分为缓慢的和快速的。垂直运动一般为缓慢的运动，水平运动常常因快速突变性质而产生地震作用。无论哪一种运动，在漫长的地质历史上都有表现，即使现今，各种运动仍然持续不停。

破坏性地震给人们带来了灾难，地震的准确预测是人们长期以来追求的目标。但是，一个地区的强震总是很少的，从历史文献上得到的资料根本满足不了地震研究和预测的需要。地震流体包裹体的研究可以弥补这方面的不足，地震流体包裹体研究可以获得大规模古地震研究所需要的构造活动信息，了解断层地震活动与其伴生现象的特点及范围，从而判断古地震的强度及其他某些特征。

地震过程前期、震期和震后的主要地质特征是断裂的移动，断裂的移动致使地震流体发生了动力学迁移，从而产生热动力学条件的变动(如井水水位变动、氡气的释放等)。同时，现代地震作用使原来岩石中保存下来的流体包裹体发生形变和成分泄漏，包裹体热动力学参数的变化，提供了将要发生的地震的许多前兆信息。

利用现代数学、物理、化学原理和计算机技术，测定地震微小包裹体，计算出它们形成时的热动力学条件，分析地震构造性质和环境，地震应力大小、方向、来源，以及应力场分布及其变化规律性，为地震预报提供最直接的数值分析基础，这就是又一门新兴分支学科——地震流体包裹体的研究内容。

地震流体包裹体作为一门新兴分支学科，有待于进一步发展与完善，从这个意义上讲，该专著的出版具有承前启后的作用。

卢焕章　刘　斌

2013 年 7 月

前　言

地震预报特别是破坏性强震预报是人们长期以来追求的目标，也是当代地球科学中最富有魅力和挑战性的一项前沿性研究课题。

长期以来人类对地震进行了艰辛的探索，在认识地震发生过程及掌握和应用地震预报理论、技术、方法等方面已经取得了长足的进步。在地震预报实际应用中已获得某些成功，并且减少了某些地震灾害的损失，这增强了人们实现预报地震的信心。

近年来人们对地下流体观测和预报地震提高重视，多年的观测结果表明，地下流体观测具有较强的地震信息获取能力，已有不少成功范例。由于地震前在不同的构造环境、动力背景条件下，地下流体物理场和化学场异常表现出的特征不同，基于经验积累来进行地震预测的成功率受到很大局限。

长期以来，地下流体学科的研究重点为中短期和临震异常，而针对地下流体长趋势变化异常与预测方法尚未开展专门的研究，对有关地下流体长趋势变化异常机理的信息，我们了解甚少，对涉及地震孕育的各种异常特征的认识至今仍很局限。

然而，广泛发育在构造地震过程中的流体包裹体，保留了地震过程的许多“信息密码”。

构造地震活动，在断裂近地表岩石塑-脆性和脆性变形时，在微观尺度下有大量变形结构和显微裂隙形成，随后很快被地下流体充填而封闭。流体包裹体迹面(fluid inclusion plane，FIP)是地震作用过程中流体活动的轨迹，这是由于地震过程中流体渗透迁移到变形结构和显微裂隙中并使之愈合、封闭而形成的地震流体包裹体。解开这些活动轨迹中“信息密码”，可以获得地震过程中热动力参数，这是分析地震孕育、发生过程中，地下介质受到构造应力场作用而表现出来的地震前兆异常的最直接和唯一的流体信息来源。

为了预防或尽可能有效地减少地震造成的损失，应该了解地震可能发生在什么地方、强度大概有多大，为此，必须研究各地区已发生的地震。大规模研究古地震断层的工作，将能获得所需要的补充资料。从地震产生的裂隙与伴生地震流体包裹体的特点及范围能够判断出古地震的强度及某些特征。流体包裹体对古地震构造地质研究的重要性是无可非议的，对于长趋势地震前兆异常的研究具有一定的优势，但是如何通过长期地震前兆异常信息来进行短期临震预报还处于探索阶段。

目前，我们对某一地区或某一断层以往的地震活动信息，可以通过当时形成的流体包裹体信息获得，然而重要的是必须了解当前断层活动状态，在现今条件下，我们不可能采集到地下深处现代断层活动流体包裹体样品进行测定，现今地表出露的岩石，即使岩石产生变形和破裂，在地表温度和压力条件下，新的显微裂隙难以愈合，赋存在显微裂隙中的流体难以封闭形成流体包裹体迹面。

为了获得现今断层活动的信息，我们可以利用现今地表断层岩石中保存下来的变形流体包裹体，这些遗留下的变形包裹体成分和形态的变化，也能完全反映现今断层中岩石变形和破坏烈度的信息。

30多年来，我们对构造包裹体进行研究，探索利用包裹体研究断层活动和预测地震的方法。通过国家自然科学基金项目(1997～1999)“利用流体包裹体研究断层的活动性”，研究并且了解多期断层活动中流体包裹体特征和构造关系，进一步研究构造应力规律和地震活动历史；通过国家自然科学基金项目(2006～2008)“利用流体包裹体迹面研究岩体滑坡”，研究在地表脆性环境下，根据包裹体破坏程度反映的热动力学参数和迹面表征参数变化，来分析地震岩体滑坡，并预测未知地区滑坡可能发生的地段，取得了突破性的研究成果；通过国家自然科学基金项目(2011～2013)“‘安全岛’模式下核电场地构造控稳与参数特征分析”，证实参数特征在地震包裹体分析中的可靠性。

近年来，我们参与地震研究国家科技攻关项目部分工作，对汶川地震断裂带和长江三峡库区三条断层中的包裹体进行形变观测，对中短时间尺度的断层活动与地震特征参数及演变进行定量研究，探求可行的包裹体形变预测地震方法及其有效定量判别的途径，取得了一些有意义的成果。

作者多年来对我国许多地区地质构造中的流体包裹体进行测定和研究，特别关注地震带中的流体包裹体，本书是作者对其中许多研究心得和体会进行总结编写而成。

全书共8章，第1、2章是地震流体基本特征和物理化学性质；第3、4章是地震机理、流体作用及其赋存包裹体特征；第5、6章是地震流体包裹体迹面表征参数测定技术和数值分析方法；第7章是流体包裹体在古地震构造研究方面的应用；第8章是现代地震前兆中的流体包裹体分析方法。

读者需注意的是：涉及地震流体包裹体的许多基本理论和现代计算技术没有列出，如岩体力学、破裂力学、渗流力学、数值分析及其有关的计算方法和软件，读者可以参考现代数学、物理、化学和有关的热力学书籍、计算分析书籍及其相关软件(如分形理论、有限元分析原理和Ansys软件等)。另外有关的流体包裹体测定技术和计算方法也没有列出(如包裹体均一温度、冷冻温度的测定技术，包裹体捕获温度和压力等热动力学参数的计算，包裹体成分分析手段和方法等)，读者可以参考流体包裹体已出版的有关书籍。

地震预报作为一个难度很大的科学问题，期望在短时间内从根本上突破是不切合实际的，它需要人们长期坚持不懈地努力。因此，拓宽地震预报工作者的思路与提高技术水平是当务之急。为便于现在从事这一领域工作的科技人员学习流体包裹体研究地震已取得的成果，也便于未来将要从事这一领域工作的科技人员继承、检验、发展地震预报的理论、技术、方法，本书是作者30多年来研究工作的总结，希望本书的出版能为广大地震工作者提供参考，也能为将来这一领域的进一步深入研究起到抛砖引玉的作用。

由于地震预测预报科学难题很多，加之作者对最新科学进展了解有限，书中难免存在一些不妥之处，望读者批评指正！

刘 斌

2013年7月于上海同济苑

目　　录

第1章　地震流体概述

1.1　地 震 概 念

地震是一种自然现象，是一种内动力地质作用，它所产生的地震波能够造成地面的破坏，地震的过程很短暂，一瞬即逝。据统计，地球上每年发生的地震约有500万次，幸而绝大多数地震都比较轻微，甚至不为人们所感知，破坏性强烈的地震每年只有数次。由于地震发生在地壳深部，因此对它的观测难度较大。地震的成因目前尚未完全明确，但一般认为，由于地球不断旋转运动，特别是地球自转速度不均匀变化，会产生一种巨大的惯性推动力，推动地壳板块横向移动和旋扭。当这种惯性推动力不断积累、加强，在地壳构造比较脆弱的地方，超过地壳抗力和岩层强度，就会使地壳发生剧烈的破裂和错动。这时，由于岩石的破裂而引起了剧烈的震动，传到地面，就是我们感觉到的地震。

大量的观测事实证明，地震的发生与地质构造有密切关系。强震往往发生在地壳构造薄弱地域和某些活动构造断裂带上。因此，有人形象地把活动构造断裂带比作地震发生的“温床”。在活动构造断裂带上，尤其是断裂带的拐点、端点及交叉部位，是应力集中处，容易引起岩石破裂而发生强震。

1.1.1　有关地震的术语

（1）震源：地下首先发生震动并释放能量的源地。对于地球来说，它相当于一个点。

（2）震中：震源在地面上的垂直投影。

（3）震源深度：从震源到震中的距离。震源深度不一，已记录到的最大震源深度为720km(印度尼西亚)。

（4）震中距：从震中到地震记录台站的距离。

（5）等震线：地震烈度相等各点的连线。

（6）震源距：从震源到地震台站的距离。

（7）地震烈度：地震对地面影响和破坏的程度。它不仅与地震释放的能量大小有关，还与震源深度、建筑物质量、地基的牢固性、距离震中的远近等因素有关。目前我国采用12度地震烈度表。需要指出的是，同一次地震对不同地区造成的破坏不同，因而具有不同烈度。

（8）地震震级：表示地震绝对强度的等级，由地震释放的能量所决定，释放的能量越大，震级越高。每次地震只有一个震级，它不因客观环境而改变。

震级的计算公式是 $\log E=11.8+1.5M$，其中 E 为地震释放的能量，M 为震级。从表 1.1 可以看出，震级每相差一级，其能量相差约 32 倍。目前已知的最大震级为 8.9 级(智利)。

表 1.1　震级与能量关系(Киссин И Г，1972)

M	E(尔格)	M	E(尔格)
1	2.0×10^{13}	6	6.3×10^{20}
2	6.3×10^{14}	7	2.0×10^{22}
3	2.0×10^{16}	8	6.3×10^{23}
4	6.3×10^{17}	8.5	3.6×10^{24}
		8.9	1.4×10^{25}
5	2.0×10^{10}	9	2.0×10^{25}

(9) 地震序列：每次地震往往不是只震动一次，而是连续震动多次，其中最大的一次震动叫主震，主震之前发生的震动叫前震，主震之后发生的震动叫余震。在一个地区，这种相继发生并在成因上有联系的一系列大小地震称为地震序列。地震序列又分成：①主震型——主震突出，它与最大的前震和余震的震级相差较大；②多震型——主震不突出，有若干个震级相差不大的地震发生；③单发型——前震和余震很少，甚至没有，只有一个孤立的主震。

1.1.2　地震的分类

地震可以从不同的角度进行分类(Shearer，2008)。

1. 按震源深度分类

(1) 浅源地震——震源深度为 0～70km，是地震的主体。
(2) 中源地震——震源深度为 70～300km。
(3) 深源地震——震源深度大于 300km。

2. 按成因分类

根据引起地震的原因不同，可将地震分为人为地震与天然地震两大类型。人为地震是由于人为原因造成的地震，如人工爆破、矿山采空区崩塌、水库蓄水及地下核爆炸引起的地震，此类地震属另一研究范畴。本书的研究对象主要是天然地震。天然地震的成因多而复杂，主要分 4 类：构造地震、火山地震、陷落地震和陨石地震。

(1) 构造地震：由于地下构造应力作用使地壳产生构造运动，从而导致地下岩石破裂和错动引发的地震称为构造地震。有两种情况，一种情况是某地点由于地应力长期不断地积累，当达到并超过岩石的强度极限时，在岩石最薄弱处产生破裂并发生位移而形成断裂。在岩体破裂、移动的瞬间急剧地释放出长期积累的能量，以弹性波的形式引起地壳的震动，产生地震。震后原受力岩体迅速形成新的应力平衡。第二种情况是已发生断裂的岩块因地应力作用而积累能量，达到一定程度后，原闭锁断裂两侧的岩体再一次突然错动，释放能量而形成地震。二者有所不同，第一种情况是伴随新断裂构造形成地震，第二种情况是已有断裂在发展过程中的再次活动形成地震。在地震、地应力活动与断裂构造直接相关这一本质问题上，二者完全一致。自然界的地震更多属于第二种情况。

构造地震大多发生在地壳深度范围以内，特别是在 10～30km 深度段更为集中，绝大多数浅源地震都是构造地震。构造地震数量多，距地表近，对地面的影响大，有史以来巨大的破坏性地震都属于这种类型。

构造地震常常由于构造运动的作用力使岩石突然折断而产生。岩石受力后先发生弹性变形并储存能量，当岩石的变形量超过岩石的强度时，岩石就断裂，蓄积的能量快速释放而引起震动，即发生地震。构造地震数量最多，约占地震总数的 90%，破坏性也最大，因此也是我们研究和预防的重点。

(2) 火山地震：由火山活动引起的地震。火山活动时，由于岩浆中气体的冲击或热力膨胀作用引起地震，有时地震的发生直接伴随喷出过程。这类地震通常强度不大，震源较浅，影响范围较小。这类地震数量不多，约占地震总数的 7%。主要见于现代火山分布地带。

(3) 陷落地震：易溶岩石被地下水溶蚀后所形成的地下空洞经过不断扩大，上覆岩石突然发生陷落所引起的地震。这类地震震源极浅，影响范围很小，只占地震总数的 3%，主要见于石灰岩广泛分布的地区。此外，山崩、地滑以及各种人工爆炸也可以产生类似的地震。

(4) 陨石地震：陨石引起的地震。地球上平均每年发生 500 万次地震，其中构造地震占 90%以上，火山地震只占 7%，其他地震，如塌陷、水库、地下核试验等引起的人工地震占 3%左右。

本书主要研究的是构造地震，特别是与活动断裂有关的地震流体及其捕获的包裹体。

1.1.3　地震的分布

1. 世界地震的分布

根据全球板块构造学说，地壳被一些构造活动带分割为彼此相对运动的板块，板块当中有的大，有的小。大的板块有六个，它们是：太平洋板块、亚欧板块、非洲板块、美洲板块、印度洋板块和南极洲板块。全球大部分地震发生在大板块的边界上，一部分发生在板块内部的活动断裂上。

地球上有些地区地震微弱，有些地区地震强烈而频繁，地震显示出一定的带状分布规律。大多数地震集中在下列三个地震带(图 1.1)。

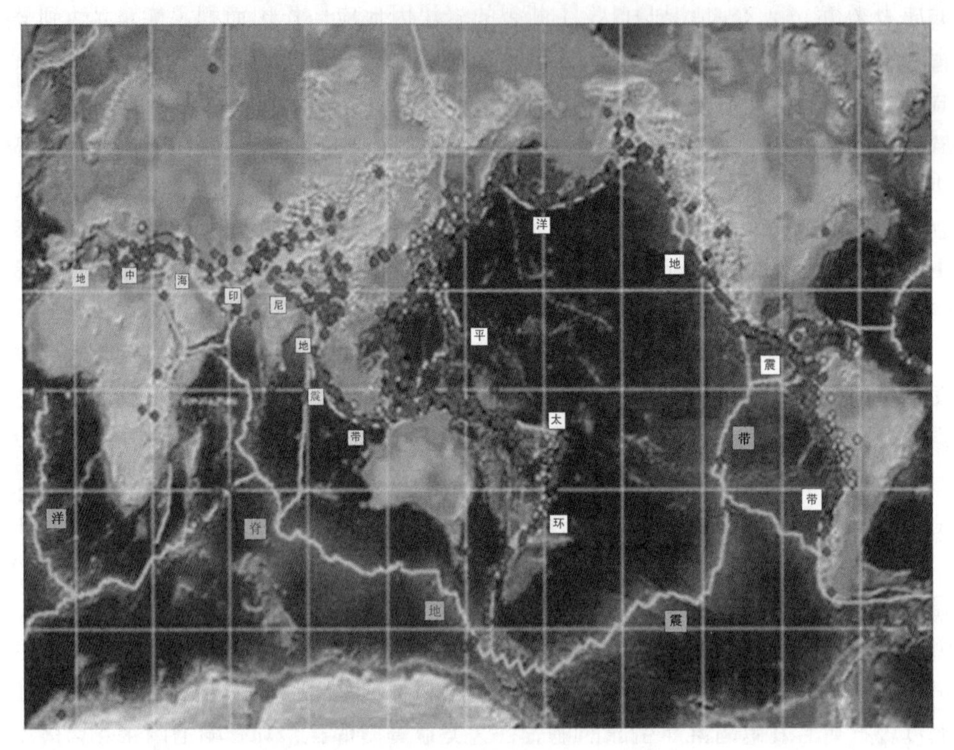

图 1.1　全球地震带分布图(Shearer，2008)

据全球地震带互联网资料，2013 年

(1) 环太平洋地震带。

环太平洋地震带分布于濒临太平洋的大陆边缘与岛屿。从南美西海岸安第斯山开始，向南经南美洲南端、马尔维纳斯群岛(福克兰群岛)到南乔治亚岛；向北经墨西哥、北美洲西岸、阿留申群岛、堪察加半岛、千岛群岛到日本群岛；然后分成两支，一支向东南经马里亚纳群岛、关岛到雅浦岛，另一支向西南经琉球群岛、中国台湾、菲律宾到苏拉威西岛，与地中海—印度尼西亚地震带会合后，经所罗门群岛、新赫布里底群岛、斐济岛到新西兰。

环太平洋地震带基本位置和环太平洋火山带相同，但影响范围较火山作用带稍宽，连续成带性也更明显。这条地震带集中了世界上 80%的地震，包括大量的浅源地震、全球 90%的中源地震、几乎所有深源地震和全球大部分的特大地震。

(2) 地中海—印度尼西亚地震带。

地中海—印度尼西亚地震带西起大西洋亚速尔群岛，向东经地中海、土耳其、伊朗、阿富汗、巴基斯坦、印度北部、中国西部和西南部边境，经过缅甸到印度尼西亚，与环太平洋地震带相接。它横越欧、亚、非三洲，全长 2 万多公里，基本上与东西向火山带位置相同，但带状特性更加鲜明。该带集中了全世界 15%的地震，主要是浅源地震和中源地震，缺乏深源地震。

(3) 洋脊地震带。

洋脊地震带分布在全球洋脊的轴部，均为浅源地震，震级一般较小。

除上述全球性的主要地震带以外，大陆内部还有一些分布范围相对较小的地震带，如东非裂谷地震带。我国邻近环太平洋地震带和地中海—印度尼西亚地震带的交接地区，地震频繁。

2. 我国地震的分布(Shearer，2008)

中国大陆地处亚洲东部，是亚欧板块的一部分，在太平洋板块及印度洋板块的长期作用下，岩石圈结构复杂，现代构造运动强烈，地震活动频繁。中国是世界上大陆内部发生地震最多、强度最大的国家，发生的地震主要为浅源地震，只有少数中源和深源地震。破坏性地震在我国 2/3 的省区均有发生。我国除属于环太平洋地震带的台湾地区及属于地中海—印度尼西亚地震带的喜马拉雅地区以外，其余地区可分为东部地震区、西部地震区以及分隔东西地震区的南北地震带，它们在地震及地质特征上各有差异。

我国历史上以及近期都发生过破坏性地震。例如，1966 年邢台地震，1973 年甘孜地震，1974 年海城、营口地震，1979 年溧阳地震、1973 年炉霍地震和 1981 年道孚地震，1976 年唐山地震和 1974 年云南昭通地震，1979 年溧阳地震，2008 年汶川地震，以及 2013 年雅安芦山地震和甘肃岷县地震。这些地震除两次溧阳地震和甘肃岷县地震震级稍低于 7 级外，其余均在 7 级以上。

1.2 地震流体

1.2.1 地壳中的流体

所谓地壳中流体，一般包括存在于大气圈、地面与地下特定范围内的、以水为主含有超溶性气体(如 CO_2、CH_4、H_2S、HF 等)、简易离子(H^+、Na^+、K^+、Ca^{2+}、Mg^{2+}、Cl^-)以及络阴离子的气体或液体(Fyfe et al.，1978)。狭义流体则单指存在于矿物岩石微观晶格、裂隙、宏观构造(节理、断裂、褶皱等)中的“地质流体”，简称“流体”。1993年在英国托基(Torquay)举行的Geofluids '93国际会议提出的地质流体由油、气、成矿溶液与地下水四部分组成。此外，在岩石圈一定深度的地质作用下，可产生局部硅酸盐熔融体，如剪切熔融。熔融体也具有流体运动学的特征，并可部分保存在流体包裹体中。因此，这些熔融体也应属流体范畴，正如Wyllie(1991)所定义的，流体包括熔体、液体(H_2O)、气体(CO_2、CO、CH_4)、超临界液体及未确定流体相。地质流体根据流体的来源可分为浅层下渗流体(包括大气水、海渗水、陆地蒸发水和蒸发岩溶滤水等)、深分泌上升流体(来自地幔的脱气作用、岩石圈中玄武岩类岩石的冷凝结晶、岩溶作用和软流圈深部的流体)。根据特定的地质作用可将地质流体分为盆地沉积流体、变质流体、岩浆流体、成矿流体、构造流体和地震流体。

流体在地球演化历程中扮演着十分重要的角色，地球流体控制着地球系统的质量和能量的再分配。对地震流体的研究涉及地球的各个圈层、各具特征、又相互联系和制约，构成了一个完整的流体体系。

地壳中流体主要为水成分，水的内部结构及其性质随热动力条件(如温度、压力)的变化而变化，水的性质反映了地下水和岩石相互作用的特征，也反映了水在各种地质过程中所起的作用。苏联水文地质学家以热动力条件为标志，把地下水圈划分为几个水文物理带(Киссин，1972)。

固态水带的分子组成冰的晶格，主要分布在地壳上部负温度地区和多年冰冻层。该带的厚度为几百米，部分地区大于等于1km。

液态水带，分布于不到临界温度的正温度区，该带水分子间的结构联系随温度和压力变化，该带底面界线是水溶液的临界温度(400～500℃)的等温线。根据温度场的这种特点，在地盾和地台地区，这个带分布于整个地壳，而在褶皱区和年轻拗陷区只存在于地壳上部。高温度、超临界的流体带其温度在450～700℃，分子间的结构关系已开始破裂，水已变为气态。但是在深部高压条件下，气态水分子产生不稳定结合，流体密度随之增大。

单个的水分子带，位于温度为700～1100℃的地区，在这个温度范围内，水分子之间的结构关系不复存在，分子之间的联结力消失。这个带上的水是气态的，具有高挥发性，且活跃地参与各种元素的地球化学迁移过程。

分解水带位于深于1100℃等温线的地区。在这里，水分子分解为氢离子和氢氧根离子：$H_2O = H^+ + OH^-$。温度超过1500℃时，氢氧根离子分解为氧离子和氢离子。

地下水是地壳最活跃的部分。在地壳的不同地带，地下水运动状况是各不相同的。地下水运动速度的变化范围很大——最大速度与地表径流相同(如在特大喀斯特溶洞中流动的地下水)，最小速度是在漫长的地质时期内水质点只有一点点位移。根据地下水的驱动能划分了三种水文动力类型：渗透型、平流型和深成型(Freeze and Cherry, 1979)。

在渗透型环境中，地下水的运动是由现代淋滤区和排泄区之间的压力差产生的。通过大气降水或地表水渗入，地下水的储量得到补给。地下水的层压不会高出补给区与排泄区的压力差。

平流状态地下水运动是在地质静压力或构造应力的作用下，受压岩石排泄出水而产生的，黏土层最易压缩。平流状态的水压显然比淋滤的水压高，而层压可能与上覆地层的静压力接近。如果在构造应力作用下岩石受到压缩，层压有可能大于地质静压力。例如，在巴基斯坦靠近喜马拉雅山麓的 630m 深的钻孔中观测到 167 个标准大气压(1 标准大气压=101kPa)的层压，它高出地质静压力 20%，这与巨大的构造应力作用有关。

地壳深部的黏土层受到挤压排泄出水，平流状态就受到这些水的控制，这是挽近期坳陷和现代坳陷所具有的特征。

与地表补给区和排泄区隔开的地壳深部饱水带属深成型。在这个部位，在高温高压作用下，矿物本身发生了变化，沉积岩成为变质岩。同时，由于胶结和再结晶，岩石的孔隙度降低了，而且由于矿物脱水，出现了自由水。在深部水-孔隙体系内，孔隙度降低和大量水的出现就产生了接近甚至超过地质静压力的高压水。

因此，在平流和深部环境中，水运动的根本原因是地质静压力和构造应力的作用。淋滤型动态水位于地壳上部，到了比较深的部位则变为平流型或深成型水。根据现有资料推断，淋滤水的下界(地下水在这里具有巨大的压力)在 1km 到 6、7km 之间，有些地区可能更深一些。这个数值是利用区域地质构造资料和区域地史资料测定的。在古老而稳定的构造地区，这个界面比较深，在晚近期的倾伏构造区比较浅。

上述几种水文动力类型的根本区别在于地下水的层压(孔隙压力)与上覆岩层地质静压力的比值，淋滤条件中的比值是 0.43～0.48；平流条件或深成条件中这个比值接近于 1，在某些情况下(受构造应力作用时)甚至超过 1。这一点是非常重要的，因为在高压(接近于地质静压力)下，地下水在岩石形变过程中的作用明显增大。

前面已经指出，地壳和上地幔中的水分布是不均匀的，其不均匀性无论是在横向还是纵向上都有表现。横向不均匀是由于地质构造部位不同、岩石的储水性能不同造成的。如果研究某一深度水的水平分布，那么，构造复杂的碎屑岩的储水指标最高，含水量最大，而结晶岩的含水量最少。显而易见，地块的含水量也有高低之分。属于高含水量的地块包括巨大的倾伏区，即由沉积地层组成的坳陷[图 1.2(a)]。在深的坳陷区，结晶基底的埋藏深度达 10～15km。

条带状隆起的地块，结晶块体的含水量很小。在几十米深的风化面以上，结晶岩体的含水量与构造破碎带有关，破碎带只是地块的一小部分[图 1.2(b)]。

纵剖面的总趋势是岩石的含水量随着深度的增加而减小，但也经常出现相反的现象——岩石的总孔隙度和含水量随深度的增大而增加(Hantush，1967)。

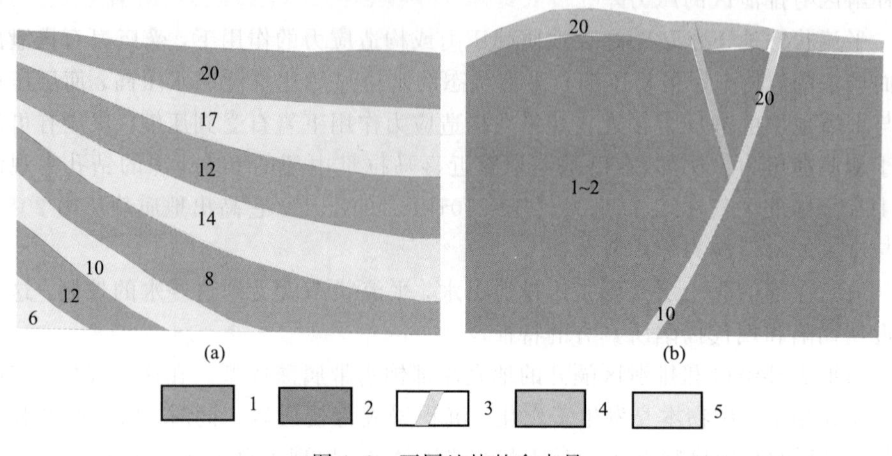

图 1.2　不同地块的含水量

(a)含水量高的地块(沉积拗陷地层)；(b)含水量低的地块(结晶地块)

1. 上层裂隙及其界面；2. 孔隙度差的结晶岩；3. 构造破裂含水带；4，5. 饱水性不同的沉积岩。图中数字表示岩石总的孔隙度(裂隙度)及其饱水性的百分数，它只适用于地壳 5km 以上的地区

在地壳深部和上地幔中显然有一个高含水层，利用地球物理方法在这个层位的很多地区已发现了地震波速和电阻率异常。低速层和低阻层在不同的深度，大多在 10～30km 处都有发现，对低速层的性质还不完全了解，但是，产生这种现象的一个可能原因是局部岩石熔解或熔岩引起的水溶液富集。因为有水存在，岩石的熔点降低，熔岩的存在又将增大岩石的饱水度。

显然，某一深度上的高饱水度是由地质过程中水的循环产生的。众所周知，自然界水的循环包括水在陆地、海洋、大气圈中的运移，在岩石中作渗流运动的地下水也参加这种循环。此外，水还和岩石一起或者互相作用而运移。水的地质循环类型各异，时间漫长，通常以地质时间尺度来计算。但也有极为快速的运动，沿岩浆通道或泥火山通道运动的岩浆水或泥浆中的液态水即是如此。

1.2.2　地震流体概念

地震流体指在岩石圈各不同层次构造地震活动中产生的流体或积极参与地震作用的流体。

地震对地壳岩石的变形、破裂将产生巨大的影响。在地震过程中，流体运动对于破裂岩石中化学组分的迁移、热量传递有着重要影响。由于水和孔隙流体压强的存在，流体对地震的发生也起着重要作用。在较大的空间尺度，孔隙压强影响着诸多的力学过程，在板块增生插入消减带之内或以下，这些过程控制着岩石的变质变形过程。大量的流体从消减带被带到较大深度处，将明显地影响熔融作用的速率和深度，它将决定上覆板块内火山系统的位置。因此在建立地震动力学模型时，需要了解地壳流体的动态。

岩石中赋存的流体包裹体表明在地壳的任何深度均有不同成分的流体存在。浅层地壳的地层、中等深度的岩脉和伟晶岩体和较深地壳的岩体中普遍存在有不同含量和不同成分的流体。

根据地壳的力学性质，我们可以说，相对大量的流体存在于浅层地壳中，而小体积的流体则存在于深部地壳。这或许反映出了高压下岩石孔隙的大小、渗透率的高低、局部存在或缺少流体源。富水流体在地震作用中起着重要作用。活动断层带在新断层形成或旧断层复活过程中，由于硅酸盐被研磨可以有结晶水或孔隙水产生。

地球物理研究表明，深部地壳有流体存在。流体的循环至少可深达地壳10～15km 处或更深。地壳内尚存在大量不含水的流体，如 CO_2、液态烃、气态烃和其他气体。地震活动过程中气体的释放与岩石所受的应力作用密切相关，因此与地震活动有直接联系，或者说占主要地位的应是从岩石中脱出的气体。

地震过程在地下深处超临界条件下，流体对热的传递将是十分明显的。一个大的岩浆体侵入到地壳中可引起地下水系统环绕岩浆体流动，地下流体的流速将直接影响岩浆岩体的冷却速率。相同的过程也将引起岩体化学成分变化和重新分配，包括成矿组分。

地震流体在流动过程中传递热量，使质量重新分布。热传递过程、力学过程、水文学过程以及化学过程构成诸多的耦合关系。这种传递使得系统的化学平衡状态发生变化，相继发生流体和岩石之间的化学反应。这些反应使固体物质溶解或沉淀，进而又将改变流体通道的动力学特征，造成渗透率的不均一性和分散性。在地震多相流体系统中，通过沸腾、蒸发和凝聚，热的传递也将改变原处流体的饱和度，并通过相对渗透率的变化改变流体的传递特征。因此，要全面了解流体在地震过程中所起的作用，需要研究热、化学、力学和水文学过程之间复杂的耦合关系。

地震作用促进流体循环使地球各圈层内部及其界面发生物质和能量的交换，为此需要更好地了解以地震流体为主的重要流体循环与地球内部过程之间的联系。在此循环过程中物质的传输大多数是通过流体迁移来实现的。对流体地震作用的研究涉及地球的各个圈层，各具特征，又相互联系、制约，构成了一个完整的地震流体学科研究体系，已成为当代地震科学前沿研究领域的重要科学问题。

1.2.3 构造地震流体来源

地震流体指产生于地震作用及其相关构造过程中的流体。

已经查明，在很多情况下，地震过程中的水和其他流体对天然地震起着有效媒介作用。

地下流体——岩石圈的组成部分，它的形成与岩石和矿物的形成密切相关。同时，由于地下流体具有活动力，可以相当快(在地质时期内)地在岩石圈的不同地带迁移，参与各种地质活动。地下流体是地壳最活跃的组成部分，它参与了包括地震在内的许多地质过程。参与构造地震作用的流体有三种来源。

第一种为来源于岩石外部的流体。这种构造流体有的由断裂构造通道来自于地壳深部，如深分泌上升流体，它们来自地幔的脱气作用、软流圈岩浆冷凝分离的熔体和挥发分等；有的为在某种构造扩张泵机制作用下，吸取的地壳上部流体，如浅层下渗流体，包括大气水、海渗水、陆地蒸发水和蒸发岩溶滤水等。

第二种为来源于岩石本身的流体。这种构造流体有的由于压溶作用而有熔体出溶；有的为由于构造应力作用使得构造岩石矿物释放出的大量流体，如层间水、裂隙水、晶间水、结晶水等。

第三种为来源于外部和岩石构造作用的流体。构造变形变质的各种过程中吸取的构造岩外部的流体，由于产生物质的活化迁移和重新分配，构造岩中矿物发生重结晶作用、交代作用，甚至形成新的矿物，使得原来参与构造活动的热流体成分、相态等性质发生各种变化。

1.2.4 构造地震流体成因分类

地震流体具有多种成因和各种产生方式。按其成因可划分为下列几种主要类型：渗透水、沉积水、再生水和岩浆水(Walton，1970)。

1. 渗透水

渗透水是由大气降水或溶融雪水渗透到岩石中形成的[图 1.3(a)]。例如，河水泛滥时地表水渗入岩石就是渗透水的另一种补给方式。渗透水广泛存在于地表，常发生强烈的水交替作用。在交替作用弱的地下深处，可能还保留有古渗透水。

2. 沉积水

沉积水的成因与海底沉积(沉积作用)有关[图 1.3(b)]。底层海淤泥的含水量为 80%。随着深度增加，上覆沉积物压力增大，先期沉积的海泥变得致密，一部分水从中析出。沉积水的演化与海洋沉积物转变为岩石(沉积物的成岩作用)的过程密切相关。在成岩过程中，不仅沉积物本身的矿物成分发生了变化，而且其中和沉积物发生作用的水的化学成分也发生了变化。所以，沉积成因的水的化学成分大多与原生海水截然不同。

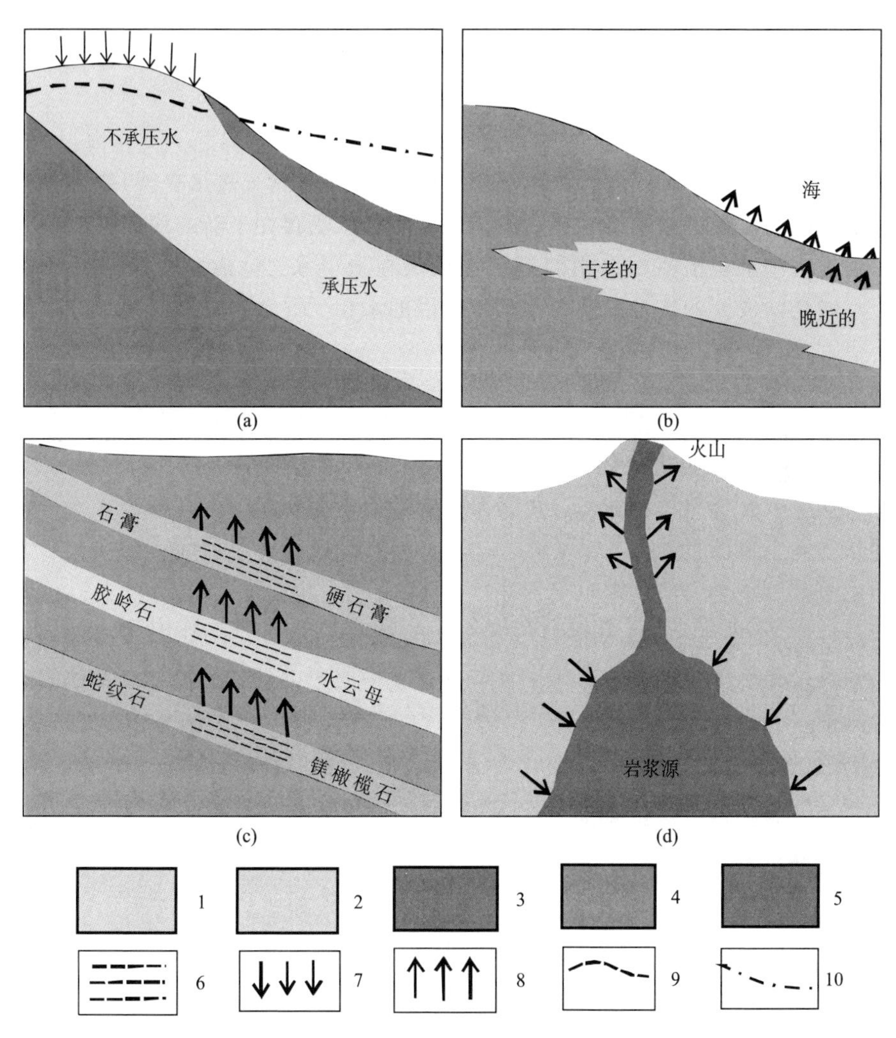

图 1.3　地震地下水的主要成因类型(Киссин，1972)

(a)渗透水：不承压的，承压的；(b)沉积水：晚近的，古老的；(c)再生水；(d)岩浆水

1. 海泥；2. 透水岩石；3. 较弱透水岩石；4. 弱透水岩石；5. 岩浆；6. 沉积矿物脱水带；7. 大气降水渗入；8. 地下水运动途径；9. 不承压水的自由水面；10. 承压水的压力水位

岩石中的古沉积水在海退以后，如果替代困难，则不会被渗透成因的水所替换，在远离海洋的大陆地区，经常发现沉积水，这些地区曾经是古海水盆地。

沉积和渗透成因的水，是地壳上部地下水的主要组成部分。这些类型的水在各地区所占的比例与区域地质历史、水文地质构造特征、水的交替条件有关。它们是两种相反过程作用的结果，即大气降水渗透和水由压密的黏土中析出两个过程。

第一种过程在陆地上经常发生，陆地上渗入岩层中的降水又逐渐排泄出沉积水和其他成因的水。在水交替较为强烈的情况下，这个过程以全部被替换成渗透成因的水而结束。

淤泥和黏土被压密并析出沉积水是海洋沉积的基本过程之一。在海退之后，这个过程在陆地上将继续进行。水从压密的黏土中析出(天然水交替)使得渗透水或其他成因的水被沉积水所替换。天然水的交替广泛存在于新的深拗陷地区。

渗透水和沉积水互相作用的过程也反映在地下水、包括深层水的化学成分上。不同化学成分的水是渗透水和沉积成因的水相互混合的结果。

3. 再生水

含水矿物受到高温作用时形成再生水，这时，化学结合水变为自由状态的水[图 1.3(c)]。形成再生水的过程在地壳不同的热动力带都有存在。已知在温度为 80～90℃时，石膏开始脱水，变成无水的硬石膏。每 1t 石膏($CaSO_4 \cdot 2H_2O$)全部变为硬石膏($CaSO_4$)大约分解出 210kg 的水。在高压时，石膏也会发生脱水作用。石膏的体积显然比硬石膏大。

其他矿物，如蒙脱石、蛇纹石在较高温压下也常常发生脱水作用，形成再生水。

结合水从矿物中分解出来是位于高温带上的岩石变质作用的结果，这时，再生水被释放出来开始向地面运动，积极地参与各种地质过程。

4. 岩浆水

岩浆水是从熔融的岩浆中分解出来的[图 1.3(d)]。Киссии(1986)引用希塔罗夫等人的试验证明，高压时熔岩可以熔解水成分，而在压力降低时则分解出水。因此，深部的岩浆从与其相邻的岩石中吸收水，而当岩浆沿着火山通道上升到低压区时，则释放出过剩的水。众所周知，火山喷发时释放出大量气体的主要成分是水气。

根据很多人的研究资料，水在深部熔岩中的含量按重量比是 1%～2%，这就决定了在特定条件下岩浆中可以储集大量的水，实际上在某些压力大的深成岩浆岩中，结合水量可达 4%～5%。

所以，岩浆的含水量随其成因而变化。岩浆中除了含原生水之外，它还可以同化围岩中的渗透水或沉积水以及矿物脱水时释放的再生水。

1.2.5 构造地震流体成分分类

地震流体按其化学成分分类为：①硅酸盐熔融体；②无机挥发分(CH_4-CO_2、

CO_2-N_2、CO_2-O_2、CH_4-CO_2-N_2 等)；③纯水(H_2O)；④盐水(H_2O-NaCl，这里以 NaCl 代表溶于水中的所有盐类)；⑤含挥发分盐水(CO_2-H_2O-NaCl、CH_4-H_2O-NaCl，这里以 NaCl 代表溶于水中的所有盐类)；⑥烃类流体(由 C、H 元素组成的复杂烃类化合物，如烷烃油气)等。

下面简要介绍地壳中存在的几种主要构造地震流体。

1. 硅酸盐熔融体

沿断裂构造侵入和喷发出地表的岩浆岩和火山岩，在冷凝过程中来不及结晶的残余岩浆形成玻璃质熔体及在构造应力下压熔析出的熔体。这些硅酸盐熔融体有各种成分，从酸性到超基性均有，以及碱性硅酸盐熔融体(这类包裹体不是本书研究重点，因此不详细叙述)。

2. 无机挥发分

岩浆在冷凝过程特别是在沿断裂构造侵入和喷发过程中，由于压力突然降低，岩浆内部的挥发分常常析出，这些挥发分有许多种，主要有：①H_2O；②CO_2；③卤素；④硫；⑤其他(如 O_2、H_2、N_2、惰性气体等)。

3. 纯水

水是天然流体的主要组分，也是一种重要的溶剂。液体水与许多其他液体物质的物理化学性质不同，水的熔点、沸点、熔化热和蒸发热都比较高，常温下水的介电常数和导热系数高而水的离解很弱。水的这些特殊性质决定于水分子的结构和水分子间的相互作用。

水的最大临界温度是374℃，而水溶液则是400～450℃。在这种温度时，液态水和气态水物理性质不存在差异。高于临界温度的水比液态水密度小，黏性低。高于临界温度的水的低黏滞性加大了水的迁移能力。

4. 盐水

这里的盐，指以 NaCl 为代表溶于水中的所有盐类，如：$CaCl_2$、KCl、$MgCl_2$ 等。在天然流体水中 NaCl 含量常常占优势，H_2O-NaCl 也是迄今为止研究最多、最深入的一个体系。NaCl 在水中的溶解度很大，因此 NaCl 水溶液在热液过程的温度、压力条件下常常处于不饱和状态。在标准状态下，NaCl 在纯水中的溶解度为26.4%(4.52mol/L)。随着温度上升，NaCl 的溶解度随之增大。到了650℃时，NaCl 在水中的溶解度达77%。根据已有包裹体资料分析，热液矿床中成矿溶液的含盐度(NaCl+KCl)，一般为10%～40%(重量)。200℃时 NaCl 饱和浓度为32.5%，500℃时为57.9%。NaCl 在水中的离解度与溶解度完全相反，它随着温度升高而减小。特别是在温度高、压力较大时，NaCl 在水中离解度很小，几乎都呈 NaCl 形式存在。

天然热卤水，NaCl 等盐类在水中一般为离子形式，会引起很多复杂电离作用和水解作用，首先由 NaCl 等盐类产生的电离作用发生离子反应。然而恒压下在超临界区，NaCl 和其他强盐、强酸和强碱随温度增高而越来越趋于缔合在一起(分子性质)。这种效应是 H_2O 的介电常数降低的缘故，并且各物质的浓度只是通过 NaCl 等盐类的稀释而降低，不与 C、O 、S 反应。因此，将 NaCl 等盐类加入流体只是以大体上相同的比例降低所有其他物质的摩尔分数。

由于在一定温度和密度时 NaOH 和 HCl 的离子化常数似乎小于 NaCl 的离子化常数，因而将会出现少量水解反应。

在天然流体中除了 NaCl 盐溶解其中外，还有其他盐类成分，这些结合形式常常为：H_2O+CO_2+NaCl、$H_2O+CO_2+CH_4+NaCl$、H_2O+CH_4+NaCl 和 $H_2O+CH_4+H_2S+NaCl$ 等盐类，并且可能还有这些结合形式$+N_2$ 的情况。

5. 含挥发分盐水(挥发分-盐-H_2O)

这里的挥发分,以 CO_2、CO、H_2S 、N_2、烃类等为代表;这里的盐,以 NaCl 代表溶于水中的所有盐类，如:$CaCl_2$、KCl、$MgCl_2$ 等。

含挥发分盐水在地震流体中,常常有 CO_2-H_2O-NaCl、CH_4-H_2O-NaCl 这两种形式组合的流体出现。

6. 烃类流体

烃类流体是由 C、H 元素组成的复杂烃类化合物，根据化合物的结构，主要分为烷烃(烷)、烯烃(烯)、环烷烃和芳烃。在烃类流体的轻、重馏分中，都发现有 N、O、S 存在。气态烃中也常常含有 N_2、H_2S 或 CO_2。重质馏分中的多环烃可能含有 N、O 和 S。这些化合物的极性影响流体的性质，特别是岩石-流体性质，比它们的浓度的影响更大。

1.2.6 地震流体活动与循环

1. 地震流体活动条件

地壳中地震流体是不停地活动的，除了热动力条件外，自由水流量和活动的强度取决于岩石的孔隙度和裂隙度。地下水运动的条件与孔隙和裂隙的连通性有关，在没有连通的岩石中，水的迁移实际上很困难，它只能沿矿物颗粒界面扩散渗透。

总而言之，地壳岩石的特点是随着深度的增加而变得越来越密实，孔隙度和裂隙度随之减小。在沉积岩石中，黏土最易压实，而砂层则较难，但是，深部很多过程和因素的作用又有利于储水构造的形成。深部循环的高温水溶液在岩石中有较大的渗透能力。水的高压和有效应力阻碍裂隙闭合。在深部由于黏土岩的变化过程使孔隙和裂隙有可能更发育，透水性更强。

深钻孔以及石油和天然气开采资料证明，当钻孔达到最大深度时，经常出现相当大的空洞(孔隙或裂隙)和强透水的岩石。根据美国的深钻孔资料，在地下6km以上没有发现灰岩孔隙度和透水性明显下降的现象。许多油气田在超过8km深处，岩石仍然具有良好的储油性能。

深层结晶岩的饱水性和透水性取决于构造节理的发育程度。在7～8km的深钻孔和科拉(Kola)超深钻孔中也发现了有节理的储水地层，整个钻孔剖面全是在最古老的结晶岩层中钻进的，裂隙是随深度而增加的。例如，位于俄罗斯西北部巴伦支海与白海之间的科拉半岛上的科拉超深钻井(CF-3)。该岛在地质学上属于波罗的地盾，主要由前寒武纪结晶岩组成，出露的岩石主要是花岗岩、花岗闪长岩和夹有角闪岩的片麻岩，属于麻粒岩相，地质构造较为复杂，基本上是大的断块内发育有穹隆状褶皱构造。该区地壳厚度为28～40km，可分为四层(由浅到深)：①α层，沉积-火山岩层(密度 $\rho=2.62\sim2.87\mathrm{g\cdot cm^{-3}}$)。②γ层，花岗岩-变质岩层($\rho=2.60\sim2.65\mathrm{g\cdot cm^{-3}}$)。③δ层，闪长岩层($\rho=2.75\mathrm{g\cdot cm^{-3}}$)。④p层，玄武岩层或麻粒岩-基性岩层($\rho=2.90\mathrm{g\cdot cm^{-3}}$)。科拉超深钻井于1970年5月开始施工，到1980年钻进10.7 km深，1984年钻至11.6km深。在钻井过程中，进行了大型多学科综合研究，地质学方面进行了地层与岩石、矿物和地球化学、断层和裂隙构造、成矿作用、深部气体和地下水的取样与分析等多方面的工作。钻井不同深度地下水分带如表1.2所示。科拉超深钻井冲洗液中的气体测试结果如图1.4所示。

表 1.2　科拉超深钻井水文地质分带表(据 Козловский，1989)

地下水分带	深度段/m	水的形式	储集类型	水化学成分类型	矿化度/g·L^{-1}	pH	微量元素特征	主要气体成分
地下水径流带	0～800	重力水	裂隙型	HCO_3-Ca，$CaSO_4$-Ca	＜1		I	
上部脉状水带	800～4500	化学结合水	裂隙脉型	Cl-Ca，Na	50～150	8.5	I，Br，Sr	N_2，CH_4，H_2
区域构造片理化带	4500～5850	重力水	裂隙型	Cl-Na	200～300	＜8.0	I，Br，Sr	H_2，He
	5850～6900	重力水	裂隙型	Cl-Ca	＞300	＜7.0	B，F，Rb	H_2，Hc，CO_2
	6900～9200	重力水	裂隙型	Cl-Ca，Na			Br，I，Rb，B	CO_2，H_2，He
下部脉状水带	9200	化学结合水	裂隙脉型	Cl-Ca，Mg，Na				

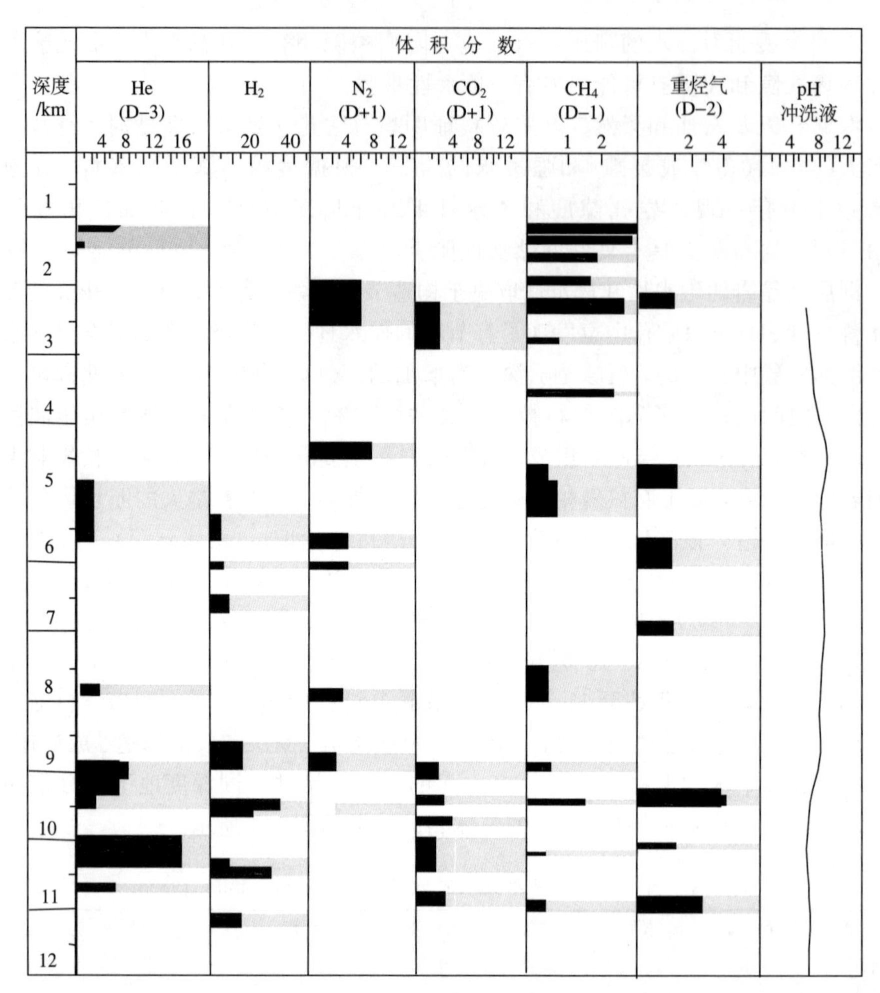

图 1.4　科拉超深钻井冲洗液中的气体测试结果（据 Козловский，1989）

图中涂黑的部分表示该深度段相应气体的平均值，斜线部位表示相应气体含量异常高的井段；元素含量：D−1 表示$\times10^{-1}$，D+1 表示$\times10$，其余类推

目前还无法通过钻孔认识地壳更深处岩石的储水性能，这在很大程度上只是一种推测。但是有一个基本的设想——在更深的超过目前钻探深度的部位仍然具有透水的储水岩层。当温度接近岩石熔点，岩石变为塑性状态时，孔隙和裂隙闭合。

2. 地震流体循环

地震水的地质循环问题目前还处于初步研究阶段，其复杂性在于它与现代地质学的许多根本性的、还没有得到最终解决的问题交织在一起，这里简要叙述板块构造和断裂构造中流体循环活动情况。

1) 板块构造中流体循环

板块流体循环作用是当代地质学的一个研究热点问题，一直受到中外地质学家的重视，并有多项突破性的进展，板块俯冲动力作用常常将地幔深处的物质带到地表，因此板块中流体的成分比较复杂，来源多种，其中流体成分也具有多种特征，我们将构造流体划分为以下 4 种。

(1) 超深流体：来自较深的地幔，或许相当于 Haggerty 所提的来自核幔边界。例如，金伯利岩中所发现的缺氧矿物和自然元素，以及在金刚石中发现了自然元素与合金的包裹体和含有 $CaCl_2$、KCl、NaCl 成分的水包裹体等推测，这种超深流体的组成至少包括 C、H、O、N、S、F、Cl、P、Fe、Si、Cu、Pb、Zn、Sn、Ag、Au 等。

含氧数量难以确定，但流体的氧逸度很低，不易与其他元素发生反应。流体自深部向上硫逸度增大，运移时形成硫化物。深部流体的氧逸度处于缓冲反应 IW($2Fe + O_2 = 2FeO$)之下，流体为 $CH_4 + H_2$。当流体中 H_2O 多于 CH_4 时，碱金属的活度增大，这时的流体估计已达软流层底部，超深流体可对地幔发生交代作用，相当于前驱交代，致使地幔熔点下降并诱发熔融作用。推测超深流体可以呈独立的物质流透入到幔源岩浆中，也可以与地幔中存在的其他流体发生反应或混合。在快速上升的情况下，该流体中的矿物可保持准稳态，即仍呈高还原态赋存于金伯利岩中或地幔小尺度的范围内。超深流体与金属成矿作用明显有关，另外，很可能与金刚石的结晶和多期生长有密切关系。

(2) 软流层中的熔体-流体：上地幔软流层熔融形成岩浆后，一部分可凝聚上升侵位或喷出地表，但也有部分因数量少或不具备通道仍残留于地幔内部，这些熔体在高压条件下有的结晶，有的与周围的物质交代，而产生 Zr、Ti、Y、Ca 含量比较高的矿物和熔体-流体包裹体。

(3) 幔源中晚期流体：软流层中残留的岩浆在深部结晶时晚期可分异出以水或 CO_2 为主的流体，它们在深部也可发生交代作用。不但有水或 CO_2 为矿物捕获，另外富水或 CO_2 矿物(如金云母、碱性闪石、富钛矿物、磷灰石、碳酸盐)都可以出现。

(4) 壳源中变质流体：在岩石圈板块发生俯冲作用的同时，饱含海水的岩石圈物质不断被挤压，成岩作用和变质反应形成的大量孔隙水和流体不断在浅部排出。深部俯冲洋壳中低温含水矿物发生变质反应，也可以转化为无水或少水矿物而释放出 H_2O、CO_2 等流体。

上述 4 种流体常常可以混合或出现相互反应。第 1 种来源深并经历了长期的演化过程，第 2～4 种主要活动于岩石圈内部。

根据板块构造理论，由洋壳和上覆的沉积岩组成的俯冲岩石圈，在板块会聚作用下不可避免地被消减、闭合并进而转化成山脉。这一盆山转换过程实质是板块俯冲、碰撞的造山过程，而与造山、隆升相伴出现的山间、山前和前陆盆地则是山盆转换的另一种形式和过程。俯冲大洋岩石圈中的洋壳和上覆的沉积岩都有富含水的沉积物和岩石，随着俯冲板块进入到上覆板块之下或被逆冲席体所掩埋。这些物质进到地球的更深层位，周围温压增高，其中的孔隙水和结晶水被排挤并析离出来。俯冲带在高压变质作用过程中流体的释放是通过连续脱挥发分反应来完成的。流体的释放过程、释放深度及其再循环取决于俯冲带的热结构。俯冲带的热结构主要受三个因素控制：板块的会聚速率、沿俯冲剪切带生成的热速率及其俯冲岩石圈的年龄。俯冲速率越大、剪切热越高、年龄越轻，俯冲板块所处的温度越高，这是其总的趋势。

板块构造引起地下流体循环，从许多例子可以看出，在流体循环中有两种基本的类型——下降和上升。在下降类型中，当含水岩层倾伏时发生泄水作用，排出多余的自由水，在更深处排出结合水。在上升类型中，从岩石中泄流出的水转移到浅层。

海洋沉积含有大量的水(80%)。由于压密，海泥失去一部分水。在海泥变成黏土岩以后，脱水作用仍持续不停。含有结晶水的页岩，在其沉陷到地壳深部时的脱水作用一直持续到其变质为板岩。可见，最初的沉积物变为页岩再变为板岩的过程始终伴随着脱水作用。同时，脱出水发生渗流，而岩石中剩余的水又和脱出水一起运移。如果页岩的沉降过程很快(如在年轻的拗陷区内)水的径流受到破坏，页岩将保持特别大(相对于一定深度而言)的含水量。

无论页岩还是其他细粒沉积岩，物理结合水的特点是在其沉降到地壳深处时都要脱水，在深处，这些岩石将要经受高温高压作用。在高温环境中，含有化学结合水的矿物也要脱水。当这种再生水变为自由水时又开始向地表运动。

在海底，水的强烈地质循环显然与蛇纹石化作用和反蛇纹石化作用过程有关，这个过程伴随着吸水和脱水。

作为大洋地壳组成部分的蛇纹石，其形成需要大量的水。根据板块构造学说的某些支持者的看法，在岛弧处，当洋壳向陆壳下俯冲时，洋壳岩石进入高温区，这时蛇纹石和其他含水矿物出现脱水现象，1 个蛇纹石分子[$Mg_6Si_4O_{10}(OH)_8$]脱水产生 2 个水分子，而高岭土[$Al_4Si_4O_{10}(OH)_8$]脱水形成 4 个水分子。

在高温时被玄武岩覆盖的洋壳，其海底沉积岩也脱水。很多研究人员根据这种现象解释岛弧地带强烈的水热活动。在岛弧带上，当火山喷发时，大量的水从巨大的热源处喷出(图 1.5)。流体在板块俯冲动力分异中起着十分重要的作用。板块碰撞造山带是地球表层最活跃的地带，它发育着从洋壳上刮下来的沉积物组成的大型增生楔，曾处在水流体饱和的环境中。由于水流体被挤压并扩散、渗透到岩石圈的不同层位中，故对沉积物的增生、构造变形、成岩变质反应、岩浆活动及地震作用等造成了强烈影响。板块碰撞带流体循环示意如图 1.5 所示。

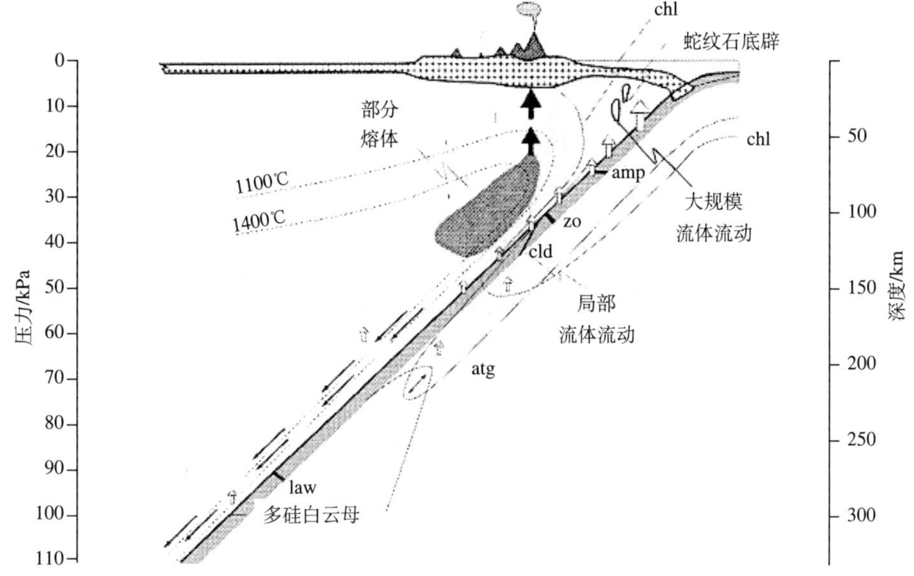

图 1.5　板块碰撞造山带流体循环示意图(Scambelluri and Philippot, 2001)

矿物缩写：chl. 绿泥石；amp. 角闪石；zo. 黝帘石；cld. 硬绿泥石；
atg. 叶蛇纹石；law. 硬柱石

从消减岩石圈释放流体模型(Scambelluri and Philippot, 2001)如图 1.5 所示。橄榄岩和(理想)上覆镁铁质地壳(灰色)脱水作用延续向下 200km，由于消减带中镁铁质(粗实线)和超镁铁质岩(细实线)发生水化反应。空心箭头表示流体上升；实心箭头表示熔体上升。大规模和足够数量的流体流入到增生楔中。

2）断裂带中流体循环

地震作用常常在活断层中发生，Cox(1995)根据断裂带中普遍存在的流体活动的多期性，提出了地震活动周期性的断裂阀模式，把地震活动的周期性与断裂带中的流体活动联系起来，断裂阀模式(fauld valve model) 如图 1.6 所示。

当一条断裂中有流体(主要是水溶液)活动时，由于水-岩相互作用，断裂带的缝隙将逐渐闭合，与此相应地其渗透率逐渐变低，最终断裂带将由对流体的开放系统变成封闭系统，此时断裂带的渗透率变为 0，而孔隙压力升高。一旦断裂带变成封闭系统之后，区域的构造力作用将导致断裂带内的应力积累，而应力积累的过程将使剪应力和孔隙压力同步升高，前者增加了错动断裂带所需的剪切力，而后者则降低了断裂带的抗剪强度，随着时间的推移，若区域构造力作用不断增强，那么断裂带上的剪应力将不断增加而抗剪强度不断减弱，最终会导致剪应力等于抗剪强度时，断裂发生错动，即发生一次地震事件。

一次地震发生之后，断裂又变成开放系统，又有新的水流活动，接着水-岩相

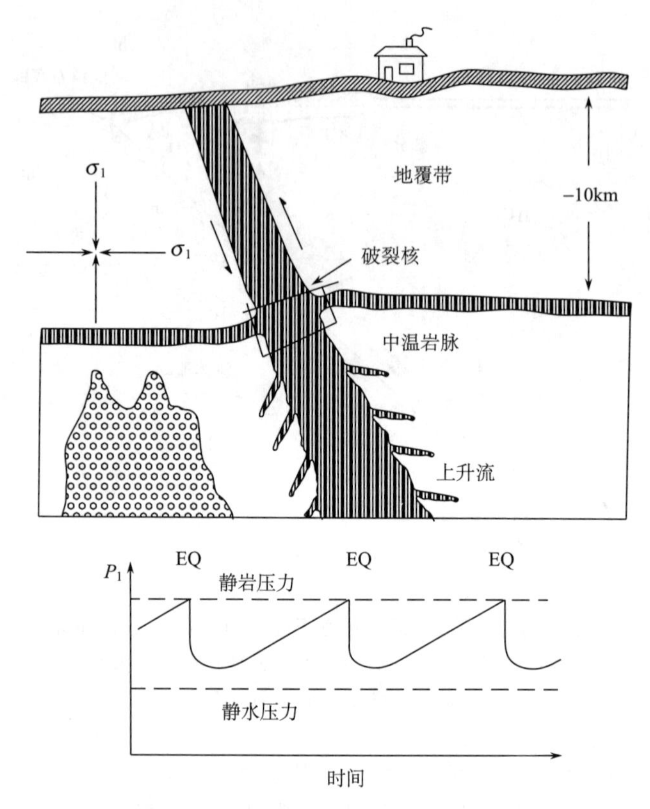

图 1.6　断裂阀模式(Sibson, 1994)

互作用使断裂封闭，渗透率变为 0，孔隙压力增加及剪应力增强与抗剪强度减低，两种力相等而发生断裂错动，第二次地震发生。如此不断循环，导致了地震周期性活动。

如果上述断裂阀模式成立的话，那么我们就有可能利用断裂带内充填岩脉来研究推测地震活动时期。因为每一次地震的孕育与发生过程都与流体活动有关，而每一次活动流体组分、环境条件等不尽相同，而且流体由封闭状态变成开放状态之后，其组分和环境条件必然发生重大变化，其结果自然会记录在充填岩脉的特征上，如形成纹层等。因此，反过来则可从充填岩脉的纹理、组成、结构等的变化中恢复地质历史时期的地震活动频次、周期等。如果一个地区发育有多组岩脉，并查清了每组岩脉生成的年代及每组岩脉所记录的地质事件，那么上述设想是可能实现的。

到了实现这一设想时，人类不仅可用仪器测定现今的地震活动，而且还可以由岩脉充填物的分层和分期研究地震活动历史，对地震活动历史的认识将得到极大的拓宽。因为用仪器观测地震的历史只有 100 多年，有地震文献记录的时段也不过4000年，第四纪地质时期也只有百万年，而地质历史上留下的流体活动痕迹却延续了数亿年至数十亿年。

1.3　构造地震流体主要成分

本章简要介绍CO_2-NaCl-H_2O三元体系及其边界体系（H_2O、NaCl-H_2O体系和CO_2-H_2O体系）的基本特征。

1.3.1　H_2O

水是组成地震流体的最基本部分。它的物理化学性质与其他多数液体不同，这是由于水分子的结构、偶极性质和水分子之间的作用力——氢键作用而决定的。

1. H_2O的P-V-T关系

众所周知，在常温常压或低温低压条件下水呈气体和液体存在。当温度和压力超过临界点（374.15℃、22.11MPa）时气-液两相的差别消失，水成为一个相（超临界流体）。流体水的P-T稳定范围由熔化压力曲线限定，沿着这条曲线流体水与冰的各种变体处于平衡，在化学热力学或物理化学的教科书中均有关于水的相图以及相关系的论述。Franck和Todheide曾概括地介绍高温高压水的物理化学特征。H_2O的P-V-T性质十分重要。如果想定量地描述热液体系的物理化学性质，必须首先知道水的P-V-T性质，掌握水的P-V-T数据是研究高温高压电解质水溶液P-V-T性质的前提。此外，在一定的温度或压力变化范围内由摩尔体积可以导出流体的其他热力学函数（焓、熵、吉布斯自由能）和逸度。图1.7(a)和图1.7(b)分别是H_2O的三维P-V-T示意图和P-T投影图。图1.7中表示了液-气、固-液和固-气平衡表面，黑粗线（舌形面边界）为两相线，舌形面内为两相区（液＋气），CP为临界点，A—CP为泡点线，C—CP为露点线。

水的密度（或比容）随着温度和压力变化而变化。当压力增高时，流体水的密度可以从水蒸气的密度值连续地变化到液体水的密度值，而在高温时，要维持正常水的密度（$1g \cdot cm^{-3}$）需要相当高的压力。水的P-V-T性质测量已有大量成果，其中温度达1000℃和压力达10000bar（$1\ bar=10^5 Pa$）范围内的P-V-T关系图常常为地球化学家广泛引用，这是因为地壳流体，包括地震流体大部分是在这样的温度和压力条件下形成的。图1.8是根据大量实验数据编绘的恒压下流体水的温度-密度图，其中的超高压（＞5kbar）部分是冲击波实验结果。表1.3列出温度达600℃、压力达4000bar水的P-V-T数据（Bodnar，1993）。近年来，水的P-V-T静态超高压实验研究取得了新的进展。例如，Withers（1970）报道了利用超高压装置，研究了压力为1.4～4.0GPa和温度为700～1100℃条件下水的P-V-T性质。

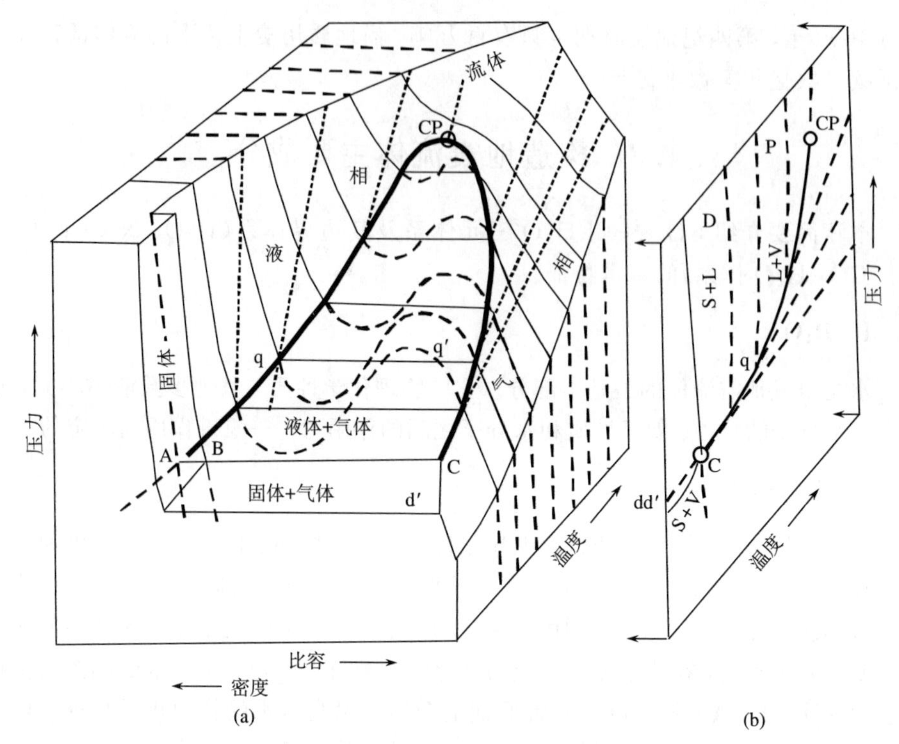

图 1.7　H_2O 体系的 P-V-T 示意图(据 Dimnond, 2003)

(a)含有等温线的立体图;(b) P-T 投影剖面

S. 固相; L. 液相; V. 气相; CP. 临界点

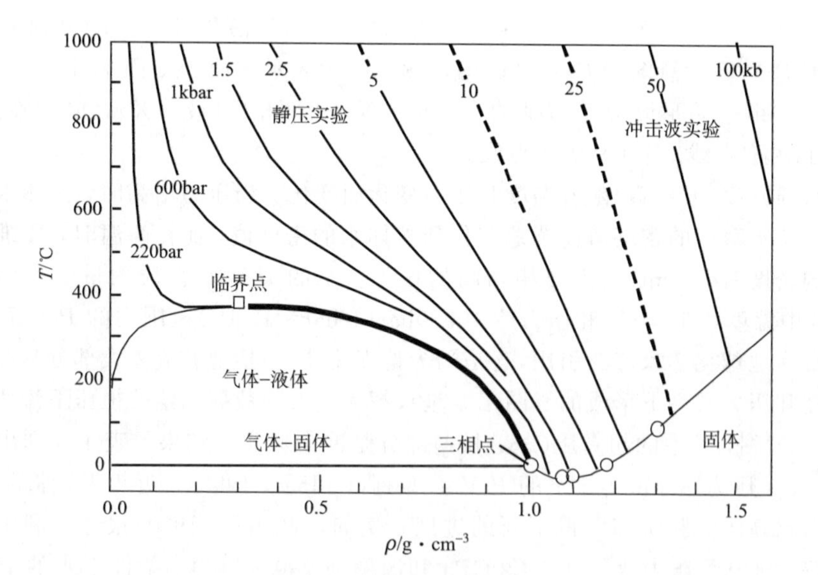

图 1.8　水的温度-密度关系图(Todheide and Franck, 1963)

表 1.3　高温高压下水的比容($cm^3 \cdot g^{-1}$)(Holloway, 1981)

温度/℃	压力/bar								
	100	500	1000	1500	2000	2500	3000	3500	4000
25.0	0.9985	0.9817	0.9633	0.9472	0.9329	0.9200	0.9083	0.8975	0.8876
50.0	1.0078	0.9912	0.9730	0.9571	0.9429	0.9301	0.9184	0.9077	0.8978
100.0	1.0385	1.0200	1.0001	0.9827	0.9674	0.9536	0.9412	0.9298	0.9193
150.0	1.0842	1.0607	1.0362	1.0156	0.9978	0.9821	0.9681	0.9554	0.9433
200.0	1.1479	1.1146	1.0822	1.0561	1.0343	1.0156	0.9992	0.9846	0.9715
250.0	1.2405	1.1866	1.1405	1.1058	1.0780	1.0548	1.0349	1.0175	1.0020
300.0	1.3970	1.2876	1.2147	1.1661	1.1295	1.1002	1.0758	1.0548	1.0364
350.0		1.4410	1.3115	1.2402	1.1906	1.1527	1.1219	1.0959	1.0736
400.0		1.7300	1.4428	1.3310	1.2624	1.2128	1.1740	1.1421	1.1150
450.0			1.6270	1.4448	1.3467	1.2812	1.2321	1.1929	1.1601
500.0			1.8909	1.5872	1.4468	1.3594	1.2971	1.2486	1.2083
550.0				1.7610	1.5623	1.4468	1.3686	1.3096	1.2622
600.0				1.9660	1.6946	1.5447	1.4457	1.3741	1.3182

2. 超临界水

在临界温度(374.15℃)和临界压力(22.11MPa)时水变为均相的超临界流体，超临界状态的水具有许多特殊的物理化学性质。化学反应通常在均相介质中较易进行。超临界水是一种独特的反应媒介，具有极强的氧化性质，已经观察到了一些有机化合物(如甲烷)在超临界水中燃烧的现象。超临界水又是一种特殊的溶剂，在超临界水溶液中溶质分子周围聚集了比其他地方更多的溶剂分子(超临界水分子)，局部密度增加，这种现象被称为分子超凡力(molecular charisma)。温度400℃时超临界水中几乎所有的氢键都破裂，这很可能是超临界水的许多性质与常态水不同的主要原因。超临界水流体的特殊性质，特别是在临界点附近流体物理化学性质突变的地球化学意义已经引起地球化学家和地震学家的关注(Holloway, 1981)。

3. 水的状态方程式

迄今为止，压力高于0.1GPa的水的热力学函数(如焓、熵、摩尔热容和逸度等)是以 *P-V-T* 数据和压力较低时的某些参考值为基础求得的。掌握水的状态方程式显然比拥有水的 *P-V-T* 数据表要方便得多，现已有多种水的理论的、经验的或半经验的状态方程式用于描述水的摩尔体积与温度和压力的函数关系。van der Waals 方程式即是一理论状态方程式。

Redlich 和 Kwong(1949)根据实验测量数据改进了 van der Waals 方程式，所得经验的状态方程式称为 Redlich-Kwong 方程式(Redlich，1978)，是最成功的两参数状态方程之一。这不仅是因为它的参数少，而且其参数可以直接从物质的临界数据计算得到，给运算前的数据准备工作带来了很大的方便。Redlich-Kwong 方程式的准确度也较高，因此在计算中得到较广泛的应用。其标准形式为

$$p(V-nb)+\frac{na(V-nb)}{T^{1/2}V(V+nb)}=nRT \tag{1.1}$$

式(1.1)中包含多个可调整的参数。科学家不断地改进 Redlich-Kwong 方程式(简称 MRK 方程式)使之更好地拟合实验数据，并用于外推得到探讨地球化学问题所需的数据，另一类 Redlich-Kwong 方程式是描述压缩因子($Z=pV/RT$)的 Virial 方程式，还有一些学者将 MRK 方程式和 Virial 方程式结合起来构成 Virial-MRK 方程式(Kyle，1984)。

1.3.2 NaCl-H_2O

NaCl 是天然水热流体和地震水溶液的主要成分，NaCl-H_2O 体系相关系是流体地球化学和地震流体包裹体研究的物理化学基础。

1. NaCl-H_2O 体系溶解性质

以下介绍 Sourirajan 和 Kennedy(1962)有关 NaCl-H_2O 体系溶解度的研究成果。

1) 饱和 NaCl 水溶液的蒸汽压

实验实验结果见表 1.4。

表 1.4 NaCl-H_2O 体系气-液-固区界线的温度-压力数据

温度/℃	蒸汽压/bar	温度/℃	蒸汽压/bar	温度/℃	蒸汽压/bar
707.0	269.5	425.8	222.0	313.2	75.6
668.1	335.5	405.3	190.6	343.5	105.8
609.3	389.5	386.2	161.6	375.0	146.5
600.0	392.0	384.6	160.6	406.8	191.9
577.5	390.0	363.5	131.2	438.8	240.0
558.6	384.0	343.5	106.0	470.0	288.0
555.3	381.5	323.0	84.8	501.9	332.2
527.8	360.0	300.8	66.6	525.0	358.2
504.4	334.5	279.3	52.0	560.0	384.0
502.6	333.5	259.8	38.8	604.3	391.0
488.9	314.5	219.5	21.5	610.0	388.0
466.9	283.0	249.5	33.5	633.9	373.5
465.0	281.0	280.0	51.0	675.0	326.2
446.6	253.0	312.2	75.1	708.5	269.0
444.3	250.5				

2）$NaCl-H_2O$ 体系中与固体平衡共存的气体成分

Sourirajan 和 Kennedy(1962)曾在 350～750℃、压力从 0 直至饱和蒸气压的条件下测量了 $NaCl-H_2O$ 体系中固体 NaCl 在水蒸气中的溶解度。NaCl 在水蒸气中的溶解度测定结果表示为 P-w(NaCl)图上的等温线（图 1.9)(Bodnar，1993)。

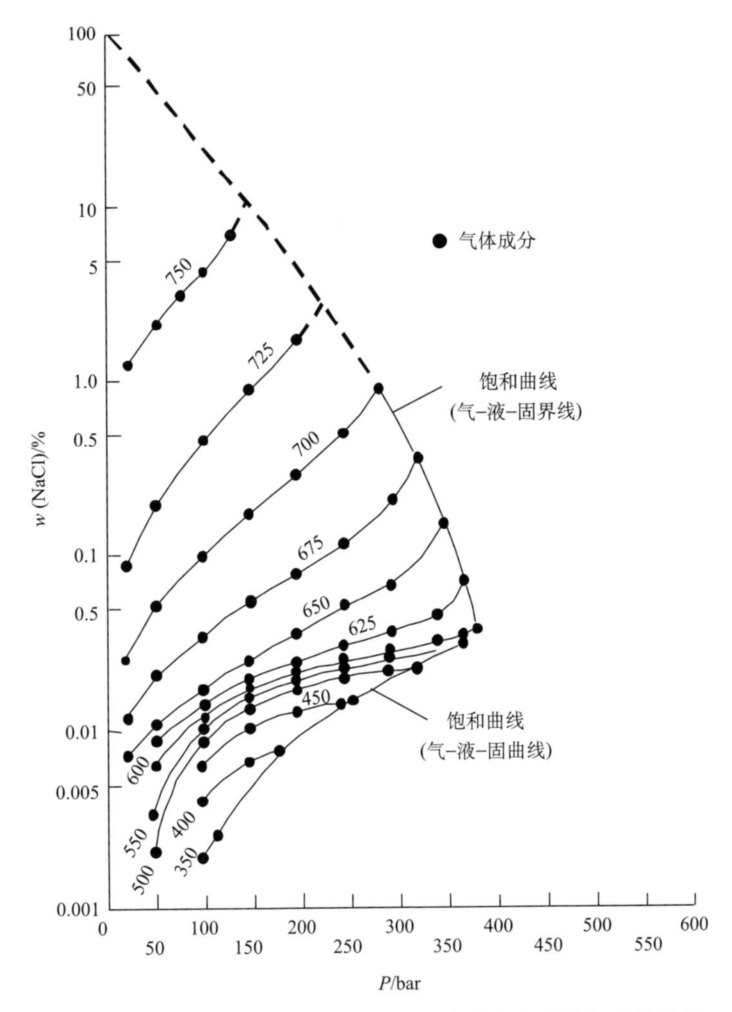

图 1.9　不同压力下测定的结晶 NaCl 在水蒸气中的溶解度等温线

标注数字的单位为℃(Bodnar，1993)

3）$NaCl-H_2O$ 体系中平衡共存气-液成分

Sourirajan 和 Kennedy 测量的共存气相和液相成分以及临界压力的实验临界点数据如表 1.5 所示，同时编绘了表示 $NaCl-H_2O$ 体系温度-压力-w(NaCl)关系的立体图(图 1.10)，直观地表示高温高压下 $NaCl-H_2O$ 体系溶解度关系的全貌。要指出的是 Sourirajan 和 Kennedy 所研究的水流体中 NaCl 的质量分数低于 25%。

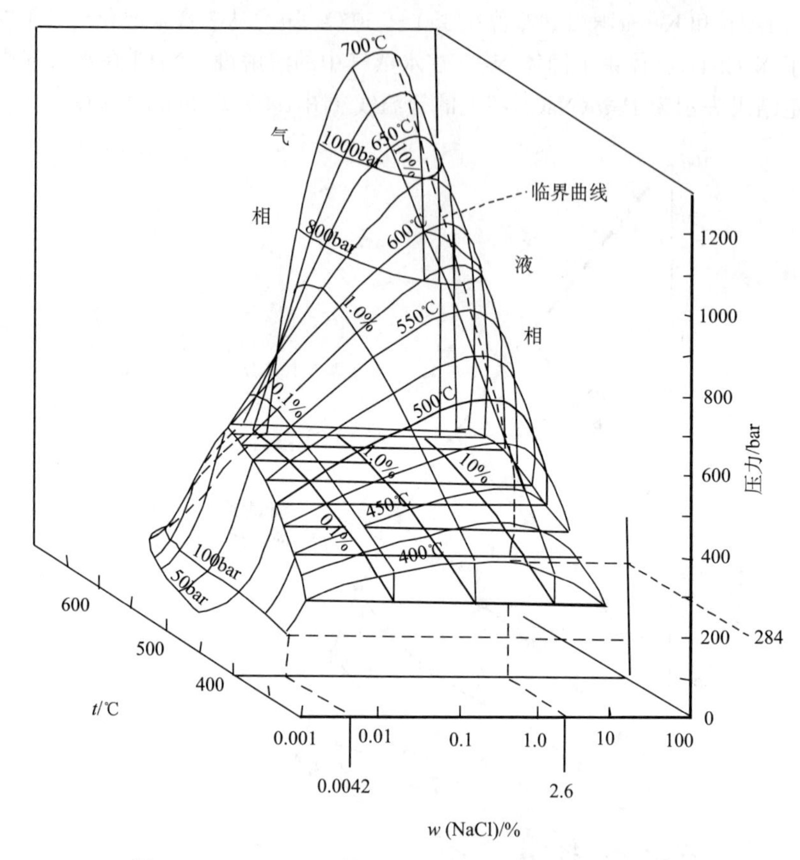

图 1.10 NaCl-H_2O 体系的温度-压力-w(NaCl)关系图
(Sourirajan and Kennedy, 1962)

表 1.5 NaCl-H_2O 体系的临界温度-压力-w(NaCl)数据(Bodnar, 1993)

临界温度 t_c/℃	临界压力 P_c/bar	临界成分 w_c/%	临界温度 t_c/℃	临界压力 P_c/bar	临界成分 w_c/%
374	221	0	525	670	13.6
380	234	0.6	550	760	15.6
390	260	1.7	575	845	17.6
400	285	2.6	600	922	19.6
425	356	5.0	625	1002	21.5
450	422	7.1	650	1082	23.2
475	505	9.3	675	1163	24.8
500	590	11.5	700	1237	26.4

2. $NaCl-H_2O$ 溶液体积性质

高温高压下 $NaCl-H_2O$ 溶液的体积性质可用于推算溶液的热力学函数和活度系数，具有重要的化学和地球化学意义，此外矿物包裹体计温和计压学、热液体系的热力学平衡计算以及地震热水溶液理论研究和计算都需要体积性质数据。

许多学者对于不同温度、压力下 $NaCl-H_2O$ 体系的体积性质进行了测定，包括 Ellis、Golding、Хайбуллин、Борисов、Урусова、Hilbert 、Phillips 等。这里列举 Bodnar(1993)发表的 $NaCl-H_2O$ 体系以温度(T)和含盐度(w)为坐标的温度-含盐度-流体密度 (T-w-ρ)相图(图 1. 11)。

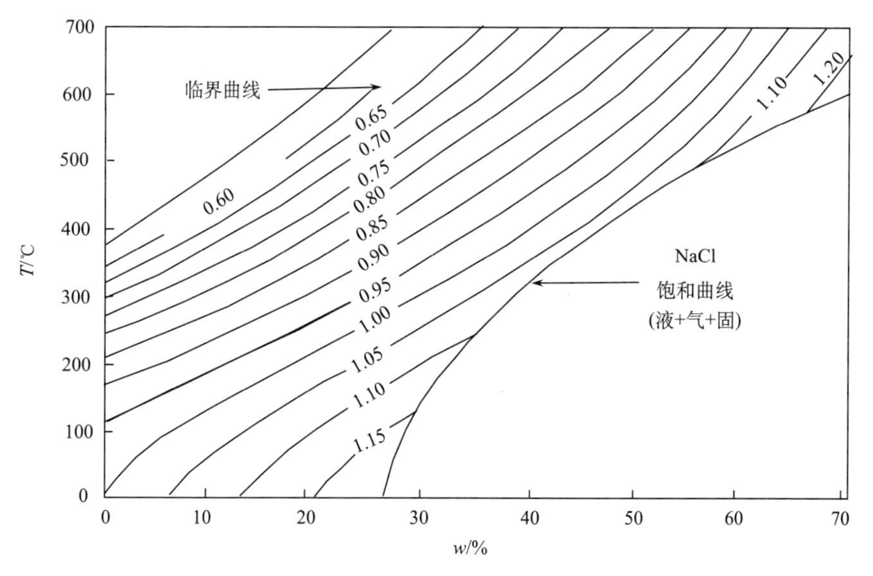

图 1. 11　T-w-ρ 相图(Roedder，1984)

标注数字的单位为 $g \cdot cm^{-3}$

3. 高温高压下的气和水

Todheide 曾概述气体和水组成的体系相关系研究概况。在气-水体系中二液相不混溶区不存在或者延展不到气-液临界区，多数情况下临界曲线是不连续的，只有极少数体系在 P-T-x 空间中连接纯组分临界点的临界曲线是连续的。气相与二液相处于平衡的三相线在气体组分临界点附近与临界曲线相交，这样形成一个低溶解临界点；以水临界点为起点的另一段临界曲线向较高的温度和压力延伸或者先走向低温、通过极小值后再伸向高温，多数气-水体系(如 CO_2-H_2O 体系)属后一种情况。

1.3.3 CO_2-H_2O

天然地震水溶液中CO_2是除水之外最重要的挥发组分，CO_2在不同地质作用和地震作用中起着十分特殊的作用，所以CO_2-H_2O体系是地质和地震学家最感兴趣的二组分体系之一，同时CO_2-H_2O体系的相关系与矿物流体包裹体研究的关系极为密切。CO_2-H_2O体系相关系的实验研究是从20世纪50年代末开始的，这里简要介绍三项早期的研究成果。

Малинин在温度为200～300 ℃、压力高达50 MPa的条件下研究了CO_2-H_2O体系的相平衡，其实验结果表明该体系中存在着临界现象，而且CO_2压力升高将使临界温度降低。

Todheide和Franck(1963)在温度为5～400℃、压力高达3500 bar的条件下研究了CO_2-H_2O体系的相关性，并根据实验结果绘制了CO_2-H_2O体系的P-T-x图(图1.12)。该立体图的正面表示水的沸点曲线，背面表示CO_2的沸点曲线，临界曲线是不连续的。低临界端点(LCEP)的位置在31.424K和$x(H_2O)=0.011\%$处，其温度仅比纯CO_2的临界点(A_c)高0.327K，从CO_2临界点开始的临界曲线几乎刚好在LCEP终止。从水临界点(B_c)开始的临界曲线随着压力增高而迅速向低温方向移动(B_1—B_4)，而且曲线变得越来越陡，到B_5处与压力轴近于平行，达到温度极小值($T_{c,min}$)，这极小值的位置是266℃、2450 bar和$x(CO_2)\approx41.5\%$或265℃、2150 bar和$x(CO_2)\approx31\%$。压力再升高时，临界曲线改向高温方向延伸，直至B_6和B_7。天然热液中的CO_2浓度较低，CO_2-H_2O体系的P-T-x关系图接近正面部分的相关系具有地球化学和地震学意义。

Takenouchi和Kennedy(1964)在温度为110～350℃和压力达1600bar时测定了CO_2-H_2O体系中共存的气-液成分和该体系的临界曲线。

除上述外，Todheide和Franck报道了温度达750℃和压力为2000 bar条件下CO_2-H_2O二元溶液的压缩系数；Greenwood测定了温度为450～800℃和压力为1～500bar范围内CO_2-H_2O均相混合物的P-V-T-x数据和热力学性质，并用一多项式近似表示出该体系的P-V-T-x关系，还编制了所研究温度压力范围内的压缩系数表和活度—浓度图；Шмулович等曾研究高温高压下CO_2-H_2O体系的P-V-T关系并计算了均相溶液的活度-浓度关系；Gehrig报道了温度为400～500℃和压力达600 bar范围内CO_2-H_2O体系的P-V-T数据测量结果；Joyce和Blencoe总结了前人工作，计算了温度为673～973K和压力为500 bar条件下CO_2-H_2O体系的剩余摩尔吉布斯自由能。近年来，Seitz和Blencoe提供了温度为400℃和压力为100～1000bar条件下CO_2-H_2O

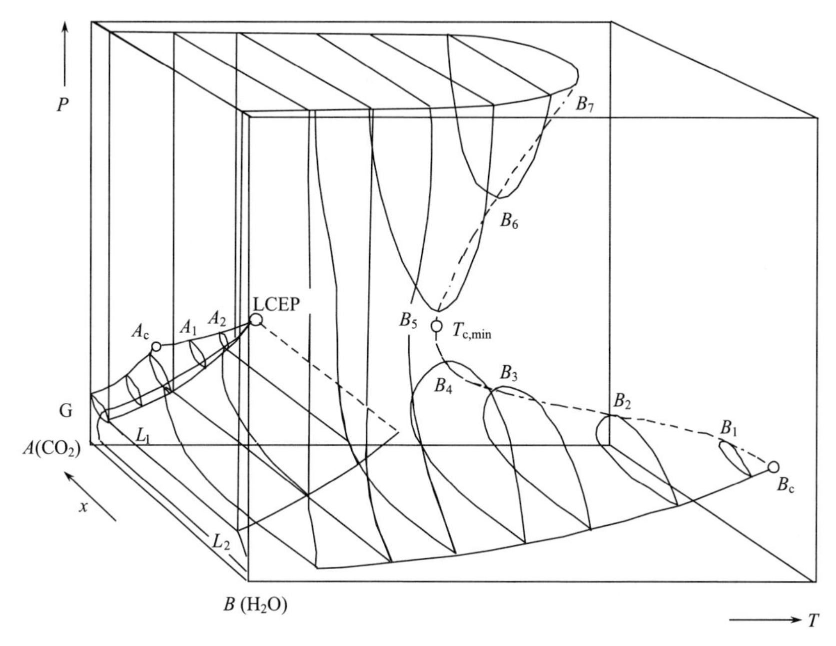

图 1.12 CO_2-H_2O 体系相关系示意图(Takenouchi and Kennedy, 1964)

体系体积性质的实验测定结果,而 Anovitz 等测定了温度为 500℃ 和压力为 500bar 条件下 CO_2-H_2O 流体的活度-浓度关系。要注意的是以上不同作者得到的 CO_2-H_2O 体系的体积性质和活度系数并不完全吻合,目前地震学家对 CO_2-H_2O 体系最关心是在低温条件下 CO_2 在水中的溶解度和较高温条件下的 CO_2-H_2O 的混合性质。

1.3.4 CO_2-H_2O-NaCl

研究指出,CO_2-H_2O-NaCl 三元体系也是天然地震水溶液中常见的流体体系。CO_2-H_2O-NaCl 体系相关系十分复杂,目前的研究限于测定这个体系的某一部分或某一截面的相关系。该体系的研究需要在边界体系 H_2O、NaCl-H_2O 和 CO_2-H_2O 体系相关系的基础上进行,通常以探讨加入第三种物质(NaCl)如何影响 CO_2-H_2O 二元体系的相关系或以探讨气体(CO_2)和盐(NaCl)同时溶解于水对其性质影响的方式进行(Bowers and Helgeson, 1983)。

CO_2 在水中的溶解度如图 1.13 所示。

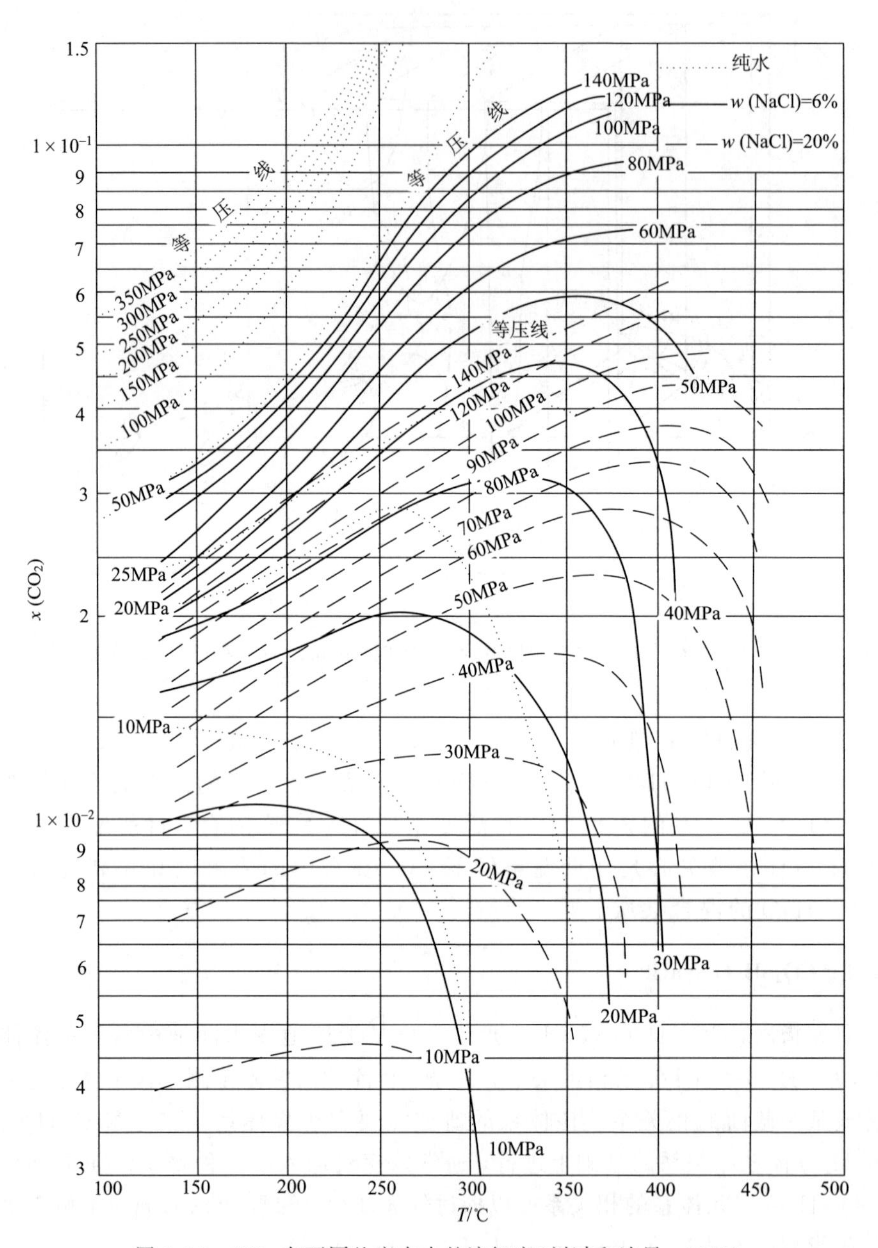

图 1.13　CO_2 在不同盐度水中的溶解度(刘斌和沈昆，1999)

1.3.5　CH_4-H_2O-NaCl

自然界中地震流体有许多为含挥发组分的盐水溶液，它们的成分十分复杂。溶解在盐水溶液中的挥发组分常常是 CH_4、C_2H_6、C_3H_8、C_2H_4、C_3H_6、C_2H_2、C_3H_4、CO_2、CO、N_2、H_2S 等组分。盐水溶液常常含有不同浓度的盐类，这些可溶盐类主要为 NaCl、KCl、$CaCl_2$、$MgCl_2$、$CaSO_4$ 等。其中以 CH_4-H_2O-NaCl 体系最常见。

目前有关 CH_4-H_2O-NaCl 体系相关系的实验资料还十分有限。一些学者，如 Zang 和 Frantz、Lamb 等分别利用人工合成包裹体研究了 CH_4-H_2O 二元体系和 CH_4-NaCl-H_2O 三元体系在相对低压(约 100～200MPa)和高温(500～600℃)条件下的相关系。与 CO_2-H_2O-NaCl 体系相似，CH_4-H_2O-NaCl 体系中也存在很大的两相不混溶区。不同的是，在 CH_4-H_2O-NaCl 体系中两相不混溶区范围并不随温度升高而有规律缩小。同时由于实验资料有限，两相不混溶区的范围随压力的变化尚不清楚。

CH_4 在不同盐度水溶液中的溶解度如图 1.14 所示。

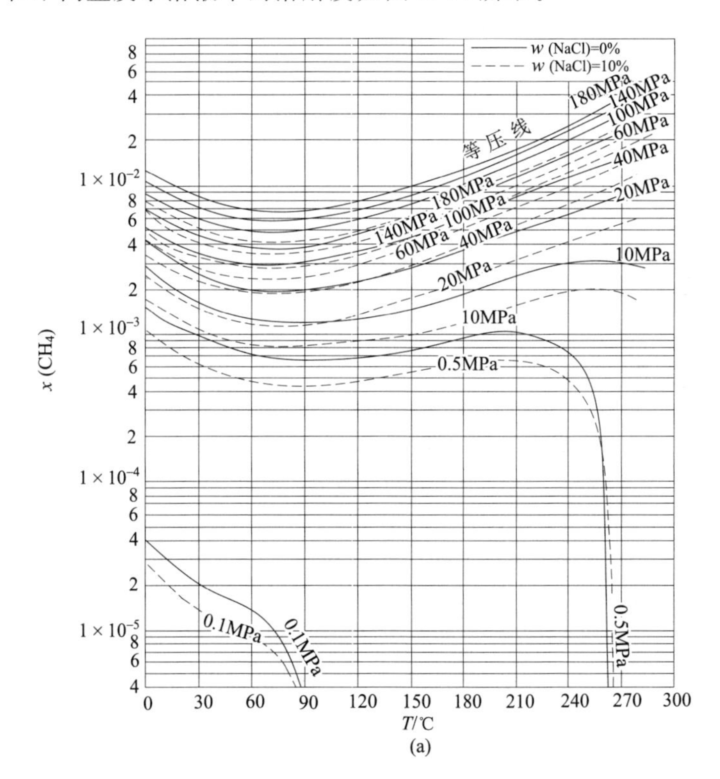

(a)

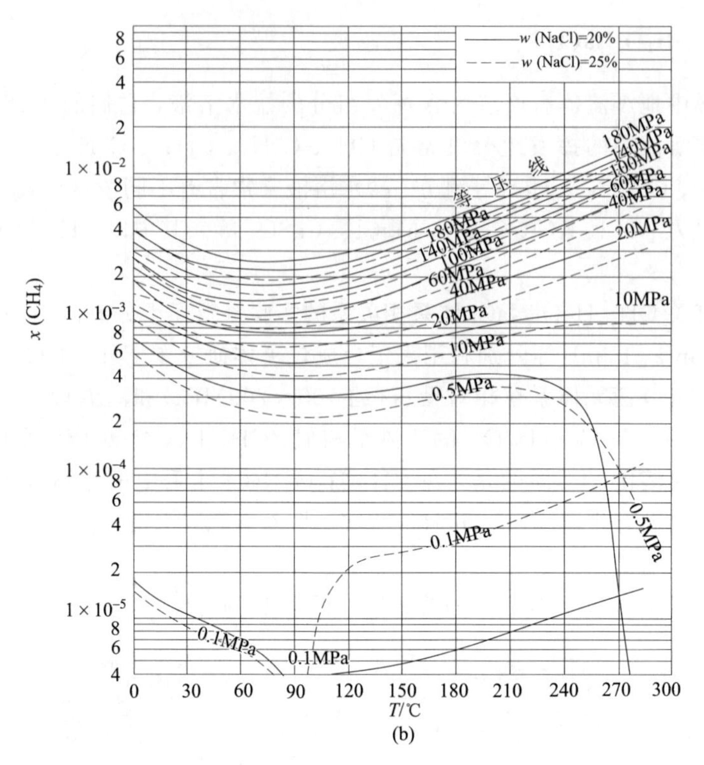

图 1.14 CH_4 在不同盐度水溶液中的溶解度(刘斌和沈昆，1999)

主要参考文献

车用太，鱼金子. 2006. 地震地下流体学，北京：气象出版社

刘斌，沈昆. 1999. 流体包裹体热力学. 北京：地质出版社

Bodnar R J. 1993. Revised equation and table for determing the freezing point depression of H_2O-NaCl solutions. Geochimica et losmochimica Acta，57：683-684

Bowers T S，Helgeson H C. 1983. Calculation of the thermodynamic and geochemical consequences of non-ideal mixing in the system H_2O-CO_2-NaCl on phase relations in geologic systems：metanmorphic equilibria at high pressures and temperatures. American Mineralogist，68：1059-1075

Cox S F. 1995. Faulting Processes at high fluid pressures：an example of fault valve behavior from the wattle Gully fault，Vactioria，Australia. Journal of Geophysical Researsh，B.100 (7)：12841-12859

Dimnond L W. 2003. Systematics of H_2O fluid inclusions//Samson I，Anderson A，Marshall D. Fluid Inclusions：Analysis and Interpretation. Mineral Associa Canada Short Course Series，32：81-100

Freeze R A, Cherry J A. 1979. 地下水. 吴静方译. 北京：地震出版社

Fyfe W S, Price N J , Thompson A B. 1978. Fluid in the Earth's Crust. New York: Elsevier Scientific Publishing Company

Hantush M S. 1967. Growth and decay of groundwater mounds in response to uniform perolation. Water resources Research, 3: 227-234

Hilbert R, Todheide K, Franck E U. 1981. PVT Data for Water in the Ranges 20 to 600 and 100 to 4000 bar. Physical Chemistry, 85: 636-643

Holloway J R. 1981.Compositions and volumes of supercritical fluids in the earth's crust//Hollister L S, Crawforrd M L(eds). Fluid Inclusions: Applications to Petrology. Mineralogy Association of Canada Short Course Handbook, 6:13-38

Kyle B G. 1984. Chemical and Process Thermodynamics. New Jersey: PRENTICE-HALL. INC, Englewood Ciiffs

Redlich O. 1978. Thermodynamics Fudamentals and Applications. New York: Elsevier Scientific Publishing Company

Roedder E. 1984. Fluid Inclusions. Reviews in mineralogy, 12: 644

Scambelluri M, Philippot P. 2001. Deep fluids in subduction zones. Lithos, 55: 213-227

Shearer P M. 2008. 地震学引论. 陈章立译. 北京：地震出版社

Sibson R H. 1994. Crustal Stress, faulting and fluid flow//Parnell J. Geofluids: origin, migratton and evolution of fluids in sedlmentary basins. Geological Society Special Publication, 78: 69-84

Sourirajan S, Kennedy G C. 1962. The system NaCl-H_2O at elevated temperature and pressures. American Journal of Science, 260: 115-141

Takenouchi S, Kennedy G C. 1964. The binary system H_2O- CO_2 at high temperature and pressures. American Journal of Science, 262: 1055-1074

Todheide K, Franck E U. 1963. Das Zweiphasengebeit und die kritische Kurve im System Kohlendioxid-Wasser bis zu Drucken von 3500 bar. Zeitschrift fur Physical Chemistry, 37: 387-401

Todheide K. 1982. Hydrothermal solution. Physical Chemistry, 86: 1005-1016

Walton W C. 1970. Groundvater Resource Evaluation. New York: McGraw-Hill

Киссин И Г. 1986. 地震和地下水. 单修政译. 北京：地震出版社

Киссии Г. 1972. О проблемё аемлетрясний. Вызваиюх Иняжеперной Леятельностью. Сор. Геологпя. 2: 68- 80

Козловский Е А. 1989. 科拉超深钻井(下). 张秋生译. 北京:地质出版社

第 2 章　地震水溶液物理化学特征及化学组成

2.1　地震水溶液物理化学特征

2.1.1　影响地震水溶液性质的物理化学因素

研究表明，天然地震流体主要是一种含有不同浓度的电解质、挥发分和有机质的复杂水溶液。影响水溶液性质的物理化学因素很多，这里主要论述：①溶液成分和浓度；②温度和压力；③pH；④氧化还原环境；⑤水-岩反应物理化学因素。

1. 地震水溶液成分和浓度

地震水溶液成分和性质是直接控制地震作用中元素活化、迁移和沉淀的重要因素。地震水溶液成分主体由 H_2O 和其中可溶性盐的阳离子（Na^+、K^+、Ca^{2+}、Mg^{2+}、Si^{4+}）、阴离子（Cl^-、F^-、SO_4^{2-}、HCO_3^-、CO_3^{2-}、HS^-）和气体（CO_2、H_2、N_2、H_2S）所组成。

地震水溶液本身成分对元素的迁移和沉淀起着很大的作用。作为携带物质的载体，这种地震水溶液通常富含金属的络合物配位体[Cl^-、F^-、HS^-、$H_2S(aq)$等]。地震水溶液一般富含 Cl^- 和 $H_2S(aq)$，它们的浓度变化将会引起其中物质沉淀。

不同反应溶液的成分对地震中岩石元素活化量影响很大。例如，不同浓度的钠盐溶液、不同盐类组成的溶液，活化出的元素不但种类不同，浓度也不同。

地震水溶液在运移、聚集过程中，溶液的浓度必然发生变化，研究这种变化规律，可望判断物质运移方向和聚集部位。

2. 温度和压力

地震水溶液由压力高向压力低的方向流动，由温度高向温度低的方向流动，查明压力和温度变化规律，是研究地震水溶液流向的最重要的手段之一。

当岩石成分、溶液性质及其酸碱度确定后，温度和压力是地震水溶液的重要外部条件。它们控制着地震水溶液中物质活化、迁移、沉淀的整个过程，并且控制着水—岩反应的速率。

冷却是绝大多数地震作用中普遍发生的自然过程。地震水溶液从高温高压向低温低压变化，特别是温度降低，其中原成分不饱和逐渐变得饱和或过饱和，必然导致某些物质的沉淀。

3. pH

地震水溶液中酸碱度变化是物质沉淀的重要影响因素之一，也是重要的物理化学参数。由于不同元素在电解质溶液中存在形式的不同，地震水溶液酸碱度的变化对不同元素活化和沉淀的作用也不同，有的甚至完全相反。

地震水溶液的酸碱度直接控制着溶液中元素的活化量、迁移形式及其稳定性。许多实验研究结果都证明了水溶液的 pH 在地震流体作用中的重要性。有的实验岩石中离子析出量随着反应溶液 pH 减小而增加；另外一些实验中，却出现了离子含量随着溶液的 pH 增大而增加的现象；有的离子活化量不随 pH 增大或减小呈规律性变化，显然这是由于不同离子或化合物的性质对 pH 适应性不同之故。同时，溶液 pH 的大小与离子络合物形式密切相关。

4. 氧化还原环境

氧化还原环境是地震作用中重要的物理化学条件之一，通常用氧逸度（f_{O_2}）和氧化还原电位来衡量。它们在元素活化量、迁移形式上起着重要的影响作用。

氧化还原电位也是影响地震溶液中成分迁移和沉淀的一个重要的物理化学条件。氧化环境有利于某种成分氯络合物逐渐解体，导致该成分越来越多沉淀，还原环境有利于另外某种成分的析出，弱还原环境有益于其他某种成分的活化。

5. 水-岩相互作用

水-岩相互作用包括水-岩溶解性质和水-岩化学反应。

通常见到的是水溶液的侵蚀性，它指地震水溶液对可溶盐的溶解性能，主要取决于水中 CO_2 的含量。地震水溶液中一般都含有一定的 CO_2 气体，但它们多与水中的 HCO_3^- 保持化学平衡关系，但有时水中 CO_2 的含量多于化学平衡所需的数量时，多余的 CO_2 就成为侵蚀性 CO_2。侵蚀性 CO_2 将与岩石中的可溶性矿物，如方解石（$CaCO_3$）、白云石（$MgCO_3$）等发生化学作用，将这些矿物溶解于水中，使矿物遭到侵蚀，岩石的组成与结构发生变化。

地震水溶液的侵蚀作用常常用溶解度（包括溶度积、矿化度、硬度）来衡量。地震水溶液的侵蚀作用，不仅是水-岩相互作用的重要内容，同时也是地震水溶液使赋存岩石成分和结构变化的重要因素。

2.1.2　地震水溶液物理化学特征

下面主要介绍地震流体的主体——地震水溶液的物理化学特性。地震水溶液的物理特性指水的温度、颜色、透明度、味、嗅、密度、导电性、放射性等。这些性质这里不详细叙述，主要介绍地震水溶液的化学特性，重点阐述：①溶解度和溶度积；②饱和度和硬度；③酸碱度；④pH；⑤Eh；⑥离子活度。

1. 溶解度与溶度积

1）溶解度的概念

地震水溶液中所含各种离子、分子与化合物的总量称为地震水溶液的溶解度，其中包括所有呈溶解状态及胶体状态的物质成分，但不包括呈游离状态的气体成分。地震水溶液的溶解度单位为 $g \cdot L^{-1}$ 或 $mg \cdot L^{-1}$。含盐水溶液的溶解度说明了水中所含盐量的多少，即溶解盐的程度。为了便于比较不同地震水的溶解程度，通常是以水样蒸干（105～110℃）后所得的干涸残余物总量来表征总溶解度，也可将化学分析所得阴、阳离子的重量相加求得。但在计算时，HCO_3^- 只取重量的一半，因为在蒸干时有将近一半的 HCO_3^- 分解生成 CO_2 和 H_2O 而逸失。

一般深层地震水溶液的溶解度比浅层水高，地震热水的溶解度比冷水的高。按溶解度的大小，通常分为 5 类（表 2.1）。

表 2.1　地震水溶液的溶解度分类（Adamson，1976）

水溶液的类别	淡水	微咸水	咸水	盐水	卤水
溶解度/$g \cdot L^{-1}$	<1	1～3	3～10	10～50	>50

地震水溶液溶解度是表征地震水化学成分的重要标志，它与矿化度有关，在通常条件下，低矿化度的水常以 HCO_3^- 为主要组分，中等矿化度的水常以 SO_4^{2-} 为主要组分，而高矿化度的水则以 Cl^- 为主要组分。

2）溶解度原理

不同固体在水中的溶解度大小各不相同，许多最简单固体在水中的溶解度常常无法预测。但对离子型化合物的溶解行为可归纳出下列规则。

(1) NO_3^-：所有的硝酸盐都是易溶的。

(2) Cl^-：AgCl 和 Hg_2Cl_2 难溶，$PbCl_2$ 接近于难溶；其余的氯化物都是易溶的。

(3) SO_4^{2-}：$CaSO_4$ 和 Ag_2SO_4 接近于难溶；$SrSO_4$、$BaSO_4$、Hg_2SO_4、$HgSO_4$、$PbSO_4$ 难溶；其余的硫酸盐都是易溶的。

(4) CO_3^{2-}：IA 族元素和 NH^{4+} 的碳酸盐易溶；其他碳酸盐都是难溶的。

(5) OH^-：除了 IA 族元素的氢氧化物和 $Sr(OH)_2$、$Ba(OH)_2$ 外，所有的氢氧化物都是难溶的，其中 $Ca(OH)_2$ 是微溶的。

(6) S^-：除了 IA 族和 IB 族元素，以及 NH^{4+} 的硫化物外，所有硫化物都是难溶的。

在上述规则中所说难溶化合物，是指将离子浓度为 0.1mol/L 溶液等体积混合时能生成沉淀者。浓度在略低于 0.1mol/L 时不能沉淀的化合物，称为接近于难溶化合物。

运用上述规则，可以预计沉淀反应的结果。

在大多数情况下，离子型化合物的溶解度与离子的电荷密度(电荷与离子体积之比)成反比。就是说，低电荷密度的离子往往比高电荷密度的离子更易溶解。例如，K^+(电荷＝＋1，r＝0.133nm)的电荷密度远小于 Ca^{2+}(电荷＝＋2，r＝0.099nm)，所以几乎所有的钾盐都易溶于水，而许多钙盐(如 CaF_2、$CaCO_3$、$CaSO_4$ 等)都相当难溶于水。又如，NO_3^- 的盐类都是易溶的，而许多含有高电荷的 CO_3^{2-} 或小体积 OH^- 的化合物就难溶于水。

在地球化学中，通常把离子的电荷密度称为离子势。彼列尔曼把矿物按其在蒸馏水中的溶解度(20℃)划分为：易溶的(＞2g/L)、难溶的(2～0.1g/L)、很难溶的(0.1～0.0001g/L)和实际上不溶的(＜0.0001g/L)四级。他指出岩石和矿物在天然水中的溶解度一方面决定于组成矿物的元素的离子价态、离子半径、极化度、化学键类型以及其他物理化学性质，同时又与水的温度、压力、pH、Eh、溶液组成等介质条件密切相关。

3）溶度积概念

当溶解反应达到平衡，且存在电解质固体的情况下，电解质各离子的平衡浓度之间有一种反比关系。增加任何一种离子的浓度，都将会导致另一种离子浓度降低。离解成离子的化合物在溶液中的平衡常数称为溶度积。现以 Mx 表示任意的微溶性电解质，当它溶解平衡时

$$\mathrm{Mx\ (s)} = \mathrm{M}^{+} + \mathrm{x}^{-} \tag{2.1}$$

其平衡常数关系式为

$$K_{sp} = [\mathrm{M}^{+}][\mathrm{x}^{-}] \tag{2.2}$$

式中，K_{sp}为平衡常数的一种特殊形式，在固定温度下称为溶度积常数(Adamson，1976)。标准温度 25℃时常见水中溶解的固体的溶度积常数如表 2.2 所示。

表 2.2　溶度积常数* (25 ℃)(伍德和弗雷泽，1981)

固体	pK_{s0}	固体	pK_{s0}
$Fe(OH)_3$(amorph)无定形	38	$BaSO_4$	10
$FePO_4$	17.9	$Cu(OH)_2$	19.3
$Fe_3(PO_4)_2$	33	$PbCl_2$	4.8
$Fe(OH)_2$	14.5	$Pb(OH)_2$	14.2
FeS	17.3	$PbSO_4$	7.8

续表

固体	pK_{s_0}	固体	pK_{s_0}
Fe_2S_2	88	PbS	27.0
$Al(OH)_3$(amorph)无定形	33	$MgNH_4PO_4$	12.6
$AlPO_4$	21.0	$MgCO_3$	5.0
$CaCO_3$(calcite)方解石	8.34	$Mg(OH)_2$	10.74
$CaCO_3$(aragonite)霰文石	8.22	$Mn(OH)_2$	12.8
$CaMg(CO_3)_2$(dolomite)白云石	16.7	AgCl	10.0
CaF_2	10.3	Ag_2CrO_4	11.6
$Ca(OH)_3$	5.3	Ag_2SO_4	4.8
$Ca_3(PO_4)_2$	26.0	$Zn(OH)_2$	17.2
$CaSO_4$	4.59	ZnS	21.5
SiO_2(amorph)无定形	2.7		

注：* 反应 $A_ZB_Y(s)=ZA^{Y+}+YB^{Z-}$ 的平衡常数。

K_{sp}的意义在于它表明：在微(难)溶性离子化合物的水溶液中，各离子平衡浓度的乘积是一个常数，但各离子浓度的幂次必须与其在离子方程式中的计量系数相等。

从溶度积常数方程式可以看出，K_{sp}与其化合物的溶解度之间存在数量关系。当二者中的一个为已知值时，另一个可计算求得。

例如，测定出10℃下 $CaCO_3$ 在水中的溶解度为 6.6×10^{-5}mol/L，列出溶解反应

$$CaCO_3(s)=Ca^{2+}+CO_3^{2-} \tag{2.3}$$

从反应式(2.3)看到，每溶解1mol $CaCO_3$ 时，有1mol Ca^{2+} 和1mol CO_3^{2-} 进入溶液。因此，当 6.6×10^{-5}mol/L 的 $CaCO_3(s)$溶解时，Ca^{2+} 和 CO_3^{2-} 的平衡浓度必定等于 6.6×10^{-5} mol/L。于是计算这种条件下 $CaCO_3$ 的溶度积：$K_{sp}=[Ca^{2+}][CO_3^{2-}]=6.6\times10^{-5}\times6.6\times10^{-5}\approx10^{-8.36}$。

又如，已知 $CaCO_3$ 在25℃时的 $K_{sp}=10^{-8.42}$，从上例溶解反应看到，每溶解1mol $CaCO_3$ 时，有1mol Ca^{2+} 和1mol CO_3^{2-} 进入溶液。按此计量关系，设：$CaCO_3$的溶解度$=x$(mol/L)，则相应的$[Ca^{2+}]=x$；$[CO_3^{2-}]=x$，于是 $K_{sp}=[Ca^{2+}][CO_3^{2-}]=x\times x=x^2$，即 $10^{-8.42}=x^2$，解出 $x=6.166\times10^{-5}$(mol/L)，这就是，25℃时 $CaCO_3$ 的溶解度为 6.166×10^{-5}mol/L。

应当指出，由于没有考虑溶液的离子强度影响，此处的计算结果往往要比实际测定的溶解度偏小。

天然水化学中许多无机化合物的溶度积已经确定。例如，在25℃时有下列关系

$$CaSO_4：K_{sp}=[Ca^{2+}][SO_4^{2-}]=6.1\times10^{-5}$$

$$MgCO_3：K_{sp}=[Mg^{2+}][CO_3^{2-}]=1.0\times10^{-5}$$

$$FeS：K_{sp}=[Fe^{2+}][S^{2-}]=4.0\times10^{-19}$$

但是，应用这些数据时必须十分谨慎。从定义上讲，溶度积代表一个可逆平衡。固体是纯的，并且具有已知的晶体结构。平衡式中所包括的离子具有特定形式，当其用方括号表示时，它们与其热力学浓度（活度）相一致。

为了使溶度积的计算值与实测浓度相协调，必须作一些调整，这里用石膏的溶度积加以说明

$$CaSO_4\cdot2H_2O=Ca^{2+}+SO_4^{2-}+2H_2O$$

当我们希望对石膏的饱和溶液进行特殊的水分析时，如果能够得到该水温下的热力学数据，而且所分析的离子浓度精确地代表了实际存在的物质，那么此分析则能够提供足够的信息以便计算离子强度和活度系数。然而，由于离子之间相互作用而产生离子对，并不能用分析数据直接计算 Ca^{2+} 和 SO_4^{2-} 的活度

$$CaSO_4=Ca^{2+}+SO_4^{2-}$$

上述稳定离子对的可逆反应平衡表达式为

$$K=\frac{[Ca^{2+}]\ [SO_4^{2-}]}{[CaSO_4]} \tag{2.4}$$

将 Ca^{2+} 和 SO_4^{2-} 的总分析浓度转换成活度的数学表达式为

$$C_{Ca}^{2+}(all)=\frac{[Ca^{2+}]}{\gamma_{Ca^{2+}}}+\frac{[CaSO_4]}{\gamma_{CaSO_4}} \tag{2.5}$$

$$C_{SO_4}^{2-}(all)=\frac{[SO_4^{2-}]}{\gamma_{SO_4^{2-}}}+\frac{[CaSO_4]}{\gamma_{CaSO_4}} \tag{2.6}$$

如果不存在能与钙或硫酸盐形成络合物的其他离子，式(2.4)、式(2.5)和式(2.6)就可以恰当地描述水中的化学物质种类。平衡常数可以从 Smith 和 Ness (1975)等编辑的数据中得到，$C_{Ca^{2+}}$ 和 $C_{SO_4^{2-}}$ 已知，假定不带电离子对的活度系数 γ_{CaSO_4} 为 1，那么还剩下 5 个未知项，其中包括 2 个活度系数，可先用忽略存在 $CaSO_4$ 离子对的方法，初步对未知项进行估算。这样，还有三个需要确定的未知项，用三个方程可以同时解出。

然后用方程中计算出的 $CaSO_4$ 的活度校正初估的离子强度值，重复整个计算过程，直到再重复计算也不会改变钙和硫酸根的活度计算值为止，然后可以计算出活度积，并与石膏的溶度积比较。

当存在大量的其他阳离子和阴离子时，必须考虑更多的离子对，将它们加入到 $C_{Ca^{2+}}$ 和 $C_{SO_4^{2-}}$ 的方程中，计算时需要包括这些离子对的稳定平衡。从原理上讲，此法可用于非常复杂的系统，实际应用时需要用电子计算机计算这些方程。

4）影响矿物溶解度的因素

矿物在天然水中的溶解度不仅取决于矿物自身的性质，而且与水溶液的物理化学条件有密切关系。在不同的地震地球化学条件下，许多矿物的溶解行为会有显著的差别，甚至极不相同。实际上，矿物的自身性质并不是孤立的，而是对一定的环境而言的。例如，方解石($CaCO_3$)易溶于酸性水，而在碱性水中是不溶的。这就是说，方解石的溶解行为是其化学组成与水溶液组成综合作用的统一，并与温度和压力以及天然地震水的动力学因素有关。因此，要全面讨论矿物在天然地震水中的溶解(还包括生成沉淀)行为，就需要运用质量作用定律和平衡理论等广泛的知识。地震水的温度、压力、pH、Eh、离子强度、盐效应等都是影响因素，并且相互影响，共同控制天然地震水的溶解性能。

本部分的讨论限于几个方面的单因素分析。这些将是地震包裹体水溶液地球化学分析的理论基础。

a）溶液离子强度的影响

根据溶度积常数关系式计算出的固体矿物溶解度常常比实验结果偏小。本部分要讨论产生这种现象的原因。

在平衡常数的定义中已经明确：以组分体积摩尔浓度(C)为基础表示的平衡常数 K_c，不仅是温度和压力的函数，而且与溶液的浓度有关，即 $K_c=f(T,P,n_i,\cdots)$。在温度、压力恒定的条件下，K_c才是真正的常数；K_c在组分浓度很低(满足亨利定律)时趋近于 K_c，而随溶液浓度增大，偏离 K_c 越远。由此可见，用式(2.2)表述的溶度积规则只限于稀溶液，也就是难溶矿物的电解质溶液。因为在这种情况下，组分的浓度十分接近于活度，$K_{sp}=K_c$。如果矿物的溶解度较大，溶液中组分的浓度明显大于活度，按照式(2.2)用浓度代替活度的计算结果就会产生显著的偏差。由于造成浓度与活度相偏离的原因来源于溶液离子强度(I)的作用，所以把离子强度视为矿物溶解度的影响因素(李宽良，1993)。

b）盐效应

以上的讨论限于矿物在纯水中的溶解问题。如果溶剂不是纯水，而是含有其他盐类的水溶液，或者在矿物的溶液中加入其他盐类时，则“离子氛”的效应将更为显著，称之为盐效应(Adamson，1976)。

根据“离子氛”理论可知，盐效应就是含盐溶液导致难溶矿物溶解度增大的效应。由此可见，许多难溶性金属矿物在地下深处的高矿化度水中，可以在盐效应的作用下有相当大的溶解量，从而成为高矿化度的溶液。

c）同离子效应

同离子效应导致难溶矿物的溶解度降低。这可以通过下面的例子来说明

$$CaF_2(s)=Ca^{2+}+2F^-$$

在溶解平衡状态下，如果向溶液中加入 NaF，也就是增加 F^- 浓度，根据吕·

查德里原理可知，平衡将向生成 CaF_2(s)的方向移动，于是 CaF_2 的溶解度便会降低。若加入 $CaCl_2$，则因 Ca^{2+} 浓度增加而同样使 CaF_2 的溶解度降低。这种增加相同离子导致难溶矿物溶解度降低的作用，称为同离子效应（伍德和弗雷泽，1981）。

自然界中同离子效应广泛存在，特别是地下地震水的混合带往往由于同离子效应而生成金属矿物沉淀（李宽良，1993）。这就是地下地震水混合作用的结果之一。

d）温度影响

只要通过化合物的溶解反应热效应（ΔH）分析，或者计算温度变化对溶解反应平衡常数的影响，就可以获知温度对矿物溶解度的影响。

例如，把溶解反应用下列通式表示

$$AB(s)=A^{n+}+B^{n-}$$

或者

$$AB(s)=AB^0(aq)$$

如果溶解反应的 $\Delta H>0$，即表示溶解为吸热过程，那么温度升高时将使矿物的溶解度增大；反之，若 $\Delta H<0$，即溶解为放热过程，则降低温度时溶解度增大。前一种情况是多数固体的特性，而后一种情况在水溶液地球化学中也相当重要。例如

$$\begin{array}{lccccccccc} & CaCO_3(s) & + & CO_2(g) & + & H_2O & = & Ca^{2+} & + & 2HCO_3^- \\ \Delta H^0: & -1206875 & & -393512 & & -285830 & & -542958 & & -691992 \end{array}$$

则

$$\begin{aligned}\Delta H^0_{298}&=2\Delta H^0_{HCO_3^-}+\Delta H^0_{Ca^{2+}}-\Delta H^0_{CaCO_3}-\Delta H^0_{CO_2}-\Delta H^0_{H_2O}\\&=-40725\ (J\cdot mol^{-1})\end{aligned}$$

反应的 $\Delta H<0$，表明 $CaCO_3$ 溶于碳酸水时为放热过程，在低温下有利于石灰岩溶解于水，而温度升高时会导致石灰华的生成。这与我们经常见到自然界石灰岩裂隙水作用完全相符。

上述简单的计算就可以对方解石在一定条件下的溶解及沉淀作用与温度的关系作出十分有效的判断，其实质也就是矿物溶解度（在指定条件下）与温度的关系。上述原理只不过是简单的定性说明，确切的定量关系应当根据矿物溶解反应的 $\Delta H(T)$、$\Delta G^0(T)$和 $K^0(T)$，才能获得在给定介质中溶解度与温度的关系。

2. 饱和度和硬度

1）饱和度

饱和度（S）可理解为难溶矿物在地下水溶液中的饱和程度（Stanley，1985）。

如果把溶解反应写为

$$AB(s) = A^{n+} + B^{n-} \tag{2.7}$$

则定义

$$S = \frac{[A^{n+}][B^{n-}]}{K_{sp}} \tag{2.8}$$

式中，K_{sp}为难溶矿物的溶度积；$[A^{n+}]$、$[B^{n-}]$为溶解组分的实际浓度，严格地讲，应该用活度表示，即 $\alpha_{A^{n+}}$ 和 $\alpha_{B^{n-}}$。

显然，S 的大小可以指示溶液的三种饱和状态：若 $S<1$，表示溶液为溶解过程且为不饱和状态；若 $S=1$，表示溶液为溶解平衡且为饱和状态；若 $S>1$，表示溶液生成沉淀且为过饱和状态。S 越小，表示溶液越不饱和；S 越大，表示溶液越过饱和。这反映着溶解组分的稳定性和地下水的溶解能力。

另外，还可以用对数形式表示溶液的饱和程度，称为饱和指数(SI)(Stanley，1985)，即

$$SI = \log(S) \tag{2.9}$$

饱和度或饱和指数的热力学含义可以由下列推导公式进一步分析。

根据反应热力学的范特霍夫(Wen't Hoff)等温式(Smith and Van Ness，1975)，上述溶解反应得到

$$\Delta G = \Delta G^0 + RT\ln([A^{n+}]\cdot[B^{n-}]) \tag{2.10}$$

以 $\Delta G^0 = -RT\ln K_{sp}^0$代入式(2.10)

$$\Delta G = -RT\ln K_{sp}^0 + RT\ln([A^{n+}]\cdot[B^{n-}])$$
$$= RT\ln\frac{[A^{n+}][B^{n-}]}{K_{sp}^0} = 2.303RT(SI)$$

或

$$SI = \frac{\Delta G}{2.303RT} \tag{2.11}$$

可见，SI 可以指示天然水溶液状态：若 SI>0，表示溶液为溶解过程且为不饱和状态；若 SI=0，表示溶液为溶解平衡且为饱和状态；若 SI<0，表示溶液生成沉淀且为过饱和状态。饱和度或饱和指数便成为地下水与岩石溶解-沉淀反应的特定热力学判据。

由于反应的 ΔG 是温度、压力和组成的函数，因此天然水溶液的溶解和饱和状态与温度、压力和组成有关。

石灰岩在天然地震水中溶解作用主要有下列反应：

$$CaCO_3(s) = Ca^{2+} + CO_3^{2-}$$

根据饱和度的定义得出

$$S_{CaCO_3} = \frac{\{Ca^{2+}\}\{CO_3^{2-}\}}{K_{sp}^0}$$

由于水中 CO_3^{2-} 含量极小，不能准确测定，把[CO_3^{2-}]转换为[HCO_3^-]，对按照 $HCO_3^- = H^+ + CO_3^{2-}$(其中平衡常数 K_2^0)获得

$$S_{CaCO_3} = \{Ca^{2+}\}\{HCO_3^-\} \cdot 10^{pH} K_2^0 / K_{sp}^0 \tag{2.12}$$

为了获得水溶液中 Ca^{2+} 和 HCO_3^- 的真实浓度，可以借助于热力学平衡模式进行计算。考虑了包裹体捕获时 Ca^{2+} 的配合作用以及阳离子之间争夺配位体的反应，主要有下列 4 个(当在标准压力和 25℃时)

$$Ca^{2+} + HCO_3^- = CaHCO_3^+ \qquad K_{25℃} = 10^{0.87} \tag{2.13}$$

$$\{CaHCO_3^+\} = 10^{0.87}\{Ca^{2+}\}\{HCO_3^-\}$$

$$Ca^{2+} + SO_4^{2-} = CaSO_4^0(aq) \qquad K_{25℃} = 10^{2.31} \tag{2.14}$$

$$\{CaSO_4^0\} = 10^{2.31}\{Ca^{2+}\}\{SO_4^{2-}\}$$

除了 Ca 成分，石灰岩中有少量 Mg 成分,有下列反应。

$$Mg^{2+} + HCO_3^- = Mg\ HCO_3^+ \qquad K_{25℃} = 10^{1.195} \tag{2.15}$$

$$\{MgHCO_3^+\} = 10^{1.195}\{Mg^{2+}\}\{HCO_3^-\}$$

$$Mg^{2+} + SO_4^{2-} = Mg\ SO_4^0(aq) \qquad K_{25℃} = 10^{2.36} \tag{2.16}$$

$$\{MgSO_4^0\} = 10^{2.36}\{Mg^{2+}\}\{SO_4^{2-}\}$$

在式(2.12)～式(2.15)中包含 8 个未知量，为求解这些方程式，还需要根据体系中的物质反应平衡原理，写出以下关系式

$$[Ca^{2+}] = [Ca^{2+}] + [CaHCO_3^+] + [CaSO_4^0] \tag{2.17}$$

$$[Mg^{2+}] = [Mg^{2+}] + [MgHCO_3^0] + [MgSO_4^0] \tag{2.18}$$

$$[HCO_3^-] = [HCO_3^-] + [CaHCO_3^+] + [MgHCO_3^+] \tag{2.19}$$

$$[SO_4^{2-}] = [SO_4^{2-}] + [CaSO_4^0] + [MgSO_4^0] \tag{2.20}$$

式中，{ }表示活度；[ ]表示浓度。

式(2.12)～式(2.19)联立构成该水样的平衡模式。在计算出相应的活度系数后，将式(2.16)～式(2.19)中各组分的浓度修正为活度，采用循环迭代法在计算机上求解各组分的平衡浓度，于是得知：$[Ca^{2+}] = 2.10 \times 10^{-3}$ mol/L；$[HCO_3^-] = 5.38 \times 10^{-3}$ mol/L；$[Mg^{2+}] = 0.65 \times 10^{-3}$ mol/L；$[SO_4^{2-}] = 0.14 \times 10^{-3}$ mol/L。

将 Ca^{2+} 和 HCO_3^- 的浓度换算成活度：$\{Ca^{2+}\} = 2.10 \times 10^{-3} \times 0.69 = 10^{-2.84}$ mol/L；$\{HCO_3^-\} = 5.38 = 10^{-3} \times 0.907 = 10^{-2.31}$ mol/L。

于是，把$\{Ca^{2+}\}$和$\{HCO_3^-\}$值代入式(2.12)中，另外将测定的包裹体水溶液pH=7.6、$K_2{}^0=10^{-10.33}$和$K_{sp}^0=10^{-8.29}$同时代入，便可求得石灰岩中$CaCO_3$的饱和度：$S_{CaCO_3}=\{Ca^{2+}\}\{HCO_3^-\}\cdot 10^{pH}\cdot K_2{}^0/K_{sp}^0=10^{-2.84}\times 10^{-2.31}\times 10^{-7.6}\times 10^{-10.33}/10^{-8.29}=2.6$。

结果表明，当在标准压力和25℃时，水中$CaCO_3$为过饱和。它比直接使用分析数值计算的数值($S_{CaCO_3}=2.9$)要小，其原因是：在分析时，水溶液中Ca^{2+}离子也包括了$CaHCO_3^+$等配合物和胶体中的钙，HCO_3^-浓度值也包括了$CaHCO_3^-$等组分中的HCO_3^-。

很多地震水化学过程总是与气相环境中的$CO_2(g)$发生交换作用，因此，在这种情况下，计算方解石的S，应当以下述的三相体系为基础

$$CaCO_3(s)+CO_2(g)+H_2O=Ca^{2+}+2HCO_3^- \qquad (2.21)$$

$\Delta G_{298}^0=33094.0\ (J\cdot mol^{-1})$；$\Delta H_{298}^0=-40724.27\ (J\cdot mol^{-1})$；$\Delta S_{298}^0=-247.19(J\cdot mol^{-1}\cdot K^{-1})$。

当在标准压力相应的饱和度计算式为(Stanley，1985)

$$S_{CaCO_3}=J_a/K_a=\{Ca^{2+}\}\{HCO_3^-\}^2/(p_{CO_2}/p^0)\cdot K^0 \qquad (2.22)$$

在考虑CO_2发生交换作用时，方解石在天然水中的饱和度一般应按式(2.22)计算，$\{Ca^{2+}\}$和$\{HCO_3^-\}$可采用平衡模式来确定；p_{CO_2}为包裹体水溶液与主矿物(一般为方解石)平衡态p_{CO_2}值，可利用$CO_2(g)$的溶解度方程确定；体系的平衡常数K是温度的函数，可利用热力学数据计算确定。如果直接使用水样的化学分析资料([Ca^{2+}]和[HCO_3^-])计算S，所得结果将偏大。

在上述计算中已经得到$\{Ca^{2+}\}=10^{-2.84}$mol/L；$\{HCO_3^-\}=10^{-2.31}$mol/L；标准压力大气中$p_{CO_2}=20.5$Pa；25℃时$K_{25℃}=10^{-5.8}$，由相应的饱和度式计算：$S_{CaCO_3}=\{Ca^{2+}\}\{HCO_3^-\}^2/(p_{CO_2}/p^0)\cdot K^0=10^{-2.84}\times(10^{-2.31})^2/(20.5/101325)\times 10^{-5.8}=10^{2.034}=108.14$；SI=2.034。

结果表明饱和度(S)比较大，说明水对石灰岩溶蚀力比较强。饱和指数(SI)>0，表示溶液为过饱和状态。

如果在冬天，温度为5℃时$K_{5℃}=10^{-5.26}$，由相应的饱和度式计算：$S_{CaCO_3}=\{Ca^{2+}\}\{HCO_3^-\}^2/(p_{CO_2}/p^0)\cdot K^0=10^{-2.84}\times(10^{-2.31})^2/(20.5/101325)\times 10^{-5.26}=10^{1.49}=30.9$；SI=1.49。

结果表明饱和度(S)小一些，说明冬天温度降低水对石灰岩溶蚀力变小。溶液也为过饱和状态。饱和度(S)或饱和指数(SI)在地震水文地球化学中有重要应用。

2) 硬度

地下水的硬度取决于地下水中Ca^{2+}和Mg^{2+}的含量。硬度分为总硬度、暂时

硬度和永久硬度。总硬度指水中所含 Ca^{2+} 和 Mg^{2+} 的量。将水加热煮沸后，水中部分 Ca^{2+} 和 Mg^{2+} 将与 HCO_3^- 反应生成 $CaCO_3$ 和 $MgCO_3$ 并沉淀，随碳酸盐沉淀的这部分 Ca^{2+} 和 Mg^{2+} 的量即为暂时硬度。永久硬度指将水加热煮沸后，水中残留的 Ca^{2+} 和 Mg^{2+} 的量，在数值上等于总硬度与暂时硬度之差。一般来说，永久硬度相当于水中与 SO_4^{2-}、Cl^- 等离子相对应的 Ca^{2+} 和 Mg^{2+} 的量。

硬度通常用“度”来表示，其单位有多种，如德国度、法国度、英国度及苏联度等。我国一般采用德国度。根据硬度可以将地下水分为极软水、软水、微硬水、硬水、极硬水 5 类(表 2.3)。

表 2.3　地下水的硬度分类(Francois，1983)

项目	极软水	软水	微硬水	硬水	极硬水
德国度	＜4.2	4.2～8.4	8.4～16.8	16.8～25.2	＞25.1

3. 酸度和碱度

酸度和碱度是地震构造水及天然水的重要特征指标。地震流体水溶液酸碱度是和溶液组分、氧逸度、温度及压力同等重要的物理化学参数。由于金属在电解质溶液中存在形式的不同，溶液酸碱度的变化对金属活化和沉淀的作用也不同，有的甚至完全相反。

溶液的酸碱度直接控制着溶解元素的活化量、迁移形式及其稳定性。许多实验研究结果都证明了溶液的酸碱度在地震构造水中的作用。例如，有的实验岩石中 Fe^{2+} 或 Fe^{3+} 析出量随着反应溶液酸度值减小而增加。另外一些实验中，却出现了 Na^+、K^+、Ca^{2+}、Mg^{2+}、NO_3^-、SO_4^{2-} 等含量随着溶液的酸度增大而增加的现象；Cl^-、ΣFe、SiO_2 含量随着酸度增大反而减少；显然这是由于不同离子或化合物的性质对酸碱度适应性不同之故。同时，水溶液酸碱度的大小与金属离子络合物形式密切相关。

1）酸度和碱度化学基础

根据布朗斯特德-劳莱(Bronsted-Lowry)的酸碱质子理论(Stumm and Morgan，1981)，有如下对酸和碱的定义。

酸是能给出(donate)H^+(或称为质子)的物质，碱是能接受(accept)质子的物质。对于下面的酸碱反应，看哪些物质为酸、哪些物质为碱。

$$HA + B^- = HB + A^-$$

正反应过程中 HA 给出质子，B^- 接受质子，生成 HB 和 A^-，逆反应过程中，HB 给出质子，A^- 接受质子。生成 HA 和 B^-，故该系统中 HA、HB 均为酸，B^-、A^- 均为碱。

对于 HA-A^- 或 HB-B^- 这样的酸碱对有一个专门名称，称为共轭酸碱对(acid-conjugate hase part)，常见的共轭酸碱对见表 2.4，HA 作为酸，要给出质子，有如下电离反应

$$HA = H^+ + A^- \qquad K_a = \frac{[H^+][A^-]}{[HA]} \tag{2.23}$$

K_a称为酸平衡常数。

A^-作为碱要接受质子，有如下水解反应

$$A^- + H_2O = HA + OH^- \qquad K_b = \frac{[HA][OH^-]}{[A^-]} \tag{2.24}$$

K_b称为碱平衡常数。

这里需要说明的是，文中如无特别说明，均忽略离子强度的影响，以浓度代替活度。

表 2.4 常见的酸碱和相关的平衡常数(Stumm and Morgan，1981)

酸	$-\lg K_a = pK_a$	共轭碱	$-\lg K_b = pK_b$
$HClO_4$	−7	ClO_4^-	21
HCl	−3	Cl^-	17
H_2SO_4	−3	HSO_4^-	17
HNO_3	0	NO_3^-	14
H_3O^+	0	H_2O	14
HIO_3	0.8	IO_3^-	13.2
HSO_4^-	2	SO_4^{2-}	12
H_3PO_4	2.1	$H_2PO_4^-$	11.9
$Fe(H_2O)_6^{3+}$	2.2	$Fe(H_2O)_5OH^{2+}$	11.8
HF	3.2	F^-	10.8
HNO_2	4.5	NO_2^-	9.5
CH_3COOH	4.7	CH_3COO^-	9.3
$Al(H_2O)_6^{3+}$	4.9	$Al(H_2O)_5OH^{2+}$	9.1
H_2CO_3	6.3	HCO_3^-	7.7
H_2S	7.1	HS^-	6.9
$H_2PO_4^-$	7.2	HPO_4^{2-}	6.8
$HOCl$	7.5	OCl^-	6.5
HCN	9.3	CN^-	4.7
H_3BO_3	9.3	$B(OH)_4^-$	4.7
NH_4^+	9.3	NH_3	4.7
H_4SiO_4	9.5	$H_3SiO_4^-$	4.5

续表

酸	$-\lg K_a = pK_a$	共轭碱	$-\lg K_b = pK_b$
C_6H_5OH	9.9	$C_6H_5O^-$	4.1
HCO_3^-	10.3	CO_3^{2-}	3.7
HPO_4^{2-}	12.3	PO_4^{3-}	1.7
$H_3SiO_4^-$	12.6	$H_2SiO_4^{2-}$	1.4
HS^-	14	S^{2-}	0
H_2O	14	OH^-	0
NH_3	−23	NH_2^-	−9
OH^-	−24	O^{2-}	−10

从表 2.4 中可看出对于每一组共轭酸碱对都有如下规律

$$K_a K_b = K_w \tag{2.25}$$

这是因为

$$K_a K_b = \frac{[H^+][A^-]}{[HA]} \cdot \frac{[HA][OH^-]}{[A^-]} = [H^+][OH^-] = K_w$$

K_w 称为水的离子积(ion product)，25℃时 $K_w = 10^{-14}$ 可以从标准生成自由能推得。

pH 的定义为 H^+ 活度的负对数，在忽略离子强度影响时，即

$$pH = -\lg[H^+]$$

则水的离子积为

$$K_w = [H^+][OH^-] \tag{2.26}$$

两边取负对数：

$$-\lg K_w = -\lg[H^+] - \lg[OH^-]$$

p 是表示负对数的一个符号，则

$$pK_w = pH + pOH$$

因此水中 pH 与 pOH 之和总是等于 14。

水溶液中的酸碱反应速率一般都非常快，H^+ 与 OH^- 反应生成水是水溶液中已知的最快反应。

$$H^+ + OH^- = H_2O$$

该反应是基元反应，反应速率为

$$r = k[H^+][OH^-]$$

25℃时该反应速率常数 $k = 1.4 \times 10^{11}\ L \cdot mol^{-1} \cdot g^{-1}$。

2）碱度

碱度定义为水中所含的能与酸发生中和反应的能力。碱度必须用强酸滴定来测定，滴定终点的 pH 是指水中的所有溶质与酸反应完全的 pH。

表 2.5 为含 CO_2 水溶液与方解石反应的平衡常数，温度为 0～200℃，离子强度 0.0。1 为水的离解：$K_w = [H^+][OH^-]$（Ackerman，1958）；2 为水中 CO 溶解的 Henry 常数：$K_h = [H_2CO_3]/P_{CO_2}$（James，1982；Harned 和 Davis，1943）；3 为碳酸的一级离解常数：$K_1 = [HCO_3^-][H^+]/[H_2CO_3]$（James，1982；Harned 和 Davis，1943）；4 为碳酸的二级离解常数：$K_2 = [CO_3^{2-}][H^+]/[HCO_3^-]$（James，1982；Harned 和 Scholes，1941）；5 为方解石的溶解度常数：$K_s = [Ca^{2+}][HCO_3^-]/[H^+]$（根据 Jacobson 和 Langmuir 资料计算得到，1974）。

表 2.5　$CaCO_3 + H_2O + CO_2$ 体系的平衡常数（Stumm and Morgan，1981）

T/℃	$\log K_w$	$\log K_h$	$\log K_1$	$\log K_2$	$\log K_s$
0	−14.955	−1.114	−6.579	−10.625	2.274
10	−14.543	−1.270	−6.464	−10.490	2.131
20	−14.161	−1.406	−6.381	−10.377	1.983
30	−13.833	−1.521	−6.327	−10.290	1.837
40	−13.533	−1.620	−6.298	−10.220	1.685
50	−13.263	−1.705	−6.285	−10.172	1.537
100	−12.27	−1.99	−6.45	−10.16	
150	−11.64	−2.07	−6.73	−10.33	
200	−11.28	−2.05	−7.08	−10.71	

a）地震水溶液水的碱度

几乎在所有的天然水中，碱度都是由溶解性 CO_2、HCO_3^- 和 CO_3^{2-} 产生的，本书及目前的地球化学文献中的分析结果都是根据 HCO_3^- 和 CO_3^{2-} 的当量来决定水溶液中的碱度。

除含高 pH 水（大于 9.50）和含有异常化学组分的水之外，一般认为天然水的碱度主要由溶解性 HCO_3^- 和 CO_3^{2-} 构成的，没有大的误差。上述异常组分尤其指含有石油、天然气或水中含有的有机碳。某些油田中的短链脂肪酸阴离子也对被滴定的碱度有重要贡献。

b）地震水溶液碱度的来源

产生地表水和地下水碱度的主要来源是大气中的 CO_2 或存在于土壤及地表与地下水位间的非饱和带中的 CO_2。大气中 CO_2 含量接近 0.03%（体积百分比）。土壤及非饱和带中的气体成分主要是 CO_2，它通常由植物的呼吸和有机物的氧化而产生。

某些天然水中 CO_2 可能有其他来源，包括物体内硫酸盐的生物还原和碳酸盐的变质。在某些地区可认为是由地表以下15km或更深的岩石的脱气(释放气)作用形成的。有时从稳定同位素($\delta^{13}C$)的数据也可获得一些这种来源的指示。

Carothers 和 Kharaka(1980)通过研究15个油气田中溶解性 HCO_3^- 的 $\delta^{13}C$，得出结论：乙酸和其他短链丙酸的脱羧作用是这些水中 CO_2 的主要来源，这个过程也产生甲烷及其他碳氢化合物。

CO_2 类物质参与控制天然水pH的重要反应。在反应中，与碱度有关的物质如水合 CO_2、$H_2CO_3(aq)$、HCO_3^- 及 CO_3^{2-} 和直接与pH有关的 H^+、OH^- 之间的反应相对较快，能够用化学平衡模型来加以评价。溶质和需穿越气液相边界的 CO_2 气体间的平衡速率较慢，故暴露于大气的水体并不是任何时候都处于平衡状态。海洋是保持大气中 CO_2 含量的主要因素。值得注意的是习惯上用碳酸(H_2CO_3)代表所有溶解性的未离解的 CO_2。实际上，仅有约0.01%的溶解性 CO_2 以这种形式存在。在对这些系统的讨论中，使用 H_2CO_3 较方便，名称术语的选择对最终结果没有实际影响(Carothers and Kharaka，1980)。

图2.1总结了溶解性 CO_2 类物质和pH的关系，即 CO_2 类物质分布图。图2.1中不同温度的曲线是通过一、二级离解平衡表达式计算出来的

$$\frac{[HCO_3^-]}{[H_2CO_3]}=K_1[H^+]^{-1}$$

$$\frac{[CO_3^{2-}]}{[HCO_3^-]}=K_2[H^+]^{-1}$$

假定总碱度是 CO_3^{2-} 和 HCO_3^- 活度的和。pH＞10时，OH^- 对碱度的贡献变得不能忽略，此时 OH^- 的活度大约为1.7 mg/L，其对碱度的贡献也很重要。

图2.1指出 CO_2 组分对碱度下降到pH为4.0的贡献较小。HCO_3^- ∶ H_2CO_3 随温度和离子强度而变化，pH为4.4～5.4，图2.1也显示出了为什么低浓度的 CO_3^{2-} 不能用滴定法来准确测定。在 CO_3^{2-} 组分占总溶解性 CO_2 类物质的1%时，pH大约为8.1，一般把 CO_3^{2-} 的滴定终点放在这一pH上，这就是以 H_2CO_3 形式存在的量占总量1%时的pH。如果水中含有大量的 HCO_3^- 和少量的 CO_3^{2-}，在pH＝8.3附近的上下重叠部分使得测定近于mg/L级的 CO_3^{2-} 成为不可能的事。由于重叠，增加酸引起的pH变化可能是缓慢的而不是在这个终点的突变。通常，如果 CO_3^{2-} 浓度比 HCO_3^- 浓度低，可根据平衡方程计算 CO_3^{2-} 值，比滴定测定准确得多。

如前面有关pH和 $CaCO_3$ 平衡讨论中所指出的，pH及总碱度测定为计算离解的和未离解的 CO_2 类物质的活度提供了足够的数据。

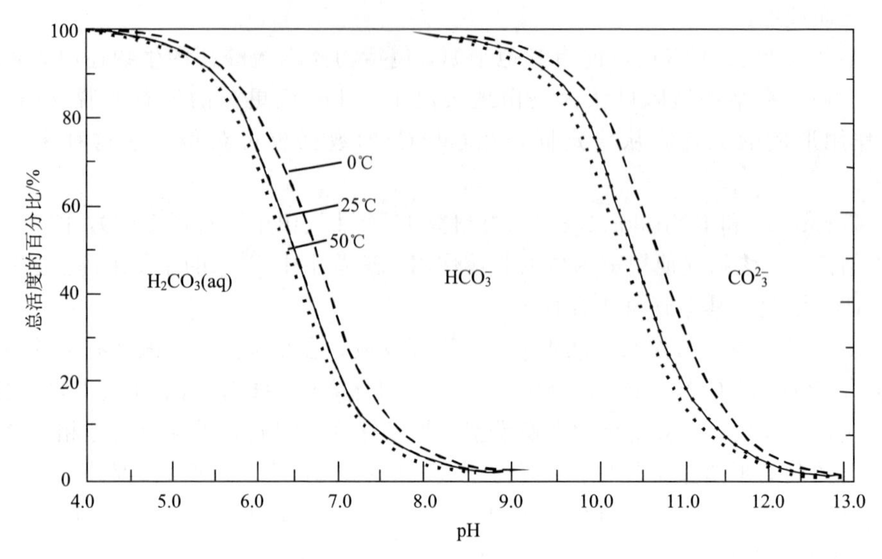

图 2.1　1 个标准大气压、不同温度下，溶解性 CO_2 类物质活度百分比与 pH 关系图(Butler，1982)

3）酸度

美国材料试验学会把水的酸度定义为“水介质的与氢氧根离子发生定量化反应的能力”。参照碱度的定义，除了把其中的 H^+ 替换为 OH^- 外，其他是一样的。正如讨论碱度时需要陈述 pH 滴定终点或用指示剂来判断碱度滴定的结果一样，测定酸度同样需要这些方法。然而，酸度滴定更难定量。因为有些金属，如铁能与滴定酸度的 OH^- 溶液反应形成低溶解度的氢氧化物，而且这种沉淀和水解反应很慢，使滴定终点不清楚。通常酸度滴定不能用于判定任何单个离子的含量或推断某个过程，常用其他方法分别测定造成酸度的溶质。因此，表示地震水溶液浓度的酸度测定值不能轻易地用在计算阴阳离子平衡中。相反，几乎对所有水，碱度测定值被定义为 CO_3^{2-} 和 HCO_3^- 浓度，并可在阴阳离子平衡计算中直接使用。

酸度的测定可提供一个地震构造流体活动可能的行为特性和演化程度的指标。酸性水可能有高侵蚀性，即它对许多固体有较强的反应能力以促进溶解，在天然及人工环境中都可能碰到这种情况。

a）地震水溶液酸度的来源

在地热区，由于溶解了火山气体，出现了天然的酸性水。人类燃烧排入大气的产物中也存在低浓度的类似气体，并且一般认为，正是这些气体造成许多工业区出现了 pH 较低的雨水。

许多地区产生强酸的另一个主要原因是矿山开采暴露于空气中的含硫矿物的

氧化。有些地区近地表的天然沉积物中含有足够多的还原性矿物，降低了天然径流的 pH，通常该类矿物的氧化过程产生 H^+。

弱酸及其溶质可能有助于增加酸度或碱度或使两者均增加，它取决于离解时的 pH。这样，当滴定到 pH=8.3 时，H_2CO_3 转化为 HCO_3^-，它是酸度的一部分。

$$H_2CO_3 + OH^- = HCO_3^- + H_2O$$

但硅酸 $Si(OH)_4$(或常表达为 SiO_2)在 pH<8.3 时不发生显著的离解。滴定时有机酸和其离解产物的行为与 H_2CO_3 的行为相似。弱的有机酸大幅度增加酸度这一现象很少见。例如，当 pH=7.0 时，硫氢酸 $H_2S(aq)$转化为 HS^-。

金属离子的水解反应，如 Fe^{2+} 和 Fe^{3+}，当 pH=8.3 或更低时可能会消耗滴定时的碱。由溶解氧把 Fe^{2+} 氧化为 Fe^{3+} 也产生 H^+，提高了酸度。这些反应比较慢，如果存在大量溶解性金属，会干扰酸度滴定。在多数酸性水中造成这种现象的主要金属有铁和铝。

pH=3.0 或 pH<3.0 的水可能含有大量部分电离的硫酸，以 HSO_4^- 形式存在，更少见的是 pH 低时可能存在非离解性的 HF。

b) 地震水溶液的酸度

水质分析结果表明：不同地区的水溶液受到各种因子影响，水体的酸度有所不同。美国新墨西哥州火山岩附近的 Lemonade 泉水(水温为 65.6 ℃)，处于地热区，pH 为 1.9，那里有丰富的硫以及氧化和还原的含硫气体，该溶液大部分酸度是 HSO_4^- 造成的。其他地区的地热区，pH 为 5.2～11.78。

水溶液中常见物质的酸盐常数如表 2.6 所示。

表 2.6　水溶液中常见物质的酸碱常数(25℃)(Stumm and Morgan, 1981)

酸		$-\lg K_a = pK_a$	共轭碱		$-\lg K_b = pK_b$
$HClO_4$	高氯酸(perchloric acid)	−7	ClO_4^-	高氯酸根离子(perchlorate ion)	21
HCl	盐酸(hydrochloric acid)	−3	Cl^-	氯离子(chloride ion)	17
H_2SO_4	硫酸(sulfuric acid)	−3	HSO_4^-	硫酸氢根离子(bisulfate ion)	17
HNO_3	硝酸(nitric acid)	0	NO_3^-	硝酸根离子(nitrate ion)	14
H_3O^+	氢离子(hydronjuum ion)	0	H_2O	水(water)	14
HIO_3	碘酸(iodic acid)	0.8	IO_3^-	碘酸根离子(iodate ion)	13.2
HSO_4^-	硫酸氢根离子(bisulfate ion)	2	SO_4^{2-}	硫酸根离子(sulfate ion)	12
H_3PO_4	磷酸(phosphoric acid)	2.1	$H_2PO_4^-$	磷酸二氢根离子(dihydrogen phosphate ion)	11.9

续表

酸		$-\lg K_a = pK_a$	共轭碱		$-\lg K_b = pK_b$
$Fe(H_2O)_6^{3+}$	铁离子(ferric ion)	2.2	$Fe(H_2O)_5OH^{2+}$	水合铁(Ⅲ)配离子(hydroxo iron(Ⅲ) complex)	11.8
HF	氢氟酸(hydrofluoric acid)	3.2	F^-	氟离子(fluoride ion)	10.8
HNO_3	亚硝酸(nitrous acid)	4.5	NO_2^-	亚硝酸根离子(nitrite ion)	9.5
CH_3COOH	醋酸(acetic acid)	4.7	CH_3COO^-	醋酸根离子(acetate ion)	9.3
$Al(H_2O)_6^{3+}$	铝离子(aluminum ion)	4.9	$Al(H_2O)_5OH^{2+}$	水合铝(Ⅲ)配离子(hydroxo aluminum (Ⅲ) complex)	9.1
H_2CO_3	二氧化碳和碳酸(carbon dioxide and carbonic acid)	6.3	HCO_3^-	重碳酸根离子(bicarbonate ion)	7.7
$H_2S(aq)$	硫化氢(hydrogen sulfide)	7.1	HS-	硫氢根离子(bisulfide ion)	6.9
$H_2PO_4^-$	磷酸二氢根离子(dihydrogen phosphate)	7.2	HPO_4^{2-}	磷酸氢根离子(monohydrogen phosphate ion)	6.8
HOCl	次氯酸(hypochlorous acid)	7.5	OCl^-	次氯酸根离子(hypochlorite ion)	6.4
$HCN(aq)$	次氰酸(hypocyanide acid)	9.3	CN^-	氰离子(cyanide ion)	4.7
H_2BO_3	硼酸(boric acid)	9.3	$B(OH)_4^-$	硼酸根离子(borate ion)	4.7
NH_4^+	铵离子(ammonium ion)	9.3	$NH_3(aq)$	氨(ammonia)	4.7
H_4SiO_4	正硅酸(orthosilicic acid)	9.5	$H_3SiO_4^-$	硅酸三氢根离子(trihydrogen silicate ion)	4.5
C_6H_5OH	酚(phenol)	9.9	$C_6H_5O^-$	酚根离子(phenolate ion)	4.1
HCO_3^-	重碳酸根离子(bicarbonate ion)	10.3	CO_3^{2-}	碳酸根离子(carbonate ion)	3.7

续表

酸		$-\lg K_a = pK_a$	共轭碱		$-\lg K_b = pK_b$
HPO_4^{2-}	磷酸氢根 (monohydrogen phosphate)	12.3	PO_4^{3-}	磷酸根离子 (phosphate ion)	1.7
$H_3SiO_4^-$	硅酸三氢根 (trihydrogen siljcate)	12.6	$H_2SiO_4^{2-}$	硅酸二氢根离子 (dihydrogen silicate ion)	1.4
HS^-	硫氢根离子 (bisulfide ion)	14	S^{2-}	硫离子(sulfide ion)	0
H_2O	水(water)	14	OH^-	氢氧根离子 (hydroxide ion)	0
$NH_3(aq)$	氨(ammonia)	23	NH_2^-	氨离子(amide ion)	−9
OH^-	氢氧根离子 (hydroxide ion)	24	O^{2-}	氧离子(oxide ion)	−10

纯水中的氢离子是由水分子离解产生的，水的离解度很小，当水温为 22℃时，1000 万(10^7)个水分子之中只有一个水分子离解成一个氢离子(H^+)和一个氢氧根离子(OH^-)。在纯水中，H^+ 和 OH^- 的浓度是相等的，均为 10^7，水呈中性。当水中 H^+ 的浓度大于 OH^- 的浓度时，水呈酸性；当水中 H^+ 的浓度小于 OH^- 的浓度时，水呈碱性。

4. pH——氢离子的活度

1) pH 概念

地震水溶液的酸碱度表示水中氢离子浓度大小，一般用 pH 值表示。水溶液中不含有任何其他溶质的情况下，H_2O 分子也将被离解成 H^+ 和 OH^-，这个溶解过程是一个化学平衡，可用下式表达

$$H_2O\ (l) = H^+ + OH^- \tag{2.27}$$

通常，当水溶液很稀时，其活度被认为是不变的，那么常数 K_W 等于 H^+ 和 OH^- 的活度积。25℃时水的离子活度积以指数形式表示是 $10^{-14.000}$。K_W 的对数是−14.000，当水为中性时，根据定义$[H^+]=[OH^-]$，因此 pH=7.00，水呈中性。当水中 H^+ 的浓度大于 OH^- 的浓度时，水呈酸性；当水中 H^+ 的浓度小于 OH^- 的浓度时，水呈碱性。

一般地下水多呈弱酸性、中性或弱碱性。强酸性和强碱性的地下水比较少见。水中 CO_2 和 H_2S 的变化对水的 pH 影响较大。例如，深部热水一般近于中性，当热水向上运移时，由于温度、压力的下降，使水中 CO_2 和 H_2S 逸出，H^+

浓度减小，pH 增大。地下水的 pH 对各种元素的迁移和化学组分在水中的稳定性有很大的控制作用。

水溶液中 H^+ 的活度受产生和消耗 H^+ 的有关化学反应控制。溶解平衡适用于任何水溶液，但天然水中在溶质、固相、液相或其他液体物质间发生的许多其他平衡和非平衡反应也产生或消耗 H^+。天然水的 pH 通常是水参加的有关平衡反应状况的一个有用指示。

pH 是水中 H^+ 浓度的负对数，即

$$pH = -\lg[H^+] \tag{2.28}$$

当$[H^+]$为 10^{-7} 时，pH=7，水为中性；当$[H^+]$大于 10^{-7} 时，pH<7，水为酸性；$[H^+]$小于 10^{-7} 时，pH>7，水为碱性。按照酸碱度可将地下水分为五类：pH<5 为强酸性；pH=5～7 为弱酸性；pH=7 为中性；pH=7～9 为弱碱性；pH>9 为强碱性。

天然水的 pH 主要决定于溶解性 CO_2 和 H_2O 的反应，分以下三步

$$CO_2(g) + H_2O(l) = H_2CO_3(aq)$$

$$H_2CO_3(aq) = H^+ + HCO_3^-$$

$$HCO_3^- = H^+ + CO_3^{2-}$$

其中第二步和第三步产生 H^+，并且影响溶液的 pH。酸性溶质离解的其他反应包括

$$H_2PO_4^- = HPO_4^{2-} + H^+$$

$$H_2S(aq) = HS^- + H^+$$

$$HSO_4^- = SO_4^{2-} + H^+$$

水和固体物的许多反应消耗 H^+，如

$$CaCO_3(c) + H^+ = Ca^{2+} + HCO_3^-$$

也可以写为

$$CaCO_3(c) + H_2O(l) = Ca^{2+} + HCO_3^- + OH^-$$

它们通常被称为水解反应，所有这些反应都影响水的 pH 或受到水的 pH 影响。

形成沉淀的某些反应也影响 pH，如

$$Fe^{3+} + 3H_2O = Fe(OH)_3(c) + 3H^+$$

大多数氧化反应也与 pH 有关

$$FeS_2(c) + 8H_2O = Fe^{2+} + 2SO_4^{2-} + 16H^+ + 14e^- \tag{2.29}$$

这个反应需要某些物质来接受它所产生的电子，也就是说，当硫(S)被氧化时，某物质一定被还原。通常的氧化剂可能是大气中的氧，该完全反应方程的其

余部分为

$$7/2O_2 + 14e^- + 14H^+ = 7H_2O \tag{2.30}$$

合并式(2.29)和式(2.30)后得

$$FeS_2 + 7/2\ O_2 + H_2O = Fe^{2+} + 2SO_4^{2-} + 2H^+$$

如果水中 H^+、其他溶质，固相或气相的某一反应或一系列反应达到平衡，那么可根据化学平衡原理和一系列同时发生的反应方程式来计算最终的 pH。

在不平衡条件下，天然水的 pH 也能达到某一稳定值，该值可能受某一主要化学过程或一系列相关的化学反应的控制，在系统中获得最多的反应物并且反应速率为最快。

pH 受化学平衡控制的情况能够用简单的实例来加以说明，当纯水和含有 CO_2 的供给量稳定的气体接触时，如大气圈，CO_2 会被溶解达到一定的溶解度极限值，该值取决于温度和压力。前面已给出了在 25℃和 1 个标准大气压下，涉及水和水中溶解性 CO_2 之间的化学平衡方程。25℃和 1 个标准大气压下这些反应的平衡常数为

$$\frac{[H_2CO_3]}{P_{CO_2}} = K_h = 10^{-1.43} \tag{2.31}$$

$$\frac{[HCO_3^-][H^+]}{[H_2CO_3]} = K_1 = 10^{-6.35} \tag{2.32}$$

$$\frac{[H^+][CO_3^{2-}]}{[HCO_3^-]} = K_2 = 10^{-10.33} \tag{2.33}$$

$$[H^+][OH^-] = K_W = 10^{-14.00} \tag{2.34}$$

且其中电荷要求在溶液中必须达到阴阳离子平衡，表达方程为

$$C_{H^+} = C_{HCO_3^-} + 2C_{CO_3^{2-}} + C_{OH^-} \tag{2.35}$$

P_{CO_2} 是气相中 CO_2 的分压，即 CO_2 的体积百分数乘以大气的总压力，再被 100 除。方括号中的量是溶质的活度，单位是 mol/L，C 代表离子浓度，单位与活度相同。由于这是一个非常稀的溶液，溶质的离子活度和实际浓度基本上是相同的。

控制该系统的有 5 个方程、6 个变量(P_{CO_2} 和 5 个溶质活度)因此，如果确定了其中的 1 个变量，其他所有的变量也将被确定。大气中 P_{CO_2} 的均值是 $10^{-3.53}$，几乎接近常数，因此，当纯水和具有平均 CO_2 含量的空气接触时，那么纯水的 pH 便为一个定值，同时也决定了相应的其他离子的浓度。该条件下计算的 pH 为 5.65，0℃时 pH 为 5.60。

对于含有过量固体方解石 $CaCO_3$(c)的系统，除了应用四个质量平衡方程[式(2.31)～式(2.34)]外，还需增加一个方解石的溶解方程

$$\frac{[Ca^{2+}][HCO_3^-]}{[H^+]}=K_{eq} \tag{2.36}$$

当某一类溶质加入离子平衡方程时，如

$$2C_{Ca^{2+}}+C_{H^+}=C_{HCO_3^-}+2C_{CO_3^{2-}}+C_{OH^-} \tag{2.37}$$

那么系统的 6 个方程中有 7 个变量，如果能确定其中的 1 个，那么其他 6 个也就被确定了。例如，按照 Garrels 和 Christ(1964)给出的计算结果，在该系统达到平衡时，如果气相是普通的空气，15℃时 pH 为 8.4。

Garrels 和 Christ(1964)给出了有关碳酸盐不同条件的计算，明确指出如何计算平衡时的 pH。尽管这种研究天然水化学组成的方法有许多优点，但假定天然水的 pH 总是受碳酸盐平衡的控制是不一定完全符合实际的(Garrels and Christ，1964；Angus et al.，1985)。

2）地震水溶液的 pH

25℃纯水的 pH 为 7.00。世界上多数地下水的 pH 大约为 6.0～8.5。但温泉水的 pH 常比较低。水的 pH 一般不大于 9.0，但有例外。在温泉水中测得的 pH 高达 11.6 (Feth et al.，1961)和 12.0(Barnes and O'Neil，1969)。Barnes 和 O'Neil(1969)所研究的高 pH 水是由降水和过量的铁镁质岩石反应形成的，该反应产生蛇纹岩。很明显这些反应消耗的 H^+ 比任何 CO_2 入流所供给的 H^+ 都快。相反，某些温泉水的 pH 低于 2.0。没有受到污染影响的河水的 pH 为 6.5～8.5。水生生物白天进行光合作用吸收溶解性 CO_2，夜间呼吸释放 CO_2，pH 在不断波动，Loren 和 Stuart(1980)在研究中相继发现了河水的 pH 等随光照强度的昼夜变化规律。我国海河流域水质监测中心在华北的白洋淀也发现了类似的现象(在夏季 pH 可高达 10.0 左右)。这些都与水体的光合作用有密切关系。

在碳酸盐占优势的体系中，前面引用的一系列平衡方程为计算 CO_2 来源的相对强度奠定了基础。根据测定的碱度和 pH，可计算出 CO_2 最初来源中 CO_2 的分压。含有高浓度铁的样品，当亚铁离子被氧化，以 $Fe(OH)_3$ 沉淀时，其 pH 降低 2 个单位。

3）pH 的测定和推断

在许多地球化学平衡或溶解度计算中，pH 是非常重要的一条信息，测定不准或没有代表性会导致许多错误。20 世纪 50 年代初期或更早，由于仪器或方法问题，实验室测定的 pH 相当不可靠。此外，还有另外一些更不可靠的因素影响老的参考文献中报道的许多 pH。这些值大多是取样后样品在实验室储存了相当长时间后测定的。直到 60 年代后期美国地质调查局才普遍在现场测定 pH。很明显，现场测定比实验室测定更能代表取样时水的情况。由于不同含水层中水的混合和温度的影响，使得多数精确测定的 pH 很难令人信服，而且它的解释很困难。按照该部分的例子，天然水系统中由各种化学反应产生的 H^+，会被该系统中一系列的化学反应大大消耗。溶质及固相化学的图通常使用pH作为一个变量。

5. Eh——氧化还原电位(Francois，1983)

1) Eh概述

Eh表示以标准氢电极反应为参比组成的电池电动势。现在常把h省略，直接写作E。Eh是影响地震水溶液中元素迁移和沉淀的一个重要的物理化学条件。例如，在400℃和500×10^5 Pa条件下进行W、Sn、Mo、Bi活化、迁移和沉淀的水—岩相互作用实验，结果表明了氧化环境有利于W、Bi沉淀，还原环境有利于Mo的析出，弱还原环境有益于Sn的活化。Пальмова(1982)在pH=5.0时做了Au迁移和沉淀过程中的氧化还原电位(E)和温度之间关系的实验，指出在同一温度下，随着E值的减少，Au^{+}的氯络合物向Au^{3+}的氯络合物变化；在同一E值上，随着温度升高，Au的氯络合物逐渐解体，导致Au沉淀量越来越多。

Davis和Ashenbergn (1989) 详细研究了美国蒙大拿州一个地区地下水中Fe(Ⅲ)和Fe(Ⅱ)赋存形式、与S和As的关系，以及它们形成的络合物随Eh和pH变化而变化的特征，结果表明，在强酸、Eh高的条件下，Fe和S结合成为络阴离子团或络合物离子。但随着E降低和pH增大，Fe与羟基结合成$Fe(OH)_3$，然后是$Fe(OH)_2$的羟基络合物固相沉淀。当到了强碱条件时，Fe(Ⅱ)可以呈$Fe(OH)_4^{2-}$形式的羟基阴离子团存在。其中Fe与As络合的范围很小。近年来研究总结出了S、As赋存和迁移的络合物形式与pH和Eh的关系，表明了在氧化、酸性—弱碱性环境中，As主要呈As(气)的络合物形式存在；而在弱氧化-还原、碱性环境中，溶液中As主要呈As(Ⅲ)的络合物形式搬运。

2) 离子化学反应式

地震作用过程中，涉及许多水-岩作用的离子化学反应，如果参加反应的组分的电荷发生改变，即失去或得到电子，则该反应称为氧化反应或还原反应。氧化反应中，组分失去电子，还原反应中，组分得到电子，还原过程可以用诸如下式来表示

$$Fe^{3+} + e = Fe^{2+} \tag{2.38}$$

式中，高价铁离子被还原为二价铁离子。再进一步还原，二价铁离子就变成金属铁。

$$Fe^{2+} + 2e = Fe \tag{2.39}$$

符号“e”代表电子，或单位负电荷。

这些表达式称为半反应或氧化-还原对。发生还原反应需要电子来源，此电子来自另一同时被氧化的元素，或来自实际的电子流。

在 25℃和 1 个标准大气压的条件下，如果反应物的活度为 1，那么式(2.36)在平衡时存在某一电势，该电势一般用符号 E°表示，单位为 V，并将 H^+ 还原为 H_2 的氢电极的电位假定为零

$$2H^+ + 2e = H_2(g) \tag{2.40}$$

写成还原形式的半反应的电位符号在还原系统中，其符号为负，如果在氧化系统中，电位符号为正。正值或负值的大小是系统氧化或还原趋势的量度。标准电位表可从文献中得到，如克洛兹等(1981)、Latimer(1952)、Sillen 和 Martell(1964)的书中都有。Latimer 数据的符号与大部分文献给出的数据符号相反。

3) 热力学关系方程式

如果系统中参与物的活度不是 1，平衡状态下观察到的势能称为氧化还原电位，用符号 Eh 表示。在 Nernst 方程中，氧化还原电位与标准电位以及热力学平衡状态下参与物的活度有关。

Nernst 方程以基本的热力学关系为基础，此热力学关系与在质量作用定律的热力学推导中所用的热力学关系类似，可以写为

$$\Delta\mu_{\mathrm{R}} = \Delta G_{\mathrm{R}}^{\ominus} + RT\ln\frac{a_{\mathrm{red}}}{a_{\mathrm{oxi}} \times a_{\mathrm{e^-}}} \tag{2.41}$$

式中，下标 R 表示化学反应(reaction)；下标 red 表示还原态(reductive state)；下标 oxi 表示氧化态(oxidized state)。活度项包括了半反应中给出的所有物质，上面的叙述表明，反应中所有还原物质的活度在分子项，而所有的氧化物质的活度在分母项。

将电子的活度从表达式中删去，当所有的物质处于标准状态时

$$\Delta G_{\mathrm{R}}^{\ominus} = \sum \Delta G_{\mathrm{red}}^{\ominus} - \Delta G_{\mathrm{e^-}}^{\ominus} - \sum \Delta G_{\mathrm{oxi}}^{\ominus} \tag{2.42}$$

$$\Delta G_{\mathrm{e^-}}^{\ominus} = 0$$

氧化还原对的热力学平衡条件要求 $a_{\mathrm{e^-}}^{\ominus} = 1$，因而氧化-还原对的氧化还原状态可用溶质项表示。

其能量单位由热量转换为电能，则有关系

$$-\Delta G_{\mathrm{R}} = nFE \tag{2.43}$$

用此式代替热力学式中的 ΔG_{R} 和 $\Delta\mu G_{\mathrm{R}}$，得

$$-nFE = -nFE^{\ominus} + RT\ln\frac{a_{\mathrm{red}}}{a_{\mathrm{oxi}}} \tag{2.44}$$

式中，F 为法拉第常数；n 为平衡半反应中出现的电子数；E 为电势。

将上式除以 nF 得到 Nernst 方程

$$E = \mathrm{Eh} = E^{\ominus} + \frac{RT}{nF}\ln\frac{[\mathrm{red}]}{[\mathrm{oxi}]} \tag{2.45}$$

如果将半反应式写成氧化反应，可以写出相同形式的 Nernst 方程

$$-\Delta G_{\mathrm{R}}^{\ominus} = nFE^{\ominus}$$

作者按常规将半反应写成还原反应形式，用符号 Eh 表示氧化还原电位。方括号中的项代表参与反应溶质的活度，在标准温度 25℃下，用以 10 为底的对数代替以它为底的对数，表达式变为

$$\mathrm{Eh} = E^{\ominus} + \frac{0.0592}{n}\ln\frac{[\mathrm{red}]}{[\mathrm{oxi}]} \tag{2.46}$$

Nernst 方程是根据热力学原理推导出的，只适用于达到化学平衡时的溶液和与溶液有关的物质。然而，应该注意到，在 Nernst 方程的对数项中，电子并不作为反应物出现(Francois，1983)。

要发生还原反应，必须存在电子来源。例如，Fe^{+} 被还原为 Fe，在同一反应中，有机碳则被氧化，可以用化学反应平衡原理估计出一个完整的反应。

所有半反应的标准电势并不是总能得到，但通常它们可以从下列关系式中计算出来

$$-\Delta G_{\mathrm{R}}^{\ominus} = nFE^{\ominus} \tag{2.47}$$

式中，$E^{\ominus}$ 为标准势；如果 E°的单位为 V，$\Delta G_{\mathrm{R}}^{\ominus}$ 的单位为 kcal/mol[①]。

$$E_{\mathrm{R}}^{\ominus} = \frac{-\Delta G_{\mathrm{R}}^{\ominus}}{23.06n} \tag{2.48}$$

要得到正确的符号，半反应必须写成还原的半反应形式。

借助以上这些方程以及文献中的自由能数据，可以估计平衡离子活度和许多地球化学系统的氧化还原势。在以质量作用定律为基础的类似计算中，把这种估计方法用于天然系统，为预测物质的化学行为提供了有利指导。以 Nernst 方程为基础的计算对研究地下水中的铁化学非常有用。

对于由氧化还原反应决定的溶解-沉淀过程，S 或 SI 判据同样适用。但其表示形式是溶液的实际 Eh 值与平衡 $\overline{\mathrm{E}}\mathrm{h}$ 值之比，即

$$S^{*} = \mathrm{Eh}/\overline{\mathrm{E}}\mathrm{h}$$

以及

$$\mathrm{SI}^{*} = \log\frac{\mathrm{Eh}}{\overline{\mathrm{E}}\mathrm{h}}$$

① $1\mathrm{cal}_{\mathrm{mean}}$(平均卡)＝4.1900J；$1\mathrm{cal}_{\mathrm{th}}$(热化学卡)＝4.184J。

其中，$\bar{\mathrm{E}}\mathrm{h}$ 值由 Nernst 方程式计算(Angus et al.，1985)，即

$$\bar{\mathrm{E}}\mathrm{h} = \mathrm{Eh}^{\circ} + \frac{2.303T}{F}\left(\frac{1}{n}\log\frac{\gamma_{1(\mathrm{ox})}}{\gamma_{2(\mathrm{red})}} - \frac{m}{n}\mathrm{pH}\right) \tag{2.49}$$

式中，$2.303R/F = 1.98\times10^{-4}$；Eh 的单位是 V；(ox)和(red)分别表示反应的氧化态活度与还原态活度；m 和 n 分别为反应中质子数和电子数。式(2.45)是有质子参与反应的一般形式，可根据 $\gamma_{1(\mathrm{ox})} + ne = \gamma_{2(\mathrm{red})}$ 和 $E = E^{\circ} + \frac{RT}{nF}\ln\frac{\gamma_{1[\mathrm{ox}]}}{\gamma_{2[\mathrm{red}]}}$ 导出。

对于由酸碱反应决定的溶解—沉淀过程，可类似地写出

$$S^{*} = \mathrm{pH}/\overline{\mathrm{pH}}$$

$$\mathrm{SI}^{*} = \log\frac{\mathrm{pH}}{\overline{\mathrm{pH}}}$$

式中，$\overline{\mathrm{pH}}$为溶解平衡时的 pH；pH 为溶液的实测 pH。

此类反应以难溶矿物(如氢氧化物等)溶于酸性水，而在碱性条件下生成沉淀最为典型。因此，$\mathrm{pH} > \overline{\mathrm{pH}}$时，$S^{*} > 1$，或者 $\mathrm{SI}^{*} > 0$ 为生成沉淀的判据。但也有例外情况，如石英(SiO_2)和萤石(CaF_2)可溶于碱性水，而不溶于酸性水，那么判据的不等式符号就相反。同样，不同类型的氧化还原反应，S 和 SI 的不等式判据符号意义也可能相反。在应用中需要具体分析，注意 S 和 SI 以及 S^{*} 和 SI^{*} 的不等式意义是可变的。

氧化还原势的实际测定存在一些重要的难题，用现有的仪器直接测定地下水环境的 Eh 一般是不可能的，抽上来的地下水的 Eh 的测定需要特殊的设备，而且操作时要极其小心以避免与空气接触。

Sillen(1967)提出了氧化还原势的另一种表达方式，目前广泛应用于地球化学文献中，这个术语是根据以 10 为底每升电子活度的对数的负值写出电化学势的，用符号 pE 表示，在标准状态下，当 Eh 用伏表示时为

$$\mathrm{pE} = \mathrm{Eh}/0.0592 \tag{2.50}$$

应用 pE 避免了计算中的一些数学步骤，在这些数学步骤中除使用氧化还原平衡以外还用到其他的反应类型。然而，似乎还没有将 pE 应用到水环境化学以外的其他领域中，此术语的提出者还未完全揭露水中电子活度概念的热力学含义。在化学反应过程中，电子可以从一个水合离子传给另外一个水合离子或传给固体表面组分，但电子并不是独立存在于溶液中，因此它们不具有像参与反应的溶质那种意义上的活度。应用标准 Nernst 方程可避免这种复杂性。25 ℃ 时的标准电极电位如表 2.7 所示。

表 2.7　25 ℃ 时的标准电极电位(Francois，1983)

反应	$E^{\ominus}/V$	$pE^{\ominus}(=1/n\ \lg K)$
$H^{+}+e^{-}=1/2\ H_2(g)$	0	0
$Na^{+}+e^{-}=Na(s)$	−2.72	−46.0
$Mg^{2+}+2e^{-}=Mg(s)$	−2.37	−40.0
$Cr_2O_7^{2-}+14H^{+}+6e^{-}=2Cr^{3+}+7H_2O$	+1.33	+22.5
$Cr^{3+}+e^{-}=Cr^{2+}$	−0.41	−6.9
$MnO_4^{-}+2H_2O+3e^{-}=MnO_2(s)+4OH^{-}$	+0.59	+10.0
$MnO_4^{-}+8H^{+}+5e^{-}=Mn^{2+}+4H_2O$	+1.51	+25.5
$Mn^{4+}+e^{-}=Mn^{3+}$	+1.65	+27.9
$MnO_2(s)+4H^{+}+2e^{-}=Mn^{2+}+2H_2O$	+1.23	+20.8
$Fe^{3+}+e^{-}=Fe^{2+}$	+0.77	+13.0
$Fe^{2+}+2e^{-}=Fe(s)$	−0.44	−7.4
$Fe(OH)_3(s)+3H^{+}+e^{-}=Fe^{2+}+3H_2O$	+1.06	+17.9
$Cu^{2+}+e^{-}=Cu^{+}$	+0.16	+ 2.7
$Cu^{2+}+2e^{-}=Cu(s)$	+0.34	+ 5.7
$Ag^{2+}+e^{-}=Ag^{+}$	+2.0	+33.8
$Ag^{+}+e^{-}=Ag(s)$	+0.8	+13.6
$AgCl(s)+e^{-}=AS(s)+Cl^{-}$	+0.22	+3.72
$Au^{3+}+3e^{-}=Au(s)$	+1.5	+25.3
$Zn^{2+}+e^{-}=Zn(s)$	−0.78	−12.8
$Cd^{2+}+2e^{-}=Cd(s)$	−0.40	−6.8
$Hg_2Cl_2(s)+2e^{-}=2Hg(l)+2Cl^{-}$	+0.27	+4.56
$2Hg^{2+}+2e^{-}=Hg_2^{2+}$	+0.91	+15.4
$Al^{3+}+3e^{-}=Al(s)$	−1.68	−28.4
$Sn^{2+}+2e^{-}=Sn(s)$	−0.14	−2.37
$PbO_2(s)+4H^{+}+SO_4^{2-}+2e^{-}=PbSO_4(s)+2H_2O$	+1.68	+28.4
$Pb^{2+}+2e^{-}=Pb(s)$	−0.13	−2.2
$NO_3^{-}+2H^{+}+2e^{-}=NO^{2-}+H_2O$	+0.84	+14.2
$NO_3^{-}+10H^{+}+8e^{-}=NH_4^{+}+3H_2O$	+0.88	+14.9
$N_2(g)+8H^{+}+6e^{-}=2NH_4^{+}$	+0.28	+4.68
$NO_2^{-}+8H^{+}+6e^{-}=NH_4^{+}+2H_2O$	+0.89	+16.0
$2NO_3^{-}+12H^{+}+10e^{-}=N_2(g)+6H_2O$	+1.24	+21.0
$O_3(g)+2H^{+}+2e^{-}=O_2(g)+H_2O$	+2.07	+35.0
$O_2(g)+4H^{+}+4e^{-}=2H_2O$	+1.23	+20.8
$O_2(aq)+4H^{+}+4e^{-}=2H_2O$	+1.27	+21.5
$SO_4^{2-}+2H^{+}+2e^{-}=SO_3^{2-}+H_2O$	−0.04	−0.68

续表

反应	$E^{\ominus}$/V	$pE^{\ominus}(=1/n\ \lg K)$
$S_4O_6^{2-}+2e^-=2S_2O_3^{2-}$	+0.18	+3.0
$S(s)+2H^++2e^-=H_2S(g)$	+0.17	+2.9
$SO_4^{2-}+8H^++6e^-=S(s)+4H_2O$	+0.35	+6.0
$SO_4^{2-}+10H^++8e^-=H_2S(g)+4H_2O$	+0.34	+6.75
$SO_4^{2-}+9H^++8e^-=HS^-+4H_2O$	+0.24	+4.13
$2HOCl+2H++2e^-=Cl_2(aq)+2H_2O$	+1.60	+27.0
$Cl_2(g)+2e^-=2Cl^-$	+1.36	+23.0
$Cl_2(aq)+2e^-=2Cl^-$	+1.39	+23.5
$2HOBr+2H^++2e^-=Br_2(l)+H_2O$	+1.59	+26.9
$Br_2+2e^-=2Br^-$	+1.09	+18.4
$2HOI+2H^++2e^-=I_2(g)+2H_2O$	+1.45	+24.5
$I_2(aq)+2e^-=2I^-$	+0.62	+10.48
$I_3^-+2e^-=3I^-$	+0.54	+9.12
$ClO_2+e^-=ClO_2^-$	+1.15	+19.44
$CO_2(g)+8H^++8e^-=CH_4(g)+2H_2O$	+0.17	+2.87
$6CO_2(g)+24H^++24e^-=C_6H_{12}O_6$ 葡萄糖$+6H_2O$	−0.01	−0.20
$CO_2(g)+H^++2e^-=HCOO^-$ 甲酸盐	−0.31	−5.23

注：$E^{\ominus}$ 是指或还原半反应形式时标准电极电位；$pE^{\ominus}$ 是电子活度{e}的负对数($pE^{\ominus}=16.9E^{\ominus}$)。

6. 离子活度

当用化学元素反应关系式检验实际系统是接近还是偏离平衡时，需要有一种计算或确定活度的方法。将参与反应的固体物质的活度定义为 1，它们以标准状态存在，因而其化学势等于标准自由能，因此，对于固体

$$RT\ln a=0$$

溶剂水通常也以标准状态出现，只有当溶质浓度很高时，才有很大的偏离，因此，它的活度一般也为 1。

水系统中的溶质并不表现出理想的热力学行为，即表观浓度并不与活度相对应(相等)，只有在非常稀的溶液中，才接近理想状态，之所以会偏离理想状态，是由于带电离子之间、溶质离子和溶剂之间的静电作用造成的。

直接测定溶质离子活度的技术比较少，特殊的离子电极可以进行这种测定。测定氢离子活度或 pH 的玻璃电极是使用最普遍的电极。

1) 活度系数的概念

将溶质的活度定义为实测浓度与校正因子(即“活度系数”的乘积)很方便

$$a_i = C_i \gamma_i = [i] \tag{2.51}$$

式中，a_i 为离子的活度；C_i 为质量摩尔浓度（$mol_i/kg\ H_2O$）或摩尔浓度（mol_i/L）；γ_i 为活度系数。

此处用方括号代表活度，书中通用体积克分子浓度。对稀溶液，质量摩尔浓度和摩尔浓度几乎相同。

严格地讲，虽然溶质的活度为无量纲量，但 $C_i\gamma_i$ 项必须有单位。实际应用中，溶解物质的活度用 mol/L 表示，这在地球化学中也常用，似乎是一种既合理又实用的表示方法。

2）德拜-许克尔（Debye-Huckel）方程（Snoeyink and Jenkins，1980）

稀溶液中单个离子的活度系数用 Debye-Huckel 方程计算，该方程存在各种形式，它以下列假设为基础，即在均匀强度的静电场中，离子与限定大小的带电颗粒的行为相同。方程中的几个参数用经验法确定，但一般认为，方程更适用于总浓度不超过 0.1mol/L 的单价盐溶液，即相当于在氯化钠溶液中，有大约 5800mg/L 的溶解离子。电荷大于 1 的离子有很强的效应，它们的最大允许浓度稍低。

Debye-Huckel 方程的形式为

$$\log\gamma_i = \frac{-AZ_i^2\sqrt{I}}{1 + Ba_i\sqrt{I}} \tag{2.52}$$

式中，γ_i 为离子的活度系数；A 为与溶剂有关的常数（25℃时，水的 A 值为 0.5085）；Z_i 为离子的电荷；B 为关于溶质的常数（25℃时，水的 B 值为 0.3231）；a_i 为与溶液中离子的有效直径有关的常数；I 为溶液的离子强度。

溶液的离子强度是离子产生静电场的量度，用下式计算

$$I = \sum (m_i Z_i^2/2) \tag{2.53}$$

式中，m 为给定离子的浓度，用 mol/L 表示；Z 为该离子所带的电荷；总和项中包括了存在的每一种离子。

3）Hem 简化计算图表

Hem（1975）较早发表了离子强度的简化计算图表，这里又重新给出了它的改进形式（图 2.2）。

这个计算图表的使用方法是，将透明直尺或绘图的三角板水平地设置在化学分析中所报告的某个重要离子的浓度值（mg/L）上，就可以从左边或右边的刻度上读出 I 的增值，两边的值应该相等。记下此值，对分析中给出的其他离子重复此过程，I 增值的总和就是水中离子的强度。

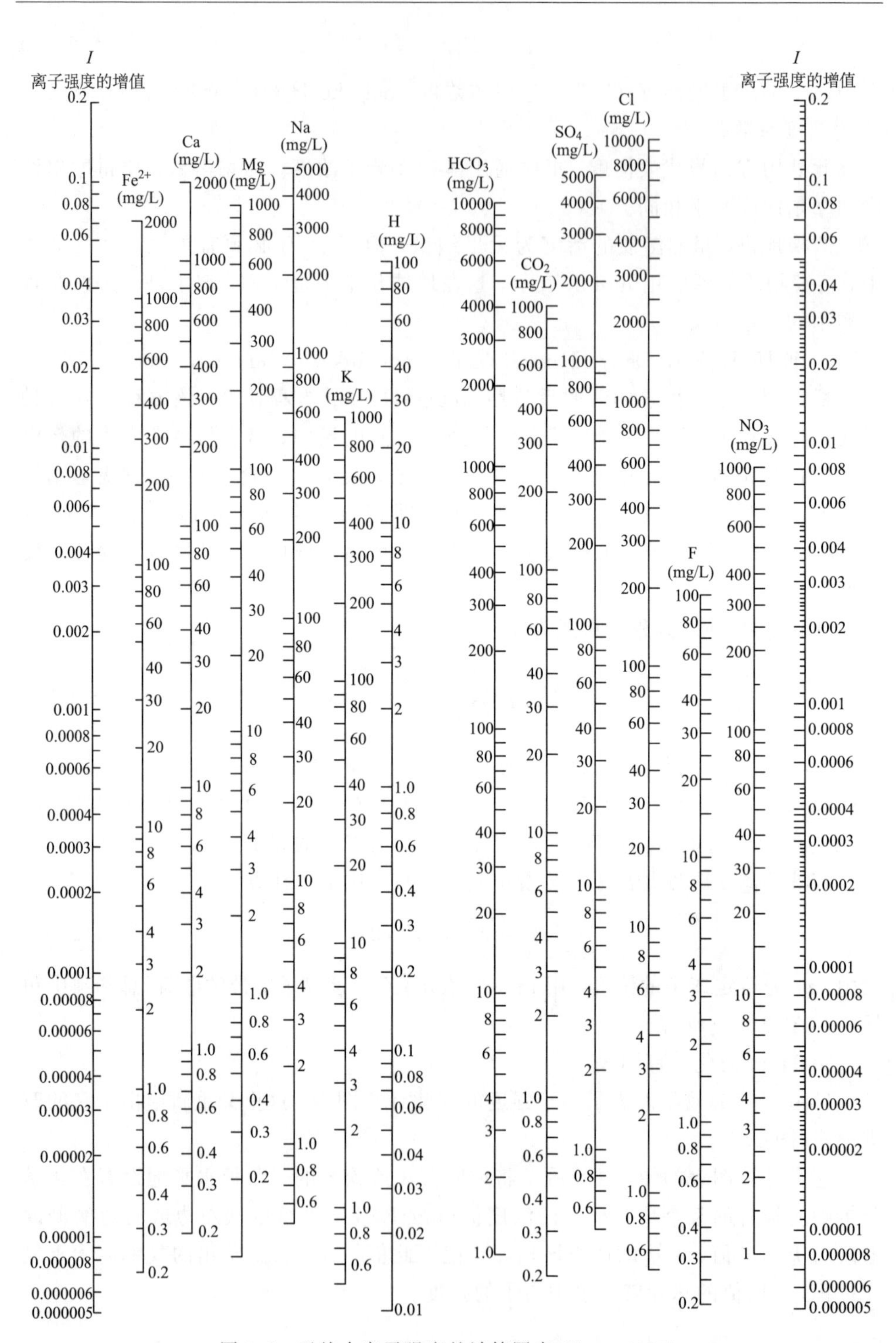

图 2.2　天然水离子强度的计算图表(Hem，1975)

I 的近似值可以从溶液的电导中计算出来，除非人们知道溶液中所存在的主要溶解物质是什么，一般不用这种方法进行计算。如果水的组分未知，其电导为 $1000cm^2 \cdot \Omega^{-1} \cdot eq^{-1}$，$I$ 计算值的范围为 0.0085～0.027。

如果溶液中的溶解离子低于 50mg/L，离子强度通常低于 10^{-4}，大部分离子的活度系数为 0.95 或更大。稀溶液中的活度值等于测定的浓度(如果分析误差不超差)，如果溶解固体的浓度接近 500mg/L，二价离子的 γ 值可能低于 0.7。在最

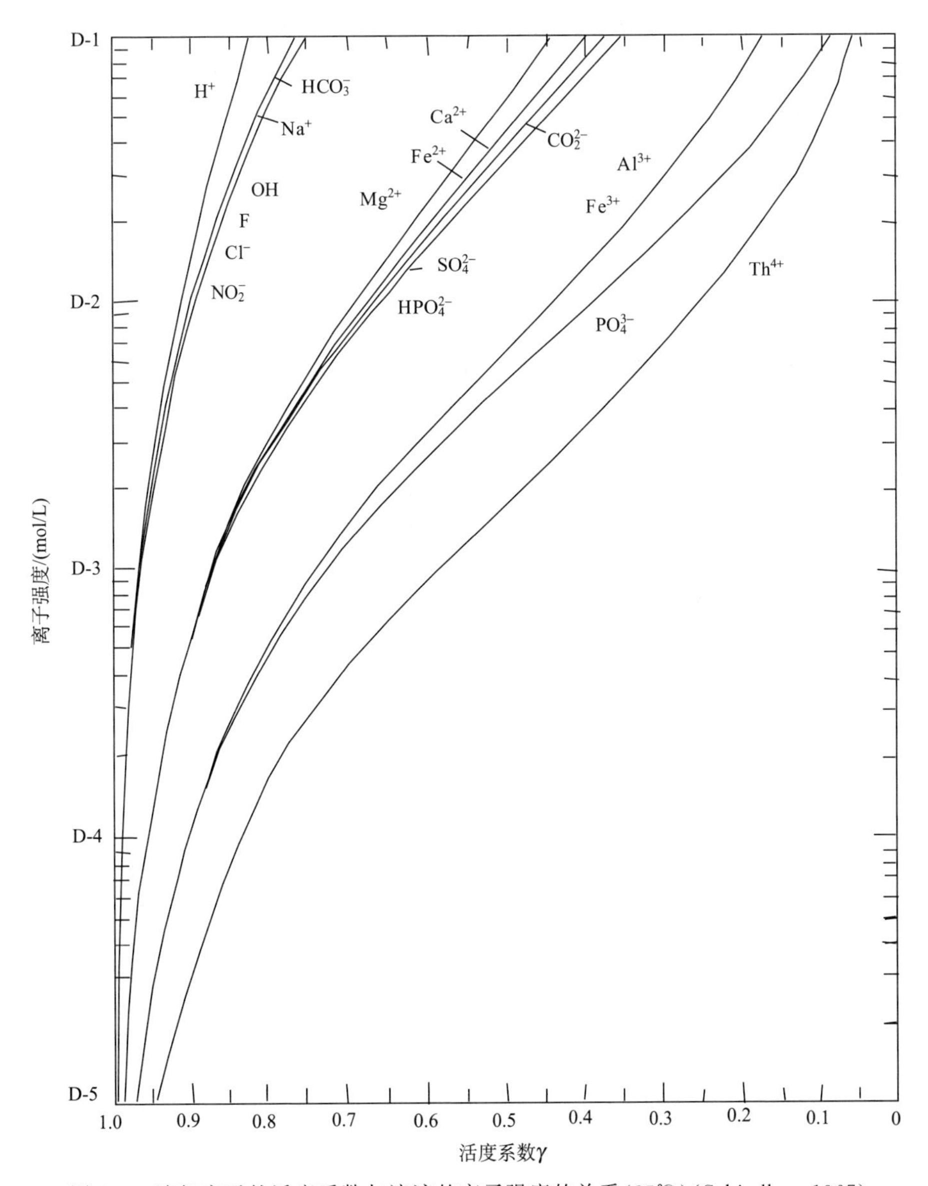

图 2.3　溶解离子的活度系数与溶液的离子强度的关系(25℃)(Schindler，1967)

大离子强度下能精确地利用 Debye-Huckel 方程。某些二价离子的活度系数可能低于 0.40。

当天然水中的各种主要离子和一些次要离子的 I 已知时，可以用图 2.3 确定 γ，该图是在假定温度为 25℃时，用 Debye-Huckel 方程得出的，图 2.3 中所列出的具有相同电荷和相同 a_i 值的离子画在同一条线上（如 Al^{3+} 和 Fe^{3+}），因此，除了用于图 2.3 中所示的那些特定离子外，还可用于许多其他离子。

4）高离子强度下活度系数的计算

当溶液的离子强度超过 0.1 时，可用各种方法估计溶液中离子的活度系数。Butler (1964)讨论了其中的一些方法，并以 Davies 的方程为基础，给出了离子强度上限高达 0.5 时，估计溶液活度的计算图表。

Truesdell 和 Jones(1974)应用 Debye-Huckel 方程的扩展形式计算了离子强度高达 4.0 的溶液的活度系数。这些作者给出了扩展了的 Debye-Huckel 方程中主要离子的 a_i 值。他们的 a_i 值与表 2.8 中的值有些差别。

有些化学家喜欢在浓度相当高而又不变的惰性离子存在的情况下进行溶解度实验，得出的实测平衡常数只能用于与研究系统具有严格一致的离子强度和相同的溶质组分的溶液。对于天然水化学常用的浓度范围，最常用的方法是用适当的方程和离子强度为零时的平衡常数将浓度转化为活度，以适用于多方面的研究需要。化学家进行较高浓度的溶液，如海水的研究时，更喜欢将实测常数直接用于这些溶液。

表 2.8　Debye-Huckel 方程中参数 a_i 的值(Snoeyink and Jenkins，1980)

a_i	离　子
11	Th^{4+}、Sn^{4+}
9	Al^{3+}、Fe^{3+}、Cr^{3+}、H^+
8	Mg^{2+}、Be^{2+}
6	Ca^{2+}、Cu^{2+}、Zn^{2+}、Sn^{2+}、Mn^{2+}、Fe^{2+}、Ni^{2+}、Co^{2+}、Li^+
5	$Fe(CN)_6^{4-}$、Sr^{2+}、Ba^{2+}、Cd^{2+}、Hg^{2+}、S^{2-}、Pb^{2+}、CO_3^{2-}、SO_3^{2-}、MoO_4^{2-}
4	PO_4^{3-}、$Fe(CN)_6^{3-}$、Hg_2^{2+}、SO_4^{2-}、SeO_4^{2-}、CrO_4^{2-}、HPO_4^{2-}、Na^+、HCO_3^-、$H_2PO_4^-$
3	OH^-、F^-、CNS^-、CNO^-、HS^-、ClO_4^-、K^+、Cl^-、Br^-、I^-、CN^-、NO_2^-、NO_3^-、Rb^+、Cs^+、NH_4^+、Ag^+

现以包裹体中常见的子矿物——石膏($CaSO_4$)溶解为例，来讨论离子强度 I 对溶解度的影响。

已知在 25℃时，$CaSO_4$ 的 $K_{sp}=6.25\times10^{-5}$mol/L。按基本公式写出

$$CaSO_4(s) = Ca^{2+} + SO_4^{2-}$$

$$K_{sp} = 6.25 \times 10^{-5} = [Ca^{2+}][SO_4^{2-}] \quad (25℃)$$

有以下两种处理情况。

(1) 不考虑离子强度 I 对矿物溶解行为的影响，即按理想溶液处理。这时浓度等于活度。根据 $CaSO_4$ 溶解反应的计量关系，假想 $CaSO_4$ 的溶解度为 x，则

$$x = [Ca^{2+}] = [SO_4^{2-}]$$

因 $CuSO_4(s)$为固体，它的活度为1，Ca^{2+} 和 SO_4^{2-} 的活度等于浓度，则有

$$6.25 \times 10^{-5} = x^2$$

故

$$x = (6.25 \times 10^{-5})^{-2} = 7.91 \times 10^{-3}(mol/L)$$

或者表示为 $x = 1075.8mg/L$($CaSO_4$ 的浓度)。

(2) 当考虑离子强度的影响时，在 K_{sp}的关系式中应当使用活度计算，然后再将活度转化为浓度。

$$K_{sp} = 6.25 \times 10^{-5} = a(Ca^{2+}) \cdot a(SO_4^{2-})$$

由于 $a(Ca^{2+}) = a(SO_4^{2-})$，并用 y 表示，则

$$6.25 \times 10^{-5} = y^2$$

得

$$y = 7.91 \times 10^{-3}(mol/L) = a(Ca^{2+}) = a(SO_4^{2-})$$

石膏的溶解度是浓度，而不是活度。根据平均质量摩尔浓度 $m_\pm$、平均活度 $a_\pm$、平均活度系数 $\gamma_\pm$的关系式

$$\gamma_\pm = (a_\pm)/(m_\pm) \tag{2.54}$$

故可以进一步求出 Ca^{2+} 和 SO_4^{2-} 的浓度 x 为

$$x_\pm = 7.91 \times 10^{-3}/\gamma_\pm \tag{2.55}$$

式中，平均活度系数 $\gamma_\pm$的计算式中有未知量 I，而溶液的离子强度 I 按它的定义式[式(2.53)]计算

$$I = 1/2(x \times 2^2 + x \times 2^2) = 4x$$

根据Debye-Huckel修正公式[式(2.54)]计算该溶液中 Ca^{2+} 和 SO_4^{2-} 的活度系数 $\gamma_\pm$，并将 $I = 4x$ 及有关参数 A、B、d_i 从有关热力学资料和书籍的表中查出代入式(2.52)中，得

$$\log\gamma_\pm = \frac{-A \cdot Z_i^2\sqrt{I}}{1 + B \cdot d_i\sqrt{I}} = \frac{-0.5091 \times 4\sqrt{4x}}{1 + 0.3286(6+4)/2\sqrt{4x}} = \frac{-4.072\sqrt{x}}{1 + 3.286\sqrt{x}} \tag{2.56}$$

对式(2.55)取对数后，将式(2.56)代入其中，可得 $x \approx 0.019$。如果单独计算 Ca^{2+} 活度系数，结果为

$$x = [Ca^{2+}] = 0.018 mol/L$$

如此求得 $CaSO_4$ 的溶解度为 0.018～0.019mol/L，或表示为 2.5g/L，相当于不考虑溶液离子强度时的 2.3 倍。

由此可见，对于溶解度较大的矿物来说，离子强度 I 使其溶解度显著增大。对于溶解度极小的矿物来说，计算结果表明，可以不考虑溶液离子强度 I 的影响。

溶液离子强度 I 使难溶矿物溶解度增大的机理，可根据强电解质溶液中存在“离子氛”的理论来解释。所谓“离子氛”，是指在电场力作用下，在离子周围存在着阻碍离子理想行为的反电荷离子层，从而使离子的有效浓度(即活度)降低。难溶盐的 K_{sp} 为常数，在离子活度降低的情况下势必引起它的溶解度增大。

显然，对于溶解度较大的矿物来说，溶液的离子强度 I 较大，容易产生“离子氛”效应，离子浓度大于其活度是必然的；而对于极难溶矿物，由于溶液极稀，“离子氛”的作用小到可以忽略，故离子的浓度等于其活度。所以说，溶度积规则只适用于难溶化合物。对于溶解度稍大些的化合物(如 $CaSO_4$ 等)来说，应当把 K_{sp} 理解为离子的活度积，而不是浓度积。

2.2 地震水溶液的化学组成

2.2.1 概述

地震水溶液的化学组成如表 2.9 所示，此表是根据 Fyfe 等(1978)的表格修改的。

表 2.9 地震水溶液的化学组成

主要成分类型	化学组分	形成条件
挥发气体成分	CO_2，O_2，CH_4，N_2，NO_2，NH_3，He，Ar，Kr，Xe，H_2，H_2S，SO_2，CO，SO_2，SO_3，Cl，N_2，HCl，HF，NH_3，HF，HCl，水蒸气(H_2O)	地震和地质过程的火山活动，岩浆作用，变质作用，化学和生物化学作用，大气作用
阳离子	Na^+，K^+，Ca^{2+}，Mg^{2+}，H^+，NH_4^+，H_3SiO_4，Al^{3+}，Fe^{2+}，Fe^{3+}等	地震和地质过程的构造作用，成岩作用，成矿作用等

续表

主要成分类型	化 学 组 分	形成条件
阴离子	Cl^-，SO_4^{2-}，HCO_3^-、CO_3^{2-}	地震和地质过程的构造作用，成岩作用，成矿作用等
胶体成分	$Fe(OH)_3$，$Al(OH)_3$，$Cd(OH)_2$，$Cr(OH)_3$，$Ti(OH)_4$，$Zr(OH)_4$，$Ce(OH)$(正胶体) 黏性胶体，腐殖质，SiO_2，MnO_2，SnO_2，V_2O_5，Sb_2S_3，PbS，As_2S_3 等硫化物胶体(负胶体)	地震和地质过程的胶体作用
微量元素	碱金属 Li，Rb，Cs，Fr 碱土金属 Be，Sr，Ba 过渡金属 Ti，V，Cr，Co，Ni，Mo 其他金属 Cu，Au，Zr，Cr，Hg，Pb，As 非金属 Sb，Te，BrI	地震和地质过程的构造作用，成岩作用，成矿作用等
有机成分	烃类、高分子有机化合物、腐殖物质、酚、酞、脂肪酸、环烷酸等	地震和地质过程的生物作用
稳定同位素成分	^2H，^{18}O，^{32}S，^{34}S，^{12}C，^{13}C	地震和地质过程的放射作用
放射同位素成分	He，Rn，Ar 以及镭和钍射气	地震和地质过程的放射作用

各种化学组分在不同地区地震地下水中含量的多少，取决于它在不同地区地壳中含量的多少和它在水中的溶解度。例如，Na、O、Ca、Mg、K 在地震地下水中分布最广、含量又较多，主要因这些元素含量较高且又较易溶于水，如有些元素在地壳中含量虽然不高，但极易溶于水，这些元素在地下水中含量常常也很高，如 Cl 及以 SO_4^{2-} 形式出现的 S。有些元素虽然在地壳中分布很广，含量又较多，但由于其难溶于水，因此在地下水中的含量很少，如 Si、Fe 等。各种元素在水中的溶解度，除与它们本身的性质有关外，还与地震地下水的温度密切相关，如前面所述，大多数盐类的溶解度随温度的升高而增大，而气体的溶解度则相反，随着温度的升高而减小。此外，在讨论元素在地震地下水中的溶解度时，还要考虑溶解于水中的各类物质的相互影响。例如，水中含有 CO_2 时，水对碳酸盐类的溶解能力明显增强，最多可增至 3 倍。又如，含有 NaCl 的水能使 $CaSO_4$ 的溶解度增至 4 倍，而含有 $MgSO_4$ 的水则使 $CaSO_4$ 的溶解度几乎降至零。

2.2.2　挥发气体成分

1. CO_2

地壳构造中的 CO_2 的赋存状态比较简单，主要包括：① 纯 CO_2，充填于岩石的空隙、孔隙和裂隙中；② CO_2-H_2O，CO_2 常常溶解在 H_2O 中，形成 CO_2-H_2O 溶液充填于岩石的空隙、孔隙和裂隙中。

CO_2 的运移特征与水相同，CO_2 和 CO_2-H_2O 在不同的温度和压力条件下运动并参与各种地质构造作用。纯 CO_2 在一个标准大气压条件下加热至31.2℃时将全部转变为气相，在高压下（73.8×10^5Pa）超过31.2℃时成为临界相态。CO_2 和 CO_2-H_2O 在有压力差存在的情况下将从压力较高的部位流向压力较低的部位。

一个含 CO_2 参加的反应通式

碳酸盐矿物（固）＝非碳酸盐矿物（固）＋ CO_2

反应可以分两种情况来分析，一种是反应向右进行，一般称为去碳酸盐化反应或脱碳反应；另一种是反应向左进行，一般称为生成碳酸盐化反应。

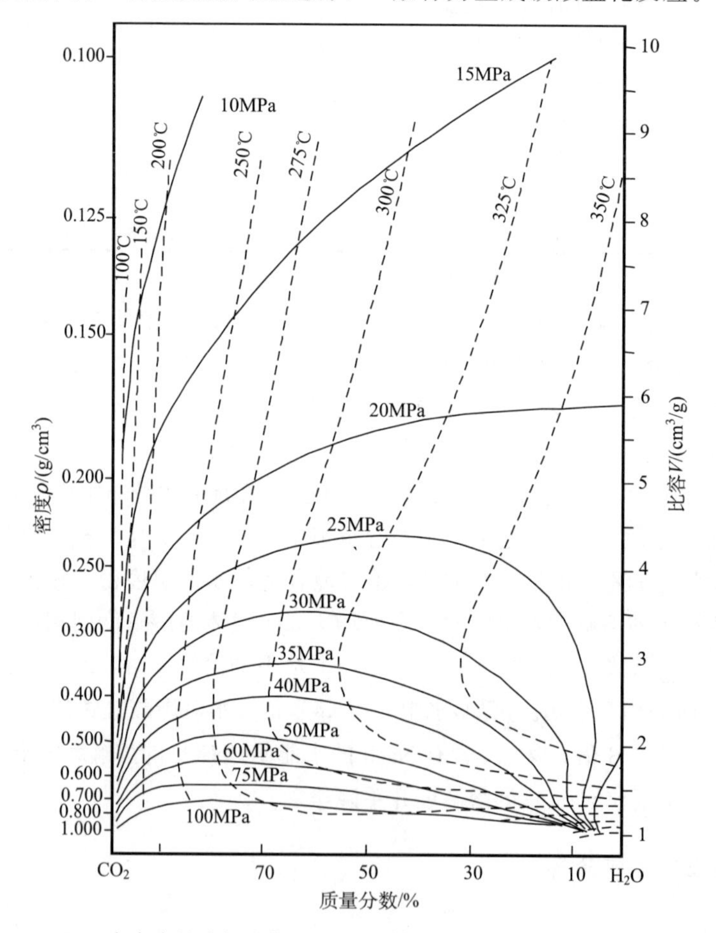

图 2.4　CO_2 在水中的溶解度[$x(CO_2)/\%$]（Takenouchi and Kennedy，1964）

-----等温线；——等压线

CO_2 易溶于水，当它溶于水后，就产生如下的化学平衡

$$CO_2 + H_2O = H_2CO_3 = H^+ + HCO_3^- = CO_3^{2-} + 2\ H^+$$

从此平衡可以计算出，CO_3^{2-} 离子在溶液中的浓度与溶解的 CO_2 气体的数量有着正比关系，而与 H^+ 的浓度有着反比关系。

CO_2 在水溶液中的溶解度随着温度的增加而降低，随着压力的降低而降低。但是 HCO_3^- 对其很有影响，当温度升高时 HCO_3^- 易发生分解，产生出 CO_2。因此，这就决定 CO_2 在地下热水溶液中的溶解度是随着温度的降低而增大。CO_2 在纯水的溶解度随着温度和压力的变化如图 2.4 所示。

2. CH_4

在地下深处发生的涉及有机物分解过程而产生的甲烷和低分子量的烃类气体能够扩散到较浅的地下水中。CH_4 通常存在于还原性地球化学系统的地下水中。CH_4 除了是还原环境的一个指示外，它在地球化学上作为可流动性还原剂也具有重要意义。

CH_4 在纯水中的溶解度随温度和压力的变化如图 2.5 所示。

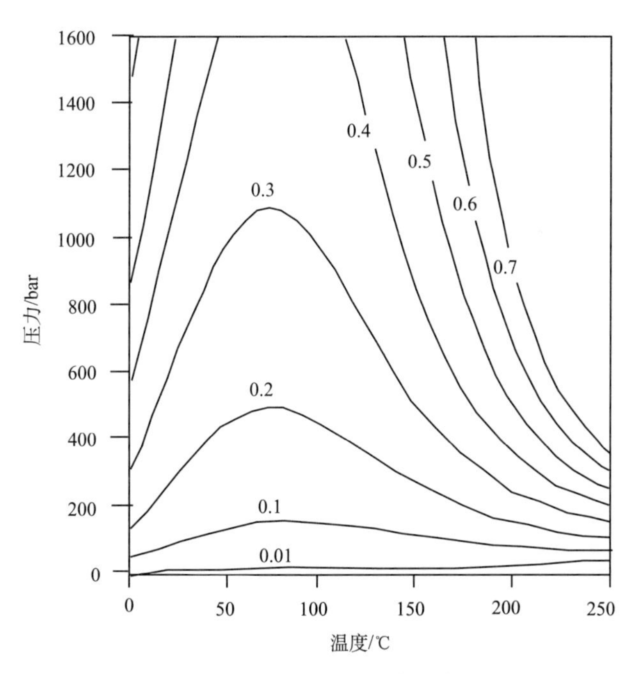

图 2.5　不同温度和压力下 CH_4 在纯水中的溶解度(Dubessy et al.，2001)

曲线数值为摩尔分数

3. H_2S

在地震作用过程中，常常有含 H_2S 的水溶液，因此必须了解 H_2S 流体性质和 H_2S 的作用，并且有必要把 H_2S 在水溶液中的性质简单地阐明一下。

在一个标准大气压条件下，温度高于 400℃时，H_2S 会明显地发生分解

$$2H_2S(g) = 2H_2(g) + S_2(g)$$

温度越高，其分解程度也就越大。当地下温度大约在 400℃时，H_2S 可能处于不解离状态，在电荷上为中性的气体，这说明在高温情况下，溶液中还不能有大量硫化物的形成。

H_2S 在水中的溶解度决定于温度和压力，当它在溶液中电离为 S^{2-} 后，容易氧化成硫的中性原子，故它是一种强的还原剂。H_2S 在溶液中解离分为两个步骤

$$H_2S = H^+ + (SH)^-$$

$$(SH)^- = H^+ + S^{2-}$$

从这两个平衡式中可以看出：H_2S 在水中的溶解度越大，S^{2-} 在溶液中的浓度也就越大。

在含 H_2S 的水溶液中，温度在很大程度上导致体积的增长。例如，水在从 25℃加热到它的临界点 374℃时，体积可增大近 3 倍(图 2.6)。

4. O_2

氧是地球最重要的组成元素之一，它约占地壳和地幔重量的一半和体积的 90%。地壳中的氧含量约为水圈中的 9 倍，而水圈中的氧又是大气圈的 1000 倍。大气圈中氧的含量是不大的，并且其中大多数是游离氧。因此，接近地表的大气圈中的氧分压约为 0.2 标准大气压。

另一方面，地壳构造中的氧基本上是作为化合物存在的，而且氧的分压非常低，主要是在 $10^{-10} \sim 10^{-40}$ bar①。就氧而言，大气圈和地壳是不平衡的而且它们之间有一个氧化带相隔。氧是最活泼的元素之一，它可溶解在地震水溶液中，对地震流体作用有很大的影响。

对那些变价元素(如 S、Fe 等)，当它们受到不同程度的氧化时，会产生不同电价和半径的离子以及不同性质的化合物。

有许多事实证明，在地壳深部条件下自由氧的浓度是十分小的，也可能是微不足道的，但是随着逐渐接近地面或多或少是逐渐增加的。当水溶液从深处上升时，自然就越来越富集氧，因此就会影响化学作用，同时会沉淀出相应的矿物。

① $1bar = 10^5 Pa$。

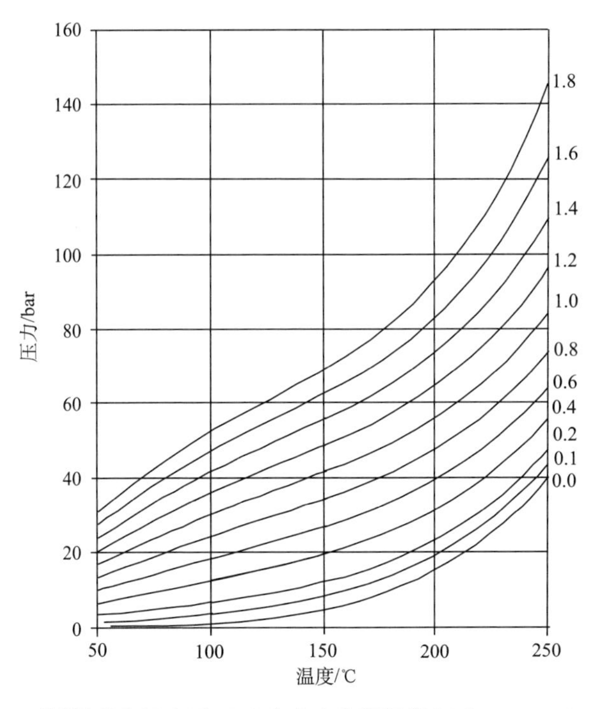

图 2.6　不同温度和压力下 H_2S 在水中的溶解度(Dubessy et al.，2001)
右侧数值为 H_2S 在纯水中的摩尔分数

但我们也需要注意到，在地震水溶液中氧的浓度并不是仅仅决定于离地表的远近，还决定于引起氧的析出和吸收的化学反应。同样，氧也不是唯一引起氧化反应的因素，围岩中的一些物质也会引起氧化反应，这由元素的氧化还原电位决定。

2.2.3　主要阳离子

1. 钠离子(Na^+)

钠元素在地壳中是丰度最高的碱金属元素。其他的碱金属元素还有锂、钾、铷、铯。在火成岩里，钠比钾丰富，但在沉积岩里，钠并不丰富。钠是蒸发沉积矿物及海水的重要组成成分。呈+1 价氧化态的所有碱金属均不发生氧化还原反应。Na^+ 的半径稍大于 0.1 nm，其水化作用不强。

当钠溶于水时，仍维持原状态。正常环境中不存在像 $CaCO_3$ 沉淀控制着钙浓度那种方式的沉淀反应，而使水中 Na^+ 含量保持其低浓度。Na^+ 常被吸附到矿物表面，尤其是被那些具有高离子交换容量的黏土矿物所吸附。然而，Na^+ 和矿物表面间的界面反应，与其他单价离子一样比二价离子所具有的反应能力弱。淡水中的阳离子交换过程是矿物从溶液中提取二价离子，并用单价离子取代它们。

1）天然水中钠的来源

根据Clarke的估算，上地壳的火成岩大约60％是由长石矿物组成的。这类长石是铝硅酸盐，铝取代了某些硅，为保持静电平衡，用其他阳离子补足其正电荷的缺损。常见的长石有正长石、微斜长石，分子式为$KAlSi_3O_8$，斜长石为钠长石（$NaAlSi_3O_8$）到钙长石（$CaAl_2Si_2O_8$）所构成的连续类质同象系列。正长石和微斜长石中有时也有钠，这是钠取代了钾所致。

常温常压下钾长石不发生化学反应，然而含钠和钙的物质易于风化，在溶液中它们产生金属阳离子和硅，并且通常形成带有铝和部分原始硅的黏土矿物。除了前面讨论的产物高岭土外，还有其他的黏土矿物，如伊利石和蒙脱石。Feth等（1964）在研究加利福尼亚州和内华达州的内华达山脉富含长石的花岗岩区的水时，发现Ca^{2+}和Na^+是河流及泉水中最重要的阳离子，这也反映了这类岩石中这两类离子含量高，以及该矿物溶于水的速率较快。

在坚硬的沉积物中，钠可能以杂质的形式存在于原生矿物晶格中，或以易溶的钠盐晶体形式和与悬浮物形成沉淀而存在于原生矿物内，或者在原生矿物沉积后由于海水的入浸而使钠盐滞留于这些沉积物中。这种可溶盐能很快地进入溶液，并且在环境中发生变化。例如，由于地表抬升或海平面下降的环境变化而使其处于一个淡水淋洗环境中，它会很快地从海滨颗粒沉积物中洗脱下来。在淋洗过程的早期，淋洗出的溶液中有较高的Na^+浓度。但海盐或原生水的最终痕迹在水循环较弱地区可能持续存在相当长的时间。

水解沉积物通常颗粒很小，且水循环在通过该矿物时被破坏，水被截留储存入该沉积物内。当该沉积物被埋藏时，水中的溶质负荷可很长时间保持不变。水解矿物包括具有强阳离子交换能力的大部分黏土。砂和黏土亚层镶嵌结构是透水能力差的含水层，在淡水的浸取和冲刷情况下，水和钠仍可保留很长的时间。

人类活动对地表及地下水中Na^+浓度有重要影响。例如，冬季高速公路防冻剂中使用盐，从油井中流出或抽出的盐水的处置方法，都有直接或重大区域性影响。使用回用水灌溉一般会留下Na^+浓度比原始水高的残留物，会产生一些间接的影响。地下水抽水改变了水力梯度，致使海水向大陆的侧向运动而浸入海滨的淡水含水层。

黏土的离子交换及“膜效应”的一些因素也影响Na^+的浓度。例如，Hanshaw（1964）指出当黏土被压实时，会首先吸附钠，而当其分散在水中时，它首先会吸附钙。

2）天然水中钠的赋存状态

当水中溶解性固体浓度低于1000mg/L时，稀溶液中钠以Na^+形式存在。在较浓的溶液中，可能存在各种络合离子和离子对。Sillen 和 Martell(1964)给出 $NaCO_3$、$NaHCO_3(aq)$和 $NaSO_4^-$ 的稳定常数，这些物质和钠的其他离子对及络合物的稳定性都很差，远不如二价离子，如 Ca^{2+} 和 Mg^{2+} 形成物的稳定性好。

3）控制天然水中 Na^+ 浓度的化学机制

由于 Na^+ 在形成沉淀前可达到很高的浓度，故天然水中 Na^+ 浓度范围很宽，从小于 1mg/L 的雨水、高降水量区域 Na^+ 浓度很低的河流径流水直到与蒸发岩沉积物相关的盐水(Na^+ 浓度超过 100000mg/L)，浓度变化很大。

$NaHCO_3$ 是一类溶解度较小的钠盐。在室温下，这类盐的纯溶液中 Na^+ 浓度高达 15000mg/L。天然水中，一般不会产生纯 $NaHCO_3$ 沉淀，某些封闭流域，水中 CO_3^{2-} 和 HCO_3^- 浓度很高，而且含有 Na_2CO_3 固体沉淀。碳酸钠都比碳酸氢盐有更大的溶解度。

在加利福尼亚州、俄勒冈州、华盛顿州的某些封闭流域里，都存在含有 Na_2CO_3 残留物的盐水。Garrels 和 Mackenzie(1967)描述了固体从水中浓缩和沉淀的次序，这些固体溶质是从火成岩中硅酸盐矿物的风化中获得的。这些过程可使水的 pH 高到 10 以上。

用分离 NaCl 固体或岩盐(天然 NaCl)的方法可以对 Na^+ 浓度的溶解度高限值施加影响。当溶液被岩盐饱和时，Na^+ 含量为 15000mg/L，而 Cl^- 浓度为 23000mg/L，但如此高的浓度在天然环境中都不可能达到。在岩盐中存在着盐水的夹杂矿物，至少在理论上说，这些夹杂矿物在盐层存在温度梯度差时可以通过盐层而移动，其方式是这些夹杂矿物在高温一侧被溶解，而在其冷却一侧又沉淀出来，从而造成石盐和其夹杂矿物之间的相对移动。

Na_2SO_4 的溶解度强烈地受温度影响。该钠盐的固体沉积物中含有不同量的水，从含几个结晶水的芒硝或称格劳贝尔(Glauber)盐($Na_2SO_4 \cdot 10H_2O$)经含七个水分子的七水合物变化至无水硫酸钠。在寒冷气候下，封闭盆地的湖泊可能产生芒硝沉淀，温度升高后，会再次溶解。Mitten 等(1968)描述了北达科他州东部 Stump 湖的这种效应。

2. 钾离子(K^+)

在火成岩里钾的含量略低于钠，但在所有沉积岩里，钾比较丰富。海水中，钾的含量远低于钠，这些数据表明，在天然水中这两个碱金属元素的化学特性十分不同。从硅酸盐矿物中可溶出钠，钠会在溶液中持久存在。钾很难从硅酸盐矿中溶出，它易于吸附到固体风化产物上，尤其是可吸附在某些黏土矿物上。在多数天然水中，钾的含量低于钠。

影响钾的水化学特性的另一重要因素是它在生物圈，尤其是在植物和土壤里的变化。存在于植物体内的钾元素，会由于作物收割、剪除及水对有机残留物的浸提和径流冲刷作用而从土壤中损失掉。

1）天然水中钾的来源

硅酸盐岩石中主要的含钾矿物有正长石和微斜长石（$KAlSi_3O_8$）、云母和属似长石类矿物的白榴石（$KAlSi_2O_6$）。钾长石不溶于水。经过与其他长石相同的风化过程，它们会转变为硅、黏土和钾离子，只是速度比较慢。

在沉积物中，钾通常存在于原生的长石或云母颗粒、伊利石及其他矿物中。蒸发岩是含钾盐床，并且是盐水中高浓度钾的来源。

2）控制天然水中钾浓度的化学机制

虽然钾是丰富的元素，并且其常见盐的溶解性很好，但天然水中很少出现高浓度的钾，引起这种现象的化学机理还不十分清楚。一般认为水中钾的浓度偏低是由于含钾的铝硅酸盐矿物很稳定造成的。许多砂石中含有原生的钾长石。

K^+比Na^+的半径大，在离子交换反应中，被吸附的K^+比Na^+少。实际上，某些黏土矿物结构中有一定量的K^+。在伊利石中，K^+填充于晶格之间，不能被进一步的离子交换反应去除。

在森林及草地中发生着钾的天然循环过程，在蛰伏季节这类K^+会被雨水沥滤到土壤中，随有机物的逐渐腐烂分解也会产生这类钾。有些钾渗漏到地下水中，有些随径流流入河水中。

控制钾在河水及地下水中含量水平的诸多因素中，生物因素占主导地位。美国地表水水质资料表明，中部地区的许多河流在高流量时期，钾的含量与枯水期的含量一样高(或比较高)。这是由径流在土壤中的沥滤造成的。

在美国和中国，某些封闭盆地的湖泊中，钾的浓度比较高(Clarke，1924)，目前还没有完全弄清这些湖水中钾积累的原因。这些水的溶解性固体浓度都很低，因为岩石构造不含有溶解性矿物。然而，当水的循环遭到破坏，地下水位抬升到达地表时，蒸发就能使水中钾的浓度达到一定水平。在高透水性土壤上生长的草对钾的迁移有重要影响(Johnson，1960)。

3. 钙离子(Ca^{2+})

钙是最丰富的碱土金属，是许多矿物的基本组分。它也是构成各种动植物生命体不可缺少的基本元素，也是多数天然水中的主要溶质成分。它有一个氧化态，即Ca^{2+}。它在天然水环境中的行为一般受易溶解的含钙固体物存在量的控制，以及受有二氧化碳物参加的溶液—气相平衡的控制或受硫酸盐中硫存在量的制约。钙也参与铝硅酸盐和其他矿物表面上的阳离子交换平衡，在研究钙的化学行为中广泛使用着溶解度平衡模型。

1）天然水中钙的来源

钙是许多火成岩矿物，尤其是链状硅酸盐矿物，如辉石、角闪石和长石的基本组分。斜长石是钠长石（$NaAlSi_3O_8$）和钙长石（$CaAl_2Si_2O_8$）不同比例的系列混合物。变质过程中产生的硅酸盐矿物中也含有钙。因此，凡是与火成岩或变质岩接触的水中都含有钙，当然由于这些矿物的溶解速度很慢，故其浓度均较低。钙长石的水解表示为

$$CaAl_2Si_2O_8 + H_2O + 2H^+ = Al_2Si_2O_5(OH)_4 + Ca^{2+} \tag{2.57}$$

正常的斜长石组成处于纯钠长石和纯钙长石类矿物之间，离解时同时生成 Ca^{2+}、Na^+ 及一些溶解性硅。有些条件下，碳酸钙溶液可能达到饱和浓度。

沉积岩中钙的存在形式主要是碳酸钙，其两类晶体形式是方解石（分子式为 $CaCO_3$）和 白云石[分子式为 $CaMg(CO_3)_2$]。石灰石主要是由方解石组成的，其中还混有碳酸镁和其他杂质。当有镁存在时，碳酸盐通常被称为白云石，在白云石中钙、镁摩尔比理论上为 1∶1。岩石中的其他钙矿物有石膏（$CaSO_4 \cdot 2H_2O$）、无水石膏（$CaSO_4$）和萤石（CaF_2），萤石不常见，某些沸石和蒙脱石的组分中也含有钙。

在砂岩和其他碎屑岩中，碳酸钙主要作为胶结物而存在。钙还以吸附态离子存在于土壤及岩石中带负电荷的矿物表面。由于在矿物表面，二价离子比单价离子结合得更牢固，且由于溶液中主要是二价离子 Ca^{2+}，所以在那些地区的河流及地下水中都含有 Ca^{2+}。

2）天然水中钙的溶质形态

Ca^{2+} 相当大，离子半径接近 1nm。离子附近的电场远不如离子半径小的二价阳离子强。溶液中难以形成较强的水化膜，故通常把水中的溶解态钙简单地表示为 Ca^{2+}。Ca^{2+} 能与某些有机阴离子生成络合物，但在天然水中，其量很有限，并不重要。有些水中，存在 $CaHCO_3^-$ 络合物。Greenwald（1941）出版的资料表明，当水中 HCO_3^- 含量接近 1000mg/L 时，有 10 % 的 Ca^{2+} 可生成 $CaHCO_3^+$。离子对 $CaSO_4(aq)$非常重要。当水中 SO_4^{2+} 的含量超过 1000mg/L，一半以上的 Ca^{2+} 以 $CaSO_4$ 形式存在。这两个推论均作了如下假定：溶液中 Ca^{2+} 与 HCO_3^- 或 SO_4^{2-} 浓度相比，Ca^{2+} 的浓度较小。

Garrels 和 Mackenzie（1967）指出，OH^-、CO_3^{2-} 也可与 Ca^{2+} 生成离子对，这种情况主要发生于强碱性溶液中。Ca^{2+} 也可与 PO_4^{3-} 生成离子对，但在天然水中没有多大意义。

3）天然水中控制钙浓度的化学机制

多数天然水中，钙和碳酸盐的平衡是限制钙的溶解度的主要因素。用不含气相只含固体方解石和水的系统，可以很方便地说明质量作用定律在天然水化学中的应用，方解石的溶解用下面的方程表示

$$CaCO_3(c) + H^+ = Ca^{2+} + HCO_3^- \tag{2.58}$$

H^+来自水或能将固体方解石溶解为Ca^{2+}和HCO_3^-的其他侵蚀源，达到平衡时，根据化学反应平衡原理，平衡常数的方程式为

$$K=\frac{[Ca^{2+}][HCO_3^-]}{[CaCO_3(c)][H^+]} \tag{2.59}$$

方括号中的量代表活度，单位为mol/L，固体的活度看作1。要达到平衡，必须存在一定量的固体方解石，但总量不需要特定，因为平衡条件与系统中存在的各相的量无关。

平衡时必须确认存在固体这一要求很容易被忽略，在一般的水分析中，显然没有给出固体的分析方法，如果不能确保存在固体，平衡计算很可能被误用。

Sillen和Martell(1964)编辑发表了许多反应的平衡常数。Smith和Maartell(1976)、Baes和Mesmer(1976)给出了被认为是最可靠的数据。然而，某些特殊反应的平衡常数不一定能得到，有时可以通过一系列平衡常数已知的方程的加或减而得到所需要的平衡常数。例如

$$CaCO_3(c)=Ca^{2+}+CO_3^{2-} \qquad K_1=3.80\times10^{-9} \tag{2.60}$$

$$HCO_3^-=CO_3^{2-}+H^+ \qquad K_2=4.68\times10^{-11} \tag{2.61}$$

式(2.60)减去式(2.61)得

$$CaCO_3(c)+H^+=Ca^{2+}+HCO_3^- \tag{2.62}$$

用方程K_1除以方程K_2得到联合反应的平衡常数为

$$\frac{[Ca^{2+}][CO_3^{2-}]}{[CaCO_3(c)]}\div\frac{[CO_3^{2-}][H^+]}{[HCO_3^-]}=\frac{3.80\times10^{-9}}{4.68\times10^{-11}}=0.81\times10^{-2} \tag{2.63}$$

对于方解石和水的平衡系统，溶质的活度方程为

$$\frac{[Ca^{2+}][HCO_3^-]}{0.81\times10^{-2}}=[H^+] \tag{2.64}$$

可以用式(2.60)～式(2.64)检验某种给定的水是否不饱和，即能溶解更多的方解石(温度为确定K_1和K_2值时的温度，这里为25℃)，或过饱和即能沉淀方解石，或者处于平衡状态。pH、Ca^{2+}和HCO_3^-的浓度、温度和离子强度的测定将给出这种信息。

根据方解石在天然水中的溶解作用反应式可以写出饱和度的定义式

$$S_{CaCO_3}=\{Ca^{2+}\}\{CO_3^{2-}\}/K_{sp} \tag{2.65}$$

由于在通常的天然水中CO_3^{2-}含量极小而不能准确测定，所以，把式中的$\{CO_3^{2-}\}$转换为$\{HCO_3^-\}$来表示更为方便。

利用平衡关系

$$HCO_3^-=H^++CO_3^{2-} \tag{2.66}$$

$$K_2^0 = \{H^+\}\{CO_3^{2-}\}/\{HCO_3^-\}$$

求得

$$\{CO_3^{2-}\} = K_2^0\{HCO_3^-\}/[H^+]$$

代入式(2.12)中，可以计算出饱和度 S_{CaCO_3} 为

$$S_{CaCO_3} = \{Ca^{2+}\}\{HCO_3^-\} \cdot 10^{pH} \cdot K_2^0/K_{sp} \tag{2.67}$$

式中，K_{sp}为方解石的溶度积常数；K_2 为碳酸的二级电离常数；$\{Ca^{2+}\}$和$\{HCO_3^-\}$为天然水中的实际活度。

若平衡时不存在$[H^+]$，这种计算方法显然无效。

不少学者测定了上述方程所用的 K_1 值(Adamson，1976)，他们还给出，0℃时该常数为 4.47×10^{-9}；50℃时，该常数为 2.32×10^{-9}。除 25℃外也可得到其他温度下的 K_2 值 (Sillen and Martell，1964)。

需要注意的是：在实际应用中$\{Ca^{2+}\}$和$\{HCO_3^-\}$不等于水溶液分析测定的结果，因为在测定水溶液中 Ca^{2+}时，也包括了 $CaHCO_3^+$、$CaCO_3^0(aq)$和 $CaSO_4^0(aq)$等配合物和胶体中的 Ca^{2+}。同样，测定的 HCO_3^- 浓度值也包括了 $CaHCO_3^-$、$MgHCO_3^+$ 等组分中的 HCO_3^-。

水中 CO_2 含量对于方解石在水中溶解度有较大影响，水中 CO_2 含量主要取决于其压力，因此，方解石在水中的溶解度与 CO_2 分压呈正比关系(图 2.7)。

4. 镁离子(Mg^{2+})

镁是碱土金属元素，在水化学中仅有一个重要的氧化态，即 Mg^{2+}。它是一个常见的元素。

钙和镁的某些水化学特性类似，均为对水的硬度作出贡献的主要物质。镁的地球化学行为与钙有本质的差别。Mg^{2+} 半径比 Ca^{2+} 和 Na^+ 小，水溶液中每个 Mg^{2+} 周围有 5 个水分子，结构与铝类似。镁的水合层不如铝的强，但镁的水合效应比半径较大的 Ca^{2+} 和 Na^+ 强。沉淀的晶体镁的化合物中含有水或氢氧化物，这与它的强水合倾向有关(Kurepin，1982)。

1) 天然水中镁的来源

在火成岩中，镁是暗色镁、铁矿物(橄榄石、辉石、角闪石、黑云母)的典型组分。含镁的次生矿物有绿泥石、蒙脱石等。沉积岩中镁主要以碳酸盐形式存在，如菱镁石、水菱镁石、水镁石及镁和碳酸钙的混合物，当 Ca^{2+} 和 Mg^{2+} 以相等量存在时称白云石，白云石呈固定的晶体结构。

镁橄榄石转变为蛇纹石可写为

$$5Mg_2SiO_4 + 8H^+ + 2H_2O = Mg_6(OH)_8Si_4O_{10} + 4Mg^{2+} + H_4SiO_4$$

这与长石的风化反应类似，产生固体产物，像硅酸盐的变质一样，该反应是

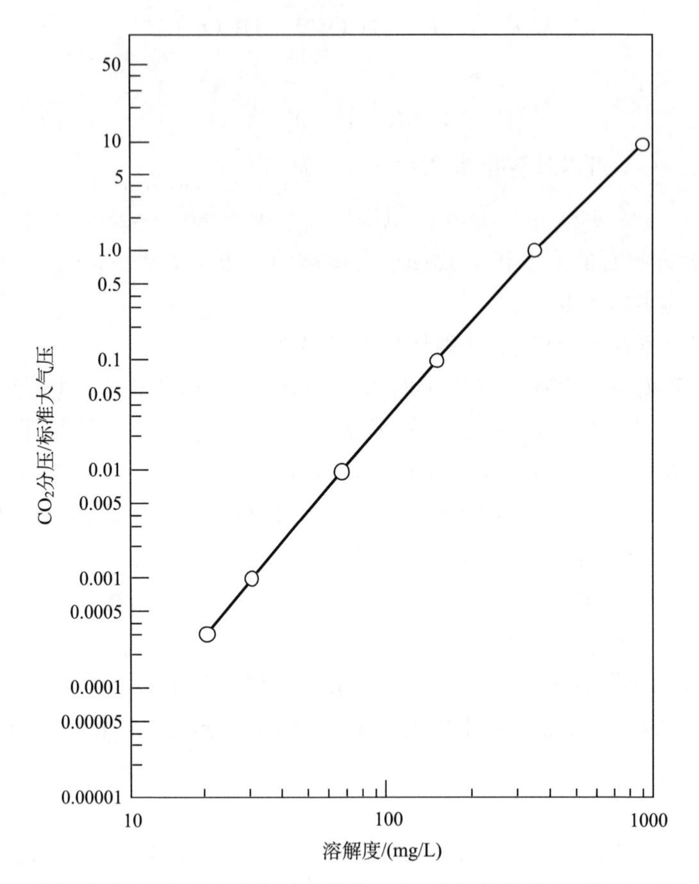

图 2.7 碳酸钙(方解石)在水中的溶解度与 CO_2 分压的关系(25℃)(Butler, 1982)

不可逆的，不能按化学平衡来处理。释放的产物可参加其他反应。

2) 天然水中镁的赋存形态

天然水中镁主要以 Mg^{2+} 形式存在。Sillen 和 Martell(1964)给出的资料表明当 pH 低于 10，络合物 $MgOH^+$ 意义不大。离子对 $MgSO_4(aq)$ 与 $CaSO_4(aq)$ 有相同的稳定性，Mg^{2+} 与 CO_3^{2-} 或 HCO_3^- 形成的络合物与 Ca^{2+} 的同类络合物稳定性相近。如果 SO_4^{2-} 或 HCO_3^- 在溶液中的含量大于 1000mg/L，SO_4^{2-} 与镁的离子对和镁与 HCO_3^- 形成的络合物有重要意义。

3) 控制天然水中镁浓度的化学机制

含镁碳酸盐的平衡体系较碳酸钙更复杂，因为碳酸镁与羟基碳酸镁有各种不同的形态，它们的溶解可能是不可逆的。据 Sillen 和 Hartell(1964)给出的资料，菱镁石($MgCO_3$)的溶度积是方解石的 2 倍，而水化菱镁石($MgCO_3 \cdot 3H_2O$、$MgCO_3 \cdot 5H_2O$)的溶解度又显著大于菱镁石。在相同的条件下，羟基菱镁石

[$Mg_4(CO_3)_3(OH)_2 \cdot 3H_2O$]的溶解度最小。Hosteller(1964)指出，通常溶液中不能直接产生菱镁石沉淀，当所有类型的碳酸镁类物质均达到过饱和状态时，才会产生这类沉淀。无论什么时候，这类物质也不是水中镁含量的主要限制因素。

多数石灰石中存在大量的镁，当这类物质溶解时，溶液中含有 Mg^{2+}，但该过程不可逆，即在镁石灰石溶解产生的溶液中产生的沉淀可能近于纯的方解石。沿地下水流路径，镁的浓度由于上述过程会逐渐增大，直到镁钙比率达到很大为止。

在天然水环境中非盐水体系通常不直接产生白云石沉淀。在各地的盐水湖中已发现有白云石沉淀。

近年来，学者一致认为白云石的溶度积为 $10^{-17.0}$(25℃)，据 Langmuir(1971)的计算其 0℃为 $10^{-16.56}$、10℃为 $10^{-16.71}$、20℃为 $10^{-16.09}$。根据白云石区地下水的一般特性可以认为许多水体中都能达到方解石饱和浓度。在正常大气压的 CO_2 分压下，白云石比方解石容易溶解。

镁的阳离子交换行为与钙类似。这两种离子被强烈地吸附到黏土矿物和其他有交换能力的矿物表面。

在实验室中 25℃时能够合成一些含镁硅酸盐矿物。例如，在 $pH \geqslant 8.73$ 时，Siffert(1962)利用 $Si(OH)_4$ 和 $MgCl_2$ 溶液的沉淀合成了 $Mg_3Si_4O_{11} \cdot 4H_2O$。这类矿物或与此相关的矿物对富含镁的火成岩风化形成的溶液中镁的浓度有重要影响。

海洋中元素的停留时间表明：镁的停留时间比钙长的多；外壳或骨架部分含有钙的有机物对钙的沉淀起主要作用，这种作用对镁的影响较小。

2.2.4　主要阴离子

地震水溶液中主要阴离子有 Cl^-，SO_4^{2-}、HCO_3^-、CO_3^{2-} 等，下面分别叙述。

1. 氯离子(Cl^-)

天然水中 Cl^- 的总含量在主要阴离子中占首位。它在水中有广泛分布，几乎所有天然水中都有它的存在。它在水中含量变化范围很大，在一般湿润地区的河流和湖泊中含量很小，要用 mg/L 来表示。但随着水矿化度的增加，Cl^- 的含量也在增加，在海水以及部分盐湖中，Cl^- 含量达到十几克/每升以上，而且成为主要阴离子。这种现象可用氯化物较天然水中的其他盐类有更好的溶解性来说明。因此当水的矿化度增加时，其他的阴离子与各种相应的阳离子就达到了溶度积的数值，并开始形成沉淀，而让位于 Cl^-。

水中 Cl^- 的来源有：含氯岩浆岩风化物的溶解、沉积岩中氯化物的溶解、火山喷出产物。

含氯的岩石、矿物一般不能直接溶解于水，但风化物中的 Cl^- 很容易被带入水中，成为水中 Cl^- 来源之一。

沉积岩中的氯化物包括 NaCl、KCl、$MgCl_2$、$CaCl_2$，这些盐类很易溶于水，为水中 Cl^- 的重要来源。

火山喷发产物常含有氯化物，是水中 Cl^- 另一来源。

天然水中 Cl^- 与 Na^+ 常常共同存在，这主要是由于 NaCl 的溶解而造成的，因此一般水中的 Cl^- 与 Na^+ 含量应相等。在高矿化度水中，出现 Cl^- 大于 Na^+ 含量的情况，这说明水中有部分 Na^+ 与岩石中 Ca^{2+} 和 Mg^{2+} 发生交替吸附作用，Na^+ 为岩石胶体所吸附，而把钙、镁释放在水中，形成氯化钠钙水。油田区的地下水由于硫酸盐在有机物作用下发生还原反应，生成硫化氢而逸出，水中氯离子富集，形成氯化钠钙水。

2. 硫酸根离子(SO_4^{2-})及其硫酸盐

因为硫元素的氧化态范围是从 S^{2-} 到 S^{6+}，所以其化学行为与在水中的氧化还原性质十分相关。在大多数高氧化态时，硫离子半径仅为 0.20Å，它与氧形成一个稳态四配位体结构。还原性 S^{2-} 可和多数金属形成低溶解度的硫化物。

1）硫的氧化还原性质

硫参加的氧化还原反应速率比较慢，除非有微生物有机体参加。因而对硫的化学特性作简单平衡处理会导致不符合实际的结果。然而，一些主要特征可使用 Eh-pH 图来确定(图 2.8)。

图中给出了两种氧化形式(HSO_4^- 与 SO_4^{2-})和三种还原形式[H_2S(aq)、HS^- 和 S^{2-}]的硫离子和硫元素的稳定区。如果假定硫的总浓度较高，那么硫的稳定区就大。图 2.8 中硫的总活度为 10^{-3}mol/L。该环境相对外界的硫源是个封闭的体系。

穿过图 2.8 中的还原区的虚线是 CH_4(aq)和溶解性 H_2CO_3(aq)、HCO_3^-、CO_3^{2-} 的边界，H_2CO_3、HCO_3^-、CO_3^{2-} 总浓度不变，通常为常数($10^{-3.00}$mol/L)。虚线的位置说明，在 CH_4 存在时硫酸盐在热力学上是不稳定的。在存在 CH_4 的厌氧环境中，参与硫酸盐还原过程的细菌可作为能源利用。其他有机化合物与硫酸盐的还原反应也类似。

Doulegue(1976)指出当硫含量丰富，尤其当 pH 大于 9.0 时，聚硫化物变得重要了。这种形式的硫的氧化态从 0～－2 价。Eoulegue(1978)和 Boulegue 等(1982)证实用氧化还原电位来测定这些系统中亚稳态的聚硫化物，且当环境中硫化氢被氧化时，系统中铜和铁的行为与理论预测一致。富含硫的环境也可能含有在图 2.8 中没有指出的其他亚稳态的溶质，并且描述了这些硫化物及其他硫化物的化学特性(李自强和何良惠，1991)。

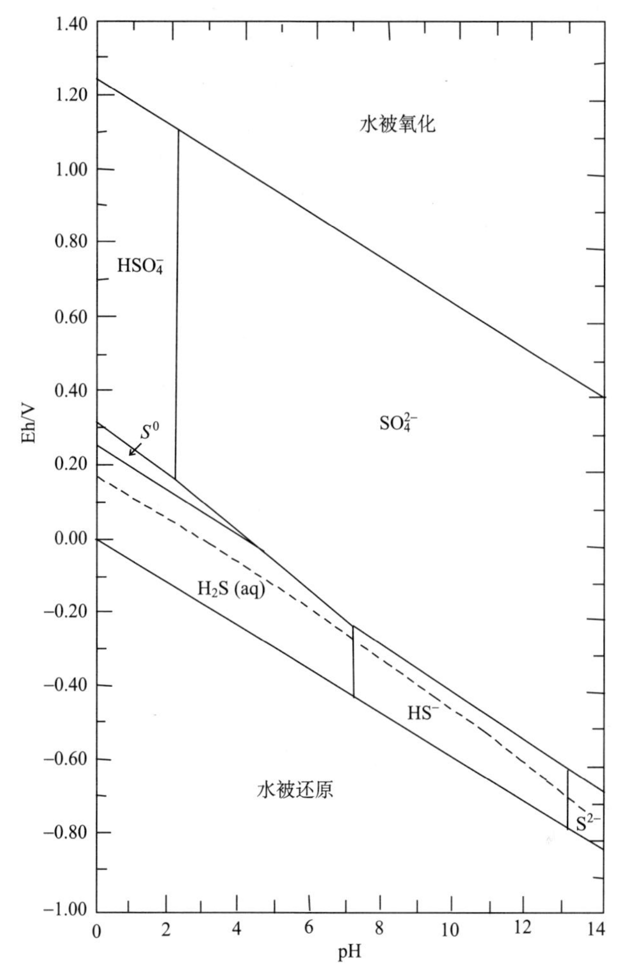

图 2.8　平衡时硫化物的区域(25℃，1 个标准大气压)(李自强和何良惠，1991)

总溶解性硫的活度为 96mg/L(SO_4^{2-})，虚线代表含 CO_2 的组分和 CH_4(aq)间的氧化还原平衡

2) 天然水中硫的来源

硫以还原态的形式广泛存在于火成岩和沉积岩中，如金属的硫化物。当硫化物矿物和充氧水接触风化时，硫被氧化成 S_4^{2-} 而溶于水，氧化过程中产生一定量的 H^+。许多沉积岩中的黄铁矿晶体是地下水中亚铁和硫酸根的来源。特别是黄铁矿与生物沉积物有关，如煤是在强还原条件下形成的。

人类活动也促成黄铁矿的氧化和其他类型硫的形成。燃料的燃烧和矿物的熔化是天然水中硫酸盐的主要来源。在天然土壤或有机废物处理中有机硫化物也发生氧化。

在火山区可能喷发或释放出大量的还原态或氧化态的硫，它们可存在于地热水中，通常呈氧化态。在地热水中 H_2S 转化为 SO_2 时细菌具有重要作用。

在似长石的火成岩矿物中存在硫酸盐，但最广泛和最重要的是存在于蒸发岩中的硫酸盐。硫酸钙，如石膏($CaSO_4 \cdot 2H_2O$)或无水石膏($CaSO_4$)，其中不含结晶水的石膏占蒸发岩的相当大部分。硫酸钡和硫酸锶的溶解性低于硫酸钙，但它们在自然界比硫酸钙相对稀少。正如前面讨论钠时指出的，在某些封闭流域的湖泊中，也有硫酸钠生成。

3）硫酸根离子

硫酸根离子是天然水中重要的阴离子，它和氯离子一样是海水及高矿化度湖水中的主要阴离子。在矿化度特别高的水中，硫酸根离子一般让位于氯离子，但在大部分低矿化度水中，特别是弱矿化水中，硫酸根离子则较氯离子表现出显著的优势。

硫酸根离子分布在各种水体中，很少有不含它的水体。河水中硫酸根离子含量变化在 0.8～199mg/L，大多数的淡水湖泊，其硫酸根离子含量较河水中更高，海水中硫酸根离子含量为 2.705g/L，而在海洋的深部，由于还原作用，硫酸根离子有时甚至完全不存在，在干旱地区的地表水及地下水中，硫酸根离子含量往往可达到几克每升。

天然水中的硫酸根离子含量因水中存在钙离子而受到限制，钙离子与硫酸根离子作用就形成较难溶解的硫酸钙。根据硫酸钙的溶度积，可以得出，当水中钙离子与硫酸根离子的物质的量相等时，硫酸根离子含量为 1.5g/L 左右。但是在高矿化度水中，由于其他离子作用，实际离子浓度积变小，钙离子相对减少，而硫酸根离子可与其他阳离子作用(镁离子等)，仍然保留在溶液中，含量增高。例如，海洋中水的总矿化度为 35g/kg，钙离子含量接近于 0.208g/kg，硫酸根离子含量则达到 2.7g/kg。当硫酸根离子和与其共同组成易溶解化合物($Na_2SO_4 \cdot 10H_2O$)的离子共存时，其含量可达几十克每升。

天然水中硫酸盐的起源有石膏的溶解，自然硫的氧化，硫化物的氧化，以及火山喷发产物、含硫植物及动物体的分解和氧化。

分布很广的各种含有石膏($CaSO_4 \cdot 2H_2O$)的沉积岩是水中硫酸盐的主要来源。

自然硫的氧化作用也是天然水中硫酸根的来源之一，这一氧化作用按下列方程式进行

$$2S + 3O_2 + 2H_2O = 2H_2SO_4$$

$$CaCO_3 + H_2SO_4 = CaSO_4 + H_2O + CO_2$$

地表上分布很广的硫化物的氧化作用也是天然水中硫酸根离子的来源之一。

火山喷发时的大量硫化物，特别是硫化氢，在空气中氧化为硫酸根离子，随

降水进入地表水。含硫植物及动物体的分解与氧化，对天然水中硫酸根的含量也有所影响。

硫酸根离子是不稳定的，因为硫在自然界中进行着非常复杂的循环，天然水中的硫酸根离子也在相当大的程度上被吸引参加了这一循环。在氧气缺乏的条件下，硫酸根可以还原为自然硫，在海洋深处和油田水中就进行这一类作用。硫酸盐还原中起主要作用的是硫酸盐还原细菌。这些细菌在缺氧的条件下，当有机质存在时，常常将 SO_4^{2-} 还原为 H_2S。当 H_2S 与空气接触时又重新氧化为硫，最后氧化为硫酸盐。此外，植物自土壤中吸收了溶于水中的硫酸盐，并摄取了硫以构成蛋白质，之后一部分的植物又为动物所取食，当动物体破坏时其中的硫还原为硫化氢，这些硫化氢还可以重新氧化为硫酸盐。

4）可溶性硫酸盐的形态

当天然水的 pH 较低时，硫酸的离解不完全，在某些酸性水中，其总硫酸根浓度中 HSO_4^- 占相当大的比例。如图 2.8 所示，使 pH 低于 1.99，HSO_4^- 占统治地位。当 pH 增大 1 即达到 2.99 时，大约有 10%的硫酸盐是以 HSO_4^- 形式存在，当 pH 为 3.99 时，HSO_4^- 仅占 1%，所以 pH 大于 3.99 时 HSO_4^- 的贡献就不那么重要了。如果已知总硫酸盐浓度及溶液的离子强度，则可计算 HSO_4^- 的活度。

常规的硫酸盐分析方法不能区分出 S、SO_4^{2-} 和 HSO_4^-，但在分析酸性水时为获得满意的阴阳离子平衡，需计算 HSO_4^- 的存在量。如果不存在其他硫酸根的重要络合物，需要两个方程

$$[H^+][SO_4^{2-}]=[HS_4^-]\times 10^{-1.99}$$

$$C_{SO_4}=\frac{[SO_4^{2-}]}{\gamma_{SO_4^{2-}}}+\frac{[HSO_4^-]}{\gamma_{HSO_4^-}}$$

方括号代表摩尔活度或热力学浓度，$C_{SO_4^{2-}}$ 是硫酸根的分析浓度。$[H^+]$可直接从 pH 中获得，离子活度系数即 γ，根据溶液中的离子强度可利用 Debye-Huckel 方程来计算。

硫酸根本身是一个络离子，但它有很强的形成其他更复杂络合物的倾向。天然水化学中最重要的络合物都是 $NaSO_4^-$ 和 $CaSO_4$ 形式的共生集合体，这类物质通常称为离子对。硫酸根浓度越大，溶液中硫酸根以这种方式结合的趋势也增大。本书中使用离子对的地方，代表含有两个带相反电荷离子之间的缔合作用的一种特定的形式。在离子对中，至少有来自阴阳离子间的水化膜的一个水分子。络合离子是两个带相反电荷的直接用化学键联合在一起的离子，有时称为“内球”络合物(Stumm 和 Morgan 1981)。

Sillen 和 Martell(1964)给出的硫酸根离子对的热力学资料表明，硫酸根离子和二价及三价的离子形成的化学键最强，对钙的关系式为

$$\frac{[CaSO_4]}{[Ca^{2+}][SO_4^{2-}]}=10^{2.31}$$

表明溶液中含有 $10^{-2}\sim10^{-3}$ mol/L 硫酸根(约为 1000～100mg/L)，其中含有大量的离子对。如果存在这类物质，分析中的离子平衡不受影响，在化学分析中不需区分它们。离子对确实影响含固体物，如石膏的水中的钙或硫酸根的溶解度，然而，因为离子对的电荷比自由离子低(实际上，$CaSO_4$ 电荷为零)，它们的存在，使由测定的电导率来计算溶解性固体的含量复杂化，并且影响溶液中的离子在化学分析中的行为。

5) 硫酸盐的溶解度

根据 Tanji 和 Doneen(1966)提供的资料，给出了在 NaCl 溶液中计算得出的石膏的溶解度。计算中使用石膏的溶度积为 2.4×10^{-5}，离子对稳定性取上述给定值，并且考虑了四类离子 Na^+、Ca^{2+}、Cl^- 和 SO_4^{2-} 离子强度的影响(25℃)。天然水中可能含有其他影响石膏溶解度的离子(Adamson，1976)。

在讨论溶度积时，说明了离子对对石膏平衡溶解度这类计算的影响。在许多石膏能达到平衡的天然水里(如果不是大多数的话)方解石也能达到饱和。这种条件的溶解度平衡组合可表示为如下方程：

$$\frac{[SO_4^{2-}][H^+]}{[HCO_3^-]}=10^{-6.534} \tag{2.68}$$

式(2.68)适用于 25℃和 1 个标准大气压下的状态。需要注意的是这里硫酸根的活度是自由离子的活度，与分析所得的总值不同。当出现多相平衡时，这种关系在反映实际环境中有实用价值。

Plumme 和 Back(1980)描述了当存在石膏时白云岩区发生的可逆过程。流经这种构造的水溶解了白云石和石膏，沉积了方解石。在达不到石膏溶解限之前，在热力学上有利于发生这一过程。

水中的硫酸锶微溶，硫酸钡几乎不溶。Sillen 和 Martell(1964)给出的 $SrSO_4$ 和 $BaSO_4$ 的溶度积分别为 $10^{-6.5}$ 和 $10^{-10.0}$，即在含有 10mg/L Sr^{2+} 的水中 SO_4^{2-} 含量不超过几百毫克每升，含有 1mg/L Ba^{2+} 的水中 SO_4^{2-} 含量仅为几毫克每升。这是一个粗略估计，仅指出钡和锶对硫酸根溶解度的一般影响，更准确的溶解度可根据文献中给出的热力学资料计算出。钡和锶对天然水中硫酸根浓度的影响并不重要，更常见的是由于存在硫酸根的原细菌使得硫酸根浓度偏低。天然水中存在丰富的硫酸根，使硫酸根浓度对钡和锶的溶解度产生了极大影响。

3. 重碳酸根(HCO_3^-)、碳酸根离子(CO_3^{2-})及其碳酸盐

1) 天然水中控制重碳酸根和碳酸根离子的化学机制

重碳酸根和碳酸根离子是天然水中主要离子成分，特别在弱矿化水中，成为

主要的阴离子。重碳酸根离子分布很广，几乎所有水体都有它的存在，但一般绝对含量不高，如海水中为97mg/L、河水中为18～236mg/L、自流水中为66～433mg/L。这些特点与形成重碳酸根离子的主要岩石(含碳酸钙、碳酸镁)在地表上分布广泛和这些岩石溶解度不大有关。

只有当钠存在时，重碳酸根和碳酸根离子才能使水的矿化作用增强，而形成具有碱性反应的碳酸钠水，这种水见于含钠长石或霞石剧烈风化的地下水、干燥地区的盐泽水和矿泉中的碳酸钠水。

重碳酸根离子和碳酸根离子来源，主要是由于碳酸钙和碳酸镁等碳酸盐的溶解，这些盐类溶解只有在水中存在 CO_2 时才能进行，溶解按下列方程式进行

$$CaCO_3 + CO_2 + H_2O = Ca^{2+} + 2HCO_3^-$$

$$MgCO_3 + CO_2 + H_2O = Mg^{2+} + 2HCO_3^-$$

从以上的可逆反应中可以看出，只有在 CO_2 存在时反应才会由左向右进行。由此可以得出溶液中 CO_2 和 HCO_3^- 之间存在着一定的数量关系，它随碳酸($CO_2+H_2CO_3$)的含量而改变，碳酸在水中按下列方程式离解

$$HCO_3 = HCO_3^- + H^+ \tag{2.69}$$

根据质量作用定律，HCO_3 与 HCO_3^- 的数量关系可以式(2.70)表示

$$\frac{[H^+][HCO_3^-]}{[H_2CO_3]} = K_1 \tag{2.70}$$

式中，K_1 为常数值，等于 3×10^{-7}。于是，HCO_3^- 的含量为

$$[HCO_3^-] = \frac{[H_2CO_3]}{[H^+]} \times 3 \times 10^{-7}(mol/L) \tag{2.71}$$

从式(2.71)可以看出，$[H_2CO_3]$越大，溶液中的 HCO_3^- 越多，而$[H^+]$越大，则溶液 HCO_3^- 含量越小。

以 Ca^{2+} 为主的天然水中，HCO_3^- 的含量不会很多，一般在河水及湖水中不超过250mg/L，在地下水中的含量略高。造成这种现象的原因在于在水中如果要保持较多含量的 HCO_3^-，则必须要有大量的 CO_2，而这很难达到，特别是在地表水中由于空气中 CO_2 的分压很小，CO_2 就很容易由水中逸出。在地震地下水中，CO_2 含量增高，HCO_3^- 的含量就会增大。

HCO_3^- 的含量是与 H^+ 的含量成反比的。当天然水中 H^+ 的浓度大于 10^{-4} mol/L(pH 小于 4)时，HCO_3^- 的含量就非常之少，以至于实际上可以忽略不计。

碳酸根离子是由碳酸第二级离解产生，即由 HCO_3^- 离解产生 HCO_3^{2-}

$$HCO_3^- = HCO_3^{2-} + H^+ \tag{2.72}$$

根据质量作用定律 HCO_3^- 和 HCO_3^{2-} 的关系可表示如下：

$$\frac{[CO_3^{2-}][H^+]}{[H_2CO_3^-]}=K_2 \tag{2.73}$$

式中，K_2 为常数，称为碳酸的第二级离解常数。在第二级离解中，H^+ 要克服静电引力而从电荷与它相反的离子(HCO_3^-)中分出来，因此第二级离解总比第一级离解要少，由于这个缘故，第二级的离解常数 K_2 总比第一级离解常数 K_1 要小。K_2 等于 4×10^{-11}。水中 HCO_3^{2-} 的含量与 HCO_3^-、H^+ 的关系如下：

$$[HCO_3^{2-}]=\frac{[H_2CO_3^-]}{[H^+]}\times K_2 \tag{2.74}$$

从式(2.74)中看出，溶液中 CO_3^{2-} 含量与 HCO_3^- 的含量成正比，与 H^+ 的含量成反比。

以 Ca^{2+} 为主的天然水中，CO_3^{2-} 的含量不超过几毫克每升，因为 Ca^{2+} 和 CO_3^{2-} 会化合成难溶的 $CaCO_3$。只有当 Ca^{2+} 的含量很少，并含有大量 Na^+ 的盐湖中，才可以聚集大量的 CO_3^{2-}。

H^+ 含量大，则 CO_3^{2-} 含量小，天然水中当 H^+ 浓度大于 5×10^{-9} mol/L 时(pH 小于 8.3)，CO_3^{2-} 的含量就可以忽略不计了。

据上述可知，HCO_3^-、CO_3^{2-}、Ca^{2+}、H^+ 和 H_2CO_3 在溶液中是有一定的数量关系的，其中某一个的含量改变了就会影响到其他所有成分含量的改变。这一数量关系决定于平衡常数 K_1、K_2 和 $CaCO_3$ 的溶度积(K_{CaCO_3})。

所有这些离子形成了对天然水非常有意义的碳酸的化学平衡系统。

根据碳酸的一级和二级离解方程式[式(2.69)和式(2.72)]，可以计算出碳酸平衡系统中各个成分之间的对比与 pH 的关系(表 2.10)。

表 2.10　各种形式的碳酸相互间比例与水的 pH 的关系(以摩尔百分比表示)(Butler，1982)

pH	H_2CO_3	HCO_3^-	CO_3^{2-}
4	99.7	0.3	
5	97.0	3.0	
6	76.7	23.3	
7	24.99	74.98	0.03
8	3.22	96.70	0.08
9	0.32	95.84	3.84
10	0.02	71.43	28.55
11		20.0	80.0

从表 2.10 的数据中可看到，在酸性反应(pH 小于 4.0)时，水中实际上没有 HCO_3^- 存在，而在 pH 为 7～10 时，HCO_3^- 是碳酸的主要形式。在 pH 为 8.4

时，溶液中几乎只有 HCO_3^-。在弱碱性反应时，溶液中出现 CO_3^{2-}，其含量随着 pH 的增大而增加，当 pH 超过 10.5 时，CO_3^{2-} 是碳酸化合物的主要形式。

实际上并不是 HCO_3^-、CO_3^{2-} 及 H_2CO_3 决定于 pH，相反，在大多数情况下，正是平衡系统中的各种形式的碳酸之间的对比决定了天然水的 pH。在这种情况下，pH 就可以用来作为该平衡状态的指标。影响平衡的基本因素还是 H_2CO_3 和 Ca^{2+}，前者维持了 HCO_3^- 的离解，而后者则根据 $CaCO_3$ 的溶度积限制了 CO_3^{2-} 的含量。地表水溶液中的 HCO_3^- 和 CO_3^{2-} 含量一般是不高的(Butler，1982)。

2) 碳酸水溶液平衡模式

碳酸在天然裂隙水中分布极广，在地震构造地震流体作用领域有十分重要的作用。

在建立碳酸水溶液平衡模式时，当地下的温度、压力等与地表外界环境相差较小时，因为大气中 CO_2 与水达到溶液平衡比较缓慢，常常需要若干小时，因此许多学者常把水中的溶解二氧化碳[CO_2(aq)]看作是一种不挥发的酸，从而相对于大气作为封闭体系来处理；当地下的温度、压力等与地表外界环境相差较大时，裂隙水中的 CO_2(aq)与外界的交换作用就不可以忽视，而应当按气—液两相平衡体系考虑。实际上，地下裂隙水普遍是气—液—固三相平衡体系(Butler，1982)。

对于碳酸水体系而言，其化学组分有 H_2O、CO_2(aq)、H_2CO_3、HCO_3^-、CO_3^{2-}、H^+ 和 OH^- 7 种。在化学分析上要把 CO_2(aq)与 H_2CO_3 加以区分是困难的，而在应用中规定一个包括不论水合与否的复合酸度常数($K_{H_2CO_3^*}$)是方便的(Kurepin，1982)，所以，我们把溶解 CO_2 分析浓度写为

$$[H_2CO_3^*]=[CO_2(aq)]+[H_2CO_3] \tag{2.75}$$

这样，描述溶质分布所需要的方程数目就减少为 5 个。

实际上，水合反应 $CO_2(aq)+H_2O=H_2CO_3$ 平衡极端趋向于左边。水合平衡常数 $K=[H_2CO_3]/[CO_2(aq)]$，约为 1.5‰ (1‰～2.9‰，25℃)。可见，水中未离解 CO_2 的绝大部分是以 CO_2(aq)(称为游离 CO_2)形式存在的。CO_2(aq) 浓度接近于分析浓度[$H_2CO_3^*$]，即[CO_2(aq)]≈[$H_2CO_3^*$]。

还需要指出，在热力学数据表中的 H_2CO_3(aq) 实际上就是 $H_2CO_3^*$(aq)。通常使用的“一级酸度常数”K_1 是表示 $H_2CO_3^*$ 质子迁移作用的复合常数，它既反映水合反应，也反映真实 H_2CO_3 的质子迁移作用。K_1 由实验测得，具有很高的精度。

在明确了上述概念之后，就可以用下列 5 个平衡方程式来描述碳酸水平衡体系，则有

$$H_2CO_3^*=H^++HCO_3^- \qquad K_1=\frac{\{H^+\}\{HCO_3^-\}}{\{H_2CO_3^*\}} \tag{2.76}$$

$$HCO_3^- = H^+ + CO_3^{2-} \qquad K_2 = \frac{\{H^+\}\{CO_3^{2-}\}}{\{HCO_3^-\}} \tag{2.77}$$

$$H_2O = H^+ + OH^- \qquad K_W = \{H^+\}\{OH^-\} \tag{2.78}$$

则体系的质量平衡条件为

$$\sum CO_2 = [H_2CO_3^*] + [HCO_3^-] + [CO_3^{2-}] \tag{2.79}$$

根据质子转移关系式,即

		H^+
$H_2CO_3^*$		H_2O
HCO_3^-	CO_3^{2-}	OH^-

则电中性方程为

$$[H^+] = 2[CO_3^{2-}] + [HCO_3^-] + [OH^-] \tag{2.80}$$

上述的五个平衡关系式[式(2.76)～式(2.80)]联立构成该体系的平衡模式。假定所论体系处于固定温度下，则可把活度与浓度等同看待，即$[i]=\{i\}$。令α_0、α_1和α_2分别表示不同形式CO_2的浓度分布系数，即

$$\alpha_0 = [H_2CO_3^*]/\sum CO_2$$

$$\alpha_1 = [H_2CO_3^-]/\sum CO_2$$

$$\alpha_2 = [CO_3^{2-}]/\sum CO_2 \tag{2.81}$$

将式(2.76)和式(2.77)代入式(2.81)中，可得

$$\begin{aligned}
\alpha_0 &= \frac{[H_2CO_3^*]}{\sum CO_2} = \frac{[H_2CO_3^*]}{[H_2CO_3^*]+[HCO_3^-]+[CO_3^{2-}]} \\
&= \frac{[H_2CO_3^*]}{[H_2CO_3^*] + \dfrac{K_1[H_2CO_3^*]}{[H^+]} + \dfrac{K_2K_1[H_2CO_3^*]}{[H^+]^2}} \\
&= \frac{1}{1 + \dfrac{K_1}{[H^+]} + \dfrac{K_2K_1}{[H^+]^2}} \\
&= \left(1 + \frac{K_1}{[H^+]} + \frac{K_2K_1}{[H^+]^2}\right)^{-1}
\end{aligned} \tag{2.82}$$

类似的方法又可得

$$\alpha_1 = \left(\frac{[H^+]}{K_1} + 1 + \frac{K_2}{[H^+]}\right)^{-1} \tag{2.83}$$

$$\alpha_2 = \left(\frac{[H^+]^2}{K_2K_1} + \frac{[H^+]}{K_2} + 1\right)^{-1} \tag{2.84}$$

显然，三种形式的 CO_2 始终保持下列关系

$$\sum CO_2 = \alpha_0 \sum CO_2 + \alpha_1 \sum CO_2 + \alpha_2 \sum CO_2 = \sum CO_2(\alpha_0 + \alpha_1 + \alpha_2) \tag{2.85}$$

以及

$$\alpha_0 + \alpha_1 + \alpha_2 = 1 \tag{2.86}$$

从式(2.76)、式(2.77)和式(2.78)看出，在一定温度下，只要知道体系的pH，就可以求得不同形式 CO_2 的分布系数 α_0、α_1 和 α_2。在25℃下，碳酸水溶液平衡体系的 α_0、α_1、α_2 随pH变化的分布曲线如图2.9所示。

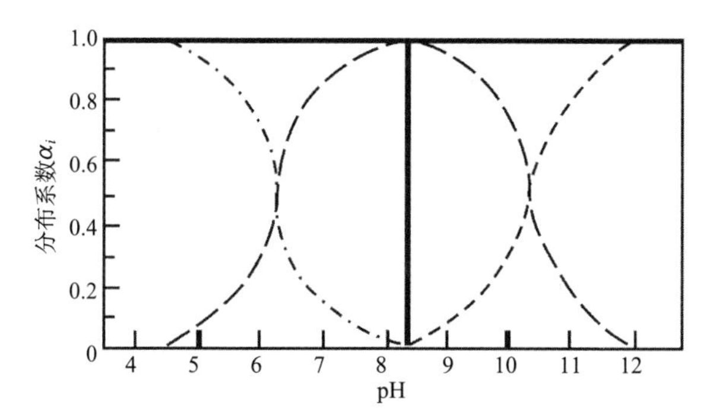

图2.9 碳酸形态分布曲线(克洛兹和罗森伯格，1981)

—·—·—$[H_2CO_3^*]$；——$[HCO_3^-]$；-------$[CO_3^{2-}]$

图2.9表示不同碳酸形式 $H_2CO_3^*$、HCO_3^- 和 CO_3^{2-} 的分布系数 α_i 与pH的函数关系。如图2.9所示，在pH<4.5的区域内，溶液中实际上不存在 HCO_3^- 和 CO_3^{2-}，而仅有 $H_2CO_3^*$ 和 $CO_2(aq)$ + H_2CO_3，随着pH的增加，碳酸不断离解，形成 HCO_3^-。因此，在pH<8.3时，溶液中实际上没有 HCO_3^- 的存在，而当pH>8.3时，HCO_3^- 便开始离解，直到pH=12时，仅有 CO_3^{2-} 的存在。在这里应指出的是上述现象对温度和离子强度的依赖性很小，因此，图2.8中的数据代表了岩溶水的情况。从中可以得出一个重要的结论，即在大多数岩溶水中，CO_3^{2-} 的浓度可以忽略不计，因为岩溶水的pH很少高于8.3。

在一定温度下(压力被忽略)，溶液的碳酸物总量($\sum CO_2$)保持固定值，于是可根据式(2.80)和上述结果导出

$$\begin{aligned}[H^+] &= 2[CO_3^{2-}] + [HCO_3^-] + [OH^-] \\ &= 2\alpha_2 \sum CO_2 + \alpha_1 \sum CO_2 + \frac{K_W}{[H^+]} \\ &= \sum CO_2(2\alpha_2 + \alpha_1) + \frac{K_W}{[H^+]}\end{aligned}$$

即

$$[H^+]-\frac{K_W}{[H^+]}=\sum CO_2(2\alpha_2+\alpha_1) \tag{2.87}$$

可见，当 pH 为已知时，就可以用式(2.87)计算出相应条件下的$\sum CO_2$。进而利用式(2.81)求得各组分的平衡浓度

$$[H_2CO_3^*]=\alpha_0\sum CO_2$$

$$[HCO_3^-]=\alpha_1\sum CO_2$$

$$[CO_3^{2-}]=\alpha_2\sum CO_2$$

此外，在通常的碳酸水中(pH＜8.3)，CO_3^{2-} 和 OH^- 浓度小到可以忽略不计，式(2.80) 电中性方程可以简化为

$$[H^+]=[HCO_3^-]$$

利用平衡方程[式(2.76)]，并以[CO_2(aq)]代替[$H_2CO_3^*$]，已知 $K_1^0=10^{-6.36}$(25℃)，可以导出 25℃时 pH 与游离 CO_2 之间的关系式为

$$pH=3.18-0.5\lg[CO_2](aq) \tag{2.88}$$

式(2.88)可用于检查碳酸水的游离 CO_2 分析精度。因为 pH 容易快速精确测定，而 CO_2(aq)则可能受到大气中 CO_2 交换的影响而不够精确。

综上所述，碳酸水溶液平衡模式表明：在一定温度下，对应于不同 pH，都有完全确定的分布系数 α_0、α_1 和 α_2；若碳酸物总量($\sum CO_2$)一定，则各 pH 相应的不同化合态数量，即[$H_2CO_3^*$]、[HCO_3^-]和[CO_3^{2-}] 也是一定的。如果溶液的 pH 或$\sum CO_2$ 或任一化合态的含量有一项受外界影响而有所变化时，那么势必引起其他各项都相应地改变，并趋向于建立新的平衡(Helgeson et al.，1970)。

2.2.5　胶体成分

1. 硅

前面提到的元素硅是地壳中含量仅次于氧的一个元素。硅和氧之间的化学键最牢固，在其空间结构中硅原子处于 4 个氧原子的中心，而且硅原子到每个氧原子的距离相同。1 个硅原子分别和处于正四面体顶角的 4 个氧原子键合。硅和氢氧根离子之间的空间结构也与之相同，因为 OH^- 和 O^{2-} 的直径几乎相等。SiO_4^{4-} 正四面体是火成岩和变质岩中大部分矿物的基本结构单位，并且也是其他岩石和土壤及天然水中某些硅化合物的基本结构单位。术语“硅”意味着氧化物即 SiO_2。天然水中的硅，广泛地使用 SiO_2 表示。但实际上存在于水中的是 SiO_2 的水化物，更准确的表达形式是 H_4SiO_4 或 $Si(OH)_4$。

二氧化硅晶体即石英是许多火成岩的主要成分，也是多数砂石的矿物组分。在主要的岩石矿物中，石英是防水材料之一。隐晶和非晶类型的硅，如黑硅石和蛋白石是可溶的。然而，天然水中多数溶解性的硅很可能主要来自于风化过程中硅矿物的化学破坏。这个过程是可逆的，溶液中的硅既受溶解过程、矿物质表面的吸附动力学因素的控制，也受诸如无定形硅的二次矿物沉积作用的控制。这些过程产生可能包括硅和其他离子的黏土矿物的前身。在地表温度条件下，石英的直接沉积不大可能控制多数天然水中硅的溶解度。

1）溶解性硅

在所看的水分析结果中习惯上把溶解性硅表示成 SiO_2 的形式。过去的一些参考文献认为硅是以胶体的形式存在，有时也出现带电的离子尤其是 SiO_3^{2-} 。现在已经证实多数水中溶解性硅没有像带电离子那样的行为，也不具备典型胶体的行为特征。

硅酸的溶解[假定分子式为 $Si(OH)_4$ 或 H_4SiO_4]，首先发生下列反应

$$H_4SiO_4(aq) = H^+ + H_3SiO_4^-$$

Sillen 和 Martell (1964)收集的 15℃下反应的平衡常数为 $10^{-9.41} \sim 10^{-9.91}$。这表明当 pH 在 9.41～9.91 时，第一步电离是不彻底的，而当 pH 在 8.41～8.91 时，硅酸根离子($H_3SiO_4^-$)占总溶解性硅还不足 10 %。在碱度的滴定中，任何可能存在的硅离子都转变为硅酸，以碳酸根或重碳酸根的当量计入分析结果。作为一个结果，在分析结果中保持了阴阳离子的平衡，并且也根本没有明显地指明赋存的硅离子是被间接地鉴别的。在详细解释高 pH 水的化学特性时，必须考虑 $H_3SiO_4^-$ 对碱度的贡献。

Greenberg 和 Price(1957)测量了爱达荷州 pH 为 9.2 的流动水样，确定硅酸的溶解常数为 10～9.71，可以计算出存在大约 0.389 meq/L 溶解性硅酸根离子。分析报告指出碳酸盐碱度为 0.800 meq/L，实际上几乎碳酸盐碱度的一半是由可溶性硅酸引起的。

天然水中的硅多数是以单分子硅酸即 $H_4SiO_4(aq)$形式存在的。其中硅离子和 4 个氢氧根离子成正四面体结构，以这种形式出现的概率最大。Sillen 和 Martell(1964)认为，硅主要是以多核络合物，如 $Si_4O_4(OH)_{12}^{4-}$ 形式存在。溶液中硅与 6 个 OH^- 联合形成与硅氟酸根离子 SiF_6^{2-} 同样类型的离子。在缺乏有更复杂类型存在的证据时，最简单的形式即 $Si(OH)_4$ 是最可能的，也可认为是由 SiO_2 和两个水分子结合而成。

Roberson 和 Barnes(1978)调查认为，天然水中可能存在氟硅络合离子，他们在夏威夷 Kilauea Iki 火山附近的气孔和钻孔中的冷凝气体样品中发现大量的硅是以 SiF_6^{2-} 形式存在的。然而，把同样的模型应用于 White 等(1965)给出的数据，发现与火山活动有关的水中的这类物质的量都不大(Matthess，1982)。

2）控制天然水中硅溶解的化学机制

据 Morey 等(1962)测定，石英的溶解度在 25℃时为 6.0 mg/L，84℃时为 26mg/L(以 SiO_2 计)。Morey 等(1964)报道非晶质硅的溶解度 15℃时为 115mg/L，Akabane 和 Kurosawa(1958)报道这种物质 100℃时溶解度为 370 mg/L。Fournier 和 Rowe 认为，当假定在深处水和石英是达到溶解平衡时，可用温泉水中的硅含量来计算储水岩石层的温度。在评价地热资源时广泛使用这种方法。Fournier 和 Polter(1982)又测定了在 25～900℃温度范围内，10000 bar 压力下石英的溶解度，同时 Fournier 等(1982)也评价了溶液中 NaCl 对这些关系的影响(Drever，1997)。

把富含硅的溶液冷却至 25℃，首先形成沉淀的是无定形硅(非晶质硅)，该温度下，这种无定形的硅不易很快转化成具有低溶解度的良好晶体形态。Morey 等(1962)报道了一个实验，即在 25℃条件下在水中旋转石英颗粒 386 天，这期间水中 SiO_2 的浓度是 80mg/L，但该浓度突然降至 6mg/L，并且这个浓度持续大约 5 个月。其结论是石英的溶解度是可转换的，即石英的溶解度可因其固体颗粒形态的改变(即晶态和非晶态)而发生双向的变化(Kehew，2001)。

正常情况下天然水中溶解性硅的含量比石英平衡值大，但比非晶质硅的平衡值小，非晶质硅可能是平衡的上限值。在很窄的范围内，通常天然水中硅的浓度趋向下降，这表明可能存在其他类型的溶解度控制机制。Uem 等(1973)认为含有多水高岭石的非晶质黏土矿物可能是由风化的火成岩矿物产生的，并且这类物质的平衡可能控制着某些天然水中的铝和硅的浓度。Faces(1978)也提出与之类似的机制(Strumm and Morgan，1996)。

含钠的长石，即钠长石的溶解过程，总结如下：

$$2NaAlSi_3O_8(c) + 2H^+ + 9H_2O(l) = Al_2Si_2O_5(OH)4(c) + 4H_4Si_4(aq) + 2Na^+$$

如果产生黏土矿物，其可逆溶解式为

$$Al_2Si_2O_5(OH)_4 + 6H^+ = 2\ H_4SiO_4(aq) + 2Al^{3+} + H_2O$$

硅浓度的上限由下式确定

$$H_4SiO_4(aq) = SiO_2(c)(\text{非晶质态}) + 2\ H_2O$$

这些反应已被简化。在黏土矿物中硅铝比率高，可能会发生其他离子的加入反应及产生更复杂的情况。Sifver 和 Woodford(1973，1979)认为其中的一个因素就是硅被吸附到其他矿物的表面。

近几十年来，许多学者对火成岩矿物的动力学进行了广泛的研究，并且测定了 0～300℃石英及其他三种 SiO_2 固体形式的沉淀(李宽良，1993)。

2. 铝

虽然地壳外层中，铝是丰度第三位的元素，但天然水溶液中铝的浓度很少大于十分之几或百分之几 mg/L，水的 pH 很低时例外。由于铝在地壳中很丰富，分布很广，多数天然水中都溶有它。通常水接近中性时，铝的浓度偏低。铝在海洋中停留时间短也显示了这些化学特性。

1）天然水中铝的来源

许多火成岩硅酸盐矿物，如长石、似长石、云母和多数角闪石中存在着大量的铝。一般认为铝离子小的足以和正四面体中的四个氧结合，在某些意义下，可以取代正四面体结构中的硅。通常铝也呈六次配位结构，与镁和铁类似呈八面体晶格状。铝是三价，硅和铝之间的取代需增加或减少阳离子或质子以维持结构内的静电平衡。

当火成岩风化时，铝几乎全被保留在新固体物内，其中的一些固体物大大富集了铝。水铝氧或称“氢氧铝石”形式[几乎为纯 $Al(OH)_3$]是相当常见的矿物，不常见的氢氧化物包括水铝石和三羟铝石，它的组成和结构与水铝氧类似。在 pH 低的环境条件下，铝以羟基—硫酸铝形式沉淀。最普通的富集铝的矿物是黏土矿物，黏土矿物有一个层状结构，其中铝与 6 个氧或氢氧根(水铝氧结构)呈八面体形成第一层，硅与氧正四面体形成第二层。这些层以各种方式交错出现，形成各种黏土结构。这些层通过 Si—O—Al 键结合到一起。许多学者给出了普通黏土矿物的结构图。大多数天然水环境中都存在黏土，在多数土壤和沉积岩的水解产物中也含有丰富的黏土。

2）铝在天然水中的赋存形态

当 $pH<4.0$ 时，许多溶液中铝主要以 Al^{3+} 形式存在，实际上可能是六个水分子和一个铝离子(在中心)呈八面体。如果 pH 稍增高，其中的一个水分子可能会变为 OH^-，当 pH 为 4.5～6.5 时，可能发生聚合过程，结果产生带水铝氧结构的各种不同大小的单元。这种结构的特征是 Al^{3+} 和六个 OH^- 形成六配位体的整合物。在某些情况下，当单元还很小时这种聚合就可能停止了，但 Smith 和 Hem(1972)研究指出聚合物继续增长直到变为结晶的水铝氧颗粒(直径从百分之几到十分之几微米)。pH 在中性以上时，铝主要以 $Al(OH)_4^-$ 形式存在。

在一些关于铝的水环境化学研究的书中，认为某些特殊的氢氧化铝聚合离子是天然水溶液中的主要存在形式。

在溶解性硅存在与不存在的情况下，$Al(OH)_3$ 的聚合方式不同。当存在充足的硅时，铝会很快沉淀成结晶很差的黏土矿物。当存在能络合铝的有机质时，这些硅和铝的混合物在 15℃老化产生结晶态高岭土。

当天然水中存在氟化物时，铝和氟化物形成很强的络合物。AlF^{2+} 和 AlF_2^+ 出现于绝大多数天然水中，其含量从十分之几毫克每升到几毫克每升。天然水中还存在溶解性的铝和磷的络合物(Sillen and Martell，1964)。当天然水中存在过量的硫酸盐时，在酸性条件下，硫酸根的络合物以 $AlSO_4^+$ 形式为主。

在某些天然水中也明显存在铝的有机化合物，由于腐殖质的溶解，这些化合物带有颜色。在美国河流中 28 个这类水样的分析结果表明，铝的浓度在 100～1300μg/L。

3）溶解度控制

应用于研究铝的行为的平衡模型要求鉴别出铝的溶解态的存在形式及使用特定的取样技术，这可能需要另增加一些分析试剂，并且部分需在现场测定。当溶液中含有氟化物、硫酸根或其他络合剂时，可从离子平衡中确定溶解物的形式。

如果硅的浓度很低，氢氧化铝（如三羟铝石）的溶度积为计算碱性条件下铝的溶解度提供了一个理论基础。在 pH＜4.0 的溶液中，铝的溶解度可由水铝氧石的溶度积来计算。在含有硫酸根的酸性水中，硫酸铝和羟基硫酸盐矿物可能控制着铝的溶解度。pH＝7 附近时铝的溶解度达最小。在 pH＝6.0 左右，最小溶解度稍小于 10μg/L。pH＝6.0 时，May 等（1979）测定的合成水铝氧的最小溶解度为 6.7μg/L，同样 pH 条件下，天然水铝氧的溶解度为 27μg/L。这些资料适用于 25℃时当溶液中溶解性固体氟化物的浓度小于 0.10mg/L 的情况。含有氟化物的浓度越高，铝的溶解度也越大。当溶液中除 OH^- 外不含有其他络合物时，铝的溶解度随 pH 变化。没有出现铝和氢氧化物的聚合物，因为它们是不稳定的，并随着老化会转化为固体颗粒物（Smith and Hem，1972）。

当溶液中由于黏土矿物的存在而出现硅时，铝的溶解度通常会大大降低。当存在高岭土或多水高岭土时，Hem（1975）给出的平衡方程可计算在各种硅浓度和 pH 条件下非络合形式铝的平衡活度，在某些天然水中，该值小于 1.0μg/L。然而，这个浓度与总溶解性铝浓度是不相等的，如果存在络合离子时，后者比前者大很多。

3. 铁

铁是上地壳中含量居第二位的金属元素，但通常在水中的浓度较小。铁的化学特性和在水中的溶解度主要取决于它在环境中的氧化程度。水环境中铁的化学特性得到了广泛的研究，它的一般要点已利用化学平衡原理逐渐得到了证实（Nordstrom et al.，1979）。

铁是动植物新陈代谢中的一个基本元素。如果水中存在适量的铁，将会形成红色的氢氧化物沉淀。

1）天然水中铁的来源

火成岩矿物，如辉石、闪石、磁铁矿，尤其是岛状硅酸盐橄榄石中铁的含量相对较高。后者基本上是一个橄榄石（Mg_2SiO_4）和铁橄榄石（Fe_2SiO_4）固体溶液，这些矿物中大部分铁的氧化态是 Fe^{2+}，但也存在 Fe^{3+}，如磁铁矿（Fe_3O_4）。

当这些矿物溶于水时，释放出的铁会再一次沉淀，以沉积物形式出现。当存在硫化物还原剂时，可能出现铁的多硫化合物，如黄铁矿、白铁矿及不稳定的铬铁矿和针铁矿。当硫的含量偏低时，可能会形成陨铁($FeCO_3$)。在氧化环境条件下，沉淀物将是氧化铁或氢氧化铁，如赤铁矿(Fe_2O_3)、针铁矿(FeOOH)或其他含有这类成分的矿物。初次沉淀物的晶体结构很差，通常认为是氢氧化铁。

磁铁矿不溶于水，在不溶于水的沉淀物中通常作为残渣存在。铁是其他金属硫化物矿中常见的一种元素，硫化亚铁通常与煤层关系密切。

水中铁的存在受环境条件的影响极大，尤其是随氧化或还原程度和强度的变化而变化。当溶液中存在氢氧化铁的还原或硫化亚铁的氧化时，溶解性的亚铁离子的浓度较高。后一过程中，首先是硫发生化学反应变为硫酸盐，释放出亚铁离子。有机废物及土壤的植物碎屑中也存在铁，生物圈的活动对水中的铁有强烈影响。通常微生物参加了铁的氧化和还原反应，某些生物利用这些反应来作为能源。

2）天然水中铁的赋存状态

地下水中常见的铁是亚铁离子(Fe^{2+})，与铝及其他金属离子一样，亚铁离子有一个八面体的水合层，带有 6 个水分子。除非水合作用特别重要，后面有关铁及其他金属离子的公式中都不给出水合层。当 pH>9.5 时，铁的存在以羟基络合物 $FeOH^+$ 为主(Baes and Hesmer，1976)，而且当 pH 小于该值时该络合物也有意义。pH>11.0 时，水中存在一定浓度的阴离子 $Fe(OH_3)^-$ 或 $HFeO_2^-$，但天然水环境中 pH 通常不会高于这一值。据 Sillen 和 Martell(1964)报道，水中硫酸盐浓度为几百毫克每升时，离子对 $FeSO_4$(aq)的存在是重要的。许多有机分子形成亚铁络合物，其中有些络合物比自由的亚铁离子还难氧化。含有铁的有机化合物特别重要，如在生物过程中的光合作用，以及在动物血液中的血红蛋白的作用就是这样的过程。

铁离子存在于酸性溶液中，以 Fe^{3+}、$Fe(OH)^{2+}$、$Fe(OH)_2^+$ 形式存在，其聚合的氢氧化物的形态和浓度取决 pH 的大小。然而，当 pH>4.8 时，和氢氧化铁平衡的这类物质的总活度低于 10μg/L。当总溶解性铁超过 1000mg/L 时，二聚或多聚氢氧化铁阳离子[$Fe_2(OH)_2^{4+}$ 等]变得重要了。然而，天然水中几乎不存在这么高浓度的铁。固体氢氧化铁的形成过程与前面描述的铝的聚合过程类似，组成近似于 $Fe(OH)_3$ 的聚合形式，以巨型离子或微晶的形式经常出现于天然水中，但浓度很低。$Fe(OH)_3$(aq)时常被报道成可溶离子，实际上是上述聚合物的代表。据 Lamb 和 Jacques(1938)报道，在氢氧化铁存在时，这类物质的稳定性会把铁的平衡浓度限制到 1.0μg/L 以下。

Garrels 和 Christ(1964)给出了 FeO_4^{2-} 的 ΔG_f°，FeO_4^{2-} 中 Fe 的氧化态是+6 价，这种形态的铁对天然水不重要，因为它们仅在高 pH 的强氧化环境中存在，本书的 pH—Eh 图中也不包括它。

铁的唯一一个阴离子形态是$Fe(OH)_4^-$。Langmuir(1969)粗略地估计了它的ΔG_f°。这里他的估计值是根据Baes和Mesmer(1976)估计的稳定常数而计算的。$Fe(OH)_4^-$对铁的溶解度影响不明显，除非pH达到10以上。

在溶液中铁离子能和许多阴离子(除OH^-外)形成无机络合体。其氧化物、氟化物、硫酸盐、磷酸盐的络合物在天然水中都很重要。某些水体中铁的有机络合物的含量也很高。络合物中既可能存在亚铁离子(Tbeis and Singer，1974)也可能存在铁离子(Stumm and Morgan，1970)。后一形式与有机胶体或腐殖质类物质有关，这些腐殖质类使某些水体呈黄色或褐色。这种缔合会由于絮凝作用截留入海铁量，这一现象在河口尤其重要(Sholkovitz，1976)。

氢氧化铁表面有巨大的吸附能力，这个特性会影响水中与之有关的微量成分的浓度。在有些情况下，会发生氧化还原共沉淀过程，这一过程控制了其他金属离子的溶解度(Hem，1975;Nordatrom et al.，1979)。

2.2.6 微量元素

1. 概述

“微量”和“痕量”用于表示地震水溶液中溶质含量的高低程度，通常所表示的都是浓度小于1.0mg/L的物质。多数分析方法的灵敏度不足以检测出那些浓度低于1.0μg/L或0.1μg/L的元素。元素的地壳丰度有8个数量级的范围。这与水质分析给出的溶质浓度分布范围相似——从几十万到不足0.01mg/L(10μg/L)。在控制水中元素的浓度方面，元素的化学性质比该元素在岩石中的丰度显得更为重要。

那些开始稀少并趋向于形成在水中溶解度很低的化合物的元素，预期出现的浓度范围可能为$10^{-9}\sim10^{-12}$g/L。对含量如此低的某些元素，用质谱测定法或放射化学技术来检测是可能的。但是，当应用传统仪器和湿法化学分析技术时，多数无机成分的检测下限为0.10μg/L。

随着人们对地震作用中微量成分的分布和重要性认识的不断深入，将来还可能有其他与微量成分有关的重要发现。目前已经引起特别注意的元素包括汞、铅和硒。

2. 汞

1) 汞元素的化学特性

汞(Hg)一般情况下是呈液态存在的金属元素。它在门捷列夫元素周期表中的序号为80，相对原子质量为200.59。汞原子的电子结构为5d 106 s2。

汞的密度为13.59g/cm^3，熔点为－38.87℃，沸点为356.58℃，即－38.87℃

以下呈固态，356.58℃以上呈气态。

汞蒸气是单原子分子(Hg)，汞在化合物中表现为 0、+1、+2 三种价态，互相间保持如下平衡关系

$$2Hg^{+} \rightleftharpoons Hg^{2+} + Hg$$

Hg 不易氧化，Hg^{+} 与 Hg^{2+} 易从化合物中还原成自然汞。

汞能溶解很多金属，如 Na、Ag、Au 等。汞具有很强的挥发能力，常温下可挥发成气体，随着温度的升高，其挥发能力也急剧增加。

2) 地壳中的汞

地壳中汞的丰度约为 77×10^{-7}%，但它在整个地球中的丰度可能要高得多。地壳中的汞可以以硫化物(HgS)形式呈富集状态，但 99.98%的汞以吸附和吸留的方式分散存在。

地壳中汞的来源多样，有岩浆成因，也有大气降水渗入成因。一般来说，汞在超基性岩中趋于富集，在碱性岩(富含碱金属元素的岩石，其中钠多于钾)与碳酸盐岩中也较富集。

汞蒸气具有较强的穿透能力，可以沿着地壳中的破碎带与岩石中的空隙向四周扩散，形成汞气晕。因此，断裂带特别是深大断裂带上，无论在岩土还是地下水中，汞的含量明显较高。

汞的化合物在地下水中的溶解度很低，加上岩土颗粒对汞有较强的吸附力，因此地下水中汞的含量很低，每升水中只含零点几微克至几微克，常称为超微量元素。

2.2.7　有机物组分

1. 地震水溶液中的有机组分

地震水溶液在地下循环中使得许多水溶液中均含有机物。同可溶的无机溶质浓度相比，多数水中存在的有机物含量是很小的，但虽然含量小，也能对水系统的化学性质产生重大的影响。例如，各种有机溶质形成影响金属溶解度的络合物，参与氧化还原反应，影响固—液或液—气界面的物理和化学性质。当有机溶质浓度大到一定程度时，在阴阳离子的平衡计算中可能需要考虑其影响。

在地震水溶液中，有机物浓度的近似值的测定包括测定溶解有机碳和总有机碳。通过测量色度或可氧化的物质总量也能获得一些信息(Hood，1970)。

通常可溶有机物的性质可用类似于酸碱滴定的方法以及它与金属离子形成络合物的能力等辅助手段来进行测量评估。用色谱分离技术和离子交换树脂的选择性吸附技术分离和浓缩有机溶质，以进行进一步的研究。有时也用溶剂萃取技术。最后可用质谱仪分析辨别特定的有机化合物种类。

2. 可溶性有机碳和总有机碳

有机碳的测定方法是先将存在的各种形式的碳转化成二氧化碳，再将后来测定的二氧化碳量换算成最初的碳存在形式量。河水中可溶性有机碳的浓度为5.75mg/L(Meybeck，1981，1982)。地下地震水溶液中的有机碳浓度通常小于地表水，但有关实际浓度的信息仍然很少，并且现有的信息一般涉及受污染影响的地下水系统。地下水的特点是当它从补给区运动到排泄区时，每单位体积的水与很大面积的岩石表面相接触，在补给区出现的有机物可在该过程中被吸附而损失。

一些地下地震水溶液流动过程中可能会因接触有机残骸而增加其可溶性有机碳的含量，如可还原硫酸盐的环境中，可溶的和固相物质均可充当反应剂。

3. 可溶性有机碳对水质的影响

在地下水中，可溶性有机碳参加金属氧化物的还原反应，这有助于解释从有机碳源附近的地震地区水井提取的水中锰和(或)铁含量增加的原因。较高的可溶性有机碳浓度可能是经过废物堆淋沥的结果。

有机物对微量金属浓度的实质性影响是通过形成金属—有机物的络合物实现的，水溶液中有机化合物的性质一般已知的并不多，因而不能应用那些可以预测无机络合过程和物质形成过程的严格数学模型。已经使用了两个一般方法来避免这个问题。一个方法是借助于离子电极或极谱分析法来识别络合过程，从而估计所关心的实际水体与所加金属离子的相互作用，该法适用于组成成分稳定的地震水溶液；第二个方法是用一个标准化合物，该化合物的特点是作为纯净物出现并与天然有机物有足够多的相似之处，这样，该标准化合物就有可能给出类似于在现场可观察到的结果。

某些水体中的有机溶质是主要组分。例如，在某些地区，醋酸根、丙酸根和丁酸根一类的短链脂肪酸阴离子存在于与石油有关的水体中。在这些水体中，这些离子的一部分会被在测定碱度时加入的强酸滴定，有可能将其错误地测定成相同数量的重碳酸根。

2.2.8 稳定同位素

1. 同位素的概念

同位素指在门捷列夫元素周期表中所处位置相同的元素。同位素无疑属同一种元素，彼此虽具有相同的中子数，但质子数却不同。例如，氧元素有3个同位素^{16}O、^{17}O和^{18}O，它们的原子核中，中子数都是16，但质子数却分别是16、17、18。

同位素可分为稳定同位素与不稳定(放射性)同位素。稳定同位素是相对的，指可检测放射性衰变时间的同位素。已知的稳定同位素约有 300 多种，不稳定同位素多达 1200 多种。元素氢(H)、氧(O)、碳(C)、硫(S)等的同位素为常见的稳定同位素。元素铀(U)、钍(Th)、镭(Ra)、氡(Rn)等的同位素为常见的不稳定同位素。在自然界，多数元素为同位素，而且同一种元素的多种同位素都是稳定同位素；纯元素少，多数元素是多种同位素的混合物，如氧气(O_2)是^{16}O、^{17}O、^{18}O 3 种同位素的混合物，但以^{16}O为主，占 99.763%，而^{17}O与^{18}O分别占 0.037 5%与 0.199 5%。同位素的含量常用千分比($\times 10^{-3}$)表示，如 $\delta^{18}O$ 表示^{18}O同位素的千分含量。

由于同位素在组成上的差别太小，因此几乎所有元素的标准原子量可详尽到至少四位有效数字。但借助高精度质谱仪可以高精度地分离和确定样品中的同位素组分，这就能够确定能与平均值或标准值进行比较的同位素比率。从实测比率和标准比率的差别可以判断有关同位素的相对富集或贫乏程度。为探寻那些产生稳定同位素组分的水文及地球化学因素，已进行了与稳定同位素组成应用有关的大量研究。

同位素的富集或贫乏指数可由式(2.89)计算出的$\pm\delta_x$表示

$$\delta_x = \frac{R_x - R_{STD}}{R_{STD}} \times 1000 \tag{2.89}$$

式中，R_x 为样品中所测到的同位素比率；R_{STD} 为相同同位素的参比标准比率；δ_x 以千分率表示，普遍缩写为“Permil”。

在地壳流体研究中，同位素特征的研究是十分重要的，可用于地壳流体成因的判定、循环深度的计算、水年龄的测定、流体来源的推测等许多重大问题研究。

2. 氢同位素与氧同位素的特征

氢元素与氧元素各有 3 个天然同位素(表 2.11)。不同流体中，其比例是不同的。例如，以水为例，气相中质量轻的同位素相对富集，而液相中质量相对重的同位素富集。氢同位素与氧同位素的特征主要用于地下水的成因分析与地下水补给来源的分析。不同成因的地下水具有不同的氢、氧同位素特征。

表 2.11　氢同位素与氧同位素及其平均丰度(Craig，1963)

元素	氢			氧		
同位素	氕(^1H)	氘(D)	氚(^3H)	^{16}O	^{17}O	^{18}O
平均丰度/%	99.984 4	0.015 6	1×10^{-13}	99.763	0.037 5	0.199 5

岩浆分离生成的初生水的 δD 为－50 ‰～－80 ‰，δ^{18}O 为 7‰～9.5‰；变质生成的变质水的 δD 为－50‰～80‰，δ^{18}O 为 5‰～25‰；沉积水与大气降水渗入生成的地下水的 δD 与 δ^{18}O 之间保持着一定的关系。

大气降水的氢、氧同位素的基本关系如下(Craig，1963)

$$\delta D = 8\delta^{18}O + 10 \tag{2.90}$$

因此，大气降水渗入成因的地下水的氢、氧同位素均符合式(2.90)(图 2.10)。

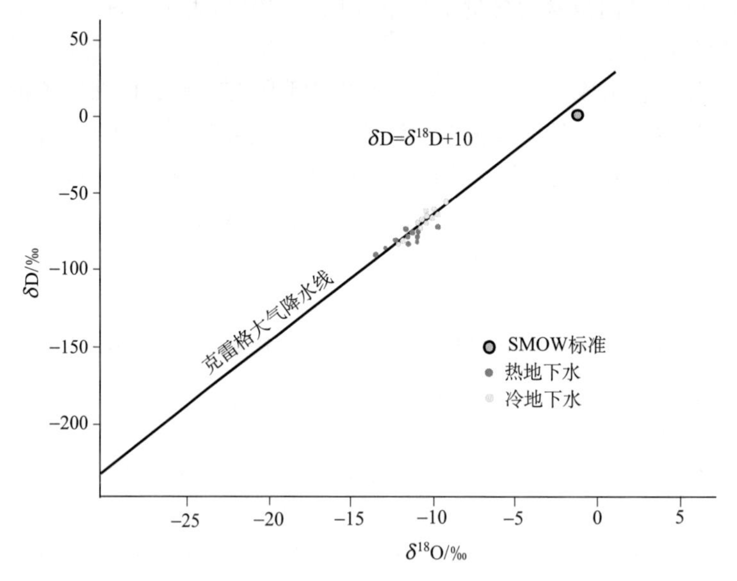

图 2.10　大气降水渗入成因的地下水的 δD-δ^{18}O 关系(Craig，1963)

然而，各地地下水中氢、氧同位素的关系不完全符合式(2.90)，总有些偏离(蒋风亮等，1989)。例如，中国大陆地区 $\delta D = 7.8\delta^{18}O + 8.2$，北美地区 $\delta D = (7.95 + 0.22)\delta^{18}O + (6.03 \pm 3.08)$。这种差异是由于各地所处的纬度、海拔高度、距海岸的距离等条件不同，所经历的同位素分馏作用不同所致。大气降水中氢、氧同位素的含量，在不同条件下有明显的差异。一般来说，氢、氧同位素含量随海拔高度的增高而下降(高程效应)，变化规律为海拔每升高 100m，δD 下降 1.2‰～4‰，δ^{18}O 下降 0.15‰～0.5‰；随着纬度的增高而下降(纬度效应)；随着距海岸距离的增大而下降(陆地效应)；还随季节发生变化(季节效应)，高温季节偏高，低温季节偏低等。

分布最广的同位素为氘(D 或 ^{2}H)及 ^{18}O。这两种同位素在氢元素和氧元素中所占的平均比率分别是 0.01 %和 0.2 %。就水文应用而言，参照的标准组成是海水的平均组成(即 SMOW——标准海水的中值)，水样中同位素的相对富集或贫乏程度表示成δD或$\delta^{18}O$，即高于或低于SMOW＝0的偏差，用千分率表示。与D相比，放射性同位素^{3}H很少。由于D和^{18}O能形成相当数量的分子量大于正常分子量的水分子，因此在水文循环上D和^{18}O具有特殊的意义。

地下水中^{3}H的含量用于地下水年龄的判定。^{3}H单位为TU，1 TU相当于1×10^{18}个H原子中含有1个^{3}H原子。自然界的^{3}H有两种成因，一种是宇宙射线产生的同位素，另一种是人工核试验产生的同位素。在没有进行核试验时，大气中的^{3}H含量是基本稳定的，约10TU，但1952年之后随着人类核试验规模的扩大与进行次数的增多，大气中^{3}H含量急剧增多，到1963年达到顶峰，为10000 TU，增大了1000倍。因此，不同时期渗入地下的大气降水中的^{3}H含量差异很大，同时地下水中这些^{3}H又以12.26a的半衰期逐年减少，因此可由现今地下水中的^{3}H含量多少推断地下水形成的年代。

在北半球，利用^{3}H含量推断地下水年龄的指标如表2.12所示。

表2.12　由^{3}H含量推断地下水年龄的指标(O'Neil，1987)

^{3}H含量/TU	地下水形成	年龄/a
<3	1952年前大气降水渗入形成	>50
3～20	1954～1963年大气降水渗入形成	40～50
>20	1964年后大气降水渗入形成	<40

早期某些关于各种水源中D和^{18}O含量的研究已由Friedman(1953)、Epstein和Mayeda(1953)完成，但是同位素含量数据在研究水循环中的有用价值却是在后来的应用中才充分显示出来的。氢同位素的含量是判断温泉水中是否含有大量尚未参与水文循环的岩浆水或岩源水的有用工具。氮同位素^{14}N和^{15}N也能够通过生物过程而分离。已用^{13}C建立了地下水系统的物质平衡模型(Wigley et al.，1978)。

3. 碳同位素的特征(O'Neil，1987)

自然界已知的碳同位素有7种，但属于稳定同位素的只有^{12}C与^{13}C。^{12}C的平均丰度为98.8％～98.98％，^{13}C的平均丰度为1.02％～1.13％。

不同成因的CO_2中，^{13}C的含量不等。空气中CO_2的$\delta^{13}C$为－7‰，幔源CO_2的$\delta^{13}C$为－47‰～－8‰，变质成因的CO_2的$\delta^{13}C$为－3‰～4‰，生物成因的CO_2的$\delta^{13}C$低于－25‰。因此，可以由CO_2中^{13}C的含量确定其成因类型。一般说来，有机成因的CO_2中$\delta^{13}C<-20‰$，而无机成因的CO_2中$\delta^{13}C>-20‰$。

同样，有机成因的CH_4中，生成于不同深度的CH_4中的^{13}C含量也不同。深

部成因的 CH_4 中，$\delta^{13}C$ 为 0.20‰～－40‰，而浅部成因的 CH_4 中 $\delta^{13}C$ 低于－40‰。因此，利用 CH_4 中 $\delta^{13}C$ 含量可判定气体的来源。

碳元素的另一种同位素 ^{14}C 属于放射性同位素，它是大气中 ^{14}N 在宇宙射线作用下衰变而成的，通过光合作用生成 CO_2。新渗入地下的大气降水成因的地下水中的 ^{14}C 含量与大气保持某种平衡，随着时间的推移，地下水中 ^{14}C 不断衰变减少，因此可利用地下水中 ^{14}C 含量换算出地下水的年龄。

大气圈中 ^{14}C 的含量大约是 10^{12} 个正常碳原子（^{12}C）中有 1 个 ^{14}C 原子，这个含量是随着时间按下式规律衰变的

$$A = A_0 \times T^{-\frac{1}{2}} \tag{2.91}$$

式中，A_0 为起始时的放射性水平；A 为经历 t 时间后的放射性水平，t 为地下水年龄；T 为 ^{14}C 的半衰期，为 5730±40a。

当已知 A 时，即可换算出 t，t 为大气降水渗入地下成为地下水之后到现今的时间（地下水的年龄）。按照目前的技术水平，利用上述原理可测定 500～30000a 生成的水的年龄，个别情况下可测定 60000a 的水的年龄。然而，目前利用该方法测定地下水的年龄时，往往需要进行复杂的校正，测定结果有一定误差。

4. 其他同位素的特征

1）氦的同位素

氦有 2 个同位素 ^3He 与 ^4He。氦同位素中主要组分是 ^4He，^3He 的含量很低。^3He 与 ^4He 的比值在地球的不同圈层中相差很大，在大气圈中为 1.46～10^{-6}，在地壳中为 10^{-9}～10^{-6}，而在地幔中高达 10^{-5}～10^{-4}。^3He 与 ^4He 的比值在分布上的这种差异性可用于地壳流体的来源研究。

在一般情况下，地壳流体中 ^3He 与 ^4He 的比值为 10^{-6} 数量级时，可认为流体来自大气；^3He 与 ^4He 的比值为 10^{-5} 或更高数量级时，可认为流体来自深部地幔；^3He 与 ^4He 的比值低于 10^{-6} 数量级时，可认为流体来自地壳。

2）氩的同位素

氩元素有 3 个稳定同位素 ^{36}Ar、^{38}Ar、^{40}Ar 和 2 个不稳定同位素 ^{37}Ar 和 ^{39}Ar。大气圈中，3 个稳定同位素所占比例：^{36}Ar 为 0.337%，^{38}Ar 为 0.063%，^{40}Ar 为 99.60%。^{36}Ar 与 ^{38}Ar 大部分是原生的，即地壳凝固时从地球中捕获的；^{40}Ar 是放射性成因的，主要积存在地壳中，而且老地层中积存的多，新地层中积存的少。

地球各圈层中 ^{40}Ar 与 ^{36}Ar 的比值也是不同的。大气圈中，该比值为 296.5，是一常数；地壳中该比值一定大于 296.5；地幔中更大（最高可达 24500），见表 2.13。因此，依据从地下流体中测得的 ^{40}Ar 与 ^{36}Ar 的比值，即可判定其来源。

表2.13　地球各圈层中三个同位素比值的差异(Faure，1986)

同位素比值	$^{40}Ar/^{36}Ar$	$^{4}He/^{40}Ar$	$^{4}He/^{20}Ne$
大气	296.5	5.6×10^{-4}	0.318
地壳	>296.5	5～6	10^{8}
地幔	>400	1～2	>5000

与^{40}Ar有关的其他同位素比值，如$^{4}He/^{40}Ar$、$^{4}He/^{20}Ne$等(表2.13)，也可用于地下流体来源的判定。

自然界中存在的多数元素是2种或2种以上的稳定同位素的混合体。同一元素的所有同位素的化学性质是相同的，然而它们在某些物理、化学或生物化学过程的特征可能受其相对比值的影响。因此，观测地震水溶液某元素的同位素形式有助于探索地震流体的演变状况。

研究地下流体同位素特征，还可用于计算地下流体热储层的温度与循环深度。因此，地下流体同位素研究是地震地下流体监测与研究中有待深入开发的领域，对揭示深层流体的成因与来源、年龄与迁移过程等有重要意义。

2.2.9　放射性同位素成分

某些元素在裂变过程中产生大量的放射核素。现在广泛应用裂变过程产生能量，已对这些问题进行了很多科学研究。欲对放射性问题进行更广泛更深入的讨论，建议读者查阅其他编者的一些文献和书籍(Moorbath et al.，1987)。

放射性裂变是由发生在原子或原子核结构内部的变化而释放能量及能量粒子的现象。这些结构里的某些排列具有先天不稳定性，所以能自然裂解，以形成更稳定的排列结构。最不稳定的结构解体迅速，因此它在地壳里的含量不能被测出。例如，原子序数分别为85和87的At和Fr在天然条件下并不存在。但是，其他不稳定的核素，如^{40}K和^{87}Rb，具有低的衰变率，仍以较大的量存在。

放射核素的衰变是一阶反应动力学过程，可以用速率常数来表示。一般情况下，放射性元素的衰变速率用半衰期表示，即以元素的数量衰减为初始量的一半所需要的时间来表示。

辐射能的释放有各种方式。在天然水化学中主要关心的三种放射方式是：①α放射，由带正电荷的氦核组成；②β放射，由电子或正电子组成；③γ放射，由类似于X射线的电磁波型能量组成。

水的放射性主要由溶解成分产生。但是，氢的放射性同位素^{3}H有可能取代水分子中的普通氢原子。

三个重原子量的核素——^{238}U、^{232}Th、^{235}U，是天然存在的自发性放射性物质，水中天然发生的多数放射是由它们产生的。它们的裂变是分步进行的，从而形成了一系列多数寿命很短的放射核素的子产物，直到产生一个稳定的铅同位素。虽然在某些地区^{232}Th系列也可能有重要意义，但^{238}U系列产生的放射性物质是在天然水中观测到的最多的部分。^{235}U或Ac(锕)系列的重要性低于其他系列，因为在天然铀的该同位素组成中它仅占很小一部分。

天然水中的α辐射主要是Ra和Rn的放射性同位素造成的，它们是U和Th系列的成员。β和γ射线由该系列的某些成员形成，同时也是^{40}K和^{87}Rb的放射特性。许多裂变产物是强α和β放射的放射源。其中在地震水化学中有意义的是^{89}Sr、^{90}Sr、^{131}I、^{32}P和^{60}Co。

自本世纪初人们就已知道某些天然水特别是一些温泉水是具有放射性的。George等(1920)对科罗拉多州数百个水泉进行了查访和放射性水质分析。利用温泉水放射性测量来预报地震工作为数还很少。

天然水和其他早期的放射性测量是用静电测量器完成的，该仪器对很小的离子化作用反应很灵敏。Ceiger-Moller管和带有计算和标度功能的各种闪光装置以及其他对离子化作用反应更灵敏的测量技术也广泛用于水的放射性测量。

如果可能的话，放射性数据可用某种具体核素的浓度表示。也常有测量总的α、β或γ放射强度的报道。以作为放射组分的元素铀为例，它用化学方法测量最方便。对某些元素来说放射化学技术的可检出浓度远低于任何化学方法所能达到的水平。

地震水中的放射性研究不是很多。某些研究仅报道每分钟的观测读数或特定体积的水样每分钟的衰变量。除非给出所用水样的数量、计数器的有效系数以及测量条件的各个细节，否则上述数据不能认为是定量的。为使结果标准化和具有可比性，水的放射性通常以镭的当量或每升水的放射衰变速率(Ci)①来表示。1Ci定义为3.7×10^{10}次衰变/s，这约是1g镭与其衰变产物达到平衡时的比放射性。用该单位表示天然放射性水平太大，鉴于此原因，这些数据常表示成pCi(10^{-12}Ci)。偶尔也在较早的文献里看到其他单位，如卢瑟福单位(2.7×10^{-5}Ci)和马谢单位(3.6×10^{-10}Ci)。

1. 铀

天然铀由几种同位素组成，其中^{238}U占绝对优势。这个核素是放射衰变系列的起点，而其衰变的终点是稳定的铅同位素^{206}Pb。^{238}U的半衰期是4.5×10^{9}a，这表明该核素放射性极弱。化学检测方法的灵敏度足以测定水中通常存在的铀。

许多学者已对铀的地球化学性质和组成进行了广泛的研究。Garrels和Christ(1964)发表的pH-Eh和溶解度曲线图表明，被还原了的铀系列(这里的氧化态是U^{4+})仅是微溶的，但更高的氧化态形式，如双氧铀根(铀酰)(UO_2^{2+})或在

① $1Ci=3.7\times10^{10}Bq$。

高pH条件下存在的阴离子更容易溶解。铀酰与碳酸根和硫酸根形成的络合物可能影响溶解铀的性质(Sillen and Martell，1964)。U^{6+}的化学性质有助于将地壳中被氧化了的铀广为扩散。

多数天然水中铀的浓度为0.1～10μg/L。浓度大于1mg/L的铀可能出现于与铀矿沉积物有关的水中。在芬兰赫尔辛基一个90m深的井水中测出的铀浓度接近15mg/L。Asikainen和Kahlos(1979)将该地区地下水中的高浓度铀归因于存在于火成岩中的含铀矿物。

2. 氡

镭的同位素^{221}Ra、^{224}Ra和^{226}Ra衰变产生了氡的同位素——具α放射性的惰性元素。早期的放射研究人员称上述物质为放射物。在^{226}Ra衰变中产生的^{222}Rn的半衰期是3.8d，是唯一在地震环境中有重要意义的氡同位素，因为氡的其他同位素的半衰期小于1min。氡溶于水并且能在气相中运移。少量的氡存在于大气中，大量的氡存在于地表以下的气体中。很多地下水中含有可测含量的氡，同伴随的可溶镭相比，该含量显得颇大。这些水中的氡多数来源于含水层内固体中的镭。Rogers(1958)计算出在一个固相含铀浓度为1mg/kg的多孔含水层的地下水中，氡的活度能够大于800 pCi/L。在岩石和土壤中，这个浓度的铀含量是常见的。Rogers和Adams(1969)收集的中值低于1 ppm的数据，仅在玄武岩和超镁铁岩中才能获得(Rogers，1958)。

1）氡元素的化学特性

氡(Rn)是无色无味无臭的气体。氡元素在门捷列夫元素周期表中序数为86，相对原子质量为222，密度为0.0996g/cm^3。原子结构是核外有6层电子，各层的电子数为K—2、L—8、M—18、N—32、O—18、P—8。

氡是放射性元素铀(^{238}U)系、锕(^{235}Ac)系与钍(^{252}Th)系衰变的产物。氡也是放射性元素，由铀系衰变产生的^{222}Rn半衰期为3.825 d，由锕系衰变产生的^{219}Rn的半衰期为3.92s，由钍系衰变产生的^{220}Rn的半衰期为54.4s，它们都是氡的同位素。

氡在100kPa(100kPa相当于非标准单位中的1atm)和－65℃时可成为液态，在－171℃以下可凝固成固体。氡是惰性气体，一般不易和其他元素发生化学反应，但在5℃左右温度下可以与水(H_2O)反应生成六水缔合物$Rn \cdot 6H_2O$。

氡在地壳中可以呈游离的气态存在，但多溶解于地下水或吸附在岩土颗粒上及包含在岩土颗粒之中。

2）岩土中的氡

a）岩石的氡射气作用

岩石中由于含有相关的放射性矿物，因此可以放出氡射气。岩石的这种性能常用射气因子来表述，其含义是 1g 岩石在完全达到放射性平衡时单位时间内放出的氡含量。岩石放出的最大氡射气量(Q)可以表示如下

$$Q=\frac{Kgp}{d}\times 10^{-3}(\mathrm{Ci}\cdot \mathrm{L}^{-1})$$

式中，g 为 1g 岩石中 Ra 的质量分数；d 为岩石密度；p 为岩石的孔隙度；K 为岩石的射气因子(相当于非标准化学量中的射气系数)。

不同岩石中 Ra 的含量不同，如表 2.14 所示。可见，一般岩浆岩中 Ra 的质量分数高，沉积岩中砂岩和黏土岩 Ra 的质量分数高，灰岩中 Ra 的质量分数则较小。

表 2.14　若干岩石中 Ra 的质量分数(Rogers，1958)

岩石类型	酸性岩浆岩(花岗岩)	中性岩浆岩	基性岩浆岩	砂岩	黏土岩	石灰岩
Ra 质量分数/(10^{-10}%)	3.01	2.59	1.28	1.50	1.30	0.50

常见岩石的氡射气因子(K)如表 2.15 所示。

表 2.15　常见岩石的氡射气因子(据蒋风亮等，1989)

岩石名称	标准值	最小值	最大值
片麻岩	13	20	26.5
花岗岩和闪长岩	11	5	24.1
石英斑岩	2	4	5
石英岩	8	13	30
砂岩	14	0.9	10.7
石灰岩	19	0.9	11.2
含煤页岩			17.7
含铀的岩石	10～20	1～36	32～92

岩石的氡射气因子除了与岩性有关外，还与岩石的完整或破碎程度有关，岩石越破碎，其射气因子越大；此外，射气因子还与环境温度、压力等有关，温度越高射气因子越大，压力越大射气因子则越小。

b) 岩石对氡的吸附作用

岩石对氡有吸附作用，但对这种作用的研究尚不够深入，目前仅研究了炭和硅胶对氡的吸附特征。炭和硅胶对氡的吸附作用服从如下定律

$$C_{固}=rC_{空}$$

式中，$C_{固}$ 为被炭或硅胶吸附氡的量；$C_{空}$ 为炭或硅胶空隙中平衡状态下氡的量；r 为吸附因子(相当于非标准化学量中的吸附系数)。

吸附因子除了与固体介质有关外，主要与温度有关。不同温度下，炭和硅胶的吸附因子如表 2.16 所示。可见，温度越高吸附因子越小。

表 2.16　炭和硅胶对氡的吸附因子(Rogers，1958)

温度/℃	−23	0	14.5	16	35	40	50	68.5	70	75	100
炭		6310		2235		849	630	330		270	140
硅胶	165		48		25				17		

c) 氡在介质中的扩散作用

氡在各种介质中可以扩散，即氡分子可由高浓度处向低浓度处迁移。氡的这种扩散作用，通常用介质的扩散系数(D)来表述，其含义是当氡的质量梯度为 1 时，单位时间内透过单位面积扩散的氡量，单位为 cm^2/s。扩散系数也可用下式表述

$$D\frac{dQ}{dx}=QV_x$$

式中，Q 为氡的质量浓度；x 为扩散距离；dQ/dx 为浓度梯度；V_x 为氡的扩散速度；QV_x 为单位时间内通过单位面积的氡量。

不同介质中，氡的扩散系数不同，如表 2.17 所示。

表 2.17　不同介质中氡的扩散系数(Rogers，1958)

介质类型	空气	水	岩石
$D/(cm^2/s)$	10^{-1}	10^{-5}	$<10^{-20}$

3) 地下水中的氡

a) 氡的溶解性

由岩石射气作用产生的氡，在含水层中将进入地下水中，其量(Q_t)的大小可表示如下：

$$Q_t=Q_{max}(1-e^{-\lambda t})$$

式中，Q_{max}为岩石产生的氡量；λ 为氡的衰变常数，0.1813 d；t 为时间。

氡在地下水中将以溶解与游离两种状态存在。氡在水中的溶解度与温度关系密切，不同温度下氡的溶解度因子(a)如表 2.18 所示。可见，地下水中氡的溶解度因子(相当于非标准化学量中的溶解度系数)是随着水温的升高而变小的，因此，不同温度的水中呈游离状态的气氡与溶于水中的水氡的比值是不同的。一份水中，气氡与水氡的关系如下：

$$a = Rn_{水} V_{气} / Rn_{气} V_{水}$$

式中，$Rn_{水}$ 为水中溶解的 Rn 量；$Rn_{气}$ 为水中游离的 Rn 量；$V_{水}$ 为水氡所占据的体积；$V_{气}$ 为气氡所占据的体积。

由此可见，热水中气氡的量往往高于水氡的量，而冷水中水氡的量则高于气氡的量。表 2.19 中列出了不同温度的泉水中，水氡与气氡的量值。

表 2.18　不同温度下氡的溶解度因子(据蒋风亮等，1989)

温度/℃	0	10	20	30	40	50	60	70	80	90	100
a	0.510	0.350	0.225	0.220	0.160	0.140	0.127	0.118	0.112	0.109	0.107

表 2.19　不同温度的泉水中水氡与气氡的含量及氡的溶解度因子(据蒋风亮等，1989)

泉水温度/℃	8.8	13.6	21.0	29.6	34.0
水氡/(Bq/L)	8.88	17.39	18.5	12.95	15.91
气氡/(Bq/L)	12.21	25.9	68.45	37.74	50.32
a	0.73	0.67	0.29	0.34	0.23

综上所述，氡在水中的溶解度主要与温度有关，温度越高溶解度越低。氡的溶解度常用溶解度因子表述，溶解度因子(a)与温度(t)的关系如下

$$a = 0.1057 + 0.405e^{-0.0502t}$$

b) 地下水中氡的质量浓度

地下水中氡的质量浓度首先取决于含水层岩土中的镭的含量和岩石的氡射气因子。富含镭与具有高氡射气因子的含水层中，地下水中氡的质量浓度要高。

巴兰诺夫提出了如下地下水在岩石中流动时获取氡量(Q)的关系式

$$Q = \frac{E}{\lambda}\left(1 - a\,\frac{-S_1 L_1}{W}\right) a\,\frac{-S_2 L_2}{W}$$

式中，E 为 $1cm^2$ 岩石表面每秒射出的氡量；S_1，S_2 为地下水流过放射性岩石和非放射性岩石的通道横断面的面积；L_1，L_2 为地下水流过放射性岩石和非放射性岩石的通道长度；W 为 1s 流过 $1cm^2$ 通道的水量；λ 为氡的衰变常数。

地下水中氡的质量浓度还与岩石的破碎程度、岩石表面的吸附性能、地下水的化学组分等有关。地下水中富含有机质时，氡的质量浓度也会增大。

c) 地下水中氡的迁移

地下水中氡的迁移机制主要是扩散和对流。扩散的速率极慢且范围有限，只有几米至几百米，因此，氡在地下水中迁移的主要机制是对流，即随着水流运动而迁移。

此外，温度差、压力差等也可促使地下水中的氡发生迁移。

氡通过释放到大气中和放射性衰变而从溶液中消失，所以一般必须在现场完成分析。对氡在地下水中，特别是在温泉水中的含量的探讨推动了早期的这项工作。后来认为，河水中氡的浓度可能有助于判断河流穿越的地质结构(Rogers，1958)，但是没有人对这些设想进行深入的研究。在氡元素的采样和分析中存在的问题以及氡浓度随许多不同因素而波动的特性是获得和整理判断数据的严重障碍。许多地震工作者针对断层附近的地下气体和地下水中氡浓度的波动情况的调查，有可能帮助预测地震(Shapiro，1980)。

在水没有机会将氡散失到大气中去的地区，氡浓度能够远远超过1000pCi/L。^{222}Rn衰变经过一系列短寿命子产物，最后形成半衰期为21.8a的^{210}Pb。

3. 其他放射性同位素

当一个原子的原子核被具有足够能量的亚原子粒子碰撞时，其结构能发生各种变化。20世纪30年代，由于新型带电粒子产生器的发展，该领域的研究取得了很快的进展。

1939年，研究发现当较重元素的某些原子被具有足够能量的中子碰撞时，重元素的原子核被分裂成较小的单元，然后这些较小的单元又变成新的较轻元素的原子核。这些“裂变产物”可能具有不稳定的结构，在它们自发地向稳定核素转化的同时，这些不稳定结构具有放射性。该裂变过程的本身释放中子，并且曾发现某些重核素具有维持链锁反应的能力，在这个链锁反应过程中，中子的产生速度大于消耗速度。在这些过程中发生核的质量向能量的转化。具有特殊的能维持裂变性质的核素包括天然同位素^{235}U及人工合成同位素^{239}Pu。人类对裂变过程的应用已经产生了许多放射性副产物，这些副产物已经通过不同途径进入水环境。

如前所述，相关工作者已经对水的总放射性进行了许多监测。总α或β放射活度的测定值是放射性污染的一个一般指标。在地表水和地下水中存在的主要β放射性同位素是人工产生的。如果存在过量的总放射活度，则需要用更专门的方法辨别其来源(托卡列夫和谢尔巴科夫，1960)。

释放到大气和其他环境中的某些裂变产物以较大的量出现于水中。据推测，大气中原子弹试验的裂变产物的逸漏是造成20世纪50年代和60年代某些河流和公共用水中β放射活度高的主要原因，否则就无法解释这么高的放射性(Setter et al.，1959)。60年代初期多数大气核试验装置停止使用之后，放射逸漏的量便降低了。

在地震流体研究中，除了人类活动产生的放射性同位素之外，天然产生的几种放射性同位素也是很有意义的。

主要参考文献

克洛兹 L M，罗森伯格 R M. 1981. 化学热力学. 鲍银堂等译. 北京：人民教育出版社

李宽良. 1993. 水文地球化学热力学. 北京：原子能出版社

李学礼，孙占学，刘金辉. 2010. 水文地球化学. 北京:原子能出版社

李自强，何良惠. 1991. 水溶液化学位图及其应用. 成都：成都科技大学出版社

托卡列夫 A H，谢尔巴科夫 A B. 1960. 放射性水文地质学. 北京:地质出版社

伍德 B J，弗雷泽 D G. 1981.地质热力学基础. 张昌明译. 北京：地质出版社

Adamson A W. 1976. Physical Chemistry of Surfaces. New York：Wiley

Butler J N. 1982. Carbon Dioxide Equilibria and Their Applications. London：Addison-Wesley Publishing Company

Carothers W W，Kharaka Y K. 1980. Stable carbon isotopes of HCO_3^- in oil-field waters—Implicafion the origin of CO_2. Geochimica et Cosmochimica Acta，44：323-332

Clark D . 2006. Lecture notes on groundwater geochemistry. Ottaw：University of Ottawa

Clark I，Fritz P. 1999. Environmental isotopes in hydrogeology. London：Lewis Publishers

Craig H. 1963. The isotope geochemistry of water and carbon thermal areas：[Italian] Consiglio Nazionale della Richerche，Laboratorio di Geologia Nucleare，Univeraity di Pisa，[International Conference]Nclear geology on geoyhermal areas，Spoleta，Italy：17-51

Domenico P A. Schwartz F W. 1998. Physical and chemical hydrogeology. 2nd edition. New York：John Wiley and Sons

Drever J I. 1997. The geochemistry of natural waters. 3rd edition. Upper Saddle River. NJ:Prentice Hall

Dubessy J ，Buschaert S，Lamb W，et al. 2001. Methane-bearing aqueous fluid inclusions：Raman analysis，thermodynamic modeling and application to petroleum basins. Chemical Geology，173：193-205

Faure G. 1986. Principles of Isotope Geology. Chichester：John Wiley and Sons

Francois M M. 1983. Priciples of Aquatic Chemistry. New York：Wiley

Fyfe W S，Price N J，Thompson A B. 1978. Fluid in the Earth's Crust. New York：Elsevier scientific publishing company

Garrels R M，Christ C L. 1964. Solutions，Minerals，and Equilibria. New York：Harper and Row

Garrels R M，Mackenzie F T. 1967. Origin of Chemical Compositions of Some Springs and Lakes，in Equlibrium Concepts in Natural-water Chemistry：Advances in Chemistry Series，No. 67. Washingcon DC：Americal Society

Helgeson H C，Brown T H，Nigrini A，et al. 1970. Calculation of mass transfer in geochemical processes involving aqueous solutions. Geochimica et Cosmochimica Acta，34:569-592

Hem J D. 1975. Study and Interpretation of Chemical Characteristics of Natural Water. Washington DC: Geological Survey Water Supply Paper, No. 1473

Hood D. 1970. Organic Matter in Natural Waters. New York: University of Alaska, College

Johnson C R. 1960. Geology and Ground Water in the Platte-Republican Rivers Watershed and The Little Blue River Basin above Angus. Nebraska: U. S. Geological Survey Water-Supply Paper, No. 1489

Kehew A E.2001. Applied chemical hydrogeology. Upper Saddle River. NJ: Prentice Hall

Kurepin V A. 1982. Thermodynamics of component distribution between rock-forming silicates. Geokhimiya,1: 71-98

Matthess G. 1982. The properties of groundwater. Translated by Harvey J C. New York: John Wiley and Sons

Moorbath S, Taylor P N, Orpen J L, et al. 1987. First direct radiomentric dating of Archaean stromatolitic limestone. Nature, 326, 865-867

Nordstrom D K, Jenne E A, Ball J W. 1979. Redox equilibria of iron in acid mine waters//Jenne E A. Chemical Modeling of Aqueous Systems: American Chemical Society Symposium Series, No. 93. Washington DC: Americal Chemical Society

O'Neil J R. 1987. Preservation of H, C and O isotopic ratios in the low temperature environment//Kyser T K. Stable Isotope Geochemistry of LowTeperature Fluids

Parkhurst D L. Appelo C A J. 1999. User's guide to PHREEQC (version 2)—a computer program for specioation, batch-reaction, one-dimensional transport, and inverse geochemical calculations. US Geological Survery Water-Report, 99(4): 259-312

Rogers A S. 1958. Physical Behavior and geologic control of radon in mountain streams. U. S. Geological Survey Bulletin, 1053: 187-211

Schindler P. 1967. In Equilibrium Concepts in Natural Water Systems, Advances in Chemistry Series, No. 67. Washington DC: American Chemical Society

Shapiro M H. 1980. Comparison of radon monitoring techniques, the effects of thermoelastic atrains on subsurface radon, and the development of a computer-operated radon, and the development of a computer-operated radon monitoring network for earthquake prediction. U. S. Geological Survey Open-file Report

Sillen L G, Martell A E. 1964. Stability Constants of Metal-ion Complexes: Chemical Society. London: Special Publication

Smith J M, Van Ness H C. 1975. Introduction to Chemical Engineering Thermodynamics. McGraw-HILL Book Company

Smith R W, Hem J D. 1972. Effect of Aging an Aluminum Hydroxide Complexes in Dilute Aqueous Solutions. U S Geological Survey Water-Suplly Paper 1827-D

Snoeyink V L, Jenkins D. 1980. Water Chemistry. New York: John Wiley and Sons

Stanley M W. 1985. Phase Equlibria in Chemical Engineering. Butterworth Publishers

Stumm W, Morgan J J. 1981. Aquatic Chemistry. New York: Wiley

Stumm W, Morgan J J. 1996. Aquatic Chemistry. New York:John Wiley and Sons

Takenouchi S, Kennedy G C. 1964. The binary system H_2O-CO_2 at high temperatures and pressures. American Journal of Science, 262: 1055-1074

第3章　地震机理及其流体作用

3.1　地震机理概述

3.1.1　地震力学——弹性回跳理论

到目前为止，由于地震现象的复杂性和人们对地震孕育发生机制的认识还很浅，地震预报成功率依然不高。人们总是期望更好地了解地震的本质，正是这种愿望使地震学自开创以来不断取得进展。在近代，具有深刻影响的地震力学理论——弹性回跳理论，是美国科学家 Reid (1910)在 20 世纪初提出的，用来解释 1906 年旧金山大地震的力学机制，从那时以来，它对地震学家产生了深刻的影响。

弹性回跳理论认为：引起构造地震的岩体破裂是由于周围地壳的构造运动引起的相对位移使震源区应力增大并大于岩体破裂强度的结果，这种相对位移不是在破裂时突然产生的，而是在较长时期内逐渐达到最大，地震是破裂面两边的物质突然发生的弹性回跳。该理论虽然只给出了能量积累和释放的方式，未进一步揭示地震缓慢积累弹性能的力源问题，但可以把大型浅源地震的一些主要特点以一个简单统一的理论加以解释，明确提出了断层是地震的成因。

地震，特别是浅源地震，一般都可归咎于地下断层的破裂，这为弹性回跳理论的成立提供了物理证据。北美洲太平洋沿岸的加利福尼亚州，有一延伸 1000km 以上的圣安德烈斯断层。有人认为这条断层上有长达 300km 的一段活动带，因而发生了旧金山地震，立刻引起了美国地震学者的注意。这是因为沿圣安德烈斯断层附近地面发生了许多错动、地裂和隆起。断层两侧的地面错动，水平变位最大为 6m，垂直变位在 1m 以下，为横向滑动断层。就错动方向而言是右移断层，并且地震时断层附近水平变动较大，距断层 30～40km 就几乎见不到变动了(图 3.1)。

Ried(1910)提出的弹性回跳理论主要论点包括以下 5 点。

(1) 造成构造地震的岩体破裂是由于岩体周围地壳的相对位移产生的应变超过岩石强度的结果。

(2) 这种相对位移不是在破裂时突然产生的，而是在一个比较长的时期内逐渐达到最大值的。

(3) 地震时发生的唯一物质移动是破裂面两边的物质向减少弹性应变的方向突然发生弹性回跳。这种移动随着破裂面的距离增大而逐渐衰减，通常延伸仅数千米。

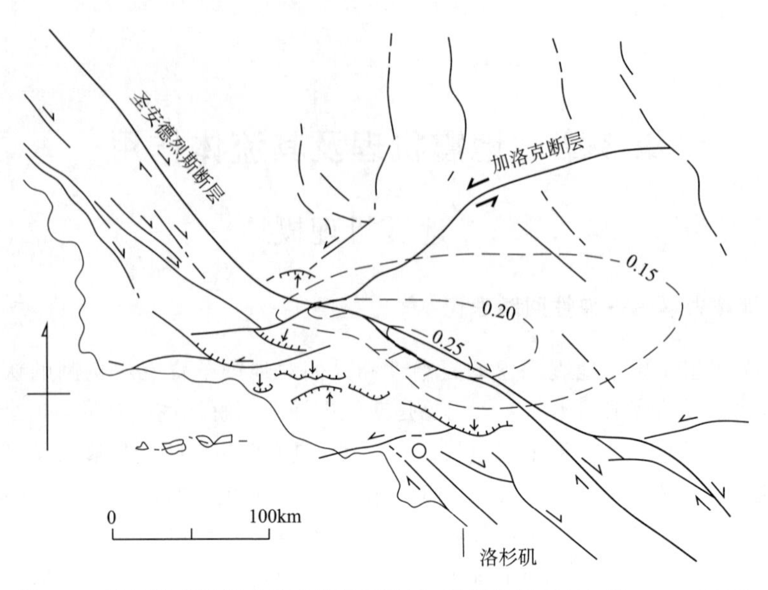

图 3.1 洛杉矶市附近的圣安德烈斯断层（数字为隆起量）(Shearer，2008)
在圣安德烈斯断层的弯曲部位集中了多数的次断层、逆断层；以圣安德烈斯断层的褶曲部分为中心出现异常隆起，断线表示 1959～1974 年的隆起量

(4) 地震引起的振动源于破裂面。破裂起始的表面积很小，很快扩展得非常大，但是其扩展速率不会超过岩石中 P 波的传播速度。

(5) 地震时释放的能量在岩石破裂前是以弹性应变能的形式储存在岩石中的。

图 3.2 是常见的说明弹性回跳理论的示意图。

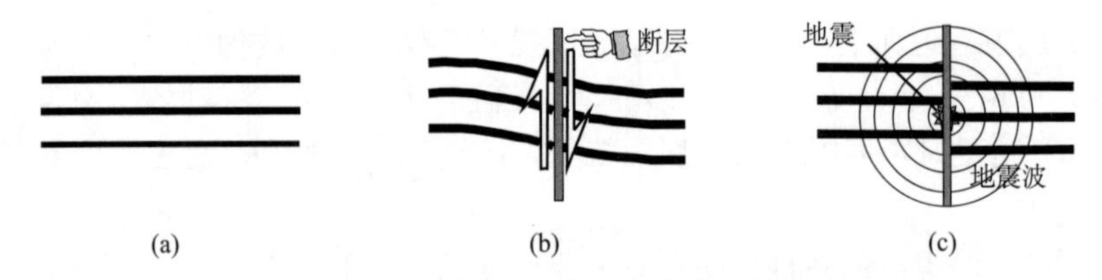

图 3.2 地震断层的弹性回跳理论示意图
(a)未变形前岩石；(b)受应力作用到弹性极限；(c)回跳至平衡位置

弹性回跳作为构造地震(断层地震)的直接原因，像钟表的发条上得越紧一样，岩石的弹性应变越大，存储的能量越大，当断裂破裂、地震发生时，储存的应变能迅速释放，大部分应变能转化为热能，克服摩擦力而消耗掉了，只有百分之几的应变能转化为地震波能量。地震效率是指一次地震中地震波释放的能量在全

部应变能中所占的比例，它等于地震波能量除以地震能。地震效率一般比较小，约为7.5%～15%。

地震的前震和余震也能通过研究主滑动附近的裂缝发育过程而得到解释。前震是沿断裂的岩石发生应变致使岩石产生微细破裂的结果，而前震发生时主断裂并没有发展，因为物理条件尚未成熟。前震中的有限滑动稍微改变了力的格局。断层中水的运动和微裂隙的分布，促使一个更大破裂开始并形成主震。主破裂岩块的运动及局部生热导致沿断裂的物理条件与主震发生之前有很大不同，其结果是断层体系内发生了一些小断裂，造成一系列余震。最后，该区的应变能逐渐降低，在一段时间后恢复稳定。

弹性回跳理论提出后，地震学界普遍认为，天然地震是地球上部沿地质断裂发生突然滑动而产生的。存储的弹性应变能使断裂两侧岩石回跳到基本平衡的位置。在通常情况下，变形的区域越长、越宽，释放的能量就越多，构造地震的震级也就越大。

弹性回跳理论只是一个理论模型、一种假说，真实的地震过程可能相当复杂。许多复杂因素使得形变循环的过程不可预测，如断层强度和介质结构的变化、断层相互作用等。地震的观测是间接的，各种因素相互耦合并交织在一起，很难把它们分开。

震源物理研究的是地震孕育、发生的物理过程及相关物理现象。由地震震源激发并经过地球介质传播至地震台的地震波，携带着地震震源及地震波传播路径上地球介质两方面的信息。我们利用地震波记录既可以推断地球内部介质的结构，又可以获得地震的震源参数。

预测地震先要认识地震发生的物理过程。在Ried(1910)提出地震成因的弹性回跳学说之后，1931年Honda提出地震波初动呈四象限分布，并由此发展了地震震源的无矩双力偶(double-coupie)点源模型，20世纪50年代苏联科学家提出了地震震源的等效位错理论，这些成果是开展地震震源参数测量的理论基础，也是地震学中震源物理研究取得的最重要的进展。有限尺度震源破裂的物理过程研究是当前震源物理研究的重要课题。宽频带数字地震观测为我们开展震源破裂运动学反演研究提供了较好的资料基础，也为开展震源断层破裂动力学研究提供了较好的观测约束。

震源机制解(又称地震机理)一般指断层方位、位移和应力释放模式以及产生地震波的动力学过程。鉴于地震机理的研究尚处于探索阶段，目前还属于推断性认识，一般采用各种震源模型进行解析，一种是点源模型，另一种是非点源模型。点源模型根据点源作用力的不同，又进一步划分为单力偶震源模型和双力偶震源模型；非点源模型也划分为有限移动震源模型和位错震源模型两种。以上震源模型在分析求解后，提供两组力学参数，一组为断层面走向、倾向和倾角；另一组为最大主应力轴、最小主应力轴和中等主应力轴的方位和产状(Scholz et al.，1973)。

随着地震断层理论主导地位的逐步建立，人们开始致力于震源过程细节，即岩体破裂过程的深入研究。由于岩石断裂破坏是浅源地震的一种主要形成机制，作为研究脆性材料断裂现象的有力工具之一——断裂力学应用于地震研究之中是很自然的事。断裂力学研究的是由于裂纹引起的应力集中和裂纹扩展，利用有物理基础和实验依据的准则来判断裂纹是否稳定或扩展。岩石的破坏以各种不同的方式发生，除了与岩石性质有关外，还与周围条件有关。20 世纪 60 年代中期，断裂力学在岩石破裂和地震学领域的应用比较圆满地解释了岩石破裂和地震过程中断层错动的一些现象(Myachkin et al.，1975)。人们进行了大量的岩石破裂力学实验，如地球材料的断裂参数测量，岩石受压条件下裂纹开始形成、发展和止裂条件，岩石内裂纹间的相互作用等。

3.1.2 板块构造与地震活动

1. 板块构造概念

地震学是板块构造学说建立的两大支柱之一。对地震活动性的广泛研究有力地支持着基于大陆漂移、海底扩张、转换断层以及岩石圈在岛弧下俯冲假说的新的全球构造学说，即板块构造学说，而板块构造观点的进一步发展，又加深了人们对地震活动规律的认识。

板块构造观点把地震现象看作是少数几个大的岩石圈活动板块在其边缘或附近相互作用的结果。大地震发生的频度和震级上限可能与相对运动的岩石圈板块的接触面积有关，即受破裂带长度和岩石圈厚度的限制。

板块边界往往就是地震活动带。从全球几大板块边界与全球地震带在空间分布上的一致性可以看出两者的联系。无论是洋中脊、转换断层、深海沟或年轻的地缝合线，所有的板块分界线都是地震的活动带，只不过释放能量的多少、地震强度的大小、地震带的宽度及震源深度有所不同。

无论火山地震还是大洋中脊地震，发震地质体主要是受垂直方向的重力和浮力的相互作用，在岩石圈上面漂移的板块不仅受到垂直方向的重力与浮力制约，同时受到水平方向大洋中脊扩张力的作用。因此，岩石圈脆性表层发生断裂时产生了构造地震。

统计表明，世界裂谷系(包括加利福尼亚州、阿拉斯加州和东非)的地震仅占全球地震总数的 9%以下，释放的能量不及全球地震释放总能量的 6%，而岛弧和其他类似弧形构造上地震释放的能量却占世界浅源地震能量的 90%以上。Richter(1958)报道的世界 175 次大地震(震级≥7.9)中，只有 5 次发生在裂谷系；在大西洋、印度洋和北冰洋的洋中脊顶部，最大地震震级为 7 级，而在东太平洋洋隆很少有大于 5 级的地震发生。在裂谷系中大于 7 级的地震大部分发生在主要的转换断层上，其中最大地震震级为 8.4 级，而在岛弧区已知的最大地震震级为 8.9 级。在大洋中脊顶部，地震集中发生在极窄的地带，地震带宽度常不到 20km。在海沟及缝合线，地震带宽度较大，尤以大陆内部的年轻造山带宽度最大，以致难以确定板块边界的具体位置。浅源地震分布在所有板块分界线上；中源地震主要分布在太平洋东边的南美洲和北美洲西岸、北边的阿留申群岛，西起千岛群岛经日本岛弧分两支，在伊利安西部转向东，在萨莫亚群岛转向南而止于新西兰，中源地震还见于印度尼西亚、缅甸、兴都库什山和地中海；深源地震只发生在安第斯山东侧、汤加岛弧西侧、印度尼西亚、日本海、鄂霍次克海以及中国东北边境和俄罗斯滨海边疆区，深源地震都位于板块俯冲带倾斜的方向。

特别强烈的地震往往发生在大陆板块与大洋板块俯冲带(康迪，1986)，如图 3.3 所示。

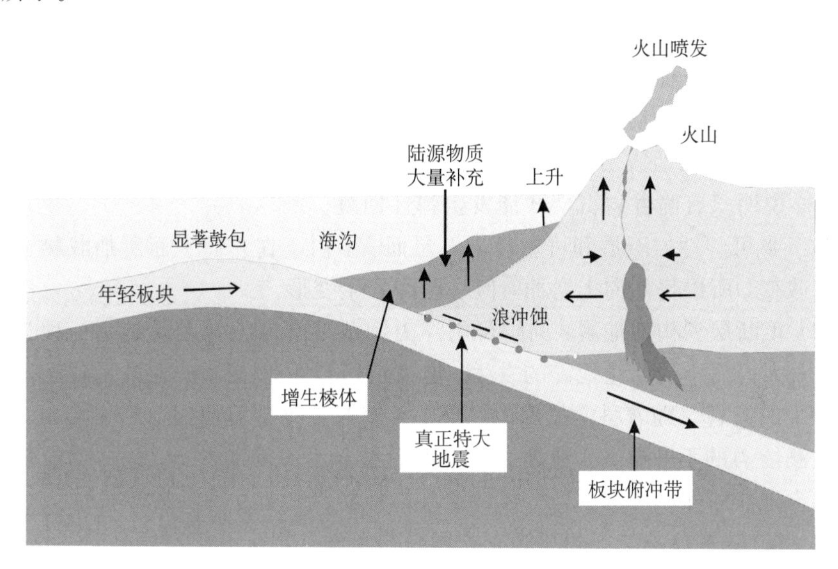

图 3.3　板块俯冲带地震示意图

2. 板块构造地震模式

地壳中的深大断裂带是发生地震的外部有利因素，深大断裂带构造力、重力是否已经达到均衡是发生地震的决定性因素。在板块漂移过程中，凹凸不平的岩石圈不同部位受到了挤压、拉伸、旋扭等构造力作用，当构造力、重力尚未达平衡时，发生地震，深大断裂再次破裂。

地震时地形的垂向急剧变化源于地球引力与阿基米德浮力之间的相互作用。构造地震可以分为 2 种成因模式(康迪，1986)。

(1) 浮力加载型——岩石圈物质受浮力作用发生形变和断裂而产生的地震。

在地震发生前，从地表到地下为：脆性岩石层发生形变-半可塑性岩石层发生形变-可塑性岩石层发生形变-新增加固体物质。

在地震发生后，从地表到地下为：脆性岩石层发生弹性回跳-半可塑性岩石层发生变形-可塑性岩石层发生变形。

(2) 浮力卸载型——岩石圈物质受重力作用发生形变和断裂而产生的地震。

在地震发生前后，从地表到地下为：脆性岩石层发生形变(地震发生后，岩石层发生弹性回跳)-半可塑性岩石层发生形变-可塑性岩石层发生形变-可塑性岩石层局部发生熔融。

对于通常情况下的 2 种断裂地震可以用以下 2 种模式来解释。

(1) 逆冲型断裂地震：可用浮力加载型来解释。如果在软流圈和岩石圈之间增加了新的固态物质(一个板块插入到另一板块下面)，它的密度比软流圈中物质的密度要小，等于增加了所有固态物质的浮力。岩石圈物质受浮力作用发生形变和断裂表明，在地震发生以前，由于浮力作用于岩石圈，地表被抬升。

已经强烈形变的脆性岩石层由于经受不住巨大的浮力作用而发生断裂，同时产生地震。若干次地震后脆性岩石层迅速恢复到没有增加地质体以前的原始状态，同样说明只有脆性岩石层才能发生弹性回跳。

对于半可塑性岩石层和可塑性岩石层而言，由于在它们下面所加载物体的体积没有改变，所以仍然向上弯曲，但是已经发生变形。

(2) 正断层型构造地震：同样可用浮力卸载型解释。地震既然是一种自然现象，那么人们尚不能阻止地震的发生，但人们可以采取有效措施最大限度地减轻地震带来的灾害。随着科学技术的发展，人们对各种地震成因研究不断深入，对地震监测能力的不断提高，地震的预测水平也会逐步得以提高，这样就能最大程度地减少地震带来的灾害。

3.1.3 断裂带中地震作用

1. 活动断裂的概念(小出仁等，1985)

活动断裂也称活动断层或活断层，是指第四纪至今正在活动和断续活动着的断裂。从这个观点来看，新时期的活动断层是地震地质学上值得重视的断层。虽然已知地震是由于断层活动引起的，但是其形成机制尚不清楚。由活断层端部和曲折部位引起的应力集中被认为是产生地震的原因，所以研究断层的形态和断层破碎带的物理特性是很重要的。此后，地震成因研究不断取得进展。1917 年，志田顺依据观测到的 P 波初动方向在地表按方位呈四象限分布的事实提出了节线(节面)的概念。Byerly 在 20 世纪 20 年代提出用单力偶模型解释 P 波初动的象限分布，而 Honda(1931)则提出了双力偶模型。此后多年，在地震学界就地震到底是单力偶还是双力偶的发震机制问题展开了长期争论。直到 Marayama(1968)从理论上阐明了沿断层的剪切位错(断层运动)与双力偶模型是等价的，争论才告一段落。

活动断裂有的是一条断层，但多数是由几条断层组成的活动断裂带。

“活断层”这一术语最早于 1923 年由美国地质学家 Wills 正式提出。其含义是：在现代地质构造体系中一直有位移，具有将来重新活动或重复位错的可能或潜在的可能，并具有现代活动的证据，也许伴有地震活动。

活动断裂按活动时期分为 3 类：①晚近活动断裂，李四光提出的新第三纪(现称新近纪)以来活动过的断裂；②第四纪活动断裂，第四纪以来活动过的断裂；③现今活动断裂，全新世以来活动过的断裂。

2. 活动断裂带上易于发生强震的特殊构造部位

地震地质工作实践总结表明，地震不仅与地质构造有空间联系，而且还有特殊的发震构造部位，这些特殊构造部位更易于地应力的集中，地震最可能在这些部位发生，主要包括：①活动断裂带的交汇部位；②活动断裂带曲折最突出的部位；③活动断裂带端部和闭锁段；④活动断裂带的错列部位。

当活动断裂呈雁列式分布时，在断裂的雁列接头点附近(也称岩桥区)往往是易于发生地震的场所。这是因为岩石在压缩时强度增大，雁列式断裂的不连续部分由于断层错动而被压缩，在其能够承受的最大应力下不发生破坏，并且能够阻止断层的错动。但是，当作用在断层上的构造应力增大到难以承受的程度时岩石就会发生破坏，积累的应力也一举释放而发生大地震。一旦发生破坏，即使裂隙连通，断层内残留的弯曲部分仍然会成为阻止断层错动的障碍。因此，直到完全消失成为走滑断层之前，弯曲部分还会发生几次大地震，如鲜水河断裂带、沂沭断裂带、海原—古浪断裂带等，它们都是由一系列雁列式的巨大走滑断层组成，这些断裂带上常有很多大地震发生。

3. 活动断裂的活动方式与地震

活动断裂的活动方式有两类。一类是快速的错动，称为黏滑；另一类是缓慢的蠕动，称为蠕滑或平滑。

1）黏滑错动

黏滑错动是两侧岩块在长期黏结后沿断层面突然发生的快速错动(相对位移)。断层运动的时间大约在几秒至十几秒。断裂在突然错动时激发弹性波，产生应力降，突然错动导致地震的发生。例如，唐山地震时，当地群众反映地震持续时间只有 3～5s，在这短暂的时间内产生了超过 8km 的裂缝带，最大水平错动达 2.3m，其错动速度约为 0.5～0.8m/s。断层活动若从断层的一点开始，则以 1.6～2.7km/s 的速度向其他部位传播。在日本内陆地震时断层面的错动速度为 0.5～1m/s，断层破裂传播速度为 2～3km/s。1906 年美国旧金山大地震时，使 1100 余千米长的圣安德烈斯断层 435km 长的一段突然错动了 3～6m，在加利福尼亚州的博里纳斯附近，地震断层使木栅栏水平错动近 3m。

世界上一些著名的大地震由于黏滑错动，均在地表产生了地震断层，并使两盘发生了 2～10m 的水平位错和 0.3～6m 的垂直位错。

2）蠕滑错动

蠕滑错动是断裂两盘的岩块在长时间内相对作极其缓慢的平稳滑动，称为稳定滑动或蠕动。断层的蠕滑错动一般发生在断层的某一段，运动速度极慢，不易被人察觉。模拟实验表明，这类滑动没有显著应力降。

断层蠕滑错动已经被实际观测到，最早是在美国西部加利福尼亚州的霍利斯特。20 世纪 50 年代初期一个酒厂正好建在活动的圣安德烈斯断层上，1956 年发现长约 50km 的断层发生蠕动，经过仪器连续观测发现，酒厂的围墙平均每年蠕动错动 1～3cm。记录图像表明，蠕动不是均匀连续的平滑运动，而是一种跳跃(类似微小黏滑的平均滑动量)，实际是通过几次蠕滑事件完成的，每年只发生数次跳跃，每次持续时间不过数天，滑距 1～2mm。值得注意的是在蠕动发育的断层段，在美国历史上(或者说最近 100～200 年)未曾发生过大地震，小地震活动则很频繁。1857 年特琼堡(Tejon) 8 级大震，地震断层于蠕动区的南边就终止，而蠕动区的断层段没有发现错动。1906 年旧金山 8.3 级地震，断层的错动到霍利斯特蠕动区之北便终止。与此相反，历史上发生过大地震并伴随断层错裂百公里的地段，如南边的特琼堡段和北边的旧金山段，都无蠕动现象，也很少有小地震活动，反映了两类不同的能量释放方式。

我国也有很多断层蠕动的现象，如宁夏石嘴山附近，明代的长城被北东向断层错动(顺扭)1.45m，断层东侧下降 0.9m；渭河谷地北侧的近东西向活动断层错断了盆地中的最新黄土类堆积层，等等。此外，像阿尔金山断裂等明显切穿现代水系的断裂是具有很大断距的大型平移活动断层，位移十分明显，但地震记录相对较少，它们很可能与断层的蠕动有关。努尔认为，断层蠕动是一种断层断错逐渐积累的缓慢过程，它既可以表现为明显的瞬时蠕变(间歇性蠕变)，也可以是一种连续错动(稳态蠕变)，或者二者兼而有之。与引起地震的断层滑动速度相比，断层的蠕动速度是很慢的。

根据以上情况结合室内实验，有人认为断层蠕动也是黏滑形式，与一般地震断层相比，只不过是运动规模小和慢而已，但都可以概括为弹性应变能积累与释放的联合过程。因此，在地震断层的一个区段上，若蠕动很发育或小地震活动较多，说明这段断层缺少积累地震能量的条件，只能积累一点释放一点，陆续放掉，因而不能积累大量能量造成发生强震的危险。当然也有持不同观点者。

黏滑错动和蠕滑错动这两种活动方式在不同断裂或同一断裂的不同部位，可以有不同的表现，或以黏滑为主，或以蠕动为主。同一断裂在不同时间段内，可以以一种活动方式为主，也可由两种活动方式周期性交替进行。

通过地震现场观测和室内实验发现，与地震发生有关的断层活动主要表现为地震发生之前断层的蠕动(也称预滑，或前兆性蠕动)和地震时的突然错动，以及由地震后蠕动产生的余滑。

断层大地震前的短时间或长时间在震源和震源外围的蠕滑(或平滑)问题已引起人们的注意。例如，1970年我国通海7.7级地震时地表断裂的最大水平位错为2.4m，1973年炉霍7.9级地震的地表断裂最大水平位错为3.6m，然而，由地震波谱测得的通海地震的平均水平位错仅为1.2m，炉霍地震仅为0.8m。实际测量与计算值存在着如此大的差别，其原因就在于实际发生的破裂早在断层活动相对"平静"的时期，就开始以极缓慢蠕动的形式向震中方向伸展，产生了水平位错。因而当主震发生时，仪器记录到的只是主震时的断裂位错，该数值显然要小于断层蠕动和地震破裂这两种位错叠加后所测得的实际断裂位错。研究表明，1556年华县大地震前7～8h，震中区出现地旋运动现象；1920年海原大地震前崖上无故落土等也可能是震前的断层蠕动。

地震时的显著位移结束后，在一定的时间内，断层仍继续进行后效蠕动位移，这种震后的断层蠕动称为余滑。例如，1966年6月27日在圣安德烈斯断层靠近帕克菲尔德附近发生了一次5.5级地震，震后伴随断层蠕动，最初以很快的速率随时间呈对数衰减，震后两年在最初破裂的同点上甚至还能测得18～28cm的表面蠕变。

在余滑位移中，有的地震刚发生后(如1968年美国博利戈山6.4级地震)，在地表上看不到断层位移，经过数日或者大约一年后，地表才出现这次地震产生的断层位移。由于这种现象出现在地表附近存在较厚未固结沉积物的地方，所以一般认为，地震所造成的基岩中的断层位移以塑性流动的方式在覆盖在基岩之上的未固结层内传播，滞后于地震波到达地面。

3.2 孕震模式研究

知其所以然才算真正了解事物，才能合理有效地处理与该事物有关的事情。震源物理研究的是地震孕育和发生的物理过程，它是地震前兆预测方法的物理基础，是地震预测的核心问题。地震孕育中震源附近岩体的裂隙演变是地震模式的核心问题。国内外许多学者把它作为寻找、解释地震前兆的一把钥匙。本节希望通过孕震模式中的流体活动，研究和探索地震前兆中流体特性变化在地震预测中的作用。

3.2.1 孕震模式研究概述

能够比较正确地反映地震孕育和发生过程的模式，不是凭空想象出来的，而是通过大量野外和实验室的观测以及对观测数据的深入分析产生的。

地震预测需要孕震模式。虽然大地震发生的频率很小，中小地震却大量发生。整理中小地震及与其伴生的前兆现象得到的经验关系是许多地震预测方法的基础。经验关系一般都有其相应的适用范围，外推到大地震及与其伴生的前兆现象，就必须有模式。此外，各种前兆往往一起出现，这就需要综合处理多个物理量。根据已有的知识推测这些物理量之间的关系，也即模式，一般来说是相当复杂的。为了最有效地综合分析，也需要建立恰当的模式。当前，还没有完全符合实际情况的孕震模式。在进行地震预测研究时，既要积极发展孕震理论，也不能人为地夸大还不成熟又相当简单的理论公式，更不要僵硬地认定在没有比较符合实际的孕震理论之前，就不需要进行预测的实践。

孕震模式是地震预测的核心问题。这一领域的研究相当活跃，应用了许多学科，涉及面十分广泛，已发表的模式也不少，但是还没有公认的权威模式。本节希望通过引用少数模式来说明，地震预测的实践(包括相关的实验)是抽象孕震模式的基础以及孕震模式描述的多种地震前兆变化趋势在地震预测中的作用。

孕震理论模式已有不少，主要有两类：一类是基于物理机理的模式；另一类是基于地震活动规律性的唯象理论。这里我们主要介绍物理机理的模式。

不少实例说明，尽管许多前兆可能是确定性的前兆，但迄今还没有得到过它们和地震的简单对应关系，这使人们认识到，只有设法认识地震孕育和发生的物理过程才能实现地震预测；虽然不了解地震发生的物理过程也可能做一些地震预测，但只有完全了解震源活动的物理过程才能真正实现地震预测。基于这种思想，许多人都倾向于通过地震前兆的野外观测、实验室实验与实地可控实验、理论研究三个方面来探讨各种可能的地震发生机制，弄清楚震源活动过程，以达到地震预测的目的。

人们对震源物理的研究是和地震学的诞生同时的，Ried(1910)提出的关于地震直接成因的弹性回跳理论实际上就是一个把地震和地球介质内的破裂过程联系起来的理论。自从拜尔利发现了节平面后，对震源物理的研究就逐渐展开，并且取得了很大的进展。到了 20 世纪 60 年代中期，在地震学研究(包括震源机制研究)成就和破裂物理研究(特别是断裂力学研究)成就的基础上，开始了以探索地震预报方法为目标的地震孕育物理过程的研究，即震源物理的研究。

1. 震源物理实验研究

自 20 世纪 60 年代以来，为了寻找地震预报的物理基础，许多国家的地震学家开始实验模拟地震。当然，在实验室中能够处理的仅仅是大小很有限的岩石样品，所以将实验室中得到的结果应用于地壳中的实际现象时有一定的局限性，必须注意尺度效应。尽管如此，从实验中还是得到了许多很有用的结果，为地震预测理论提供了很好的物理基础。

地震是由突然的应力降产生的，所以自然要在实验室里研究在地壳内的温度和压力条件下岩石产生突然应力降的机制。现已知有两种情况可以产生突然的应力降：一种是完整岩石的脆性破裂；另一种是在已有的断层上的黏滑。这两种情况统称为破裂。在实际断层上，这两种情况是密切联系在一起的，但为方便起见，常将它们分开研究。它们的区别仅在于在围压下脆性破裂开始时物质是完整的，而发生黏滑时物质中已有裂纹或其他间断面。

日本的茂木清夫(Mogi)是最早注意到应力作用下脆性物质的微破裂对地震研究的重要意义的人。20世纪60年代初期，他就做了岩石破裂实验，研究微破裂和主破裂的关系(茂木清夫，1978)。当岩石样品的应变超过弹性限度进入塑性状态时就开始产生微破裂，所产生的微破裂引起了小震动。当应力速率恒定时，如果样品不均匀(如花岗岩)，则在主破裂发生前有许多微破裂形成；如果样品很均匀(如松香)，则在主破裂发生前没有微破裂形成；如果样品极不均匀(如泡沫岩)，则发生许多微破裂而不发生大的破裂。茂木清夫的实验为解释三种类型的地震(前震-主震-余震型、主震-余震型、震群型)提供了物理基础。

2. 震源物理理论

在野外观测和实验室研究的基础上，许多人提出了地震发生的理论模式。1971年，苏联大地物理研究所提出了“膨胀-失稳模式”，以解释观测到的地震前兆，这个模式也称为IPE(institute of physics of earth)模式。1972年，美国的努尔(Nur)提出，肖尔茨(Scholz)、惠特柯姆(Whitcomb)、赛克斯(Sykes)和阿加维尔(Aggarwal)推广了另一个模式，叫“膨胀-扩散模式”，简称DD(dilatancy-diffusion)模式。后者是许多美国地震学家支持的模式。在美国，还有布雷迪(Brady)提出的“包体模式”；在日本，有茂木清夫提出的模式。布雷迪等人的模式在许多方面与膨胀-失稳模式很类似，以下简单介绍膨胀-扩散模式和膨胀-失稳模式模式。

3.2.2　膨胀-扩散模式

膨胀-扩散模式认为，地震前，在断层附近，当岩石中的应力达到其极限强度的1/2～2/3时，那些与最大主压应力轴平行的裂纹就开始张开，从而造成了体积非弹性地增加，这就是膨胀。膨胀是土力学中早就熟知的现象，但在1949年布雷季曼(Bridgman)第一个注意到岩石也有此种现象。不过，土壤的膨胀与颗粒间空隙的形状有关，而岩石的膨胀则与晶粒间及切穿晶粒的新裂纹的张开有关。按照膨胀-扩散模式(图 3.4)，地震孕育和发生过程有如下四个阶段。

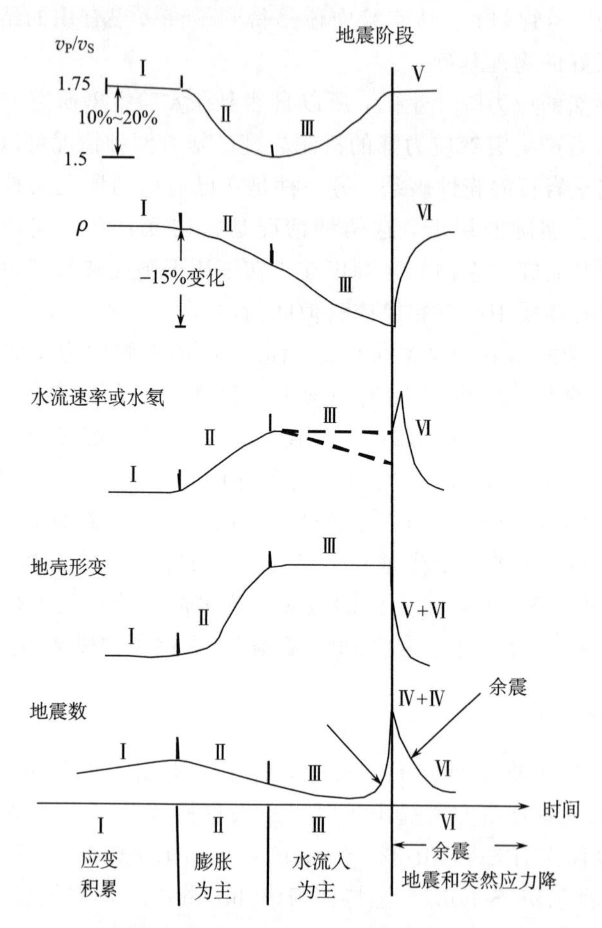

图 3.4　地震孕育和发生的膨胀—扩散模式(丁文镜，1984)

第Ⅰ阶段：构造应力逐渐增加，但岩石中的旧裂纹还没有张开，新裂纹也还没有形成。

第Ⅱ阶段(岩石膨胀阶段)：在断层附近，当岩石中的应力达到其极限强度的 1/2～2/3 时，就发生膨胀，岩石中的旧裂纹张开、新裂纹形成，岩石体积的增加使得其中的孔隙压力减小。由于孔隙压力减小，岩石的破裂强度增高，这种现象称为膨胀-硬化。膨胀-硬化推迟了地震的发生，这种情况一直持续到有足够的水流入这一区域并使压力恢复到原先的数值为止。在这个阶段，若岩石膨胀足够快，以致岩石来不及被水所饱和，则其弹性模量将大大减小，从而纵波速度 v_P 将急剧下降，横波速度 v_S 相对受影响较小，因而 v_P/v_S 也将和 v_P 类似急剧地下降。

第Ⅲ阶段(液体流动、扩散阶段)：邻近区域的水逐渐流入膨胀区域，扩散到裂纹中，使孔隙压力增加、岩石的破裂强度下降；与此同时，构造应力继续增加。

第Ⅳ阶段(主震阶段)：当应力达到了剪切破裂强度时，便发生地震，断层面上的应力突然释放。

第Ⅴ阶段(震后调整阶段)：主震导致应力场重新分布，并使处于震源机制解的压缩区中的水逐渐扩散到膨胀区，结果使膨胀区的孔隙压力逐渐增高、剪切破裂强度逐渐下降，从而发生余震。

按照膨胀-扩散模式，波速比应当如图3.4所示变化。在膨胀期间，由于体积增大，可使地面高度变化达数厘米。岩石的电阻率主要和岩石含水量有关，因此，在扩散阶段，电阻率应当会大幅度地下降。此外，裂纹增加了岩石与水的接触面积，致使较多的放射性物质流入孔隙中，从而水中便会含有较多的氡等放射性气体，膨胀-硬化使得破裂更不容易发生，所以在地震之前地震活动性减弱，地震活动经历了活跃—平静—前震—主震的过程。

3.2.3　膨胀-失稳模式

膨胀-失稳模式是在断裂力学和岩石力学实验的基础上发展起来的，它也认为在地震之前岩石要经历膨胀，但他认为地震并不一定要沿已有的断层发生。这个模式的要点如下。

(1) 统计上均匀的物质，在长期荷载作用下，由于裂纹类缺陷的数目和大小的增长而发生破坏。

(2) 在近于不变的应力条件下，缺陷会随时间而生长，缺陷形成速率随着应力的增高而加快。

(3) 总形变包括岩石固有的弹性形变和由裂纹两边相对移动所造成的形变。

(4) 宏观破裂(主断层形成)是总形变失稳的结果，它发生于裂纹雪崩式地增长到某一临界密度时。

(5) 主断层的形成导致其周围应力水平降低，从而使新的缺陷停止生长，并使活动裂纹的数目减少。

(6) 破裂过程与尺度的关系不大。

根据这些要点，膨胀-失稳模式把地震的孕育和发生过程分为以下5个阶段(图3.5)。

第Ⅰ阶段(均匀破裂阶段)：在实际岩石中总是存在着随机分布的缺陷(微裂纹)，在剪切构造应力作用下，方向合适的微裂纹的大小和数目会缓慢地增加，并且还会有新的裂纹产生。在统计上均匀的介质中，这种情形发生于全部体积中。所以这个阶段叫做均匀破裂阶段。在这个阶段中，介质的性质会发生变化，如有效弹性模量、介质的各向异性等，但都很缓慢，所以没有出现前兆现象。当大部

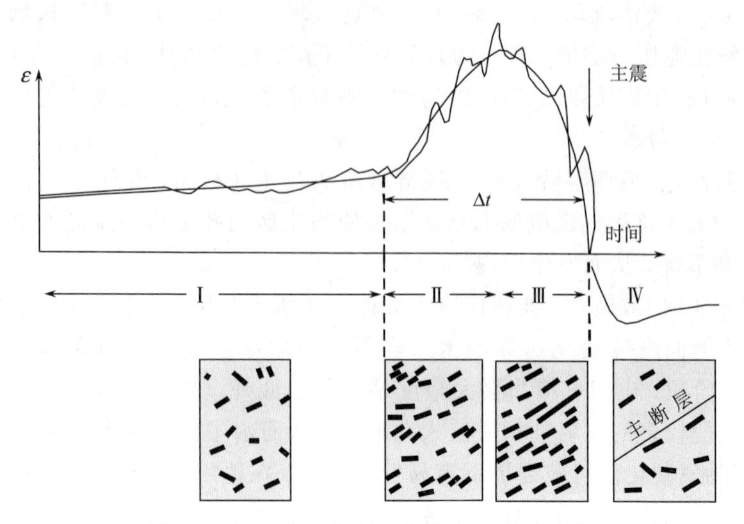

图 3.5　地震孕育和发生的膨胀-失稳模式图

Ⅰ. 均匀裂隙形成；Ⅱ. 由于裂隙的相互作用裂隙加速形成；Ⅲ. 不稳定裂隙和主断层形成

分体积中的裂纹平均密度达到某一临界值时，就过渡到第Ⅱ阶段。

第Ⅱ阶段(雪崩式破裂阶段)：由于裂纹间的相互作用，裂纹开始加速增长，或者形象地说，称为雪崩式地增长。这个加速破裂阶段发生在微裂纹达到临界密度时，这个阶段在大部分体积中，微裂纹的数目急剧增加、尺寸急剧增大，所以总形变速率急剧增加、介质总体的物理性质也发生变化。

第Ⅲ阶段：由于介质的不均匀性，裂纹逐渐集中于少数狭窄地带(局部化)。在每一条狭窄地带内，相近的平面上形成了若干个较大的裂纹。在这些狭窄地带中发生失稳形变，即形变增加，应力下降；而在周围区域，应力也下降。应力的下降使得该区的小裂纹停止发展，甚至部分闭合。在这个阶段，整个体积的形变速率总体来说是减小的，岩石总体的许多性质逐渐恢复原来的状态。

宏观破裂(主断层、地震)是由于裂纹(小断层)之间的阻断物遭到大规模破坏所造成的。在这些阻断物遭到大规模破坏之前，其中的一两个或若干个陆续遭到破坏，定性地说，每一个阻断物的破坏过程和大规模破坏的全过程是类似的，所以在它发生破坏之前也会发生形变速率的变化，不过周期要短些、幅度要小些。仅一个阻断物的破坏还不足以造成整个主断层的切穿，因此这样一种短期形变速率的变化可能会发生若干次。我们可以把形变速率变化的这种波动视为较大前震的一种短期前兆。

第Ⅳ阶段(主震)：当裂纹(小断层)之间的阻断物遭到大规模破坏时，便造成了宏观破裂，也就是形成了主断层、发生了地震。

第Ⅴ阶段(震后调整阶段)：在主震之后，断层面，附近地区负荷卸载，应力场调整，应力转移到新的断层边缘。由于负荷卸载，许多小破裂可能反向运动，形变速度可能为负，此阶段在图3.5中没有标出。

膨胀-失稳模式有2个重要的特点：①在第Ⅱ阶段，由于裂纹间相互作用，裂纹雪崩式地增长，总形变加速；②在第Ⅲ阶段，当裂纹逐渐集中于少数狭窄地带(局部化)时，断层附近区域的形变速率和应力均越来越小。

地震波速度主要取决于介质的有效弹性模量。因为微裂纹形成时，有效弹性模量下降，所以在第Ⅱ阶段弹性波速度急剧下降，在第Ⅲ阶段，大多数较小的裂纹闭合，而为数不多的较大的裂纹对有效弹性模量的影响不大，所以有效弹性模量将恢复正常，从而波速也将恢复正常。类似地，波速比也将按同样方式变化。

描述一定时空范围内地震总体活动中强震和弱震频度之间的比例关系用b值表示。发生一次大的地震，通常有两个阶段：一是上升阶段，地震活动中较小破裂尺度的地震数目较多；二是下降阶段，临近大地震前，较大破裂尺度的地震频度增多。地震活动b值由于在第Ⅱ阶段强前震数目增加而应有较大幅度的下降，到了第Ⅲ阶段则由于前震之间的相互作用逐渐减弱，b值下降的速度变慢。从中外震例来看，震前b值下降是一个普遍现象，这与震源区周围的应力状态有关。

氡和其他放射性蜕变物质在水中含量的增加，以及泉水流量的增加与岩石中裂纹生成的数量有关，因此，在第Ⅱ阶段，它们明显地增加，而在第Ⅲ阶段则趋于平缓。因为在临近地震前，许多小裂纹闭合，所以可以预料此时这种前兆的曲线将会下降。大震前后整个水氡异常曲线呈现上升—下降(震前)—波动(震后)趋势性变化。

干燥岩石的电阻率在第Ⅱ阶段应当增加，在第Ⅲ阶段则应减小。与此相反，在饱含水的岩石中，如果水来得及扩散到已形成或张开的裂纹中，则在第Ⅱ阶段电阻率应当明显地减小。在第Ⅲ阶段，则应继续减小，只是减小得慢些。显然，大地电流也应有类似的变化。

以上分析适用于裂纹雪崩式增长和随后形成断层面的区域中的前兆的时间进程，在上述区域以外的区域，上述物理量的变化主要取决于应力场，而不是取决于裂纹。

3.2.4 膨胀-扩散模式和膨胀-失稳模式的比较

根据前面的分析，我们可以看到，两种模式有以下5个主要差别。

(1) 按照膨胀-失稳模式，断层形成就是发生地震的过程，它既包括原本完整的岩石的新的破裂，也包括老断层向新岩层的扩展，还包括已闭合了的断层的重新破裂。按照膨胀-扩散模式，地震是老断层的滑动。所以膨胀-失稳模式要求地震时一定出现尺度与主震相当的破裂，而膨胀-扩散模式则不要求地震时一定出现大尺度的破裂。

(2) 膨胀-失稳模式认为地震发生于应力超过应力-应变曲线的峰值之后。应力的峰值出现在第Ⅱ阶段向第Ⅲ阶段过渡时，也就是在全部异常时间的一半时。此外，主震发生时的应力应当明显小于地震前的最大应力(应力-应变曲线的峰值)，相反地，膨胀-扩散模式预测地震应当发生于峰值应力附近。

(3) 两种模式都认为裂纹起始是在岩石全部体积中均匀地发展的，但按膨胀-失稳模式，在临震前，裂纹会逐渐集中于未来断层附近区域，并且定向地排列；而按膨胀-扩散模式则认为不会出现这样的区域。膨胀-扩散模式认为地震前裂纹可能扩展和张开，但其方向在整个孕震过程中都保持不变。

(4) 孔隙流体在膨胀-扩散模式中起了主要作用，而在膨胀-失稳模式中却并不需要水。

(5) 按照膨胀-失稳模式，地震孕育过程中由应力所引起的裂纹的方向和未来的主断层方向平行，而按照膨胀-扩散模式，裂纹方向与最大主压应力平行，因此与主断层是斜交的。

根据上述情况，我们知道，如果设法测量震源附近的应力，就可以辨别这两种模式。因为按膨胀-失稳模式，主震前应力应明显地减小；与未来主断层平行的裂纹向未来主断层方向集中会导致主应力方向随时间而变化。

膨胀-扩散模式要求孔隙压力在震前有明显的变化，其持续时间与震级成正比，并且孔隙压力的变化还需大到足以造成可观测到的前兆异常。膨胀-失稳模式对孔隙压力的变化却无此要求，虽然孔隙压力如果有变化的话也会引起裂纹的几何形状的变化。

按照膨胀-失稳模式，形变失稳区内地震波速度、电阻率和其他物理性质的变化与其外围的卸载区的相应量的变化应当有所差别；因此，测量异常期间与未来的断层相垂直方向上的上述物理量，可以作为膨胀-失稳模式的一种检验。

两种模式所预测的裂纹的方向是不同的。裂纹方向不同应当表现为物理性质的各向异性。所以异常期间最大电导率增加的方向在膨胀-失稳模式中应当是与未来的断层平行的方向，而在膨胀-扩散模式中则是与最大主压应力平行，也就是与未来断层斜交的方向，波速和波速比也应有类似的情况。

膨胀-扩散模式原则上适用于美国加利福尼亚州地壳中的浅源地震，即发生于已有断层上的地震；膨胀-失稳模式则可适用于板块内部的、原先未破损的岩石的破裂，但是，不论是哪一个模式，早前都只是定性地或半定量地解释了一些观测到的前兆现象，它们都要在今后的实践中接受进一步的检验。

现在还没有充足的证据说明哪一个模式更切合实际，可能将来会出现能更好地反映震源物理过程的新模式。

3.3　断裂带流体活动及其地震作用

3.3.1　断裂带流体活动特征

流体作用是地壳物质再分配的主要途径。长期以来人们只意识到断裂带的构造意义，而忽略了它在流体活动中的作用。断裂带是流体的主要输导系统，流体活动又影响断裂带的断裂强度及地震活动。这里所指的断裂带，包括韧性剪切带和脆性断裂带。

越来越多的证据表明流体活动与断裂作用密切相关。断裂带流体活动影响断裂发生、发展、封闭和断裂强度，而且影响到断裂带附近化学元素的重新分配。断裂带活动为流体循环、水-岩相互作用提供了必要条件，流体的再分配是断裂带中应力积累和释放的响应。流体压力和剪切压力的耦合变化影响断裂带摩擦作用中剪切强度的变化，进而控制断裂发生和停止。因此，断裂带流体活动的幕式变化指示了断裂活动事件或地震活动旋回。

断裂带在不同发育阶段中的流体成分、来源、通道、流动方式、通量和驱动力等，具有不同特征。下面主要叙述 3 个方面的特征。

1）流体来源、成分和分带性

断裂带流体的成分变化较大，它与流体来源、水-岩相互作用、断裂分支方向及数量有关。断裂带流体来源包括：① 岩石孔隙水和变质水；②地下水和大气降水；③岩浆流体和幔源流体；④ 有机质分解产生的碳氢化合物。

断裂带中流体的分布具有明显分带性。Kerrich 和 La Tour(1984) 、Sibson (1994)将地壳中断裂和剪切带流体状况从地表向地下深部划分为三个带：静水压力带、超静水压力带和静岩压力带。他们将深大断裂中流体状况与流体压力及变质相带结合，断裂强度在破裂前最小，在破裂后达到最大。流体压力则在破裂后由于破裂自封闭开始逐渐积累。一般来说，在静水和超静水压力带往往具有较高流体流量和较高水-岩相互作用速率，尤其是近地表氧化地表水的侵入更加速了水-岩相互作用速率，而在静岩压力带往往具有低的流体流量和低的水-岩相互作用速率。

2）渗流性质

大量实验研究表明，断裂开启、封闭和水热变化明显影响断裂带渗透能力。大型断裂带不仅是不连续面，而且形成辫状展布的滑动面。由于胶结作用和裂隙开启导致幕式破裂和角砾岩化，相应地导致断裂带渗透性周期性增强和减弱(Hickman，1995；丁文镜，1984)。近年来的重大突破在于发现断裂带中发生高速溶解搬运作用，矿物质在溶解过程中的重新分配和沉淀可导致渗透率降低，同时也在变形断裂与邻近围岩之间形成非渗透性封闭层。已有断裂带研究成果表明，高渗透断裂角砾带仅发现于最新再活动构造，较老的断裂已被水热沉淀物(石英、方解石、沸石和冰长石等)所充填。

3）压力性质

早先的构造地质学并不考虑构造带渗透性和流体压力的变化。Scholz 等(1973)提出扩容或流体扩散假设解释断裂带中流体的再分配是地震周期中应力积累和释放的响应，也就是说，与应力有关的扩容作用与活动断裂作用共生，这种明显的扩容应变仅局限于断裂带附近。因此，流体压力和有效压力的瞬时变化在破裂发生和终止过程中起着直接作用，破裂面的剪切阻力由于流体压力的增大而降低，尤其是断裂的铰合点和不规则部位，孔隙流体压力的扩散和岩石孔隙的扩容将大大降低剪切阻力。

3.3.2 断层岩体破裂力学性质

地下断层虽然是裂隙，但是与我们日常所见的裂隙却大不相同，当摔打玻璃、饭碗时开始会产生小的裂缝，然后连续产生较大裂隙，但是，在已经破裂的地方不会再发生破裂。与其把断层说成是一条连续的裂隙，不如说断层是由雁行状小裂隙组成的集合体，而且会沿着同一断层发生多次破裂，破裂几次就发生几次地震。岩石是由极不均匀的材料构成的，地下岩石还受到来自周围的巨大压力，这就是产生差异的原因。

茂木清夫(1978，1962)通过试验表明，均质材料因一次大破坏就会发生破裂，若将许多细小的不同物质混进均质材料中而使均质材料变成不均质材料，就会产生多次小的破坏，并且还进一步阐明，造成这种差异的原因，不仅在于材料的性质不均匀，而且在地表大气压下的破坏和在地下巨大压力下的破坏是根本不同的。在深度为 1000m 的海中，压力大约为 100kg/cm^3。地下深处在上覆岩石的作用下，1000m 深度承受的压力约为 250kg/cm^3。即使是浅源地震，震源也在地表以下数公里，每平方厘米承受着数百公斤至数吨的压力。海水是流体，还承受着与垂直方向压力相同的水平方向压力。岩石在极长的时间里会发生流变，所以水平方向的压力也和垂直方向的压力大致相同，周围物质向岩石施加的压力叫围压。

在每平方厘米数百公斤至数吨的围压下，岩石是怎样被破坏的，通过高压下的岩石变形实验(也叫三轴实验)，这个问题开始得到解决。但并不是所有的问题都能得到解释，因此，多种学说纷纷问世。下面总结这些学说，并作简单的介绍。

发生地震的破坏(叫脆性破坏)是由张力引起的。这种论点立刻会受到驳斥，正如上面所述，地下岩石受到周围巨大的压力，断层是剪切裂隙，从宏观上看，在压应力下，确实是由于剪切（错动)变形引起破坏的，但是，从微观上看，却产生张性裂隙。这种现象就是所谓应力集中作用的结果(Digby and Murrell, 1970; Lawn and Wilshaw, 1975)。

根据经验,聚乙烯袋不易被破坏。但是,如果在袋上切一条小缝,即使裂缝很小也很容易从切口处裂开(图 3.6)。因为切口处不承担拉力(应力),所以切口处的力必须由未切之处承担。但是,力并不是平均地加在未切之处,而是集中在切与未切的交界处——也就是裂隙的尖端。这时裂隙端部越尖,在小体积上承受的压力越大,这种现象叫应力集中。因此,对整体来说,即使施加极小的力,在裂隙的尖端也会产生很大的(应)力,所以聚乙烯袋会裂开。

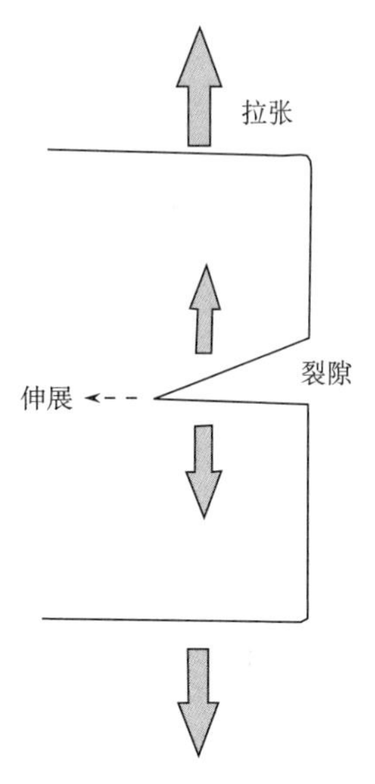

图 3.6　裂隙产生的应力集中

无论是金属还是玻璃,都不是完好无损的均质材料,虽然肉眼不能观察到,但却存在极小的裂隙和缺口。在原本存在的微小裂隙尖端,容易产生应力集中现象,一般材料都是由原有小裂隙的扩大直到被破坏。只需根据原子和原子之间结合力计算出来的理想材料强度的 1/100～1/1000 的应力,实际材料就被破坏了。这个设想称为格里菲斯破坏理论,最初的极微小的裂隙,称为格里菲斯裂隙。

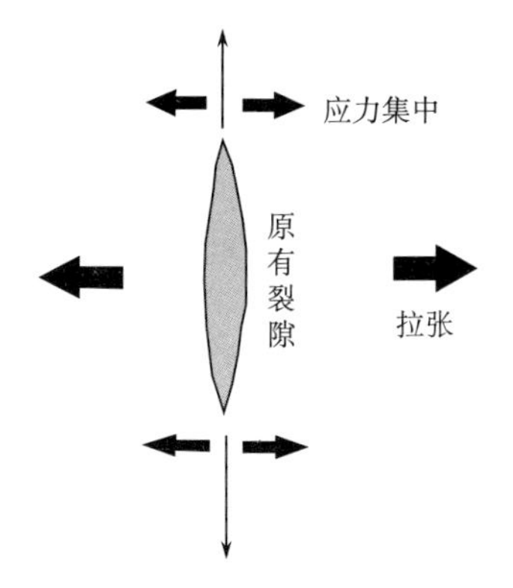

图 3.7　张应力引起的裂隙扩大

在张应力下,与最大张应力方向垂直的格里菲斯裂隙尖端的应力最集中,因为裂隙方向不变的笔直延伸,越延伸应力集中越大。因此,在张应力下,一旦延伸开始,裂隙就渐渐延伸,而形成大破坏(图 3.7)(Price, 1966)。

在地下,由于压应力从各个方向作用,不会发生由于张应力造成的应力集中。但是,地下的岩石不仅原本就存在裂隙,颗粒之间和断层破碎带等也是应力集中源(小出仁等, 1985)。这些应力集中源(因为不一定是裂隙,所以称为格里菲斯包体),由于剪切应力产生应力集中(图 3.7),从整体看,即使是处在压应力下,在格里菲斯包体的端部也局部地产生部分张应力,因此派生出微小的张裂隙。与最大压应力方向约成 30°～45°夹角处的格里菲斯包体会产生最大的应力集中,此方向的格里菲斯包体可以派生出裂隙。

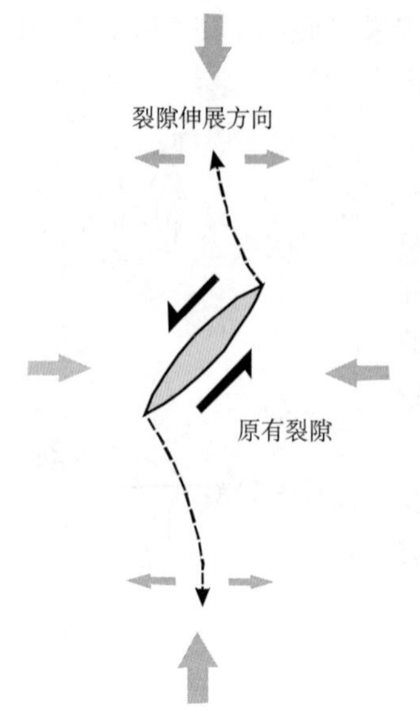

图 3.8　压应力引起的裂隙扩大

派生的裂隙为张裂隙，所以其延伸方向与最大压应力平行。裂隙整体方向与最大压应力方向成小于 30°的夹角，应力集中反而变小。因此当裂隙延伸到一定程度时，端部张应力场就消失了，所以裂隙就不再延伸(Griffith，1921)。

总体来说，在压应力下，每个裂隙都从应力集中最大的方向向最大压应力方向弯曲延伸。应力集中降低到一定程度，裂隙就不再扩展了，又从其他应力集中源派生出新的裂隙。因此，在高围压下，当岩石开始变形时，多处发生微小裂隙，当微小裂隙大量出现后就互相干扰而逐渐靠近，而在有利于应力集中的方向排列的裂隙群端部呈现容易发生新裂隙的状态(图 3.9)。构成裂隙群的每条裂隙，对于最大压缩方向是近于平行的张性裂隙的方向，结果形成了雁列式裂隙带(Bieniawski，1967)。

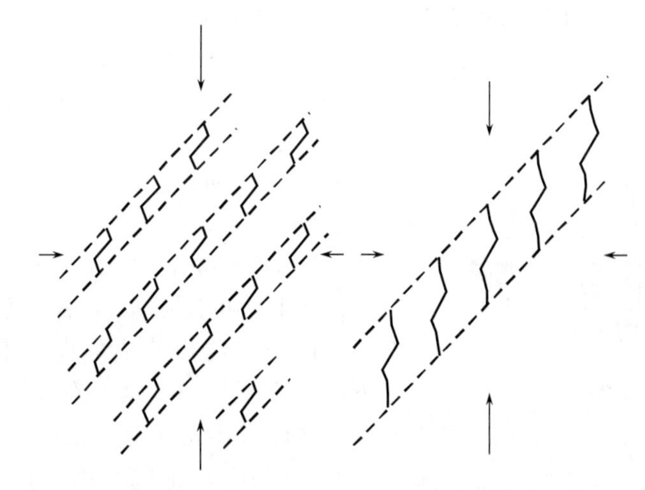
图 3.9　压应力下雁列式裂隙的形成，压应力越大，裂隙越短，形成狭窄的剪切雁列式裂隙

此后的裂隙发育与多重雁列式断层的发育情况完全相同。雁列式裂隙群在内部形成连续剪切裂隙，但是，连续剪切裂隙的每条单个裂隙，也有向最大压应力方向弯曲的倾向。因此，在地下深部，剪切裂隙还是呈雁列式分布。这样，结果就产生了多重雁列式断层(Ashby and Sammis，1990)。

小出和星野(1967)通过实验同样证实：压应力下雁列式裂隙的形成，他们在150MPa 围压下(相当于地下约 6km 深处的岩石所受的压力)进行变形实验的岩石的试件里，所生成的微小裂隙的密度分布。垂直方向最大压缩，变形程度增大。这个裂隙群排列的方向，同样是与最大压缩方向成 30°～ 45°夹角的方向，即此阶段产生的微小裂隙的密集裂隙带。微小裂隙多在最大压缩方向上。最后，沿微小裂隙带发生很大破坏。

3.3.3　断层破碎带扩容性质

地下断层破碎带中一般含有大量的水，水渗进裂隙内部，起到了从内部扩展裂隙的作用。因此，当水压增高，超过岩压时，就容易派生张性裂隙。

这就是说，如果水压高，当地下断层接近地表时，从岩石总压力中减去进入裂隙的水的压力称为有效压力，它和岩石的围压相比，有效压力的大小能控制岩石裂隙的形成方式。地下岩石压力的大小，一般虽然决定于所在的深度，但孔隙水压的大小由于所在位置的不同而变化很大，所以，裂隙、断层的特征也因地区不同而不同。

派生裂隙的大小也主要取决于潜在的应力集中源——格里菲斯裂隙和格里菲斯包体的大小。因此，应力集中源在微小的结晶颗粒边界和在大规模的断层破碎带上，派生出的裂隙大小完全不同。

相反，无论是大的断层和微小裂隙其形态及发育过程，却都具有非常相似的特征。

扩容模式是弗郎克(Fraink)于 1965 年从理论上提出的地震发生的模式。弗郎克认为最初无规则分布着的小破裂，后来集中成为破碎带，如果集中形成小裂隙，那么裂隙的空隙体积增加(这种体积增加称为扩容)，裂隙内的水压降低，破裂带的强度增加，之后，水又从周围流入，而水压再上升时就发生地震。

之后，在苏联地震学家先后发现了地震波的变化、氡的放出、电阻变化和地表隆起等地震前兆现象。Nur(1972)和 Scholz 等(1973)用弗郎克提出的扩容理论和水压变化解释了这些地震前兆现象。在日本，有人提出用裂缝的干涉和聚集就可以解释地震前兆现象的观点，比 Scholz 等和 Nur 认为的水压变化，更具说服力(称为干扩容模式)。虽然扩容模式和雁列式活断层的形成协调一致，但还有待今后进行进一步研究。

3.3.4　地震孕育的雷宾德尔效应

与液体或气体接触的固体，因吸附作用而强度降低是雷宾德尔院士发现的，并称之为“雷宾德尔效应”。研究固体与不同介质接触的发展过程和这些过程对材料强度的影响，是物理-化学力学的研究对象(Ребиндер，1957)。

脆性固体，特别是金属和岩石，其强度与所谓的表面能有关。这种能量在表面活性物质的作用下将明显减小，活性物质吸附在固体表面并降低固体的强度。大量实验确定了雷宾德尔效应的重要特征(Ребиндер and Щукин，1972)。当表面有微量活性物质作用时，固体的强度特性显著下降。固体强度的这种下降极为迅速，一旦表面活性物质落在负载的试件上，固体(试件)就产生破坏。在表面活性物质作用下，固体形变特征也将发生变化：塑性形变转变为脆性形变，破坏过程也将加快。

各种固体在与盐、金属或岩石的熔融体、水或水溶液，以及其他的液体和气体接触时，吸附效应将降低固体的强度。

人们最早研究的是降低金属强度的效应。例如，给锌丝涂上一薄层水银，它的抗拉强度将减小到原来的1/25～1/50，强度降低是由于裂纹加速发展引起的。如果说在荷载不大的状态下，干金属上裂纹不会发展，那么，在同样大的荷载下，当有熔融物质作用时，由于熔融物质渗入裂纹端部而削弱了结合力，裂纹的发展就加速了。

正如雷宾德尔和休金曾指出的那样，吸附效应的特点是，它是在介质和一定机械应力的共同作用下发生的。为了使活性介质渗入初始裂纹，必须要有拉应力，而压应力又阻止吸附作用引起的强度下降。

裂纹的发展速度取决于液体向其端部渗入的快慢。物理化学家苏姆和戈留诺夫指出，当活性液体浸湿了固体的全部表面并在裂隙内部迅速漫流时，固体的强度明显下降。如果液体没有完全浸湿裂纹的壁膜或被固体吸收时，裂纹的发展就停止。

当温度升高到一定限度时，由于液体的黏度降低而能够很快充满裂纹，窄裂纹则将加速发展。但是，随着温度的持续升高，金属将表现出塑性，不再形成微裂纹，并出现裂纹弥合现象，吸附效应也将减小甚至消失。雷宾德尔和休金还注意到温度对吸附效应的另一种作用方式：低温时，固体具有强脆性，而没有吸附效应；高温时，对活性成分的吸附作用减小，吸附效应也随之减弱。所以，只有在特定的温度范围内，吸附效应才最明显。同时，在形变速率很快时，由于裂纹迅速增长，液体来不及到达裂纹端部，吸附效应也将消失。

根据金属实验确定的强度降低吸附效应的特点，对于岩石也是适用的。雷宾德尔效应被用于钻探时岩石的硬度降低和岩石粉碎技术中。

苏联物理化学家的实验表明，与干碎法相比，即使添加很少的水溶液(0.04%)也能明显地提高石英砂粉碎的速度。

对大理石来说，用蒸馏水可以降低其硬度的3%，用和地壳深部成分相近的溶液可降低其硬度的19%。在活性溶液的作用下，岩石粉碎的速度比干碎岩石快。

裂隙对流体的吸附效应之所以引起学者的注意，是因为该效应对于自然界岩石的破坏过程也是适用的。佩尔佐夫和科甘等人指出，在岩石承受高围压的深部环境里，仅有地壳和上地幔中的应力而没有液体参与，不会形成张开的裂隙，而地质学家经常见到岩浆充填着大小不同的裂隙。

根据佩尔佐夫和科甘等人的实验，在熔化的盐溶液和氧化物的作用下，玄武岩样品的强度可以下降 3/4。因此得出结论，充填着岩浆的裂隙是在雷宾德尔效应作用下形成的。此时在应力不太大的状态下，吸附的活性熔岩加速了裂隙发育。这样，如果考虑液体的作用，那么，就像胡拜尔特和拉比关于巨大逆掩断层形成机制的假说一样，又一个构造物理反常现象得到了解释。在这种情况下，熔融岩浆起到了液体的作用。然而，我们最感兴趣的仍然是水。

佩尔佐夫和其他专家研究了有水或水溶液参与时岩石的破裂机制。他们在引证所做的实验的同时指出，水能够像熔岩那样通过降低表面能，即由于雷宾德尔效应，对离子化合物起到破坏作用。对硅的化合物(硅酸盐，自然界有很多岩石由这类物质组成)来说，他们认为水可能参与了化学反应，破坏硅酸盐分子并使裂隙增大。

在涉及震源区在水的影响下吸附效应降低岩石强度的作用时需要指出，在主破裂之前的形变发展中，吸附效应所起的作用最为突出。

如果考虑到现有的震源孕育模式，可以得出如下结论，在有水存在时，吸附效应促进岩石的脆性破坏，加速裂隙发育。根据膨胀-失稳模式，裂隙的产生与水无关，而按照膨胀-扩散模式，裂隙是在水的机械作用下产生的。但对震源孕育过程中吸附效应产生的条件，以及其他形式的物理化学和化学作用，还几乎完全未进行研究。

显然，在地震孕育时多因素影响形变的各种过程中，吸附效应所起的相对作用对不同震源是不同的，在地震孕育的不同阶段也是变化的。这一作用与水量、形变的特点和速率、温度以及其他因素有关。

只要有很薄的一层液体浸入正在发展的裂隙顶端，就可产生吸附效应。同时，只要求液体能沿着隙壁流动而不一定要充满整个裂隙。在饱水性低的条件下，即水不足以充满正在发展的裂隙并在其内造成高压时，吸附效应是在没有水的压力而引起机械作用状态下产生的。所以，在饱水性差时，吸附效应的作用反而增大。

可以设想，在拉张的地带，吸附效应对震源孕育有重大影响，它产生于裂隙的缓慢发展阶段。在雪崩阶段，裂隙的发展比液体的浸入还要快，吸附效应停止。

正如前面指出的，存在一个温度界限，在这个界限以外，雷宾德尔效应消失。所以，在震源孕育过程中产生吸附作用的水的最大深度界限，不仅取决于震源区水的最低含量，而且取决于热动力条件。

在特别深的地带，吸附效应也可能与水溶液无关，而与熔岩有关。熔岩在震源区或者原本就有，或者是由于地震时释放了大量的热而形成的。维尔纳茨基等曾指出，在构造运动过程中释放出大量的热，这可以引起岩石升温以至熔化。地震时释放的绝大部分能量转变为机械能，最终还是转变为震源区的摩擦热。

可以认为，在一定条件下，震源区的雷宾德尔效应是由前震引起的。正是这些前震造成震源区产生裂隙并使裂隙扩张，从而加剧了水的运动。从震源发出的弹性波使裂隙不停地张缩，这就加速了水向裂隙端部的运动和产生吸附效应。

强震总是或多或少地伴生着一系列余震——多次地震，主要是小震。也许，浅源强震之后的地震动态特征——随之产生的破裂和由破裂引起的余震的时空分布——从某种程度上讲，可能反映了主震后强化的水对岩石强度的影响。

震源区雷宾德尔效应的产生还与地下水的化学成分有关。某些实验表明，和地下水化学成分相近的水溶液比蒸馏水能更明显地降低岩石强度。戈留诺夫、佩尔佐夫和苏姆等人指出，含有与岩石矿物相同离子的低浓度溶液使岩石产生的雷宾德尔效应最大。这就意味着，含有氯化钠、氯化钙和氯化镁的深层地下水能更大程度地降低含有那些成分的岩石的强度，如灰岩、玄武岩、花岗岩等。但是，深层水中盐分的高浓度可能减弱吸附效应。

除了吸附效应降低岩石强度外，能够对地震孕育时的应力和形变产生作用的还有水化作用、脱水作用、结晶作用和其他有水参与的物理—化学过程。矿物的水化作用和脱水作用（吸水和脱水）伴随着体积的变化。此时岩石的强度和所受应力也发生变化。例如，石膏在高压脱水时强度降低9/10。实验表明，脱水作用引起应力调整，甚至调整过程可能十分剧烈，并产生振动。

在日本中部靠近松代市的地方，1965～1967年出现了一次强地震活动——发生了较强的地震并记录到大量的余震。在此期间的大地测量记录到地面上升了超过70cm。曾经有人推测，松代地区的地震是由于地下3～10km处的温度为400～500℃，大量的水发生了水化作用致使岩石体积膨胀引起的（已知在该地区具有丰富的热泉）。

3.3.5　强震复发周期与流体活动

下面介绍地震时间展布与流体活动特征的关系（Robert et al.，1995）。

1. 关于地震活动周期

在一个地区范围内的地震活动存在一定周期性，这已成为地震学家的共识，但各地的地震活动周期具体究竟有多长，这种周期受什么因素的控制等问题，仍然尚未明确。

地震活动的周期无疑是以地震事件为基础建立起来的。例如，日本北海道地区分别在 1707 年、1854 年和 1946 年发生三次强震，该区强震活动间隔为 92～147a，周期大体上为 120a；又如，我国青藏高原东北隅的海原断裂带及其相邻地区(104°～107°E，35°～38°N)自公元 1000 年以来发生 7.0～7.9 级地震共 5 次(不含震级≥8.0 级的地震 1 次)，活动间隔为 61～211a，活动周期约为 140a，等等。

目前世界上被认为地震活动周期最明确的是美国圣安德烈斯断裂上的帕克菲尔德段，该段长 20～30km，在过去的 130a 中曾发生 6.0 级地震 6 次，平均每 22a 发生 1 次，活动周期为 22a。然而，最近发生的三次地震是 1922 年、1934 年与 1966 年，其中 1922 年、1934 年地震间隔为 12a，时间间隔偏差超过 50%；最后一次地震是 1966 年，按此活动周期应在 1988 年发生一次强震，但至今尚未发生，时间间隔偏差已超过 73%。

由上述实例可见，活动周期的概念不是严格的，只是用一定的数值表示了地震发生的可重复性。很显然，在同一个地区甚至在同一条断裂带上可以重复发生地震，只是彼此间的间隔时间不很精确。

那么，为什么一个地区，甚至在一条断裂带上可重复发生震级相近的地震呢？一般认为，对一个地区或一条断裂而言，在几十年至几百年的时间尺度上，地质构造条件和构造力作用的环境变化不大，因此地震是应力积累与释放过程的重复引起的，应力积累到该处可承受应力的程度(强度)即发生破裂(地震)并释放应力，然后再重复应力积累—应力释放过程。如图 3.10 所示，地震活动周期实际上是应力积累的时间。

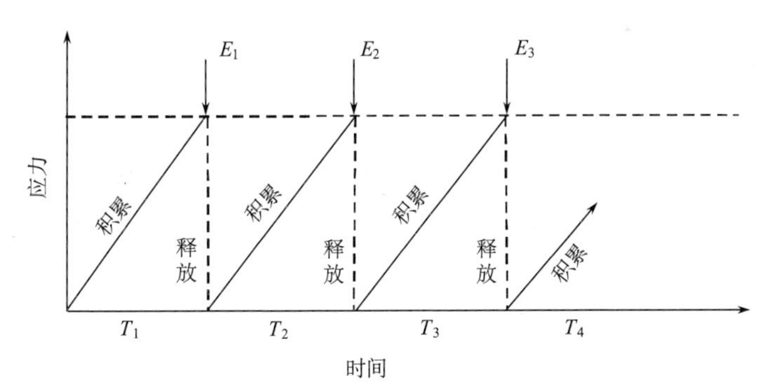

图 3.10　地震活动周期的应力积累—释放模型

T_1，T_2，T_3 表示活动周期

由于一次地震发生之后，未来震源体所在处的初始应力状态必然有所改变，甚至有时岩体结构也会发生一定变化，因此下一次地震发生的时间、强度等都有可能有所变化，不可能严格按如图 3.10 所示的模式发生。

上述观点是大多数已接受固体力学观点的学者单从岩体力学的角度认识的结果。如果把地壳中流体的影响考虑进去的话，对地震活动周期的认识可能更为合理。

2. 断裂带中多期流体活动(O'Hara，1994)

在地壳中，断裂带是地壳流体活动的主要场所，也是地震活动的主要部位。地壳流体赋存于断裂带中，便断裂带中两侧的岩体发生水-岩相互作用。

在漫长的地质历史过程中，断裂带内有流体活动过的证据是各种岩脉。在地壳深部高温环境下岩浆沿着断裂侵入并冷凝形成各种大小不同的岩脉。如图 3.11 所示，地壳的浅部也有中低温热液活动，形成了大小规模不等的石英脉、方解石脉等。这些现象表明断裂带具有多期流体活动特征。

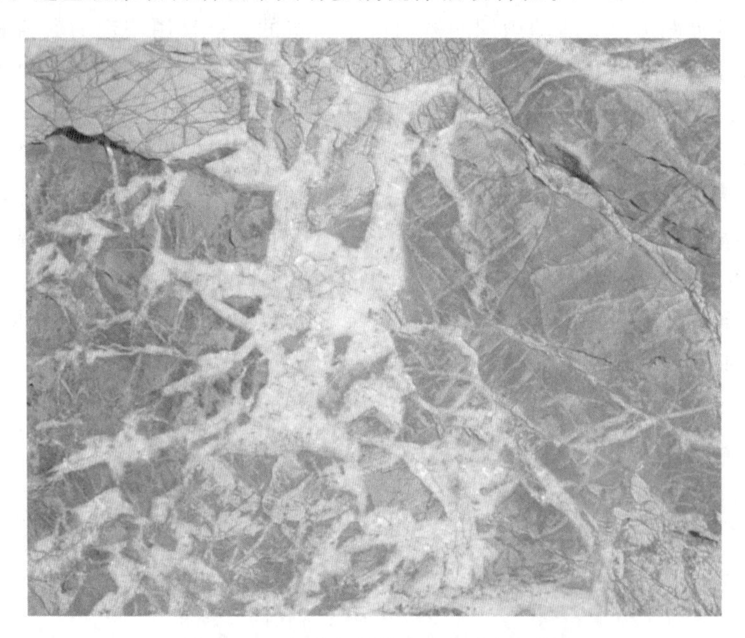

图 3.11　断层角砾岩中多期方解石脉

各个岩脉中均赋存流体包裹体，表明断层具有多期流体活动性质

作者于 2012 年在四川省汶川地震北东向断裂带 w-1 井的不同深度采集了不同石英脉的样品并对其中的流体包裹体进行了测试，计算出它们的捕获温度，有些岩脉产状接近，产出的部位相距不远，岩性一致，为乳白色石英脉或为方解石脉体，但形成的温度却不同，即使是同一条岩脉也是由不同时期不同温度下形成的不同的岩脉组合而成。这样的特征进一步说明了岩脉的形成常常是多期的。

岩脉间的错动、岩脉内不同组分的分层及同一组分形成温度的明显差异等，说明了地壳中流体活动是分期的，而且不同分期之间往往是突变的，其间存在着突发事件。这个突发事件可能就是地震，一次地震改变了早期流体活动产生的岩脉状态，引起新的流体活动并造成新的岩脉形成，导致了岩脉的多期性，由此引发了地震活动的周期性与流体活动关系研究的新问题。

3.4　地震断层阀效应及其流体包裹体验证

3.4.1　断层带中流体间歇性流动理论

Cox(1995)根据断裂带中普遍存在的流体活动的多期性特征，提出了地震活动周期性的断裂阀模式，把地震活动的周期性与断裂带中的流体活动联系起来。

许多学者在实践中逐步认识到断裂带中流体流动具有间歇性质，这里介绍以Hooper(1991)为代表的间歇性流动理论。他们研究认为，当断层活动时，其渗透率会增大，流体势会降低，沿断层向上的流体运移是可能发生的；当断层不活动时，渗透率要降低，流体的流动会受到限制。也就是说断层在不同时期具有不同的导流能力。当断层活动时，流体运移集中在断层上，在断层面和围岩之间会出现流体势梯度。如果断层面上的流量足够大，流体的运动会导致矿化作用、溶解、温度异常、盐度异常，而且还有可能导致油气的运移。在流体运动减弱以后，矿化作用、溶解和油气运移也将逐渐停止，热异常和盐度异常也将慢慢消失。在处于压实阶段的盆地中，流体的周期性流动还可以导致流体流动方向的周期性变化。在低渗透率期，以横穿断层的横向流动为主；而在断层活动期，流体既可以横穿断层横向流动，又可以沿断层面向上近垂向的流动。

断层既可能是流体运移通道又可能是流体运移障碍的矛盾体，这些矛盾体证明沿生长断层向上的流动是间歇性的。这就是地震泵吸作用或断层阀效应。

根据地震泵吸作用原理(Sibson，1983；Hooper，1991)，地震剪切破裂发生之前，沿断层带即发生区域构造剪应力(τ)积累，使得垂直于最小主应力(σ_3)方向的张裂隙和破裂面张开而发生体积膨胀，此即岩石变形的扩容阶段。这些裂隙空间的发育造成膨胀带内流体压力降低，导致流体从周围地层向断裂带(膨胀带)内缓慢流动。在膨胀刚开始时，流体压力降低造成沿断层剪切的摩擦阻力升高。随着流体运移充填入裂隙当中，流体压力再次上升，流体势增大，摩擦阻力随之下降。当剪切应力升高到等于摩擦阻力时，地震破裂最终发生，从而使剪切应力部分得到快速释放，造成膨胀带内的张裂隙松弛，其中包含的流体必然快速沿着最容易降低压力的方向排出。换言之，当应力释放时，岩石将重新被压实到膨胀前的状态。这种结果通常发生在平移断层和正断层情况下，因为这些情况下，σ_3 呈水平方向，张裂隙有可能处于垂直面上。逆断层中的流体行为有所不同。

在挤压或转换挤压断裂系统中，断层阀活动是十分普遍的。陡立逆断层特别可能产生有效的断层阀活动，因为它们的再活动发育不一致破裂，并且只有当达到超静岩流体压力时，摩擦剪切破裂才会发生。在这种条件下，破裂之前，由于液压破裂作用使得断层附近发育大量近水平的伸展破裂，形成静岩压力储层。当地震破裂作用发生时，流体从超压储层向上排出，随之流体压力迅速降低到静水压力状态。流体释放可能伴随着相分离、矿物快速沉淀和热液自封堵作用。然后，流体压力重新向临界值方向递增，直到激发下一次地震断层滑动，进而重复发生，构成旋回。随着流体压力在震前静岩压力和震后静水压力之间的交替变化，大量流体呈幕式排出。

一个正断层在地下深处力学性质的变化如图 3.12 所示。

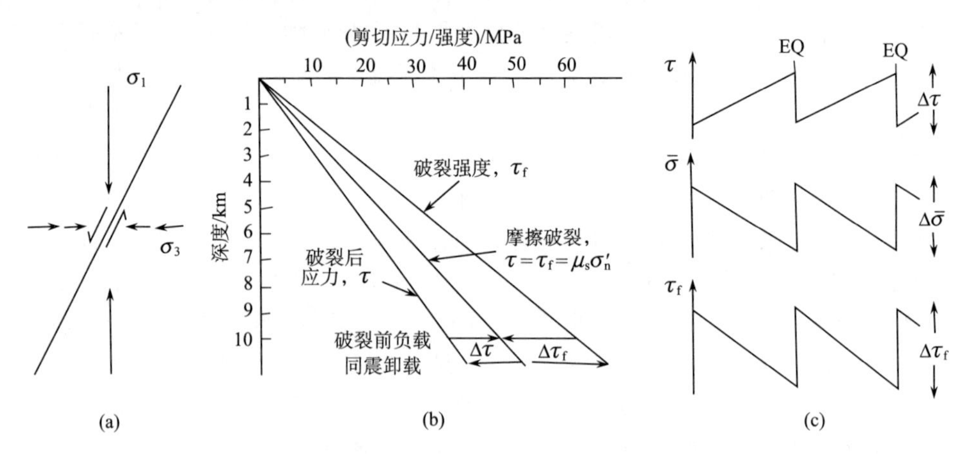

图 3.12 一个最佳倾向的正断层在静水流体压力下的负载—衰弱特征

(a)破裂前和破裂后应力状态；(b)在一种同震剪应力下降后破裂时和破裂后的剪应力和强度 $\Delta\tau=$ 10MPa，10km 深度；(c)平均应力的耦合循环，$\bar{\sigma}$ 为断层摩擦强度，τ_f 为在断层上具有的剪应力(流体压力和 σ_1 假设全为常数)。σ. 剪应力；EQ. 地震滑移增大

图 3.12 为正断层中流体动力耦合作用相应于地震剪切应力周期循环示意图。

Knipe(1993)将断层带内渗透率的演化概括为 3 个阶段：①在地震发生之前，应力集中导致微破裂形成膨胀，增大了断层带渗透率，流体进入断层带；②地震发生时，应力释放造成震前膨胀崩溃，使得断层带内流体排出；③地震发生之后，运移流体促使矿物沉淀，造成断层带渗透率降低。

应当指出的是，在渗透性岩石中，孔隙压力因膨胀崩溃仅发生瞬间增大，因为压力增大了的流体将沿渗透性最好的路径发生快速流动。但对于渗透性较差的岩石，流体在断层带的流动是比较缓慢的，而且流体势的增加将会在岩石中维持较长的时间。当岩石具有足够低的渗透率时，流体势的增大维持在地震事件之前

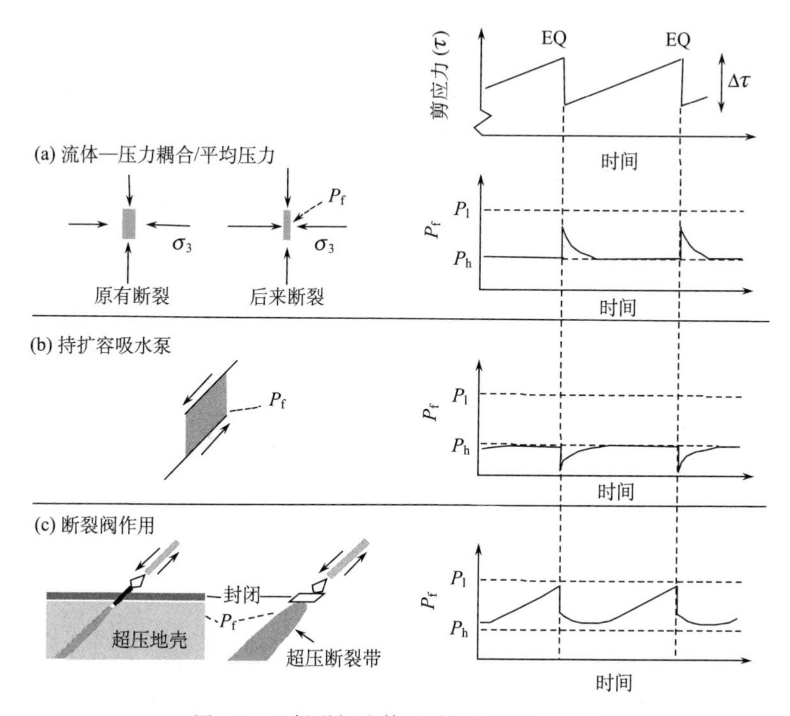

图 3.13 断裂阀流体活动(Sibson，2000)

EQ. 地震滑动增大；P_h. 静水压；P_f. 流体压力；P_l. 静压流体压力。(a)由于断裂封闭，流体压力升高，连锁断裂中水平和平均应力增加；(b)在断裂缓慢膨胀过程中流体压力局部同震减少；(c)在封闭地层下由阶段性和局部性超压而产生的断裂阀作用

(Sibson，1983)，当流体势大于最小主应力时，将造成岩石发生张性破裂，从而使流体快速沿张开的裂缝发生流动，进而造成流体势减小，使应力回到压性状态。通过这种作用，大量的流体可在短时间内由低渗透率系统排出(Hooper，1991)。

在断层活动初期，其渗透率增大，流体势减小，流体由断层两侧向断层带汇聚，造成断层带的流体势增大，然后随着断裂活动加剧，流体便快速沿断层发生向上运移；而在断层活动结束后，渗透率降低，流体流动减慢乃至停滞。因此，流体沿断层的运移是幕式的。一个断层在不同的时期，可以既是流体运移的有利通道，又是流体运移的屏障(Hooper，1991)。

综上所述，流体幕式活动常常伴随区域性构造运动而发生，反映构造运动对流体活动具有重要的控制作用。

3.4.2 间歇性脉的形成模式

断裂带脉的形成是流体活动的主要产物，断裂脉体及其流体包裹体中都存在多期流体作用和活动的痕迹。断裂带脉的充填提供了与地震同期发生的大型流体循环和再分配的证据。断裂带脉的充填一般包含两种类型，即断裂充填脉和边缘伸展脉。脉的动态、分布和内部结构与剪切应力的变化、流体压力和近地表主应力方向有关。脉的开启受反复的流体波动及与其相伴生的由变形所导致的断裂带周期性渗透率变化所控制。间歇性脉的形成与地震旋回相关，即所谓的断裂阀模式（fault valve model）。Robert 等（1995）更详细地将这一模式划分为 4 个阶段：地震前阶段、地震破裂阶段、紧邻破裂后阶段和断裂封闭阶段（图 3.14）。

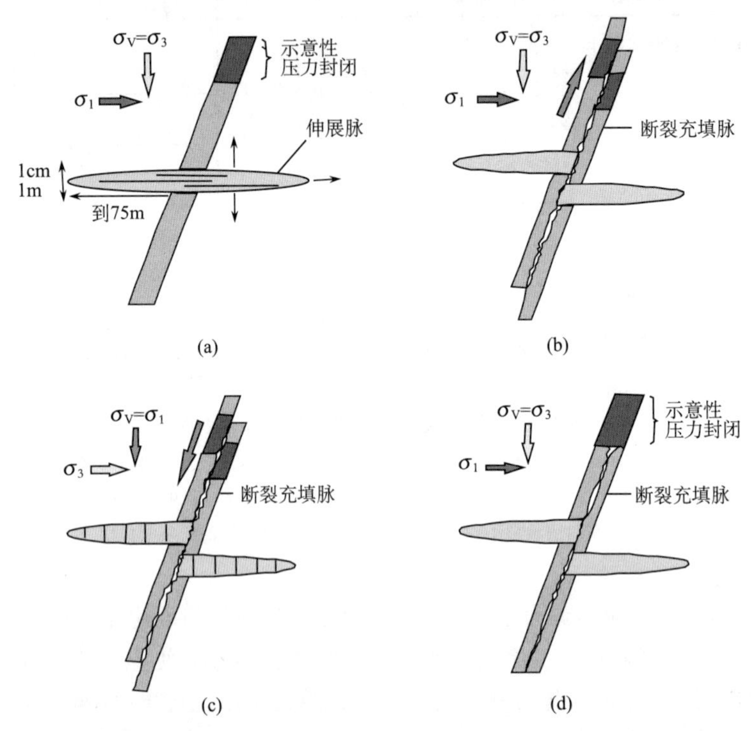

图 3.14 地震应力旋回中断裂脉的形成和演化模式（据 Robert 等，1995）

σ_v 为铅垂方向的应力。(a)地震前阶段($P_f \geqslant P_l$)；(b)地震破裂阶段(P_f 和 τ 降低)；(c)紧邻破裂后阶段(应力反转)；(d)断裂封闭阶段(P_f 和 τ 恢复)

（1）地震前阶段：以剪切应力的增加为特征，σ_1 为水平方向剪切应力，σ_3 为垂直方向剪切应力。水平挤压必然导致断裂脉和剪切带的无震变形，并导致各向同性的岩石中近水平伸展脉的形成。断裂带中封闭部分的存在将阻止这些流体域的增大，并可能导致流体沿断裂两侧的近水平应力破裂扩散或贮存。在断裂充填脉中可见柱状构造的塑性变形和再结晶石英，有时可见指示反转运动的水热生成的平滑纤维构造，在伸展脉中可见裂隙封闭构造、近水平流体包裹体面（封闭裂缝)、垂直电气石纤维和裂缝充填构造。

(2) 地震破裂阶段：地震破裂的结果是压力封闭体的裂开和流体压力的下降，并推动超压流体沿断裂向上运移，同时在扩容铰合点产生断裂角砾。此外，流体压力下降的另一原因是原有水-二氧化碳-盐流体与富水和二氧化碳流体在不同部位和微裂隙中的分离。破裂加强断裂脉中塑性变形岩石矿物的再结晶。

(3) 紧邻破裂后阶段：该阶段以局部的垂向和水平主应力轴的反转为特征，如伸展脉中垂向缩短，扭转的垂直电气石纤维，垂直微裂隙，以及水平的石香肠构造。这种瞬时应力反转发生于断裂作用之后，沿有些断裂脉所形成的光滑纤维也可能是反转期的产物。

(4) 断裂封闭阶段：在局部瞬时应力反转之后，水平方向远场主应力 σ_1 将再作用于断裂，断裂后流体压力的下降和更深源流体的上升将有助于石英沉淀，同样，由于流体压力下降而不能混合的流体将有助于碳酸盐沉淀。这些矿物沉淀将导致断裂带渗透率降低和断裂带封闭，从而进一步促进重结晶过程。随着断裂封闭，内部流体压力重新增大并重复上述旋回。

根据上述模式，断裂脉的成分及其纹层的变化记录断裂带流体活动旋回。在断裂脉中每一个石英纹层都可能是一个断裂活动事件或地震活动旋回的产物，在断裂脉中常可识别出 $n\times10$(20～100)个纹层，这就提供了最少的断裂活动事件或地震旋回次数，这是因为如果不以含电气石面作为分界，单个石英纹层是很难识别的。此外，并不是每一次断裂作用事件都可能伴有石英和碳酸盐的溶解和沉淀。

3.4.3　断裂阀动力模型

断裂带流体压力的间歇性变化与断裂破裂过程是相互联系和制约的，这种耦合机制可概括为断裂阀模型(Kerrich and La Tour，1984；Cox et al.，1991)。

断裂带幕式剪切破裂和水热封闭导致活动断裂带流体压力的周期性变化，流体压力和剪切压力的耦合变化影响断裂剪切强度的变化，也控制断裂作用或地震再发生和停止的时间。

断裂充填脉重复开启和封闭表明流体压力在断裂期间是变化的，而流体压力演化受控于地震旋回中孔隙的形成和破坏过程，在幕式走滑事件期间碎裂变形导致渗透性增强。

Horath(1989)报道了变形导致微裂缝渗透率增加2～3个数量级，对由剪切破裂产生的大裂缝也有同样大的影响。在孔隙度降低过程中渗透率的演化可划分为两个阶段。在高孔隙度降低过程中渗透率演化受孔隙收缩的控制，渗透率(κ)减少与孔隙度(ϕ)具有如下关系：$\kappa\propto\phi^n$，此时 n 接近3，这代表断裂破裂后的瞬时情形。在低孔隙度(一般小于5%～7%)期间，压实或封闭使孔隙连通性变差，并导致渗透率与孔隙度降低的比率远大于高孔隙度期。当断裂带受到进一步压实，封闭作用破坏孔隙连通性，渗透作用停止。

Cox(1995)详细研究 Wattle Gully 断裂带流体状态的成果表明：相对于较稳定流体供给速率来说，破裂后渗透率缓慢减少将导致流体压力的逐渐增加(图 3.15)，当流体流动受孔隙连通性变差的影响时，流体压力将迅速增大，但最大流体压力受毗邻断裂带的伸展水力破裂开启的限制。扩容作用以及伴生的断裂渗透率的增强和断裂封闭的重新开启将导致破裂期流体压力的突然下降。图 3.15 说明了在断裂阀模型中渗透率、流体压力及剪切强度随时间的变化规律，这种耦合变化指示断裂带渗透率和流体压力的幕式变化影响断裂作用和地震活动的发生、发展和停止。

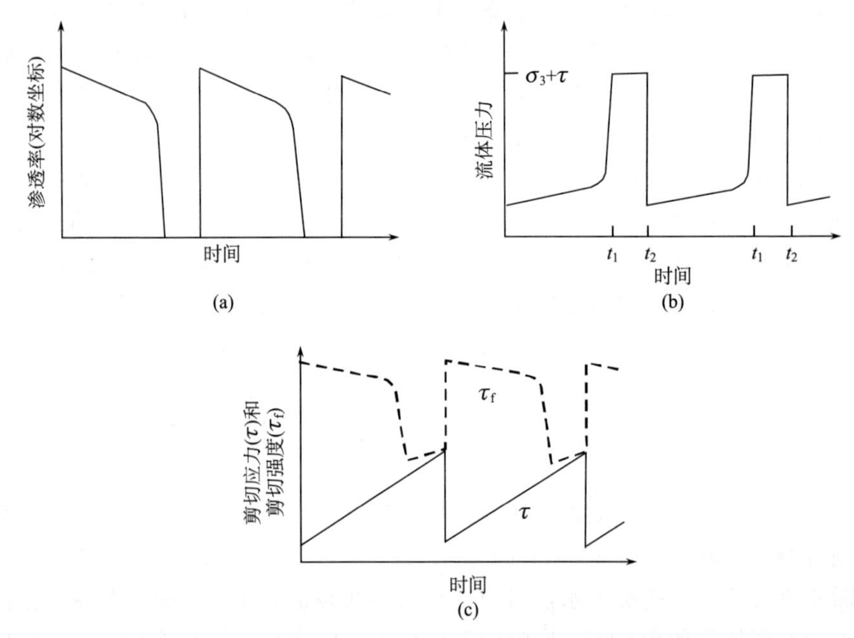

图 3.15 断裂阀模式中渗透率、流体压力和剪切强度随时间的变化示意图(据 Cox，1995)
(a)渗透率(对数坐标)；(b)流体压力；(c)剪切应力(τ)和剪切强度(τ_f)

断裂带充填脉和伸展脉的展布同样也反映断裂作用期间的瞬时应力状态。不规则方向脉的形成指示瞬时近均衡应力状态，这些脉的有限分布是局部应力调整再分配的结果。在滑动期间应力状态的动态变化可能与不规则断裂方向有关。在铰合点的陡倾斜的伸展脉表明近场应力足够瞬时改变远场最小和最大主应力方向。这样异常的近场应力状态可能是由断裂末段或相互作用的滑动面的静态或动态变化所致，这些陡倾斜脉的形态指示滑动事件之后铰合点的局部应力方向或不平整断裂面滑动方向。数值模拟研究表明，在相互作用裂缝附近静态应力反转的可能性较小(小于 15°)，除非远场应力差极小。Boullier 和 Robert(1992)证实这种现象也见于具有高流体压力的断裂系统。Zoback 和 Beroza(1993)认为这一事件发生于接近于静岩流体压力系统中。因此，断裂带脉的充填及其演化指示断裂带流变学作用过程，同时也指示了断裂带压力的演化过程。

3.4.4 断层带中流体间歇性流动的力学机制

断层幕式活动期间的地震泵效应使流体被间歇地抽到浅部的地层当中，这是流体沿断层运移的最主要方式(Hooper，1980)。在断层活动时，导致其渗透率提高的原因可能有 3 个：①扩容作用；②断层带地层的重新破碎；③地震抽吸(Sibson，1992；Sibson et al.，1975)。

扩容使渗透率增大的原因是应力在接近屈服点时大量的微破裂平行或近似平行于断层面的缘故。如果流体梯度方向也与断层面平行，那么流体流动的优势方向也将与断面平行。由于断层面附近的差应力值最大，所以扩容也将在断层面附近产生。Sibson(1981)指出在离断层面 100m 的地方扩容仍很明显，但一般来说扩容带的宽度是有变化的，它主要取决于断层带的规模。如果扩容带宽度比较大(>200m)，那么即使渗透率只增加一点点，也会使断层成为主要的流体运移通道。

原来被基质充填的断层带地层的重新破碎，会使裂纹再次连通，也会提高断层的渗透性。断层的重新活动会使其成为连续的流体运移通道。在实现这一过程时，断层附近的岩石必须是中等固结至完全固结的，因为在软弱岩石中裂隙不可能保持张开状态，其渗透率也不会提高。

地震抽吸，也称扩容崩溃，可以提高断层带中的流体势，因而也可以提高断层的渗透率。Scholz(1974)首先提出了这一观点，他发现在地震之后断层带附近的地面发生沉降，并将其解释为断层运动解除了断层带及其附近的差应力并进而导致因扩容而增加的孔隙度的消失所造成的。由于在扩容消失之前，因扩容而增加的孔隙中是充满了水的，所以在扩容之后会导致大量的水从断层带溢出。换言之，在应力解除以后，岩石会回到扩容之前的状态，导致流体大量流出。Sibson(1983)指出，在这一过程中流体一般是沿断层带向上运移的。地震之后在断层附近出现的一些热泉可以说明这一观点。

在渗透性比较好的岩石中，扩容崩溃时流体会很快排出，所以孔隙压力的增加只是暂时的。但在渗透率较差的岩石中，沿断层的流体运移地较慢，所以孔隙压力的增加可以保持比较长的时间。如果岩石的渗透率足够小，所增加的孔隙压力可以一直保持到断层下次活动之前。当孔隙压力大于最小主应力时，就会产生张性破裂，流体就会沿这些张性破裂很快排出，从而使孔隙压力降低，岩石又恢复到压性状态。按照这一说法，流体是可以在短时间内从低渗透率的岩石中排出的。Sibson(1983)将这一理论应用到了所有断层中，并且指出断层面上的矿化作用一般都是由这种短期流动所造成的。

有一些证据可以说明 Sibson(1983)的假说。第一，在已开挖的倾斜压性断层面附近发现了平行最大主应力轴方向的张性破裂，张性破裂与断层面的夹角近30°，这种张性破裂与压性破裂(剪切破裂)是同期的。第二，离断层面越远张性破裂越少。由于断层面上差应力的释放最大，所以张性破裂作用是差应力释放水平决定的。第三，有证据表明断层带附近张性破裂的张开与闭合是具有重复性的。在 Ramsay 给出的例子中，一个宽度为 7.5mm 的矿化裂隙曾经历了 500 次的增长，每次增长都可能是断层活动引起的短时期流体活动所造成的。

上面的证据表明，差应力释放使得孔隙压力升高并超过了上覆压力，从而导致了压性断层附近张性破裂的张开。而一旦张性破裂张开，流体就快速运移，孔隙压力迅速降低。所以，流体运移的增强是断层运动引起的并且与断层运动是同时的。

地震抽吸理论产生于中等地温区。在这些地区，孔隙压力常受到外部热源的影响，孔隙压力与上覆压力近似相等。在这种情况下，由于扩容裂隙闭合而产生的孔隙压力的任何增大都会导致岩石屈服。从另一方面讲，在处于压实过程的沉积盆地中，由于温度和压力都比较低，孔隙压力一般都不会大于上覆压力。在墨西哥湾盆地，由地震抽吸所产生的张性破裂不如在深部、较热的区域中更为普遍。但是，由于对生长断层带附近的破裂没有进行过详细研究，所以这一理论还有待进一步验证。由于扩容崩溃会提高流体势，所以即使扩容崩溃在生长断层带附近不产生新的张性破裂，流体流量也会因扩容崩溃而增大。该理论还指出，屈服越频繁，压力势就越高。因此，流体势和流动速率是与断层运动速率有关的。

一些学者指出生长断层的运动可以是快速的也可以是较慢的，这与其沉积速率是对应的。因此，当沉积速率比较高时，流体运移的速率也将比较高。对于大断层，流体运移将集中在其活动段中。

热异常和流体势“低位”证据都表明，当断层活动很强烈时，断层将是重要的流体运移通道。因此，生长断层对盆地压实过程中同生水的排出具有重要作用。但是，生长断层作为油气运移通道的重要性仍是一个非常复杂的问题。

许多证据表明生长断层中流体的运移是周期性的。用扩容和扩容崩溃可以解释周期性运移。虽然在生长断层中没有找到扩容和扩容崩溃的证据，但是可以证明这种作用在地壳深处的正断层上是存在的，而且在加利福尼亚州的断层中已观测到。

3.4.5　断层幕式活动期和间歇期的流体运移特征

由于断层的周期性幕式活动，导致沿断层带流体运移也具有周期性幕式运动的特点。断层的一次周期性幕式活动分为活动期和间歇期 2 个阶段。在活动期和间歇期流体具有不同的运移动力，从而表现出不同的运移特征。根据流体运移特征，又可将断层带活动间歇期分为紧邻断层活动后阶段和断层封闭阶段。

1）活动期流体运移特征

断层幕式活动期流体运移的动力主要有 2 种：一种是地震泵作用；另一种是超压作用。超压作用运移的动力较大。地震泵作用在我国不少油气盆地常常见到。超压作用为断层流体幕式运移的另外一种动力。在生长断层下降盘由于各种作用，往往形成异常高压带，当异常高压带的孔隙压力达到断层带内已固结破碎岩石的破裂压力时，断层带内的裂缝重新开启，大量超压流体进入裂缝，极大地提高了断层带的渗透性，并减小了断层滑动所需的剪切应力，可能造成断层的活动；流体进入断层带后，在异常高压和浮力作用下向浅部地层运移，遇到合适的储层则使流体排出；流体排出后，断层带附近流体势"降落"、压力释放，同时断层带内裂缝逐渐闭合、流体压力降低，断层带重新作为异常压力带的侧向封闭层，异常高压带内孔隙流体压力继续缓慢增加，等待下一次释放。

断层幕式活动期，深部超压流体以在断层带(典型的断层破碎带由断层角砾岩、断层碎屑岩和断层破碎带组成)内的垂向运移和进入储层后的侧向运移为主，流体运移的相态为混合相态。在断层角砾岩不连续处，断层带内流动的部分超压流体会在浮力和流体压力共同作用下穿过断层带进入断层上盘。当断层带内的流体进入储层后，断层带内流体压力下降，渗透率也随之降低，可以有效地阻止进入储层的流体流回断层带，此时断层带起到单向阀的作用。

2）流体间歇运移特征

根据流体运移特征，又可将断层幕式活动间歇期分为紧邻断层活动后阶段和断层封闭阶段。在紧邻断层活动后阶段，断层带与两侧岩层之间处于一种短暂的压力不平衡时期，流体运移的主要动力为流体幕式活动后的剩余压力和浮力，且断层带渗透率虽然大大减小，但仍有一定的渗透性，所以该阶段仍有流体活动。断层封闭阶段则处于系统稳定的时期，断层带本身或者断层带两侧围岩对置关系对流体形成封闭，流体难以突破断层带的排驱压力，故极少通过断层带运移至浅层。在断层幕式活动间歇期，流体运移的动力远小于断层幕式活动期流体的运移动力。

断层幕式活动间歇期断层带与两侧岩层的压力平衡由于断层活动的停止而被打破，从而引起断层带及两侧岩层之间流体的再分配(运移)。在此过程中，流体的运移以在砂层内及穿过断层的侧向运移为主，运移动力为浮力和断层两侧砂层的排驱压力差，流体则以连续游离相为主。此时，断层角砾岩成为流体在断层带内侧向运移的障碍，由断层一侧储层排入断层带的流体只有在角砾岩不连续处才能横穿断层带进入另一侧地层，且多为断层下盘流体进入断层上盘。这种流体穿过断层带的侧向运移会一直持续到断层带与两侧砂层所构成的输导系统达到压力平衡为止，它影响着断层带流体的再分配。除此以外，当断层带两侧岩层内的流体聚集达到连续相时，则可能突破断层带毛管排驱压力进入断层带。由于断层带具有一定的渗透率，连续流体柱高度所形成的浮力以及由于断层上、下方超压不同所造成的势差在一定条件下可以克服断层中的毛细管阻力向上缓慢运移。与断层幕式活动期流体运移相比，此时的流体运移以连续游离相为主，但以这种方式运移的流体量往往较少。断层完全封闭后，流体运移则不再发生。

3.4.6 断裂阀模型的流体包裹体证据

断裂阀模型从充填脉体中捕获的流体包裹体可以得到验证，如图 3.16 所示。

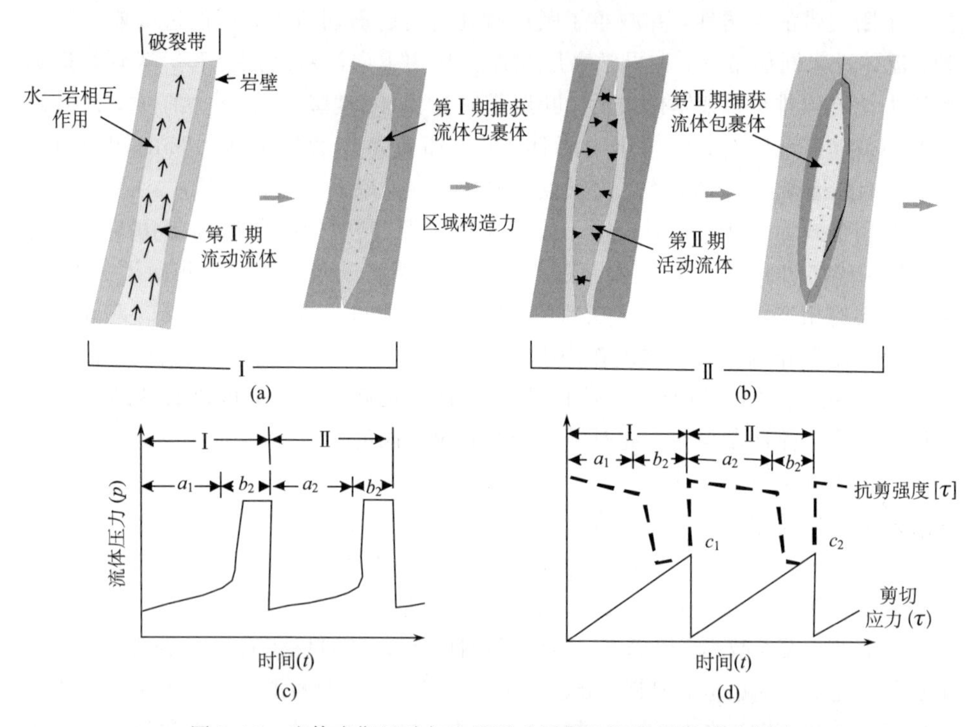

图 3.16 流体多期活动与地震活动周期性断裂阀模型示意图

（据车用太和鱼金子，2006 修改）

(a)为第Ⅰ次地震活动，开始破裂带中有流体活动，发生水—岩相互作用，为开放系统(左图)，后来破裂带封闭，捕获了第Ⅰ期流体包裹体(右图)；(b)为第Ⅱ次地震活动，破裂带又一次开放，有流体渗入，发生水—岩相互作用(左图)后来破裂带再次封闭，捕获了第Ⅱ期流体包裹体(右图)；(c)Ⅰ、Ⅱ两期地震活动时，不同时间(t)(横坐标)的流体压力(p)的变化(纵坐标)曲线；(d)Ⅰ、Ⅱ两期地震活动时，不同时间(t)(横坐标)的抗剪强度(τ)变化(纵坐标)曲线(虚线)，以及不同时间(t)(横坐标)的剪切应力(τ)变化曲线(实线)

当一条断裂中有流体(主要是水溶液)活动时，由于水—岩相互作用，断裂带的缝隙将逐渐愈合，与此相应地其渗透率逐渐变低，最终断裂带将由对流体的开放系统变成封闭系统，有第Ⅰ期流体包裹体捕获如图 3.16(a)所示；此时断裂带的渗透率(κ)变为0，而孔隙压力(p)升高，如图3.16(c)所示；一旦断裂带变成封闭系统之后，区域的构造力作用将导致断裂带内的应力积累，而应力积累的过程将使剪切应力(τ)和孔隙压力(p)同步升高，前者增加了错动断裂带所需的剪切力，而后者则减弱了断裂带的抗剪强度([τ])，随着时间的推移，若区域构造力作用不断增强，那么断裂带上的剪切应力将不断增加而抗剪强度则不断减弱，终究要导致剪切应力等于抗剪强度[图3.16(d)中c_1点上]时，促使断裂发生错动，即发生一次地震事件。

一次地震发生之后，断裂又变成开放系统，如图3.16(b)所示，又有新的流体活动，接着是水-岩相互作用—断裂封闭与渗透率(κ)变为0，第Ⅱ期流体包裹体捕获；由于脉体封闭，随着孔隙压力增加及剪切力增强与抗剪强度减弱至两种力相等而断裂错动[图3.16(d)中的c_2点]，第二次地震发生。如此不断循环，形成了周期性地震活动。

许多矿脉研究能够表明流体在断裂中活动的特征，如某金矿脉发育4个流体活动阶段，矿脉的形成如图3.17所示。

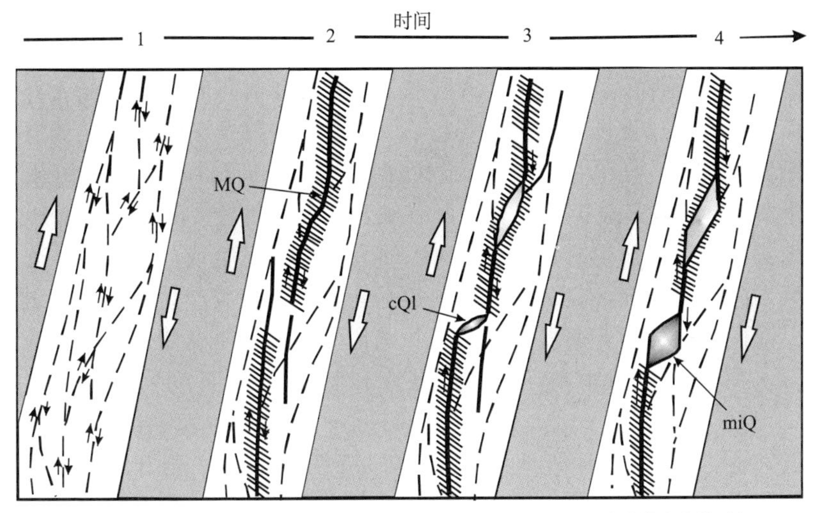

图3.17　某金矿脉流体侵位动力学(Robert et al.，1995)

1. 显微裂隙网络发育和热液蚀变晕叠加；2. 形成硅质交代(MQ)带；3. 早期破裂阶段，具有缓慢结晶作用梳状石英(cQl)；4. 同生破裂阶段，具有含金的黄铁矿并带有显微结晶石英(miQ)沉积

如果上述断裂阀模型成立的话，那么我们就有可能利用断裂带内充填岩脉的研究推测地质历史时期的化石地震活动。因为每一次地震的孕育与发生过程都与流体活动有关，而每一次活动的流体组分、环境条件等则不尽相同，而且流体由

封闭状态进入开放状态之后，其组分和环境条件必然发生重大变化，结果自然会反映在充填岩脉的特征上，如形成的纹层等。反过来则可从充填岩脉的纹理、组成、结构等的变化中恢复地质历史时期的地震活动频次、周期等。如果一个地区发育有多组岩脉，并查清了每组岩脉形成的年代及每组岩脉所记录的地质事件，那么上述设想是可能实现的。

到了实现这一设想的时候了，人类不仅可用仪器测定现今的地震活动，由文献分析有史以来的地震活动，由第四系扰动行迹研究古地震活动，而且还可以由岩脉充填物的分层和分期研究地质历史时期流体包裹体记录到的地震活动，我们对地震活动历史的认识将得到极大的拓宽。因为用仪器观测地震的历史只有100多年，有地震文献记录的时段也不过4000年，第四纪地质时期也只有百万年，而地质历史上留下的流体活动痕迹——流体包裹体却有数亿至数十亿年的时间。

1. 孕震前后断裂中岩体裂隙的演变及其地下流体的活动证据

对流体地震前兆进行系统的研究在不久之前，即20世纪60年代末期开始的。苏联地震学家最先指出了利用流体地震前兆的可能性。

地震孕育中震源附近活动断层岩体的裂隙演变是所有主要的现代地震模式的核心问题。国内外许多学者把它作为寻找、解释地震前兆的一把钥匙。

米亚奇金等通过现场与实验室观测，认为震前裂隙发育的数量与规模可比岩体原有裂隙增加10^2～10^4倍。可以设想在地震前裂隙不断发育、孔隙压力不断下降，许多地下水被日益扩大的裂隙所容纳，而流入断裂带的部分相对减少。临震前裂隙集中到主破裂带附近，其他地区的裂隙停止发育或局部闭合，造成孔隙压力持续下降后的回升(临震回跳)。地震后，除了由地震产生的宏观裂缝外，震前由于经受巨大应力而普遍发育的微裂隙随应力释放而迅速闭合，把水从无数个储存地下水的微小裂隙中挤了出来，使水以极快的速度、巨大的压力涌向断裂带。

因此，地震前后震中附近地下水的下降—回跳—发震—剧升的变化实质上反映了震中附近地震前后含水岩体微裂隙演变的4个阶段，即微裂隙发育—调整—破裂(地震)—闭合。我们根据这种情况，绘制出裂隙流变示意图(图3.18)。

活断层中地震的孕育，是一个以构造破裂结束并伴随地震的长期过程。构造物理学研究构造形变的发展条件，这是一门新学科。苏联构造物理学的创始人格佐夫斯基于1960年划分了构造破裂形成的4个阶段，如图3.18所示。

(A) 大量互不相通的裂缝的形成和发展，伴随着微震。

(B) 裂隙间联结地段雪崩状破裂，并合并成总破裂。这时如果形成大破裂就是一次强震。

(C) 应力在已形成的破裂端部集中，因此使破裂扩展，并出现次生地震。

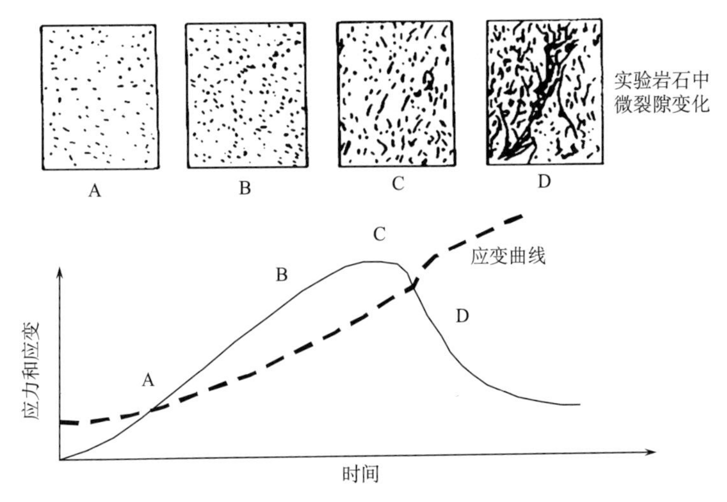

图 3.18　地震前后地下水活动及岩体裂隙演变示意图

实线为应力；虚线为应变；A、B、C、D 对应 4 个裂隙破裂阶级

（D）破裂两侧继续错动，出现微裂隙和微震，破裂被新生矿物弥合。

因此，地壳发展的连续性得以恢复。如果某一地区的构造应力重新增长到一定程度，循环又重新开始（Hutchinson et al.，1980）。

在岩石力学实验中，前兆微裂缝在岩石出现宏观剪破裂之前特别明显。当开始施以低的加压载荷时，材料中先期存在的微裂缝开始闭合，随着载荷的增大新的微裂缝开始形成。这些微裂缝趋于遍布整个岩石样品并通常是张性微裂缝（Ⅰ型），它们的统计方向平行于最大载荷或局部最大应力。随载荷的进一步增大，微裂缝密度增大并沿一个与最大载荷呈一定角度的带集中，最终导致宏观剪裂缝的形成。随载荷向岩石样品破裂点的增加，该带中的微裂缝或微裂缝开始扩展和连接并由此发生岩石样品的突发性剪破裂。

所得出的结论是，材料强度沿最终剪破裂轨迹降低的原因必然是在一个局限的带内出现了密集的破裂晕。尽管这一点在可控制的实验室实验中得到了充分的证实，但不少研究者认为，微裂缝晕并不经常围绕孔隙性岩石中明确的天然剪裂缝出现。

前兆微裂缝带在现代岩石力学文献中是一个重要的概念，它将扩展型式和先期存在的格里菲斯裂纹的概念与岩石中宏观裂缝的观察联系起来。

拉茨等进一步研究了破裂形成的阶段，并对裂缝网进行了统计研究。近年来，对地震预报方法的探索，加强了对地震孕育过程的研究。显然，了解地震是怎样孕育的，有助于确定震前标志，从而可找寻预报地震的途径。另一方面，在各地区发现的地震前兆又可用来探索地震孕育的阶段性。对地震孕育过程已提出多种假说，在这些假说的基础上，可进行孕震模式的研究。

2. 孕震前后断裂脉体内流体包裹体迹面的发育及其地下流体的活动证据

在一些强震临震阶段，震源体由于应力高度集中将产生微裂隙，并不断发展扩大而形成的减压环境为其附近的深层地下过热水的爆炸、上涌创造了基本条件；新裂隙的形成和原有断裂及破碎带的存在为过热水的上涌提供了通道，使过热水在局部地带溢出地表成为可能；由于过热水本身蕴藏了巨大的能量，它的上涌必然产生巨大的冲击力，不仅可能成为地震发动的力源之一，而且给地壳表层物质造成各种影响，从而形成一系列前兆现象。

在地震中岩石在近地表脆性变形时，除了产生主断裂面外，还派生许多宏观上的小断层和不同性质的裂隙，在显微尺度下还有大量变形结构和显微裂隙生成，随后被地下流体充填而封闭，形成流体包裹体迹面(fluid inclusion plane，FIP)，这是构造地震过程中的流体渗透迁移到变形结构和显微裂隙中，因其愈合、封闭而形成的流体活动轨迹。一般认为，FIP 发育于那些伴随构造作用应力发生破裂、并且易于愈合捕获并保存流体的矿物(如石英等)中，这种 FIP 的发育与矿物结晶学性质无关(Lespinasse et al.，1986，1995)，因此能很好地应用于构造应力的定性分析和定量推算(Olson and Pollard，1991；Lespinasse，1999)。

大多数在断层附近形成的裂隙都是与断层平行的剪裂隙，与断层共轭的剪裂隙或等分这两个剪切方向的锐夹角的张裂隙(断层滑动带很复杂，具有其本身的内部变形形态)。

从图 3.19 可以看出，随着时间递增，变形强度、水溶液流量和显微裂隙 FIP 有如下变化。

地震前上次地震破坏产生的张裂隙如图 3.19(a)所示。

第Ⅰ阶段：构造应力开始，变形强度和水溶液流量变化较小，很少出现微裂隙。

第Ⅱ阶段：在不断增长的构造应力作用下，岩石开始均匀出现短细的微裂隙，长度不断增大，密度不断增高。

第Ⅲ阶段：变形强度明显增大，水溶液流量变小，显微裂隙由于连接带的破坏形成大的破裂。

第Ⅳ阶段[图 3.19(b)]：岩石破裂，水溶液流量明显增大，裂隙的规模和它们的临界密度之间存在依赖关系，即达到临界密度就出现裂隙的雪崩式相互连接和合并。为达到裂隙发展的这个阶段，裂隙越大，需要的裂隙数量越少。由于裂隙合并连通而形成为“X”型显微裂隙。水溶液贯入“X”型显微裂隙中，使微裂隙愈合封闭，形成 FIP。

断裂中岩石裂隙的形成状态不但与形成阶段有关，也与它们的深度有关，不同深度，产生的裂隙形态、大小、数量和裂隙网组合不同，如图 3.20 所示。

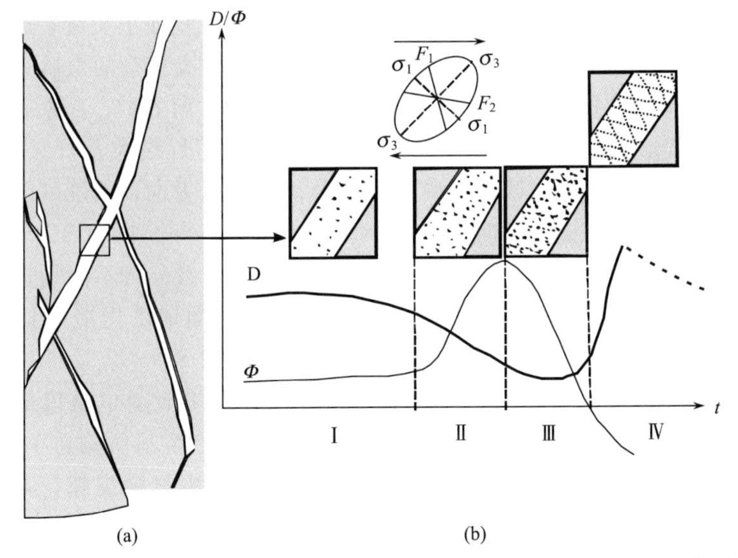

图 3.19　孕震前后变形强度、水溶液流量及脉体中显微裂隙演变示意图

Ⅰ、Ⅱ、Ⅲ. 孕震前后裂隙形成的三阶段；t. 时间；D. 变形强度(粗实线)，粗虚线为推测值；Φ. 水溶液流量(细实线)；方框. 愈合的脉体中显微裂隙演变，其中箭头表示应力作用方向；F_1、F_2. 共轭的 FIP；σ_1. 最大主应力；σ_3. 最小主应力

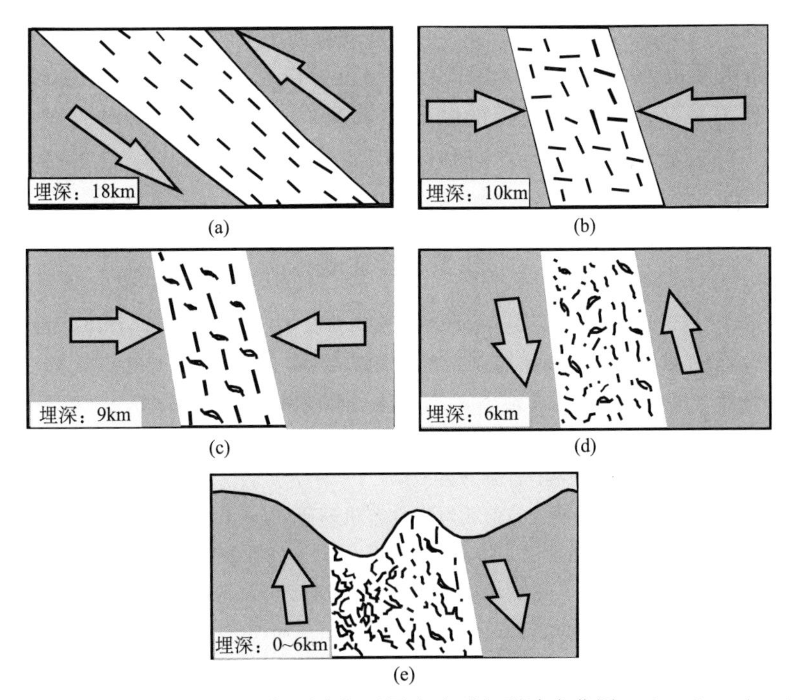

图 3.20　某断裂构造模式从深部到浅部不同应力引起裂隙变化图(Schmid et al.，1996)

(a)～(e)表示相应的变形阶段和深度

在地震过程中，岩石强烈变形和破裂之后，形成许多细小裂缝，这些裂缝被在压力作用下的变质分溶溶液中晶出的矿物所充填，构成复杂的微脉系统。岩石在破裂过程中产生的微裂隙由于矿物（主要为石英、方解石）充填常常形成微脉体，微脉体按其形态和应力的关系可分为张性裂隙、扭性裂隙及舒缓波状裂隙。详细研究这些微脉体分布、微脉体内部构造及矿物生长方向，不仅可以确定裂缝性质，还可确定变形中应力方向。

从流体包裹体的成因和赋存包裹体的微脉产状，可以分析不同构造时期流体活动，测定出包裹体捕获的热力学参数，从而获得不同地震构造时期的热力学条件。

以库仑–莫尔强度理论为基础进行显微构造 FIP 分析时，也是以最大剪应力理论作为基础的，即当岩体受力达到极限破坏强度时（产生显微构造 FIP 时），是产生最大剪应力作用的结果。由于力的作用使岩石产生显微裂隙，流体渗入其中，裂隙封闭愈合形成 FIP。

当测定出许多 FIP 数值后，在分析 FIP 构造力学性质时，可以遵循这样的基本规律：在垂直主压应力方向产生一系列的压性 FIP；在平行主压应力方向上产生一系列张性 FIP；与主压应力呈锐角方向上，则产生两组剪性平移 FIP（扭性 FIP）。

根据断层与裂隙之间的分布关系，有可能确定它们形成时的主应力方向。同样，已知断层面及与之相伴生的 FIP 的方位也可以确定断层的运动方向。FIP 与断层的这种关系存在于各种规模的断层中。我们已成功地利用构造岩中 FIP 的方位确定了许多活动裂隙面的方向和倾角（如上海天马山断层、江苏江阴—常熟断层）。

主要参考文献

车用太，鱼金子. 2006. 地震地下流体学. 北京：气象出版社

丁文镜. 1984. 孕震过程的应力图象和前兆异常. 地震学报，6(4)：425-428

郭真建，秦保燕. 1986. 震源模式与地震成因. 北京：地震出版社

康迪. 1986. 板块构造与地壳变化. 北京：科学出版社

茂木清夫. 1978. 岩石力学与地震. 岩波书店

梅世蓉.1995. 地震前兆场物理模式与前兆时空分布机理研究(一). 地震学报，16(3)：296-301

牛志仁. 1976. 构造地震的前兆理论. 地球物理学报，19(3)：214

小出仁，山崎晴雄，加藤碵一. 1985. 地震与活断层. 陈宏德，吕越译. 北京：地质出版社

Ashby M F, Sammis C G. 1990. The damage mechanics of brittle solids in compression. Pageoph. , 133：489-521

Bieniawski Z T. 1967. Mechanism of brittle fracture of rock. International Journal of Rock Mechanics and Mining Sciences & Geomechanics, 4：395-430

Boullier A M, Robert F. 1992. Palaeoseismic events recorded in Archaean gold-quartz vein network, Val d'Or, Abitibi, Quebec, Canada. Journal of Structural Geology, 14 (2): 161-179

Cox S F, Etheridge M A, Cas R A F. 1991. Califford B A. Deformational style of the Castlemaine area. Bendigo-Ballarat zone: implications for evolution of crustal structure in central Victoria. Australia Journal of Eart Sciences, 38(2): 151-170

Cox S F. 1995. Faulting proceses at highfluid pressure: An example of fault valve behaviorfrorn the water gully fault, Victoria. Australia Journal of Geophysical Research, 100 (7): 12841-12859.

Digby P J. Murrell S A F. 1970. The theory of brittle fracture initiation under triaxial stress conditions(Par 1 and Part 2).Geophysical Journal, 19:309-334,499-512

Griffith, A.A. 1921.The Phenomena of Rupture and Flow in Solids. London: Transaction of Royal Sosiety: A221: 163-198

Hooper E C D. 1991. Fluid migration along growth faults in compact sedimentary basins. Journal of Petroleum Geology: 4(2): 161-180

Hutchinson R W, Fye W S, Kerrich R. 1980. Deep fluid penetration and ore deposition. Minerals Science and Engineering, 12: 197-220

Kerrich R, La Tour T E, Willmore L. 1984. Fluid participation in deep fault zones: evidence from geological, geochemical, and 180/160 relations. Journal of Geophysical Research B, 89 (6): 4331-44343

Lawn B R. Wilshaw T R. 1975. Fracture of Brittle Solids. Cambridge: Cambridge University Press

Lespinasse M. 1999, Are fluid inclusion planes useful in structural geology? Journal of Structural Geology, 21(8-9): 1237-1243

Myachkin V I. Brace W F. Sobolev G A, et al. 1975. Two models for earthquake forerunners. Pure and Applied Geophysics, 68(8):1313-1320

Nur A. 1972. Dilatancy, pore fluids and premonitory variations of ts/tp travel times. Bulletin of Seismology Society of America, 62(5):1217-1222

Olson J E, Pollard D D. 1991. The initiation and growth of en echelon veins. Journal of Structural Geology, 13 (5): 595-608

O'Hara K D. 1994. Fluid-rock interaction in crustal shear zones' A directed percolation approach. Geology, 22: 843-846

Price N J. 1966. Fault and Joint :Development in Brittle and Semi-Brittle Rock.Oxford: Pergaman Press

Reid H F . 1910. The elastic-rebound theory of earthquakes. University of California. Publication Bulletin of Department of Geological Society, 6:413-444

Robert F, Boullier A M, Firdaous K. 1995. Gold-quartz veins in metamorphic terranes and their bearing on the role of fluids in faulting. Journal of Geophysical Research B, 100 (7): 12861-12879

Scholz C H，Sykes L R，Agrawall Y R. 1973. Earthquake prediction：A physical basis. Science，181(4102)：803-809

Shearer P M. 2008. 地震学引论. 陈章立译，北京：地震出版社

Sibson R H，McMoore J，Rankin A H. 1975. Seismic Pumping-a Hydrothermal Fluid Transport Mechanism. Journal of Geological Society of London，131：653-659

Sibson R H. 1983. Continental fault structure and the shallow earthquake source. Journal of the Geological Society，140：741-767

Sibson R H. 1985. Stopping of earthquake ruptures at dilational fault jogs. Nature，316(18)：248-251

Sibson R H. 1992. Implications of fault-valve behavior for rupture nucleation and recurrence. Tectonophysics，211(1-4)：283-293

Sibson R H. 1994. Crustal stress，faulting and fluid flow//Parnell J. Geological Society Special Publications，78：69-84

Sibson R H. 2000. Fluid involvement in normal faulting. Journal of Geodynamics，29：469-499

Zoback M D，Beroza G C. 1993. Evidence for near-frictionless faulting in the 1989 M6. 9 Loma Prieta. California，earthquake and its aftershocks. Geology (Boulder)，21 (2)：181-185

Киссин И Г. 1986. 地震和地下水(俄文译本). 单修政译. 北京：地震出版社

Ребинзер П А. 1957. Физико химическая механика как дозая област энания. ——Вестн. АН СССР，10：32-42

第 4 章 地震变形构造特征及其赋存的流体包裹体

地震作用捕获的流体(熔体)包裹体赋存在各种地震构造中，产生地震的活动断裂在不同的热动力学条件下，产生不同的地震变形构造，由于活动断裂，特别是大型断裂不同深度的构造层次中具有不同的变形机制，因此构造样式和岩石都表现出不同的特点，它们具有随深度变化的双层模式。

不同构造层次的岩石变形机制、显微构造和捕获流体包裹体特征如表 4.1 所示。

表 4.1 不同构造层次的岩石变形机制、显微构造和捕获流体包裹体特征(据刘斌，2008 修改)

层次	深度/km	变形性质	变形机制	特征性显微构造	捕获流体包裹体特征
浅	<10	脆性变形	脆性破裂作用	断裂结构、显微裂隙结构	流体包裹体赋存在固结的裂隙—脉体中，为气-液成分原生包裹体；同期和后期显微裂隙愈合形成 FIP，为气-液成分包裹体
上	10～15	脆-韧性变形	压溶作用、位错滑移	扭折、机械双晶、缝合线构造、变形纹、压力影、同构造分泌脉等	流体包裹体在变形纹、解理、同构造分泌脉等中捕获，愈合形成 FIP，为气-液成分包裹体
中	15～22	韧性变形	位错蠕变	亚晶粒与动态重结晶的镶嵌结构、糜棱结构、核幔构造等	流体包裹体沿亚晶粒与动态重结晶边缘和内部缺陷被捕获，为气-液成分，少量为熔体成分包裹体
深	>22	韧性变形	超塑性流动、局部熔融	粒状变晶、细粒镶嵌结构、变余糜棱结构、混合岩化	变晶矿物中捕获一定量熔体成分包裹体

赋存流体包裹体的地震变形构造，按照尺度可分为宏观、微观和超微观三种。宏观尺度从米至毫米级，如固结裂隙的脉体，可直接用肉眼观察标本或露头；微观尺度为微米级，如显微裂隙愈合形成的 FIP，必须使用光学显微镜观测，又称显微构造；超微观尺度为微米级，如用电子显微镜研究的称超微构造。

研究它们的目的，除了查明地震构造的几何形态外，更为重要的是研究地震构造变形的温压环境、构造运动特征、动力机制和演化过程。这些脉体、显微与超微构造具有常规宏观构造不可替代的作用，是地震构造研究中的重要组成部分。

4.1　地震活断层派生裂隙及塑性变形构造

在构造地震中，由于活断层作用，断层带及其周围的岩石发生强烈变形和破裂，产生应力性质不同、形态不一的裂隙。不同的活断层地震作用，由于应力大小和性质的差异，形成不同的复杂裂隙系统。作为构造地震活断层产生的派生裂隙与流体有关的三种特殊地质体，是研究活断层流体作用的最直接和有限的窗口。①宏观尺度上规模不一的脉体：由于地下裂隙中侵入的熔体结晶、或者充填裂隙的饱含气—液流体溶液的矿物沉积，形成了大小不同、形态不一的脉体；②显微尺度上含流体愈合裂隙——流体包裹体迹面：气-液流体溶液贯入显微裂隙中，愈合成串珠状线理的流体包裹体迹面；③显微尺度上塑性变形构造：矿物内部晶体格架发生畸变或是扩容形成新的矿物，有熔体和气-液流体被捕获呈细微包裹体产出。

详细研究这三种派生裂隙系统和其中捕获的流体包裹体，有助于了解构造地震的力学性质、应变特征和热动力学环境。

4.1.1　岩石变形与破裂

1. *岩石变形破坏的过程与阶段*

根据裂隙岩石的三轴压缩实验过程曲线，可大致将岩石受力变形破坏过程分为五个阶段，如图 4.1 所示。

(1) 压密阶段：岩石中原有张开的裂隙逐渐闭合，充填物被压密，压缩变形具非线性特征。

(2) 弹性变形阶段：经压密后，岩石由不连续介质转变为似连续介质，进入弹性阶段。它们符合胡克定律：$\sigma=E\varepsilon$（σ 为应力；ε 为应变；E 为弹性模量）。这一阶段的应力状态表现为应力与应变成正比，曲线斜率较大，如果撤销应力，应变回到原点，岩石恢复原状。

(3) 稳定破裂发展阶段：超过屈服点以后，岩石进入塑性变形阶段，内部开始出现微破裂，且随应力差的增大而发展，当应力保持不变时，破裂也停止发展。

在塑性变形阶段，随着变形的持续发展，应力-应变曲线的斜率变小，如果这时撤去应力，曲线并不能回到原点，而是与 ε 轴交于 ε_1 点，试样由于超过弹性极限而发生永久变形，这个极限点的应力就叫屈服应力 σ_y。当岩石达到或超过屈服应力时造成岩石永久应变的变形就叫塑性变形。

在完全塑性阶段，应力增加超过 P 点时，岩石就会发生连续的塑性变形，应力-应变曲线的斜率为零，即进入完全塑性阶段。在一定的完全塑性变形之后，如果再撤去应力，其应力-应变曲线几乎呈线性回到 ε_2 点。

(4) 不稳定破裂发展阶段：由于破裂过程中所造成的应力集中效应，即使实验应力保持不变，破裂仍会不断地积累并发展。此时整个岩石体积应变转为膨胀。

(5) 完全破坏阶段；岩石内部的微破裂面发展为贯通性破坏面，直至完全被破坏。

断裂变形阶段中，当应力超过一定的值时，岩石就会以某种方式被破坏，这时的应力值就叫岩石的极限强度。

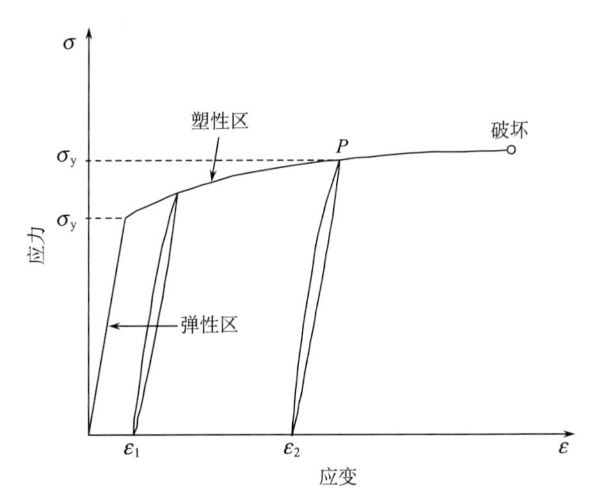

图 4.1　岩石变形的一般应力-应变关系(Goodman, 1980)

迄今为止，岩石微观断裂机制尚未完全明确，以上岩石破坏阶段的划分是对岩石强度试验的一个总结。此外还有一些不同的划分方法，如 Brace(1964)根据中粒大理岩、花岗岩和细晶岩的实验发现，膨胀是在应力达到岩石强度的 1/3～2/3 时开始发生的，因而将岩石的脆性断裂变形过程划分为压密、弹性变形、扩容和破坏四个阶段。一些研究表明，岩石的微裂隙的数量随应力加大而增加，当应力达到 $0.85\sigma_c$(σ_c 为单轴抗压强度，国际上通常用 UCS 表示，我国习惯用 σ_c 表示)时微裂隙大量增加，但当应力超过 $0.85\sigma_c$ 以后，内部的微裂隙数量猛增，其中长裂隙比短裂隙数量增加得更快，微裂隙连续扩展并向轴向应力方向靠近而逐渐形成裂隙集中带，岩石的最终宏观断裂正是这些近于平行轴向应力方向的大量微裂隙的产生、扩展、密集、集中，并沿应力相对较弱的方向相互贯通，形成有一定宽度的断裂破坏带的结果。

Gramberg(1989)将岩石的脆性断裂划分为初始断裂和后续断裂两类。在抗拉实验中仅有初始断裂出现，在单轴抗压实验中可同时出现两类断裂，而后续断裂导致岩石的最终破坏。这种划分比较合理，且已为常规岩石实验所验证。

对于存在宏观裂隙的岩石，在受载条件下，在宏观断裂尖端产生一个微断裂网。这些微断裂从现存的宏观断裂尖端附近形成发展，扩展范围大，而不是仅沿一条轨迹。图 4.2 是在光学仪器观测下大理岩折叠悬臂梁中缺口处的微裂隙在受载条件下的发展过程，可见，随着载荷的增加，微断裂网增大，微断裂的分叉也不断增加。

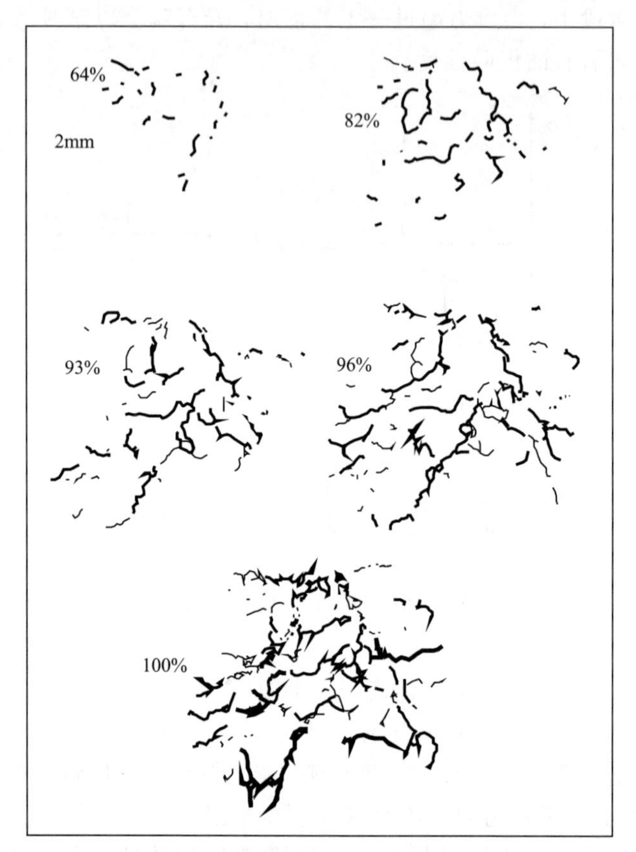

图 4.2　大理岩折叠悬臂梁中缺口附近微断裂网的发展过程

(Nolen-Hoeksema and Gordon，1987)

图中有 5 个图形，为 2mm 视域观察到的，左上角数值为单轴抗压强度(σ)与峰值应力(σ_c)的百分数

2. 岩石的破裂方式、裂隙形式和破裂准则

1）岩石的破裂方式

在岩石力学实验中，人们已经发现在岩石的宏观破裂之前通常有一个微破裂阶段，在这一阶段中微破裂的密度逐渐增加最后达到破裂点(Hallbauer et al.，1973；Lockner and Byerlee，1977；Ashby and Hallam，1986)。岩石的破裂变形按应力性质分为两种方式：张裂和剪裂(图 4.3)。张裂是在应力作用下，当张应力达到或

超过岩石抗张强度时，在垂直于主张应力轴(或平行于主压应力轴)方向上产生张裂和剪裂[图4.3(c)]。剪裂是岩石在应力作用下，剪应力达到或超过岩石抗剪强度时发生的破裂[图4.3(d)、图4.3(e)]。理论上，剪裂面应沿最大剪应力作用面发育，由于各种因素的影响，实际并非如此，将在下面讨论。

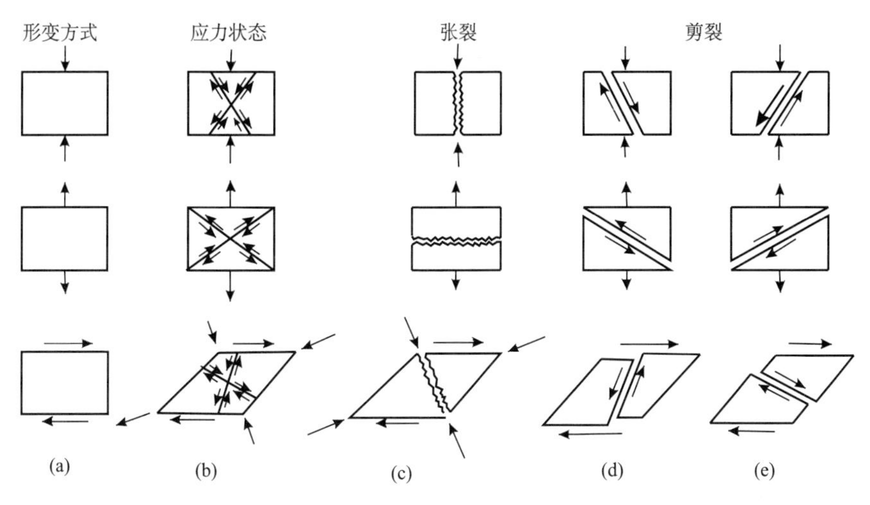

图4.3　张裂和剪裂的形成、分布与应力-变形的关系(Ashby and Hallam，1986)

2) 岩石裂隙形式

a) 三种裂隙形式

材料科学的已有进展能够在固体介质中识别出三种型式的裂隙扩展或增长(Lawn and Wilshaw，1975)，根据载荷方向和裂缝扩展方向的不同组合分别定义为Ⅰ型、Ⅱ型和Ⅲ型(图4.4)。Ⅰ型裂隙扩展是由垂直作用于破裂面和扩展方向的张应力引起的。Ⅱ型裂隙扩展是由作用于破裂面内并平行于扩展方向的剪应力引起的。Ⅲ型裂隙扩展是由作用于破裂面内并垂直于扩展方向的剪应力引起的。

每一种裂隙扩展型式都可以用相应的应力强度因子来分析。这些强度因子是载荷、裂缝长度及一个几何常数的函数。人们经常利用强度因子讨论和定义控制裂缝增长或扩展的物理和化学因素(Atklnson，1982)。

裂隙扩展型式的概念已被广泛地应用于以确定裂隙性质为目的的天然裂隙形态研究中，同样地可以应用于地震产生的裂隙—脉体、FIP、变形纹等相关的裂隙研究中。

许多有关裂隙扩展的岩石力学文献都涉及这三种裂隙扩展型式：Ⅰ型——张开型、Ⅱ型——滑开型(或滑移型)和Ⅲ型——撕开型，如图4.4所示。

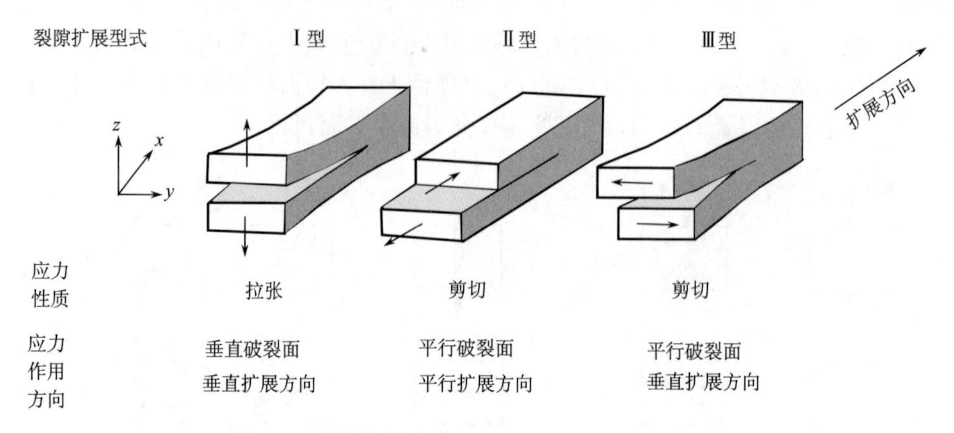

图 4.4 裂隙扩展型式(Lawa and Wilshaw，1975)

b) 三种裂隙型式应力-应变公式(高庆，1986)

三种裂隙型式应力集中因子可表示为

$$
\begin{aligned}
K_{\mathrm{I}} &= \sigma^{\infty}\sqrt{\pi a} \\
K_{\mathrm{II}} &= \tau_{xy1}^{\infty}\sqrt{\pi a} \\
K_{\mathrm{III}} &= \tau_{xy2}^{\infty}\sqrt{\pi a}
\end{aligned}
\tag{4.1}
$$

式中，K_{I}、K_{II}、K_{III}为Ⅰ型、Ⅱ型、Ⅲ型裂隙应力集中因子；a 为裂隙半长度；σ^{∞}为沿裂隙法向的远场正应力；τ_{xy1}^{∞}为作用在法向沿 z 轴的裂隙面上，使裂隙面错动方向沿 x 轴的剪切应力；τ_{xy2}^{∞}为作用在法向沿 z 轴的裂隙面上，使裂隙面错动方向沿 y 轴的剪切应力。

Ⅰ型裂隙是张开型，裂隙面沿 z 轴张开，沿 x 轴方向扩展；Ⅱ型裂隙是滑开型，(或滑移型)，裂隙面的错动方向、扩展方向均沿 x 轴；Ⅲ型裂隙是撕开型，裂隙面的错动方向沿 y 轴方向，扩展方向沿 x 轴。

对于裂隙(纹)前缘的应力场和位移场可表示如下。

Ⅰ型裂隙(纹)为

$$
\begin{bmatrix} \sigma_x \\ \sigma_y \\ \tau_{xy} \end{bmatrix} = \frac{K_{\mathrm{I}}}{\sqrt{2\pi r}}\cos\frac{\theta}{2}\begin{bmatrix} 1-\sin\frac{\theta}{2}\sin\frac{3\theta}{2} \\ 1+\sin\frac{\theta}{2}\sin\frac{3\theta}{2} \\ \sin\frac{\theta}{2}\cos\frac{3\theta}{2} \end{bmatrix}
\tag{4.2}
$$

$$\sigma_z = \begin{cases} 0 & (\text{平面应力}) \\ \mu(\sigma_x + \sigma_y) & (\text{平面应变}) \end{cases} \tag{4.3}$$

$$\begin{bmatrix} u \\ v \end{bmatrix} = \frac{(1+\mu)K_{\mathrm{I}}}{2E}\sqrt{\frac{r}{2\pi}}\begin{bmatrix} (2s-1)\cos\frac{\theta}{2} - \cos\frac{3\theta}{2} \\ (2s+1)\sin\frac{\theta}{2} - \sin\frac{3\theta}{2} \end{bmatrix} \tag{4.4}$$

$$w = \begin{cases} -\frac{\mu}{E}\int(\sigma_x + \sigma_y)\mathrm{d}z & (\text{平面应力}) \\ 0 & (\text{平面应变}) \end{cases} \tag{4.5}$$

Ⅱ型裂隙(纹)为

$$\begin{bmatrix} \sigma_x \\ \sigma_y \\ \tau_{xy} \end{bmatrix} = \frac{K_{\mathrm{II}}}{\sqrt{2\pi r}}\begin{bmatrix} -\sin\frac{\theta}{2}\left(2+\cos\frac{\theta}{2}\cos\frac{3\theta}{2}\right) \\ \sin\frac{\theta}{2}\cos\frac{\theta}{2}\cos\frac{3\theta}{2} \\ \cos\frac{\theta}{2}\left(1-\sin\frac{\theta}{2}\sin\frac{3\theta}{2}\right) \end{bmatrix} \tag{4.6}$$

$$\sigma_z = \begin{cases} 0 & (\text{平面应力}) \\ \mu(\sigma_x + \sigma_y) & (\text{平面应变}) \end{cases} \tag{4.7}$$

$$\begin{bmatrix} u \\ v \end{bmatrix} = \frac{(1+\mu)K_{\mathrm{II}}}{2E}\sqrt{\frac{r}{2\pi}}\begin{bmatrix} (2s+3)\sin\frac{\theta}{2} + \sin\frac{3\theta}{2} \\ -(2s-3)\cos\frac{\theta}{2} - \cos\frac{3\theta}{2} \end{bmatrix} \tag{4.8}$$

$$w = \begin{cases} -\frac{\mu}{E}\int(\sigma_x + \sigma_y)\mathrm{d}z & (\text{平面应力}) \\ 0 & (\text{平面应变}) \end{cases} \tag{4.9}$$

Ⅲ型裂隙(纹)为

$$\begin{bmatrix} \tau_{xz} \\ \tau_{yz} \end{bmatrix} = \frac{K_{\mathrm{III}}}{\sqrt{2\pi r}}\begin{bmatrix} -\sin\frac{\theta}{2} \\ \cos\frac{\theta}{2} \end{bmatrix} \tag{4.10}$$

$$\sigma_x = \sigma_y = \sigma_z = \tau_{xy} = 0 \tag{4.11}$$

$$w = \frac{2(1+\mu)K_{\mathrm{III}}}{E}\sqrt{\frac{r}{2\pi}}\sin\frac{\theta}{2} \tag{4.12}$$

$$u = v = 0 \tag{4.13}$$

式中，r，θ 为相对于以裂隙(纹)尖端的位置坐标；u，v，w 分别为坐标 x，y，z 方向的位移；E，μ 分别为岩石材料的弹性模量和泊松比；K_{I}，K_{II}，K_{III} 为对应于不同裂隙(纹)类型的应力强度因子。

其中，参数 s 的表达式为

平面应力问题

$$s=\frac{3-\mu}{1+\mu}$$

平面应力问题

$$s=3-4\mu$$

上述各式还可以写成下述形式

$$\begin{cases}\sigma_{ij}=\dfrac{K}{\sqrt{2\pi r}}f_{ij}(\theta)\\ u_i=vK\sqrt{\dfrac{r}{2\pi}}f_i(\theta)\end{cases}\quad(i,j=1,2)\tag{4.14}$$

式中，$f_{ij}(\theta)$和 $f_i(\theta)$对每一种裂隙(纹)来说，是一确定的函数。

岩石变形实验中的显微裂隙统计表明，岩石多半按照加于整个样品边界上的应力状态发生微破裂，而不受单个颗粒边界上的应力状态的约束。单个矿物颗粒中的显微裂缝与整个岩石标本以致更大规模的破裂作用是相关的，因而，可通过分析和统计岩石中显微裂隙的方位来了解变形时岩石所处的应力状态。

流体包裹体迹面(FIP)基本上是张开型(Ⅰ型)裂隙(纹)形成的。

c) 三种裂隙型式的莫尔圆

脆性断裂三种不同型式的莫尔圆如图 4.5 所示。

3) 岩石的破裂准则

由图 4.6 可知：①当应力达到岩石强度极限时，岩石就会发生破裂，破裂包括张裂和剪裂两种类型；②张裂位移方向垂直破裂面，张裂面垂直最小主应力 σ_3，剪裂相对位移平行破裂面，剪裂面与最大主压应力方向夹角小于 45°；③随着围压、温度增加，岩石由脆性向韧性变形转变；④剪裂面一般共轭出现，剪裂面与最大主应力轴夹角称为剪裂角 θ；⑤应力分析表明，最大剪应力作用面位于 σ_1 与 σ_3 轴之间的平分面上，与 σ_1 成 45°，那么剪切破裂应该最容易沿该方向发生，而事实上岩石中的剪裂角常小于 45°，随着围压增加，岩石韧性增强，岩石中剪裂角增大，当围压足够大时，剪裂角接近 45°；⑥为解释前面的现象，提出库仑剪切破裂准则和莫尔剪切破裂准则(参见第 6 章)。

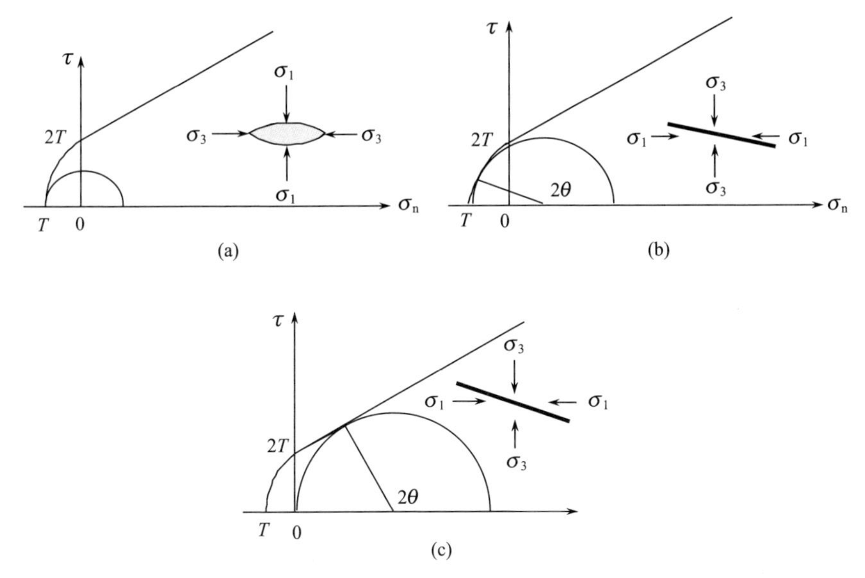

图 4.5　脆性断裂三种不同型式莫尔圆(Sibson，1990)

(a)模式Ⅰ；(b)模式Ⅱ；(c)模式Ⅲ

σ. 应力；τ. 剪应力；θ. 破裂面与最大主应力的夹角；σ_1. 最大主应力；σ_2. 中间主应力；σ_3. 最小主应力

3. 岩石的塑性变形机制和显微构造

1）岩石的塑性变形机制

矿物和岩石的塑性变形是指应变引起的矿物晶体内部结构的改变，内部的结合力却没有消失。在差异外力作用下，晶体的变形有两种方式：一是沿晶格面网间的滑移，二是原子的定向扩散所产生的同构造结晶作用。滑移和扩散变形完全是在固体状态下进行的，而且不引起体积的变化。变形的结果使矿物晶体格架发生畸变或扩容形成新的矿物。变形的机制取决于应力、应变速率、温度、围压及溶液的参与。塑性变形有五种形式：①晶内滑动；②位错滑动；③位错蠕变；④扩散蠕变；⑤颗粒边界滑动。

(1) 晶内滑动：晶内滑动是沿晶体一定的滑移系发生的，即沿某一滑移面的一定方向滑移。滑移面通常是高原子密度或高离子密度面，不同矿物晶体具有不同数量的滑移系，如图 4.7 所示。晶内滑移常常伴随着颗粒旋转，滑移面平行于对角线 BD。由于滑动加旋转，使晶粒(石英)的[0001]方向随着应变的增强(0～95%)而不断靠近压缩轴。若石英岩中，结晶轴(C)发生紊乱，每一颗粒都以这样的方式运动，则随着应变的增强，其 C 轴越集中于压缩轴附近，形成优选方位。实际情况可能更为复杂。

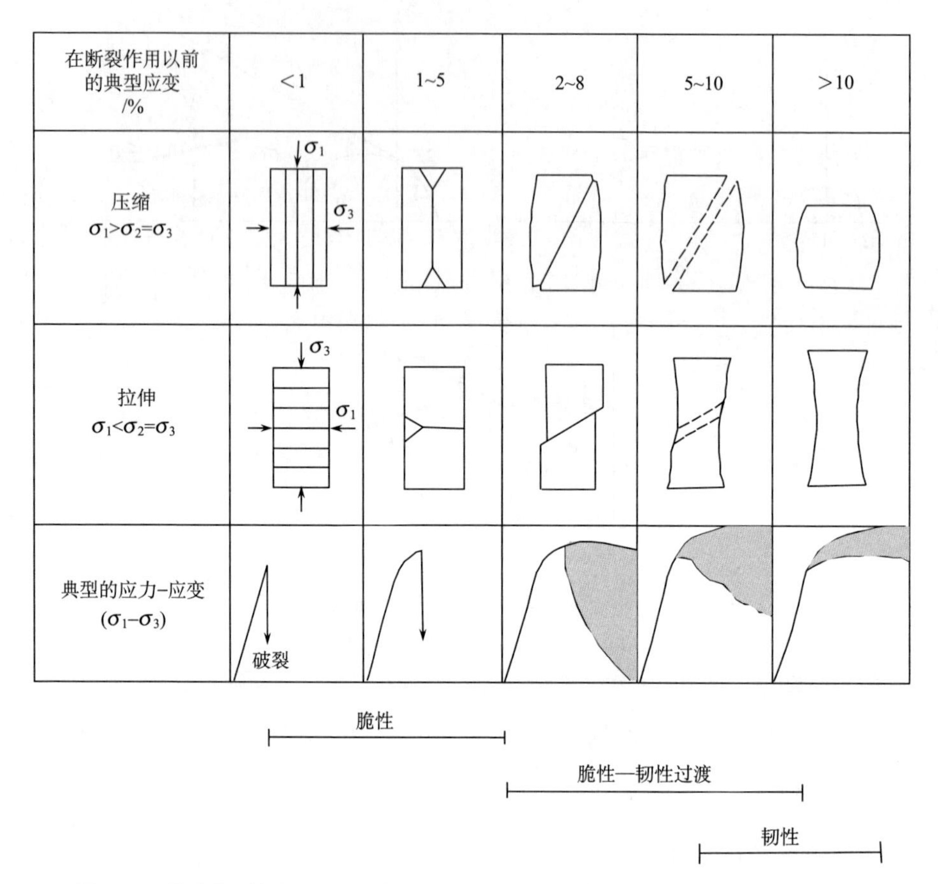

图 4.6　从脆性到韧性的变形特征及其应力-应变曲线型式(耶格和库克，1981)

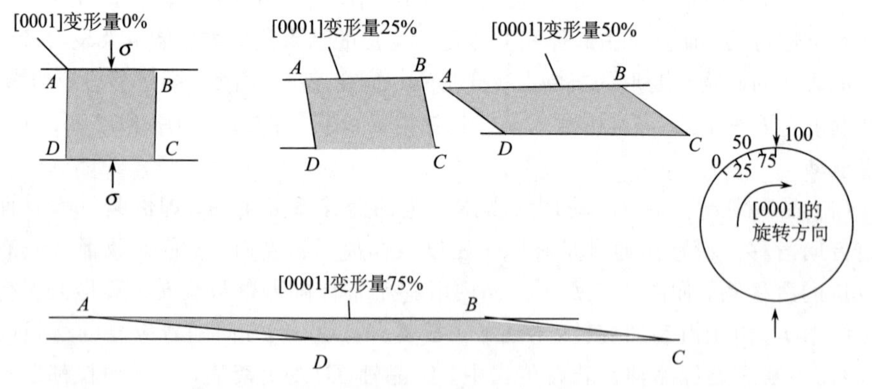

图 4.7　由于晶格滑移引起优选方位发育的原理示意图(据 Hobbs 等，1976)

百分数代表应变量

(2) 位错滑动：微观尺度上，在一个晶体内的整个滑移面上滑动并非同时发生，而是在晶体缺陷处首先发生，然后滑移区沿滑移面扩张，直到最后与晶粒边界相交并产生一个小阶梯为止。

(3) 位错蠕变：当温度 $T>0.3T_m$(T_m 为熔融温度)时，位错可比较自由地发展，并能从一个滑移面攀移到另一滑移面。这样，异号位错相遇而抵消；相同的位错可以重新排列成错壁，并将一个颗粒分隔成亚颗粒，在亚颗粒内部位错密度降低，这种现象称为多边形化作用。在高温条件下，随着应力持续施加，初始变形大颗粒通过位错可分解为许多无位错的细小新颗粒，这种作用即动态重结晶作用，如果大颗粒有残留，则形成核幔构造。

(4) 扩散蠕变：扩散蠕变是通过扩散物质的转移而达到颗粒形态改变的作用，当岩石颗粒间存在水膜时，扩散蠕变更容易发生。物质在高应力边界处溶解，通过粒间水膜迁移，然后在低应力边界处沉淀，这种压溶作用使得岩石在压缩方向上缩短，在拉伸方向上伸长，但矿物晶体方位没有改变，晶格没有塑性变形。

(5) 颗粒边界滑动：颗粒边界滑动通过颗粒之间的滑动来调节岩石的总体变形，其总体应变量可以很大，但矿物颗粒本身并没有变形。

2) 矿物的塑性变形显微构造

常见的塑性变形显微构造有：①滑移；②变形带；③变形纹；④贝姆纹；⑤吕德尔线；⑥膝折，又称扭折；⑦变形双晶；⑧亚晶构造；⑨动态重结晶；⑩压溶作用；⑪压力影；⑫核幔构造，等等。

显微尺度矿物塑性变形构造的变形纹及其贝姆纹和吕德尔线、动态重结晶和压溶线中常常赋存流体包裹体，本书重点叙述这些含有流体包裹体的显微构造。

4.1.2　断层活动派生裂隙系统

1. 断层活动派生裂隙系统概述

断层活动是裂隙产生的重要成因，断层活动一般形成张剪性裂隙或压剪性裂隙。我国是一个地震多发的国家，存在一些著名的大断裂带，如南北地震带、郯庐断裂带等，与这些大断裂带伴生着一些中小断裂带。这些数量众多的断裂带把中国大陆地壳分成若干个地震区。由一些边界断层把这些地震区分成小块。这些边界断层的活动影响到地震区内的裂缝分布与形成。特别是临近边界断层的裂隙，裂隙的走向、倾向、分布位置常常与边界断层的活动性质有关。

活动断裂岩石的破坏是在初始断裂的基础上发生的，大量微断裂扩展、联结和集聚并导致后续断裂，因此，由初始断裂向后续断裂的转换一直受到研究者的高度重视，因为这是探索地震岩石断裂机制极其重要的方面。

人们对断裂岩石破坏机制相关研究的重要进展就是认识到微断裂与最终宏观断

裂的区别。早期人们只是习惯于用库仑-莫尔理论解释断裂发生发展的过程，认为一切断裂都是剪切断裂，后来却发现大多数微断裂都是张性的，而不是剪性的。最近的研究表明，岩石的破坏大多是由张性微断裂发展到宏观剪切断裂的过程。事实上，野外构造断裂和工程岩体断裂也表现了这一过程，利用断裂带构造判断断裂的剪切方向常与此有关，可见，室内岩石实验成果对实际岩体断裂的认识有指导作用。

Kranz(1979)认为，尽管岩石中存在Ⅰ型和Ⅲ型应力，但主要产生拉伸断裂，而且不是所有的诱导断裂都是直的，对于一定的裂隙排列方位，其中可能有相当大的剪应力，裂隙联结可以形成剪裂隙。不同剪切行为的剪切带产生不同性质的裂隙，Ramsay(1980)根据剪切带变形力学性质划分为三种类型：①脆性剪切；②脆-韧性剪切；③韧性剪切。

由图 4.8 可以分析剪切带内部构造力学性质，在韧性剪切带中，最发育的组构是一组与剪切带边界平行的剪切面，称为 C 剪切面(源自法语 ciscaillement，意为剪切)或 D 剪切面(displacement)，通常表现为一系列平行的糜棱岩化带；在脆—韧性剪切带中，最发育的组构是代表压扁面的片理，称为 S 组构，其方向在剪切带边部与剪切带成 45°交角，指向对盘运动方向，在剪切带中部则与剪切带近平行(Ramsay and Graham, 1970)，它们是剪切作用派生的挤压应力作用下由压扁作用、压熔作用、重结晶作用及矿物颗粒的旋转作用而形成的(Hodgson, 1989)。C 剪切面和 S 组构可以共存于同一剪切带中，二者的关系随剪切带的发展而变化。在剪切作用的开始阶段，C 剪切面和 S 组构的夹角约为 45°，随着变形程度的逐渐升高，S 组构逐渐往 C 剪切面靠拢。当变形程度特别高时(如超糜棱岩化阶段)，S 组构与 C 剪切面近于平行(Murphy, 1989)。

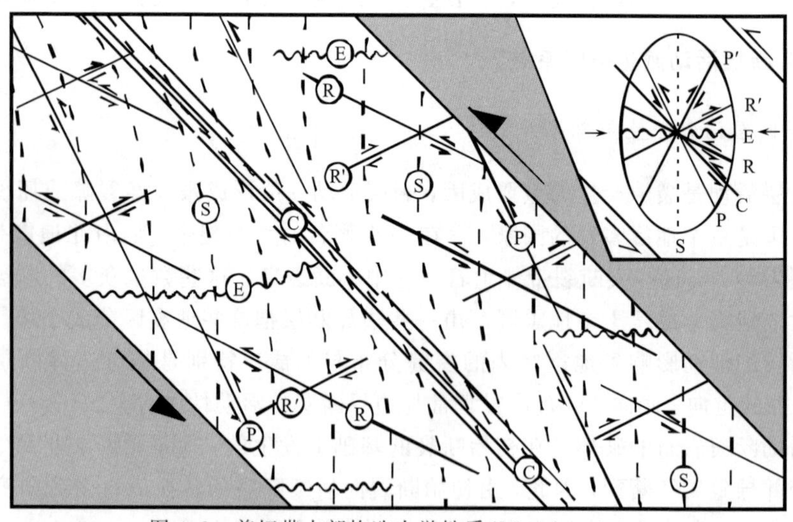

图 4.8 剪切带内部构造力学性质(Murphy, 1989)

R. 低角度吕德尔剪切面；R′. 高角度吕德尔剪切面；P. 压力剪切面；C. 中心剪切面；E. 张性裂隙；S. 压扁面

在脆性及脆—韧性剪切带中，还发育一系列由剪切作用派生的剪切裂隙和张裂隙，包括低角度吕德尔剪切面(R)、高角度吕德尔剪切面(R′)、压力剪切面(P)及张裂面(E)，如图 4.8 所示。R 剪切面和 R′剪切面与剪切带的夹角分别为 15°和 5°(都指向本盘运动方向)，与最大主应力的夹角为 30°，它们是在脆性及脆-韧性(偏脆性)变形时形成的一对共轭剪切面。P 剪切面是脆—韧性(偏韧性)变形时形成的一对共轭剪切面中的一个剪切面，与剪切带的夹角约为 15°(指向对盘运动方向)，与最大主应力的夹角为 60°。如果同一剪切带中既有 R、R′剪切面，又有 P 剪切面，一般来说 P 剪切面的形成较晚。当剪切带的规模很大时，它所派生的次级剪切构造可以不是一个简单的剪裂面，而是一个剪切带。剪切带的所有次级剪切面中除 R′剪切面外，R、P、C 剪切面的剪切方向与主剪切带的剪切方向相同(图 4.8)，这是区分剪切带的次级构造(特别是 R 剪切面与 P 剪切面)和同级共轭剪切带(剪切方向相反)的重要依据之一(Hodgson，1989)。E 张裂面与 S 组构垂直，与剪切带之间的锐角指向本盘运动方向。

Rorbert(1979)研究了裂纹与裂纹、裂纹与孔穴之间的相互作用，提出了三种相互作用的基本类型(图 4.9)，即雁行型、牵引型和裂纹-孔穴型，并认为雁行型是由于列阵中的裂隙尖端有较大的剪应力集中，牵引排列由裂隙尖端应力场和区域应力场的相互作用形成。显然，岩石的最终破坏正是在初始断裂的基础上叠加断裂相互作用的结果。

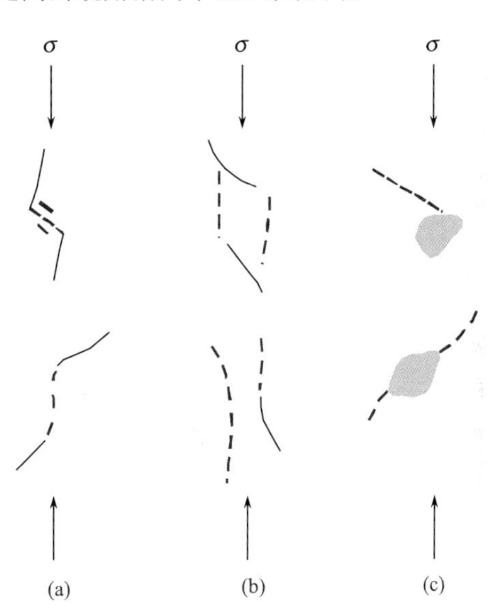

图 4.9　相互作用的基本类型(Robert，1979)

(a)雁行型；(b)牵引型；(c)裂纹-孔穴型

岩石最终发生地震断裂前有强烈的应变集中现象。从大量的实验观察中发现，岩石在最终地震断裂前，常形成应变集中带，该带与主应力成一夹角，带中有许多雁行排列的微裂隙，它们大致与主应力平行或与主应力呈很小的夹角。这种现象的形成过程如图 4.9 所示。

由构造地震应力作用形成的裂隙为构造地震裂隙。不同地质时期存在着不同类型的构造地震及不同形式的应力作用，与之配套的裂隙形态和走向也各有不同。多期构造地震裂隙分布在同一个地层，彼此之间相交、切割、改造，形成地下裂缝网的骨架。构造地震应力作用是裂隙形成的外因，岩性、岩层结构是裂隙形成的内因，二者相互作用形成地下裂隙网。

几种与断层活动有关的派生裂隙如图 4.10、图 4.11、图 4.12、图 4.13 所示(Price，1966)。

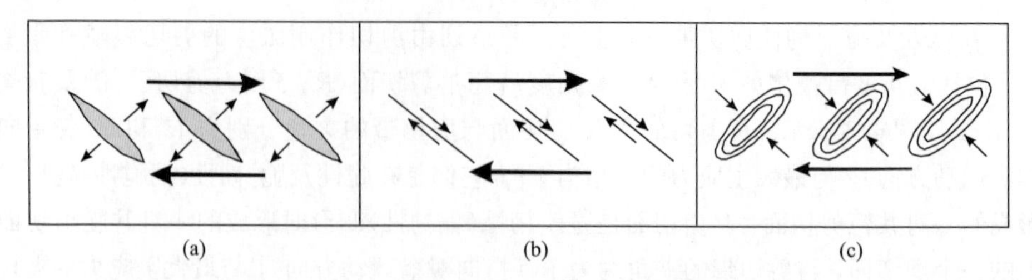

图 4.10　右移地震断层形成的雁行排列构造

(a)左雁行排列(张裂隙)；(b)左雁行排列(剪裂隙)；(c)右雁行排列(挤压脊、褶皱、逆断层)

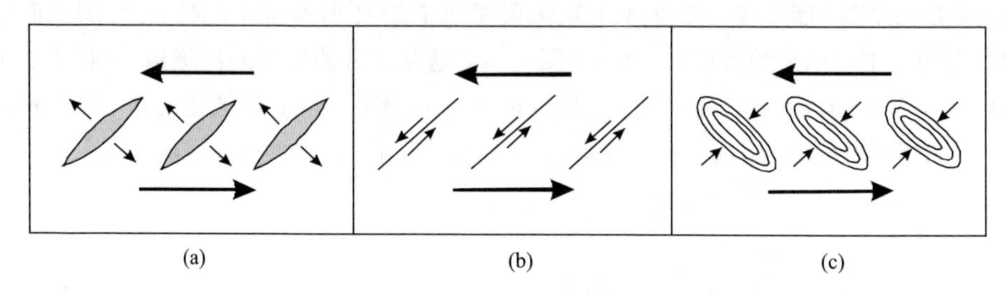

图 4.11　左移地震断层形成的雁行排列构造

(a)右雁行排列(张裂隙)；(b)右雁行排列(剪裂隙)；(c)左雁行排列(挤压脊、褶皱、逆断层)

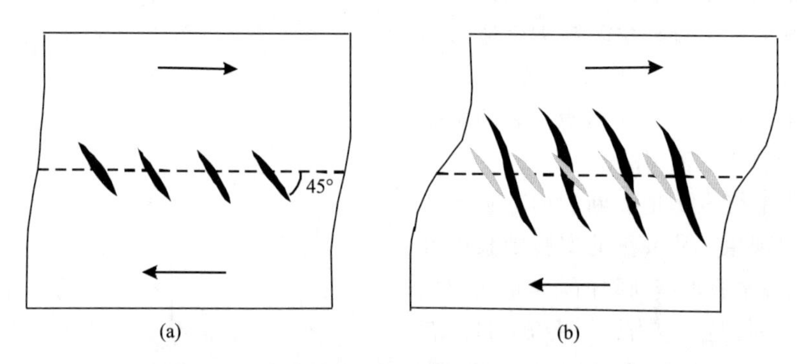

图 4.12　简单剪切发育的雁列及 S 形张裂隙脉

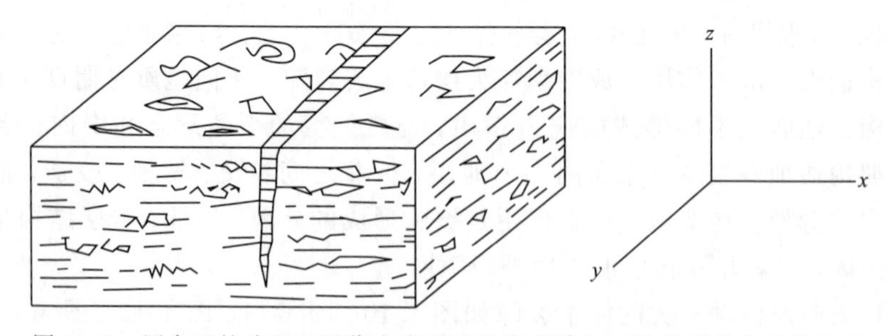

图 4.13　压扁面的片理面及代表张裂面的张裂脉与应力椭球体主轴的关系

2. 断层活动派生裂隙分类

1）力学性质分类

构造裂隙都是在一定的岩石应力条件下产生的，根据直接形成裂隙的应力，可将构造裂隙分为四种：①在张应力作用下形成的张裂隙；②在剪切应力作用下形成的剪裂隙；③由张剪两种应力复合而成的张剪裂隙；④由压剪两种应力复合而成的压剪裂隙。

张裂隙是裂隙两盘间仅存在沿裂隙面法向拉张变形的裂隙。张裂隙一般具下列特征：①裂隙面粗糙不平，常有绕颗粒而不切过颗粒现象；②裂隙的产状不稳定，平面上常呈锯齿状延伸，且延伸不远即消失；③裂隙两壁张开，有时被矿物充填，矿物生长线方向与两壁直交；④尾端常呈树枝状分叉或具杏仁状结环。

剪裂隙是两盘仅存在沿裂隙面切向滑动变形的裂隙。剪切裂隙常具下列特征：①裂隙面平直光滑，常切过颗粒；②裂隙产状稳定，平面上呈直线延伸，且延伸较远；③裂隙面上有擦痕，裂隙两侧有时还有微小的错开现象，若裂隙内有纤维状矿物生长，则矿物生长线平行隙壁分布；④尾端有尾折、菱形分叉或菱形结环等现象，反映出两组共轭裂隙的方向。

张剪裂隙是裂隙两盘沿裂隙面方向存在拉张变形，且沿裂隙面切向存在滑动变形的裂隙。在野外常常观察到在同一次构造变形过程中由张应力和剪切应力复合形成的张剪性裂隙(Dennis，1975；Hobbs 等，1976)。因此其裂隙同时具张性裂隙和剪切裂隙特征：①在有纤维状矿物充填的裂缝中，矿物的纤维方向与裂隙壁斜交，有时甚至出现弯曲，说明裂隙在受拉张作用的同时还有剪切运动；②裂隙面上常具羽饰现象，反映了裂隙在受剪切作用的同时还有张裂作用的性质。

压剪裂隙是由于裂隙两盘沿裂隙面法向存在压缩变形，且沿裂隙面切向存在滑动变形的裂隙。

2）开启类型

按裂隙的开启性及对流体的影响将裂隙分为张开型和闭合型两大类，每种又可细分亚类。

(1) 张开型：张开型裂隙在地下有一定的张开度且有流体通过。这类裂隙往往在裂隙面上有外来物质浸染，或有矿物充填。若矿物未完全填充裂隙，中间仍有张开度，可称开启性充填裂隙，若矿物完全填充裂隙(曾经是张开的)，可称为闭合性充填脉或充填脉。

(2) 闭合型：裂隙在地下紧紧闭合且无明显的流体经过痕迹。这类裂隙面新鲜，没有外来物质充填，即使有擦痕或矿物薄膜、矿物充填，但也无流体通过。通常将矿物完全填充的充填裂隙也归入闭合型一类。

整个裂隙面闭合极好的裂隙称为潜在裂隙，即在地下原始状态下这种裂隙是潜在的，既不是运移通道也不是储水空间，甚至对非均质性的影响也不明显。但当地震发生时，由于注水作用，地层压力增高，这种裂隙逐渐张开连通起来，引起水窜或水淹，这种裂隙尤其在低渗透地表的地震区岩石中常常见到。

3）规模类型

裂隙规模虽有明显的区别，但到目前为止还没有一个统一的分类依据。

以往人们认为裂隙的张开度既反映了其规模，同时又基本上反映了其所起作用的大小，故将裂隙的张开度作为划分裂隙规模级次的依据。这一认识在碳酸盐岩裂隙分类中曾广泛应用，如过去有人将碳酸盐岩中的裂隙按张开度分为 6 级，各级标准为：超毛细管裂隙，其张开度小于 0.25μm；毛细管裂隙，其张开度为 0.25～60μm；细裂隙，其张开度为 60～1000μm；中裂隙，其张开度为 1000～4000μm；宽裂隙，其张开度为 4000～15000μm；大裂隙，其张开度大于 15000μm。

这一分类方案是针对石油地质中碳酸盐岩储层提出的，由于碳酸盐岩溶蚀作用强烈，从而大大增加了裂隙的宽度，显然这一分类方案不可能广泛应用于其他岩石类型(如砂岩)，而且各级裂隙的界线值，尤其是毛细管裂隙的上限值，还有待进一步斟酌。最近许多资料表明，毛细管裂隙的上限值应在 10～20μm 比较合适。

Nelson(1988)认为天然裂隙系统可能存在一个连续的规模级序谱。不同规模裂隙的张开度、长度、间距的变化是有规律的，裂隙发育的规模级序可能反映了变形与应力的连续性，即同一规模的裂隙是由大小相同的应力产生的。这一观点与我们的认识相一致，也与岩心和露头实际观测的结果相吻合，即裂隙的延伸越长，裂隙的张开度和间距越大，反之亦然。这样人们就趋向于把裂隙的这三个参数作为划分裂隙级序的标准(Murray，1968)。关于裂隙表征参数在第 5 章中叙述。

因此，我们对地震中所要研究的含有流体包裹体的脉体、流体包裹体迹面(FIP)和变形纹等，进行规模分类时首先按肉眼是否能清晰识别分为宏观裂隙和微观裂隙两大类。宏观裂隙是指肉眼能清晰识别的裂隙(如不同大小的脉体)，而微观裂隙是指肉眼无法识别、必须靠显微镜才可识别的裂隙(如 FIP 和变形纹)。然后根据裂隙切深和密度以及相对张开度将裂隙规模按一个连续的规模级序谱进行分类。

(1) 大裂隙：切深＞2m，密度＜1 条/m，裂隙宽度大于平均孔隙直径的 2 倍；

(2) 中裂隙：切深为 2～0.5m，密度为 1～3 条/m，裂隙宽度在平均孔隙直径的 1 倍左右；

(3) 小裂隙：切深为 0.5～0.1m，密度为 2～10 条/m，裂隙宽度约等于平均孔隙直径；

(4) 微裂隙：切深＜0.1m，密度＞5 条/m，小于平均孔隙直径。显微裂隙根据其是否切穿矿物颗粒也可细分为：①显微粒间裂隙(FIP)，裂隙切穿不同矿物颗粒，裂隙愈合式固结；②显微粒内裂隙(变形纹)，裂隙主要局限在同一矿物颗粒内，裂隙愈合式固结。

4) 形成时间分类

可以按裂隙生成的地质年代将裂隙划分成不同的组、群，也可以按不同的地质构造活动期将裂隙划分成不同的组、群，还可以按地震前、地震后将裂隙划分成不同的组、群。根据特殊需求，还可以按切割关系划分成不同的组、群，把切割裂隙和被切割裂隙分开。一般来说，被切割的裂隙是较老的裂隙。

5) 群带分类

裂隙常常成群、成带分布。不同年代的地层，不同的岩石结构、岩石性质，裂隙密度也不同。裂隙走向、倾角则经常与地质年代相关。因此，按地质年代划分裂隙也是一种经常使用的方法。裂隙密度分布是地震研究的主要目的，裂隙高密度区是地震高发区。不同地质年代形成的裂隙分布在同一地层中，使地下裂隙互相切割，呈网格状分布，裂隙密度分布是多期地震裂隙叠加的结果。

近年来，裂隙构造分析的应用范围越来越广，它通过构造岩的显微构造特征及优选方位规律为识别褶皱、断裂的性质，确定断裂活动的次数和运移方向，恢复古应力方位，以及估算古应力大小等提供了构造信息，尤其是对活断裂中韧性剪切带和地幔岩的研究中显微构造的测定，大大丰富了构造地质学的研究内容。

4.2　固结裂隙构造——脉体及其赋存的流体包裹体

在活断层地震中，除了主断层构造滑动外，断层带及其周围的岩石经受强烈变形之后，可能形成许多不同长度和宽度的裂隙，发育规模不等的派生裂隙，由于压力释放，地下熔浆或者水溶液侵入，构成大小不同的复杂脉体系统。大的脉体包括岩枝、辉长岩墙、伟晶岩脉、闪长岩脉等，比较小一些的脉体包括细晶岩脉、辉绿岩脉、长英岩脉、方解石脉等。活断层地表也常常可以见到比较小范围(几厘米)的脉体和显微尺度的微脉体。详细研究这些脉体分布，以及脉体内部构造与矿物生长方向，不仅可以确定裂隙性质，还可确定应变方向。由于这些脉体在生长过程中常常捕获介质中的流体形成流体包裹体，测定这些流体包裹体，可以明确它们形成时的热力学条件。

4.2.1　脉体应力性质类型

岩石在破裂过程中产生的裂隙可简单地分为脆性、扭性和塑性。这些裂隙由于矿物(主要有石英、方解石)充填常常形成脉体，脉体按其形态和应力的关系都可分为张性裂隙脉体、剪切性裂隙脉体及复合性裂隙脉体。

1. 张性裂隙脉体(宋鸿林，1993；王桂梁和马文璞，1992)

张性构造裂隙通常是在拉张应力作用下形成的。多数岩石是脆性介质，抗拉张应力作用的能力相对较低，易形成张性裂隙。事实上，由于重力压实作用，地下很少出现明显的拉张应力区；多数天然张性构造裂隙是在特定的环境下形成的。这类裂隙脉体也是地震中常见的一类。

张性构造裂隙的特征包括脉体壁参差不平，呈锯齿状、不规则状等，脉体中矿物常常沿拉长或压扁方向垂直分布。其内常有呈梳状的矿物垂直裂隙壁生长[图 4.14(a)]或无规则自由生长，或由粒状重结晶的矿物充填[图 4.14(b)、图 4.14(c)]。张裂隙一般与主压应力平行延伸。在野外可以看见张性裂隙充填的脉体，如图 4.15 所示的横张裂隙脉体。

张性裂隙脉体的野外照片如图 4.15 所示。

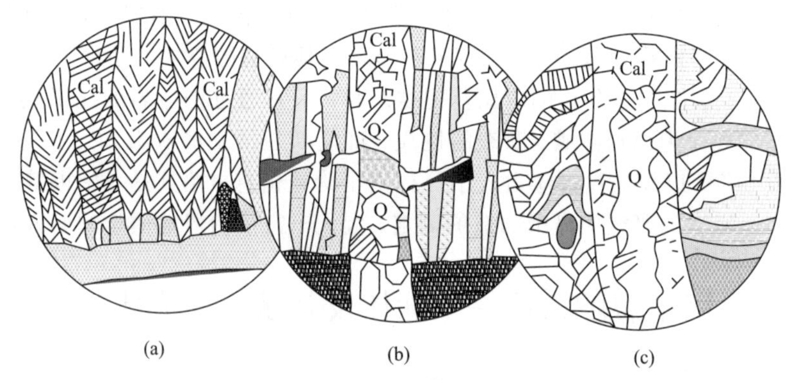

图 4.14　表示不同脉体内部成分和矿物相

图 4.15　横张裂隙脉体

辽宁大连金石滩南秀园，震旦系兴民村组。裂隙较宽，被方解石充填，它们都位于褶皱拱曲的部位

2. 剪切性裂隙脉体(韦必则，1996；长春地质学院，1979)

剪切性裂隙脉体有脉体壁平直，脉体延伸长的特征。共轭扭裂纹常成对出现，组合成“X”型，并将矿物切割成棋盘格子状。根据变形条件的不同，两组扭裂纹所夹锐角(或钝角)等分线代表主压应力方向。裂隙内有应力矿物斜列生长，依其斜列方式可确定沿裂隙的扭动方式。在扭破裂面附近可有微型帚状构造出现，按其分布特征能确定其扭动方式。

图 4.16 为典型的剪切性裂隙脉体照片，后期构造活动将早期共轭“X”型脉体产生小规模错功。

图 4.16　剪切性裂隙脉体

“X”型共轭裂隙常成对出现，并将矿物切割成菱形格子状，后来又一期共轭扭裂隙将早期共轭裂隙小规模错动

3. 复合性裂隙脉体(王春增，1988；唐辉明和屡同珍，1993)

复合性裂隙脉体有如下特征：脉体壁呈舒缓波状，脉体延伸方向与矿物颗粒拉长方向一致，与主压应力方向垂直，它可能是在塑性条件下生成的扭裂纹对。

岩体中的应力是非常复杂的，普遍存在的压应力可以以不同的形式出现。应力场的转化或递进变形会使应力场进一步复杂化。剪切断裂面的出现可以改变应力场，远场某方向应力的松弛或楔体的存在可增加横向应力，该应力反过来促进了另外的张断裂和剪断裂的形成；由于楔体的不断向外运动，又可产生张断裂面。

岩体递进性变形常导致张性与剪性断裂性质的转化。剪张断裂带中既具张性纤维矿物的生长也反映为剪张复合断裂(图 4.17)。

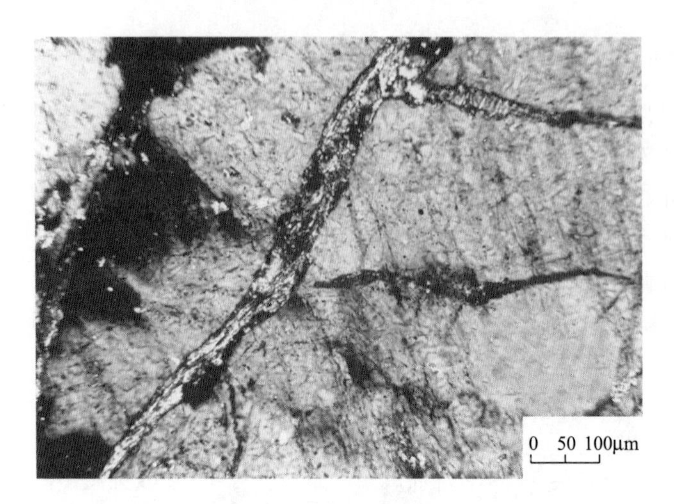

图 4.17 剪张性断裂

主干小断裂为张剪性，分支小断裂以张性为主，略具剪性

锯齿轮状或波状起伏的剪性断裂，由于结构面效应，也可出现局部张性断裂。美国 San Andras 断层局部就有此特点。

若在脆性变形的同时还伴有某些韧性变形的特点，雁行式张裂也会发生变形，从而记载了变形的历史。

剪性张断裂可以形成于许多自然条件下，如断层形成过程中产生许多张性破裂组成的“系”。图 4.18 为左行剪张裂隙组成的雁列“S”型脉体。

图 4.18 雁列“S”型折射左行剪张裂隙

四川华蓥山宝顶背斜东翼，下三叠统嘉陵江灰岩。短而宽，为方解石充填的张裂隙成左列雁行分布，属拉张与剪切联合作用的结果，张节理折弯连接成正“S”型，反映左行逆时针的剪切作用，单个脉产状 270 * /90 *

根据上述各种破裂纹的形态特征及其分布规律，可定性的恢复岩石变形时的应力状态，利用定向薄片的定量测量还可定量推断主压应力的方向。

4.2.2 脉体固结类型及其中的流体包裹体

岩石和矿物中已形成的裂隙以各种方式固结或愈合。据刘瑞珣(1988)的研究，固结的方式主要有三种：愈合式固结、焊接式固结和充填式固结。许多固结脉体中含有成因不同、数量不同、成分不同的流体包裹体。

第一种，愈合式固结。以同种成分和相同的晶格方位将裂隙愈合，称为愈合式固结。固结后的结晶方位与原来的晶体一致。这种愈合式固结主要发生于显微裂隙，捕获了充填裂隙中的流体，在切面上串珠状排列，在空间上形成流体包裹体面，这种包含次生流体包裹体特殊的裂隙愈合面，称为流体包裹体迹面，其中捕获的流体包裹体几乎与裂隙同时生成。原来的裂隙面虽然固结，但是由于包裹体分布，仍然可以判别出来(图 4.19)。

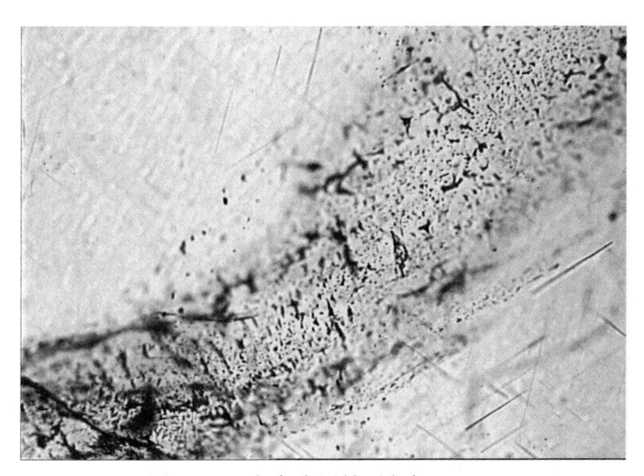

图 4.19　愈合式固结(刘斌，2008)

晶格和结晶方位相同，沿固结面有大量流体包裹体分布，样品采自新疆阿勒泰

第二种，焊接式固结。以相同的成分和不同的结晶方位将显微裂隙固结，称为焊接式固结，其中捕获的流体包裹体与裂隙可能同时生成，也有可能较晚捕获次生流体包裹体(图 4.20)。

第三种，充填式固结。以不同的矿物成分将显微裂隙固结，称为充填式固结。由于矿物成分不同，其晶体结构也不同，所以结晶方位也不同，其中捕获的流体包裹体有的是原来的矿物早于裂隙前形成的原生包裹体，有的是裂隙充填矿物过程中产生的显微裂隙捕获的次生流体包裹体(图 4.21)。

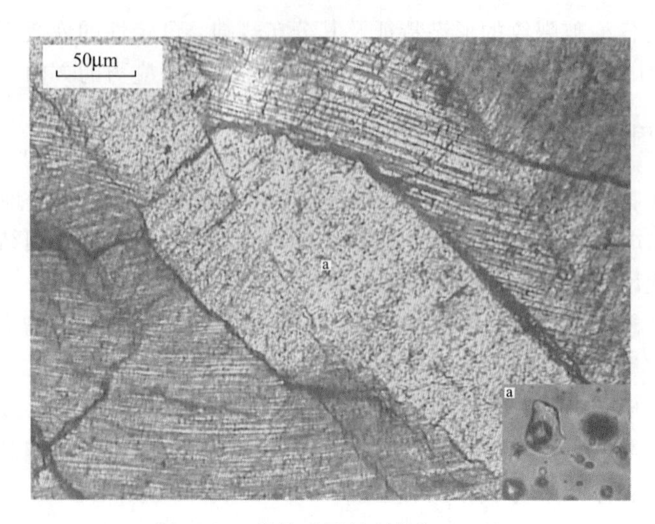

图 4.20　焊接式固结(刘斌，2008)

晶格相同，结晶方位不同，在固结裂隙结晶矿物中有细小流体包裹体分布，样品采自四川西北

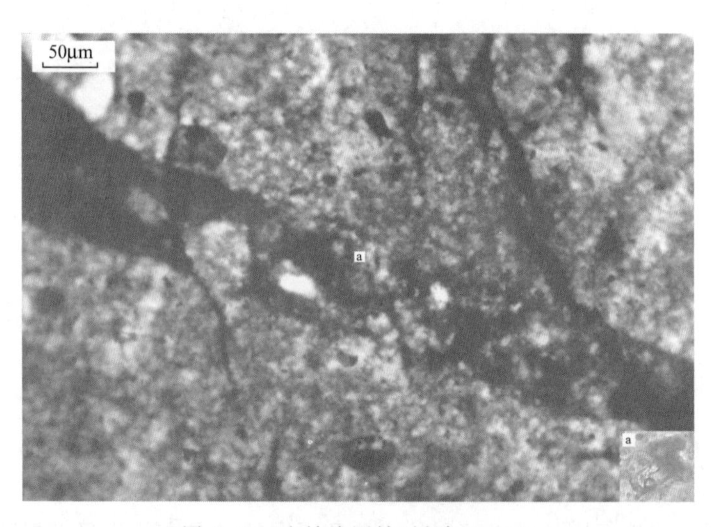

图 4.21　充填式固结(刘斌，2008)

晶格、结晶方位都不同，在固结裂隙充填矿物中有细小流体包裹体分布，样品采自上海天马山

在这几种固结方式中以充填式固结较为普遍，但其固结强度最低，固结强度最高的是愈合式固结。

三种固结方式的裂隙中都常有流体包裹体分布。

4.2.3　脉体中流体包裹体研究中注意问题

几乎每种岩石都经历过同期或后期构造作用，在这些经历构造作用的岩石中，常常分布有不同方向、不同期次、不同成分、不同尺度的脉体，脉体由方解石、石英、方解石和石英、绿泥石、部分长石、辉石等矿物组成。在断裂地区，脉体往往不止一期，而是多期，因此必须进行分期研究。另外同一时期形成的脉体并不是单一应力性质成因，而是多种性质应力复合。系统测定其中的流体包裹体，获得它们形成的热动力学参数，可以分析这一断裂地区地震断裂活动历史和地震活动热动力学条件，因此，脉体构造的分期配套流体包裹体研究，对于了解断裂构造发展历史、恢复断裂古构造应力场具有重要意义。研究应注意下列问题。

（1）脉体构造的分期、配套关系主要在野外进行，室内可以进行补充，脉体相互穿插关系能够反映它们形成的先后顺序，后者明显穿插早期的脉体(图 4.22)。

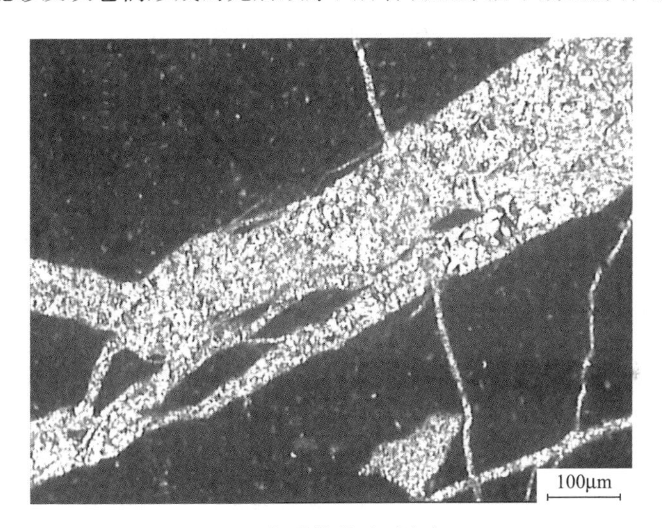

图 4.22　两期脉体构造(刘斌，2008)

（2）脉体构造的分期、配套关系应该同时进行。

（3）脉体构造的分期、配套不仅依据脉体相互关系及其本身特征，而且还要结合本区断裂构造环境与赋存的地质体综合分析和判别。

图 4.23 为一个脉体中有两期矿物生成，由于矿物中分布的包裹体产状不同，在分析构造运动期次时，必须分析清楚。微脉构造中的矿物和赋存流体包裹体特征包括：① 脉内矿物分布有原生细小包裹体，表示包裹体和脉内矿物同时期形成；② 脉内矿物分布有次生细小包裹体说明流体包裹体是脉矿物更晚时期捕获的(图 4.23)。

从流体包裹体的成因和赋存包裹体微脉产状，可以分析不同构造时期流体活动，测定出包裹体捕获的热力学参数，从而获得不同构造时期的热力学条件。

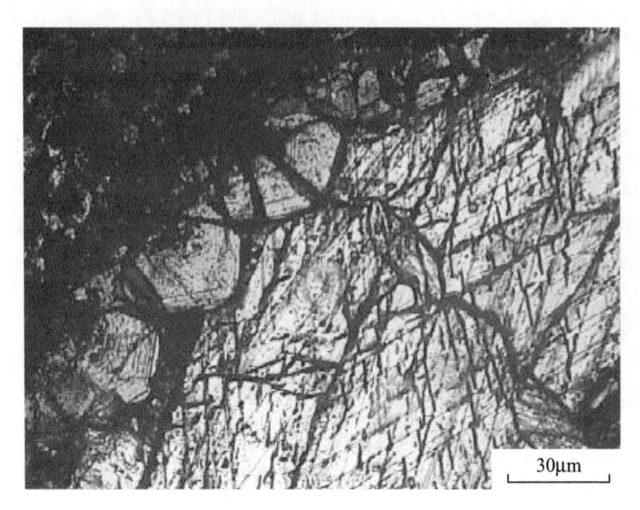

图 4.23　脉体中两期生长矿物(刘斌，1985)
早期脉体矿物垂直脉壁生长，晚期脉体矿物生长的长边与脉体延长方向平行，
两期矿物中均有流体包裹体分布，样品采自青海锡铁山

4.3　含流体愈合裂隙显微构造——流体包裹体迹面(FIP)

4.3.1　地震构造变形和 FIP

显微裂隙是指光学显微镜下在岩石或矿物中所出现的细微裂隙，细微裂隙的宽度从一微米到几十微米不等，由于它们一般为愈合式固结，在显微镜下常常从捕获的流体包裹体分布面才能分辨出显微裂隙的形态。

流体包裹体迹面(FIP)是用来表示由显微裂隙产生的次生或假次生包裹体排列的一个术语，FIP 的概念最早由 Hick 和 van Hise 提出。20 世纪中期有少数地质学家开展了对 FIP 的研究，但 FIP 在地质应用方面的大量论著出现于 1985 年之后，并在近年来逐渐形成了包裹体研究领域的一个新热点(Lispinasse，1999；Boullier，1999)。在地震作用中，活动断裂岩石在近地表脆性变形时，除了产生主断裂面外，还派生许多小断层和不同性质的节理，在微观尺度下有大量变形结构和显微裂隙生成，随后被地下流体充填而封闭。FIP 是地质作用过程的流体渗透迁移到变形结构和显微裂隙中，使它们愈合、封闭而形成的流体活动轨迹。一般认为，FIP 发育于那些伴随区域应力作用发生破裂，并且易于愈合捕获并保存流体的矿物(如石英等)中，这种微裂隙的发育与矿物结晶学性质无关(Lespinasse et al.，1991，1995)，因此 FIP 能很好地应用于构造应力的定性分析和定量推算(Chauvet，2006)。

石英中的流体包裹体迹面中流体的捕获是通过溶解—结晶产生的裂隙愈合方式实现的(Tuttle，1949)(图 4.24)。这种流体包裹体迹面成因的解释也被人工合成包裹体及裂隙愈合实验所证实(Shelton and Orville，1980)。

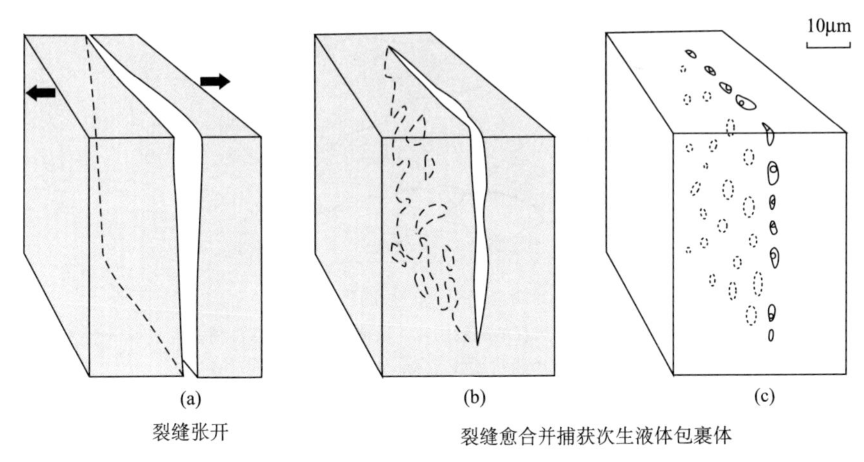

图 4.24 流体包裹体迹面(FIP)的形成机制示意图(Tuttle，1949)

(a)晶体在一定的应力作用下产生破裂；(b)热液沿破裂面充填和沉淀，在裂隙面中形成包裹体；(c)持续的溶解和沉淀造成裂隙面中包裹体向规则化方向发展

岩石中可观察到的显微裂隙，包括愈合的显微裂隙(FIP)，大多表现为张性的模式Ⅰ裂隙(Brace and Bombolakis，1963；Peng and Johnson，1972；Tapponier and Rrace，1976；Krantz，1979，1979，1983)。FIP 是由先期的张裂隙愈合而成，表现为古流体通道(Roedder，1984)。

必须指出的是，受应力控制的显微裂隙并不是造成包裹体定向的唯一机制。例如，某些矿物的结晶学方位和矿物中发育的解理等，均可造成包裹体的定向。但由于石英中不发育解理，且实际研究也表明 FIP 的定向不受石英结晶学方位的控制(Tuttle，1949)(图 4.25)，而与宏观构造(节理和岩脉)具有一致的定向性(Wise，1964)。因此，岩石和矿石中石英的 FIP 受区域应力场控制是十分明显的。

FIP 是模式Ⅰ裂隙，其优势定向方位垂直于最小主压应力 σ_3，通常与区域应力场一致，而与矿物的结晶学方位无关。图 4.26 表示 FIP 形成过程[图 4.26(a)～图 4.26(c)]及形成的力学机理[图 4.26(d)]。

模式Ⅰ裂隙沿系统总能量降低最大的方向发育(Gueguen et al.，1992)。它们并不破坏矿物颗粒的机械连续性，而且不表现出类似于剪切性裂隙的模式Ⅱ和剪张性裂隙的模式Ⅲ的剪切位移证据。

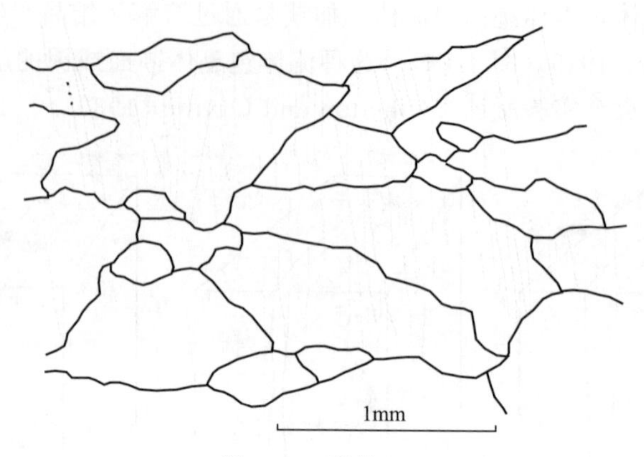

图 4.25　张性 FIP

在石英透镜体中呈高角度延长到达石英颗粒边缘，切面垂直于石英长轴并且平行于水平面，FIP 的方位与石英的结晶轴(C 轴)之间不存在任何的联系

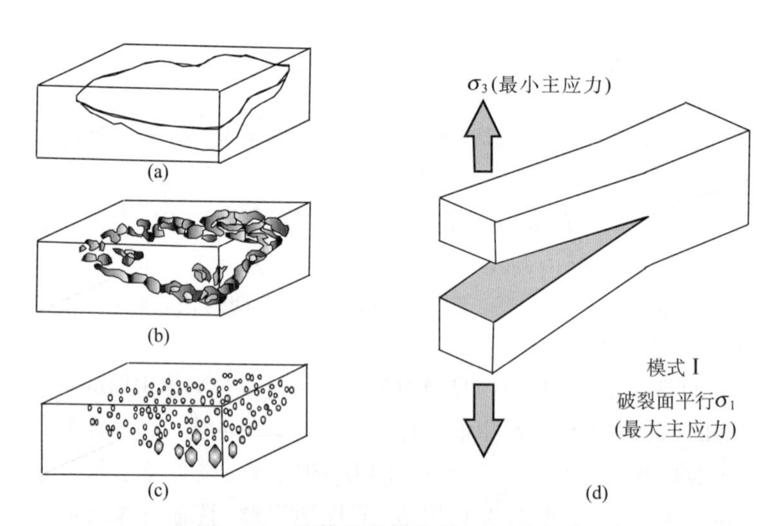

图 4.26　流体包裹体迹面(FIP)几何学

(a)、(b)、(c)FIP 模式由裂隙愈合形成(Roedder 1984)；
(d)按照图解的 FIP 位置相对于 σ_1 和 σ_3(Atkinson 1987)

在显微镜下常常见到 FIP：图 4.27 为中位视域(10×20 倍)中的 FIP 分布情况，常为"X"型裂隙中半球状分布。图 4.28 为高倍视域(10×50 倍)中单个包裹体特征，照片中为不同气泡大小的水溶液包裹体。

流体包裹体迹面具有显微构造及流体包裹体研究两个方面的作用：一方面通过对岩石中 FIP 的优势定向方位研究，可以获得与特定流体活动有关的构造应力

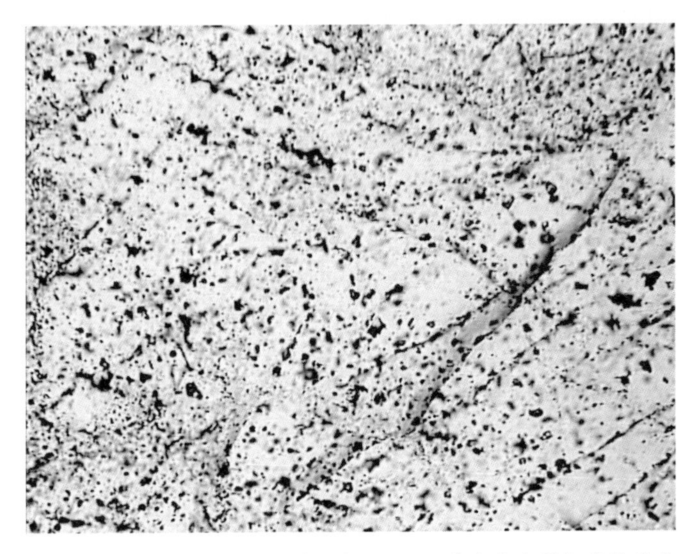

图 4.27　石英脉中"X"型裂隙发育的 FIP，其中有大量包裹体分布，样品采自汶川，10×20 倍(刘斌，2008)

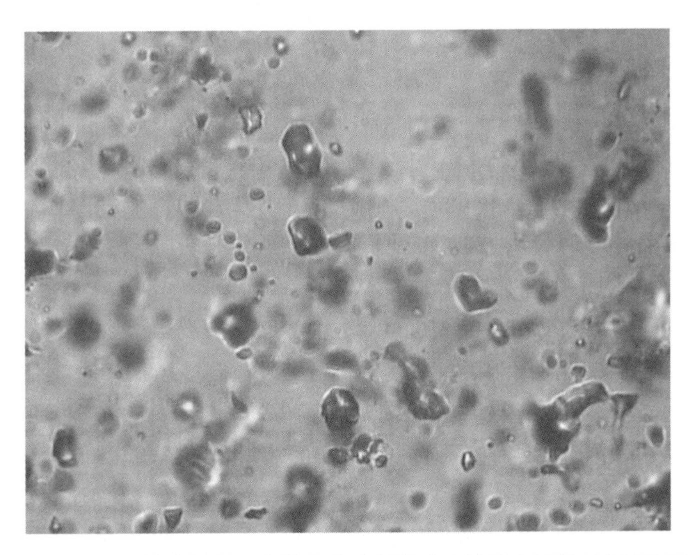

图 4.28　图 4.30 放大视域，大部分为不规则状水溶液包裹体(液相和气相)，样品采自汶川，10×50 倍(刘斌，2008)

场特征；另一方面，通过对保存在流体中包裹体的研究，可以获得与特定构造应力场对应的古流体性质、形成条件等方面的信息(Chauvet et al.，2006)。

FIP 不但留下了构造演化的印记，而且记录了流体活动的踪迹，FIP 显微构造分析是以区域地质构造为背景，运用构造力学原理和方法，研究地质构造的痕迹，确定构造线方向，分析构造应力场特征，进行地质构造配套和组合，在显微尺度下，从 FIP 的性质、组合特征及其构造力学特性，认识多期构造岩体受力后，它的应力应变特性和破坏规律，进一步分析和研究该地区地质构造运动发展历史。

20 世纪 80 年代以来，利用流体包裹体迹面来探索古流体渗流动力学过程，已成为构造地质领域一个新的研究热点。根据流体包裹体迹面来分析构造热动力学规律，也必将成为新的研究方向(Lespinasse et al.，1991，1986)。预测流体包裹体迹面(FIP)同样是地震热动力学分析的一个重要途径。

FIP 热动力学分析可以有下列主要方面内容。

(1) FIP 应力方向的确定和 FIP 差异应力值的计算。

(2) FIP 热力学参数：温度、压力、流体密度、流体逸度、组分成分等的测定和计算。

(3) FIP 动力特征系数：形态、闭合度、贯通性、粗糙度、分布密度、交叉组合网络性质等的确定。

(4) 古流体运移通道、运移相态和聚集部位的确定。

(5) 古构造应力场和古流体势场、渗流场的恢复等。

4.3.2　FIP 成因类型

1. FIP 成因分类的基本假设

FIP 的成因分类是建立在以下三个基本假设之上的。

(1) 流体包裹体面(FIP)是由先期张性的模式Ⅰ裂隙愈合而成，作用于岩石的应力不止是张性的模式Ⅰ裂隙，由于岩石中矿物成分不同，加上矿物形态、大小等因素，剪切作用应力在岩石中也可以造成张性的裂隙，愈合形成 FIP。

(2) 天然 FIP 型式(相对于共轭剪裂隙 FIP 和张裂隙 FIP 或拉张裂隙 FIP)如实地反映了岩石发生破裂时的局部应力状态。

(3) 实验室模拟环境条件下对同种岩石的实验在性质上类似于地下岩石的破裂方式及 FIP 的形成。

假定就外加载荷而论，天然裂隙(FIP)型式所反映的几何形态与实验室实验中形成的裂隙相同。如果这些假设正确的话，那么就可以根据形成裂隙的力学成因对天然裂隙 FIP 进行分类，而这些力学成因则可以用实验室资料和裂隙系统的几何形态确定。因此，成因分类很大程度依赖于岩石实验形成的裂隙的结果。

研究 FIP 系统的成因必须首先分析 FIP 的倾角、形态、走向、相对丰度及 FIP 组系之间的角度关系等。这些资料可以通过全直径岩心或其他定向方法获得，然后将它们应用于 FIP 成因的经验模式中。现有的 FIP 成因模式包括构造模式和以成岩作用为主的模式。只有当 FIP 资料能很好地与某一种成因的模式吻合时，才能对 FIP 的分布做出有效的推断和解释。

FIP 系统成因的解释涉及综合地质和岩石力学方法。一般假定，天然 FIP 的型式反映发生破裂时的局部应力状态，并且地下岩石的破裂方式在性质上与实验室在模拟环境条件下对相当岩石的实验类似。以实验室得到的裂隙型式为依据，根据推断的发生破裂时的古应力场和应变分布可以对天然 FIP 型式做出解释。一般地，任何能反映应力和应变场的有关变形的物理模型和数学模型，经不同程度的外推，都可以作为 FIP 分布模型。利用天然 FIP 系统的成因分类可以将复杂的天然 FIP 系统分解成几种不同成因的 FIP 的叠合。这种分解可以使构造的描述以及利用 FIP 资料对与 FIP 有关的构造性质分析变得更易于处理。

2. FIP 的成因类型

在实验室的挤压、扩张和拉张实验中，可以观察到有三种基本的裂隙类型，在地下由于流体渗入其中，当裂隙愈合后，必然有相应的剪裂隙、张裂隙和拉张裂隙形成的 FIP。

1）剪裂隙形成的 FIP

剪性 FIP 特征：①产状稳定，沿走向与倾向延伸较远；②剪性 FIP 壁比较平滑、紧闭，充填物较少；③剪性 FIP 一般只穿过岩石中矿物晶体，为晶内破裂，但是在砂砾岩中剪性 FIP 可切穿矿物晶体和胶结物；④剪性 FIP 多呈共轭“X”型，将矿物切成棋盘格式；⑤剪性 FIP 具有位移方向与裂隙面平行的特征。两组“X”型剪性 FIP 交线为中间主应力(σ_2)，其夹角为共轭剪裂角，剪裂锐角等分线一般为最大主应力(σ_1)，钝角等分线为最小主应力(σ_3)。剪裂隙是当三个主应力都是挤压应力时形成的(在这里压应力被认为是正的)。剪裂隙之间的锐夹角称为共轭角，它主要与岩石的力学性质有关：最小主应力(σ_3)的绝对大小；中间主应力(σ_2)相对于最大主应力(σ_1)和最小主应力(σ_3)的大小(当 σ_2 接近于 σ_1 时，σ_1 与裂隙面之间的夹角变小)。

许多剪性 FIP 常常有细小流体包裹体呈串珠状排列(图 4.29 和图 4.30)。

2）张裂隙形成的 FIP

张性 FIP 特征：①主要是晶间破裂形成，产状不稳定，延伸不远，一组张性 FIP 常侧列产出；②张性 FIP 是垂直破裂面的微裂开，常呈锯齿状，较开放，并可有充填物；③张性 FIP 常穿过岩石中矿物晶体，为晶间破裂，面粗糙不平滑；④张性 FIP 多开口，宽度不一有变化，脉壁不平直；⑤张性 FIP 可呈不规则树枝状，各种网格状，锯齿状；⑥张性 FIP 具有位移方向与裂隙面垂直并远离裂隙面的特征。它们与 σ_1 和 σ_2 平行，与张性 FIP 垂直的方向为 σ_3。这类裂隙也是当所有三个主应力都是挤压应力时形成的。实验室破裂实验证明，张性 FIP 能够并且确实经常与剪性 FIP 同时形成。

图 4.29 “X”型剪性 FIP(刘斌，2008)

沿 FIP 有呈串珠状排列的细小流体包裹体分布，样品采自江苏茅山

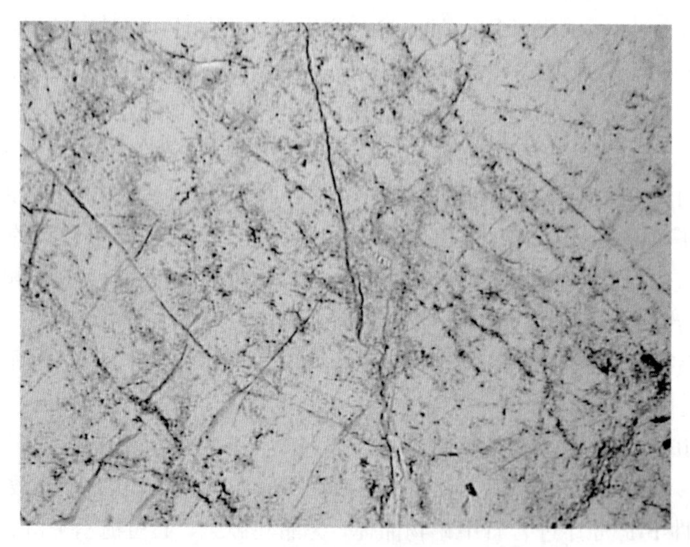

图 4.30 “X”型剪性 FIP(刘斌，2012)

石英颗粒中，至少有两组近于平行的间隔紧密的细显微裂纹，

其中有气—液流体包裹体捕获，样品采自四川汶川

许多张性 FIP 中常常捕获大小不等的流体包裹体(图 4.31 和图 4.32)

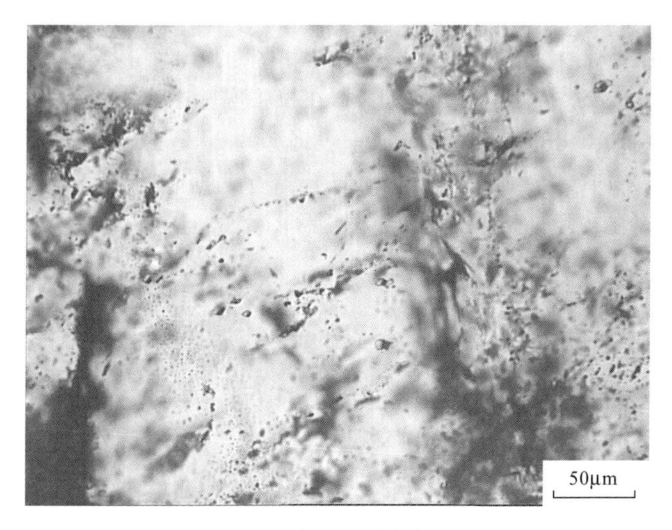

图4.31　张性FIP(刘斌，2008)

图4.32　张性FIP(刘斌，2008)

3）剪(拉)张裂隙形成的FIP

剪(拉)张性FIP特征：①具有张性-剪性FIP产状特征，半稳定，延伸中等；②剪(拉)张性FIP面半粗糙、不太平滑；③剪(拉)张性FIP有时切过岩石中矿物晶体，如果切穿矿物晶体，破裂面不平；④剪(拉)张性FIP多开口，宽度不一有变化，脉壁不很平直；⑤剪(拉)张性FIP可呈共轭“X”型，有的不规则网格状；⑥剪(拉)张性FIP也具有位移方向与FIP面垂直并远离FIP的特征，它们同样与σ_1和σ_2平行。

若就 σ_1 的方向和位移方向而论，它们类似于张性 FIP。但是要形成剪(拉)张性 FIP，至少必须有两个主应力(σ_3)是负的(拉张的)。而形成张性 FIP 时，所有三个主应力都是正的(挤压的)。因为岩石在拉张实验中比在张裂隙实验中具有更低的破裂强度(低 10～50 倍)。理论上一般将那些 σ_3 是挤压或符号未知且平行于 σ_1、垂直于 σ_3 的 FIP 称为张性 FIP，而只有当有证据表明 σ_3 为负时才能称为剪(拉)张性 FIP。在实际分析时常常难以把握(图 4.33)。

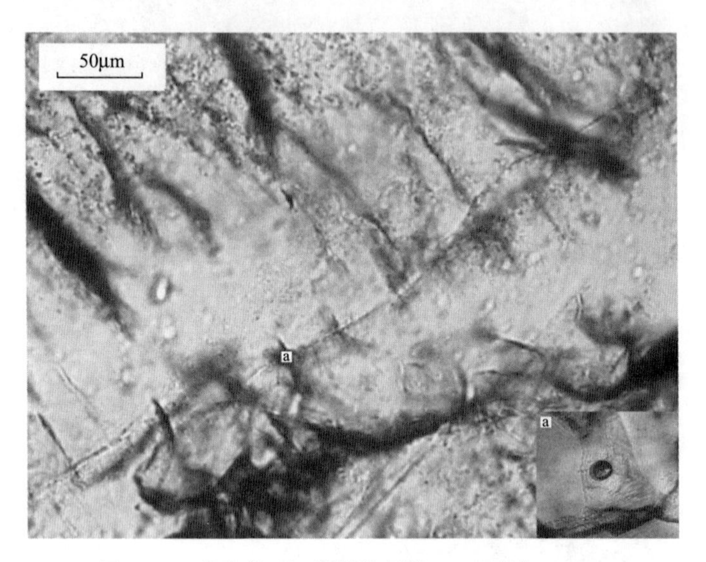

图 4.33　具有剪(拉)张性特征的 FIP(刘斌，2008)

4.3.3　不同构造中的 FIP

自然界地震地质体中形成的裂隙常常成群分布，往往形成裂隙系统，这些裂隙系统大多为构造作用形成，作者研究的主体也是这种由地震作用形成的构造裂隙系统。构造成因裂隙是指那些按照方向、分布和形态可以归因于局部构造事件或与其相伴生的裂隙。它们基本是在近地表构造作用力下形成。观察许多岩石中都趋向于形成剪裂隙，这些裂隙常常呈网状出现，并且与断层和褶皱等构造有着特定的空间联系。这些裂隙除了宏观尺度的裂隙固化成为脉体外，显微尺度的裂隙一般都愈合成 FIP。

1. 与断层有关的裂隙(FIP 或脉)系统

与断层有关的裂隙是指在断层形成发展以及后期重新活动过程中，由于两盘岩块的相对剪切运动，在断层周围产生应力扰动现象，在扰动应力场中所形成的裂隙。它包括与断层平行或近平行的裂隙、与断层共轭的剪裂隙以及与断层呈大角度相交的张裂隙。与断层有关的构造裂隙带的宽度与断层规模及断距有关。目前对断层控制的裂隙带的宽度认识不一致，一般认为断层规模越大，断层附近裂隙发育宽度越大。据 Dyer(1988)的研究，在断层附近由断层产生的扰动应力场带的宽度(Y)与断层高度的一半(C)的比值为 0.2～0.6，即 $Y/C \approx 0.2 \sim 0.6$。因此可推断由断层派生的裂隙带宽度(单侧宽度)与断层高度的一半的比值大致为 0.2～0.6。断距是影响断层附近裂隙发育带宽度的又一重要因素，断层断距越大，表明断层产生剪切位移的剪切应力越强烈，其附近裂隙也就越发育。

按照定义，断层面是一个剪切面。大多数在断层附近与断层相伴生的裂隙都是与断层平行的剪裂隙、与断层共轭的剪裂隙，或等分这两个剪切方向的锐夹角的张裂隙(断层滑动带或断层泥带很复杂，具有其本身的内部变形形态)。这三个方位与实验室破裂实验中三个潜在的破裂方向相对应(图 4.34)，它们是相对于发

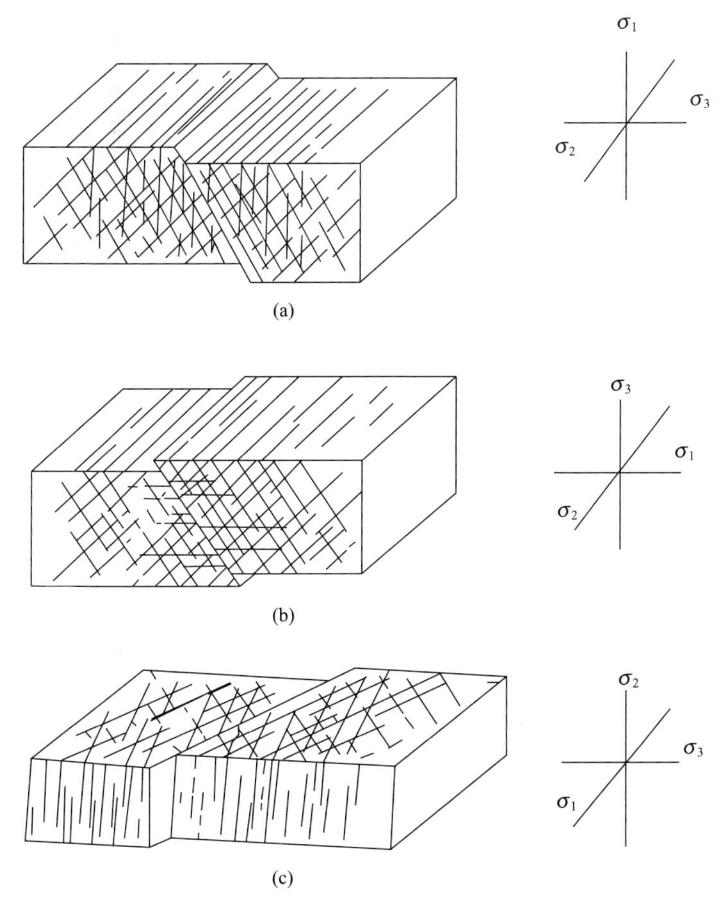

图 4.34　正断层、逆断层、平移断层中派生的 FIP

(a)正断层；(b)逆断层；(c)平移断层

生断层的局部应力状态发育而成的。断层与裂隙都是形成断层的同一应力场的产物，因此由这些裂隙形成的 FIP 系统也是这一应力场的产物。经过许多野外观测，作者注意并证实了断层与裂隙形成的 FIP 的这种关系。

从断层与裂隙之间的分布关系，有可能确定它们形成时的主应力方向或加载方向。同样，已知断层面及与之相伴生的裂隙的方位也可以确定断层的运动方向。FIP 与断层的这种关系存在于各种规模的断层上。我们成功地利用构造岩中裂隙的方位确定了江阴—常熟断裂面的方向和倾角。

尽管目前在理想条件下可以通过裂隙分析确定附近断层的方位及其位移方向，但要确定其与断层的距离却是困难的。与断裂作用相伴生的破裂作用的强度似乎与岩性、距断层面的距离、沿断层的位移量、岩体总应变和埋深有关，可能还与断层的类型(冲断层、生长断层等)有关。对于不同的断层，控制破裂作用强度的主要因素是不同的。

与断层相伴生出现在断层破裂带内部的裂隙，反映了在断层破裂带或糜棱岩带内部所固有的复杂和多变的应力和应变状态。断裂派生裂隙，特别是显微裂隙愈合的 FIP 情况是复杂的。

2. 与褶皱有关的裂隙(FIP 或脉)系统

岩石在发生和形成褶皱的过程中，其应力和应变过程也是非常复杂的，因而在褶皱范围内发育的裂隙(FIP 或脉)型式同样是复杂的。尽管这些有关的裂隙系统的位置和密度随褶皱的形状和成因不同而有所变化，但多数组系在所有经详细研究的褶皱上都是能观察到的。

与褶皱构造有关的裂隙(FIP 或脉)是指在岩石产生和形成褶皱过程中，由局部应力场控制的形成的 FIP，包括平面共轭剪 FIP、剖面共轭剪 FIP、横张 FIP、纵张 FIP(或脉)等。一般纵张 FIP、剖面共轭剪 FIP 的延伸方向与最小主曲率一致，而与最大主曲率方向垂直；横张 FIP 的延伸方向与最大主曲率方向一致，而与最小主曲率方向垂直；平面共轭剪 FIP 与最大、最小主曲率斜交。因此可以根据不同部位主曲率方向及主应力大小(即应力的正、负值)定性地分析不同力学性质 FIP 的方向。对于纵张 FIP 还可根据弹性小挠度薄板理论，通过计算背斜的构造面主曲率来定量评价其发育程度。在褶曲构造中性面以上的构造外弧，一般处于拉张应力状态，常易形成与层面垂直的张裂隙，离中性面越远其曲率越大、张 FIP 越发育、张开度也越大。而在中性面以下的构造内弧，地层处于挤压应力状态，常形成与层面斜交的剪 FIP，如图 4.35 所示。

3. FIP 网络系统

自然界地震地质体中形成的 FIP 常常成群分布，往往形成 FIP 系统，这些

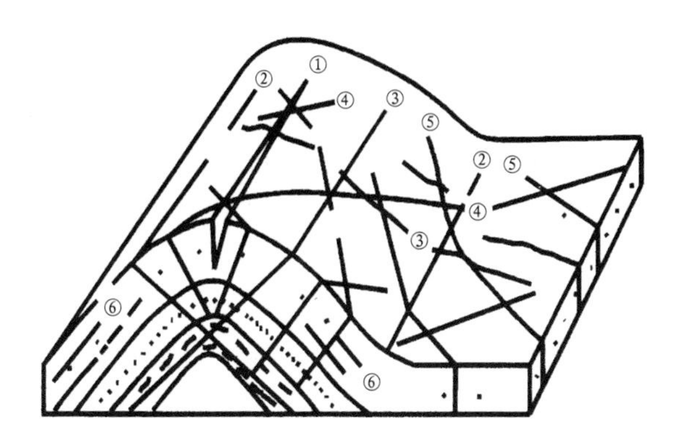

图 4.35　褶皱构造中 FIP 形态分类示意图(长春地质学院，1979)

①、②. 走向 FIP(纵向)；③. 倾向 FIP(横向)；④、⑤. 斜向 FIP(斜向)；⑥. 顺层 FIP

FIP 系统大多为构造作用造成，我们研究的主体也是这种由地震作用形成的构造 FIP 系统。

(1) FIP 组：一次构造作用、统一应力场中形成的，产状基本一致、力学性质相同的一组 FIP。

(2) FIP 系：多次构造作用中形成的两组或者两组以上的 FIP 系列。

图 4.36 表示一个系列两个组合的 FIP。

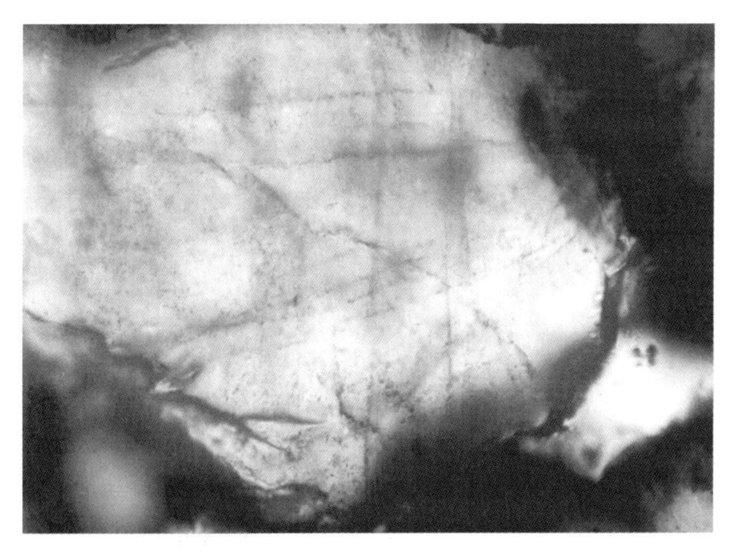

图 4.36　构造作用中形成纵向张性并伴生“X”型剪性 FIP(刘斌，2002)

样品采自东海盆地，10×20 倍

4.3.4　FIP 形成和分布的综合分析

显微镜下所见大量的 FIP，往往不是一次形成的，它们可能是不同期地壳运动的产物，也可能是同一期地壳运动中不同阶段构造应力作用的产物。不论何种情况，均应首先区分出不同的 FIP 组(或系)形成的先后顺序，然后才能进行其他的理论分析。可以认为，FIP 的分期是由现象深入本质，由实践上升到理论的一个重要的中间环节。

由于 FIP 的形成和分布比较复杂，因此必须对其进行综合分析，才能了解其本质。现以下面三个例子来说明不同矿物晶体、不同裂隙脉体和不同构造部位中 FIP 的形成和分布复杂情况以及具体分析方法和手段。

1. 同一矿物中不同方向的 FIP

在显微镜下观察，同一矿物中有若干方向的 FIP 分布，常常难以分辨它们的穿插关系，因此不能判别它们形成时间的先后，这时可以根据其中流体包裹体的表征参数或者由包裹体的热力学参数对比来进一步判别。如图 4.37 所示，有三组不同方向的 FIP，可以根据流体包裹体的均一温度和含盐度不同，表示它们是在三个不同时期捕获的 FIP。

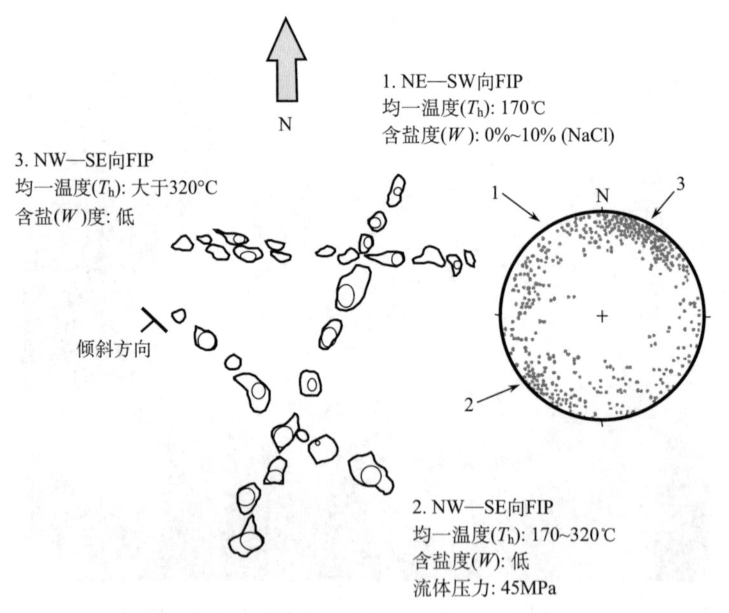

图 4.37　不同方向的 FIP(Lespinasse，1999)

矿物晶体中有三个方向分布的 FIP，由于从穿插关系中难以判别是否是同期产物，通过包裹体成分和盐度，分辨出三个阶段捕获的 FIP

2. 同一岩体不同脉体的 FIP

如图 4.38 所示在同一岩体有三条石英脉体(Q_1，Q_2，Q_3)和一种原生结晶石英(Q_m)有不同类型的 FIP，反过来，利用不同类型的 FIP，可以分辨出不同时期形成的石英脉体。

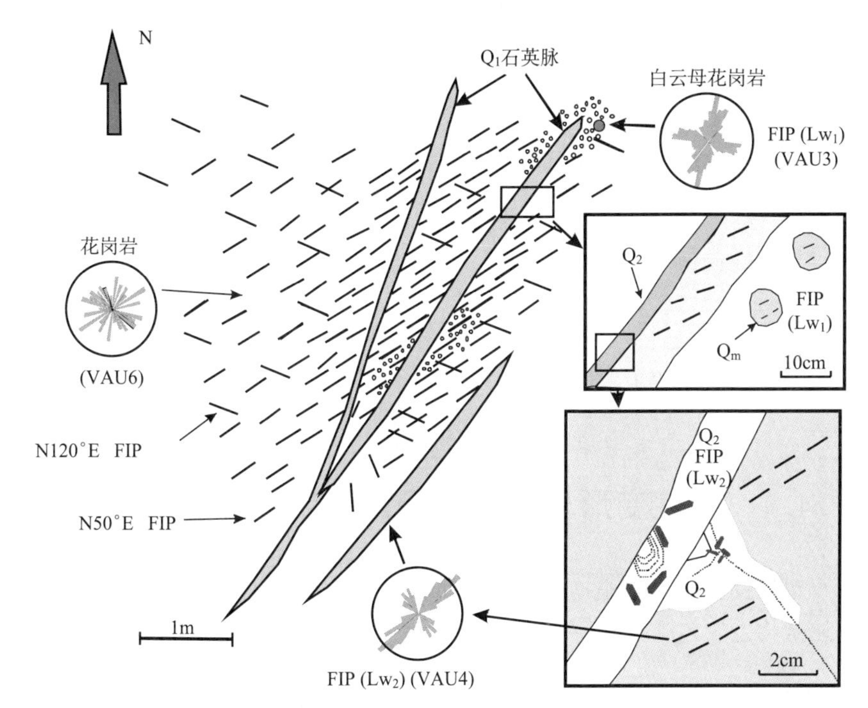

图 4.38 Vaulry 矿床带中显微构造(FIP)与石英脉分布示意图(Vallance et al.，2001)
插图表示流体包裹体类型(Lw_1，Lw_2，Lw_3 为含有不同盐度 w_1，w_2，w_3 的水溶液包裹体)与主矿物石英(Q_1，Q_2，Q_3)不同的比例关系。Q_1. 早期乳白色石英；Q_2. 灰色玻璃质淡白色石英，具有 Sn-W 矿；Q_m. 花岗岩中岩浆结晶石英；W-黑钨矿。UAU3，UAU4，UAU6 为不同采样点编号

3. 同一断裂带中不同部位的 FIP

由于断裂带中不同部位的力学性质有所不同，如图 4.39 所示，某一剪切带中具有各种不同显微构造发育、不同显微构造带发育、不同力学性质的 FIP，即使同一显微构造中的显微裂隙，有的无流体捕获，有的有流体捕获形成 FIP。

从上面的三个例子可以看出，不同矿物、不同裂隙脉体和不同构造部位中 FIP 的成因和分布相当复杂，因此在研究时，一定要根据实际情况仔细观察和分析，才能得到正确结论。

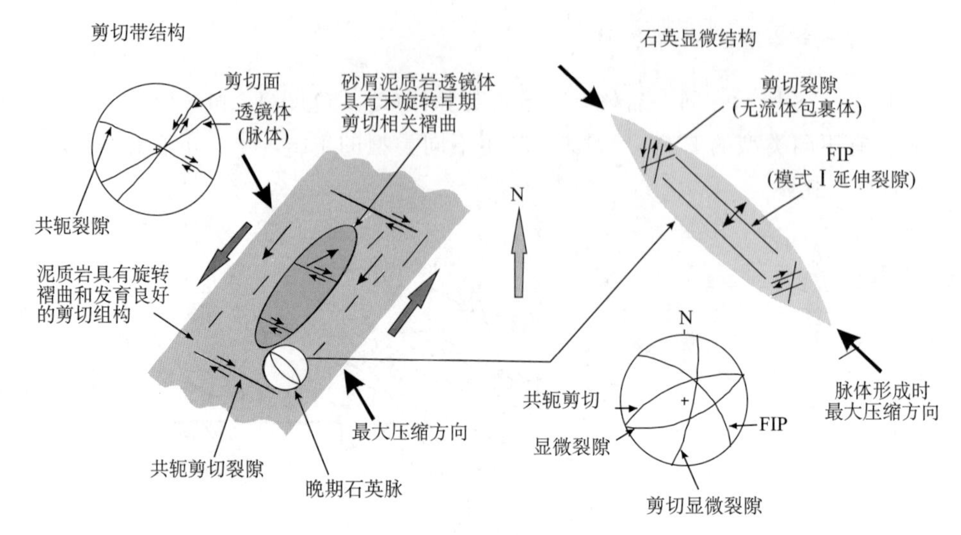

图 4.39　Telechie Valley 剪切带及其与显微构造关系(Clark et al.,2006)

推测的应力场(晚石炭世),应注意在充填脉时推测的应力轴与剪切端旋转约 20°

4.4　塑性变形显微构造及其赋存的流体包裹体

岩石塑性变形显微构造有许多,下面主要阐述常常赋存地震流体包裹体的塑性变形显微构造。

4.4.1　石英变形纹

1. *石英变形纹特征*

变形纹(lamellae)也称变形页理,它是一组薄层或透镜体,其厚度为 0.5～2μm。这些薄层或透镜体的光性方位和折射率与主晶稍有不同,因而在单偏光及正交偏光下都可以分辨,它们在颗粒中成组出现且不穿过颗粒的边界,因而是颗粒内部的变形产物。

变形纹主要出现在石英颗粒中。它是晶粒内狭窄的平行或近平行、间隔紧密的面状或微弱波纹状条纹,与主晶的消光位不同,因而在正交偏光下可见到类似于斜长石双晶纹的细纹(图 4.40),它较前两种滑移变形具有更高的变形温度和应变量。如果两组滑移以不同的方向相互交接,这种交接滑移可形成交叉的变形纹(卡雷拉斯和 Carreras,1980)。例如,福建龙岩翠屏山区叠褶的砂岩(图 4.41),变形纹发生在应力相对集中处,有些破裂也往往从这里开始。

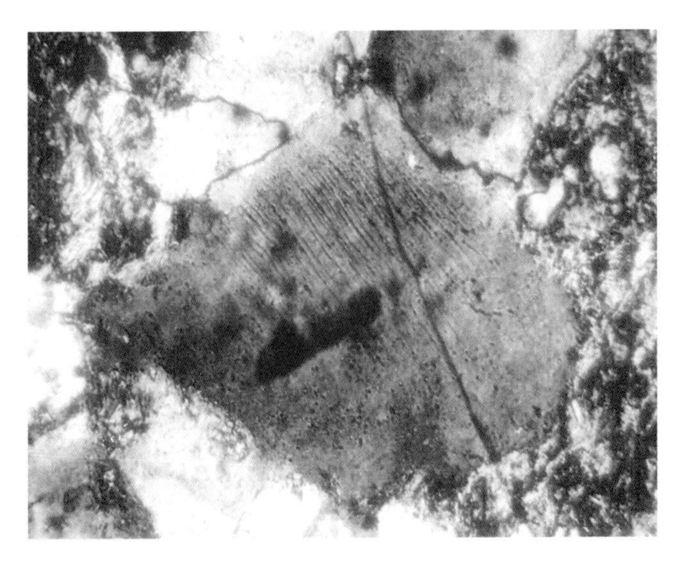

图 4.40　变形纹(刘斌，2008)

晶粒内狭窄平行或近于平行的条纹，它与主晶的消光位、折射率、双折率均有差异，常与消光带、变形带呈高角度相交，可贯穿整个晶粒或仅限于局部。样品采自福建龙岩翠峰沟，下二叠统童子岩煤系，正交偏光

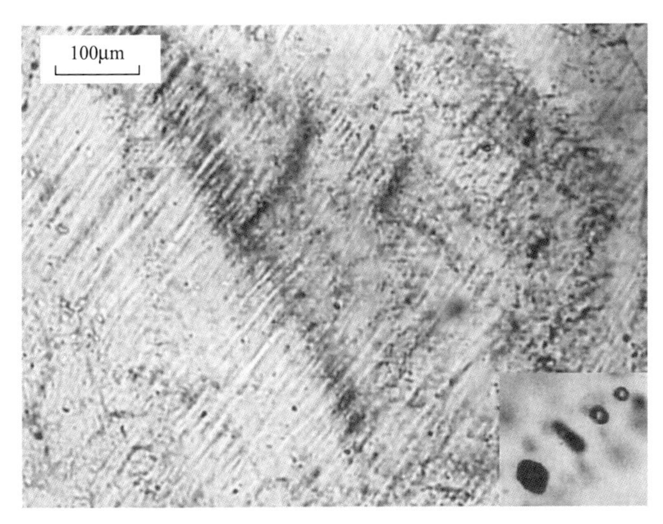

图 4.41　变形纹(刘斌，2008)

石英晶粒内近于平行的条纹，样品采自江苏茅山顶宫断裂带，泥盆系砂岩，正交偏光

另外有两种比较特殊的变形纹：贝姆纹和吕德尔线(Darid and Christian，1991)。

贝姆纹是由贝姆(Bshm)首先发现并描述的，它是由面状排列的气泡或细小包裹体构成的变形纹。贝姆纹与一般的变形纹一样，也是一种较强的韵塑性变形

(图4.4)。

吕德尔线应属交滑移，在石英颗粒中由包裹体排列成交叉的条纹所构成。这种共轭的滑移线又称粗滑移线，它们可能是滑移过程中在滑移面残留的斑点。吕德尔线或交滑移的锐角平分线有时与石英c轴方向一致，沿吕德尔线破碎后可形成一对共轭的剪裂隙。

变形纹在天然岩石的石英颗粒中并不罕见，也可以在变形实验中形成。Carter、Christie、Mclaren、Hobbs、White等都对变形纹进行过研究，包括变形实验及通过透射电镜对它们进行研究。发现属于变形纹的那些光性特征可以由不同的显微构造产生，有时变形页理平行于活动滑移面，因而相当于滑移面内的位错阵列。变形纹的成因不止一种，因此，利用它推导古应力方位时应该注意这一点(Deu'Angelo，1989)。

研究石英变形纹及捕获的流体包裹体，实际意义是通过测定和计算其中流体包裹体的热力学参数，同时通过人工变形实验可以确定产生变形纹时的热动力学条件：温度、围压及应力性质、方向、大小等，从而推断它们在天然岩石中的地震构造变形历史。

2. *石英变形纹的类型*

一些研究者(如Christic、Heard等)发现石英变形纹形成时的流动机制随着应变速率的降低和温度的增高而变化，换句话说，变形纹在石英晶体中的方位与其形成时的变形条件有关(Vernon，1974)。

Ave'Lallemarnt和Carter(1971)根据石英c轴与变形纹极点之间的角度关系，将变形纹分为四类。

(1) 底面型(低温，高压)：$[0001]\wedge\perp l<5°$。

(2) 柱面型(高温，低压)：$[0001]\wedge\perp l=81°\sim90°$强集中；$[0001]\wedge\perp l=0°\sim15°$次集中。

(3) 亚底面Ⅰ型(高温，高压)：$[0001]\wedge\perp l=0°\sim15°$强集中；$[0001]\wedge\perp l=81°\sim90°$次集中。

(4) 亚底面Ⅱ型(中温，低压)：$[0001]\wedge\perp l=10°\sim40°$强集中；$[0001]\wedge\perp l=75°\sim85°$次集中。

4.4.2 扭折带

扭折带指矿物中的标志面(如解理面、双晶面等)发生尖棱状弯曲的现象。扭折带常常出现在云母、斜长石、石英、方解石、辉石等矿物中。不同的矿物出现扭折现象的温压条件不同，如方解石在温度为300℃、压力为500MPa的地质条件下易发生扭折，而黑云母在温度为300～800℃、压力为500MPa的条件下，易于发生扭折。黑云母扭折带的宽窄还与温压有很大关系，在低温时，扭折带是狭窄且大量的，与缩短方向高角度相交；在高温时，扭折带变宽、变少，与缩短方向低角度相交。压力低时，扭折带宽；压力增大，扭折带变窄。可见矿物的扭折现象可以反映矿物所处的地质环境及应力状态。与扭折带呈过渡状态的变形现象是矿物解理、双晶等弯曲现象。扭折带是韧性变形的标志之一，与晶内滑移有关。图 4.42 为云母扭折带，沿矿物解理有捕获的流体包裹体分布。

图 4.42　云母中扭折带(刘斌，2008)

平行沿扭折面有细小流体包裹体分布，样品采自浙江海宁

4.4.3　机械双晶

机械双晶是由晶内滑移机制中双晶滑移所形成的，因而也是塑性变形的标志。变形双晶纹主要发育在一些对称性较低或粒内滑移系统较少的矿物中，如在方解石、白云石中最为常见，在斜长石及辉石中也能见到，还可见多组机械双晶。白云石、方解石的生长双晶一般不发育，而在应力作用下的双晶化作用却比较容易发生，所以在变形岩石中，只要方解石和白云石晶体中普遍发育了双晶纹，一般可以认为是机械双晶纹。其他矿物，如辉石和斜长石中，生长双晶和机械双晶都很普遍，如图 4.43 所示。矿物的双晶滑动通常具有一定的指向，这主要与原子(或离子)滑移距离的大小有关。

矿物的机械双晶在比较低的温度及比较快的应变速率条件下容易出现。有时沿机械双晶面可以有呈面状排列的气相或液相细小包裹体。对机械双晶的研究，既可用进行动力学分析，还能反映变形时的变质程度及温度条件。

图 4.43　方解石机械双晶(刘斌，2008)
晶体中有细小流体包裹体分布，样品采自浙江海宁

4.4.4　亚晶粒

正交偏光镜下，矿物颗粒内分成许多不同的近等轴状、有规则边界的消光区，而在单偏光镜下却仍然是一个完整的颗粒，这种现象称为亚晶粒化，如图 4.44 所示。

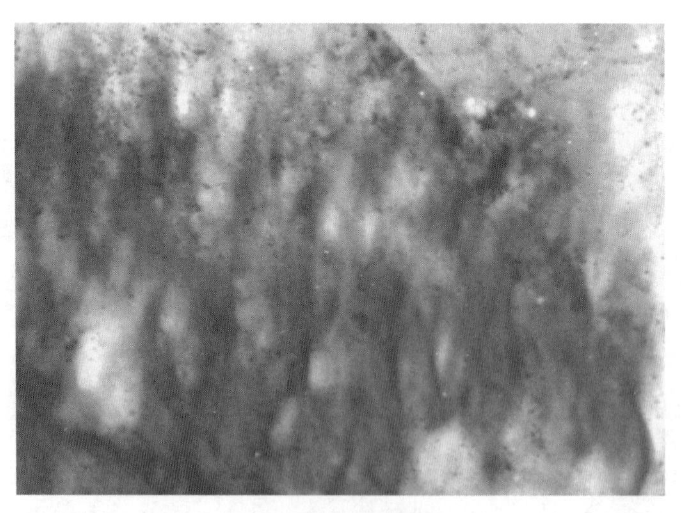

图 4.44　石英亚晶粒(刘斌，2008)
晶体边缘有细小流体包裹体分布，样品来自江苏连云港

在塑性变形过程中，亚晶粒的形成是在恢复过程中由位错的攀移、交滑移而形成位错壁构成的多边形化，位错壁两侧的晶格方位发生了小角度的偏转。这样一个晶体就会被若干个位错壁分隔成为多个晶格方位不同的区域，这些小区域就是亚晶粒。Nicolas 和 Pokier(1976)的定义是：一个晶体内有由结晶学方位发生小角度($\theta<12°$)偏转的区域所构成的多边形亚构造，亚构造之间被低角度的亚晶界，即位错壁所分隔。因此有人也把刃型位错通过攀移形成位错倾斜壁的过程叫攀移多边形化。普通的光学显微镜下看不到位错壁构造，只能看见由位错壁分隔的不同小区域具不同的光性。亚晶粒与消光带并无本质的区别，都是由位错壁分隔的不同消光区，只是消光带为拉长状的亚晶粒(Nicolas and Pokier，1985)。

沿亚晶粒面常常见到呈面状排列的气相或液相细小固体和少量流体包裹体。

4.4.5　动态重结晶新晶粒

动态重结晶新晶粒即在变形过程中形成的新晶粒，因此新晶粒的形状一般为它形，很少呈近等轴状而主要呈拉长状。据 Hobbs(1968)的研究，这种拉长状的新晶粒的定向与集合体总体形状具有一定的定向角度，为 20°～40°的稳态方位。据此角度可以判断剪切运动方向(刘瑞珣，1988)。

动态重结晶过程中往往消除了原来的显微构造，消耗了高位错密度，致使位错消失，并发育和生长了新的无应变颗粒或多晶集合体，即新晶粒内无位错或位错密度极低，因而没有波状消光、消光带及亚晶粒化等变形现象。动态重结晶新晶粒与老颗粒之间或多或少存在成分的差异，因为在变形过程中，还伴随着成分

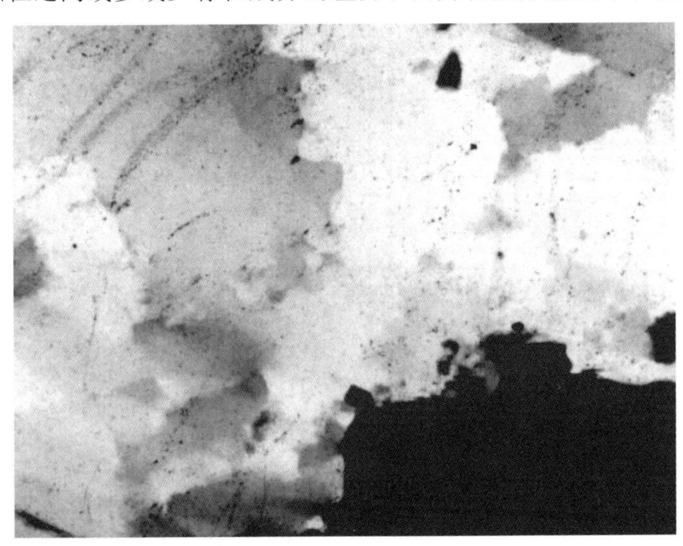

图 4.45　石英的动态重结晶(刘斌，2008)

沿动态重结晶面有细小流体包裹体分布，样品采自新疆天山

的带入与带出。沿颗粒之间可以有细小固体和少量挥发分流体(如 CO_2)包裹体分布(图 4.45)。

4.4.6 变斑晶包迹构造

变斑晶是指一种同构造生长的斑晶，斑晶内常常包含各种类型的包裹体迹线，如图 4.46 所示。利用变斑晶包迹来判断结晶生长与变形之间的关系等，是显微构造研究中的一个十分重要的内容。

Zwart(1960)首次利用变斑晶包迹判定前构造、同构造和后构造期生长以来，(Spry，1963；Bell et al.，1985，1986；Johnson，1990)对变斑晶的旋转问题，变斑晶成核、生长及溶解与变形分解作用，变斑晶与造山作用过程的关系，变斑晶与应力方位、应变速率、应变量大小及生长动力学，以及变形与变质的相互作用等多方面的问题进行了研究探讨。目前，变斑晶包迹的研究已成为显微构造研究中一个十分活跃的研究方向之一。

变斑晶在变形过程中常常受到挤压，其中刚性的变斑晶矿物产生脆性裂隙，斑晶内的细小包裹体沿裂隙定向排列；如果变斑晶矿物为塑性，并且在变形过程中一边生长一边旋转，斑晶内的细小包裹体定向就构成“S”，最常见的是石榴子石变斑晶形成的雪球构造，如图 4.46 所示。

根据变形分解作用的概念，变斑晶只出现在递进缩短作用带，雪球构造只形成于递进剪切作用带，或形成于无缩短递进作用的均质变形条件下，即单剪变形条件下。

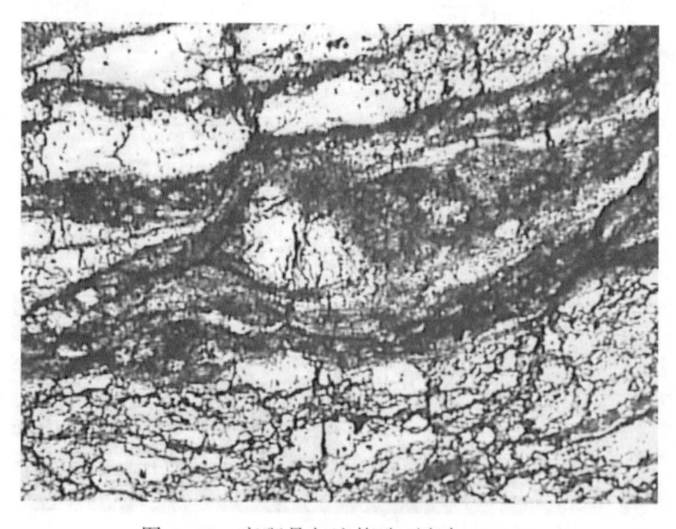

图 4.46 变斑晶包迹构造(刘斌，2008)

斑晶内常常包含有细小固体和液体包裹体，有的连成迹线，样品采自四川川西

对变斑晶包迹(包括其中赋存的流体包裹体)进行详细研究，对研究造山带演化历史及机制、变形与变质作用过程及物质运移机制等起着重要作用，也有许多问题值得进一步深入探讨。

4.4.7　压溶构造

压溶构造包括压力影、压溶面理、压溶缝合线、压溶微裂隙填充物等。

在压溶过程中，由溶解度不同的几种矿物组成的岩石，其中的相对易溶矿物，如石英、方解石等，逐渐被溶解扩散，而相对难溶矿物，如层状硅酸盐矿物及碳质、铁质、黏土等难溶残余则趋于呈带状集中，逐渐形成压溶面理。剪溶作用也可形成压溶面理(钟增球和郭宝罗，1991)。两种面理有时可见到细小固体和流体包裹体。

在砂岩中的石英、长石碎屑矿物边部和内部裂隙通常为不规则状，在构造压力作用下，由于局部应力集中使部分矿物熔融，形成压溶面理，这种裂隙中形成的压溶面理称为裂隙压溶边，当压溶过程伴随有细小固体和流体时，它们被捕获形成固体和流体包裹体(图 4.47)。

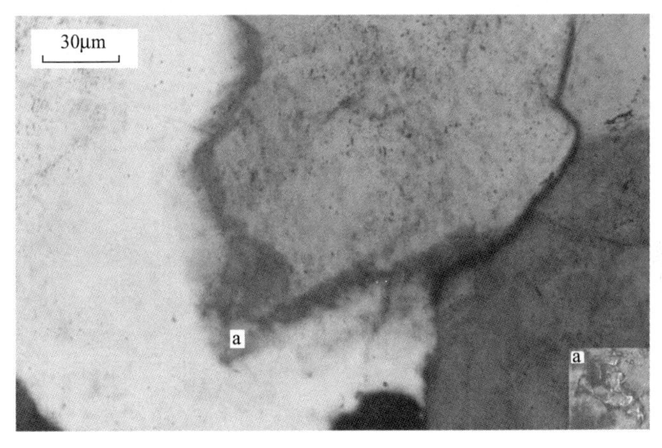

图 4.47　石英裂隙中压溶边(刘斌，2008)

压溶边内赋存细小流体包裹体，样品采自江苏昆山

4.4.8　静态重结晶新晶粒

岩石的宏观变形终止后，岩石如果仍处于高温，就会发生静态重结晶，主要是使动态重结晶留下的弯曲边界发生改变，使矿物的表面能减少到最小以达到稳定。静态重结晶的结果是使矿物颗粒的截面呈现多边形，多为六边形。三个矿物边界交汇处形成三个角近相等(约 120°)的三连点(图 4.48)。理想的立体晶形为

十四面体，由三个方位的正方形表面和八个八面体的正三角形表面组成，由这种十四面体组成的集合体在单位体积中表面积最小。显微镜下，还要注意区分静态重结晶作用与热变质重结晶作用。热变质重结晶，如石英砂岩变为石英岩、灰岩变为大理岩等，这些作用纯粹由热变质引起。静态重结晶作用与热变质重结晶作用的区别在于静态恢复重结晶常常并不恢复得十分完全，在同一薄片中，有时还可见到并未完全静态恢复的动态重结晶颗粒，而且薄片里常常保留了其他矿物的各种变形现象，而热变质重结晶则无动态重结晶颗粒及变形现象(钟增球和郭宝罗，1991)。由于静态重结晶是新生矿物，在结晶时常常捕获流体而形成流体包裹体，不过包裹体的粒度一般不大。

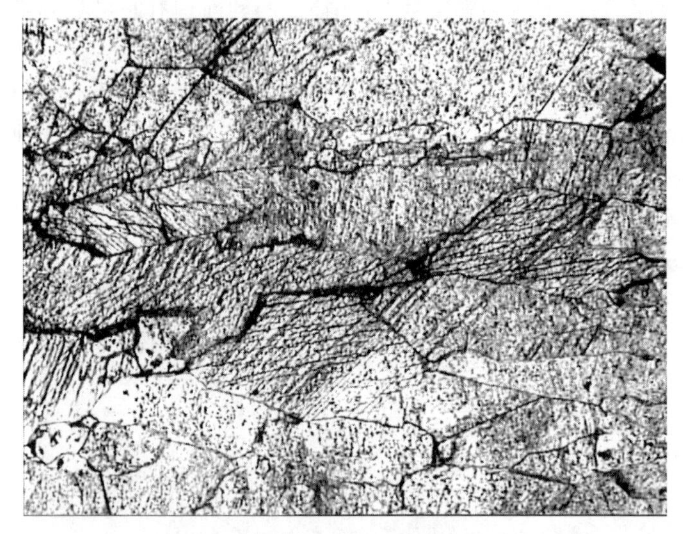

图 4.48 方解石静态重结晶新晶粒(刘斌，2008)

重结晶新晶粒内有细小包裹体散布，样品采自台湾太鲁阁

4.4.9 带状构造

变形岩石中同种矿物集合体或单晶常呈条带状。条带可以是平直定向，也可以绕斑晶弯曲。其中最值得注意的是石英条带，有人也译为石英丝带。它可以由单晶组成，也可以由多晶组成。单晶条带多是在中低绿片岩相条件下，石英通过晶内滑移而产生的形态组构。在一些麻粒岩相的糜棱岩中也可见石英的单晶条带，但主要是在变形过程中经重结晶而形成。多晶条带中单晶晶粒的形态又可以有三种(胡玲，1998)。

(1) 具不规则边界的拉长状单晶晶粒，为动态重结晶新晶粒，一般认为形成于中高绿片岩相条件下。

（2）具规则边界的多边形近等粒状单晶晶粒，为同构造静态重结晶恢复产物。

（3）矩形单晶晶粒。

矩形石英条带的形成可能主要与变形—变质环境有关。条带中石英单晶粒径较大，应与变质环境有关，其温压环境应高于绿片岩相环境；同时岩石的变形程度也要高，只有变形程度高，显微分层发育，才能形成条带。至于是否为变余糜棱岩，则主要看同一岩石中其他矿物有没有静态重结晶恢复作用发生。因为在中高级变质条件下，岩石递进变形过程中，也伴随着递进增热，使糜棱岩重结晶颗粒增大，而不一定要到宏观变形停止后再发生静态重结晶恢复作用。变形-变质条带状矿物，特别是石英条带中，常常见到细小流体包裹体散布其中(图 4.49)。

图 4.49　条带状构造(刘斌，2008)

构造中矿物有细小包裹体分布，样品采自山东胶南

4.4.10　出溶构造

固溶体和液体一样，在适当的条件下，其溶度会降低，此时溶质便从溶体中分离出来，发生出溶作用，形成出溶构造。导致出溶的因素有温度、压力、应力及化学成分的变化等。

在应力作用下，矿物发生位错及运动，从而改变了滑动面或位错附近原子的相对位置，导致固溶体溶度变化，而发生出溶现象(Hull and Bacon，1984)。

（1）应力蠕虫构造：一定的压应力可使一种成分的固溶体的摩尔体积缩小，导致其中某些易溶成分，如 SiO_2 从晶格内出溶或析出，形成一种出溶构造，这种出溶构造因其与应力有关，而与变质岩和岩浆岩中的交代蠕虫结构不同，所以称应力蠕虫构造。

（2）出溶页理：在应力作用下，两种不同或成分稍有差别的物质发生出溶作用，呈现平行连生现象，类似聚片双晶，构造中的辉石、斜石矿物常常出现，当出溶过程伴随有细小固体和流体时，它们可以被捕获形成固体和流体包裹体(图 4.50)。

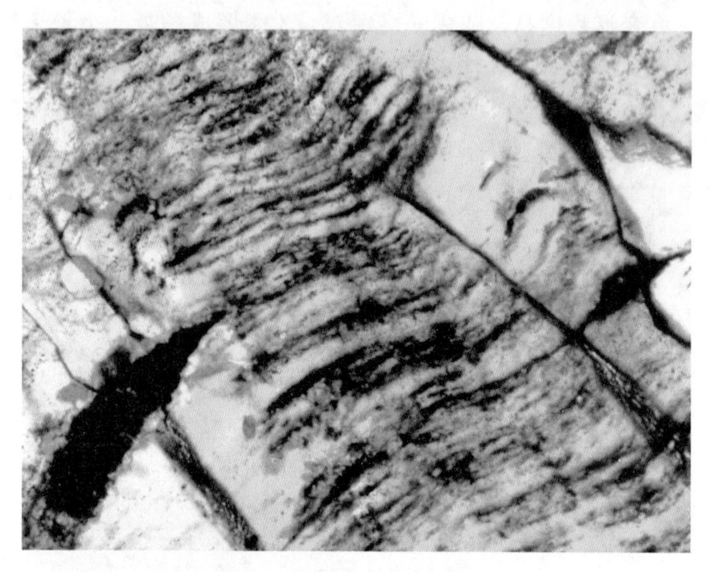

图 4.50 斜方辉石中单斜辉石的出溶页理(刘斌，2008)

矿物有细小固体和流体包裹体分布，样品采自新疆天山

4.4.11 超微构造

超微构造指在透射电子显微镜下观察到的变形构造。流体对于超微构造和硅酸盐结构的影响还是比较显著的，位错运动导致了各种超微构造的形成。常见的超微构造有自由位错、位错壁、亚晶粒、堆垛层错，还可以有双晶、变形带、较大的亚晶、晶界及空洞等其他晶体缺陷和超微构造。

位错运动导致了位错亚构造的形成。位错亚构造是矿物晶体塑性流动机制研究的重要对象。不同的物质在相同的变形环境下，变形机制不同，产生的位错亚构造也不相同。因而根据位错亚构造的种类和特征就有可能恢复岩石变形时的环境条件。

在冲击变形的高应力和高应变速率条件下，矿物变形的机制与金属不同，至少在架状和链状硅酸盐中是如此。受冲击变形的金属通过双晶滑移、相变等作用，广泛发育着塑性变形。但在架状硅酸盐的冲击变形中，位错运动不起作用，最显著的变形机制是沿一些晶面的玻璃化。在链状硅酸盐中，辉石是一个典型的代表，位错运动造成了玻璃化和韧性变形。在橄榄石等硅酸盐矿物中，还没有发现冲击玻璃化作用的证据，但如金属那样可以发现一些位错及其运动的证据。各类矿物中位错及其运动的证据表明其具有不同的变形机制，主要与矿物自身结构中的 Si—O 键有关(李林等，1984)。

Griggs(1967)很早就注意到石英及其他硅酸盐矿物具有水弱化现象。以石英为主的岩石蠕变与其平衡水的氧逸度关系密切。在相对低温条件下，水有利于成核和位错结点的生长，水化滑移位错控制蠕变速率；在高温条件下，水有助于硅、氧的自扩散进行位错攀移，控制蠕变速率。橄榄石和石盐也具水弱化现象：干燥的橄榄石比有水存在的橄榄石变形强 0.5 倍；天然变形的石盐中，在含卤水包裹体附近石盐的位错活性增强。

深部流体或熔体引起矿物颗粒边界弱化，致使岩石流变强度和有效黏度迅速减低，并导致变形机制从位错蠕变向扩散蠕变转化。

在透射电镜下观察到的包裹体有许多特征，由于透射电镜的图形是样品表面的图像，它与光学显微镜下的图像有所不同。由于透射电镜放大倍数较大，包裹体内部形态比较清晰，特别是包裹体壁的平整性质、子矿物的形态能够清晰的反映出来，如图 4.51 所示。

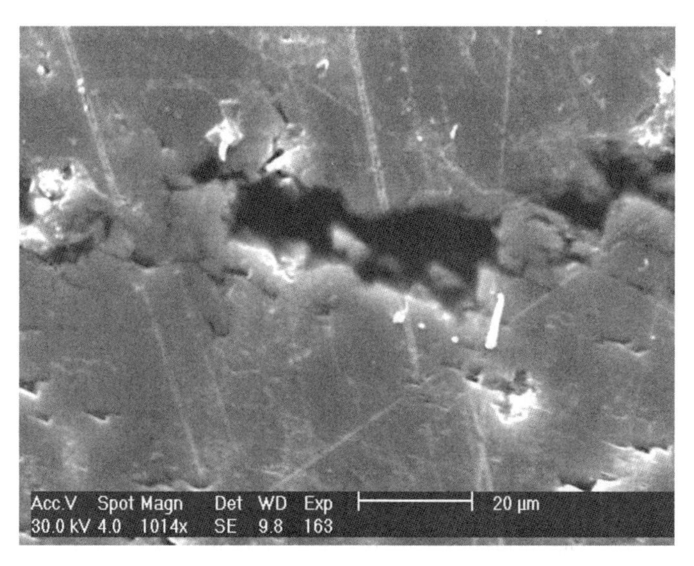

图 4.51　透射电镜下观察到的包裹体(刘斌，2008)

包裹体为不规则长方形，包裹体壁凹凸不平，其中包含有三角、四角形的子矿物，样品采自江苏茅山

主要参考文献

阿特金森 B K. 1992. 岩石断裂力学. 北京：地震出版社
长春地质学院. 1979. 构造形迹. 北京：地质出版社
高庆. 1986. 工程断裂力学. 重庆：重庆大学出版社
胡玲. 1998. 显微构造地质学概论. 北京：地质出版社
卡瑞拉斯 J. 1980. 组构和显微构造. 北京：科学出版社
李林，周剑雄，张家云. 1984. 矿物的电子显微镜研究. 北京：地质出版社
刘斌. 1985. 锡铁山铅锌矿床的流体包裹体特征及成矿物理化学条件的初步探讨. 矿床地质，4(1)：22-30
刘斌. 2002. 利用流体包裹体计算地层剥蚀厚度——以东海盆地 3 个凹陷为例. 石油实验地质，24(2)：172-176
刘斌. 2005. 广西十万大山盆地流体包裹体特征及其在石油地质上的应用. 石油实验地质，22(4)：387-391
刘斌. 2008. 地壳构造流体. 北京：科学出版社
刘斌. 2012. 断裂阀模型的流体包裹体证据——汶川地震断裂带 W-1 井为例. 杭州：第 17 届全国包裹体及地质流体学术研讨会论文集
刘瑞珣. 1988. 显微构造地质学. 北京：北京大学出版社
切列帕诺夫. 1990. 脆性断裂力学. 北京：科学出版社
宋鸿林. 1993. 构造动力学中的显微构造研究. 当代地质科学前沿. 武汉：中国地质大学出版社
唐辉明，晏同珍. 1993. 岩体断裂力学理论与工程应用. 武汉：中国地质大学出版社
王春增. 1988. 变形分解作用及其研究意义. 地质科技情报，7(2)：13-19
王桂梁，马文璞. 1992. 地质构造图册. 北京：煤炭工业出版社
韦必则. 1996. 剪切带研究的某些进展. 地质科技情报，15(4)：97-101
耶格，库克. 1981. 岩石力学基础. 北京：科学出版社
钟增球，郭宝罗. 1991. 构造岩与显微构造. 武汉：中国地质大学出版社
Ashby M F. Hallam S D. 1986. The failure of brittle solids containing small cracks under compressive stress state. Acta Metallurgica，34：497-510
Bell T H. 1986. Porphyroblast nucleation，growth and dissolution in regional metamorphic rocks as a function of deformation partitioning during foliation development. Journal of Metamorphic Geology，4：37-67
Boullier A M. 1999，Fluid inclusions ：tectonic indicator. Journal of Structural Geology，21：1229-1235
Chauvet A，Bailly L，Andre A S，et al. 2006. Internal vein texture and vein evolution of the epithermal Shila-Paula district，southern Peru. Mineral Deposita，41：387-410
Clark C，Mumm A S，Collins A S. 2006. A coupled micro-and macrostructural approach to the analysis of fluid induced brecciation，Curnamona Province，South Australia. Journal of Structural Geology，28：745-761

David K, Christian T. 1991. Quartz c-axis fabric differences between pophyroclasts and recrystallized grains. Journal of Structural Geology, 13(1), 105-109

Dell'Angelo L N. 1989. Fabric developrimentally sheared quarzites. Tectonophysics, 21: 169

Goodman R E . 1980. Introdoction to Rock Mechanics. New York: John wiley and sons

Hodgson C J. 1989. Patterns of mineralization//Bursnall J T. Mineralization and shear zones. Geologioal Association of Canada, Short Course Notes, 6: 51-88.

Hull D, Bacon D J. 1990. 位错导论. 丁树深，李齐译. 北京：科学出版社

Lawa B R, Wilshaw T R. 1975. Frecture of brittle solids. London: Cambridge Univesity Press

Lespinasse M, Cathelineau M, Poty B. 1991. Time/space reconsttruction of fluid percolation in fault systems: The use of fluid inclusion planes//Sourrce, (editors. Pagel and Leroy) Transport and Deposition of Metals. Balkema: Rotterdam

Lespinasse M. 1999. Are fluid inclusion planes useful in structural geology? Journal of Structural Geology, 21: 1237-1243

Lesspinasse M, Pecher A. 1986. Microfracturing and regional stress field: A study of preferred Orientation of fluid inclusion planes in a granite from from the Massif Central, France. Journal of Structural Geology, 8: 169-180

Murphy J B. 1989. Tectonic environment and metamorphic characteristics of shear zones//Mineralization and shear zones. Bursnall J T. Geological Association of Canada. Short Course Noter, 6: 29-49

Murray G H. 1968. Quantitative fracture study, Sanish pol, Mckenzie county. North Dakota. AAPG Bulletin, 52(1): 57-65

Nicolas A, Pokier J P . 1985. 变质岩的晶质塑性和固态流变. 林传勇，史兰斌译. 北京：科学出版社

Nolen-Hoeksema R C, Gordon R B. 1987. Optical detection of crack patterns in the opening-mode fracture of marble. International Journal of Rock Mechanics and Mining Sciences & Geomechanics. Abstracts, 24(2): 135-144

Pollard D D, Segall P. 1987. Theoretical displacements and stresses near fractures in rock: with applications to faults, joints, veins, dikes and solution surfaces//Atkinson B K. Fracture Mechanics of Rock. London: Academic Press

Price N J. 1966. Fault and Joint: Development in Brittle and Semi-Brittle Rock. Oxford: Pergaman Press

Robert L K. 1979. Crack-crack and crack-pore interactions in stressed granite. International Journal of Rock Mechanics and Mining Sciences & Geomechanics, 16: 37-47

Roedder E. 1984. Fluid inclusions. Reviews in mineralogy, 12: 644

Schmid S M, Panozzo R, Bauer S. 1987. Simple shear experiments on calcite rocks: rheology and microfabric. Journal of Structural Geology, 9(5/6): 747-778

Shelton K L, Orvilie P M. 1980. Fomation of Synthetic fluidinclusions in natural guartz. American Mineralogist, 65: 1233-1236

Sibson R H. 1990. Faulting and fluid flow. MAC Short Course on Crustal Fluids, 18: 93-132.

Tuttle O F. 1949. Structural Petrology of planes of fluid inclusion. Journal of Geology, 57: 331-356

Vallance J, Cathelineau M, Marignac C, et al. 2001. Microfracturing and fluid mixing in granites: W-(Sn)ore deposition at Vaulry(NW French Massif Central). Tectonophysics, 336: 43-61

Vernon R H. 1974. 变质反应与显微构造(翻译本). 北京: 地质出版社

第5章　地震FIP(和脉体)表征参数特征及其测定方法

本章描述地震FIP(和脉体)表征参数特征，其测定方法包括野外采样、显微镜下观测、旋转台测定技术及赤平投影方法。

5.1　地震FIP(和脉体)野外和室内观测方法及其表征参数特征

5.1.1　野外脉体采样和观测

由于FIP许多赋存于脉体中，只有研究好脉体的构造性质和特征，才能进行FIP构造分析，因此必须进行活动断裂中地面露头脉体的研究，这种含有FIP脉体的测定才能使FIP研究具有地震构造意义。但是，要把露头脉体统计和测定数据推测应用于地下深处的环境，则是一件需特别注意的事情，这是脉体生成条件的差别所致。

野外露头观测方法因不同观测者的研究重点不同，观测方法和内容也不同，并没有一个固定的方法，但总体看，与显微FIP取样观测大体相似。下面介绍一些最基本的野外露头脉体观测方法和内容。

1. 观测点的选定

野外观测点是根据所要解决的问题选定的，对同一断裂不同构造岩露头的脉体分别取样。

观测点的选定一般并不是机械地采用均匀布点法进行。每一观测点的范围视脉体的发育情况而定，一般要求有多条脉体可供观测，而且最好将观测点选定在既有平面又有剖面的露头上，以利于对脉体的全面观测。

2. 观测内容

在任何地段观测脉体，首先要了解断层的分布情况、特点以及观测点所在断层的部位，然后根据不同的目的、任务，分不同的岩性或地层观测其中不同性质的脉体，并参照表5.1将观测内容予以记录。

表 5.1　脉体观测点记录

点号及位置	所在断层部位	所在岩层的时代、层位和岩性及产状要素	脉体的产状要素	脉体及填充面的特征	脉体的力学性质及倾向	脉体组、系归属及相互关系	脉体密度/(条/m)	备注

总体看，观测的内容主要包括露头和岩心，详细描述为以下几点。

(1) 露头和岩心地点空间坐标(经纬度)、观测点的名称及其编号。

(2) 露头和岩心所在构造部位及构造要素。

(3) 露头和岩心地点的地层、岩石类型、产状、地层厚度等。

(4) 测定露头和岩心不同层中的脉体间距(同一构造位置的层内和层外)，把脉体密度与层厚联系起来。

(5) 观察露头和岩心不同层(同一构造位置的层内和层外)中脉体方位、脉体倾角的变化；考察脉体产状变化与构造及其位置的关系；根据每个露头上的脉体类型确定主应力方向，并把它们与断裂作用模式联系起来；特别注意那些与模式不符合的脉体类型和主应力方向。

(6) 取样点脉体形态(断层泥、开启性、矿化情况、擦痕面和孔洞)。

(7) 取样脉体长度和长度级别。

(8) 取样脉体纵向切深及其与岩性、层厚、构造位置的关系。

(9) 方便时应把记录的取样脉体数据初步点绘在玫瑰花图或极点图上，为了在野外确定脉体的趋势及应用简单地质脉体模式，有必要绘制这些原始图件，这样便可建立有效的解释模型并随着野外资料的不断收集而逐步完善它们。

在任何时间，观察者都应该根据取样点脉体与其他位置及局部构造形态的关系来考察脉体型式。

(10) 在研究含有较多收缩脉体的取样点露头时，由于上面许多定量方位数据的均匀分布，而很难确定这些数据。在这些露头中，基质块体大小(三维空间的裂缝间距)与它的侧向分布和岩性一样都是很重要的。

(11) 采集所研究地层的代表性样品用于可能的力学测试。

(12) 照相和素描。

5.1.2　显微镜下 FIP 观测

FIP(和显微脉体)观测是在显微镜下进行，它是最主要、最基本也是最有效的研究手段，是任何其他资料所不可取代的。

1. 准备工作

(1) 设计 FIP(和显微脉体)描述表格。为了便于高效而全面地描述 FIP，描述前应设计好 FIP 描述表。根据实践，作者建立了一张实用且综合性较强的 FIP 描述表格(表 5.2)，基本上包括了 FIP 描述的主要内容，实际描述中主要把这张表填好即可。

(2) 做好照相、取样的准备。

(3) 将全部样品一次排开，并使破碎样品小心归位，有利于观察描述 FIP 发育规律，建立整体概念。

表 5.2　××××地区(或井)样品中 FIP 描述记录表

<table>
<tr><td colspan="2">取样次数</td><td></td><td rowspan="8">FIP 特征</td><td>平直</td><td></td></tr>
<tr><td colspan="2">取样部位或井段/m</td><td></td><td>弯曲</td><td></td></tr>
<tr><td colspan="2">GPS 定位或井样距顶距离/m</td><td></td><td>光滑</td><td></td></tr>
<tr><td colspan="2">岩性及其特征</td><td></td><td>粗糙</td><td></td></tr>
<tr><td colspan="2">FIP 编号</td><td></td><td>与水平面夹角/(°)</td><td></td></tr>
<tr><td rowspan="3">FIP 走向</td><td>与层面倾向夹角/(°)</td><td></td><td>与岩心轴夹角/(°)</td><td></td></tr>
<tr><td>层面产状</td><td></td><td>其他性质</td><td></td></tr>
<tr><td>实际走向</td><td></td><td>包裹体分布特征</td><td></td></tr>
<tr><td rowspan="4">FIP 倾角/(°)</td><td>对水平面</td><td></td><td rowspan="2">FIP 交切</td><td>交切关系</td><td></td></tr>
<tr><td>对层面</td><td></td><td>交角/(°)</td><td></td></tr>
<tr><td>对岩心轴</td><td></td><td colspan="2">FIP 两端终止情况</td><td></td></tr>
<tr><td>井斜</td><td></td><td colspan="2">取样记录</td><td></td></tr>
<tr><td>FIP 长度/μm</td><td colspan="2"></td><td colspan="2">照相记录</td><td></td></tr>
<tr><td>FIP 宽度/μm</td><td colspan="2"></td><td rowspan="4">备注</td><td colspan="2" rowspan="4"></td></tr>
<tr><td>充填物</td><td colspan="2"></td></tr>
<tr><td>张开度</td><td colspan="2"></td></tr>
</table>

2. 观察描述 FIP

1) FIP(和显微脉体)发育位置、岩性和条数描述

主要描述含 FIP 样品断裂带位置、样品深度、样品定向数值(倾向和倾角)、FIP 发育的岩性及其主要特征。记录 FIP 条数并对其编号，无法计算条数，要描述 FIP 长度及特征等。

2）产状测量

测量每条 FIP（和显微脉体）的倾角和走向。

（1）倾角测量：对于露头样品，测量 FIP（和显微脉体）倾角与层面的夹角；对于钻井中样品，测量 FIP（和显微脉体）与岩心轴的夹角。若为直井，其补角即为 FIP（和显微脉体）倾角；若为斜井，作井斜校正后，同样可求出真倾角。为此，获得 FIP（和显微脉体）倾角与层面的关系。

（2）走向测量：露头和钻井定向取心，可直接测量到 FIP 的真实方位（直接测量法）。

对于一般钻井取心只能通过间接方法测量 FIP（和显微脉体）方位，其方法由下面几步组成。

① 取既发育 FIP（和显微脉体），又有明显层面的岩心，把岩心按正常层序竖直放好。

② 把岩心上的地层层面倾向假定为正北，画一条最大的倾向线。

③ 测量 FIP（和显微脉体）与岩心横截面的交线（走向线）与地层倾向线之间的夹角，以地层倾向线为零起点起算，顺时针方向读出 FIP（和显微脉体）交线的相对方位角，填入 FIP（和显微脉体）记录表中。

④ 在室内，从该井的地层倾角测井图上或构造图上读出取心层段的真正倾角，然后把岩心上测得的 FIP（和显微脉体）相对方位角与地层真倾向进行换算，即可求得 FIP（和显微脉体）的真正走向。

⑤ 把得到的具有统计意义的 FIP（和显微脉体）方位作走向玫瑰花图或其他投影图，最后确定该井或本地区优势方位。

3）形态描述

主要是描述每条 FIP（和显微脉体）的长度、宽度、开启度等参数。

（1）纵向切深：即岩心 FIP（和显微脉体）的长度，可直接测量每条 FIP（和显微脉体）的长度。对于垂直 FIP（和显微脉体），该长度即代表 FIP（和显微脉体）的真正纵向切深；但对于斜交 FIP（和显微脉体），该长度代表的是 FIP 最小纵向切深。对测量到的数据进行统计，可求得本区 FIP（和显微脉体）的最大、最小切深范围。

（2）平面延伸：岩心上无法测量 FIP（和显微脉体）的平面延伸长度，但可以通过地面露头测量以及水力压裂 FIP（和显微脉体）人工监测等方法间接推测地下 FIP 平面延伸长度。

（3）宽度（或张开度）：FIP（和显微脉体）宽度是表征 FIP（和显微脉体）发育程度的特征参数之一，也是计算 FIP（和显微脉体）孔隙度和渗透率的重要参数。

（4）开启度：主要针对脉体，若脉体有矿物充填，必须要测量充填后的开启度。

4) FIP(和显微脉体)特征描述及力学性质判断

主要描述 FIP(和显微脉体)平直、弯曲、光滑、粗糙程度，样品擦痕倾角，样品擦痕性质等，初步判断 FIP 力学性质(张性、剪性、张扭、压扭等)。

5) 充填物描述

对于脉体需描述充填物成分(矿物、泥质、沥青类等)、形态、厚度、充填情况、充填方式、充填期次，直接对充填物取样，分析其中流体包裹体性质、类型、期次、时间等。

6) FIP(和显微脉体)两端终止情况及穿层现象描述

描述 FIP(和显微脉体)两端终止于什么样的岩性、层厚或构造、产状、规模等的变化情况，即某种岩性中发育的 FIP 是层内终止还是穿越矿物界面，穿入的矿物、穿入的产状、规模等要做详细描述和测量。

7) FIP(和显微脉体)组系间交切关系描述

对于具有不同方向和形态特征的 FIP，要分辨不同组系的 FIP。对于不同组系的 FIP(和显微脉体)，要注意描述不同组系的发育程度、先后切割关系、交切角大小、共轭关系、力学性质等。

8) 区别构造裂隙和非构造裂缝

在描述 FIP(和显微脉体)过程中，要注意区别地震构造 FIP 和非构造成因 FIP。

5.1.3　FIP(和脉体)观测资料的分析整理

FIP(和脉体)观测描述得到的大量数据，回到室内要进行分析整理，进行综合研究。主要有以下几个方面的内容。

(1) 确定 FIP(和脉体)密度。

(2) 划分 FIP(和脉体)类型。根据不同的需要可以对 FIP(和脉体)进行多种分类，包括：①按成因分为构造和非构造 FIP(和脉体)；②按力学性质分为张性和剪性 FIP(和脉体)；③按(脉体)宽度分为大脉、中脉、细脉、微脉等；④按倾角分为垂直型、高斜型、中斜型、低斜型、水平型 FIP(和脉体)；⑤按规模分为显形、微形、显微形 FIP(和脉体)；⑥按与构造的关系分为走向性质、倾向性质等 FIP(和脉体)；⑦按(脉体)开启度分为张开型、闭合型、潜在型等 FIP(和脉体)。

(3) 估计和计算某些 FIP(和脉体)参数。有些参数，如纵向切深、宽度、垂直 FIP(和脉体)密度(平面间距)等很难从岩心上直接获得准确的数据，必须要进行一些估计和数学计算。

(4) 确定 FIP(和脉体)方位。

(5) 建立 FIP(和脉体)综合发育柱状图。对于系统取心，要将岩性，岩心描述的 FIP(和脉体)倾角、FIP 和脉体密度、强度、交切关系、方位、岩石力学测量参数，以及岩石力学强度曲线等综合在一张图上，建立起 FIP(和脉体)综合发育柱状图，从而掌握岩石变形破裂的剖面发育规律。

(6) 划分 FIP(和脉体)发育区带。按构造强度(断层发育程度)、FIP(和脉体)强度(密度和规模)和方位，在平面上划分 FIP(和脉体)发育区带，进行综合评价。

(7) 在薄片中进行显微脉体观察，研究显微脉体及其与大脉体的关系，影响因素等。

(8) FIP(和脉体)组系、期次划分，FIP(和脉体)形成机制、控制因素研究。

通过上面诸多方面的观察就可以对一个断裂中 FIP(和脉体)进行全面深入的研究分析，其主要内容应包括：①FIP(和脉体)分类、组系划分、组合形式；②FIP(和脉体)在不同岩性、不同厚度岩层中的密度；③FIP(和脉体)在不同岩性、不同厚度岩层中的产状；④FIP(和脉体)规模在不同岩性和不同厚度及不同深度地层中的变化；⑤FIP(和脉体)与断裂的关系；⑥FIP(和脉体)与构造的关系(局部的或区域的等)；⑦FIP(和脉体)在剖面上的发育规律，即建立 FIP(和脉体)地层学；⑧FIP(和脉体)在平面上的分布规律，即建立 FIP(和脉体)分区(带)模式；⑨FIP(和脉体)形成机制及时期、活动性等。

综合上面的研究建立起三维地质模型，综合评价地震作用的 FIP(和脉体)特征。

5.1.4 地震 FIP(和脉体)表征参数特征

FIP(和脉体)表征参数是衡量和研究 FIP(和脉体)最基础和最重要的数据，它对地震研究而言是比较可靠的数值依据。FIP(和脉体)表征参数是指最能表示统计特征，并且具有定量意义的几何参数(Murray，1977)，可由三类参数确定：形态(几何模型)、产状和密度(杨立中等，2008)。

1. 形态

FIP(和脉体)几何模型包括：①FIP 迹线和迹长；②脉体张开度和延展度；③FIP(和脉体)壁面形态。

这里要说明的有两点：一是形态中的长度，作为 FIP，即为迹线和迹长，对于脉体而言，即为脉体的延展度。二是形态中的宽度，FIP 宽度很小，基本上没有统计意义，因此没有列出。但是对于脉体而言，宽度表示它在未充填前裂隙的张开度，这一参数在地震构造上有着比较重要的意义，因此列出脉体张开度和延展度。

1) FIP 迹线和迹长

FIP 与薄片面的交线，称为 FIP 迹线，其长度称为迹长。无论 FIP 呈什么形状，都难以直接量测 FIP 规模的真正大小，只能观察在薄片面上的迹线和测量其迹长。因此，对薄片迹线和迹长的观测很重要，它可以在一定程度上反映薄片的产状和规模。

对于同一条 FIP，如果薄片面位置不同，该结构面在薄片面上的迹线和迹长也不同，甚至会因不在薄片面上出露而无法被观测到。因此，少量 FIP 迹线和迹长是无法准确反映 FIP 规模大小的。但如果有足够数量的 FIP 在薄片面上出露而被观测到，由于 FIP 与薄片面相对位置是随机的，其迹长也是随机分布的，它们与 FIP 的规模大小有关，就可以通过对迹长的统计分析，推断出 FIP 的规模。

我们也可以参照国际岩石力学学会(ISRM)对于结构面的迹长分级标准，来描述和评价 FIP 的连续性，如表 5.3 所示。

表 5.3　按迹长进行 FIP 连续性分级

描述	迹长/mm
很低连续性	<0.01
低的连续性	0.01～0.03
中等连续性	0.03～0.10
高的连续性	0.10～0.20
很高连续性	>0.20

2) 脉体张开度和延展度

脉体(包括显微脉体)张开度是指脉体两壁面间的垂直距离。脉体两壁面一般不是紧密接触的，而是呈点接触或局部接触，接触点大部分位于起伏或锯齿状的凸起点。由于脉体实际接触面积减少，必然导致其黏聚力降低。当脉体张开且被外来物质充填时，脉体强度将受充填物性质的影响；当充填物达到一定厚度时，脉体强度主要由充填物决定。

脉体张开度对研究裂隙充填时的渗透性有很大影响。

参考 ISRM 提出的结构面张开度分级，同样应用于显微脉体，如表 5.4 所示。

表 5.4　显微脉体张开度分级表(Aguilera，1988)

描述	显微脉体张开度/mm	分类
很紧密	<0.1	闭合型
紧密	0.1～0.25	
部分张开	0.25～0.5	
张开	0.5～2.5	裂开型
中等宽的	2.5～10	
宽的	>10	

续表

描述	显微脉体张开度/mm	分类
很宽的	10～100	张开型
极宽的	100～1000	
似洞穴的	>1000	

脉体的延展度可以直接测定露头和岩心中的脉体长度，但是由于露头和岩心中脉体出露有限，往往不能测定出真实的数值，地下延伸长度更难以直接获得。但是，地下脉体可通过露头统计脉体宽度和长度间接推测。常用的方法为数值模拟方法，其中有限元数值模拟方法是比较成熟的方法之一。

3) FIP(和脉体)壁面形态

FIP(和脉体)壁面形态对岩体力学性质及流体性质存在明显的影响，一般用FIP(和脉体)侧壁的起伏形态及粗糙度来衡量(Barton et al.，1985)。

FIP侧壁的起伏形态可分为平直的、波状的、锯齿状的、台阶状的和不规则状的五种(图5.1)，它们的起伏程度可用起伏角(i)表示

$$i=\arctan\left(\frac{2h}{L}\right)$$

式中，h 为FIP平均起伏差；L 为基线平均长度。

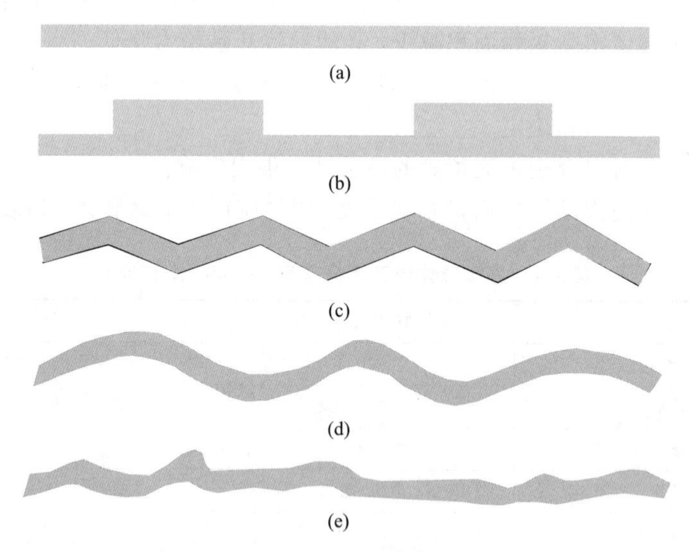

图5.1　FIP(和脉体)侧壁的起伏形态

(a)平直的；(b)台阶状的；(c)锯齿状的；(d)波状的；(e)不规则状的

FIP 起伏角的计算如图 5.2 所示。

i
i
h
l
L

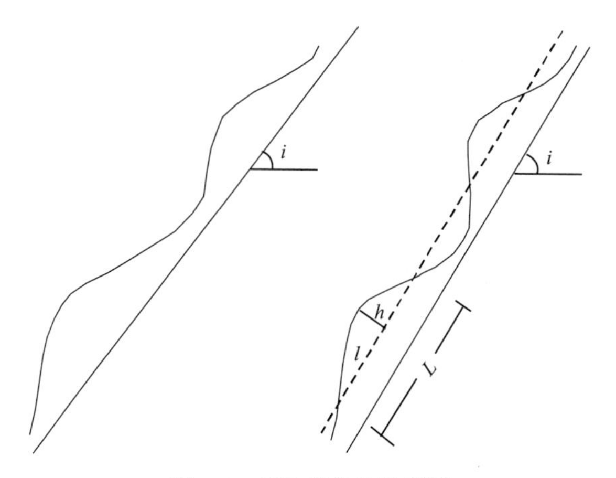

图 5.2　FIP 起伏角计算图

h. 起伏高度或起伏差；*i*. 起伏角；*L*. 基线平均长度

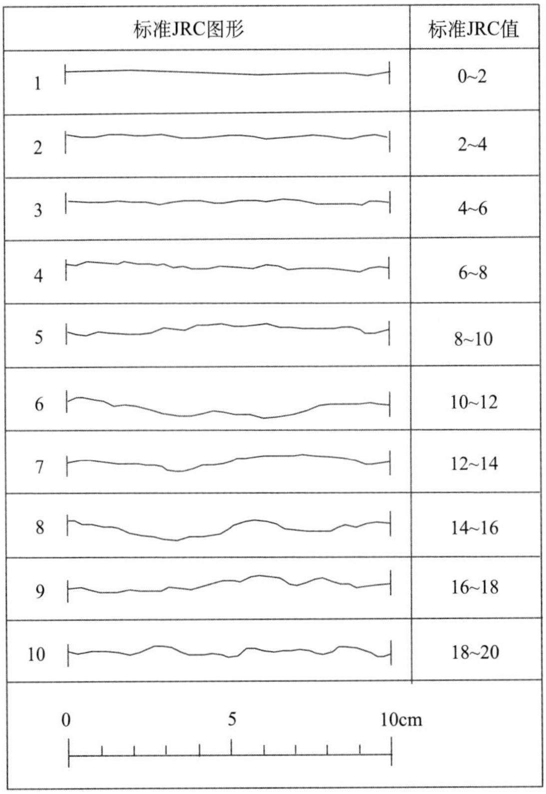

标准JRC图形
标准JRC值
1
0~2
2
2~4
3
4~6
4
6~8
5
8~10
6
10~12
7
12~14
8
14~16
9
16~18
10
18~20
0
5
10cm

图 5.3　标准粗糙程度剖面及其 JRC 值(Barton et al.，1977)

FIP粗糙度即为迹面粗糙程度，一般用粗糙度系数JRC(joint roughness coefficient)来表示。随粗糙度的增大，结构面摩擦角增大。Barton(1977)将FIP粗糙度系数划分为10级，分别对应JRC=0～20(图5.3)。在实际工作中，可用FIP纵剖面仪测出FIP剖面，然后与图5.3所示标准剖面进行对比，即可确定FIP粗糙度系数JRC。

2. 产状

FIP(和脉体)产状包括倾角、方位(走向、倾向)。

1) FIP(和脉体)倾角

构造脉体倾角一般从露头或者岩心上就可以直接测量；FIP倾角由显微镜下费氏台测定、投影，也可以获得。根据研究，按倾角大小可将FIP(和脉体)分为五种倾角类型，各类标准如下。

(1) 垂直缝：倾角>80°。

(2) 高斜缝：倾角=60°～80°。

(3) 中斜缝：倾角=40°～60°。

(4) 低斜缝：倾角=10°～40°。

(5) 水平缝：倾角<10°。

一般将倾角>60°的裂缝形成的FIP(和脉体)统称高角度FIP(和脉体)，倾角=60°～40°称中斜FIP(和脉体)，倾角<40°为低角度FIP(和脉体)。

2) FIP(和脉体)方位(走向、倾向)

FIP(和脉体)方位是测定中重要的参数，它直接关系到地震断裂中应力场分布的分析问题。虽然露头和岩心上能测量脉体的方位，但毕竟太少，也不能准确的反映不同构造部位和层位的脉体方向变化，另外FIP受到岩石薄片数量的限制，测定的数值也难以满足需要。因此，需要应用多种方法进行综合判断分析，最后确定全区的优势方位。这些方法主要有下面五种。

(1) 地面露头和岩心实测的脉体方位统计和分析；岩石薄片中FIP(和显微脉体)方位统计。

(2) 岩石薄片中FIP(和显微脉体)方位统计和分析。

(3) 区域和局部构造、断层方位统计分析。

(4) 根据构造形成机制及应力场分布，可以通过实验或模拟分析可能的破裂系统及方位。

(5) 根据应力场数值模拟结果，推测FIP(和脉体)组系统方位。

3. FIP(和脉体)密度

FIP(和脉体)密度是指单位尺度范围内FIP的数目，它有线密度、面密度、体密度三种类型。线密度是指 FIP 法线方向上单位测线长度交切的 FIP 数目(条/mm)；面密度是指单位面积内 FIP 迹线中心点数(条/mm^2)；体密度是指单位体积内 FIP 形心点数(条/mm^3)。相比较而言，FIP 线密度更容易确定，应用也就更广泛(Ranald and Nelson，1985)。

根据 FIP 间距和线密度的定义，可以看出二者互为倒数关系，即

$$\lambda_d = 1/d$$

式中，λ_d 为 FIP 线密度；d 为 FIP 间距。

按照 FIP 间距和线密度的定义，在统计 FIP 时应尽可能要求测线沿 FIP 法线方向测定。FIP 间距是指同一组 FIP 法线方向上相邻 FIP 的平均距离。

FIP(和脉体)密度是衡量裂缝发育程度的参数，主要有线密度、面密度和体密度等表示方法，其定义如下。

1) 线密度

FIP(和脉体)法线方向上单位长度的 FIP(和脉体)条数，可表示为

$$线密度 = 条数 / 长度$$

2) 面密度

单位面积内 FIP(和脉体)的总长度表示为

$$面密度 = 全部\ FIP(和脉体)\ 总长度 / 总面积$$

3) 体密度

FIP(和脉体)总表面积与岩石总体积的比值，即

$$体密度 = FIP(和脉体)\ 总面积 / 岩石总体积$$

统计密度时要分岩性、分层厚、分层位统计，岩性的划分要考虑岩石力学性质和 FIP(和脉体)发育程度，而不是单纯的岩性划分，要建立 FIP(和脉体)密度与褶皱曲率或构造部位的关系。

构造裂缝的密度包括露头、岩心上宏观构造脉体密度以及镜下 FIP(和显微脉体)密度两种。对于露头、岩心上宏观构造脉体的密度，常规的测量方法是统计单个露头、岩心上脉体的条数，但由于露头出露地面和岩心直径的局限性，这种统计密度反映不了脉体在空间上的真实密度，尤其是当脉体间距大于岩心直径时，用上述方法所统计的密度具很大随机性，因此需要利用岩心和露头脉体测量数据来建立经验关系间接求取宏观构造中 FIP(和脉体)分布的密度。

5.2　地震 FIP 的旋转台测定和赤平投影原理

虽然现代有一些最先进的测定、识别和扫描裂隙的方法，如 X 射线、地震波相干(coherence)及 CD 扫描技术。但是能直接观察 FIP 并能简便测定 FIP 方位

的应该为古老的显微镜旋转台方法及赤平投影技术。

运用旋转台法测定地震 FIP，除了熟悉旋转台的构造、安装和校正方法外，还必须了解赤平投影基本原理。下面仅就旋转台的基本测试方法以及赤平投影基本原理加以介绍。

5.2.1　旋转台的构造、安装和校正

在地质领域，如矿物光性测定、构造应力分析中，利用费德洛夫旋转台法测定矿物光性方位和显微地质构造至今已有上百年的历史，其原理和技术已相当成熟完善，常用的为五轴(或六轴)旋转台。旋转台法是在偏光显微镜上加一旋转台，通过旋转台各转轴使岩石薄片在三维空间转动，达到适合取向后，测定其光学常数和应力特征，用以精确鉴定矿物光性方位和显微地质构造应力性质。虽然现代测试技术不断更新，向更为精密、快速和自动化方向发展，但因旋转台测试技术有其独到之处，对于矿物岩石中发育的 FIP，完全可以利用这一古老方法进行精确的测定和分析。

1. 旋转台的构造(Дукии 等，1965)

旋转台主要由一套金属环和一对玻璃半球所组成。薄片夹于一对分为上、下两部分的玻璃半球之间，而被置于内环中央。通过两侧支架将各金属环与底座相连(图 5.4)。

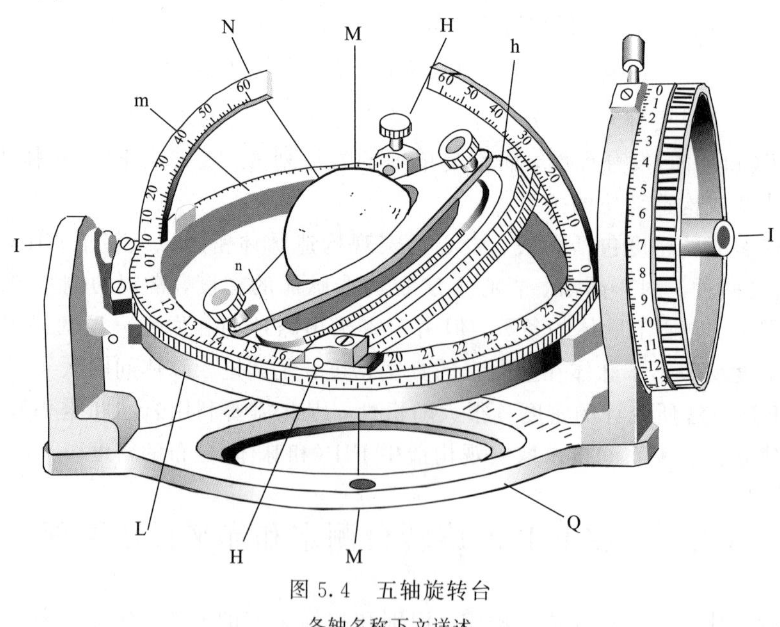

图 5.4　五轴旋转台

各轴名称下文详述

1）旋转轴

带动各金属环及薄片绕某一空间方向作转动的转轴称旋转轴。现以原西德莱兹厂五轴台为例加以说明(图 5.5)。

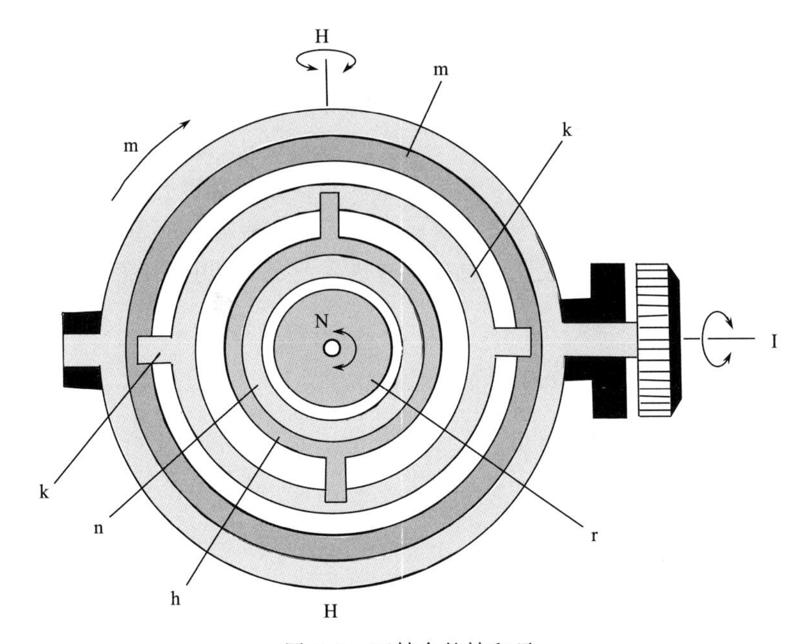

图 5.5　五轴台的轴和环

N、H，K，M、I 轴和 n、h、k、m 环；r 表示可旋转

a）N 轴——内直立轴

轴向直立垂直 n 环、m 环和薄片平面，为 n 环的旋转轴，携带薄片作水平转动(0°～360°)其转角可由 n 环刻度读出。n 环内嵌有一圆玻璃片，用来装薄片和玻璃半球。

b）H 轴——南北轴

轴向南北水平，且与 n 环和薄片平面平行，为 h 环的旋转轴。携代薄片及 h 环作东西倾斜转动(0°～60°)，其转角可由外侧刻度弧读出。

c）K 轴——内东西轴

轴向东西水平，与 k 环和薄片平面平行，为 k 环的旋转轴。携带及 k 环(包括 n、h 环)作南北倾斜转动(0°～60°)，其转角可由两侧刻度弧读出。将五轴台的 K 轴锁住就可按四轴台法操作使用。

d）M 轴——外直立轴

轴向垂直于 m 环和薄片平面，为 m 环的旋转轴。当 m 环处于水平位置时，M 轴与镜轴一致，可携带薄片作水平转动(0°～360°)，其转角由 m 环刻度读出。需注意的是，左侧标尺 90°位置为原始零位(也有 0°为原始位置者，如苏联制造的五轴台)。

e) I 轴——外东西轴

轴向东西水平，与薄片平面平行，南北倾斜转动(0°～60°)，其转角由 I 轴读数鼓轮读出。

2) 玻璃半球和专用物镜

旋转台一般附有三对玻璃半球，由具一定折射率的同种光学玻璃制成，其折射率分别为：$N_1=1.516$；$N_2=1.557$；$N_3=1.649$(各厂家稍有不同)。玻璃半球的主要作用是防止入射光线发生折射而引起转角误差和观察上的困难。

由于玻璃半球有一定球径厚度，普通物镜因焦距短而不适用，因此旋转台还附有不同焦距的专用物镜，在进行包裹体冷热台测定时，还需装配有长焦距专用聚光镜。

2. 旋转台的安装(Дукин，1965)

装台前应先对偏光显微镜进行一般性检查。例如，物镜中心与镜轴的重合，目镜纵丝与横丝的正交并使其平行正南北、正东西，以及上下偏光的正交并与南北、东西相重合等。

1) 安装薄片与玻璃半球

(1) 将显微镜物台、旋转台的 I、M、K 和 H 轴锁在原始零位。在 n 环内放入圆形玻璃片，于中央处滴一滴甘油(或液体石蜡)，将擦净的旋转台专用薄片的盖玻璃朝上，小心地平放在圆玻璃片上，在薄片盖玻璃上也滴一小滴甘油后，选与被测矿物折射率最为接近的一对玻璃半球，取其上半球用斜放法放在薄片上，最后用弹簧螺丝稍加固定(其松紧程度以倾斜薄片不自动下滑为准，切勿过紧)。

(2) 放松 H 轴，将 H 轴转动 180°，使 n 环背面朝上，在圆玻璃片中央滴一小滴甘油，将已选好的下半球嵌入金属环框中，恢复 H 轴原始位置。

2) 装台

(1) 取下显微镜物台中央空心圆板及薄片夹，提升镜筒至最高处(或下降物台至最低处)，换上旋转台专用聚光镜，物台处于零位刻度。

(2) 小心地将旋转台放在物台上，I 轴鼓轮在右(东)面，再将旋转台基座两小圆孔对准物台圆孔，用专用螺丝稍加固定(松紧程度以用手能轻轻移动为准，以便校正旋转台中心)，经一系列校正后便可测试矿物。

3. 旋转台的校正(Дукин，1965)

每次装台均需校正，校正的好坏直接影响测试精度。

(1) 物镜中心校正：装台后，将专用物镜装在镜筒上进行物镜中心校正，其方法与一般显微镜物镜中心校正相同。使旋转台各旋转轴保持在原始零位，选薄片中一点位于十字丝中心，然后转动物台，视具体情况加以校正。

(2) 旋转台中心校正：校正的目的是使旋转台中心与显微镜轴重合。除 N 轴外，其他轴均锁于原始零位(M 轴原始零位应为 90°处)。将薄片中一点移至视域中心，若 N 轴不与镜轴重合，转 N 轴该点必将离开视域中心作圆周运动，此时可轻轻推移底座(或通过底座校正螺丝)将圆周中心移至视域中心，转 N 轴检查，反复上述操作直至该点不再偏离中心为止，表明 N 轴已与镜轴重合。

(3) 薄片高度校正：若整个薄片厚度不标准时，欲测矿物的焦准平面必将高于或低于旋转台水平转轴平面，相差不太大时可调整薄片的高度使矿物焦准平面与水平轴平面相重合。方法是将 H、K、M 和 I 轴置于原始零位，焦准一小颗粒移至视域中心，然后顺或逆转动 I 轴出现三种情况：①矿物随 I 轴原地倾斜，但不偏离中心而前后移动，表明薄片高度适中不需调节；②当 I 轴向北倾斜、颗粒偏离中心移向北侧，I 轴南倾又移向南侧，表明矿物处于水平轴面的下方，此时应逆时针方向调节 n 环背面螺旋，直至转 I 轴矿物颗粒不再偏离中心为止；③I 轴向北倾斜，矿物颗粒移向南侧，I 轴南倾矿物移至北侧，表明矿物处于水平轴面的上方，此时应顺时针方向调节 n 环背面螺旋，直至转 I 轴矿物不发生前后移动为止。

(4) I 轴检查校正和物台零位的标定：I 轴方向应与目镜横丝相一致。标定方法：使 H、K 和 I 轴，物台处于零位，提升镜筒或下降物台，焦准上半球表面一灰点，顺或逆最大限度转动 I 轴，若灰点移动轨迹始终平行目镜纵丝，表明 I 轴已与目镜横丝一致，无需校正标定物台。若移动轨迹偏离纵丝，则需转动物台使轨迹与纵丝完全一致，记录此时物台转角作为物台标定零位(如物台标定零位为 358°)。

(5) H 轴检查校正和 m 环零位标定：H 轴方向应与目镜纵丝相一致，而与 I 轴相垂直，当 I 轴在正东西，H 轴在正南北，m 环刻度应在 90°位置(也有 0°位置者)。标定方法：同样焦准上半球一灰点，向东和向西最大限度转动 H 轴，灰点移动轨迹始终与目镜横丝平行，表明 H 轴已与目镜纵丝一致，无需校正标定 m 环；若轨迹偏离横丝，则需转动 M 轴使其轨迹与横丝完全一致，记录此时 M 轴转角作为 m 环标定零位(如 m 环标定零位为 89.5°)。

(6) M 轴检查校正和 I 轴零位标定：M 轴应严格直立，并与镜轴和物台轴相一致。标定方法：去掉专用物镜，加入勃氏透镜，提升镜筒或下降物台，转 I 轴使 m 环直立，焦准 m 环上螺丝顶头中心，并与目镜十字丝交点相重合，记录 I 轴转角；反方向转动 I 轴，焦准 m 环上另一侧螺丝顶头中心与十字丝交点重合，记录 I 轴转角。若两 I 轴转角差值为 0°，表明 M 轴直立并与镜轴、物台轴一致，无需标定 I 轴；若两转角差值不为 0°，表明 M 轴未直立，应标定 I 轴零位，取两 I 轴转角差值的一半作为标定后的 I 轴零位(如 I 轴标定零位为 0.5°)。

经上述标定后的各旋转轴零位，均应记入仪器卡片，作为该旋转台的常数备用。

(7) 旋转台测角校正：旋转台上加用三对玻璃半球是防止由于空气和矿物折射率相差悬殊而产生的强烈折射[图 5.6(a)]，当矿物薄片夹于折射率相等的一对玻璃半球之间并成一球体时，不论薄片怎样倾斜，光线始终垂直球体切面方向入射，在球面和球体内均不产生折射[图 5.6(b)]。

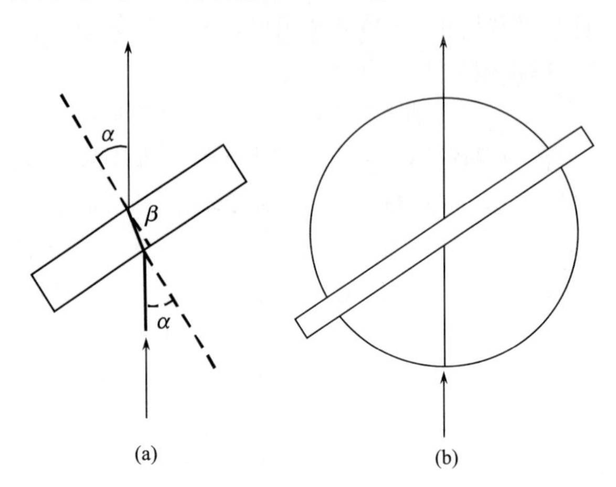

图 5.6　通过薄片的光程图(Joel and Muit, 1956)

α. 入射角(假角)；β. 折射角(真角)

由于玻璃半球只备有三对，欲测矿物和玻璃半球的折射率总不会完全相等，因此若二者折射率差值＞0.05，或尽管＜0.03，但薄片测角大于 40°，则应加以校正，方法是：①一轴晶取 N_e 和 N_o 平均值，二轴晶取 N_m 值，如果为未知矿物应测其折射率或根据突起糙面加以估计；②查图校正。例如，假定矿物折射率为 1.81，半球折射率为 1.684，Ⅰ轴测角为 39°，求薄片真倾角。

在图 5.7 外圆弧查实测角。$\alpha=39°$，由此点向圆心沿放射状半径追索至相当于矿物折射率的圆弧(即折射率为 1.81 的圆弧)，过该点沿竖直线追索至相当于半球折射率的圆弧(即折射率为 1.684)，最后沿半径向外追索至外圆弧，读得薄片真倾角 $\beta=35°$。

矿物折射率＞半球折射率，真倾角＜实测角；矿物折射率＜半球折射率，真倾角＞实测角。

根据旋转台上所测定的数据一般不能直接得到构造应力方位及性质，必须采用赤平投影的方法，才能反映出构造要素和应力要素间的关系。此外，通过作图常能修正测量误差用以提高测量的精度。

构造应力分析多采用费德洛夫网，利用旋转台测定矿物必须熟练掌握基本投影作图方法，将在下面进行详细叙述。

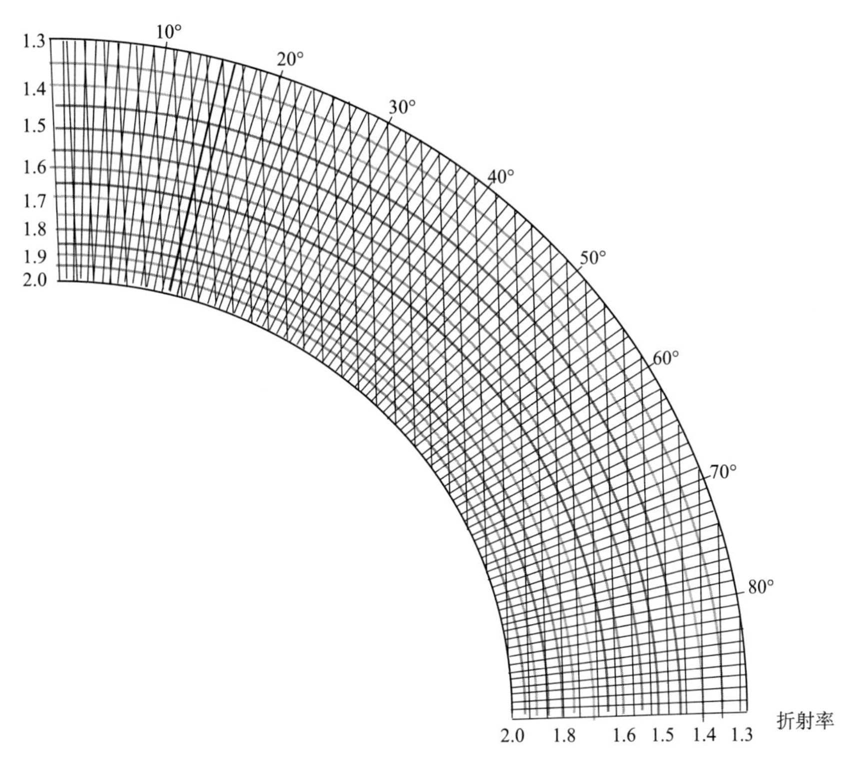

图 5.7　费德洛夫旋转台上假角校正为真角的图解法(Joel and Muit, 1956)

5.2.2　赤平投影原理

极射赤平投影(stereographic projection)简称赤平投影(麦蓝霍林等, 1960),是将物体在三维空间的几何要素表现在平面上的一种投影方法。其特点是只反映物体线和面的产状和角距关系,而不涉及它们的具体位置、长短大小和距离远近。赤平投影这一古老构造地质学分析的重要手段,今天也同样是适用于研究和分析地震 FIP 的一种途径。

1. 赤平投影的基本概念(武汉地质学院等, 1978)

用投影球反映物体空间几何要素的方法称为球面投影。球面投影能直观地表现出物体的空间产状,但它是一种立体透视图,不仅难以绘制,而且无法从图上直接量读产状。

要消除上述缺陷,就得将球面投影转化为平面投影。赤平投影就是将球面投影转化为平面投影的一种好方法。如图 5.8 所示,设投影球的顶点 P(上半球的球极点)为发射点,从 P 点向空间平面与投影球下半球的一系列交点(A、B、D、

F、C)发出射线 PA、PB、PD、PF、PC。这一系列射线必一一穿过投影球的赤道平面(简称赤平面),它们在赤平面上的各个穿透点(A、B、D'、F'、C')的连线必为一个大圆弧。这个大圆弧就是上述平面的赤平投影。因为这个大圆弧是投影在赤平面上的,而投影射线又是从球极点发出的,所以,把这种投影叫极射赤平投影[图 5.8(b)为图 5.8(a)的平面图]。

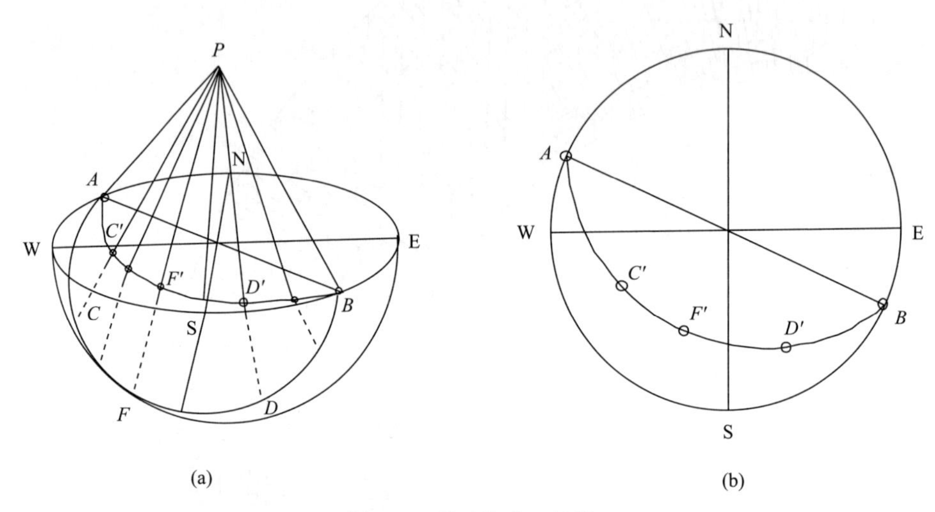

图 5.8 平面的球面投影

(a)下半球赤平投影;(b)投影平面图

根据球面投影的几何特点,球面上任意一点都可作为球极点,距该点 90°纬度距的大圆切面就是该点所对应的赤平面。极点和赤平面的方位可以任意选择。地质构造上通常的作图习惯是用上(顶)球极点作为发射点,投影下半球部分。但也有人用下球极点作为发射点,投影上半球部分。这两种投影得出的图形完全相同,但方位却恰好相反,阅读有关文献时要注意这一点。本书采用下半球投影。

2. 赤平投影的基本原理

赤平投影的基本原理主要有下面几点(麦蓝霍林等,1960)。

(1) 空间任意一个通过投影球心的平面,其球面投影必为一个直径等于投影球直径的大圆。因为圆球上任何一个通过球心的切面,都是直径等于圆球直径的大圆。

(2) 空间任意一个不通过投影球心的平面(或以球心为锥顶的圆锥体),其球面投影必为一个直径小于投影球直径的小圆(图 5.9)。

(3) 通过投影球心的平面由于其产状不同而有四种不同的赤平投影特征。

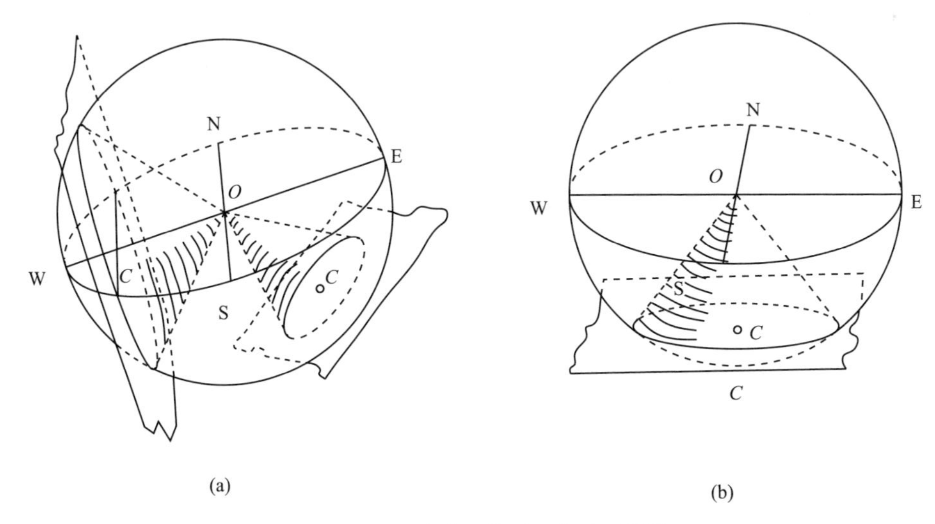

图 5.9　不通过球心的平面的球面投影

第一种，直立平面的赤平投影是赤平大圆的一条直径线。该直径线的方位就是直立平面的走向。如图 5.10 所示，直径线 NOS 就是一个通过球心、走向南北的直立平面的赤平投影。

第二种，水平面的赤平投影就是赤平大圆周，这一特点从图 5.11 中可以清楚看出。

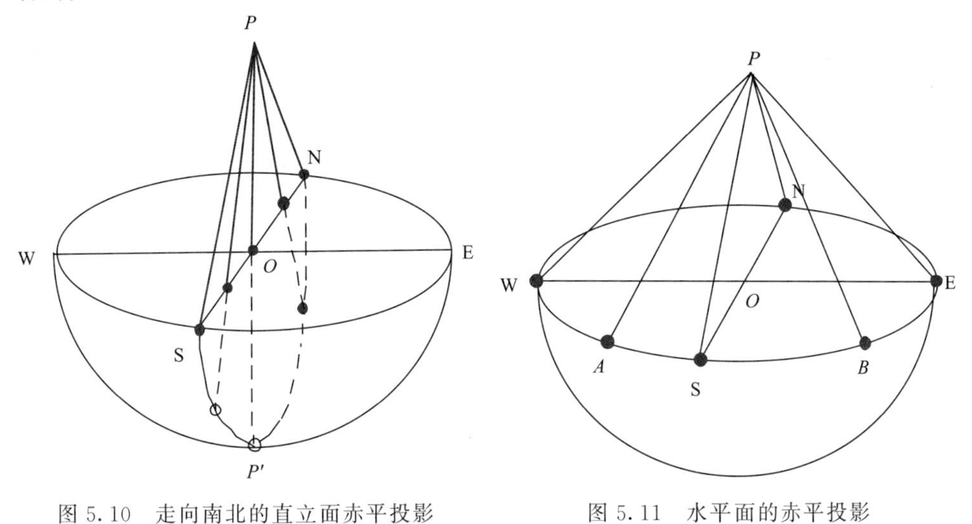

图 5.10　走向南北的直立面赤平投影　　图 5.11　水平面的赤平投影

第三种，倾斜平面的赤平投影则是一个一部分圆弧在赤平大圆内，一部分圆弧在赤平大圆外的大圆，如图 5.12 所示，ASBN 大圆为倾斜平面的球面投影，

$A'SB'N$ 大圆则是它的赤平投影。

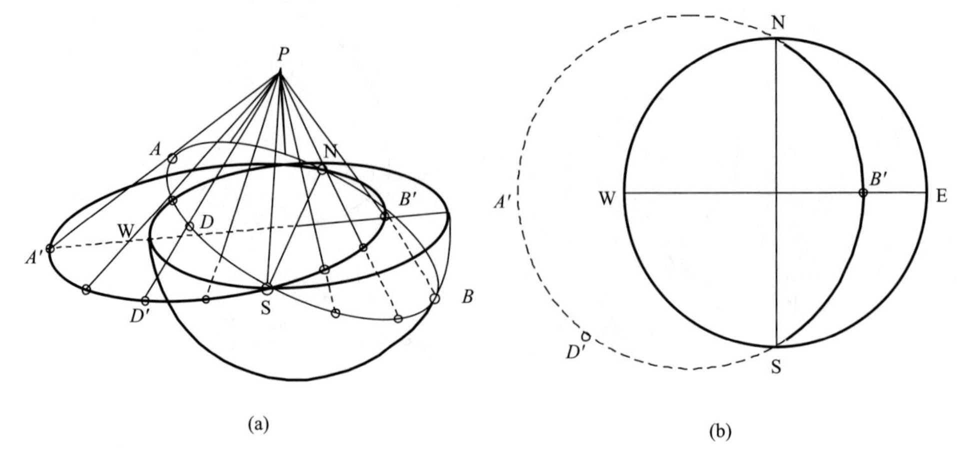

图 5.12 倾斜平面的赤平投影

注意，$ASBN$ 大圆的下半圆（SBN）部分的投影弧（$SB'N$）在赤平大圆内，而其上半圆（SAN）的投影弧（$SA'N$）则位于赤平大圆外。

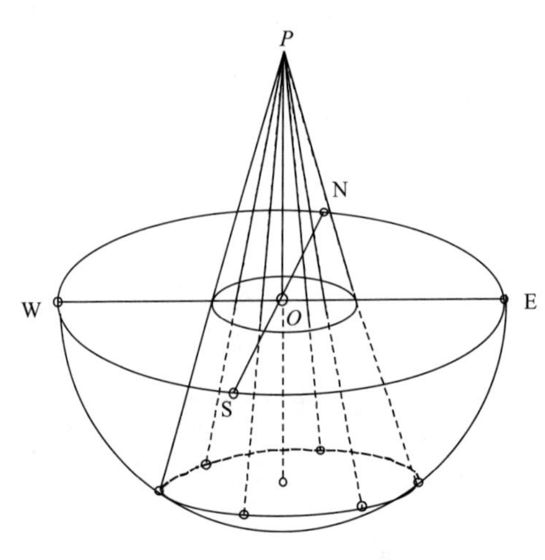

图 5.13 球面小圆的赤平投影透视图

第四种，球面小圆的赤平投影仍是小圆。当球面小圆水平时，极易看出它的赤平投影是赤平大圆的一个同心小圆（图 5.13）。当球面小圆直立或倾斜时，其赤平投影仍为小圆，但不易看出。图 5.14 的几何关系可以帮助理解这一原理。从图 5.14 可以看出，直立球面小圆的赤平投影是一个跨越赤平大圆周的小圆（$A'B'$ 小圆）。下半圆的投影弧在赤平大圆内，而上半圆的投影弧在赤平大圆外。

至于倾斜球面小圆的投影小圆，则可能全位于赤平大圆内，也可能部分位于赤平大圆内，这取决于球面小圆的倾斜程度和半径大小。

值得注意的是，除水平球面小圆的圆心投影后仍为投影小圆的几何圆心外，其他产状的球面小圆投影后，其投影圆心就和几何圆心分离了。如图 5.14 所示，球面小圆圆心的球面投影 R 的赤平投影点为 R'，而赤平投影小圆的几何作图圆心却是 C，R' 和 C 在赤平投影圆上并不重合于一点。

（4）任何一条直线，它的球面投影是两个点。直线如果直立，这两个点就与

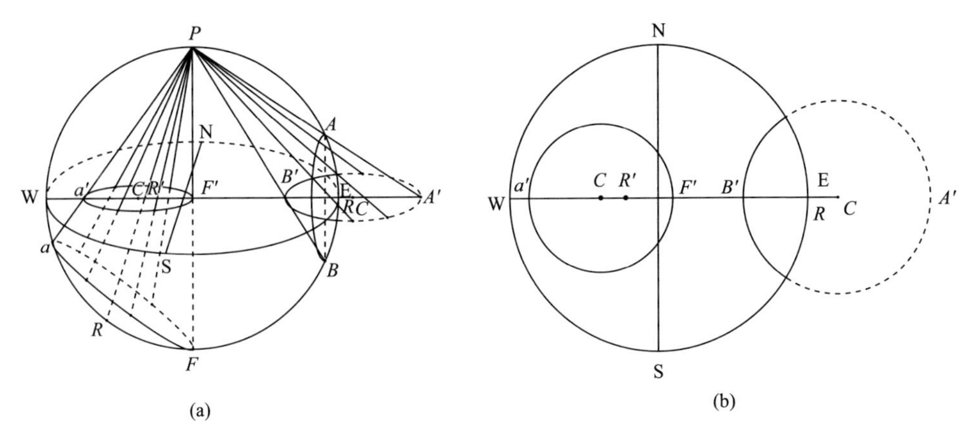

图 5.14　水平和直立小圆的赤平投影

(a)球体透视图；(b)赤平投影

赤平大圆的圆心重合为一个点。直线如果水平，则它的两个赤平投影点都在赤平大圆周上，为一条直径的两个端点。

直线如果倾斜，其赤平投影点就会一个在赤平大圆内，一个在赤平大圆外，并在同一条直线上，两点之间的角距恒为 180°，即互为对蹠点(图 5.15)。其中任一点都能代表直线的产状。

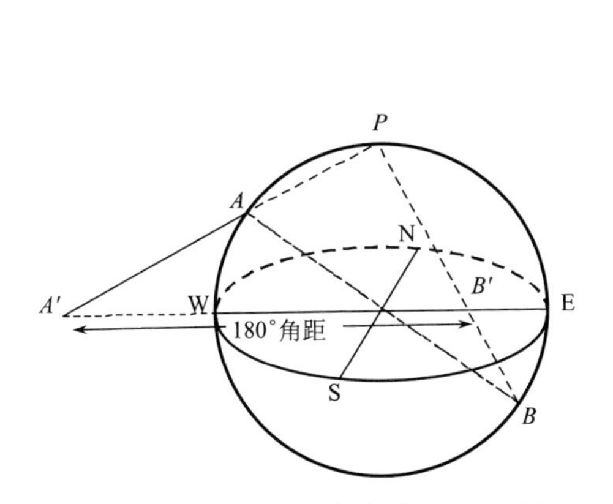

图 5.15　通过球心的倾斜直线(AB)的赤平投影为两个对蹠点(A′和 B′)

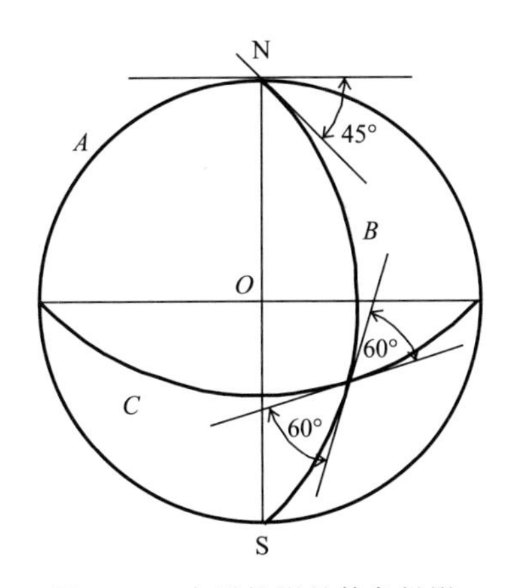

图 5.16　赤平投影是等角投影，各平面的夹角投影后不变

(5) 赤平投影是一种等角投影，即物体各面、线的夹角关系投影后仍然不变。例如，图 5.16 中水平面 A(赤平大圆周)和南北直立面(直径 NOS)的夹角原为 90°，它们的投影弧切线的夹角也是 90°。又如，向正东倾斜 45°的平面 B，其投影弧的切线与水平面的夹角仍为 45°。再如 B 面与 C 面的夹角为 60°，投影后达两条投影弧

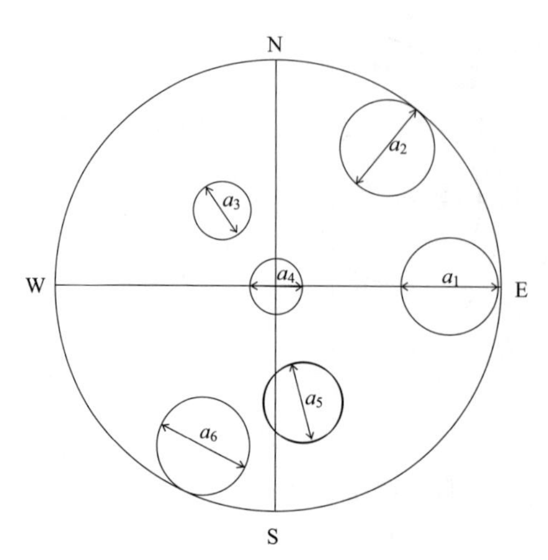

图 5.17　大小相等的球面小圆投影后大小不等

图上直径 a 是等角距的，即角距 $a_1=a_2=a_3=a_4=a_5=a_6=20°$

的切线的夹角还是 60°，等等。

(6) 极射赤平投影的一个缺陷就是球面上不同部位的面积，经过赤平投影后，要发生不同程度的变化，如图 5.17 所示，各投影小圆大小不等，但它们的球面小圆原来都是大小相等的。同理，在赤平投影圆上，a_1、a_2、a_3、a_4 都是代表球面上 20°角距的一段弧，可是在赤平圆上它们的直线距却长短不一，即 $a_1 \neq a_2 \neq a_3 \neq a_4$。

3. 赤平投影网及其用法

为了迅速并准确地对 FIP 及其相关地质构造的几何要素进行赤平投影，需要使用赤平投影网。目前广泛使用的赤平投影网有两种，一种是吴尔福创造的极射赤平等角投影网，简称吴氏网；一种是施米特介绍的等面积投影网，简称施氏网。这两种赤平投影网各有特点，但用法基本相同。本书只介绍吴氏网的成图原理和使用方法。

1) 吴氏网的成图原理(武汉地质学院等，1978)

吴氏网(图 5.18)是由基圆(赤平大圆)和一系列经纬网格所组成，经纬网格是由一系列走向南北的经向大圆弧和一系列走向东西的纬向小圆弧交织而成。标准吴氏网的基圆直径为 20cm，网格的纵横间距为 2°。使用标准网进行投影，误差可以不超过 0.5°。吴氏网的成图原理如下。

(1) 经向大圆弧：由一系列通过球心，走向南北，分别向东和向西倾斜，倾角为 0°～90°的多个平面的投影大圆弧所组成。这些大圆弧与东西直径线的各交点到直径端点的角距值就是它们所代表的各平面的倾角值。

由于吴氏网上有许多经向大圆弧，因此各种产状的构造面都可以从吴氏网上找到相应的投影大圆弧。反之，已知投影大圆弧，也可根据吴氏网的刻度，读出它们所代表的平面产状。

(2) 纬向小圆弧：由一系列走向东西而不通过球心的直立球面小圆投影而成。这些小圆离球心越远，圆弧的半径角距就越小，距球心越近，圆弧的半径角距就越大。

(3) 从投影球上可以看出：各种纬向小圆弧也是一系列以球心为锥顶，以南北直径线为锥轴的半径角距为 0°～90°的圆锥体，如图 5.19 所示，这些圆锥体与

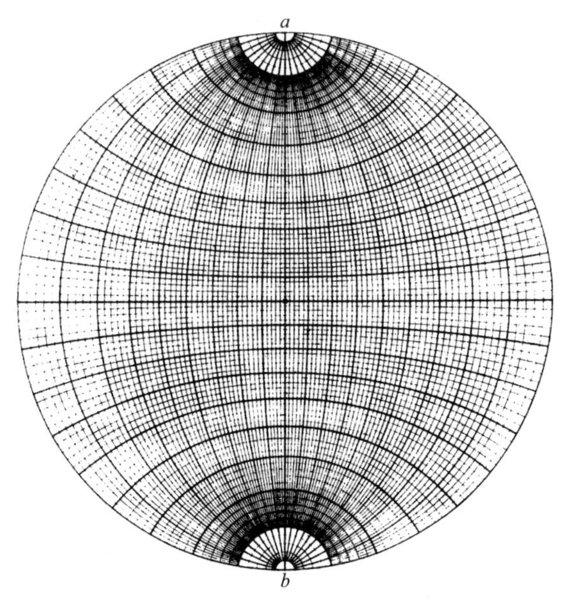

图 5.18　吴氏网

赤平大圆周的交点相当于罗盘的刻度，起着量度方位角的作用。

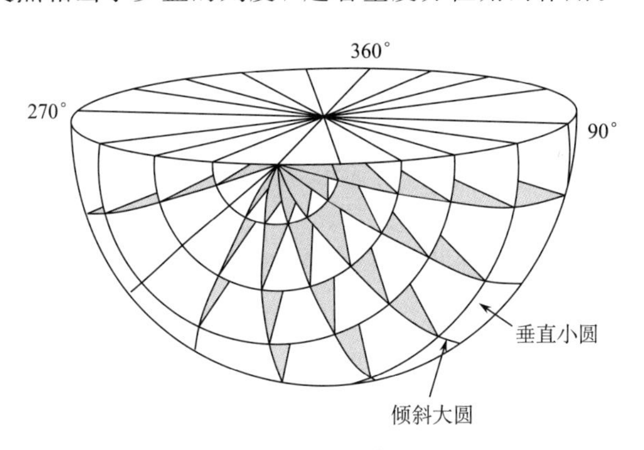

图 5.19　纬向小圆透视图(据 Spencer，1977)

(4) 从图 5.19 中还可以看出，各种经纬弧的交点，就是从球心向球面发出的一系列不同方向、不同倾伏角的直线的投影点。凡位于一条经向大圆弧上的点，就是包含在该弧所代表的平面上的一系列直线的投影点。这些点之间的纬度差，就是这些直线之间的夹角。

2）吴氏网的使用方法（武汉地质学院等，1987）

为了熟练地使用吴氏网解决构造作图问题，首先要学会如何使用吴氏网投影平面和直线。

a）FIP 平面的赤平投影

设一 FIP(代表空间平面)的产状为 120°∠40°，试用吴氏网作出它的赤平投影。

用吴氏网投影的方法如下。

（1）将透明纸蒙在吴氏网上，用针固定网心，在透明纸上标出 N、E、S、W 方位点[图 5.20(a)]。

（2）从 N 点顺时针方向数到方位角 30°处，得 A 点，即 FIP 的走向点[图 5.20(a)]。

（3）由于 A 点下面的吴氏网上没有经向大圆弧通过，因此要转动透明纸（或透明纸不动，转动吴氏网），使 A 点和下面的吴氏网的 N 点（或 S 点）重合。这时吴氏网上的大圆弧都汇集于 A 点处，可供选择。根据 FIP 产状 120°∠40°，就可以从吴氏网上找到向东倾斜，倾角为 40°的一条大圆弧（$\overset{\frown}{ACB}$）。它就是 FIP 的赤平投影[图 5.20(b)]。

（4）再将透明纸转回原来的位置（即让透明纸上的 N 点又与吴氏网上 N 点重合）整个投影操作完成[图 5.20(c)]。

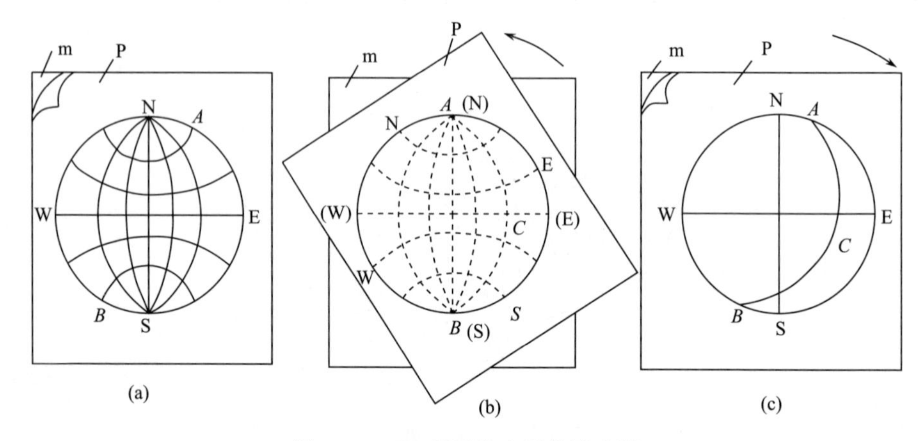

图 5.20　FIP 平面的赤平投影步骤

P. 透明纸；m. 吴氏网

b）FIP 直线的赤平投影方法

FIP 直线的赤平投影更简便。例如，对于一条产状为 320°∠40°的 FIP，其投影步骤如下。

（1）将透明纸蒙在吴氏网上，标出 N、S、E、W 四个方位点。

（2）找到 320°的方位点 A，半径 OA 的方向就是直线 FIP 的倾伏方向。

（3）由于 A 点下面的吴氏网上没有直径线(代表直立面)通过，无法判读倾伏角。因此，要转动透明纸，使 A 点与 W 点重合(也可与 N、E 或 S 点重合)，然后，从 A 点沿直径向圆心方向数 40°角距(即倾伏角)得 B 点就是所求直线的赤平投影点(图 5.21)。

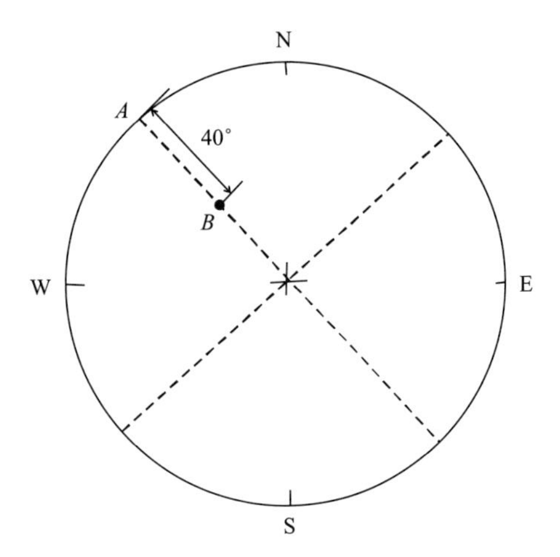

图 5.21　FIP 直线的赤平投影

c) FIP 法线的赤平投影方法

任一 FIP 都可作它的法线，即该平面的垂线。法线与它的对应平面恒成 90°的角距，因此，就可以在赤平投影图上根据该平面大圆弧的位置，找到法线投影点的位置。反之，如果已知法线投影点的位置，也可推出平面的投影大圆弧，从而得知该平面的产状。由于平面的赤平投影是一条圆弧，而法线的赤平投影却只是一个点，所以，用法线投影来代替平面投影就简便得多。例如，FIP 产状为 90°∠40°，其投影大圆弧和它的法线(OP)的投影点 P'的关系，如图 5.22(a)所示。圆心 O 到 P'的角距恰好等于 FIP 的倾角，而 P'的方位又恰好与 FIP 的倾角相反。设 FIP 倾斜线 OD 的投影点为 D'，则 D'与 P'的角距就等于 90°($\overset{\frown}{DP}=$ 90°)，表明法线与 FIP 垂直。

投影法线的具体步骤为：在透明纸上投出 FIP(90°∠40°)大圆弧 $\overset{\frown}{NDS}$(可不必画出)，使其倾斜线的投影点 D'位于东西直径上(南北直径也可)。沿该直径线从 O 点起向反倾斜方向量度 40°角距(FIP 倾角值)，即得法线投影点 P'[图 5.22

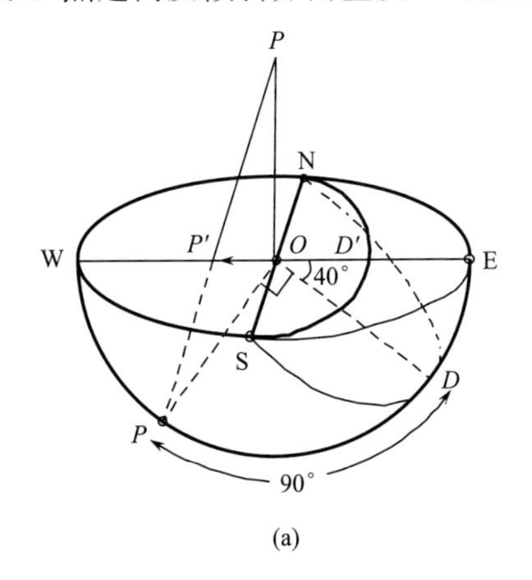

(a)

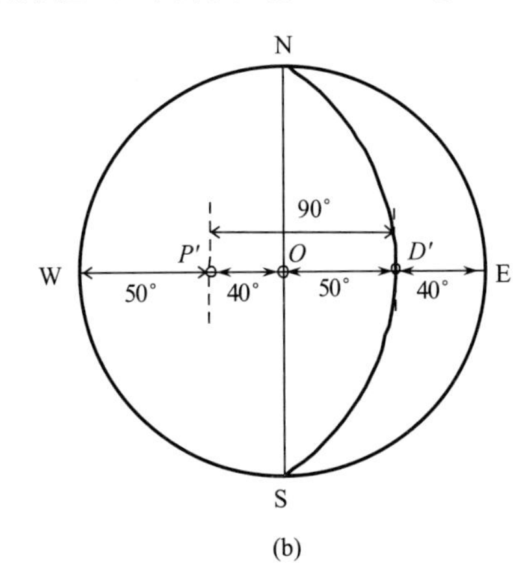

(b)

图 5.22　FIP 法线的赤平投影

(b)]。同理，如果已知法线投影点 P' 的位置，则从赤平投影图上也很容易求得其对应平面的投影大圆弧及其产状数据。

4. 赤平投影的旋转操作及其应用(武汉地质学院等，1978)

在 FIP 构造分析中，通常需要在保持投影面固定的情况下改变其中平面或直线间的各种夹角。另外，当在一个地区 FIP 系统标本时，最好有一个统一的投影面，才便于进行各组图的分析对比，因而提出了对图件进行旋转的问题。这个问题涉及的作图法称为“旋转操作”，每种操作都是在载有初始资料的盖纸(资料盖纸)之上的第二张盖纸(旋转盖纸)上进行的。

任何旋转都离不开一个特定的旋转轴。水平旋转的转轴是直立的，直立翻转的转轴是水平的，而倾斜旋转的转轴则是倾斜的。无论哪种旋转，只要确定了转轴的产状、转动的方向以及转动的角度，整个旋转操作就能准确完成。赤平投影旋转操作就是将要旋转的 FIP 及其相关地质体的产状投影在赤平投影网上进行旋转。这和前面所介绍的在投影过程中为了便于根据吴氏网量度而转动透明纸是不同的。旋转操作可分以下几种情况。

1) 水平旋转(绕直立轴旋转)

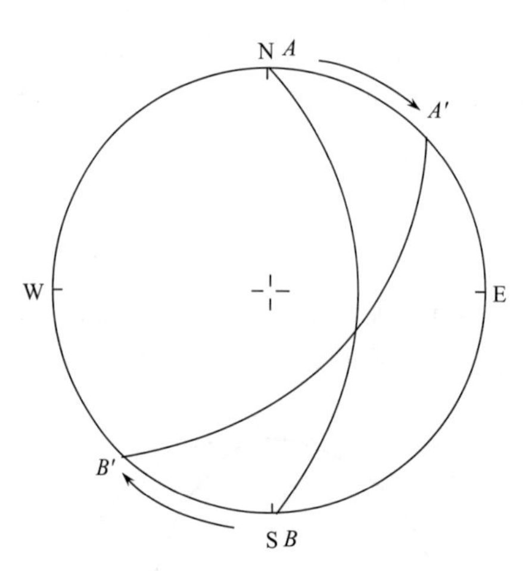

图 5.23 水平旋转操作法

围绕直立轴作水平旋转是最基本、最简单的一种旋转操作。被旋转物体的每个质点都以直立转轴为圆心作水平圆周运动。由于直立轴的投影点就是赤平圆心，水平旋转只是改变构造体的方位角，即将图上所有点按照要求的旋转方向和角度围绕赤平圆心作同心圆转动。这种旋转只改变各点、线的方位，而倾角不变。这是水平旋转最大的特点。例如，一个 FIP($\overset{\frown}{AB}$)产状为 90°∠45°，如图 5.23 所示，要求顺时针方向水平转动 50°。只要将 FIP 的倾向方位从 90°顺时针方向转到 140°(90°+50°)处，就得到旋转后的新倾向，从而得出 FIP 的产状为 140°∠45°。

2) 直立翻转(绕水平轴旋转)

FIP 绕水平轴作直立翻转时，其走向、倾向和倾角都会变化。在赤平投影图上直立翻转的过程就是被旋转体的各投影点分别沿所在纬向弧移动的过程，翻转多少度，各投影点就沿纬向弧移动多少度角距，因为直立翻转的运动轨迹就是直立小圆的圆周——纬向弧。试以产状为 90°∠70°的 FIP 为例，令其以走向 NS 的水平线为转轴，向上翻转 40°，求翻转后该 FIP 的产状，翻转方法如下(图 5.24)。

(1) 在透明纸上标出 FIP 产状投影大圆弧$\widehat{AB}$及转轴走向点(本例中即 N 或 S)。

(2) 使转轴走向点与吴氏网的 NS 重合(本例已重合)。然后，按要求将$\widehat{AB}$上各点分别沿所在纬向向上移动 40°角距，即将图上的 1～7 各点移到 1′～7′各点。1′～7′各点所共在的一条大圆弧的产状(90°∠30°)，就是 FIP 翻转后的新产状。本例中由于转轴就是 FIP 的走向，所以翻转后走向不变。

当水平转轴的走向和 FIP 走向不一致时，FIP 翻转后的走向、倾向和倾角都要改变。例如，FIPAB 产状为 130°∠50°，如果以走向 N60°E 的水平线 CD 为转轴向上翻转 30°，则共翻转过程如下(图 5.25)。

(1) 在透明纸上标出 FIP 投影大圆弧$\widehat{AB}$及水平转轴的走向点 C 和 D。

(2) 转动透明纸使 CD 与吴氏网的 NS 重合(注意：不是 AB 与 NS 重合)。

(3) 将 AB 大圆弧上 1～6 各点分别沿所在纬向弧向上移动 30°角距，到达 1′～6′各点。1′～6′各点所共在的一条大圆弧($\widehat{FG}$)的产状(111°∠25°)，就是 FIP 翻转后的产状。

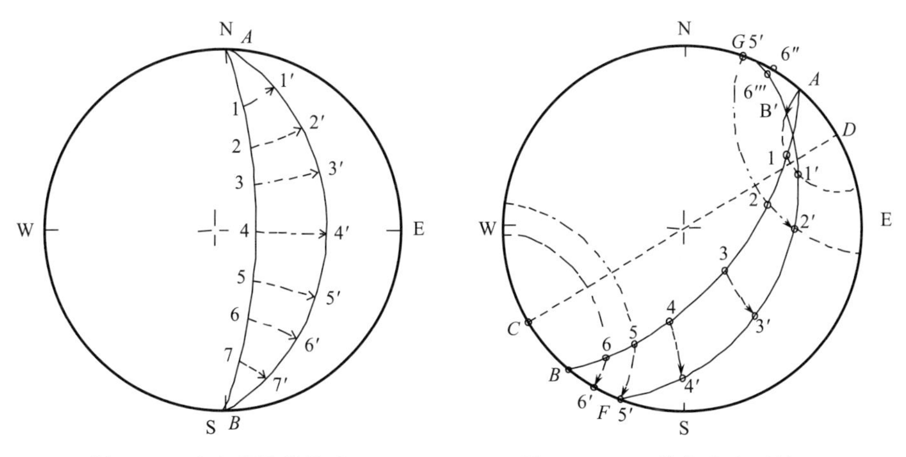

图 5.24　直立翻转操作法

图 5.25　FIP 绕任意水平轴(CD)直立翻转 30°的投影

上面的例子中，$\widehat{AB}$弧上各点移动时，有些点(如点 6)，移动了 20°角距就到达赤平大圆周上，再继续翻转将进入上半球，那么该点在下半球上又如何加以反映呢？为了解决这个问题，先观察一下图 5.26 中的直线 PP'(45°∠76°)围绕走向为 NS 的水平转轴向上翻转 120°的移动轨迹。当 PP' 翻转 40°时，P 就移到 P_1，再继续翻转 40°时，直线 PP' 变成水平了。此时，P 转到赤平大圆周上(P_2)，而 P' 也同时从上半球转到赤平大圆周上的 P'_2。P_2 和 P'_2 恰好是赤平大圆直径线的两个对蹠点。如果再继续翻转，P 端进入上半球，而 P' 则进入下半球。因此，再翻转 40°角距，是以 P'点在下半球上移动的投影轨迹来表示的，即 P'_2 沿所在纬向弧移动 40°到达 P_3。P_3 就是直线 PP'翻转 120°后的新产状投影点(257°∠39°)。如果直线 PP'连续翻转 360°，就等于在空间绕 NS 轴转了一周。在赤平投影图上，就是从 P_3 点继续移到 P_4 点，再从 P_4 的对蹠点 P'_4 移动到初始位置 P 处。

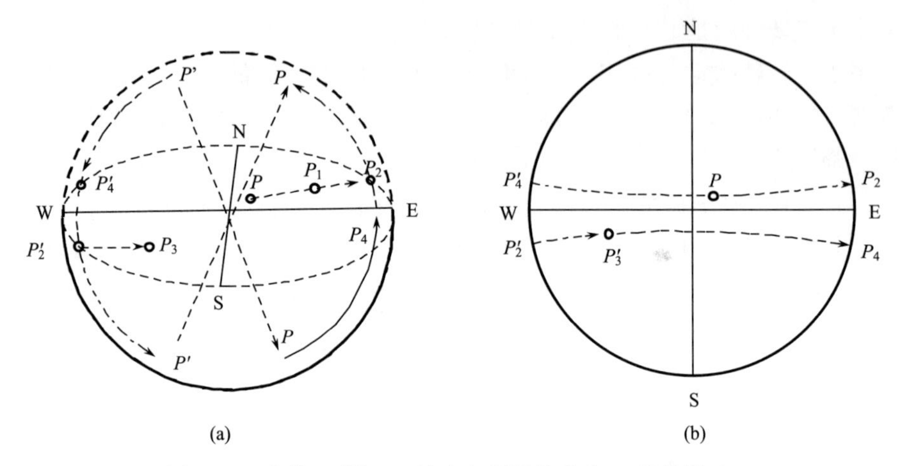

图 5.26　直线 PP′绕 NS 轴直立翻转的轨迹(a)及投影(b)

现在重新分析第二个直立翻转的例子(图 5.25)，当$\widehat{AB}$上的点 6 移动到赤平大圆周上的 6′时(只翻转了 20°)，其余 10°的翻转是以 6′的对蹠点 6″起，沿所在纬向弧移动 10°，从而到达 6‴的位置。同理，B 点翻转 30°，是从它的对蹠点 A 开始而到达 B'的。

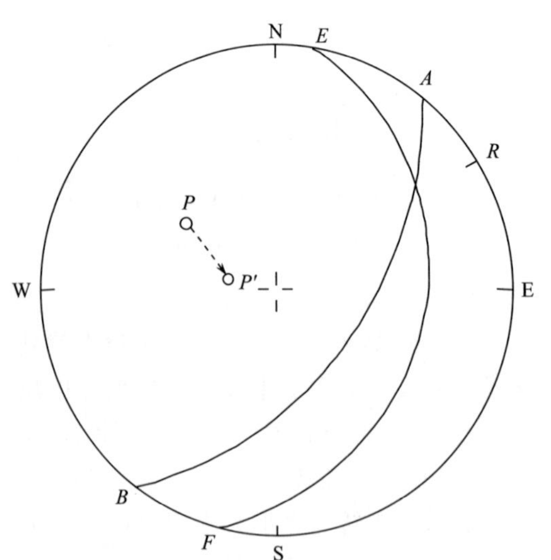

图 5.27　平面法线翻转法

上面两个例子的翻转操作都很麻烦，下面介绍一种简便的翻转方法。

由于任何平面与其法线恒为正交关系，所以，法线翻转多少度，也就等于其对应的平面翻转了多少度。而翻转法线点比翻转平面上许多点简便得多。仍以第二个例子为例，试用翻转法线的方法来代替翻转整个脉体的方法。

(1) 在透明纸上标出 FIP 的投影大圆弧的法线点 P 和转轴 R(图 5.27)。

(2) 转动透明纸，使 R 与吴氏网的 N 点重合，然后按要求，让 P 点沿所在纬向弧逆时针方向移动 30°，到达

P'点。P'点对应的大圆弧($\widehat{EF}$)的产状就是 FIP 翻转后的产状。其结果与翻转 FIP 完全一致，但却比翻转 FIP 的方法简便得多。

3) 倾斜旋转(绕倾斜轴旋转)

如果转轴既不水平也不直立，而是倾斜的，则可采用下面的操作方法，这个方法的原理如图 5.28 所示，将直接绕斜轴旋转改成多次绕水平轴旋转，即先将倾斜轴转成水平轴，然后按要求进行直立翻转，最后再翻(旋)转一次，使转轴又回到初始的倾斜位置。

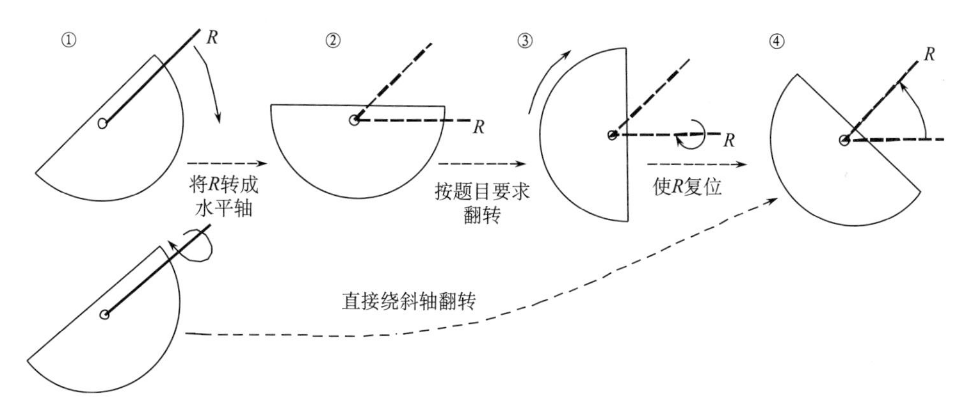

图 5.28　绕倾斜轴翻转操作法

①～④为旋转步骤

例如，将 FIP(160°∠40°)绕倾斜轴 R(30°∠30°)向下旋转 120°，求 FIP 旋转后的产状。投影方法如下(图 5.29)。

(1) 在透明纸上标出 FIP 的极点 P 和转轴投影点 R。

(2) 先进行直立翻转，使 R 水平。为此，可以 NS 为轴，使 R 点沿所在纬向弧移到赤平圆周上的 R'点(顺时针或逆时针均可)。与此同时，P 点也沿所在纬向弧作同步位移到 P_1 点。

(3) 以 R'为轴，按要求向下旋转 120°得 P_3 点。再将 R'返转回 R，与此同时，P_3 点也转到 P_4 点，P_4 点是 FIP 绕倾斜轴 R 旋转后的极点。所对应的圆弧就是 FIP 旋转后的新产状。

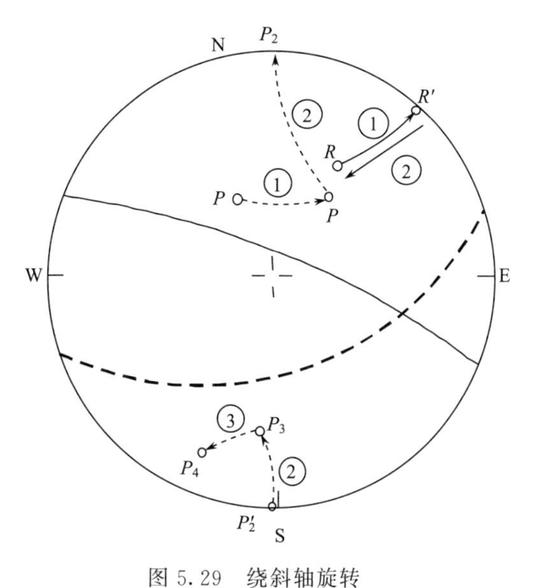

图 5.29　绕斜轴旋转

①第一次旋转；②第二次旋转；③第三次旋转

5.3　地震 FIP(脉体)构造统计图的绘制和应用

5.3.1　地震 FIP(脉体)构造统计图的绘制

1. 构造统计图的测点数量

FIP 构造统计分析是地震地质中不可缺少的基础工作之一，在测得了一定数量的 FIP 参数以后，便可以根据这些数据来绘制构造统计图。这里首先遇到的一个问题是：对于一个样品，多少个数据才可以认为是足够的。Hopwood(1968)设计了一个有意义的实验。他在考虑优选方位强度的基础上用 N 个测定的优选方位系数 R_N 对测定点 N 作曲线(图 5.30)当 R_N 的显著变化停止时，此时的测定数目便可以认为足够了。由图 5.30 可以看出，当 N 达到 200～300 点数以后 R_N 的变化就不大了。这与一般需测量 200 个左右颗粒的看法，大致是吻合的。

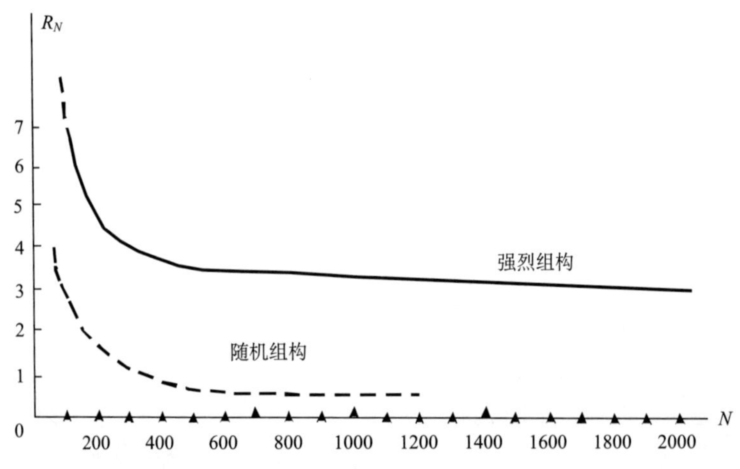

图 5.30　优选方位系数 R_N 的等级相对于点数 N 的图解(据 Hopwood，1968，已简化)

通过旋转台所测得的组构要素方位资料通常是使用赤平投影的办法投影到二维的赤平投影面上，这样就便于在平面上研究这些构造要素的空间方位。在将所测得的全部资料都投影到一张赤平投影图上以后，它本质上已经是一张组构图。不过在图上的是互不关联的若干投影点，称作散点图。在这样的散点图上研究优选方位不方便，因为它不醒目。一个方便的办法是在其上圈绘等密线，即将投影面中每单位参考面积上具有相同点数的区域用等密线划分出来。圈绘了等密线的散点图称为方位密度图。这种由组构要素极点投影绘制的图称极点图。

2. 构造统计图的几种类型(Billing，1972)

FIP构造统计图主要包括走向玫瑰花图、极点图、极点等密度图及FIP几何参数的统计直方图等，通常有下面几种。

1) FIP(和脉体)玫瑰花图(走向或倾向)

玫瑰花图分走向玫瑰花图及倾向玫瑰花图两种。图5.31为走向玫瑰花图，从图上可一目了然地看出三个方位的FIP最为发育，其走向为10°～20°(NE向)、310°～325°(NW向)、60°～80°(NNE向)三组，但该图不能反映各组FIP(和脉体)的倾向，因此走向玫瑰花图多用于以直立或近直立产状为主的FIP(和脉体)统计整理。对于走向基本一致、倾向不同的剖面共轭剪节理的统计整理则可用倾向玫瑰花图表示。FIP(和脉体)玫瑰花图的特点是作图简便，但却不能反映各组FIP(和脉体)的确切产状，因此多用来定性地分析构造。

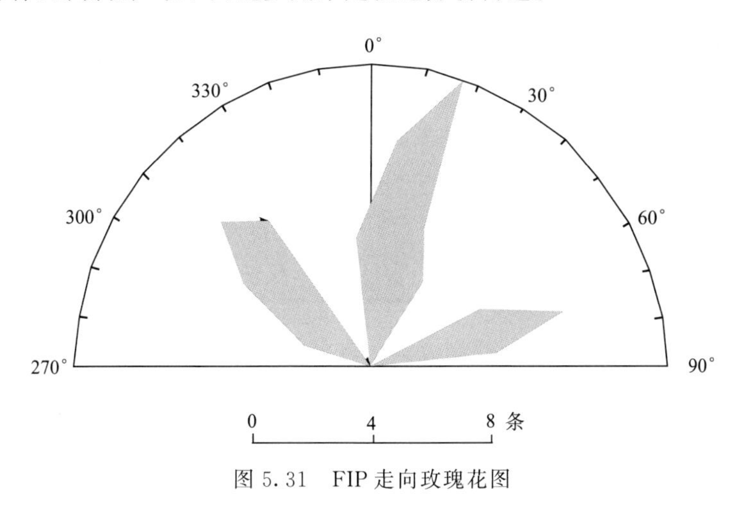

图5.31　FIP走向玫瑰花图

2) FIP(和脉体)极点图

FIP(和脉体)极点图是表示FIP几何分布的较好方法，它是用FIP(和脉体)面法线的极点投影绘制的，投影网有等面积(施氏网)与等角距(吴氏网)两种。图5.32是直接将FIP(和脉体)面产状投影到等面积投影网上的FIP(和脉体)极点图。图上放射线代表FIP(和脉体)倾向方位角。自正北方向顺时针转动0°～360°方位角，同心圆代表FIP(和脉体)倾角，自圆心至圆周为0°～90°。该图优点在于作图方法简便，所表示的各个FIP(和脉体)产状确切，且能定性地反映FIP(和脉体)密集发育的优势方位。

3) FIP(和脉体)等密度图

FIP(和脉体)等密度图是在FIP极点图的基础上加工而成的(图5.33)，连接所有不同值的等密度线，即为等面积 FIP(和脉体)极点图或 FIP(和脉体)极点等密度图。

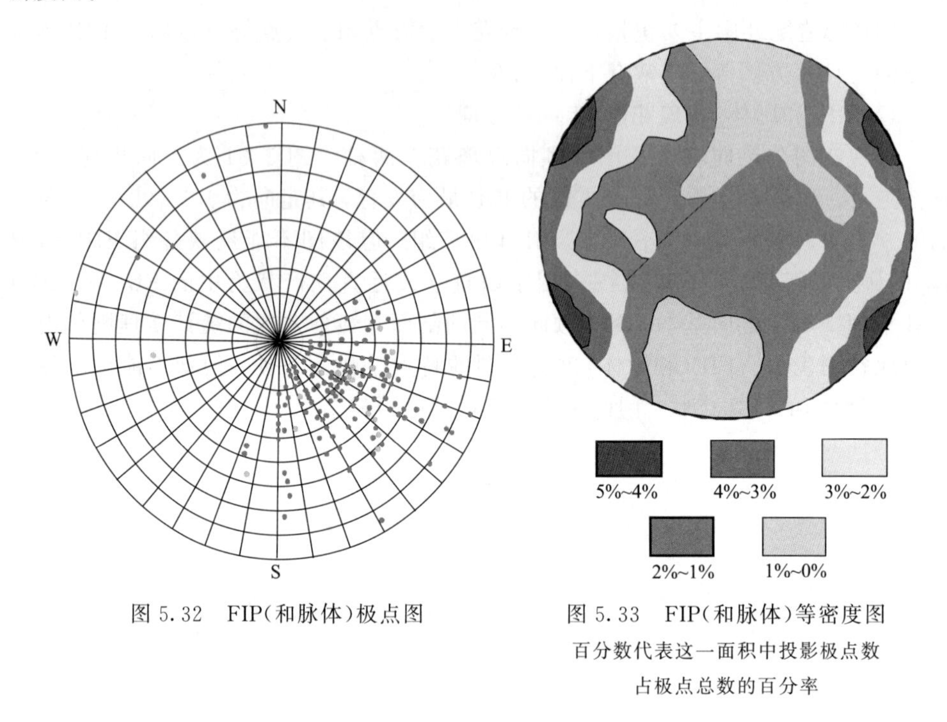

图 5.32　FIP(和脉体)极点图

图 5.33　FIP(和脉体)等密度图
百分数代表这一面积中投影极点数占极点总数的百分率

下面介绍方位等密度图的绘制方法。方位等密度图的圈绘方法也很多，本书主要介绍其中最基本的网格法，对于其他的方法，原理相差不大，本书不作介绍。

5.3.2　方位等密度图的绘制方法——网格法(施密特法)

网格法(施密特法)是一种最基本最常用的方法(武汉地质学院等，1978)。另外还有等密最大范围法和普洛林法等，本书不作介绍。网格法具体作图法如下。

1. 统计极点

把已作好的散点图盖在正方形方格网上(方格边长为 1cm)，让散点图基圆的圆心与方格网中心结点重合，并使方格网的经纬两组网格线分别与散点图的起点标志“↑”平行和垂直，即将起点标志“↑”置于正南方位。散点图上面再盖一张透明纸，在此透明纸上画一个直径为 20cm 的大圆，将此大圆与散点图的大圆重叠在一起，并将散点图上的“↑”也按原位置绘在最上面一张透明纸的大圆边上(图 5.34)。三张纸固定在一起，在最上面一张透明纸上作极点的统计及绘制等密线。

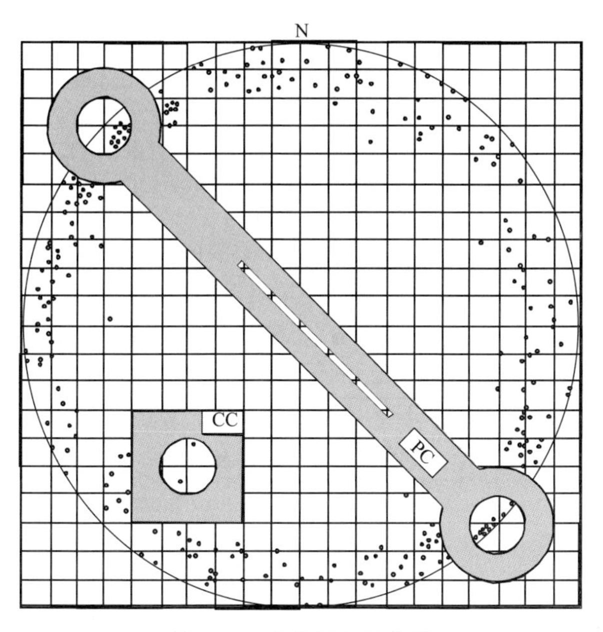

图 5.34　方格网和计数器

将事先准备好的小方量板(也称计数器，其形状如图 5.34 所示，量板内有一个直径为 2cm 的空心小圆，它的面积等于施密特网基圆总面积的 1%)套住方格网的 4 个方格，使量板小圆圆心落在这 4 个方格的中心结点上。然后统计量板小圆范围内的极点数，并将其记录在圆心处的结点上。逐步移动量板，每次移动 1cm，依次统计出方格网每个结点上的数字，如图 5.35 所示，为了尽量避免各极点被统计的次数不均，可按下面的规定计数。

如果极点刚好落在量板小圆的圆周上，则凡是在上半圆上的点可参加计数，下半圆上的点不参加计数；如刚好落在上、下半圆之间，则左(右)边计数，右(左)边不计数。

对投影网基圆附近的极点，则需用边界量板统计。边缘界板如图 5.34 所示，为一似哑铃状直尺，其两端各有一个直径为 2cm 的小圆孔，两小圆孔圆心相距 20cm，直尺中间有一条长窄缝，使边界量板可沿窄缝自由滑动。统计时使边界量板的中心与透明纸上基圆中心重合，则两小圆的圆心也必落在圆周上，将两个小圆孔(实际为两个半圆)内极点的数目相加并同时记在圆周上两小圆中心所在处。照此方法旋转边界量板，每隔 1cm 作一统计点，转完一周为止。还有一些方格网的结点在圆周以内，但靠近边缘部位，以该结点为中心的 4 个小方格部分被基圆切割在圆周以外，统计这类结点时先将边界量板中间的窄缝用图钉或大头钉按在

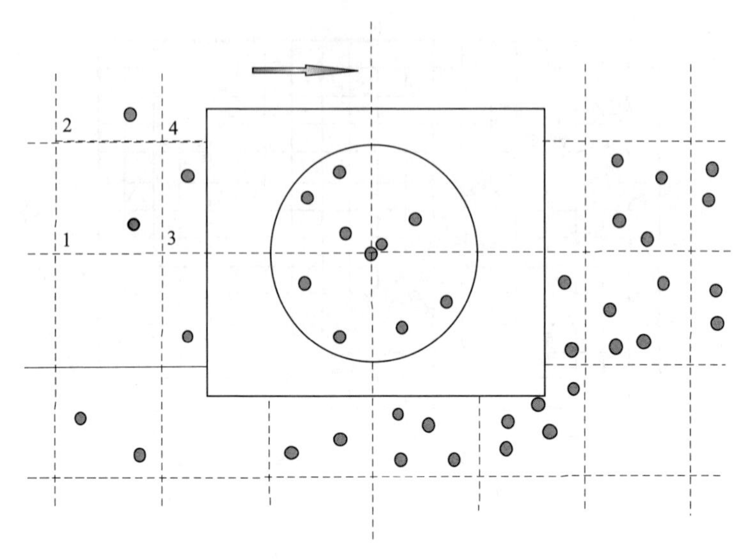

图 5.35　方格法统计极点

方格网的中心上，并使边界量板沿窄缝可前后移动，使量板两端上的任一个小圆的圆心调整到恰好落在方格网的结点上，此时便可统计边界量板两个小圆内的点数之和，并将数字写在最初调整好的小圆的圆心处(即网格结点上)。当一个小圆调整中心时，另一端的小圆可能落在基圆外的一个结点上，该点上自然不必记数。在一张图上要把基圆内和周边上所有网格结点都标上点数，才算统计完毕。

2. 统计百分率和确定等密线距

统计完所有的点数后，把所测投影点的总数当做 100%，然后将各点化成百分率数字。例如，所测颗粒总数为 300 个点，则换算后落入小圆内 3 个点的密度为 1%，6 个点的密度为 2%，以此类推。

等密线距的选择视具体情况而定。要选择得合适，使图形明显，以相邻等密线的间距比较均匀，能表现出组构特点为宜。在一张图上，等密线条数一般不要多于 6 条。因为等密线过密反而使图形不清晰。通常应将每 1%面积内含 1 个点的界线圈出来，这条等密线是有点分布区与无点分布区的界线。

连接等密线的方法类似于连接地形等高线。可从最高密级或最低密级依次圈绘。当等密线穿过两结点之间时，用内插法通过，如图 5.36 所示小的 0.5 级等密线。等密线都是连续的，各条等密线也不应相交。由于此处圈绘的是赤平投影图，所以对基圆附近等密线的圈绘应予以注意。如果我们将同一直径在基圆上的两个交点称为对蹠点，则这两个对蹠点是同一组构要素(某一水平轴)的投影。因此当等密线圈到与基圆相交时，必会在对蹠点处相衔接。也就是说两对蹠点的密级一定相等，如图 5.37 所示。有时若等密线恰好落在图边，则可不连至图边而在数字附近通过，如图 5.38 所示。这样可避免在图的边部出现一些小而零碎的区域，这些小区域会扰乱等密线的连续性。等密线圈出后，各等密范围可加绘不同的花纹图案以使其醒目。一般密级由低到高，其花纹图案的色调由浅(疏)而深(密)，只有最高密级部分才能涂成全黑。

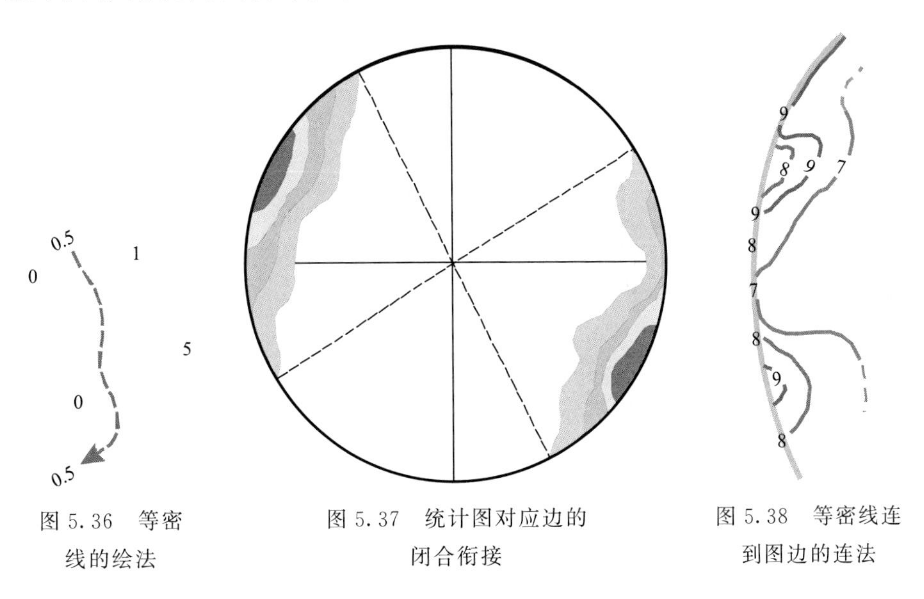

图 5.36　等密线的绘法

图 5.37　统计图对应边的闭合衔接

图 5.38　等密线连到图边的连法

3. 加注必要的说明

一张 FIP(或脉体)组构图在绘制完成后，应附以必要的说明。否则这张组构图是难于被使用的，一般来说，这些附注包括以下内容。

(1) 标本或薄片的编号及采样地点，最好另有采样点分布图。

(2) 投影面的方位及组构坐标轴位置，这两方面资料可以直接标绘在图中。

(3) 所测 FIP 及组构要素的名称及测定总个数。

(4) 等密线间距，最高密度及各密级图例。

(5) 构造图通常使用下半球投影，如果使用上半球投影则应加以注明。

5.3.3　计算机软件制图

近年来，随着微型计算机的迅速普及，计算机制图已从实验阶段进入实际应用阶段。数量众多的由微型计算机支持的制图系统相继建立，大量优秀的绘图软件得以广泛普及，并成功应用。由于使用了计算机，包括地震在内的地学各个领域已经逐渐发展到定量研究阶段。人们利用计算机的制图功能，可将研究成果自动、迅速、准确地用图形显示出来。利用计算机辅助制图能减轻地震工作者的制图负担，从而使他们把更多的精力集中于地震分析和研究工作中去。图 5.39 为计算机绘制的应力场立体分布图。

与传统的手工制图相比，计算机制图有如下优越性。

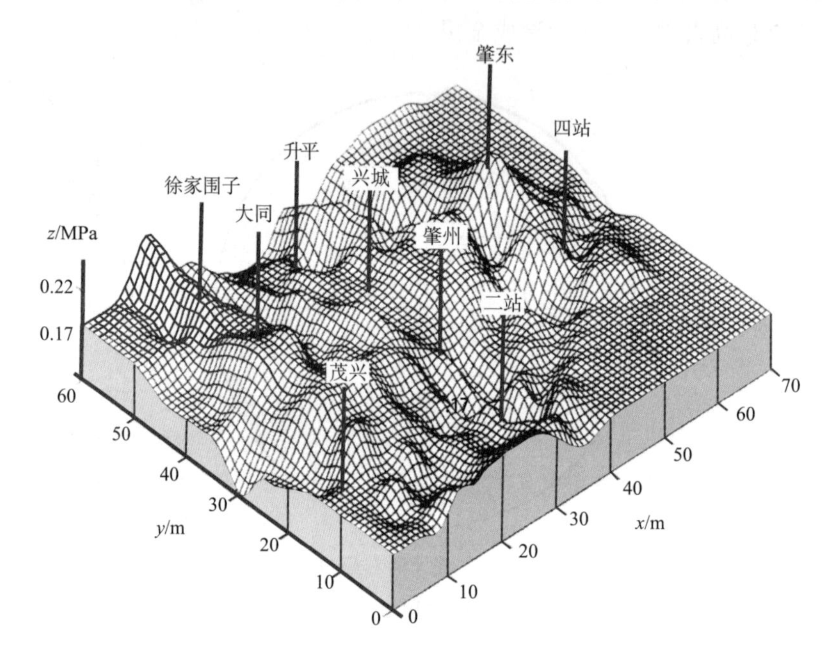

图 5.39　某地应力场分布图(刘建中等，2008)

(1) 快速性。地震研究中有大量的制图工作。从现场调查(包括普查和勘探)、整理资料、编制图件，到编写总结报告是通常的工作流程。其中，整理资料和编制图件是耗费地震工作者大量时间和精力的两个环节。计算机制图能显著提高这两个环节的工作效率，缩短这两个环节的工作周期。计算机制图的速度往往是手工制图速度的几倍、几十倍，特别是对那些需要经过坐标变换、投影变换的图形，如赤平投影图等，计算机的制图速度比手工制图更快得多。

(2) 准确性。在程序给定以后，计算机就按固定的方法来处理数据，不会因人而异、因地而异、因时而异。而手工制图的影响因素很多，与计算机制图相比较，手工制图常常会出现许多错误，如错连和漏连。

当然，计算机制图也存在一些问题，如计算机制图软件不能完全考虑许多复杂地质因素，有可能产生制图错误。此外，计算机制图必须根据具体的地质情况，采用合适的软件，有可能将没有考虑的因素增加上去，有时需适当修改某些软件程序，这些是在使用计算机制图时需特别留意的问题。

5.3.4　FIP 组构图优选方位在投影图中的表现形式和等密线图旋转操作

1. FIP 组构图优选方位基本形式

针对岩石中的地震 FIP 进行测量，然后投影到平面投影图上便形成地震 FIP 组构图。反过来说，地震 FIP 组构图体现了所测量的组构要素在空间的分布状态，也就是反映了地震 FIP 的向量性质，FIP 组构图中组构要素的投影点，尤其是受过地震构造变形的 FIP 组构要素投影点的分布常常是不均匀的，它们往往沿着空间的某些方向集中并有规律的分布，这些称为优选方位。分析、解剖优选方位在投影图中的表现，可以分为如下三种基本形式(Friedman，1969)。

1）极密

也称点极密或极密部，是投影点在一个小范围的集中，空间上反映了组构要素平行或接近平行的排列(图 5.40)。

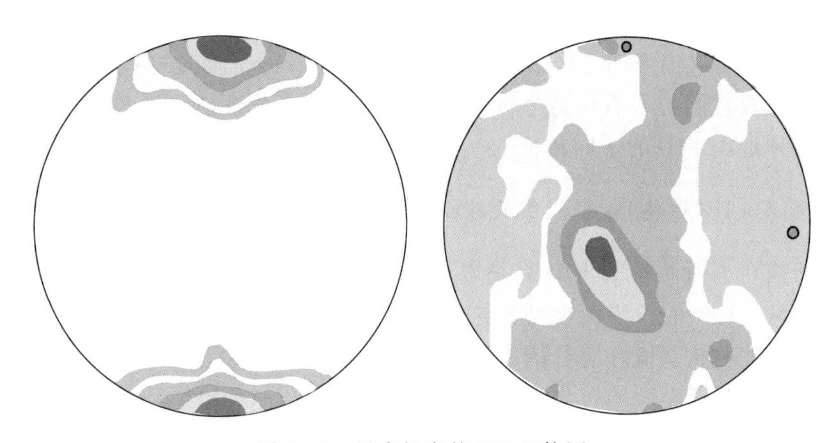

图 5.40　具点极密的 FIP 组构图

2）大圆环带

投影点比较均匀地沿投影网的大圆分布，空间反映的是组构要素沿某一特定方位的平面分布。(图 5.41)。

3）小圆环带

投影点比较均匀地沿投影网的小圆分布，空间上沿锥面分布，圆锥的轴是参考球的一条直径(图 5.42)。

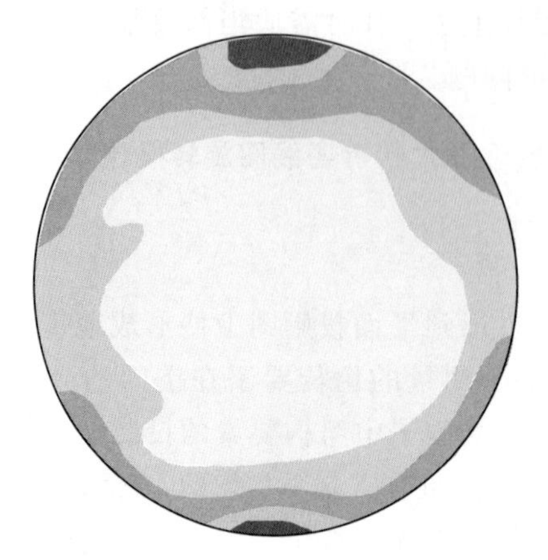

图 5.41　具大圆环带的 FIP 组构图

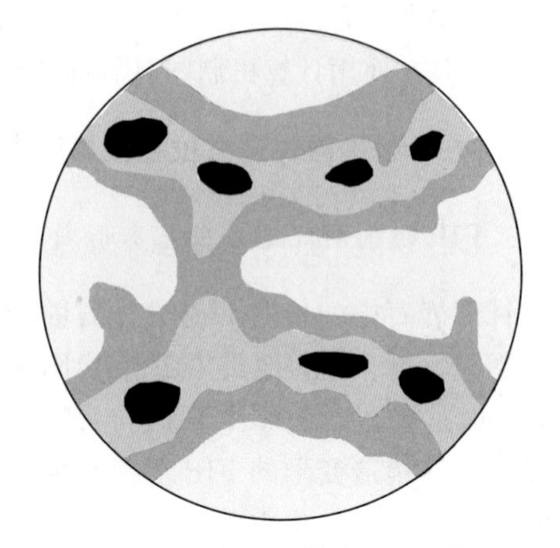

图 5.42　具小圆环带的 FIP 组构图

此外，相对应于上述有投影点分布区的无投影点区，可称为极疏、极稀或空白区，它们从另一角度反映了优选方位。

大多数的地震 FIP 组构图并不像上面所解剖分析的那样单一和典型，它们常常是既有点极密又有环带，极密和环带也可以不止一个，而且这些极密和环带的发育程度以及它们与岩石构造坐标轴之间的相互位置关系也可以各有不同，这就反映了各种地震 FIP 的定向特征。

2. 地震 FIP(脉体)等密线图旋转操作

在费氏台上所测得的 FIP 都是以薄片平面为投影面的。如果各薄片的切片方向不一致，它们的投影面也是各异的。为了互相对比，也为了便于与野外观测资料进行对照分析，最好应有统一的投影面，因此要求将已作好的组构图进行旋转操作，使所有投影面均转化为地理水平面。这也是一种投影面的旋转，不过需要旋转的不是散点，而是已圈绘完成的等密线。其操作方法如下。

(1) 确定方位：将资料盖纸的走向转到平行投影网的 SN 直径，固定资料盖纸，上面再加一张旋转盖纸，根据资料盖纸上走向方向确定旋转盖纸的地理方位，将 3 张纸固定在一起。

(2) 确定转向和转角：若薄片平面切自朝上的平面时，转角(R 为旋转轴)即为薄片面的倾角[图 5.43(a)]，转动方向如图 5.43(b)所示箭头所指方向。在切制垂直地理水平面的定向薄片时，由于切片误差造成薄片面取自朝下的平面，当将此种投影面旋转 R 轴到地理水平面时，旋转操作的转角应为薄片面倾角的补角。

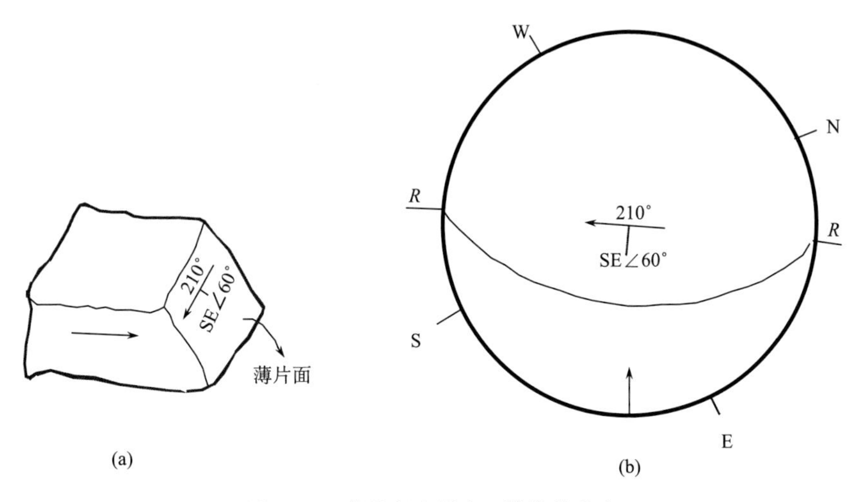

图 5.43　薄片朝上转向、转角的确定

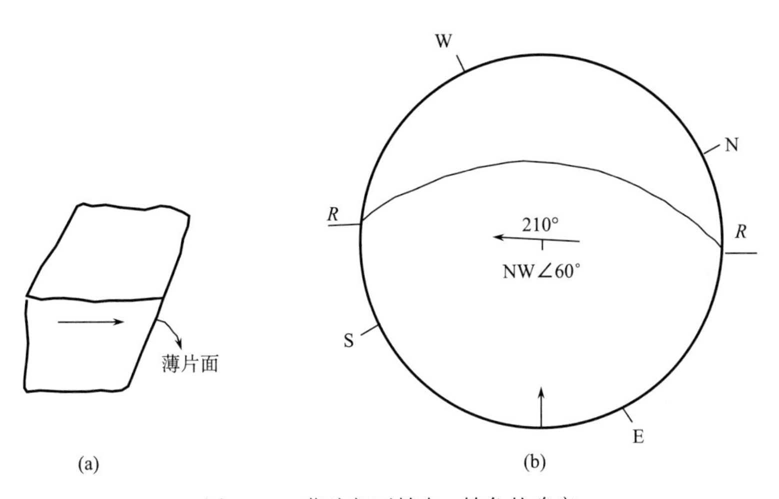

图 5.44　薄片朝下转向、转角的确定

(3) 转等密线图：在所要转的等密线图上选择几个转折点，按所要求的转向和转角进行旋转，如图 5.45 所示，R 为旋转轴，然后参照原等密线的特征用圆滑曲线将各点联结起来。一个极密区旋转前和旋转后的形状不会完全一致。因为等面积网的中间和边缘网的密度不完全相等。

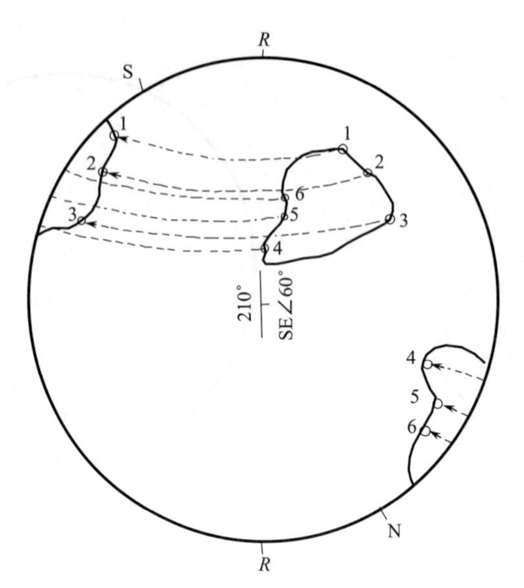

图 5.45　一条等密线图绕 R 轴旋转 60°

主要参考文献

黄健全，罗明高，胡雪涛. 1998. 实用计算机地质制图. 北京：地质出版社

刘建中，孙庆友，徐国明等. 2008. 油气田储层裂缝研究. 北京：石油工业出版社

麦蓝霍林 H M . 1960. 晶体光学. 北京：地质出版社

武汉地质学院，成都武汉地质学院，南京大学地质系等. 1978. 构造地质学. 北京：地质出版社

杨立中，黄涛，贺玉龙. 2008. 裂隙岩体渗流-应力-温度耦合作用的理论与应用. 成都：西南交通大学出版社

Aguilera R. 1988. Determination of Subsurface Distance Between Vertical Parallel Natural Fractures Based on Core Data. AAPG Bulletin，72：7

Barton N，Bandis S，Bakhtar K. 1985. Strength，deformation and conductivity coupling of joints. International Journal of Rock Mechanics and Mining Sciences & Geomechanics Abstracts，22(3)：121-140

Billing M P. 1972. Structural Geology 3Rd Ed. New Jersey：Prentice-Hall

Evans J P，White S H. 1984. Microstructural and fabric studies from rock of the Moine Nappe Eriboll. NW Soutland. Journal of Structural Geology，6：369-389

Friedman M. 1969. Structural Analysis of Fractures in Cores from the Saticoy Field，Ventura County，California. AAPG Bulletin，53(2)：367-389

Joel N，Muit I D. 1956. New techniques for the Universal stage. I. An extinction curve method for the determination of the optical indicatrix. Mineralogical Magazine，31：860-877

Murray G H. 1977. Quantitative fractureStudy, sanish poll, Fracture, Production. AAPG. Reprint series. 21

Nelson R A. 1985. Geologic Analysis of Naturally Fractured Reservoires. London: Gulf Publishing company

Spencer E W. 1977. Introduction to the Structure of the Earth. New York: Me Graw-Hill

Лукин Л И, Чернышее В Ф, Кушнаребь И П. 1965. Микрострукктурный анализз. Издатёлъство Наука

第6章　地震FIP(和脉体)表征参数数值分析

6.1　FIP(和脉体)数值分析方法和表征参数概率分布

6.1.1　常用的几种FIP数值分析方法(Davis，1986；大野博之和小岛圭二，1990；何满潮，2006)

1. 回归分析与曲线拟合

在实际地质问题中，某些变量之间存在着确定的函数关系，可用数学函数 $y=f(x)$ 来表示，但有些变量之间却存在着另一种不同形式的关系，如岩石弹性模量与抗压强度就每个岩块来说有着不同的关系，但从统计平均值来看，似乎存在某种共同的关系，但无法写出一个函数关系式。这类既存在某种关系，又受随机因素影响的变量关系，称为相关关系，回归分析方法是研究变量间相关关系的统计方法，曲线拟合研究的则是函数关系，但它们在参数求解时，都使用了最小二乘法，因而其数学原理是相同的。

回归分析是一种沿用年代久远，在数学上较成熟，应用非常广泛的方法，据统计，在计算机的总计算时间中，大约有50%为回归计算所占用。

2. 趋势面分析

趋势面分析(trend surface aanlysis)方法是一种讨论变量空间分布规律的分析方法。在地质学应用方面，首先由研究沉积学的Miller(1965)提出趋势面的概念，随后Grant(1957)结合地球物理工作，系统地提出了趋势面分析的数学原理和使用方法。Krumbein(1959)在Grant提出的适合于规则网点的正交多项式趋势模型基础上，进一步提出了适合于处理不规则分布点的一般多项式趋势分析法。直到现在，大多数研究者所采用的趋势面分析法基本上还是Grant和Krumbein所提出的内容。

趋势面分析的基本功能是把空间中分布的一个具体的或抽象的曲面分解成两部分：一部分主要由变化比较缓慢，影响遍及整个研究区的区域分量组成，称为趋势分量；一部分是变化比较快，其影响在区内并非处处可见的分量，称为局部分量。这一分析方法并不要求事先对各分量所占的比例以及各自的函数形式有任何了解。当然，事先若能对有关现象的函数形式有所了解，它将给分析工作带来许多的方便。趋势分析对因变量无特别的要求，自变量一般总是由地理坐标组成。在三维趋势面分析中，只增加了高程或深度坐标值。

趋势面分析实际上是回归分析的一种特殊应用，或者说是回归分析的一个变种。两者在数学原理、计算步骤的各个方面几乎完全相同，但是在应用上还是有较大的区别。如前所述，回归分析的目的是研究变量之间的关系，在此基础上进行预报或建立回归模型，而趋势面分析是要分离区域和局部两个分量。人们会问，既然两种分析方法的目的并不相同，为什么在数学原理和计算上又如此相同呢？的确，这是趋势面分析法在理论上很大的一个弱点，只是在实际应用中，由于多项式函数对曲面拟合能力比较强，又由于地质上对拟合及分离的精度要求并不高，才使得趋势面分析法得到广泛的应用。

3. 随机模拟(Monte-Carlo法)

不少流体包裹体参数具有测定和统计上的随机性，如何通过统计分析从观测的和计算的数据获得关于构造流体的性质，再去模拟实际地震特征，这是我们需要解决的问题。

Monte-Carlo法就是将统计过程所确定的物理状况在计算机上用随机数进行模拟。例如，FIP的网络分布、FIP参数的多元统计分析等。这种方法最初是由冯·诺伊曼和乌拉姆提出来的，原理和方法都极为简单。它是以因赌博闻名于世的摩纳哥的一个城市——蒙特卡洛命名的。

以求积分的Monte-Carlo法为例来加以说明，设积分形式为$I_0=\int_0^1 g(x)\mathrm{d}x$，其中被积分函数$g(x)$在$0\leqslant x<1$区域内变化，积分值$I_0$等于面积$\omega$，它由$x$轴、$y$轴、曲线$y=g(x)$以及直线$x=1$围成；而由$x$轴、$y$轴、直线$x=1$和直线$y=1$所围成的较大的面积$\Omega=1$。因此，如果我们从边界为0和1的均匀分布，产生$n$对随机数$(x, y)$作为正方形内随机点的坐标，模拟随机投点试验，取随机变量，则可得积分值

$$I_0=\lim_{n\to\infty}\sum_{i=1}^{n}\eta/n$$

其中

$$\eta=\begin{cases}1 & y<f(x)\ \text{随机投点成功}\\ 0 & y>f(x)\ \text{随机投点失败}\end{cases}$$

其他形式更为复杂的多重积分仍可仿照上面的办法经过一定的变换后求解。

从积分求解过程的模拟可知，Monte-Carlo法模拟模型中的一个随机变量或几个随机变量构成的函数$\eta=\eta(x_1, x_2, \cdots, x_m)$，通过对$\eta$的随机模拟，得到的抽样值$\eta(\eta_1, \eta_2, \cdots, \eta_n)$，统计处理后，给出$\eta$的概率分布或各阶矩的估计值，最后得到模拟解。

在流体包裹体参数应用中，用 Monte-Carlo 法进行 FIP 的模拟，在预报地震中可以得到应用，将 Monte-Carlo 法与有限元等数值方法相结合而发展成为随机有限元法、随机边界元法等方法。给出随机数及随机变量的产生方法，这是进行随机模拟的基础。

4. 突变模型

突变理论(catastrophe theory)为定量描述某相变系统内的突变过程提供了非常实用的数学工具。构造地震作用是一种突变过程，因此应用突变理论研究地震流体包裹体也是十分合适的。

地震地区某一地块作为一个相变系统，因岩石变形由一种稳定态演变到另一种不同质的稳定态，有不连续的突变方式和连续的渐变方式。突变理论揭示了相变方式是如何依赖于条件而变化的。如果相变的中间过渡态是不稳定态，相变过程就是突变；如果中间过渡态是稳定态，相变过程就是渐变。原则上可以通过控制条件(或控制变量)来改变系统的中间过渡态。在系统控制变量数不大于 4、与连续性有关的状态变量数不大于 2 的条件下，存在七种基本突变模型。在 FIP 研究中常常选择两种突变模型：①尖角型突变模型；②椭圆脐点型突变模型。

5. 分形理论和 FIP 分维测定

20 世纪 70 年代，分形几何学概念被提出，分形几何是发展起来的研究非线性现象的理论和方法，已不同程度地渗入到地质研究领域中。特别是分形几何在处理过去被认为难以解释或难以解决的复杂问题方面显示了巨大优势，得到了一系列准确的解释和定量结果。

近十几年来，国外学者逐渐把这一理论引入地质研究领域。构造岩石中分形理论的引入，大大丰富了岩石裂缝研究方法。分形理论认为岩石破裂过程具有相似性，断层系具有相似结构，断裂与裂缝组成自相似性结构。断裂集群分布与岩心上观测到的断裂密度分布具有很好的一致性，无论断层长短、断距大小，还是断层、展布型式不同，断裂与裂缝分布均具有相似性，即断裂系统和裂缝系统一样具有结构的自相似性，用断裂和岩心裂缝的分维数值可以定量地描述储层中裂缝的空间发育程度。1980 年 Gong Dilland 从理论上证明分形理论可用于碳酸盐岩地区裂缝的研究，并介绍了用分形理论建立裂缝分布实际模型的方法。随后，Barton(1985)、Hirata(1989)、Thomas 和 linlacroix(1989)、Velde 和 Duboes(1990，1999)、Main(1990)等又把这一理论用于其他岩石裂缝的研究，并在断层几何形态的描述以及裂缝数与裂缝长度、裂缝宽度和密度、裂缝平面分布等方面取得了较大进展。1995 年，Barton 通过研究认为，当裂缝的分维数值 D 大于 1.34，裂缝就能构成互相渗流的裂缝网络。

分形几何这一崭新的数学理论和方法在 FIP 中的应用还处于发展之中，本章简要介绍分形几何的概念及作者将其应用在 FIP 中的部分成果，以引起其他学者的注意和重视，起到抛砖引玉的作用，希望读者在 FIP 理论和实践中开创分形几何研究新局面，促进这一领域研究更深入发展。

同样的，在地震流体包裹体研究领域中，许多显微裂隙构造，如脉体、FIP、变形纹等基本上都有流体包裹体捕获，因此也可以利用分形几何学理论研究捕获流体包裹体的显微裂隙构造。另外又可以对其中流体包裹体进行测定，获得裂隙形成阶段的热力学条件，为地震作用获得更多的热动力参数。

6. 有限元法在 FIP 研究中的应用

有限元法是数值计算方法中发展较早，应用较广的一种方法。由于高速电子计算机的应用，使有限元法在解决实际工程问题中发挥着有效的作用。利用有限元法可以解决经典传统方法难以或无法求解的许多实际问题。

有限元法实质上是变分法的一种特殊的有效形式，其基本思想是：把连续体离散化为一系列的邻接单元，每个单元内可以任意指定各种不同的力学性态，从而可以在一定程度上更好地模拟地质体的实际情况，地震流体包裹体测定的热力学和动力学参数，可以有效地模拟岩体中的地震热力学和动力学场，为预测地震前兆提供可靠的数值基础。

尽管有限元法在解决复杂地震地质问题中显示出高效性，然而要使其获得成功的应用还取决于岩石性质、能否正确地选定计算模型及在现场如何获得可靠的计算参数。这几个问题解决好了，有限元法分析成果才可能正确合理。

在大多数情况下，由于岩石成分、结构和产状的复杂性，通常应采用非线性力学模型，需要考虑岩体弹塑性、蠕变、不抗拉特性以及结构面性质的影响。到目前为止，已有许多考虑了上述岩体非线性特征的有限元法分析的论著，特别是国内外目前关于岩体的本构模型的大量研究成果，为有限元法模拟提供了方便。

在后面的构造地震应力场研究中，将介绍利用有限元法计算 FIP 的初步方法和研究成果，希望在这一研究领域获得更多硕果。

6.1.2　FIP(和脉体)表征参数的概率分布

由于 FIP(和脉体)的各表征参数具有随机性，是随机变量，因此可以用相应的概率分布来描述。为了分析 FIP(和脉体)发育的规律性，常把具有某些共同特征的 FIP(和脉体)归类。例如，按力学性质，可分别研究张性 FIP(和脉体)、剪性 FIP(和脉体)的发育规律；而按 FIP(和脉体)的几何特征，又可分别按走向、倾向、倾角等进行归类。同时，也正是由于这些参数具有随机性，才可以用以概率论和统计学理论为基础的随机模拟方法进行 FIP(和脉体)网络模拟。

1. 常用的概率分布(米哈依洛夫，1960；严士健等，2009)

1）均匀分布

均匀分布的一般表达式为

$$f(x)=\frac{1}{b-a} \tag{6.1}$$

式中，x 的取值范围为(a, b)，其均值与方差分别为$\frac{a+b}{2}$和$\frac{(b-a)^2}{12}$。

2）负指数分布

负指数分布的一般表达式为

$$f(x)=\lambda e^{-\lambda x} \tag{6.2}$$

式中，x 的取值范围为$(0, +\infty)$，其均值与标准差均为 λ。

3）正态分布

正态分布的一般表达式为

$$f(x)=\frac{1}{\sqrt{2\pi\sigma}}e^{-\frac{1}{2\sigma^2}(x-\mu)^2} \tag{6.3}$$

式中，x 的取值范围为$(-\infty, +\infty)$，其均值与标准差分别为 μ 和 σ。

4）对数正态分布

对数正态分布的一般表达式为

$$f(x)=\frac{1}{\sqrt{2\pi\sigma}}e^{-\frac{1}{2\sigma^2}(\ln x-\mu)^2} \tag{6.4}$$

式中，x 的取值范围为$(0, +\infty)$，其均值与标准差分别为 μ 和 σ。

2. FIP 产状的概率分布

FIP 的产状要素包括走向、倾向和倾角。在二维岩体结构模拟中，对于平面 FIP 网络结构的模拟需要确立走向变化概率模型，而在剖面网络结构模拟中，则需要确定倾向、倾角概率模型。因此，在产状概率模型确立时，应分别按走向、倾向和倾角进行统计，求出走向、倾向和倾角的密度分布函数形式和相应的平均值及方差。

研究表明，FIP 产状往往服从均匀分布、Fisher 分布、正态分布、双正态分布和双 Fisher 分布等。其中，倾向一般多服从正态分布和对数正态分布，倾角一般多服从正态分布。图 6.1 为浙江省长兴县白鹤岭滑坡中 FIP 倾向和倾角分布直方图，它们基本上服从正态分布和对数正态分布(伍法权，1993)。

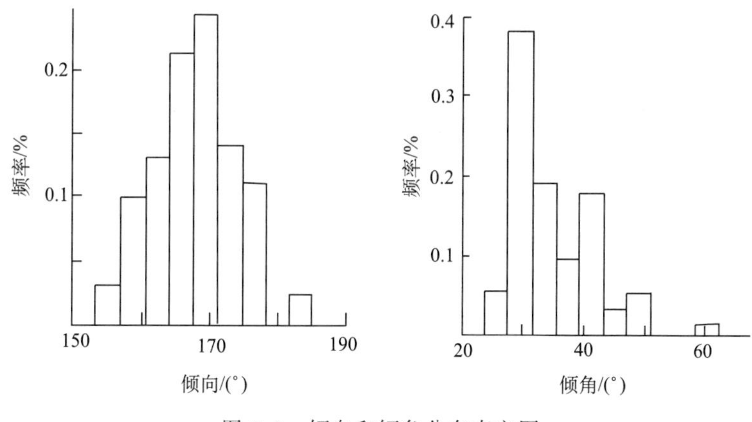

图 6.1　倾向和倾角分布直方图

3. FIP 迹长的概率分布

将裂隙岩体构面的统计分析应用到 FIP(严士健等，2009)同样适用。FIP 迹长是指 FIP 在视域平面或在空间的延展程度。由于显微镜视域一般为圆形，可用 FIP 半径(或直径)来反映 FIP 迹长大小。但 FIP 半径(直径)无法直接量测，应根据可以直接量测到的迹长(半迹长)来确定。

在二维岩体结构模拟中，FIP 规模用它的迹长来表征。FIP 迹线定义为它与薄片平面(或模拟剖面)的交线。迹长是 FIP 迹线长度的简称。

由于岩体露头采样条件和磨制薄片数量的限制，通常 FIP 迹长的实测十分困难。因此，我们建议可以采用不同的 FIP 迹长实测统计方法。目前常用方法有测线量测和统计窗两种。

1) 迹长测线统计法

在岩石薄片水平面上布置测线，量测那些与测线相交的 FIP 迹线长度。由于薄片水平面尺寸限制，测出的可能是全迹长，也可能是半迹长，还可能是未见迹线两端点的部分迹长。因此，如何根据量测到的各类迹长，推求 FIP 迹长的分布和平均迹长，是测线量测法的关键。

用测线量测法估计平均迹长有两个主要缺陷：①测线将优先交切那些迹线较长的 FIP，因此，统计结果会出现偏差；②一些很长的迹线两端点均在显微镜视域以外，所测得的常是其迹长的一部分，所以也将得出有偏差的平均迹长估计。因此，在测线量测中要研究实际迹长、交切测线迹长、半迹长和删截半迹长概率密度分布函数形式和总体平均值及估计平均值以及它们之间的相互关系，以得到符合实际的迹长概率模型。

2）统计窗法

在显微镜视域上确定一长为 a，宽为 b 的矩形范围，即统计窗。统计该窗内FIP迹线与统计窗具交切关系的数目。

如图 6.2 所示，统计窗内迹线与统计窗的关系有：①相交关系，迹线两端点均落在统计窗外；②包容关系，迹线两端点均落在统计窗内；③切割关系，迹线的一个端点落在统计窗内。仅当迹线与统计窗有上面三种关系之一时，才称该迹线为统计窗内的迹线。

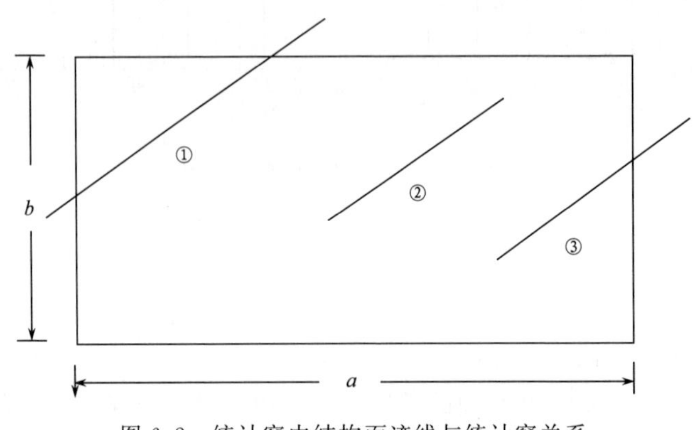

图 6.2　统计窗内结构面迹线与统计窗关系

①相交；②包容；③切割

根据统计学理论，FIP半迹长与全迹长的分布形式应是一致的，它们的分布形式主要有负指数、对数正态等。最常见的为负指数分布。

参考 Priest 和 Hudson(1981)针对结构面的测线研究方法，对于FIP迹长、半迹长和删截半迹长的概率分布形式如下。

(1) 与测线相交切FIP迹长的概率分布。

设FIP总体迹长概率密度分布函数为 $f(l)$，考虑到迹线较长的FIP将优先交切测线，被测到的概率最大，那么，实际测到的迹长落在区间(l，$l+\mathrm{d}l$)内的概率 $p(l)$与全迹长成正比，可表达为

$$p(l)=klf(l)\mathrm{d}l \tag{6.5}$$

式中，l 为FIP迹长；k 为待定常数。

与测线交切的样本迹长概率密度函数 $g(l)$为

$$g(l)=\frac{p(l)}{\mathrm{d}l}=klf(l) \tag{6.6}$$

由密度函数的性质可知

$$\int_0^\infty g(l)\mathrm{d}l=1 \tag{6.7}$$

因此

$$\int_0^{\infty} klf(l)\mathrm{d}l = k\int_0^{\infty} lf(l)\mathrm{d}l = kE(l) = 1 \tag{6.8}$$

则

$$k = \frac{1}{E(l)} = \frac{1}{\bar{l}} = \mu \tag{6.9}$$

式中，$\bar{l}$ 为 FIP 总体的平均迹长；μ 为 FIP 迹线中心点密度，$\mu = \frac{1}{\bar{l}}$。

将式(6.9)代入到式(6.6)，则有

$$g(l) = \mu l f(l) \tag{6.10}$$

那么，样本迹长均值 l_g 为

$$l_g = \frac{1}{\mu_g} = \int_0^{\infty} l_g(l)\mathrm{d}l = \mu\int_0^{\infty} l^2 f(l)\mathrm{d}l = \frac{1}{\mu} + \sigma^2\mu = \frac{1}{\mu} + \mu\sigma^2 \tag{6.11}$$

式中，σ 为 FIP 迹长总体分布的方差。

(2) 与测线相交切 FIP 半迹长的概率分布。

进一步设 FIP 半迹长交切测线的概率密度分布函数为 $h(l)$。有一组全迹长为 m 的 FIP，交切测线的概率密度为 $g(m)$，则迹长在区间$(m, m+\mathrm{d}m)$内的迹线交切测线的概率为 $g(m)\mathrm{d}m$。由于测线与迹线的交点是随机沿迹长分布的，因此测得的半迹长均匀分布在$(0, m)$范围内，其概率密度为 $1/m$。因此，全迹长位于区间$(m, m+\mathrm{d}m)$内，同时半迹长位于区间$(l, l+\mathrm{d}l)$内的联合概率 $p(m, l)$为

$$p(m, l) = g(m)\mathrm{d}m\left(\frac{1}{m}\right)\mathrm{d}l \tag{6.12}$$

因为 FIP 半迹长小于全迹长，即 $l<m$，则半迹长位于区间$(l, l+\mathrm{d}l)$内的概率为

$$p(l) = \mathrm{d}l\int_0^{\infty} \frac{g(m)}{m}\mathrm{d}m \tag{6.13}$$

所以，半迹长交切测线的概率密度函数 $h(l)$为

$$h(l) = \frac{p(l)}{\mathrm{d}l} = \int_0^{\infty} \frac{g(m)}{m}\mathrm{d}m = \mu\left[1 - \int_0^{l} f(l)\mathrm{d}l\right] = \mu[1 - F(l)] \tag{6.14}$$

则样本半迹长均值 l_h 为

$$l_h = \frac{1}{\mu_h} = \int_0^{\infty} \mu l[1 - F(l)]\mathrm{d}l = \frac{1}{2}\mu\int_0^{\infty} l^2 f(l)\mathrm{d}l = \frac{l_g}{2} \tag{6.15}$$

式(6.15)表明，测线法得到的半迹长平均值恰好等于 FIP 总体全迹长平均值

的一半，这为根据样本半迹长来估算全迹长提供了理论基础。

FIP 总体迹长概率密度分布函数 $f(l)$的具体表达式不同，与测线交切的迹长概率密度分布函数 $g(l)$和与测线交切的半迹长概率密度分布函数 $h(l)$的表达式也不同。表 6.1 给出了 $f(l)$分别为负指数分布、正态分布和均匀分布时，$g(l)$和 $h(l)$的表达式及对应的均值。

表 6.1　各类迹长理论分布函数及其平均值

分布形式	总体迹长概率密度分布函数		交切迹长概率密度分布函数		交切半迹长概率密度分布函数	
	概率密度 $f(l)$	均值 $1/\mu$	概率密度 $g(l)$	均值 $1/\mu_g$	概率密度 $h(l)$	均值 $1/\mu_h$
均匀分布	$\frac{\mu}{2}<l\leqslant\frac{2}{\mu}$	$\frac{1}{\mu}$	$\frac{\mu^2 l}{2}$	$\frac{4\mu}{3}$	$\mu(1-\frac{\mu l}{2})$	$\frac{2\mu}{3}$
负指数分布	$\mu e^{-\mu l}$	$\frac{1}{\mu}$	$\mu^2 l e^{-\mu l}$	$\frac{2}{\mu}$	$\mu e^{-\mu l}$	$\frac{1}{\mu}$
正态分布	$\frac{1}{\sqrt{2\pi\sigma}}e^{-\frac{(l-\frac{1}{\mu})2}{2\sigma 2}}$	$\frac{1}{\mu}$	$\frac{\mu l}{\sqrt{2\pi\sigma}}e^{-\frac{(l-\frac{1}{\mu})2}{2\sigma 2}}$	$\frac{1}{\mu}+\sigma^2\mu$	$\mu[1+F(l)]$	$\frac{(\frac{1}{\mu}+\sigma^2\mu)}{2}$

(3) 与测线相交切 FIP 删截半迹长的概率分布。

在用测线法进行 FIP 采样时，部分 FIP 将被删截。假设删截值为 C，FIP 样本共有 n 条，其中 r 条 FIP 被删截，未被删截的 FIP 则有 $n-r$ 条。

对于半迹长和删截半迹长，除了 $l>C$ 删截半迹长概率 $i(l)=0$ 以外，所涉及的均是同类迹长，因此 $i(l)$的分布必然与 $h(l)$成正比。同时，为保证$\int_0^\infty i(l)\mathrm{d}l=1$，应有

$$i(l)=\frac{h(l)}{\int_0^C h(l)\mathrm{d}l}=\frac{h(l)}{H(l)} \tag{6.16}$$

则删截半迹长的均值 l_i 为

$$l_i=\frac{1}{\mu_i}=\frac{\int_0^C lh(l)\mathrm{d}l}{H(C)} \tag{6.17}$$

当 FIP 总体迹长服从负指数分布时，有

$$i(l)=\frac{\mu e^{-\mu l}}{1-e^{-\mu l}} \qquad (0<l\leqslant C) \tag{6.18}$$

这时，删截半迹长的均值 l_i 为

$$l_i=\frac{1}{\mu_i}=\frac{1}{\mu}-\frac{Ce^{-P(C)}}{1-e^{-P(C)}} \tag{6.19}$$

式(6.19)表明，用 $1/\mu_i$ 的显式来表达 $1/\mu$ 是很困难的。当 FIP 总体迹长服从其

他形式的分布时，也会遇到同样的问题。当然，可以对式(6.19)用迭代法来计算 μ，再进一步得到 FIP 的平均迹长 $\bar{l}$。

如果 FIP 样本数目较多，根据概率论的基本原理，近似地有

$$\frac{r}{n} \approx \int_0^C h(l)\mathrm{d}l \tag{6.20}$$

若 FIP 总体迹长服从负指数分布，有

$$\mu = -\frac{1}{C}\ln\frac{n-r}{n} \tag{6.21}$$

若 FIP 总体迹长服从均匀分布，有

$$\mu = \frac{2-2\sqrt{\dfrac{n-r}{n}}}{C} \tag{6.22}$$

若 FIP 总体迹长服从正态或对数正态分布，$f(l)$不可积，可用数值积分的方法近似求解。

(4) 统计窗法确定 FIP 迹长。

对于一组 FIP，若采用统计窗法统计共有 n 条 FIP，其中，A 类 FIP 有 n_A 条，B 类 FIP 有 n_B 条，C 类 FIP 有 n_C 条，则有

$$\begin{cases} R_A = n_A/n \\ R_B = n_B/n \\ R_C = n_C/n \end{cases}$$

式中，R_A、R_B、R_C 分别为三类 FIP 所占的比例。

根据 Kulatilake 和 Wu(1984)对于结构面的研究，同样可以利用公式来计算 FIP 平均迹长 $\bar{l}$

$$\bar{l} = \frac{wh(1+R_A-R_C)}{(1-R_A+R_C)(w\sin\theta+h\cos\theta)} \tag{6.23}$$

式中，w、h 为统计窗的宽度、高度(图 6.2)；θ 为 FIP 迹线在统计窗平面上的视倾角。

4. FIP 间距和密度的概率分布(Neveu，1965；潘别桐，1987)

1) FIP 间距

对于一组 FIP，其间距 d 可由下式计算得到

$$d = \frac{1}{\lambda_d} = \frac{L\cos\theta}{n} = d'\cos\theta \tag{6.24}$$

式中，λ_d 为 FIP 线密度；L 为测线长度；n 为 FIP 条数；θ 为第 i 条 FIP 迹面倾向

与测线的夹角；d'为测线方向 FIP 视间距。

实际上它所得到的是 FIP 平均间距 d。若把相邻两条同组 FIP 的垂直距离作为间距观测值 d，大量实测资料和理论分析都证实，d 多服从负指数分布（图 6.3），其分布密度函数为

$$f(d)=\mu e^{-\mu d} \tag{6.25}$$

其中，$\mu=\frac{1}{\bar{d}}=\bar{\lambda}_d$，$\bar{d}$ 和 $\bar{\lambda}_d$ 分别为 FIP 平均间距和平均线密度。

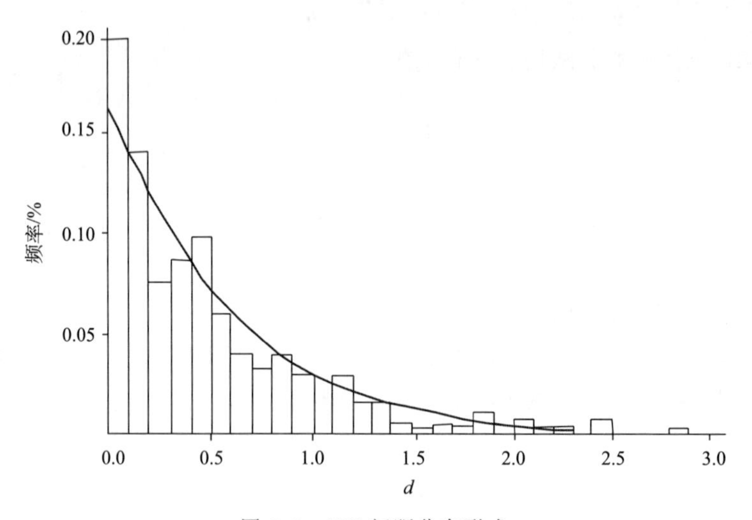

图 6.3　FIP 间距分布形式

2）FIP 线密度

FIP 线密度 λ_d 可以根据下式计算得到

$$\lambda_d=\frac{n}{L\cos\theta}=\frac{\lambda'_d}{\cos\theta} \tag{6.26}$$

式中，L 为测线长度；n 为 FIP 条数；λ'_d为测线方向 FIP 视线密度。

但由于下面两个原因，其结果往往存在较大的误差。

（1）由于测线长度 L 有限，必然有一部分间距 $d>L$ 的 FIP 无法测到，从而导致估算间距偏小，线密度偏大。

（2）由于岩体中部分小 FIP 无法测量到，从而导致估算的间距偏大，线密度偏小。

对于由上述原因导致的误差，可进行如下的校正。

a）截尾校正

截尾校正针对于第一种产生误差的原因，由 Sen（1984）提出。根据 Sen

(1984)给出的推论，小于测线长度 L 的 FIP 间距 d 的拟合形式为

$$i(d)=\frac{\lambda_d e^{-\lambda_d d}}{1-e^{-\lambda_d L}}\qquad (0<d<L) \tag{6.27}$$

其均值 $\bar{d}$ 为

$$\bar{d}=\frac{1}{\lambda_d}\left(1-\frac{\lambda_d L}{e^{\lambda_d L}-1}\right) \tag{6.28}$$

显然，当 $L\to\infty$ 时，$\bar{d}\to\frac{1}{\lambda_d}=d$($d$ 为 FIP 总体的间距)。但实际采样中，测线不可能无限长。这时，如果将测线长度 L 和对应的实测 FIP 样本间距均值 $\bar{d}$ 代入式(6.28)，可计算出 FIP 总体的线密度 λ_d 和间距 d。

b) 短小 FIP 校正

短小 FIP 校正针对第二种产生误差的原因。假设测线 L 沿 FIP 法线方向布置，与之交切的实际 FIP 数量为 n，则 FIP 线密度 λ_d 为

$$\lambda_d=\frac{n}{L} \tag{6.29}$$

若 FIP 迹长服从负指数分布 $f(l)=\mu e^{-\mu l}$($\mu=\frac{1}{\bar{l}}$，$\bar{l}$ 为 FIP 迹长均值)，则在迹长区间(l，$l+dl$)内结构面数量应为 $dn=nf(l)dl$，对 dn 在(0，$+\infty$)区间进行积分应得到结构面数量 n。但实际上，在结构面采样过程中，迹长 $l<l_0$ 的短小 FIP 被舍去，实际的积分区间为(l_0，$+\infty$)，对应的 FIP 数量 n_0 为

$$n_0=\int_0^{+\infty}dn=\int_0^{+\infty}n\mu e^{-\mu l}dl=ne^{-\mu l_0} \tag{6.30}$$

即舍掉短小 FIP 之后，实际被测到的结构面数量为 n_0，则对应的短小 FIP 样本密度 λ_0 为

$$\lambda_0=\frac{n_0}{L}=\frac{ne^{-\mu l_0}}{L}=\lambda_d e^{-\mu l_0} \tag{6.31}$$

因此，考虑到短小 FIP 的影响，FIP 的真实线密度 λ_d 为

$$\lambda_d=\lambda_0 e^{\mu l_0} \tag{6.32}$$

显然有 $\lambda_d\geqslant\lambda_0$，当 $l_0\to 0$ 时，$\lambda_d=\lambda_0$。

3) FIP 面密度

如图 6.4 所示的坐标系，测线 L 与 x 轴重合并与 FIP 正交，设 FIP 迹长为 l，半迹长为 l'。假定 FIP 迹线中点在平面内均匀分布，中点面密度为 λ_S，则在距测线 L 垂直距离为 y 的微分条中(面积 $dS=Ldy$)，包含 FIP 迹线中点数 dN 为

$$dN=\lambda_S dS=\lambda_S L dy \tag{6.33}$$

显然，只有当 $l' \geqslant |y|$ 时，FIP 迹线才与测线相交。令半迹长 l' 的密度函数为 $h(l')$，则中心点在微分条 dS 中的所有 FIP 与测线相交的条数 dn 为

$$\mathrm{d}n = \mathrm{d}N \int_y^{+\infty} h(l')\mathrm{d}l' = \lambda_S L \int_y^{+\infty} h(l')\mathrm{d}l'\mathrm{d}y \tag{6.34}$$

对 y 在$(-\infty, +\infty)$上积分，得到全平面中 FIP 迹线与测线 L 相交的数目 n 为

$$n = 2\int_0^{+\infty} \mathrm{d}n = 2\lambda_S L \int_0^{+\infty}\int_y^{+\infty} h(l')\mathrm{d}l'\mathrm{d}y \tag{6.35}$$

于是，FIP 在测线上方向的线密度 λ_d 为

$$\lambda_d = \frac{n}{L} = 2\lambda_S \int_0^{+\infty}\int_y^{+\infty} h(l')\mathrm{d}l'\mathrm{d}y \tag{6.36}$$

若 FIP 迹长服从负指数分布 $f(l)=\mu\mathrm{e}^{-\mu l}$，FIP 半迹长则服从负指数分布 $h(l')=2\mu\mathrm{e}^{-2\mu l'}$，代入式(6.36)可得 FIP 面密度 λ_S 为

$$\lambda_S = \mu\lambda_d = \frac{\lambda_d}{\bar{l}} \tag{6.37}$$

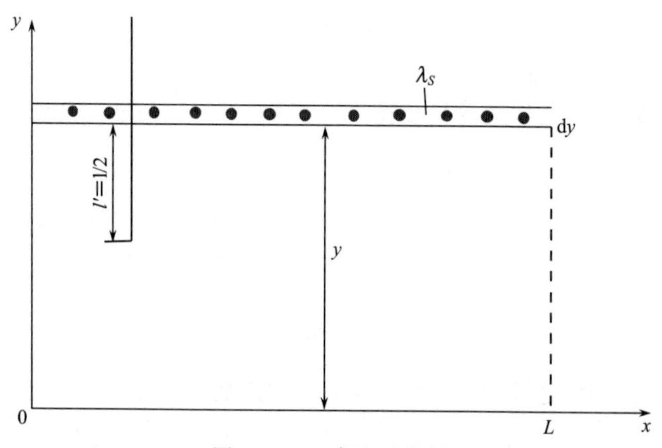

图 6.4　λ_S 求取示意图

4) FIP 体密度

根据 FIP 呈薄圆盘状的假设条件，对图 6.5 所示的模型，假设测线 L 与 FIP 法线平行，即 L 垂直于 FIP 取圆心在 L 上、半径为 R、厚为 dR 的空心圆筒。

FIP 在测线方向上的线密度 λ_d 为

$$\lambda_d = 2\pi\lambda_V \int_0^{+\infty} R \int_R^{+\infty} f(r)\mathrm{d}r\mathrm{d}R \tag{6.38}$$

如果岩体中存在 m 组 FIP，则 FIP 总体密度 $\lambda_{V_总}$ 为

$$\lambda_{V_总} = \frac{1}{2\pi}\sum_{k=1}^{m} \frac{\lambda_{dk}}{\bar{r}_k^2} \tag{6.39}$$

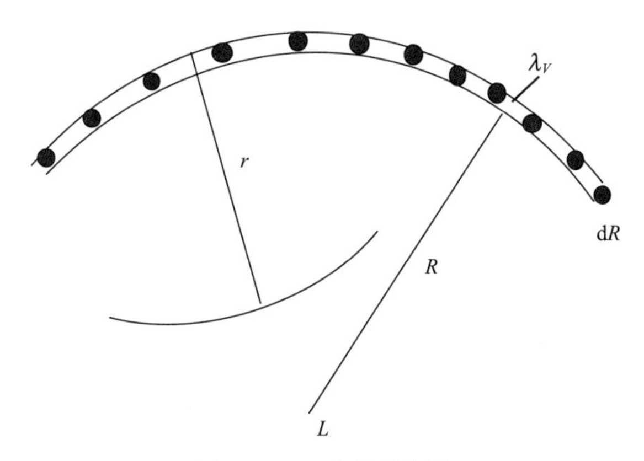

图 6.5　λ_S 求取示意图

5. 显微脉体未充填时张开度的概率分布

显微脉体未充填时张开度可以在显微镜中直接进行量测统计,通常用 $\bar{b}$ 表示脉体两壁宽度的均值。然后分别整理出张开度的密度分布直方图和分布函数拟合曲线,求出其平均值和方差。根据 Snow 等的资料,显微脉体张开度为正态分布,在岩体结构模拟中,该参数也不是必需的,但如果要将岩体结构模拟结果用于计算渗透参数,则该参数极为重要,是在实际量测中需要特别注意的几何参数。

据研究,显微脉体未充填时张开度 e 多服从负指数分布,有时也服从对数正态分布。图 6.6 为显微脉体未充填时张开度 e 的统计直方图,基本上服从负指数分布(Wilks,1962;Kachanov,1982)。

6. FIP(和脉体)概率模型建立方法

在进行计算机模拟之前,要建立模拟所涉及 FIP 各形态要素的概率模型,包括概率分布形式和与之对应的数字特征值(Hoek,1983;黄云飞和冯静,1992)。

1) 概率分布形式的确定方法

对于概率分布形式的选择,在很多情况下可根据经验知识及对产生该随机变量的认识,决定应采用哪种分布,或不采用哪种分布,这主要是从定性的角度来判断。

采样数据对选择概率分布形式起着决定性作用,一般来说,如果有足够数量的数据,就可以确定出概率分布形式和对应的数字特征。选择的概率分布形式是否合适,还必须进行检验。确定概率分布形式,常用频率直方图法、点估计法和概率图法等方法。

a) 频率直方图法

频率直方图法是确定连续性随机变量分布形式最常用的方法,因为直方图是

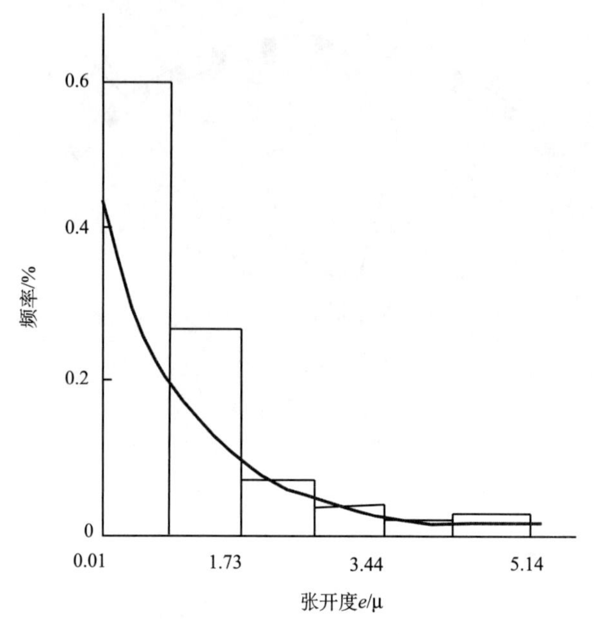

图 6.6　显微脉体未充填时张开度分布直方图

密度函数的近似，很直观，也很简洁。可以通过作 FIP(和脉体)的倾向、倾角、迹长、隙宽等形态参数的频率直方图来确定它们的分布形式，并进一步计算它们的数字特征值。

以 FIP 倾向为例，采用合理的角度间距(一般采用 2°～5°的间隔)作频率的直方图。例如，如图 6.7 所示，根据直方图的形态可以判断它接近于正态分布。

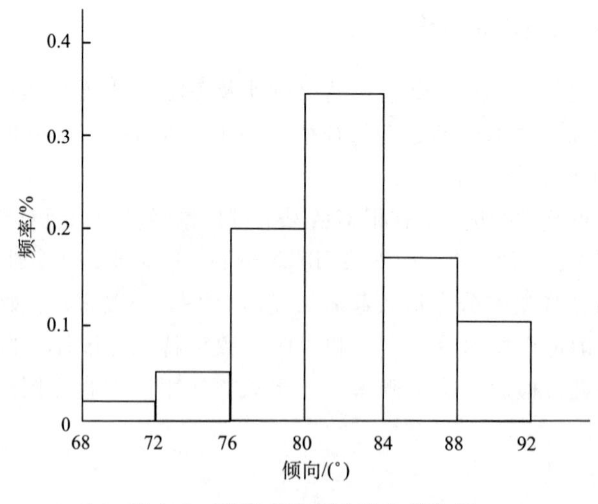

图 6.7　某组 FIP 倾向分布直方图

b) 点估计法

概率分布的变异系数 C_v 是分布参数的函数，不同的概率分布形式其变异系数有不同的取值范围，见表 6.2。因此，可以根据样本数据的变异系数来确定合适的概率分布形式。

表 6.2　不同概率分布形式的变异系数特征表

分布类型	变异系数 C_v	C_v 取值范围
均匀分布	$\frac{b-a}{\sqrt{3}(a+b)}$	$(-\infty, 0), (0, +\infty)$
负指数分布	1	1
正态分布	σ/μ	$(-\infty, 0), (0, +\infty)$
对数正态分布	$\sqrt{e^{\sigma^2}-1}$	$(0, +\infty)$

c) 概率图法

概率图法是针对不同概率分布形式预先准备好坐标纸，在坐标纸中绘出样本数据与累积概率的关系曲线。当关系曲线为一条直线时，则表明该组数据服从坐标纸所代表的概率分布形式；如果不是直线，则不采用这一概率分布形式，换其他可能的概率分布形式的坐标纸重新进行判别，直到确定出合适的概率分布形式。

2) 数字特征值的确定方法

由 FIP 样本确定出其概率分布函数 $F(x)$ 或密度函数 $f(x)$ 后，还要确定其数字特征值，主要包括均值 μ 和方差 σ^2(或标准差 σ)。它们可以运用最大似然估计法和最小二乘法来估算。

a) 最大似然估计法

该方法由 Fisher(1906)提出，它是在随机变量概率密度分布函数已知的情况下利用变量观测值估算其参数。

设随机变量 X 的分布密度为 $p(X; \theta_1, \theta_2, \cdots, \theta_m)$，其中 $\theta_1, \theta_2, \cdots, \theta_m$ 为未知参数，若样本值为 $x_1, x_2, \cdots, x_n$，令 X 的似然函数 L_n 为

$$L_n(x_1, x_2, \cdots, x_n; \theta_1, \theta_2, \cdots, \theta_m) = \prod_{i-1}^{n} p(x_i; \theta_1, \theta_2, \cdots, \theta_m) \tag{6.40}$$

如果 L_n 在 $\theta_1^e, \theta_2^e, \cdots, \theta_m^e$ 上达到最大值，则称 $\theta_1^e, \theta_2^e, \cdots, \theta_m^e$ 为 $\theta_1, \theta_2, \cdots, \theta_m$ 的最大似然估计。

对于正态分布，有

$$\begin{cases}\mu^{e}=\dfrac{1}{n}\sum_{i=1}^{n}x_i=\bar{x}\\ \sigma^{e}=\dfrac{1}{n}\sum_{i=1}^{n}(x_i-\bar{x})^2\end{cases}\tag{6.41}$$

对于对数正态分布，有

$$\begin{cases}\mu^{e}=\dfrac{1}{n}\sum_{i=1}^{n}\ln x_i=\ln\bar{x}\\ \sigma^{e}=\dfrac{1}{n}\sum_{i=1}^{n}(\ln x_i-\ln\bar{x})^2\end{cases}\tag{6.42}$$

对于负指数分布，有

$$\mu^{e}=\frac{n}{\sum_{i=1}^{n}x_i}=\frac{1}{\bar{x}}\tag{6.43}$$

b）最小二乘法

经验表明，根据最大似然估算法确定出的统计参数所建立的理论分布函数与经验分布函数之间通常存在较大的差异，为保证理论分布函数与经验分布函数间能达到较好吻合，可以采用非线性函数的最小二乘法来计算有关的统计参数，即对已经选定的概率密度分布函数 $f(x)$，寻找一组 μ、σ，使得到的 $f(x)$的图形最为接近根据实际数据绘制的直方图。

对于给定的 n 对数据点(x_i, y_i)，$i=1, 2, \cdots, n$，要求确定函数 $y=f(x, B)$ 中的非线性参数 B，使得下式计算得到的残差平方和 Q 最小

$$Q=\sum_{i=1}^{n}[y_k-f(x_k, B)]^2\tag{6.44}$$

式中，x_k 可以是单个的变量，也可以是 p 个变量，即

$$x_k=(x_{1k}, x_{2k}, \cdots, x_{pk})\qquad(k=1, 2, \cdots, n)\tag{6.45}$$

与之相应，B 可以是单个的变量，也可以是 m 个变量，即

$$B=(b_1, b_2, \cdots, b_m)\qquad(m\leqslant n)\tag{6.46}$$

在 FIP 几何参数统计分析中，x_i 相当于直方图中每个统计间隔的中点值，y_i 是相应的概率密度值。如果纵坐标用相当于一定间隔 Δx 的频率 y_i'来表示，则在实际拟合时 y_i 应用 y_i'除以 Δx 的值，拟合参数通常即为 μ 和 σ。

从理论上讲，按最小二乘法所得到的统计参数可以使理论分布函数与经验分布函数之间达到最佳吻合，但它不像最大似然法估算的统计参数那样具有明确的

概率统计意义，在最终选取时应综合考虑，合理选择。

3）实例

以杭州西湖地区火山岩中测定出的多组 FIP 为例。现以一组 FIP 样本产状数据作为例子，来说明概率模型的建立。利用该组 FIP 产状的样本值，可以分别得到倾向和倾角的分布直方图。要说明的是由于该组 FIP 近直立，多数倾向偏西，但有少部分倾向偏东，在作直方图和建立概率模型的过程中要进行变换，都把倾向转换成与优势倾向一致的方向，在这里应把倾向偏东的 FIP 转换成偏西，如把产状 70°∠80°转换成 250°∠100°。这里，倾角大于 90°的含义是指其真实倾向与所列倾向(即 250°)相反(即 70°)，其真实倾角为所列倾角(即 100°)的补角(即 80°)。转换后该组 FIP 的产状如表 6.3 所示。图 6.8 为倾向和倾角的分布直方图。

表 6.3　转换后的 FIP 产状

α	β	α	β	α	β	α	β	α	β	α	β	α	β	α	β
276	96	221	130	208	73.	15	79	223	134	235	101	250	95	220	131
253	85	276	81	240	88	252	86	240	85	240	89	252	107	248	88
251	89	248	86	261	85	254	87	251	88	223	134	224	83	260	86
225	82	241	84	225	83	226	85	227	83	236	77	238	78	240	76
238	76	240	93	238	77	234	75	245	95	238	84	243	97	243	93
233	83	238	85	245	93	245	93	240	84	247	94	247	93	245	96
251	93	246	93	232	102	256	95	215	72	250	93	246	91	250	94
254	94	219	78	250	92	251	93	215	85	211	77	250	95	202	72
230	76	231	120	202	73	231	76	228	78	228	78	245	83	284	87
275	84	278	86	275	87	272	86	289	85						

注：α 代表倾向；β 代表倾角。

由图 6.8 中可以看出，该组 FIP 倾向近似服从正态分布，而倾角则近似服从对数正态分布。根据最大似然估计法，由式(6.41)得倾向的正态分布最大似然均值 μ_α 与标准差 σ_α 为

$$\begin{cases}\mu_\alpha = 241.3 \\ \sigma_\alpha = 18.4\end{cases}$$

则，倾向服从正态分布

$$f(x) = 0.0218\mathrm{e}^{-0.015(x-241.3)^2}$$

其概率密度分布曲线如图 6.9(a)所示。

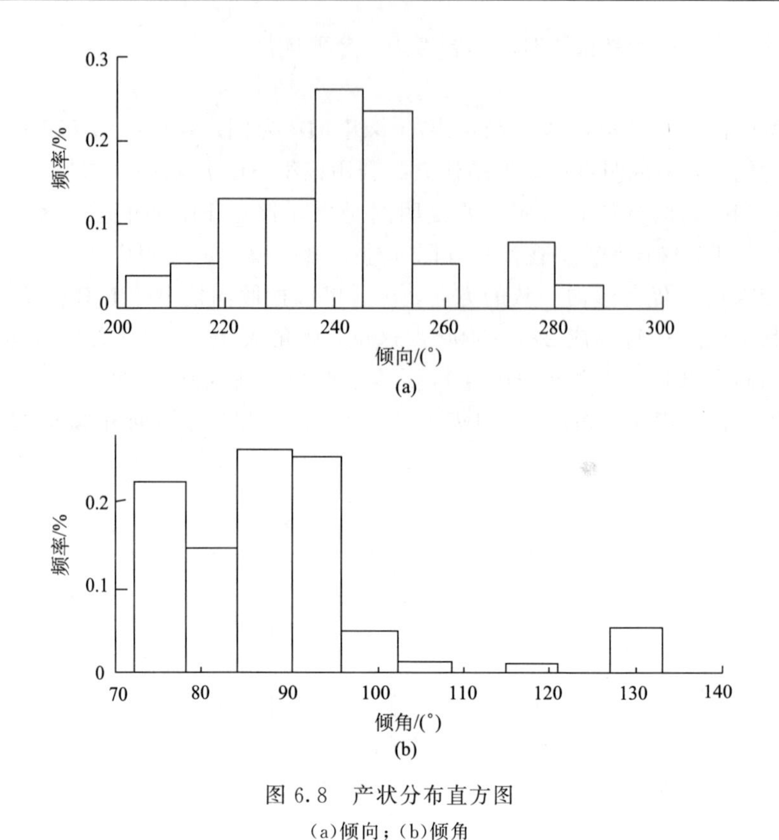

图 6.8　产状分布直方图

(a)倾向；(b)倾角

由式(6.42)得倾角的对数正态分布最大似然均值 μ_β 与标准差 σ_β 为

$$\begin{cases}\mu_\beta=4.479\\ \sigma_\beta=0.136\end{cases}$$

则，倾角服从对数正态分布

$$f(x)=2.96\mathrm{e}^{-27.4(\ln x-4.479)^2}$$

其概率密度曲线如图 6.9(b)所示。

由图 6.8 与图 6.9 对比可以看出，所得到的倾向与倾角的概率密度曲线与其直方图对应较好，所建立的产状概率模型适宜。

另外，用上述方法得到的倾向均值为 241.2°、倾角均值为 88.1°($\mathrm{e}^{4.479}$)与动态聚类方法得到的优势倾向(240°)和优势倾角(89°)很接近，从而说明了这些方法的可行性。

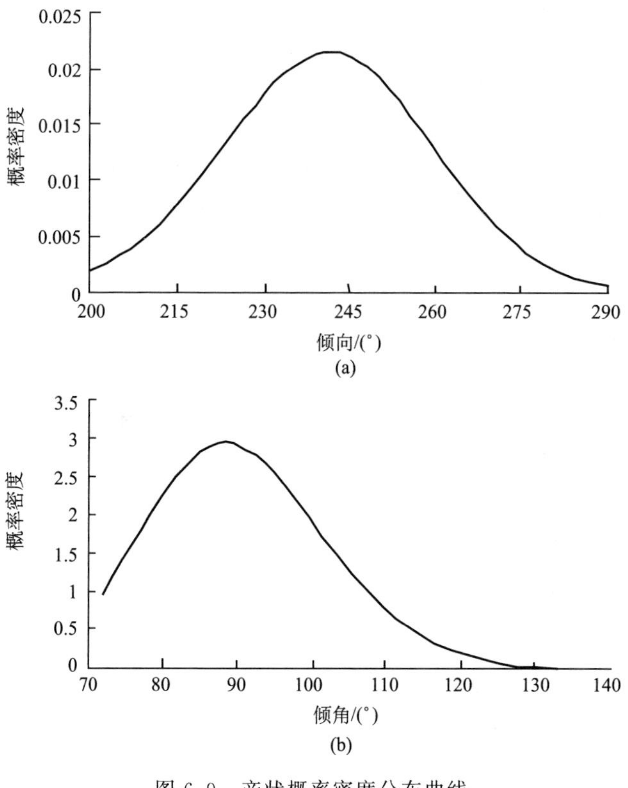

图 6.9　产状概率密度分布曲线

(a)倾向；(b)倾角

6.2　地震岩体 FIP 分维测定和分形模型

地震断裂是非平衡条件下的非线性不可逆过程，地震脆性破裂的结果——FIP 是不规则的和起伏不平的，具有统计意义上的自相似性。分维可以作为定量描述 FIP 形貌特征的参数。地震岩体 FIP 是自仿射或随机分形结构，分维可以作为岩石 FIP 形貌的统计参数。分析岩石 FIP 形貌的分形特征，对在微观层次上研究地震岩石裂隙的成因机制具有重要意义。

6.2.1　地震岩体 FIP 两种类型分维的测定

1. FIP 两种类型分维(Falconer，1991)

实际测定过程中，常在显微镜下以测线量测法和统计窗法来调查 FIP 的分布特征，分析建立地震 FIP 结构的分维模式(Feder，1988)。在显微镜下岩石中一个 FIP 与薄片平面上相交为一条剖面线，这条剖面线的形态可用分维表示，分维数越大，表示剖面线形态越复杂。在此基础上，我们可以解析出地震 FIP 结构的分维。

1) FIP 线裂分维

线裂分维是在一维空间(直线)上 FIP 结构的分维，当测定一条 FIP 剖面线，并且以尺度 d 等分，如图 6.10(a)所示，记 $N(d)$为包含 FIP 的线段的个数，变换 d，得到一组数据对 $N(d)$和 d，则有

$$N(d) \sim d^{-D_1} \tag{6.47}$$

式中，D_1 为 FIP 线裂分维。

从统计意义上考虑，直线越长，测得的结果越精确。因此，可以通过在一个测点上布置若干条相互平行的直线来保证结果的准确性和代表性。

2) FIP 面裂分维

面裂分维是在二维空间(平面)上 FIP 结构的分维，在显微镜下给定范围的薄片平面上，用边长为 d 的正方形网格覆盖之，如图 6.10(b)所示，记 $N(d)$为与 FIP 交叉的网格的数目，变换 d，得到一组数据对 $N(d)$和 d，则有

$$N(d) \sim d^{-D_S} \tag{6.48}$$

式中，D_S 为 FIP 面裂分维。

2. FIP 结构分维的测定(Falconer,1999)

在垂直 FIP 结构的剖面上，FIP 成为一条不规则的曲线，如图 6.10(c)所示。用长度为 d 的码尺量测该 FIP 曲线，共 N 步，变换 d，得到一组数据对 $N(d)$和 d，则有

$$N(d) \sim d^{-D} \tag{6.49}$$

式中，D 为 FIP 曲线的分维。

由此可得到 FIP 粗糙度的准确概念和定量结果。

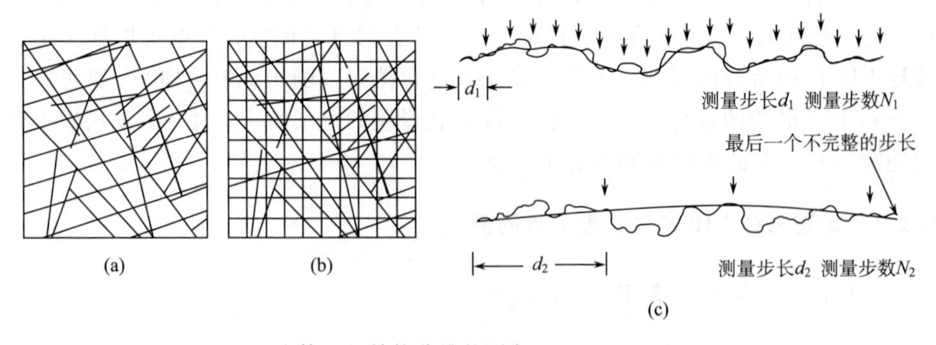

图 6.10 岩体 FIP 结构分维的测定(Ledesert et al.，1993)

6.2.2　几种典型地震岩体 FIP 分形结构模型

FIP 是岩石受力作用过程中形成的微裂隙，而后流体介质充填封闭形成的。FIP 的性质、产状和分布规律与断层活动和区域构造有密切的成因联系。对 FIP 的研究无疑为地震力学的深入研究提供了一种新的方法。

实际上，地震岩体 FIP 的分布具有很好的统计自相似性，在无标度区间内，分形分布更适合岩体 FIP 的自然展布特征。本书基于分形理论，详细分析地震 FIP 粗糙面、产状、间距、迹长及 FIP 空间分布的分形模型，建立岩体 FIP 的分形统计学体系。下面介绍几种典型岩体 FIP 分形模型。

1. 地震岩体 FIP 粗糙度系数 JRC 的分形模型

国际岩石力学学会使用 Barton(1973)提出的方法规定了节理粗糙度系数 JRC (joint roughness coefficient)范围。Barr 等使用粗糙位形标测仪和数字化坐标记录仪测定了标准 JRC 位形的分维(图 6.11)，找到了分维与标准 JRC 值的对应关系(图 6.12)，并建立了如下经验公式，利用它也可以对地震 FIP 进行测定

$$\mathrm{JRC} = -0.874 + 37.7844\left(\frac{D-1}{0.015}\right) - 16.9304\left(\frac{D-1}{0.015}\right)^2 \tag{6.50}$$

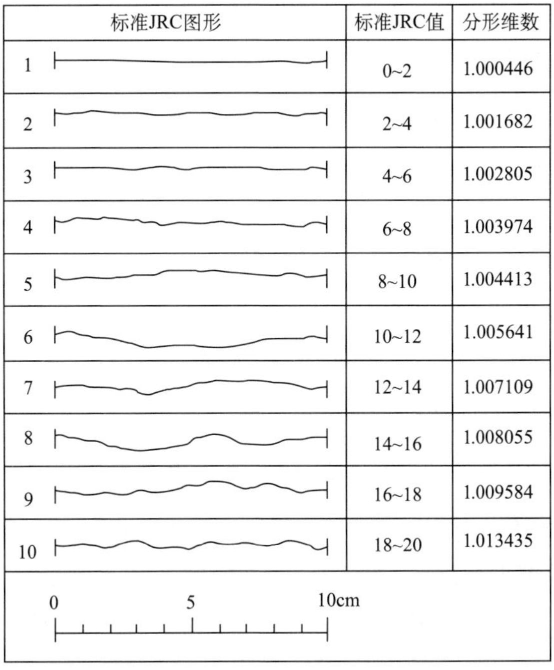

标准JRC图形	标准JRC值	分形维数
1	0~2	1.000446
2	2~4	1.001682
3	4~6	1.002805
4	6~8	1.003974
5	8~10	1.004413
6	10~12	1.005641
7	12~14	1.007109
8	14~16	1.008055
9	16~18	1.009584
10	18~20	1.013435
0　5　10cm		

图 6.11　标准 FIP 粗糙位形、JRC 值与相应的分形线

这样，一旦确定了岩石 FIP 的分维就可估测出其 JRC 值，进而就可估计岩石 FIP 的剪切破坏强度，分析岩石 FIP 的膨胀变形和破坏。从图 6.11 和图 6.12 可以看出，分维更加准确定量地标定出了地震岩石 FIP 的粗糙度。

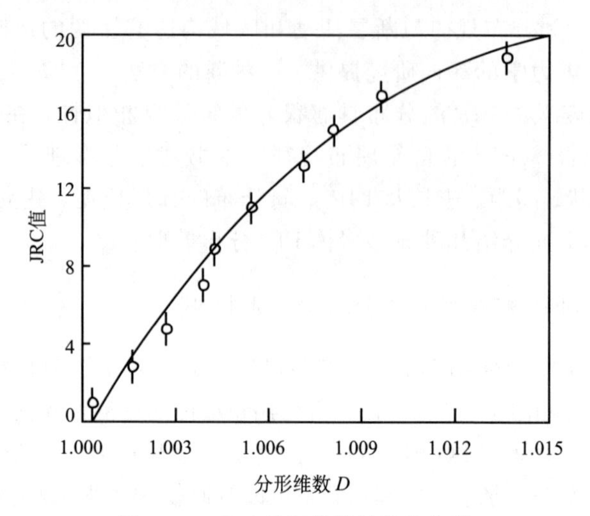

图 6.12　JRC 值与分维的相关曲线

图 6.12 是根据 Wakabayashi 和 Fukushige(1992)的公式 $JRC=[(D-1)/(4.413\times10^{-5})]^{\frac{1}{2}}$ 绘制的。

2. 地震岩体 FIP 迹长的分形模型(易顺民和朱德珍,2005)

地震岩体 FIP 迹长是表示 FIP 延伸长度的参数，即为地震岩体 FIP 与样本平面的交线。对同一岩体，变换测量尺度 δ 去测定样本平面上 FIP 迹长 l 的数量 $N(\delta)$，在 $N(\delta)$ 与 δ 双对数坐标图上找出直线段的斜率，该斜率即为分维 D。岩体 FIP 迹长分维可以用如下公式表示

$$N(\delta)\propto C(l)\delta^{-D} \tag{6.51}$$

式中，$C(l)$为忽略其他较短 FIP 的影响系数。

3. 地震岩体 FIP 隙宽的分形模型(易顺民和朱德珍,2005)

地震岩体 FIP 隙宽表示愈合 FIP 的显微裂隙宽度，如果对隙宽进行类似分析，也可以发现隙宽度量指标 t 和 $N(t)$的双对数关系，表现为随着测量尺度的降低，线性关系向上推进的特征，可以认为 FIP 隙宽服从分形分布，有

$$N(t)\propto t^{-D} \tag{6.52}$$

作为自然界岩体中 FIP 结构系统，它们完全是分形分布。岩体 FIP 隙宽的大

小受岩体本身强度的制约，不同岩性的岩体 FIP 隙宽的分维不一致，也反映了岩体自身性质的影响。

4. 地震岩体 FIP 倾向的分形模型(易顺民和朱德珍,2005)

地震岩体 FIP 产状通常将 FIP 倾向线的极点投影在赤平图上绘制成极点图，用圆心点作统计起始点，以半径 r 为标度，统计半径为 r 的圆内裂隙结构面极点数 $M(r)$，改变 r 的值，得到一组相应的 $M(r)$ 数据。由分形理论可知，如果 FIP 极点空间分布具有分形结构，则 $M(r)$ 和 r 的关系为

$$M(r) \propto r^{-D} \tag{6.53}$$

式中，D 为 FIP 倾向线极点分布的分维值。

地震岩体 FIP 倾向线极点的产状构成了一个空间分布的点集，显然，实际操作时，在 $M(r)$ 和 r 的双对数图上，拟合直线段的斜率即为分维 D。岩体 FIP 倾向线极点分布分维 D 越大，说明岩体 FIP 分布越复杂，也表征岩体 FIP 的切割情况和发育密度的高低。FIP 分维 D 越大，岩体就越破碎，说明不同期次、不同方向和不同规模的构造作用比较强烈。地震岩体 FIP 倾向线极点分维很好地表征了该区多期构造地震活动的影响和岩体 FIP 分布复杂性特征。用分形方法表示 FIP 分布特征，不但定量化程度高，而且直观且一目了然。

5. 地震岩体 FIP 间距的分形模型(易顺民和朱德珍,2005)

地震岩体 FIP 间距是表示地震中 FIP 发育密集程度的指标，它表示同一组 FIP 中两相邻 FIP 之间的垂直距离。由于地震构造、应力累积和能量耗散特征不同，导致 FIP 间距不相等，特别是经受过多期地震活动的岩体，其 FIP 间距分布更加复杂。在表征构造岩体的完整性、岩体强度、岩体的变形性和岩体的渗透性时都要涉及 FIP 间距。在岩体的同级序结构面中，裂隙具有很好的等距性规律，在无级序裂隙中，FIP 间距分布也具有很好的自相似结构，符合统计分形特征。

地震岩体 FIP 间距的统计分布具有自相似性，即间距大于 x 的 FIP 条数 $N(x)$ 有如下分形性质

$$N(x) \propto x^{-D} \tag{6.54}$$

因此，地震岩体裂隙结构面间距分布特征可以用分形几何方法来描述。许多地区测定结果统计，在间距变化范围内，如果小间距越多，即 FIP 密度大时，间距分布的分维数也增大。FIP 间距分布的分维数反映了不同地质力学性质的差异。

地震岩体 FIP 间距的分形模型要求统计 FIP 时逐一记录岩体 FIP 间距，明显增加了信息量，限定了间距的变化范围，比传统的统计模型更全面、准确地反映了岩体 FIP 的分布特征。

6. 地震岩体 FIP 贯通性的分形模型(易顺民和朱德珍,2005)

地震岩体 FIP 的贯通性同地震构造演化有密切关系，如地震中 FIP 贯通性在很大程度上取决于地震变形和叠加程度。岩石的破裂试验表明，岩体的断裂破坏大都是沿某一组原始共轭裂隙系贯通扩展而成，特别是在变形岩层中最为常见。分析 FIP 贯通性的过程，所用的分形模型如图 6.13 所示。

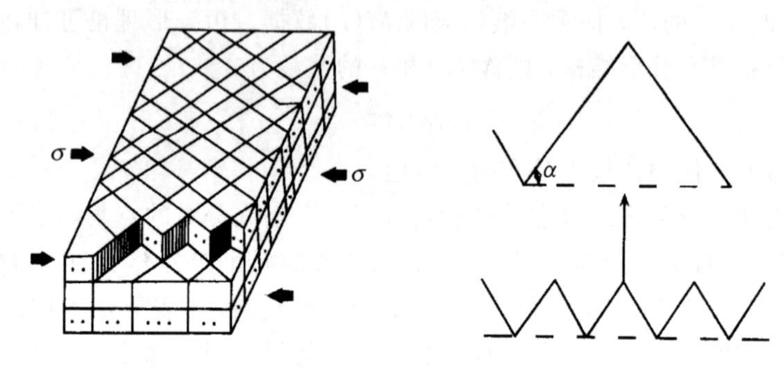

图 6.13　地震岩体 FIP 贯通扩展的分形模型

由分形几何原理可知,在 d 维空间(d 为欧基里德维数),它表示许多个尺寸 rL 的物体充满尺度为 L 的空间($N=r^{-d}$,N 为量测 L 长度所需码尺量测的次数)。

因

$$N=2, \qquad 1/r=2\cos(\alpha/2) \tag{6.55}$$

则岩体 FIP 贯通性的分维为

$$D=\frac{\lg 2}{\lg\left(2\cos\frac{\alpha}{2}\right)} \tag{6.56}$$

式中，r 为相似比，由分维的计算公式可知，岩体的破坏强度同裂隙剪切角相关，随着裂隙剪切角 α 的增加，裂隙分维数也增大。

7. 地震岩体 FIP 网络的分形模型(谢和平,1995)

地震岩体 FIP 在二维平面上组成网络系统。我们可用边长为 d 的正方形网格来覆盖 FIP 网络，数出含 FIP 的格子数 $N(d)$，可以发现 $\lg N(d)$与 $\lg d$ 之间存在直线相关关系，也就是说 FIP 网络存在分形结构，由直线的斜率可得分维 D，可表示为

$$N(d)\propto d^{-D} \tag{6.57}$$

式(6.57)同式(6.47)、式(6.54)相似，许多测定表明，地震岩体脆性破裂网络从宏观到微观都存在分形结构。所以岩体的FIP在二维平面上组成的网络系统具有很好的自相似性，为分形结构特征。分维D的大小与不同岩石的FIP空间分布复杂特征相对应，分维的高低也体现了不同岩石性质的差异。岩体FIP网络越密，分布越复杂，平均迹长越长，相应FIP网络的分维D越高。

8. 地震岩体FIP网络的多重分形模型(易顺民和朱德珍,2005)

在地震岩体FIP网络的分形研究中，主要运用盒维数法计算容量维的数值。但容量维在描述岩体FIP的分布特征时对细节问题有时反映得不够全面，容量维的定义式为

$$D_0 = \lim_{r \to 0} \frac{\lg N(r)}{\lg r} \tag{6.58}$$

式中，r为标度；$N(r)$为标度r下有裂隙结构面(FIP)进入的盒子数。

很明显，这里仅考虑了有FIP分布的盒子数，没有考虑一个盒子里所包含的FIP条数，含多条FIP的盒子数与含单条FIP的盒子数所包含的信息量是不同的。因此，地震岩体FIP的空间分布虽然存在分形结构特征，但用一个分维数来描述局限性较大。实际上，FIP的分布具有多重分形结构，也就是说，岩体FIP的空间分布是由许多分维数不同的子集组合叠加而成的，每个局域的分维数是不同的，呈现出不均匀的分形分布。

地震岩体FIP多重分维的计算如下。所谓多重分维，是定义在分形结构上的由多个标度指数的分形测度组成的无限集合。一般地，广义分维的定义为

$$D_q = \begin{cases} -(1-q)^{-1} \lim\limits_{r \to 0} \left(\lg \sum \dfrac{P_i^q}{\lg r} \right) & q \neq 1 \\ -\lim\limits_{r \to 0} \sum P_i \dfrac{\lg(\frac{1}{P_i})}{\lg r} & q = 1 \end{cases} \tag{6.59}$$

式中，q为阶数，可为$(-\infty, +\infty)$之间的任何实数；P_i为分形中一个点落入第i个尺度为r的盒子内的概率。

当q取0，1，2时，特征值D_0为容量维，D_1为信息维，D_2为关联维。实际计算时，令

$$Iq(r) = \begin{cases} -(1-q)^{-1} \lg \sum P_i^q & q \neq 1 \\ \sum P_i \lg(\dfrac{1}{P_i}) & q = 1 \end{cases} \tag{6.60}$$

通过改变标度r，可得一系列的$Iq(r)$值，如果$Iq(r)$和$\lg r$之间存在直线关系，即

$$Iq(r) = -D_q \lg r + I_0 \tag{6.61}$$

采用最小二乘法拟合直线段的斜率(I_0 为常数)，就可以求出对应不同 q 的分维 D_q。

因此，具体计算地震岩体裂隙的多重分维的关键是计算概率 $P_i(r)$，一般用频率近似代替概率，即令

$$P_i(r) = \frac{n_i}{\sum_{i=1}^{N} n_i} \tag{6.62}$$

式中，n_i 为第 i 个尺度 r 的盒子内的 FIP 条数；N 为盒子总数。

这样，改变 q 的值，就能计算不同 q 值的分维 D_q 的大小。

地震岩体 FIP 的分析是地震力学研究方法的补充，分形理论的出现，为解决地震过程中的许多复杂现象和非线性问题开辟了一条新的途径，地震岩体 FIP 的分形研究，为我们进一步认识地震岩体 FIP 的形成机制提供了一种新的思路。

6.3　地震 FIP 构造动力学条件的推算

6.3.1　地震 FIP 在断层性质判别中的应用

利用赤平投影方法，可以迅速而准确地判断共轭 FIP 的产状、分布规律和应力方位。对地震地质工作十分有用。

1. 共轭 FIP 和主应力轴

地壳中断裂构造形成的脆性裂隙，较大的为矿物充填形成脉体，流体充填到显微裂隙中并愈合形成 FIP。它们的分布、形态和力学性质等与构造事件密切相关。观察许多露头上大部分脉体为张性裂隙形成；而显微裂隙愈合都趋向于形成剪性的 FIP，这些 FIP 呈网状出现，与地震构造特别是与活动断层具有特定的空间关系。

在地震作用过程中常常有共轭 FIP 捕获，因此它是我们的重点研究对象。

在岩体中，如果三个主应力相等，即 $\sigma_1 = \sigma_2 = \sigma_3$，那么，在主应力之间就没有剪应力存在，只有在三个主应力不等($\sigma_1 \neq \sigma_2 \neq \sigma_3$)时，有多个同时并存的剪应力。在最大、最小主应力之间，存在一对共轭的最大剪应力，它是我们所关心的剪应力，岩石的破裂往往由它造成，并顺其延伸方向发展(图 6.14)。

按照定义，断层面是一个剪切面。大多数在断层附近与断层相伴生的脉体都是与断层平行的剪性裂隙、与断层共轭的剪性裂隙或等分这两个剪切方向的锐夹

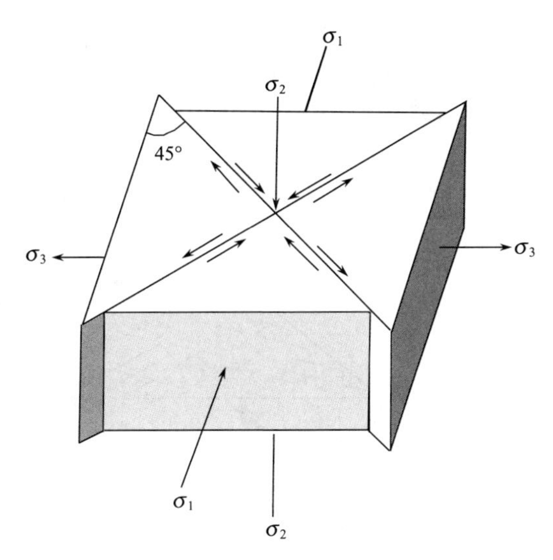

图 6.14　最大剪应力与主应力的关系(据谷德振，1979 修改)

角的裂隙。这三个方位(图 6.14)与实验室破裂实验中三个潜在的破裂方向相对应(图 6.15)，它们是对应于发生断层的局部应力状态发育而成的。断层与裂隙都是形成断层的同一应力场的产物，因此由这些裂隙形成的裂隙系统也是这一应力场的产物(钟增球，1994；Davis and Rernolds，1996)。经过许多野外观测，我们注意并证实了断层与裂隙形成的这种关系。

按照库仑破裂准则，剪裂面方向与主应力轴之间的关系应表达为："剪裂面与中间应力轴平行，并在与最大压应力轴成 $45°-\phi/2$ 的方向上发育"。因为这样的方向可以在最大主压应力轴两侧完全同样地存在，故将其称为"共轭剪切面组"。根据这两个面间的夹角 2θ，可以从 $2\theta=90°-\phi/2$ 得到"剪切角"。这时的最大剪应力值恰是最大主应力值与最小主应力值差的一半，即 $\tau=(\sigma_1-\sigma_2)/2$，方向在最大、最小主应力交角的平分线，即 45°方向上，如果能识别出从这些面发育起来的"共轭 FIP"，就有可能确定各主应力轴的方向。

共轭 FIP 和主应力轴有以下重要几何关系(图 6.16)。

(1) 如果出现一对共轭 FIP，这对共轭 FIP 的交线方向就是中间应力 σ_2 的作用方向。

(2) 共轭 FIP 的锐夹角平分线方向往往是最大主应力 σ_1 的作用方向。

(3) 共轭 FIP 的钝夹角平分线方向往往是最小主应力 σ_3 的作用方向。

(4) 共轭 FIP(或共轭断层面)锐夹角的余角(90°－锐夹角)就是岩体断裂的内摩擦角(一般为 30°左右)。

(5) σ_1、σ_2 和 σ_3 互相都是正交关系。

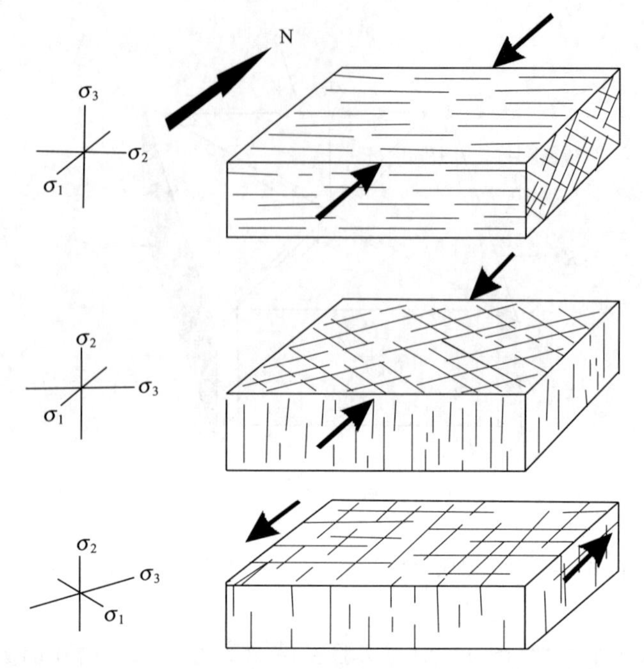

图 6.15　共轭剪裂隙(FIP)与主应力轴相互位置关系示意图

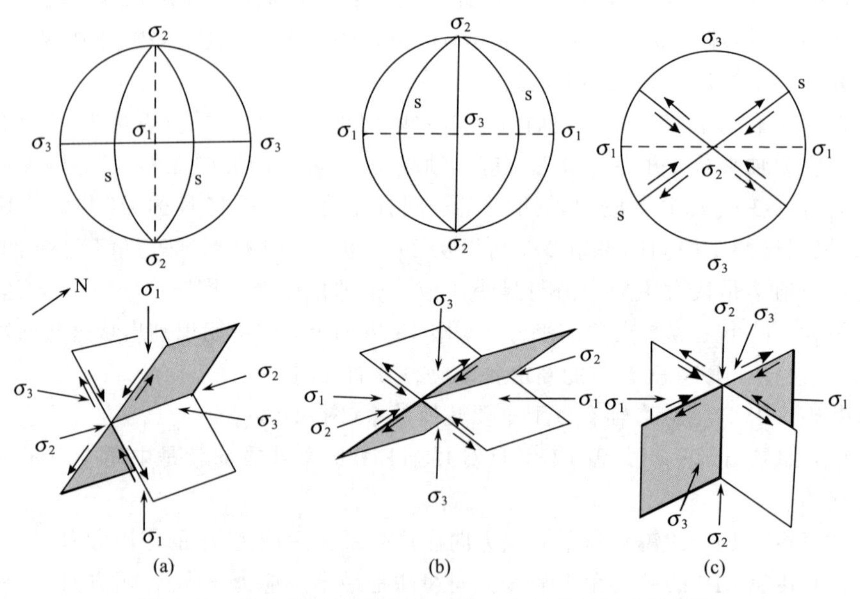

图 6.16　共轭剪裂隙(FIP)与主应力方位关系的赤平投影

(a)垂直方向正断层性质的 FIP；(b)垂直方向逆断层性质的 FIP；(c)垂直方向平移断层性质的 FIP。其上为以基圆代表水平平面的上半球立体投影，虚线为张性 FIP,实线圆弧(s)为 FIP

(6) σ_1—σ_2 面(即与 σ_3 正交的平面)方向往往为张裂面的方向。

2. FIP、脉体产状的确定

空间任何构造线(FIP、脉体等)的产状均可以用两种方法表示，一种是根据构造线自身的倾伏方向和倾伏角直接确定其空间位置。例如，已知FIP产状为300°∠30°，利用赤平投影网，就能立即投影出它的位置来(图6.17)。反之，根据图上投影点 B 的位置，也可迅速读出它所代表的直线产状为215°∠50°。

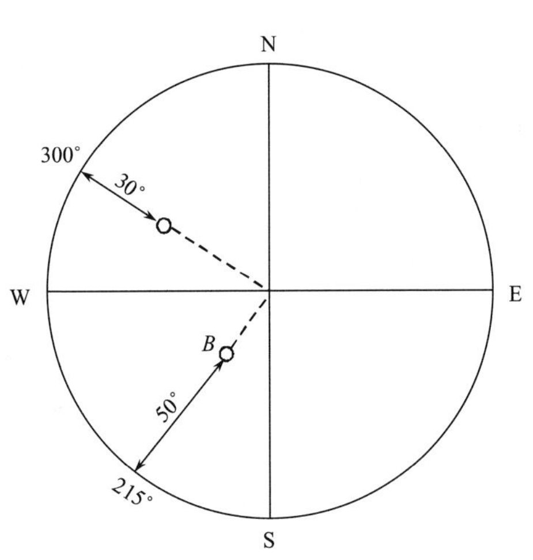

图6.17 FIP产状的投影

另一种方法是根据构造线和包含该线的平面的走向线之间的夹角——侧伏角来间接反映该线的空间产状。这个表示方法的前提是必须知道包含该构造线的平面的产状。如图6.18(a)所示，$ABCD$ 为长方形平面，AC 为该平面上的一条直线，$ABC'D'$ 为水平面。则 $\angle DAD'=\angle CBC'=\alpha$，为 $ABCD$ 真倾角。$\angle CAC'=\alpha'$ 为 AC 的倾伏角，即 AC' 方向上的视倾角。$\angle CAB=\beta$，为 AC 在 $ABCD$ 上的侧伏角。从图6.18上还可看出真倾斜线 AD 或 BC 的侧伏角为90°。图6.18(b)和6.18(c)分别为球面透视图和赤平投影图。

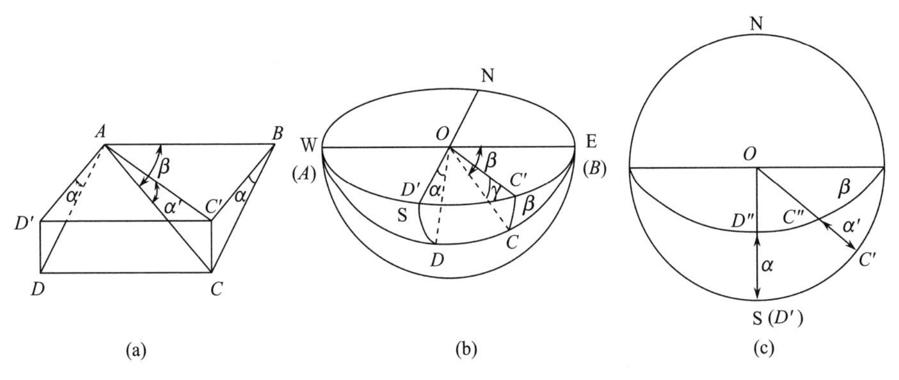

图6.18 真倾角、视倾角及侧伏角的投影

α. 倾角；α'. 视倾角(即AC线倾伏角)；β. ABCD面上AC线的侧伏角

(a)构造线(AC)产状图；(b)球面透视图；(c)赤平投影图

从赤平投影图上判读侧伏角的方法是：将直线所在平面的投影大圆弧的走向转到吴氏网的 NS 直径或 EW 直径上，此时，直线的投影点 C''(C''必在投影弧上）所在的纬向小圆弧的半径角距就是直线在该平面的侧伏角。

实例一：一条断层将两条脉体切断，在断层面上测得两条脉体与断层面交线产状各为 60°∠40°和 120°∠30°，求断层产状和交线在断层面上的侧伏角及交线之间的夹角。

投影方法如图 6.20 所示。

(1) 在透明纸上标出两条交线的投影点 A 和 B。

(2) 转动透明纸使 A 和 B 位于同一条大圆弧上，该弧的产状就是断层的产状(73°∠40°)。

(3) 此时 A 和 B 所在的纬向弧的半径角距就是两条交线在断层面上的侧伏角(A 为 80°N，B 为 50°S)，A 与 B 之间的夹角为 50°。

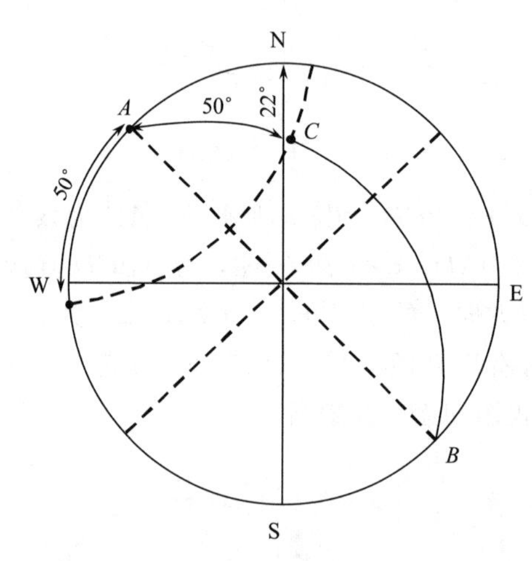

图 6.19　倾伏角及侧伏角求法

实例二：岩层产状为 45°∠30°，层面上发育一组 FIP，该组 FIP 向正北方向倾伏，求 FIP 的倾伏角和在岩层面上的侧伏角(取锐角)。

投影方法如图 6.19 所示。

(1)在透明纸上按岩层产状描出岩层的投影大圆弧$\overset{\frown}{AB}$。

(2)画正北方向的半径线(实际可以不画出)交$\overset{\frown}{AB}$弧于 C 点，C 点就是 FIP 的投影点。

(3)转动透明纸，使 C 位于吴氏网直径线上(本例中 C 已在 NS 直径上，故不需转动)，判读 C 的倾伏角(即 FIP 的倾伏角)为 22°，其产状为 0°∠22°。

(4)再转动透明纸，使 AB 与吴氏网的 NS 方向重合，此时 C 所在纬向弧的半径角距(50°)就是该组 FIP 在岩层面上的侧伏角。侧伏角的表示方位是 50°N，指 FIP 与岩层走向(从北端起量度)的夹角为 50°。

3. 主应力方向和断层滑动方向的判断

断层面上基本假设(Wallace，1951；Bott，1959)：①断层面上的滑动方向(擦痕、线理)与剪切力方向一致；②区域上各断层的滑动受统一应力的控制，断层之间互无影响；③断层面上滑动标记没有受到后期应变的影响。

图 6.20 为断层面动力学示意图。σ_1、σ_2、σ_3 分别为最大,中间和最小主应力;X_1、X_2、X_3 分别为地理坐标轴(有些文献为 X、Y、Z 轴);$\vec{\boldsymbol{X}}_3$ 为断层擦痕方向;$\vec{\boldsymbol{X}}_1$ 为擦痕所在断层面法线矢量,常用矢量方向的余弦值表示;β_{13} 为矢量 $\vec{\boldsymbol{X}}_1$ 与 X 轴方向的夹角。详见 6.6 章节中"用矢量计算法分析断裂应力场"中内容。

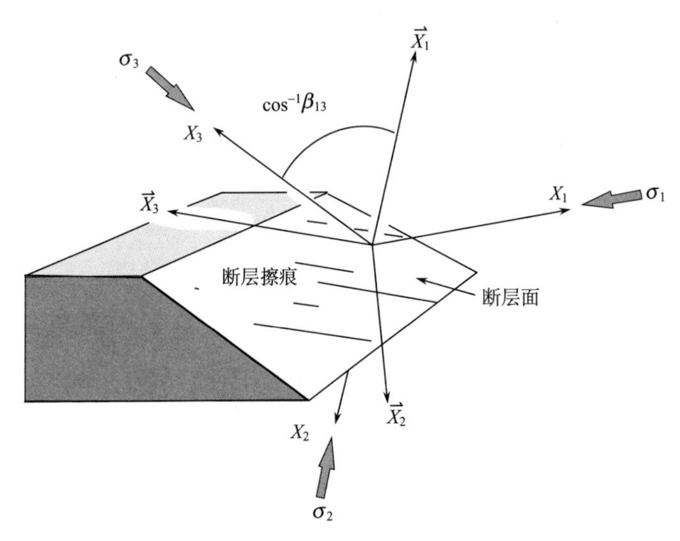

图 6.20　主应力方向和断层滑动方向示意图

一些学者(Brace and Bombolakis, 1963;Krantz,1979)提出 FIP 为张性的模式Ⅰ裂隙,由于一条断层具有许多派生裂隙,这些派生裂隙的力学性质有所不同,有的有流体包裹体(FIP)捕获,有的没有流体包裹体分布,通过这些有无流体包裹体的裂隙分析,可能确定断层与这些裂隙的相互关系。

在活动断裂中,常常有一组与断层面以锐角相交的裂隙,它们与沿断层位移方向和垂直断层面的正应力有关。这种裂隙在确定断层成因和断层面剪切运动方向的显微观察上十分重要,因此我们必须注意,特别要进行详细观察和分析,了解其与断层面的应力关系。

图 6.21 为不同性质的断层中主应力与剪切应力关系的赤平投影图。

自然界地震作用捕获的两组共轭 FIP(汶川地震断裂带中样品),可以用剪切实验形成的两组共轭剪裂隙来解释(图 6.22)。

(1) 两组共轭剪裂隙 F_1 和 F_2 即为两组共轭 FIP,一组发育较好(F_1),一组发育较差(F_2)。

(2) 两盘的错动方向(箭头方向)平行于断裂面(滑动面 S)。

(3) 共轭 FIP 锐夹角的平分线为 σ_1 作用方向,而钝夹角的平分线为 σ_3 的作用方向。

(4)与 σ_3 正交的平面方向往往为张裂面 T 的方向。

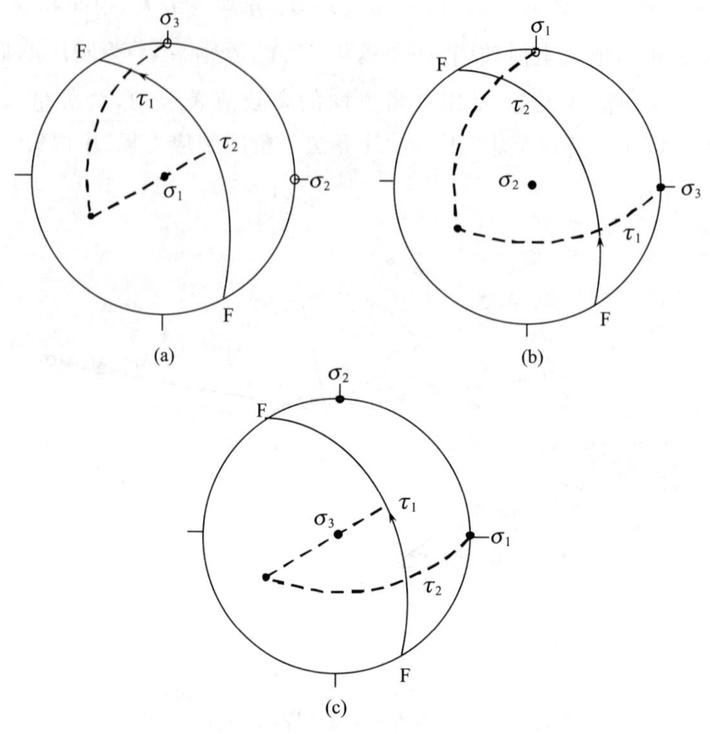

图 6.21　不同性质的断层中主应力与剪切应力关系

(a)σ_1 铅直方向对应正断层；(b)σ_2 铅直方向对应平移断层；(c)σ_3 铅直方向对应逆断层

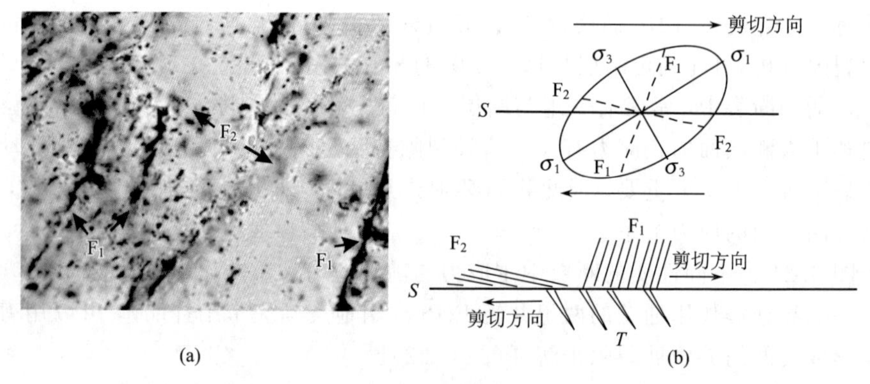

图 6.22　剪切作用形成的两组共轭剪裂隙 F_1 和 F_2（S 为滑动面）

σ_1 和 σ_3 分别为最大和最小主应力，共轭剪裂隙由于流体充填愈合成 FIP(a)

由断层与 FIP 之间的关系有可能确定它们形成时的主应力方向或加载方向。同样，已知断层面及与之相伴生的 FIP 的方位也可以确定断层的运动方向（Davis and Rernolds，1996；Vernon，1974)。

共轭断裂面在赤平投影图上几何关系表现出下列重要特征如图 6.23 所示。

(1)一对共轭断裂面投影弧的交点就是 σ_2 的投影点。

(2)共轭断裂面大圆弧的锐角二面角(图 6.25 中的 S_1 与 S_2 间的角距)的角距中间点就是 σ_1 的投影点。

(3)共轭断裂面大圆弧的钝角二面角的角距中点为 σ_3 的投影点。

(4)σ_1 与 σ_3 共一个大圆弧，该圆弧的法线点就是 σ_2 的投影点。同时 σ_1 是 σ_2—σ_3 大圆弧的法线点，σ_3 是 σ_1—σ_2 大圆弧的法线点，即 σ_1、σ_2、σ_3 互成 90°角距。

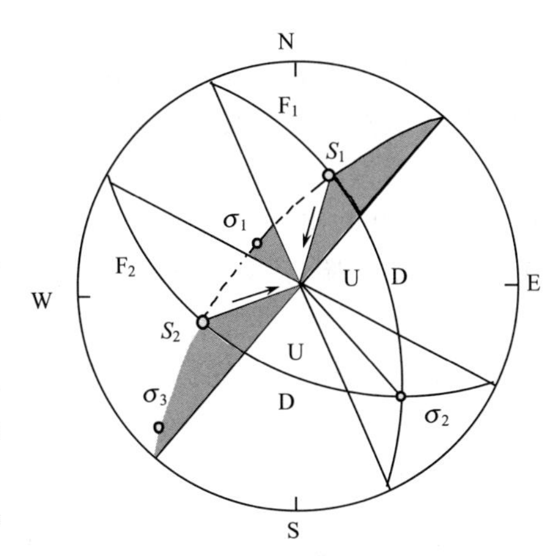

图 6.23　共轭断层的赤平投影特征

F_1 及 F_2 为共轭断层；S_1S_2 为滑动线；U 为上升盘；D 为下降盘

(5)两条共轭断裂面大圆弧(F_1 和 F_2)与 σ_1—σ_3 大圆弧的交点(S_1 和 S_2)就是断裂两盘相对滑动的方向线(擦痕线)。S_1 和 σ_2、S_2 和 σ_2 都分别共一条断层面，而 $S_1\sigma_2$ 与 $S_2\sigma_2$ 的角距又都为 90°。

(6)σ_1 如果在断层大圆弧的凸侧，且与断层滑动点 S 的角距又小于 90°，则该断层上盘上升，并沿滑动点向赤平圆心的方向滑动。反之，σ_1 如果在断层大圆弧的凹侧，且距滑动点 S 的角距小于 90°，则该断层下盘上升，并沿滑动点向赤平圆心的方向滑动。

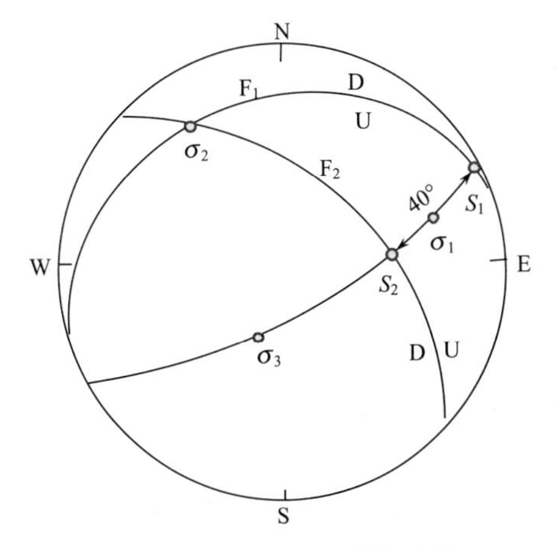

图 6.24　F_1 和 F_2 为共轭断层

U 为上升盘；D 为下降盘

对于共轭断层，如图 6.24 所示，F_1 断层(340°∠20°)和 F_2 断层(46°∠50°)为共轭关系，两断层投影弧的交点为 σ_2 的产状(333°∠20°)。以 σ_2 为极点，作对应大圆弧，即 σ_1—σ_3 平面。该弧与 F_1 及 F_2 的交点为 S_1 和 S_2，表明 F_1 断层面上擦痕的滑动方向为 64°→244°，F_2 断层面上擦痕的滑动方向为 82°→262°。S_1S_2 的锐角角距中点为 σ_1(71°∠33°)，从 σ_1 沿 σ_1—σ_3 大圆弧量度 90°角距得 σ_3(206°∠58°)。由于 σ_1 位于 F_1 断层的凹侧且与 S_1 的角距又小于 90°，可以推测断层 F_1 为正断层，其上盘向 244°方向滑动。

对于 F_2 断层来说，σ_1 位于其凸侧，$\sigma_1 S_2$ 角距也小于 90°，因此，F_2 断层为逆断层，上盘上升，向 262°方向滑动，且又 F_1 和 F_2 的夹角为 46°，所以，岩体破裂的内摩擦角为 90°－46°＝44°。

许多研究表明，自然界裂隙系统具有自相似分形特征，即在不同尺度上表现出相同的特征或在统计意义上具相同的分布。因此，宏观上的断层分析也可以用来分析微观上的微断层或 FIP。但是 FIP 的形成是由于显微裂隙被流体充填愈合而成的，利用宏观断层力学原理来分析还需进一步探索。目前在理想条件下可以通过 FIP 分析确定附近小规模微断层的方位及其位移方向，但要确定 FIP 与断层的距离却是困难的。与断裂作用相伴生的破裂作用强度似乎与下列因素有关：岩性、距断层面的距离、沿断层的位移量、岩体总应变和埋深，可能还与断层的类型(冲断层、生长断层等)有关。对于不同的断层，控制破裂作用强度的主要因素是不同的(许志琴，1984)。

6.3.2 含 FIP 显微构造动力学条件的推算

在构造地质学中，常常利用显微构造分析构造形变与应力状态之间的关系。这些显微构造包括显微裂隙、对称的砂钟构造、压力影、残斑系、压溶缝合线、微裂隙填充物等。这里主要介绍利用某些特定赋存流体包裹体的显微构造，如利用石英变形纹、方解石和白云石机械双晶等进行统计分析来推导主应力方位等动力学条件，然后通过流体包裹体的测定，计算它们形成时的热力学条件，这样可以全面获得这样构造环境下显微构造形成时的动力学和热力学条件。

下面介绍利用石英变形带及变形纹推导古应力方位。

1. 锐角法

许多学者(Turner，1963；Carter，1965；Friedman，1965；Carter and Raleish，1969)提出利用变形纹来推导主应力方位的动力学方法(Turner and Weiss，1963；Genter and Traineau，1996)。

Turner 和 Weiss(1963)提出了锐角法(图 6.25)这种分析主应力轴的方法。这种方法认为，石英的变形纹不严格受结晶格架的控制，而是愈合的剪切破裂。两组剪切性的变形纹的交角通常是锐角，因而最大主压应力轴多半与变形纹成小于 45°的夹角，或者说是位于两个变形纹极点最密区所夹的钝角等分线上。

Friedman(1963)统计了世界各地许多人的实验数据，从典型的 23 块标本中统计出两组发育完好的变形纹的夹角为 60°～80°，平均值为 74°。但是 Christie、Carter 和 Raleigh 也曾经指出，石英变形纹与最大主压应力轴的夹角可以小于 45°，也可以大于 45°，并且通过石英砂和石英岩的变形实验得到了证实。看来，在研究轻微变形和中等变形的岩石时，当其塑性变形量较小、构造活动历史较简

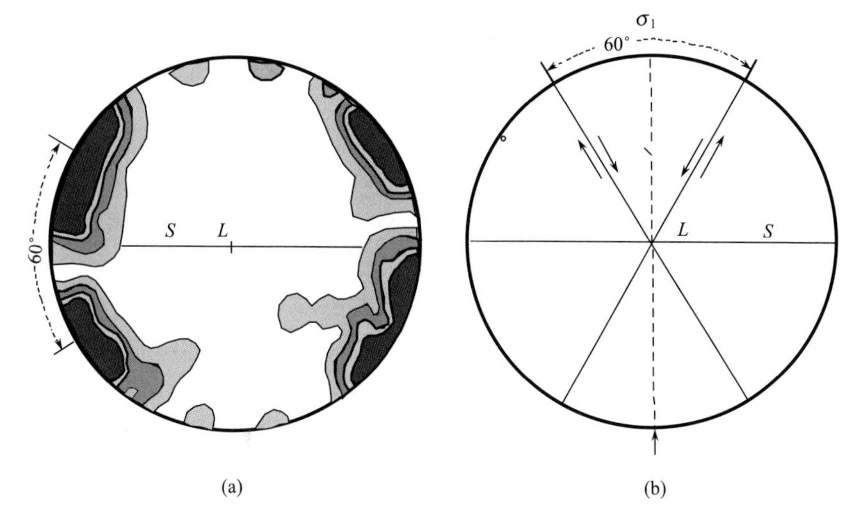

图 6.25　用石英变形纹分析主应力轴的锐角法(据 Turner 和 Weiss，1963)
(a)变形纹极点投影图;(b)两组剪切的变形纹动力学分析图。S 为面理;L 为线理

单、重结晶作用和石英轴优选方位的干扰较小时，用锐角法来推断主应力轴还有一定的把握；反之，锐角法就不恰当，而应考虑指向最大主压应力轴的两组变形纹的夹角为钝角。

2. C_1—C_2 法(Genter and Traineau，1996；Dell'Angelo and Tullis，1989)

根据石英变形纹来推导主应力轴的方法，除锐角法外，还有 C_1—C_2 法(或 CC 法)。Carter 和 Friedamn(1965)所拟定的利用石英变形带及变形纹推导古应力的 C_1—C_2 法是以人工实验为依据的。图 6.26 说明了变形纹方位与应力轴方位之间的关系,石英变形纹一般多形成于具高分解剪应力的面上，石英变形纹多与消光带或扭折带伴生。

图 6.26(a)是经过人工变形实验的石英晶体的薄片素描，可见变形石英由两组交替出现的垂直分布的带所组成：一组具不规则裂隙，其底面[0001]沿水平方向分布，代表在变形过程中未经转动的石英主晶；另一组具密集的变形纹，平行于石英的底面，但此带中的石英底面由于经受了变形作用已经旋转了一个角度。如果将主晶带的光轴命名为 C_1，具密集变形纹带的光轴命名为 C_2，则 C_1—C_2 代表了扭动方向朝向 σ_1，这种扭动方向的规律与上面所描述的外旋方向的规律是一致的。

图 6.26(b)是变形纹(l_1、l_2)及光轴(C_1、C_2)与 σ_1 相互关系的投影，图 6.26(c)是两块人工实验变形石英岩中具有交替带的颗粒数据的投影，其中实心圆点

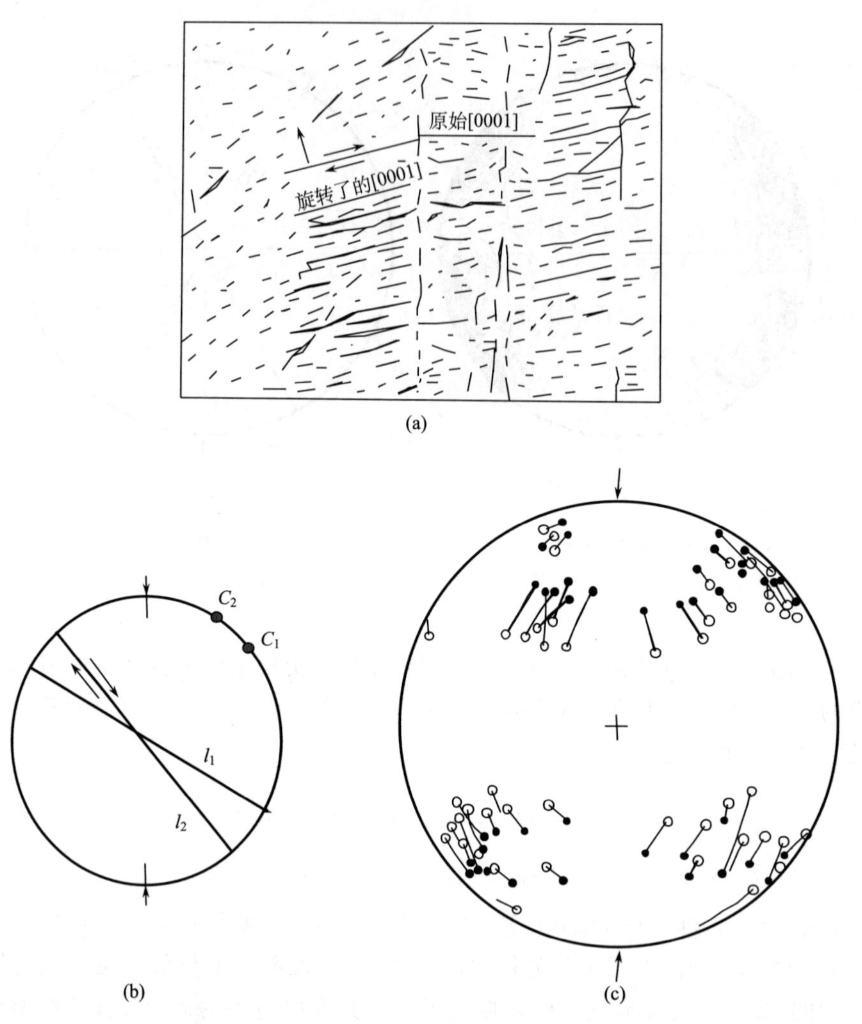

图 6.26　由人工实验的变形纹确定主应力轴方位的 C_1—C_2 法(据 Carter，1965)

代表变形纹密集带的光轴 C_2，空心圆点代表变形纹稀疏带的光轴 C_1。用大圆弧连接同一颗粒中测出的 C_1 与 C_2，结果各大圆弧收敛或相交于已知的 σ_1。图中统计的数据只有 3 对例外，因此可以将此原理引用于天然岩石中推导未知的主应力轴 σ_1 的方位，一般称为 C_1—C_2 法，这种方法的应用有一定条件，那就是岩石中含有一定数量的具有变形纹发育与不发育的交替带的颗粒，而且其变形纹应是底面型的。这类颗粒可以根据在正交偏镜下的消光位来鉴别。由于 C_1—C_2 法的建立是以滑移及扭折中的旋转为基础的，但属于变形纹的那些光学特征可以由不同的显微构造产生。这一点是在使用此法时应该注意的。

石英变形纹动力学分析见图 6.27。图 6.27(a)说明在同一颗粒中一般可分出变形部分和未变形部分,即可出现疏密两部分,其相应的光轴分别为 C_1 和 C_2。据 Carter 等(1965)研究,石英变形纹所表现的应变可以看作平面应变。石英变形纹、变形纹法线、光轴 C_1 及 C_2、最大主应力 $\sigma_1(C)$及最小主应力$\sigma_3(T)$位于同一平面，其关系如图 6.27(b)所示，可以表示在一个平面投影大圆上[图 6.27(c)]。从图 6.27(d)和图 6.27(e)中可以看出，变形部分光轴 C_2 更接近 σ_1。这样由未变形部分的光轴 C_1 和变形部分的光轴 C_2 连起来的大圆小段，应当是包含有 σ_1 和 σ_3，且更接近 $\sigma_1(\sigma_1>\sigma_2>\sigma_3)$，或者与 σ_1 相交$(\sigma_1>\sigma_2=\sigma_3)$，或者和 σ_3 相交$(\sigma_1=\sigma_2>\sigma_3)$(何永年等，1988)。

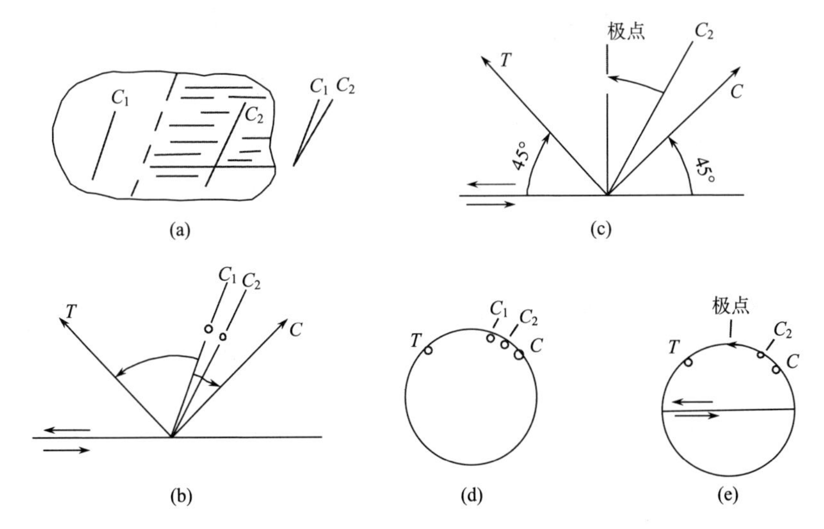

图 6.27　石英变形纹动力学分析原理(据 Spang 等，1975)

C_1、C_2 分别为未变形部分及变形部分的光轴；C. 压缩轴；T. 拉张轴

3. 箭头法(钟增球和郭宝罗，1991)

在发育有变形纹的石英颗粒中常常不能区分出变形部分和未变形部分，而不能采用 CC 法，这时便采用箭头法。如图 6.28 所示，以变形纹极点为箭头、以光轴为箭尾的箭号，箭头指向 $\sigma_3(\sigma_1=\sigma_2>\sigma_3)$，或指向 $\sigma_2=\sigma_3(\sigma_1>\sigma_2=\sigma_3)$，或包含有 σ_1 和 σ_3 且箭头指向 $\sigma_3(\sigma_1>\sigma_2>\sigma_3)$。

具体方法就是在旋转台上测量一定数量具有不同方位变形纹的石英颗粒中的未变形部分(或变形较弱部分)的光轴 C_1 及变形部分(或变形较强部分)的光轴 C_2，将其投影在赤平投影网上。连接 C_1—C_2 所在的大圆，其指向的交点即为 σ_1。从统计的角度出发，最好能测量 50 个以上的石英颗粒。

箭头法一般适用于石英的次底面变形纹。

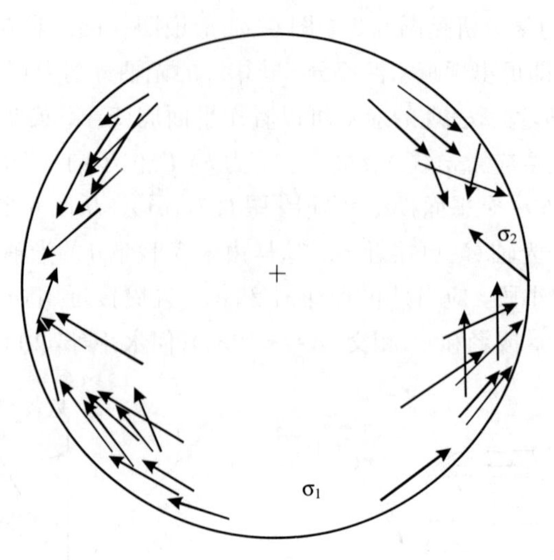

图 6.28 箭头法图解(据钟增球，1994)
箭头为变形纹极点，箭尾为光轴方位

另外，还可以利用云母中的扭折带和方解石的双晶纹推导主应力方位，这些方法在有关文献中都有叙述(Carreras，1980 ；Tullis，1980；Spiers and Rutter，1984；Rowe and Rutter，1990；Tourneret and Laurent，1990)。

上述利用石英变形纹,云母扭折带和方解石双晶纹推导主应力方位的方法在理论上是可行的，实践也证明比较有效。但依然存在不少问题。例如，双晶纹法中有两个假设前提：一是矿物的结晶学方位在变形前应是随机定向；二是应力轴与滑移方向成 45°夹角。实际上如果不满足上面的条件，只要分剪应力大于临界剪应力 τ_c，双晶滑移的现象也可能发生。这样就有可能削弱了真正应力轴的分散性，因此，至今仍有人对这些动力学方法持怀疑态度。另外，无论是变形纹、扭折带，还是双晶纹，它们都是变形较弱或较低应变的产物，会随着应变的加大而逐渐消失。所以，利用它们所推导的主应力方位只能反映低应变或变形后期阶段应变的主应力方位。

6.4 地震 FIP 古应力莫尔圆分析

6.4.1 莫尔强度理论和莫尔应力圆

1. 莫尔强度理论

莫尔强度理论可表述为：材料达到极限状态时，某剪切面上的剪应力达到一个取决于正应力与材料性质的最大值。也就是说，当岩石中某一平面上的剪应力超过该面上的极限剪应力值时，岩石发生破坏。这一极限剪应力值又是作用在该面上的法向压应力的函数，即$\tau=f(\sigma)$。这样，我们可以从两方面阐述莫尔强度理论：①用莫尔应力圆来表示一点的应力状态；②把莫尔应力圆和强度曲线联系起来，建立莫尔强度准则。

2. 莫尔应力圆

对于平面问题，如已知一点的两个主应力σ_1和σ_3，则与σ_1作用面(最大主应力面)的外法线成α角的斜切面上的法向应力σ_α及剪应力τ_α[图6.29(a)和图6.29(b)]可由下式求得

$$\sigma_\alpha=\frac{\sigma_1+\sigma_3}{2}+\frac{\sigma_1-\sigma_3}{2}\cos2\alpha \tag{6.63}$$

$$\tau_\alpha=\frac{\sigma_1-\sigma_3}{2}\sin2\alpha \tag{6.64}$$

将式(6.63)和式(6.64)变换，并且两端平方后相加，得

$$\left(\sigma_\alpha-\frac{\sigma_1+\sigma_3}{2}\right)^2+\tau_\alpha^2=\left(\frac{\sigma_1-\sigma_3}{2}\right)^2 \tag{6.65}$$

式(6.65)在σ—τ坐标系中是一个圆，其圆心的坐标为$[(\sigma_1+\sigma_3)/2, 0]$，半径为$(\sigma_1-\sigma_3)/2$，如图6.29(b)所示，此圆即称莫尔应力圆。

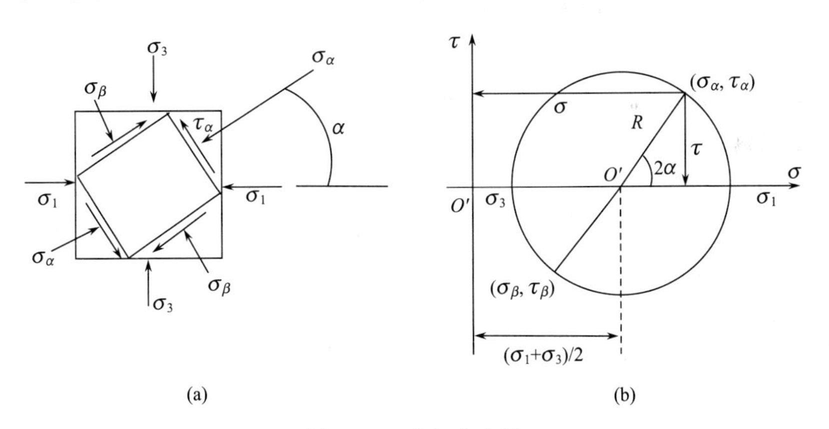

图6.29　莫尔应力圆

图中，线段 $\sigma=\frac{\sigma_1+\sigma_3}{2}+\frac{\sigma_1-\sigma_3}{2}\cos2\alpha$；线段 $\tau=\frac{\sigma_1-\sigma_3}{2}\sin2\alpha$；线段 $R=\frac{\sigma_1-\sigma_3}{2}$

莫尔应力圆圆周上任一点P的坐标，代表与σ_1作用面外法线呈α角的斜面上应力的大小，即P点的纵坐标代表该面上的剪应力τ_α，横坐标代表法向应力σ_α，随着α的变化，圆周上各个点的应力代表了物体中一点各个面上的应力，也

就是说，一点的应力状态可以用一个应力圆来表示。

三轴应力莫尔圆如图 6.30 所示，图 6.30(a)～图 6.30(c)可见主应力大小不同的状态。

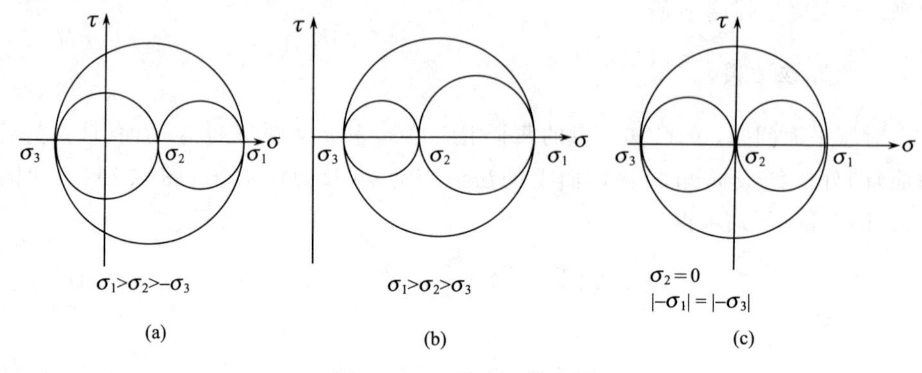

图 6.30 三轴应力莫尔圆

三种主应力大小不同的状态

3. 莫尔破裂准则

前面已谈到，材料达到极限应力状态时，某一面上的剪应力(τ)达到与该面上法向应力(σ)有关的极限剪应力值，其强度条件为

$$\tau = f(\sigma)$$

此函数的图形即为强度曲线。强度曲线可以通过各种应力状态下的强度实验求得，通过强度实验，将岩石破坏时的极限应力状态用应力圆表示出来。例如，可根据对岩石试件进行单向抗拉、单向抗压以及不同大小侧压力 σ_3 的三轴压缩实验的结果，在 σ—τ 坐标平面上作出一系列代表这些极限应力状态的应力圆，称极限应力圆，然后作这些极限应力圆的包络线，该包络线就是岩石的强度线(图 6.31)。

极限应力圆包络线表达了岩石沿任意剪切面剪切破坏的强度条件。也就是说，曲线上每一点的坐标都代表岩石沿着某一个剪切面剪切破坏所需的剪应力和正应力。

4. 包络线型式

莫尔强度理论中包络线的形状是完全由实验结果确定的。运用包络线，可以直接判定岩石能否被破坏，即把应力圆和强度曲线放在同一个 τ—σ 坐标系中，若应力圆在包络线之内，则岩石不发生破坏；若应力圆与强度线相切，则岩石处于极限平衡状态(图 6.36)。因此应力圆是否与包络线相切就成了判别岩石是否

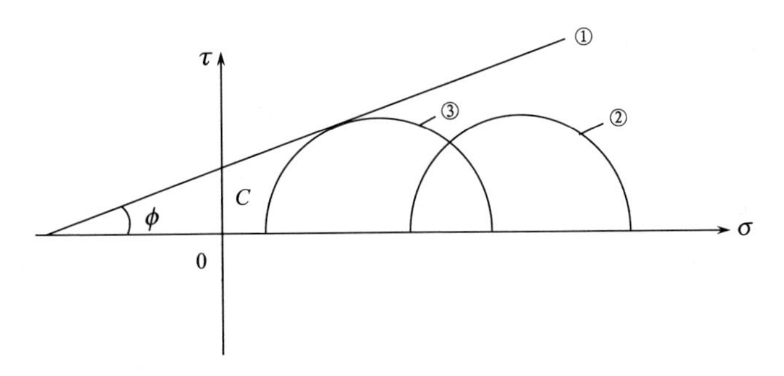

图 6.31　岩石强度条件

①包络线；②应力圆；③极限应力圆

发生破坏的准则。根据应力圆和包络线是否相切这个特殊条件，可以推导出岩石强度准则的数学表达式。这些表达式因岩石包络线形状不同而不同。常见包络线型式包括以下三种。

(1)直线型。由于直线型包络线与库仑强度线是一致的，因此也称莫尔-库仑线。该直线与 σ 轴的交角 ϕ 称内摩擦角。在 τ 轴上的截距为内聚力(或内聚强度) C。如图 6.32 所示。

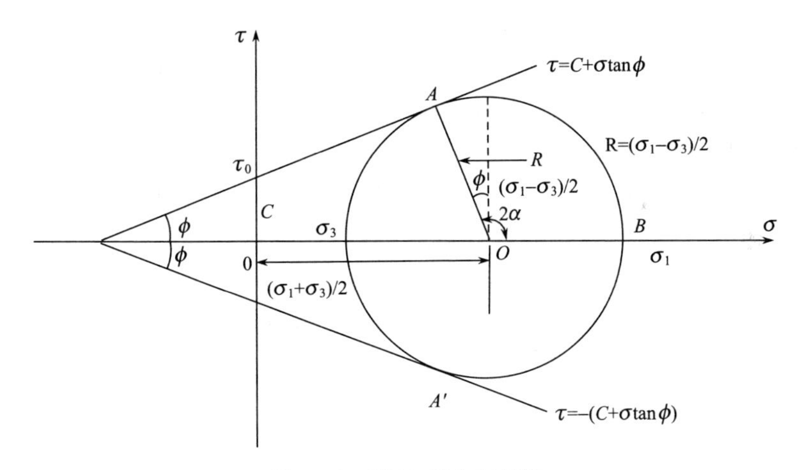

图 6.32　莫尔-库仑包络线

(2)抛物线型。岩性较为软弱的岩石，如泥岩、页岩等的包络线近似于抛物线型，如图 6.33 所示。

(3)双曲线型。对于砂岩、石灰岩等较坚硬的岩石，其包络线近似于双曲线型，如图 6.34。

5. 莫尔破裂准则的优缺点

由上面叙述的内容可知，莫尔破裂准则实质是剪应力强度理论。一般认为，这个准则比较全面地反映了岩石的强度特性。它既适用于塑性材料也适用于脆性材料的剪切破坏，同时也反映了岩石抗拉强度远小于抗压强度这一特征，并能解释岩石在三向等拉时会发生破坏，而在三向等压时不会发生破坏(曲线在受压区

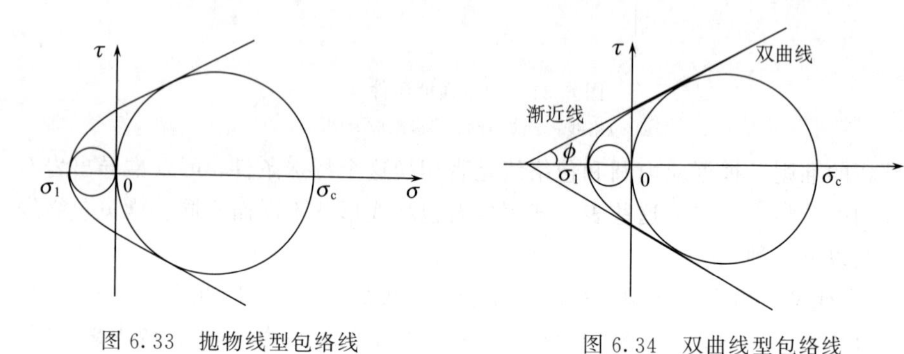

图 6.33 抛物线型包络线

图 6.34 双曲线型包络线

不闭合)。这一点已为实验所证明。因此，目前莫尔破坏准则被广泛地用于实践。

莫尔破坏准则的最大缺点是没有考虑三个主应力中的中间主应力 σ_2 对强度的影响，而 σ_2 对强度的影响已为实验所证实，尽管这种影响不如 σ_3 大，但确实存在，特别是对各向异性的岩石。

莫尔破坏准则还指出，岩石发生破坏时，其破裂角 θ(剪裂面与最大主应力 σ_1 的夹角)为$45°-\phi/2$，对大多数岩石来说，在压缩时其破坏角与此近似。在拉伸条件下，其破坏面一般垂直于拉应力方向，实际上是张破裂，与压缩条件下属两种不同的破坏机理。另外，在多轴拉伸条件下，岩石产生剪切破坏时，破裂面上的法向压力为负值，破裂面趋于分离，内摩擦的概念就没有什么意义了，故莫尔破坏准则在拉应力区的适用程度还是一个值得探讨的问题。

6.4.2 FIP 古应力判断准则

应用什么样的岩石破裂强度标准作为岩石 FIP 的计算依据，至今仍然是一个需要探讨的问题，然而对于作为弹性体处理的岩体 FIP 计算，通常还是采用格里菲斯准则进行张裂缝计算，用莫尔-库仑准则进行剪裂缝计算。由于这些准则一般是在二维两向主应力情况下给出的，因此用于三维三向主应力情况时，首先要确定主轴的方向和实际计算裂缝的主轴平面，然后再通过坐标换算得到整体坐标系下裂缝在空间的实际方位。

1. 莫尔-库仑准则(Atkinson,1987)

为了预测在负载条件下岩石的破裂,人们已提出许多不同的方法或准则,莫尔-库仑是应用最为广泛的一个岩石破裂准则。

库仑(Coulomb)提出材料破坏是由剪应力引起的。当材料内部某斜截面上的剪应力达到材料的抗剪强度时,材料就会沿该斜截面发生破坏。材料的抗剪强度可用下式表达

$$S_s = \sigma \cdot \tan\phi + C \tag{6.66}$$

式中,S_s为材料的抗剪强度;σ 为斜截面上的正应力;ϕ 为材料的内摩擦角;C 为材料内聚力。

由上可知,材料的抗剪强度由斜截面上的内聚力 C 和材料剪断后沿斜截面滑动时的内摩擦力$\sigma\tan\Phi$ 组成。在 σ—τ 坐标系中,式(6.66)为与 σ 轴成 Φ 角的一条直线,此直线在 τ 轴上的截距为 C,如图 6.31 和图 6. 32 所示。

这就是库仑提出的材料破坏准则,故称库仑准则。库仑准则只在正应力 σ 为正时才有意义,它不适用于 $\sigma<0$ 的情况。

根据莫尔理论,如果将岩石的内聚力 C 和内摩擦角 Φ 都视为常量,不随应力状态及大小而变化,则岩石的莫尔包络线在受压区将始终保持一条开阔的直线,即岩石的极限应力状态为 $\tau=\sigma\tan\phi+C$ 。这就是前面所提的库仑准则。

根据极限莫尔圆与包络线(直线型包络线)相切的关系,可找出用主应力来表达库仑准则的方程式。从图 6. 32 中可得

$$\frac{\sigma_1-\sigma_2}{2}=\left[C\cdot\cot\phi+\frac{\sigma_1+\sigma_2}{2}\right]\sin\phi$$

$$\sigma_1-\sigma_2=2C\cdot\cos\phi+\sigma_1\sin\phi+\sigma_2\sin\phi$$

所以

$$\sigma_1=\frac{1+\sin\phi}{1-\sin\phi}\sigma_s+\frac{2C\cdot\cos\phi}{1-\sin\phi} \tag{6.67}$$

由于每种岩石都有各自不同的包络线,因此,任何岩石的包络线都需要通过实验获得。一般可用下方法之一求出岩石的强度包络线:①通过变角剪切法获得岩石的强度包络线;②按单向抗压、单向抗拉强度绘制岩石的强度包络线;③三向压缩实验求岩石的弧度曲线。

图 6. 35 为莫尔-库仑准则所绘制的莫尔圆及其包络线。图中有 6 个半径从小到大(1～6)的莫尔圆,表明随着($\sigma_1-\sigma_3$)的增大,岩石的破裂角(θ 为剪裂面与最大主应力的夹角)也随之增大,而 α 随之减小。

莫尔-库仑准则获得的莫尔圆包络线和推导的抗拉(压)强度(T)公式与其他准则的比较,如图 6. 35 所示。

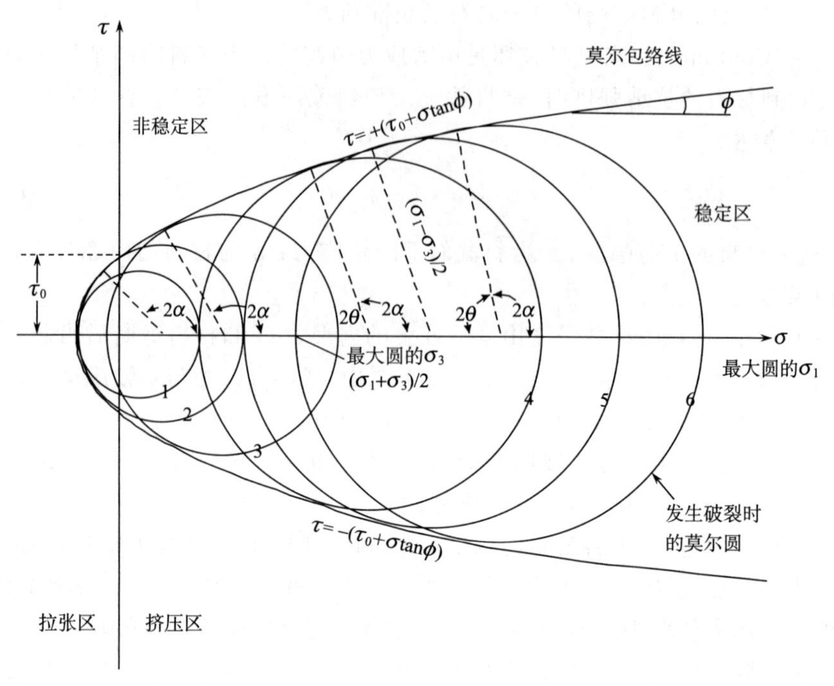

图 6. 35　莫尔-库仑准则的示意图(表示其一般结构和破裂包络线)(Badgley, 1965)

2. 格里菲斯准则(Carmichael,1990)

格里菲斯(Griffith)准则把岩石看成完整、无裂隙的连续介质，而对于在一般情况下发生脆性破坏的材料，很早就有人注意到其强度与理论强度存在着不同程度的离散性。为了说明这一问题，格里菲斯于 1920 年首次指出这种随机分布于固体内的微小裂纹，破坏是从微小裂纹处开始发生的，并提出了一套现今称为格里菲斯准则的学说。

格里菲斯认为，即使像玻璃那样的脆性材料，其内部都含有潜在的裂纹。如果施加外力，在裂纹的周围将引起极大的应力集中。在某种情况下，应力集中产生的应力达到所加应力的 100 倍时，材料的破坏不是受本身的强度控制，而是取决于材料内部裂纹周围的应力状态。格里菲斯最初是从能量的观点来研究这一问题的，建立了裂纹扩展的能量准则。后来又应用应力的观点来研究，建立了格里菲斯应力准则。

格里菲斯准则的破裂包络线和抗拉(压)强度计算公式如图 6.36 所示。

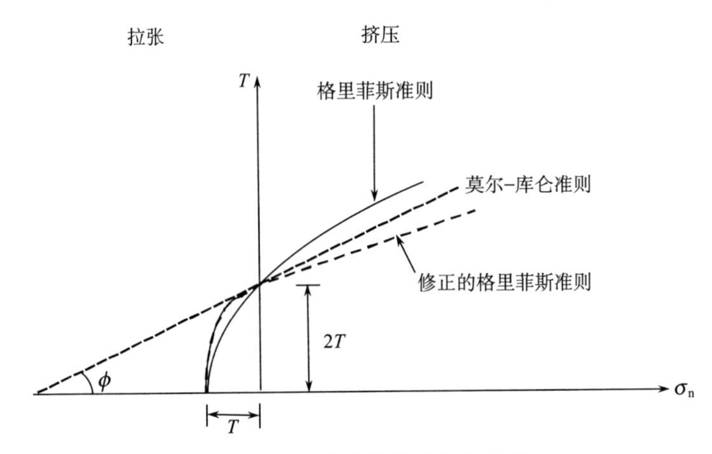

图 6.36　三个准则的破裂包络线

莫尔-库仑准则．$T=2T+\sigma_n\tan\phi$；格里菲斯准则．$T^2+4T\sigma_n-4T^2=0$。修正的格里菲斯准则．挤压：$T=2T-\sigma_n\mu$；拉张：$T^2+4T\sigma_n-4T^2=0$。T 为抗拉(压)强度；μ 为内摩擦系数；σ_n 为正应力；ϕ 为内摩擦角

3. 修正的格里菲斯准则

格里菲斯准则无论是岩石受张应力或是受压应力，都是在裂纹张开而不闭合的情况下才成立。但实际上岩石受压应力时裂纹趋于闭合，闭合之后裂纹面上将产生摩擦力，故格里菲斯准则在此情况下不适用。

麦克林托克(Moclintok)等认为，在压应力场中，当裂纹在压应力作用下闭合时，闭合后的裂纹全部均匀接触，并能传递正应力和剪应力。由于裂纹均匀闭合，故正应力在裂纹端部不引起应力集中，只有剪应力才能引起缝端的应力集中。

格里菲斯认为脆性物体的破裂是由于存在随机分布的微裂缝，当外载增加时，在裂缝的端部会产生应力集中而导致裂缝的扩展。

设张破裂强度为$[\sigma_t]$，计算的应力为 σ_t，则可以有以下两种情况。

(1)当 $\sigma_1+\sigma_3\geqslant 0$ 时(压为正，拉为负)

$$\sigma_1=\frac{(\sigma_1-\sigma_3)^2}{8(\sigma_1+\sigma_3)} \tag{6.68}$$

三维修正公式为

$$\sigma_1=\frac{(\sigma_1-\sigma_2)^2+(\sigma_2-\sigma_3)^2+(\sigma_3-\sigma_1)^2}{24(\sigma_1+\sigma_2+\sigma_3)} \tag{6.69}$$

若 $\sigma_t \geqslant [\sigma_t]$ 会产生张裂缝。其临界破裂方位是以破裂面与最大主压应力 σ_1 之间的夹角 α 来确定，即

$$\cos\alpha = \frac{\sigma_1 - \sigma_3}{2(\sigma_1 + \sigma_3)} \tag{6.70}$$

(2)当 $\sigma_1 + \sigma_3 < 0$ 时

$$\sigma_t = -\sigma_3 \tag{6.71}$$

此时的破裂方向沿最大主压应力 σ_1 的方向。

修正的格里菲斯准则的破裂包络线抗拉(压)强度计算公式如图 6.36 所示。

4. 库仑—纳维叶准则(Jaegger and Cook，1969)

库仑—纳维叶(Coulomb-Navier)准则认为，岩石的破裂主要是发生在某个面上的剪切破坏，平面上的剪切破坏与该面上的正应力 σ_n 与剪应力 τ 的组合有关。

库仑和纳维叶认为平面剪切破坏准则为

$$\tau = C + \sigma_n \tan\phi \tag{6.72}$$

式中，C 为岩石的固有剪切强度；ϕ 为岩石的内摩擦角。C 和 ϕ 均需要由实验确定，当某一个面上的正应力与剪应力满足以上关系时，则开始出现剪裂面，此时的剪应力就是极限剪应力[τ]。

与莫尔准则相比较：莫尔则认为某个面上发生剪切破坏时，该面上的正应力(σ)与剪应力(τ)应满足一种函数关系：$\tau = f(\sigma)$。

根据岩石的物理实验，这种函数关系由破裂极限应力圆的包络线确定，常用到的包络线的型式是二次抛物线；而库仑—纳维叶准则 σ_n-τ_n 的函数关系为直线包络线，如图 6.35 和图 6.36 所示。

剪破裂面的方位是以剪破裂面法线方向 N 与最大主压应力之间的夹角 α 来确定；而且剪破裂面呈共轭关系，因此，最小主应力 σ_3 应平分共轭剪破裂面的夹角。

上面两种岩石破裂准则都不考虑中间主应力的影响，因此实际上是在 σ_1-σ_3 平面上来考虑垂直于该平面的破裂问题。

5. 德鲁克-普拉格准则(Jaegger and Cook，1969)

若假设屈服面和破裂面是相同的，则可以用包含了中间主应力的普拉格屈服条件来判断岩石的破裂，具体计算公式为

$$aI_1 + J_2^{1/2} = K_f \tag{6.73}$$

其中

$$I_1 = \sigma_1 + \sigma_2 + \sigma_3 \tag{6.74}$$

$$a = \frac{2\sin\phi}{\sqrt{3}(3-\sin\phi)} \tag{6.75}$$

$$K_f = \frac{6C\sin\phi}{\sqrt{3}(3-\sin\phi)} \tag{6.76}$$

$$J_2 = \frac{1}{6}[(\sigma_1 - \sigma_2)^2 + (\sigma_2 - \sigma_3)^2 + (\sigma_3 - \sigma_1)^2] \tag{6.77}$$

式中，I_1 为应力第一不变量；J_2 为应力偏量第二不变量；a，K_f 为与岩石内摩擦角 ϕ 和内聚力 C 有关的实验常数。

将实验所得到 C、ϕ 值代入后进行计算，通过比较等式两边的大小来判断岩石是否达到破裂状态。这种破裂的形式也是剪切破坏。

德鲁克-普拉格(Drucker-Prager)准则既考虑了中间主应力的影响，又考虑了静水压力的作用，克服了莫尔-库仑准则的主要缺点，在岩土工程分析中获得广泛应用。

6. 经验判据准则(Hoek and Brown，1980)

岩体破裂强度是岩体力学的重要参数，而进行岩体的原位实验又十分费时、费资，难以大量进行，因此，如何利用地质资料及小试块室内实验资料对岩体强度进行合理估算是岩石力学中的重要研究课题，下面介绍两种方法。

1)准岩体破裂强度

这种方法实质是用某种简单的实验指标来修正岩石强度，作为岩体强度的估算值。裂隙是影响岩体强度的主要因素，其分布情况可通过弹性波的传播来查明，弹性波穿过岩体时，遇到裂隙便发生绕射或被吸收，传播速度将有所降低，裂隙越多，波速降低越大，小试块含裂隙少，弹性波传播速度大，因此根据弹性波在岩石试块和岩体中的传播速度比，可判断岩体中裂隙的发育程度，此比值的平方称为岩体完整性(龟裂)系数，以 K 表示

$$K = \left(\frac{v_{\mathrm{ml}}}{v_{\mathrm{cl}}}\right)^2 \tag{6.78}$$

式中，v_{ml}为岩体中弹性波纵波传播速度；v_{cl}为岩石试块中弹性波纵波传播速度。

各种岩体的完整性系数见表6.4，岩体完整性系数确定后，便可计算准岩体强度。

表 6.4 岩体完整性系数

岩体种类	岩体完整性系数 K
完整	>0.75
块状	0.45～0.75
碎裂状	<0.45

准岩体抗压强度为

$$\sigma_{mc} = K\sigma_c \tag{6.79}$$

准岩体抗拉强度为

$$\sigma_{mt} = K\sigma_t \tag{6.80}$$

式中，σ_c 为岩石试块的抗压强度；σ_t 为岩石试块的抗拉强度。

2)霍克-布朗经验判据

耶格在讨论岩石破坏准则时曾说："对于研究岩石中裂纹的影响，格里菲斯理论作为一个数学模型，是极有用的，但它基本上仅仅是一个数学模型"。因此，许多学者开始研究较符合实际的经验判据，其中，霍克—布朗(Hoek-Brown)经验判据是应用较广泛的一个。

霍克和布朗研究了大量岩石的抛物线型破坏包络线，最后得出了他们的岩石破坏经验判据

$$\sigma_1 = \sigma_3 + \sqrt{m\sigma_c\sigma_3 + s\sigma_c^2} \tag{6.81}$$

式中，σ_1 为破坏时的最大主应力；σ_3 为作用在岩石试块上的最小主应力；σ_c 为岩块的单轴抗压强度；m，s 为与岩性及裂隙面情况有关的常数，见表 6.5。

由式(6.81)，令 $\sigma_3=0$，可得岩体的单轴抗压强度为

$$\sigma_{mc} = \sqrt{s}\sigma_c \tag{6.82}$$

对于完整岩石，$s=1$，则 $\sigma_{mc}=\sigma_c$，即为岩块抗压强度；对于裂隙岩石，$s<1$。

将 $\sigma_1=0$ 代入式(6.81)，并对 σ_3 求解所得的二次方程，可解得岩体的单轴抗拉强度为

$$\sigma_{mc} = \frac{1}{2}\sigma_c(m - \sqrt{m^2 + 4s}) \tag{6.83}$$

式(6.83)的剪应力表达式为

$$\tau = A\sigma_c\left(\frac{\sigma}{\sigma_c} - T\right)^B \tag{6.84}$$

式中，τ 为岩体的剪切强度；σ 为岩体法向应力；A，B 为常数，如表 6.5 所示。其中

$$T=\frac{1}{2}(m-\sqrt{m^2+4s})$$

利用式(6.81)～式(6.84)和表 6.5 即可对裂隙岩体的三轴压缩强度 σ_1、单轴抗压强度 σ_{mc}及单轴抗拉强度 σ_{mt}进行估算，还可求出 C_m 和 ϕ_m。进行估算时，先进行地质调查，得出样品所在处的岩体质量指标(RMR 和 Q)、岩石类型及岩块单轴抗压强度 σ_c。

霍克曾指出，m 与莫尔-库仑准则中的内摩擦角 ϕ 非常类似，而 s 则相当于内聚力C。如果这样，根据 Hoek 和 Brown(1980)提供的常数(表 6.5)，m 最大为25，显然这时用式(6.81)估算的岩体强度偏低，特别是在低围压下及较坚硬完整的岩体条件下估算的强度明显偏低，但对于受构造扰动及结构面较发育的岩体，认为用这一方法进行估算是合理的。

表 6.5　岩体质量和经验常数之间关系表(据 Hoek 和 Brown，1980)

岩体状况	具有很好结晶解理的碳酸盐类岩石，如白云岩、灰岩、大理岩	成岩的黏土质岩石，如泥岩、粉砂岩、页岩、板岩(垂直于板理)	强烈结晶、结晶解理不发育的砂质岩石，如砂岩、石英岩	细粒、多矿物：结晶岩浆岩，如安山岩、辉绿岩、玄武岩、流纹岩	粗粒、多矿物结晶岩浆岩和变质岩，如角闪岩、辉长岩、片麻岩、花岗岩、石英闪长岩等
完整岩块，实验室试件尺寸 *，无节理，RMR=100，Q=500	m=7.0 s=1.0 A=0.816 B=0.658 T=−0.140	m=10.0 s=1.0 A=0.918 B=0.677 T=−0.099	m=15.0 s=1.0 A=1.044 B=0.692 T=−0.067	m=17.0 s=1.0 A=1.086 B=0.696 T=−0.059	m=25.0 s=1.0 A=1.220 B=0.705 T=−0.040
非常好质量的岩体，紧密互锁，未扰动，未风化，节理间距为 3m 左右，RMR=85，Q=100	m=3.5 s=0.1 A=0.651 B=0.679 T=−0.028	m=5.0 s=0.1 A=0.739 B=0.672 T=−0.020	m=7.5 s=0.1 A=0.848 B=0.702 T=−0.013	m=8.5 s=0.1 A=0.883 B=0.705 T=−0.012	m=12.5 s=0.1 A=0.998 B=0.712 T=−0.008
好的质量岩体，新鲜至轻微风化，轻微构造变化，节理间距 1～3m 左右，RMR=65，Q=10	m=0.7 s=0.004 A=0.369 B=0.669 T=−0.006	m=1.0 s=0.004 A=0.427 B=0.683 T=−0.004	m=1.5 s=0.004 A=0.501 B=0.695 T=−0.003	m=1.7 s=0.004 A=0.525 B=0.698 T=−0.002	m=2.5 s=0.004 A=0.603 B=0.707 T=−0.002

续表

岩体状况	具有很好结晶解理的碳酸盐类岩石，如白云岩、灰岩、大理岩	成岩的黏土质岩石，如泥岩、粉砂岩、页岩、板岩(垂直于板理)	强烈结晶、结晶解理不发育的砂质岩石，如砂岩、石英岩	细粒、多矿物：结晶岩浆岩，如安山岩、辉绿岩、玄武岩、流纹岩	粗粒、多矿物结晶岩浆岩和变质岩，如角闪岩、辉长岩、片麻岩、花岗岩、石英闪长岩等
中等质量岩体，中等风化，岩体中发育有几组节理，间距为 0.3～1m 左右，RMR=44，$Q=1.0$	$m=0.14$ $s=0.0001$ $A=0.198$ $B=0.662$ $T=-0.0007$	$m=0.20$ $s=0.0001$ $A=0.234$ $B=0.675$ $T=-0.0005$	$m=0.30$ $s=0.0001$ $A=0.280$ $B=0.688$ $T=-0.0003$	$m=0.34$ $s=0.0001$ $A=0.295$ $B=0.691$ $T=-0.0003$	$m=0.50$ $s=0.0001$ $A=0.346$ $B=0.700$ $T=-0.0002$
坏质量岩体，大量风化节理，间距为 30～500mm，并含有一些夹泥，RMR=23，$Q=0.1$	$m=0.04$ $s=0.00001$ $A=0.115$ $B=0.646$ $T=-0.0002$	$m=0.05$ $s=0.00001$ $A=0.129$ $B=0.655$ $T=-0.0002$	$m=0.08$ $s=0.00001$ $A=0.162$ $B=0.672$ $T=-0.0001$	$m=0.09$ $s=0.00001$ $A=0.172$ $B=0.676$ $T=-0.0001$	$m=0.13$ $s=0.00001$ $A=0.203$ $B=0.686$ $T=-0.0001$
非常坏质量岩体，具大量严重风化节理，间距小于 50mm，充填夹泥，RMR=3，$Q=0.01$	$m=0.007$ $s=0$ $A=0.042$ $B=0.534$ $T=0$	$m=0.010$ $s=0$ $A=0.050$ $B=0.539$ $T=0$	$m=0.015$ $s=0$ $A=0.061$ $B=0.546$ $T=0$	$m=0.017$ $s=0$ $A=0.065$ $B=0.548$ $T=0$	$m=0.025$ $s=0$ $A=0.078$ $B=0.556$ $T=0$

注：* 岩石力学实验规定的标准样品尺码。

6.4.3　共轭剪切 FIP 夹角大小——莫尔圆分析(Jacger and cook，1969)

地震作用时，常常生成共轭 FIP，根据裂隙系统自相似性的分形理论，这种共轭 FIP 是由岩石剪切形成的显微裂隙愈合而成，可以根据莫尔圆进行应力分析，如图 6.37 所示。

岩石剪切破裂时两个共轭剪切破裂面之间的夹角(包含最大主应力轴的象限)称共轭剪切破裂面角，简称剪裂角。从应力理论得知，最大剪应力作用面(或简称最大剪切面)有两组，其交角为 90°，也即每一组剪切面与最大主应力轴或最小主应力轴的夹角均为 45°[图 6.38(a)]，两组剪切面的交线平行于中间主应力轴。这里所说的交角关系是理论上剪裂面与主应力轴的关系。但从野外实地观察与室

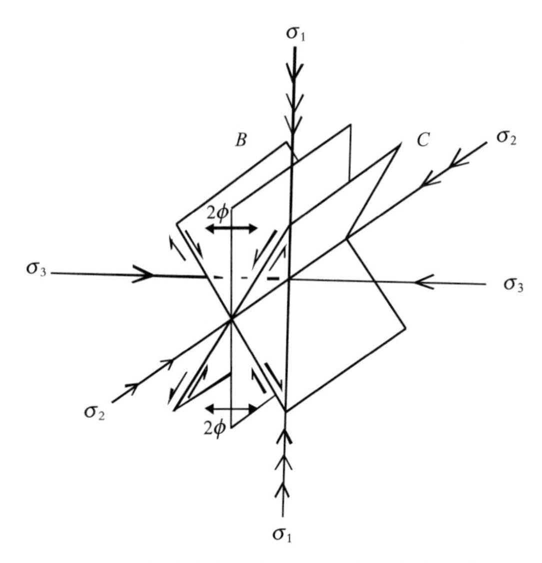

图 6.37　主应力与共轭“X”型裂隙方位的关系

内实验来看，岩石中两组剪裂面的交角常以锐角指向最大主应力方向，即包含 σ_1 的剪裂角常小于 90°，并随着岩石性质的差异而不同，通常约为 60°[图 6.38(b)]。换言之，两组共轭剪裂面并不沿理论分析的最大剪应力作用面的方位发育，这个现象用莫尔强度理论可以得到说明。

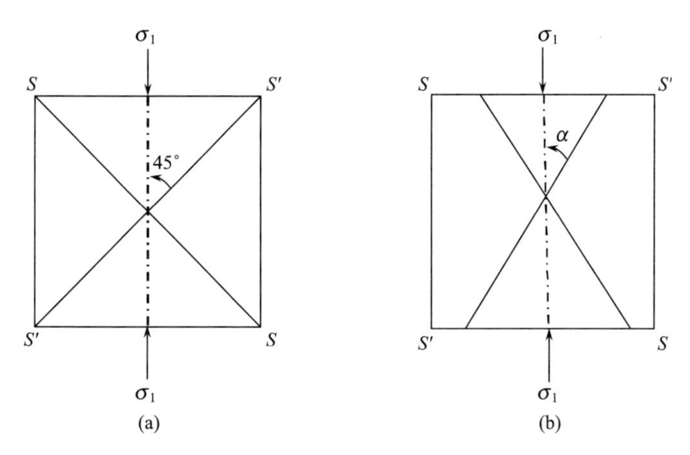

图 6.38　岩石在压缩时产生的一对剪裂面

(a)理论值，最大剪切面与主压应力 σ_1 成 45°交角；

(b)实验和野外观察，剪裂面与 σ_1 的夹角 $\alpha<45°$

莫尔-库仑准则认为，物体抵抗剪切破裂的能力不仅同作用在截面上的剪应力有关，而且还同作用在该截面上的正应力有关。设产生剪切破裂的极限剪应力(或称临界剪应力)为 τ，则有如下的关系式

$$\tau = \tau_0 + \mu\sigma_n \tag{6.85}$$

式中，τ_0 为当 $\sigma_n=0$ 时物体的抗剪强度；μ 为内摩擦系数，即为式(6.85)中直线的斜率。

在岩石变形研究中 τ_0 又称为内聚力，对于一种岩石而言为一常数；如果以直线的斜角 ϕ 表示，则 $\mu=\tan\phi$，式(6.85)可写为

$$\tau = \tau_0 + \sigma_n \tan\phi \tag{6.86}$$

其中，φ 也为岩石的内摩擦角。式(6.86)为库仑剪切破裂准则。

在 σ—τ 坐标平面内，式(6.86)为两条直线，如图 6.39 所示，称剪破裂线或包络线，它与极限应力圆的切点代表剪切破裂面的方位及其应力状态。显然，该切点并不对应于最大剪应力作用的截面，而是在略小于最大剪应力的截面，其上的正应力在 σ_1 与 σ_3 之间，并靠近 σ_3，包络线总是向 σ 轴的负方向，即向张应力方向倾斜，说明在剪裂面上的压应力减小或张应力增大的情况下，抗剪强度将降低，只需较小的剪应力即能导致剪切破裂的发生。

从莫尔-库仑包络线图可知岩石发生剪裂时，剪裂面与最大主压应力轴的夹角 $\alpha'=45°-\phi/2$，它小于 45°，共轭剪裂面的锐交角，即剪裂角($2\alpha'=90°-\phi$)等分线对着主压应力方向。由此可见，剪裂角大小取决于内摩擦角 ϕ，内摩擦角小，剪裂角就大。不同的岩石内摩擦角是不同的。在变形条件相同情况下，脆性岩石内摩擦角大于塑性岩石。

图 6.39 列举了泥岩、灰岩与砂岩的包络线，反映内摩擦角自泥岩至砂岩逐渐增大，剪裂角则逐渐减小。一些岩石在室温常压条件下实验得出的剪裂角大小见表 6.6。

表 6.6　常温常压下一些岩石的剪裂角(据 Гэовский, 1970 简化)

<table>
<tr><th>剪裂角/(°)</th><th>10</th><th>15</th><th>20</th><th>25</th><th>30</th><th>35</th><th>40</th><th>45</th></tr>
<tr><td rowspan="5">岩石</td><td colspan="3">花岗岩</td><td colspan="5">—</td></tr>
<tr><td>—</td><td colspan="3">辉绿岩</td><td colspan="4">—</td></tr>
<tr><td>—</td><td colspan="4">砂岩</td><td colspan="3">—</td></tr>
<tr><td colspan="2">—</td><td colspan="4">大理岩</td><td colspan="2">—</td></tr>
<tr><td colspan="5">—</td><td colspan="3">页岩</td></tr>
</table>

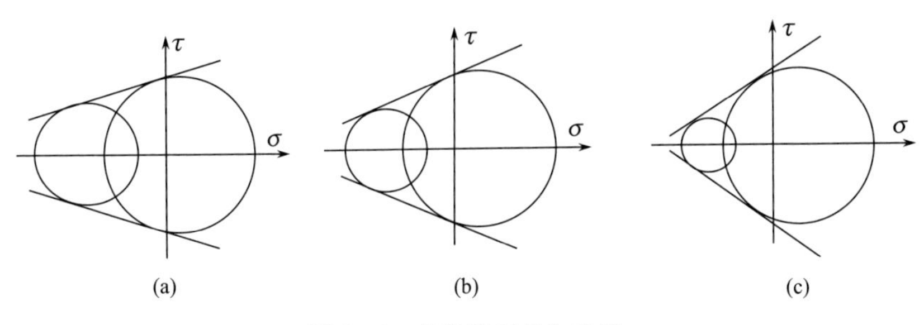

图 6.39　几种岩石的包络线

(a)泥岩；(b)灰岩；(c)砂岩

此外，剪裂角大小与岩石所处温度和压力条件有关。同一种岩石在不同变形条件下，内摩擦角也不一样。例如，页岩随围压增加，破裂时所需要的剪应力增加得很少，而 ϕ 逐渐减小，形成一弧形曲线，剪裂角加大。又如，砂岩随着围压的增大，破裂所需要的剪应力也很快增加，而 ϕ 基本不变，剪裂角也基本不变。帕特松(Paterson)的大理岩实验表明，大理岩中剪切破裂面与最大主压应力轴之间的夹角随围压加大而增大(图 6.40)。

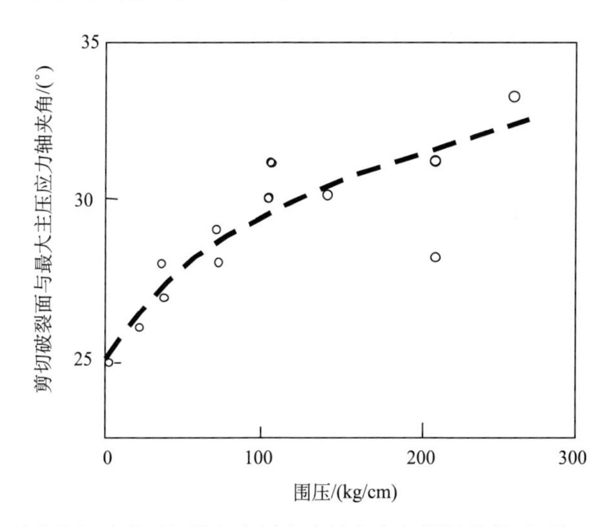

图 6.40　大理岩剪切破裂面与最大主压应力轴夹角与围压的关系(据 Paterson，1958)

总之，岩石在高温高压条件下，其剪裂切破裂面与最大主压应力轴的夹角是增大的，并逐渐接近 45°，但是，通常情况下，只要岩石本质上仍然是固体，岩石开始破裂时形成的两组共轭剪裂面与最大主压应力轴的夹角一般不超过 45°。

6.5 地震裂隙古应力莫尔圆计算

6.5.1 破裂准则的实际应用

构造 FIP 往往不是以单一的形态出现，有张裂缝，也有共轭剪裂缝，甚至还有介于二者之间的张剪缝。因此，实际计算时需综合运用张裂缝准则和剪裂缝准则，并且注意以下问题。

1. 不同性质的 FIP(或脉体)采用不同的破裂准则

FIP(或脉体)是岩石的脆性破裂形成的，当应力达到岩石强度极限时，岩石破裂基本上为张裂和剪裂两种类型。

一般来说一组平行、比较不平滑的 FIP(或脉体)为张性裂隙形成的。张性 FIP(或脉体)的位移方向垂直于破裂面，张裂面垂直于最小主应力 σ_3。张性裂隙生成的 FIP(或脉体)，常常应用格里菲斯准则进行分析和计算。

一组共轭"X"型、平滑的 FIP(或脉体)为剪性裂隙形成的。剪性 FIP(或脉体)的位移方向平行破裂面；最大剪应力作用面位于 σ_1 与 σ_3 轴之间的平分面上，与 σ_1 成 45°，那么剪切破裂应该最容易沿该方向发生，而事实上岩石中的剪裂角常小于 45°。随着围压增加，岩石韧性增强，岩石中剪裂角增大，当围压足够大时，剪裂角接近 45°。剪性裂隙生成的 FIP(或脉体)，常常应用莫尔-库仑准则进行分析和计算。

2. FIP(或脉体)剪应力的计算

FIP(或脉体)的剪应力是它们形成时的剪应力，即岩石破裂时的极限剪应力 $[\tau]$。

莫尔-库仑准则中的极限剪应力 $[\tau]$ 是由剪切面上的正应力 σ_n 和岩石固有的 C、ϕ 值确定的。而实际的剪应力 τ_n 却要由计算出的三个主应力来确定，由于莫尔-库仑准则是在平面上进行计算，破裂面垂直 σ_1—σ_3 平面，故我们取局部坐标系 xyz，使三个坐标轴分别平行于三个主应力 σ_1、σ_2 和 σ_3。

设在局部坐标系下，破裂面法向量 $\boldsymbol{N}$ 的方向余弦为

$$\boldsymbol{N}=\{m,n,l\}=\{\cos\alpha\cdot\cos\beta\cdot\cos\gamma\} \tag{6.87}$$

则剪裂面的正应力 σ_n 和剪应力 τ_n 分别是

$$\sigma_n=\sigma_1 m^2+\sigma_2 n^2+\sigma_3 l^2 \tag{6.88}$$

$$\tau_n=\sqrt{p^2-\sigma_n^2} \tag{6.89}$$

其中

$$p^2 = \sigma_1^2 m^2 + \sigma_2^2 n^2 + \sigma_3^2 l^2 \tag{6.90}$$

将计算的 σ_n 代入下列剪破裂准则可得到极限剪应力

$$[\tau] = C + \sigma_n \tan\phi \tag{6.91}$$

将计算得到的 τ_n 与已得到的极限剪应力$[\tau]$比较后，即可判别岩石破裂与否。

3. 坐标系的换算问题

局部坐标系下的三个坐标轴实际上就是三个主应力 σ_1、σ_2 和 σ_3，而它们都是在三维空间分布的。

整体坐标系是由地质体的实际方位确定的，一般常以正北方向为 y 轴，正东方向为 x 轴，垂直地平面方向为 z 轴。因此，所有在局部坐标系 xyz 下的方位都要换算成整体坐标系 xyz 下的方位，然后才能计算出实际的裂缝倾角和走向。

4. FIP(或脉体)的倾角和走向的计算

在三维空间中 FIP(或脉体)的倾角和走向要采取投影的方法，通过计算来确定。

设 FIP(或脉体)面法线方向向量在整体坐标系下的方向余弦已经确定为 $\boldsymbol{N} = \{m, n, l\}$。

通过空间解析几何的计算可以得到以下计算公式。

(1)将 FIP(或脉体)投影到 xOy 平面上(y 轴指向正北方向)后，其投影线与 y 轴夹角为α_y，与 x 轴(正东方向)夹角为 α_x，则有

$$\alpha_x = \arctan\left(-\frac{m}{n}\right) \tag{6.92}$$

$$\alpha_y = 90^\circ - \alpha_x = 90^\circ - \arctan\left(-\frac{m}{n}\right) \tag{6.93}$$

(2)FIP(或脉体)的倾角

从地质角度出发，FIP(或脉体)的倾角应是其中迹面与 xOz 平面之间的夹角，也即平面 $mx + ny + lz = 0$ 与平面 $z = 0$ 之间的夹角 $\theta(\theta = 0^\circ \sim 90^\circ)$，则有

$$\cos\theta = \frac{|m \times 0 + n \times 0 + l \times 1|}{\sqrt{m^2 + n^2 + l^2} \cdot \sqrt{1^2 + 0 + 0}} = \frac{|l|}{\sqrt{m^2 + n^2 + l^2}} \tag{6.94}$$

5. 内部流体压力的影响

莫尔破裂准则等基本上是在没有流体的状态下实验而得到的，但是地下普遍存在流体成分，特别是 FIP 即是含流体的愈合显微裂隙，因此对于 FIP 的应力计算，必须考虑流体压力的影响。

鲁比和哈伯特(Rubey and Hubbert，1959)在研究裂隙形成条件时，考虑了岩石孔隙内经常存在的流体的影响。

鲁比和哈伯特在认识到岩石中存在高的流体压力的基础上，提出了解决问题的方法。地壳中存在的垂直应力由两部分组成。第一部分是包含于岩石中流体的压力，称为正或真静水压力

$$\sigma_f = -\rho_f g z \tag{6.95}$$

式中，ρ_f 为流体的密度；g 为重力加速度；z 为深度。

第二部分是静地或静岩压力，这是观察点以上的岩石重量

$$\sigma_r = -\rho_r g z \tag{6.96}$$

式中，ρ_r 为岩石的密度。

流体压力起着支持上覆载荷一部分重量的作用，所以任一点的有效正应力等于静岩压力与流体压力之差。静岩压力是一固定值，而岩石中的流体压力是可变的。当流体压力接近于静岩压力时，有效应力将减少到零。流体压力用 σ_f 与作用于不含流体的岩石上的正应力 σ 的比例关系 λ 来表示

$$\sigma_f = \lambda\sigma \tag{6.97}$$

现在重新考察莫尔-库仑准则。

这种情况说明，当剪应力 τ 等于岩石固有剪切强度 C 与有效正压应力 σ 与内摩擦系数 μ 的积的代数和时就应当发生破坏

$$|\tau| = c - \mu(\sigma - \lambda\sigma)$$

$$|\tau| = c - \mu\sigma(1-\lambda) \tag{6.98}$$

因此，当 λ 随流体压力的增加而增大时，岩石就更容易发生破坏。一旦岩石开始运动，继续运动所需的摩擦条件为

$$|\tau| = \mu\sigma \tag{6.99}$$

或当岩石中存在一流体压力 λ 时，这个条件改变为

$$|\tau| = \mu\sigma(1-\lambda) \tag{6.100}$$

从此又可看出，当流体压力增加时，岩石能在一个较低的临界剪应力下移动，而不必改变其内摩擦系数。

6.5.2　破裂准则的应用实例

对岩石进行三向压缩实验，使 $\sigma_2 = \sigma_3$，逐渐增大主压应力 σ_1，一直到岩石开始发生剪裂破坏，这时，根据 σ_1 和 σ_3 就可以画出极限应力圆。同一岩石在不同应力状态下发生剪裂破坏时有不同的极限应力圆，把这些极限应力圆画在同一 σ—τ 坐标系上，则各极限应力圆的包络线就是上述库仑剪切破裂准则。在围压

较大、岩石塑性较高的状况下，由于μ随σ_n的增大而减小，故包络线略呈曲线形，此线为莫尔剪切破裂准则，但二者差别并不显著(Kachanov，1982)。

在地下岩体中常常有流体介质存在，由于流体产生的压力有时很大，致使岩体发生破裂，即为水压致裂，这种非应力破裂状态下的莫尔圆[图6.41(a)]与应力产生的破裂下的莫尔圆[图6.41(b)]有所不同。不同应力(或水压)强度下产生不同性质的脉体(裂隙)[图6.41(c)和图6.41(d)]。

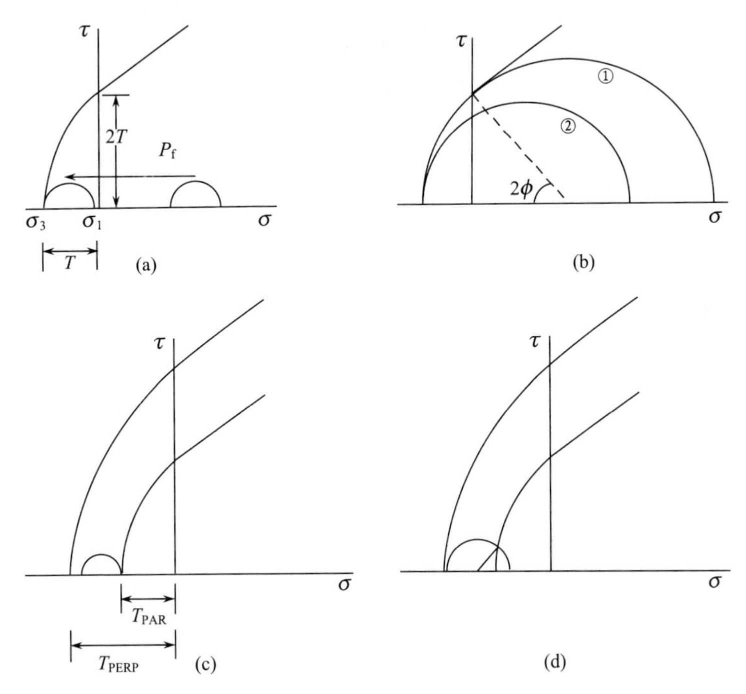

图6.41　不同方位脉体的库仑-格里菲斯(Coulomb-Griffith)破裂包络线和应力圆(Kerrich,1986)

τ为剪应力；σ_n为有效应力强度,垂直于断裂面；ϕ为内摩擦角；T_{PAR}为平行片理时抗拉(压)强度；T_{PERP}为垂直片理时抗拉(压)强度。(a)非应力破裂状态，在张性裂隙中由于水压(P_f)增大而造成，这些由于流体阀周期活动性导致的动力机理；(b)最大的偏应力，圆①剪-张裂隙($2\phi\leqslant45°$)，圆②张裂隙($2\phi=0°$)；(c)水压致裂，产生平行片理方向的细脉和脉体，这里σ_1垂直于片理面(即$2\phi=180°$)；(d)差异应力超过平行和垂直主片理的岩石强度，产生交切脉和梯状脉

图6.42表示花岗岩从原岩到严重风化的岩块。这些专门取决于原岩物质的抗压强度σ_c，某些试验的参数如岩石内聚强度C、内摩擦角ϕ和抗拉张强度T是已知的，而且这些数据在文献中是有用的(Carmichael，1990；Jaegger and Cook，1969；Byerlee 1978)。

通过实际测定，霍克-布朗包络线与莫尔极限应力圆的吻合程度要比莫尔-库仑包络线好。

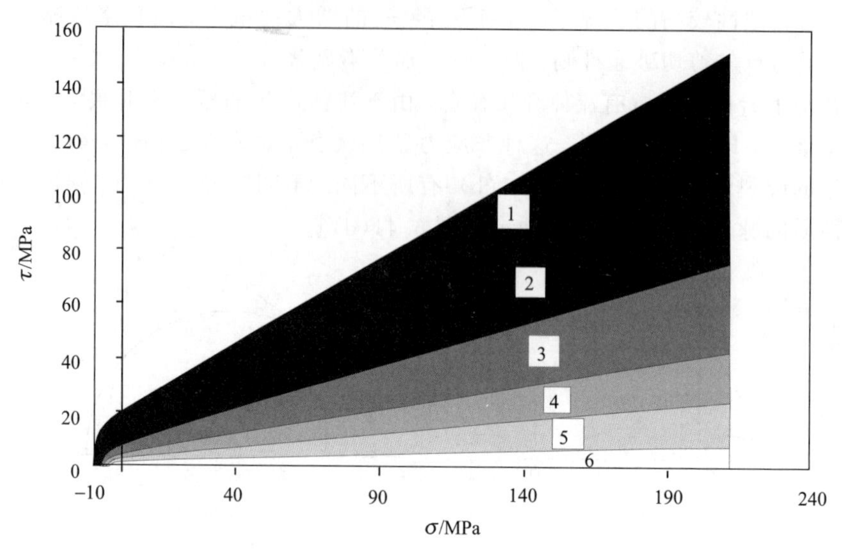

图 6.42　具有不同强度蚀变和裂隙的花岗岩莫尔圆包络线(Hoek and Brown，1980)

1. 完好的岩块；2. 品质很好的岩块；3. 品质好的岩块；4. 品质稍好的岩块；
5. 品质差的岩块；6. 品质很差的岩块

在地震中常常发生断裂活动，岩石破裂作用形成的 FIP 和脉体，可以应用破裂准则公式进行计算，如在正断裂中，由于上覆岩体重力作用，造成岩石破裂，这些脆性裂隙的力学性质可以由图 6.43 分析获得。

图 6.43 为剪切应力(τ)对有效正应力(σ'_n)的莫尔圆。综合库仑-格里菲斯准则绘制的莫尔圆及其包络线，其包络线具有完好品质岩石标准抗拉强度(T)。图中表示显微脆性破裂的三种不同模式状态及其非黏性断层($\mu_i=\mu_s=0.75$)再剪切的状态。

表 6.7 表示脆性裂隙和再剪切的准则，两次的内摩擦系数 $\mu_i=\mu_s=0.75$ 的情况。第一列为裂隙模式及应用的准则，共有 4 种模式和相应的应用准则；第二列为 τ/σ'_n 相关公式和流体压力(P_f)公式(τ 剪切应力；σ'_n 有效正应力$=\sigma_n-P_f$)所应用的具体数学公式；第三列为在垂直应力(σ_V)与最大主应力(σ_1)相同状态下应力场方位图。

脆性断裂模型如图 6.44 所示，它表示应力差($\sigma_1-\sigma_3$)与有效垂向应力(σ'_V)的关系，向下扩展地区同样有 $\sigma_V=\sigma_1$ 特征。有效垂向应力等于孔隙流体因子(λ_V)不同数值的相应深度。断裂曲线由完好品质的岩石参数所绘制：抗拉(压)强度 T 分别为 1MPa，5MPa，10MPa 和 20MPa。正断层为非黏性，在再剪切时有最佳倾向(倾角 40°)，早先和再次剪切作用的内摩擦系数相同($\mu_i=\mu_s=0.75$)。

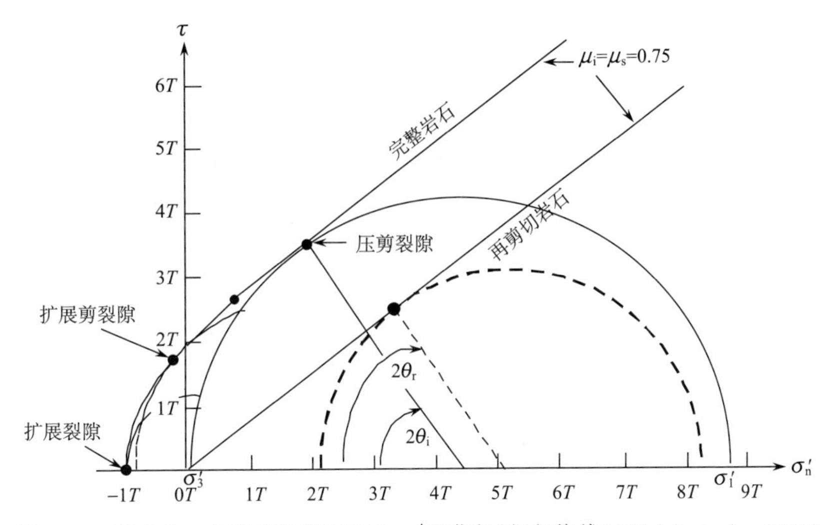

图 6.43　剪应力 τ 对应有效的正应力 σ_n' 的莫尔圆(包络线)(Walsh et al., 1991)

μ_i、μ_s 为剪切和再剪切状态下的内摩擦系数；θ_i、θ_r 为剪切和再剪切状态下剪裂面与最大主应力轴的夹角；T 为抗拉强度；σ'_1 为有效最大主应力；σ'_3 为有效最小主应力

表 6.7　正断裂中脆性裂隙和再剪切准则($\mu_i=\mu_s=0.75$)(Sibson, 2000)

裂隙模式/应用准则	τ/σ'_n 相关公式和，P_f 公式	应力场方位($\sigma_v=\sigma_1$)
扩展模式 (格里菲斯准则) $\sigma_1-\sigma_3<4T$	$\tau^2=4T(\sigma_n-P_f)+4T^2$ $P_f=\sigma_3+T$	σ_1 σ_3
扩展剪切模式 (格里菲斯准则) $4T<\sigma_1-\sigma_3<5.66T$	$\tau^2=4T(\sigma_n-P_f)+4T^2$ $P_f=\sigma_3+\frac{[8T(\sigma_1-\sigma_3)-(\sigma_1-\sigma_3)^2]}{16T}$	θ σ_3
压缩剪切模式 (库仑准则) $\sigma_1-\sigma_3>5.66T$	$\tau=C+\mu_i(\sigma_n-P_f)$ $P_f=\sigma_3+\frac{[8T-(\sigma_1-\sigma_3)]}{3}$ $\mu_i=0.75$	θ_i σ_3
非黏性断裂再剪切 (Amontons 定理)	$\tau=\mu_i(\sigma_n-n_f)$ $P_f=\sigma_3-\frac{(\sigma_1-\sigma_3)(1-0.75\tan\theta_r)}{0.75(\cot\theta_r+\tan\theta_r)}$ $\mu_i=0.75$	θ_r σ_1 σ_3

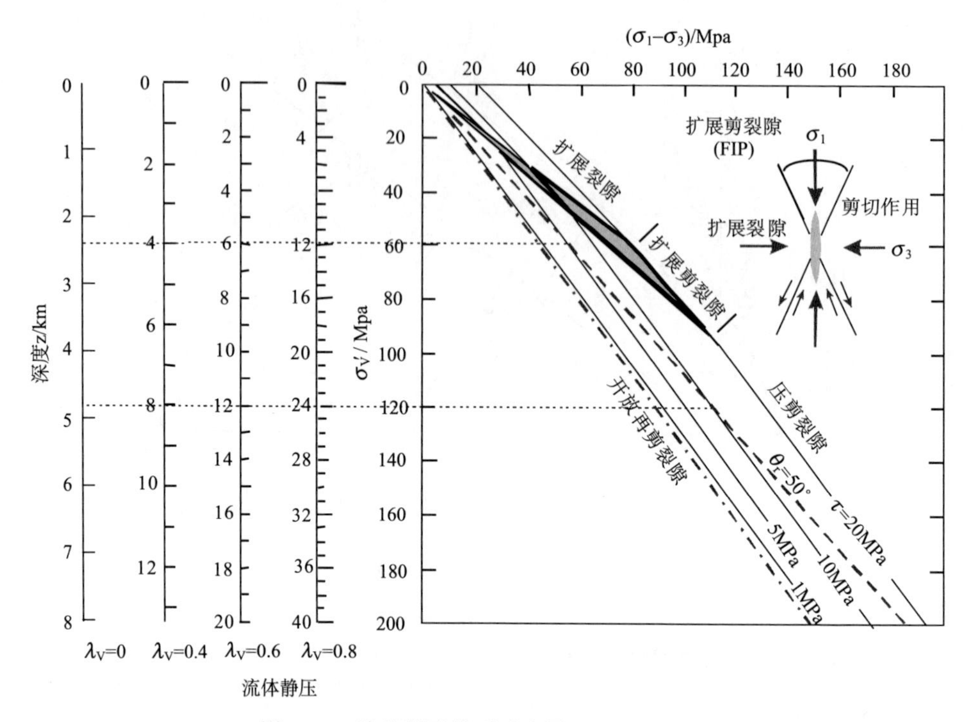

图 6.44　脆性断裂模型示意图(Sibson,2000)

图 6.45 为断裂中岩性和流变学特征。图 6.45(a)为断层中不同部位有不同类型岩石的分布情况；图 6.45(b)为流变学特征，应力差(σ_1-σ_3)随深度(z)变化时具有不同的孔隙流体因子(λ_V)和不同的流变强度 S，其中，$\lambda_V = P_f/\sigma_V$，S 为单位时间的滑移率。

应力莫尔圆常被用来分析和解释 FIP，尽管其可用来表示各向同性的应力场，并提供极限断裂准则，但不能表达 FIP 形成的应力场。作为研究 FIP 的工具，应力莫尔圆不能完满地解释 FIP 起始、扩展、相互作用和终结的特征，取而代之的应当是 Inglis(1913)、Griffith(1921)和 Irwin(1958)所开创的断裂力学及其现代数值分析方法。

6.5.3　莫尔圆计算古应力新方法

流体包裹体迹面(FIP)确定古应力方向是比较可靠的，用来计算构造应力场中三个主应力数值大小，目前还有不少困难。利用岩石破裂的各种准则可以计算主应力大小，这些准则是在“干”岩石实验下面建立的，而捕获流体包裹体的 FIP 是在“湿”岩石中显微裂隙愈合而成，因此岩石力学中岩石破裂准则直接计算 FIP 形成的主应力数值是不准确的。

Angelir(1989)等提出，利用岩石力学莫尔圆分析，结合 FIP 显微测温的新方法，可以进行 FIP 古应力的准确计算。该方法基于三个基础：①脉体投影极点的几

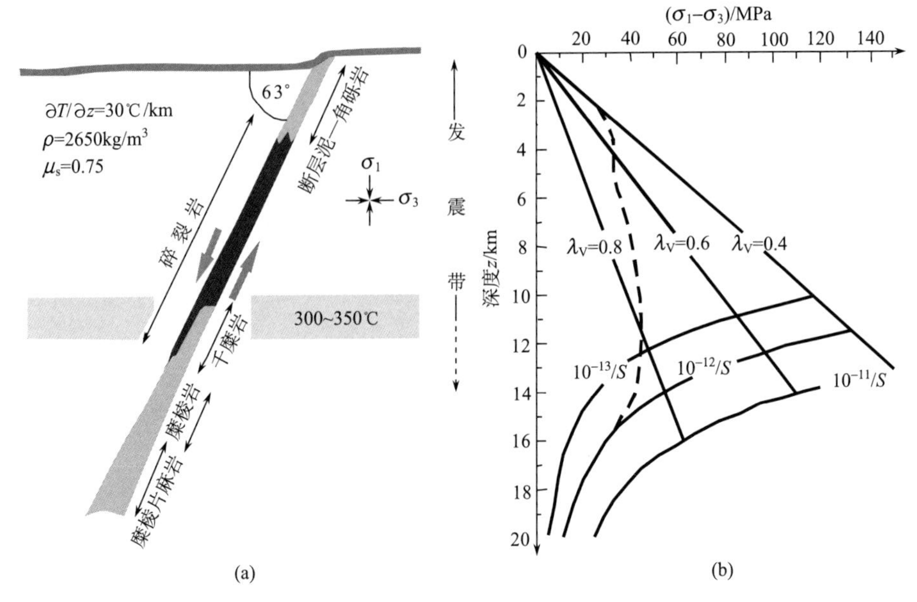

图 6.45　断裂岩分布和流变强度剖面图(Sibson,2000)

$\partial T/\partial z$ 为地温梯度；ρ 为岩石密度

何学分布；②岩石破坏经验准则；③流体的压力。这种方法应用于法国渐新世 Rhine graben 石英脉系统，提供了测定的真实数值，证实了这种方法的可靠性和实用性。

1. 方法原理

岩石中三维应力和作用于岩石或裂隙面上的流体压力(P_f)之间的关系可以用莫尔圆表示出来。三个主应力之间的几何学关系可以用两个差异应力比来描述。

(1)应力比 Φ：描述莫尔圆结构和三个主应力的关系方位($\sigma_1 \geqslant \sigma_2 \geqslant \sigma_3$，压方向为正)，其范围为 $0(\sigma_2=\sigma_3)\sim 1(\sigma_2=\sigma_1)$

$$\Phi=\frac{(\sigma_2-\sigma_3)}{(\sigma_1-\sigma_3)} \tag{6.101}$$

(2)驱动应力比 R'：描述 P_f 和最小应力(σ_3)及最大应力(σ_1)之间的平衡关系

$$R'=\frac{(P_f-\sigma_3)}{(\sigma_1-\sigma_3)} \tag{6.102}$$

这两个比值直接与应力和 P_f 大小有关系。近年来，Jolly 和 Sanderson(1997)根据重新开放裂隙(岩墙)和 P_f 的几何学分布，提出了莫尔圆结构。这种重新开放裂隙的结构用立体图来表示(图 6.46)，以统计测定三个特征向量，并确定对应的主应力轴(Davis, 1973)，两个极端情况被确定出来(Jolly and Sanderson, 1997)。

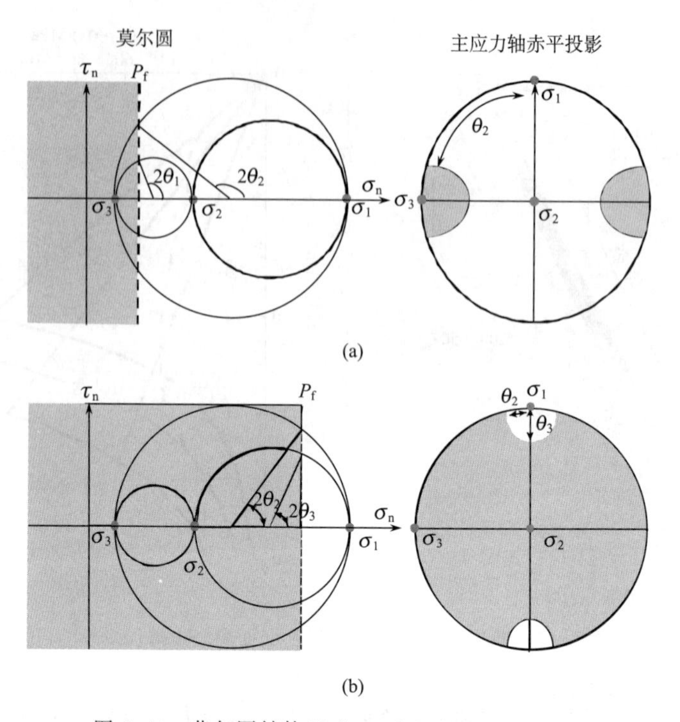

图 6.46 莫尔圆结构(Jolly and Sanderson, 1997)

显示裂隙端(浅色的区域)和最大应力轴(深色的圆)之间在两种不同情形下的几何学关系。(a)裂隙重新开放而具有的流体压力相对于 σ_2 值不是那么重要，而裂隙端围绕一个最大值聚集；(b)流体压力高于 σ_2 值，除了缺乏裂隙端的两个带外，裂隙端是随机分布的。在这两个图中，裂隙重新开放被定义仅仅在灰色的地带中，它表示特定的 θ_1 和 θ_2

第一种情形[图 6.46(a)]，裂隙分布以单一最大值为特征，它相对于最小的主应力 σ_3 轴而定向。基本的假定是所有的裂隙是同时代的，而且它们的重新开放是由于流体压力作用。三个有关的应力由 σ_2 和 σ_1 轴(本征向量)定位完成。两个角 θ_1 和 θ_2 由图解来测定(Jolly and Sanderson, 1997)。两个角和 P_f 大小限定并描述一个精确的几何莫尔圆结构。

事实上，某些关系[式(6.101)～式(6.103)]从应力比定义能够推论出，由 Jolly 和 Sanderson (1997)推导出不同的应力相对大小

$$\Phi=\frac{\sigma_2-\sigma_3}{\sigma_1-\sigma_3}=\frac{1+\cos 2\theta_2}{1+\cos 2\theta_1}\Leftrightarrow\sigma_3=\frac{\sigma_2-\Phi\cdot\sigma_1}{(1-\Phi)} \tag{6.103}$$

$$R'=\frac{P_f-\sigma_3}{\sigma_1-\sigma_3}=\frac{1+\cos 2\theta_2}{2}\Leftrightarrow\sigma_1=\frac{P_f+\sigma_3\cdot(R'-1)}{R'} \tag{6.104}$$

$$\frac{\Phi}{R'}=\frac{\sigma_2-\sigma_3}{P_f-\sigma_3}\Leftrightarrow\sigma_2=\left[\frac{2}{1+\cos 2\theta_1}\cdot(P_f-\sigma_3)\right]+\sigma_3 \tag{6.105}$$

例如，σ_3 和 σ_1 根据 θ_2 能直接确定 σ_n 相关轴(图6.46)和 P_f 定位。基本假定是 P_f 至少符合正应力 σ_n。相同的方法，σ_2 轴的位置用图解法由 θ_1 来确定。

第二种情形[图6.46(b)]，裂隙端随机分布并且没有所规定的特定方位。然而，一个带缺乏裂隙端，这些特定方位的裂隙没有重新开放[图6.46(b)]。这个情形几乎符合静水裂隙的情形，最大的主应力 σ_1 等于 P_f。θ_2 和 θ_3 非常小，并且确定的一个 P_f 值高于 σ_2。

因此这些几何方法适合应力定向描述。而且，θ_2 和 θ_3 的测定可用于应力比 Φ 的计算。然而，依照式(6.103)～式(6.105)，能画出各种莫尔圆，采用同样的 P_f 和同样角度准则(图6.47)并且需要其他的约束条件来确定绝对应力的大小。

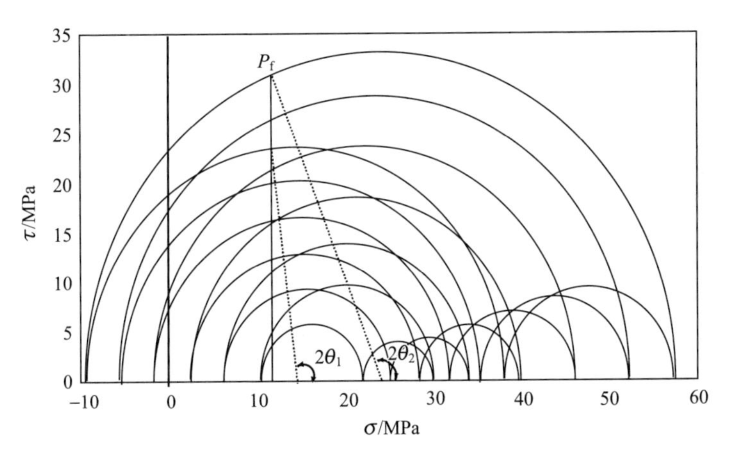

图6.47　对应同样 θ_1、θ_2 和 P_f 值的不同莫尔圆

这些相关莫尔圆符合 Φ 和 R' 比的 θ 角计算准则

2. 经验破裂标准——固有曲线的确定

为了确定莫尔圆比例系数，必须找到解决全应力张量的其他标准。利用相关岩石机械性质的破裂和摩擦定律，由 σ_n-τ_n 图可以推导莫尔圆几何约束条件(Jaegger and Cook，1969；Byerle 1978)。Hoek 和 Brown(1980)已经进行了大量机械实验，为了确定和量化完整岩石和裂隙发育岩石的强度，他们提出与岩石裂隙状态主应力大小相关的几个经验关系式

$$\sigma_{1n}=\sigma_{3n}+\sqrt{m\cdot\sigma_{3n}+s} \tag{6.106}$$

式中，$\sigma_{1n}=\sigma_1/\sigma_c$，$\sigma_{3n}=\sigma_3/\sigma_c$；$\sigma_1$ 为破裂时最大主应力；σ_3 为最小主应力，应用于样品；σ_c 为原岩材料的单轴抗压强度；σ_{1n}，σ_{3n}为标准化主应力；m，s 为岩石样品流变性质的经验常数(Hoek 和 Brow，1980)。并且有不同莫尔圆的包络线

$$\tau_n=i\cdot(\sigma_n+j)^k \tag{6.107}$$

其中

$$\tau_n = \tau / \sigma_c$$

$$\sigma_n = \sigma / \sigma_c$$

式中，τ_n 和 σ_n 为标准剪切应力和正应力：i，j，k 为岩石样品流变性的经验常数(Hoek and Brown，1980)。

由岩性和岩体质量确定的经验标准的各种常数见表 6.5(Hock and Brown，1980)。

3. 莫尔圆的调整

应力方位和应力比的测定(Jolly and Sanderson，1997) 需要结合岩石的破坏和岩块的摩擦准则(Hoek and Brow，1980)以及流体压力特征，也要考虑绝对应力定量大小。下列各项需求必须达到。

(1)流体压力：作用于裂隙壁上，加上主应力因素，其有效应力为两者之差[式(6.108)]，这一有效应力促成裂隙重新开放。它的大小也将裂隙状态[图 6.48(a)中的点 P]在莫尔圆中表示出来。裂隙中对应的正应力在图 6.48(a)中，等于 P_f 值($\sigma'_3 < P_f < \sigma'_2$)。

$$\sigma'_i = \sigma_i - P_f \tag{6.108}$$

式中，σ'_i 为作用于裂隙壁上的有效应力；σ_i 为主应力；P_f 为流体压力。

(2)破裂点 P：在几何学上 P 为 $2\theta_1$ 和 $2\theta_2$ 两角所确定[图 6.46 和图 6.48(a)]，它具有裂隙密布特征。只有这些相应的特定方向裂隙在这些应力条件下才打开。

(3)岩石固有曲线[Hoek and Brown，1980；图 6.48(b)]：代表了破裂准则的包络线和切线或与相关莫尔圆的交线[Jolly and Sanderson 1997；图 6.47 和图 6.48(b)]。不同的裂隙端确定了某些规定的破裂点的 σ_n 和 τ_n 值[Turner and Weiss，1963；图 6.48(c)]。所有这些点必须位于内部曲线之上，或(和)其相应的正压力必须小于流体压力值[图 6.48(c)]。

(4)相应的莫尔圆中 σ_3 最后绝对值：不能低于岩石的单轴抗拉强度 T。该参数对应一种特定固有曲线特性，其特征反映岩石中断裂和蚀变的程度。

所有这些条件能满足合适的莫尔绘制所需的足够数据(图 6.48)。

4. 应用实例

1)Soultz 石英脉系统

这个古应力定量计算新方法应用于法国 Soultz 花岗岩中石英脉系统。这一石英脉系统基本为 N S 向，主要构造作用产生早先裂隙，而后又有构造活动。在三

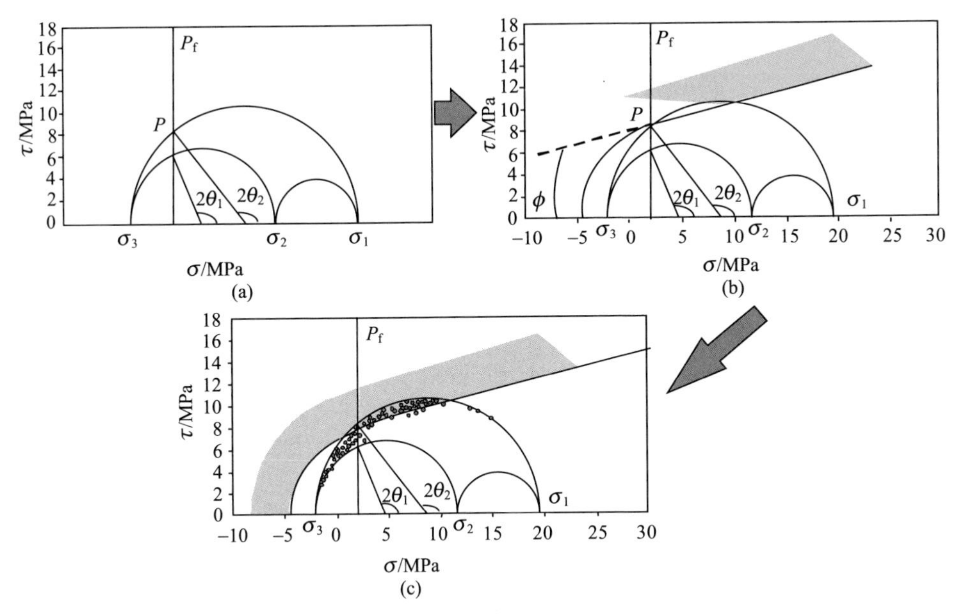

图 6.48 莫尔圆调整的三个主要步骤

(a)导致裂隙重新开放时的裂隙端和主应力轴的本征特征，涉及 θ_1 和 θ_2 的定量，然后，由作用于裂隙壁上的流体压力和两种应力比(Φ 和 R')的数值来确定最初的相关莫尔圆(Jolly and Sanderson，1997)；(b)由 Hoek 和 Brown(1980)提出的经验判据方法，考虑绘制岩石特有的本征曲线(C 为内聚强度；T 为单轴抗拉强度；ϕ 为摩擦角)，具有 σ_1、σ_2 和 σ_3 绝对值的莫尔圆第一次调整是可能的；(c)最后，在岩石中观测到的不同裂隙能够绘制出莫尔圆，在莫尔圆上每个黑点对应于各自裂隙端点(Turner and Weis，1963)。所有这些破裂点，必须位于本征曲线之上，或者和其相应的正应力流体压力数值相比不是那么重要

个不同深度的空间均有石英脉的分布(图 6.49)。深度浅的上两个带中的裂隙为向西和向东倾斜，而深部带中大多数裂隙更倾向于向西倾斜。三个带中石英脉的三个主应力方位根据几何学方法测定出来[图 6.49(b)]。

从图 6.49 中可以看出；脉端点呈聚集分布，并且确定出 σ_3 轴方位，还表示流体压力小于中间应力 σ_2(Jully 和 Sanderson ,1997)。

在钻孔样品中观察并测定出应力张量特征：近水平 E W 向的为 σ_3 轴，近水平 NS 向的为 σ_2 轴；近垂直的为最大压缩的 σ_1 轴。σ_1 分量近垂直向东偏移，图示说明构造区域 E W 向扩展，这涉及裂隙重新开放作用。

在 σ_3—σ_2 和 σ_3—σ_1 的平面上[图 6.49(b)]脉端点和应力轴之间的两个夹角：θ_1 和 θ_2 能够测定出来，并且 Φ 比值可以计算得到[式(6.102)和图 6.49]。随着深度增加，Φ 值同样增大是构造地区的特征($\Phi>0.6$，0.63～0.81)(Jolly and Sanderson，1997)。

2)莫尔圆调整

根据石英脉系统的几何学分布，画出三个不同深度区间的莫尔圆，这三个莫

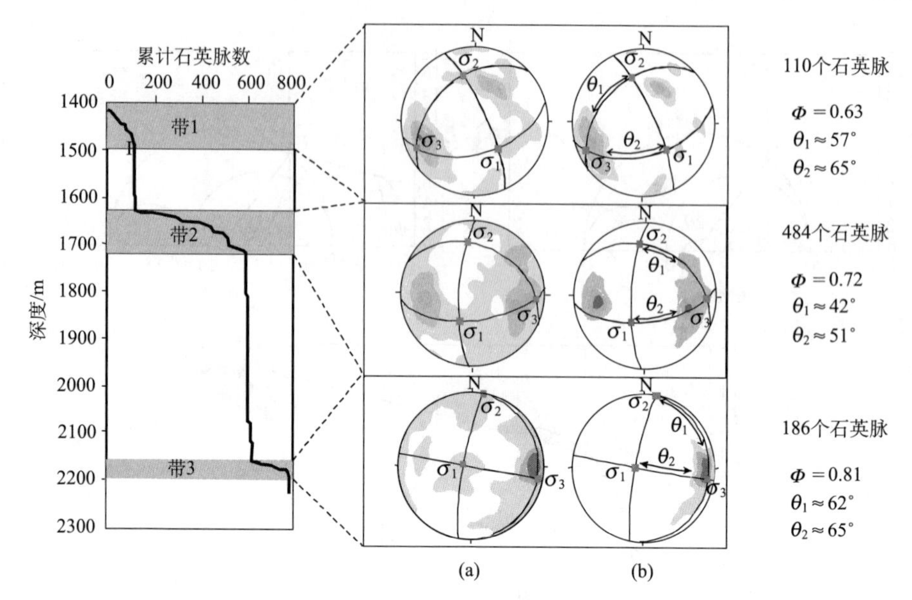

图 6.49 三种不同深度带的 Soultz 石英脉系统的应力轴方向(Andre et al.，2001)
图形解释由立体模型表示，考虑应力比 Φ 的测定，
θ_1 和 θ_2 由于测出的 Φ 在图中为定值

尔圆有不同角度的 θ_1 和 θ_2。然而，岩石本征曲线和作用于裂隙壁上的 P_f 最后必须调整到最终合适的莫尔圆，并且古应力绝对值也是最终合适的莫尔圆状态。

a)破裂包络线

由 Hock 和 Brown(1980)提出的经验参数考虑两个主要问题：岩石蚀变的重要性及其破裂程度(断裂间距)。在 Soultz 地区，花岗岩接近于相当好品质的岩块。三个等值的本征曲线画出来，这三个本征曲线符合深处三个带的流变学特征(图 6.50)。

b)流体压力

石英脉打开、渗透和封闭是流体渗透的几个连续阶段。最近的显微测温研究完成了在 EPS1 钻孔不同深度石英脉中捕获原生或次生(包裹体)的研究。Dubois 等(1996)研究了 P-T-x 状态。它们具有石英脉封闭—开放系列的特征(表 6.8)。

c)绝对古应力值

相应 3 种地带中 P_f，θ_1、θ_2、Φ 和 R' 最终数值，可考虑建构三个深度的莫尔圆(图 6.50)，图解符合本征曲线和先前所测定的流体压力值。最终求得的应力大小符合有效的应力[σ_1、σ_2、σ_3；式(108)]。因此，流体压力值一定增加到应力状态中，以便估计 σ_1、σ_2、σ_3 值(表 6.9)。

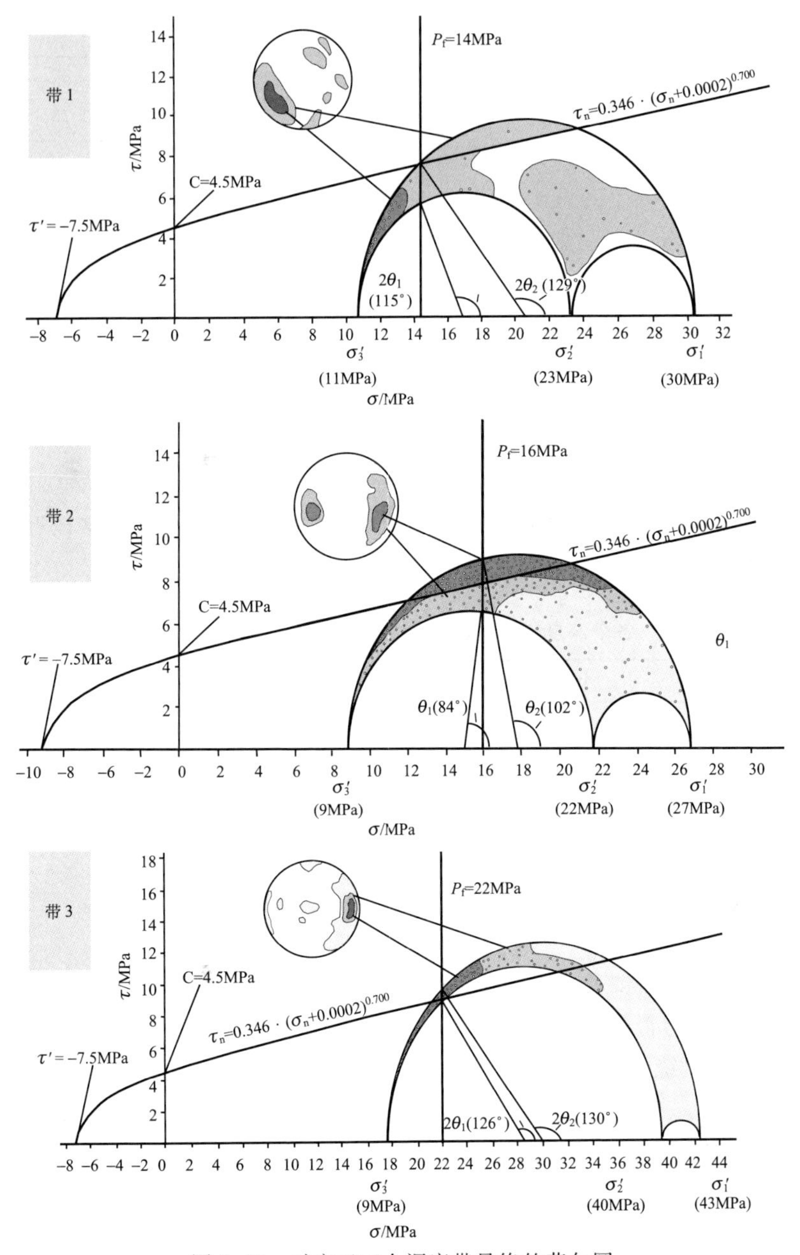

图 6.50　对应于三个深度带最终的莫尔圆

带 1：1400～1500m，带 2：1625～1725m，带 3：2075～2220m。不同的莫尔包络线和由此产生的主要有效应力，具有一定的 θ_1 和 θ_2(脉体极点和 σ_3—σ_2 及 σ_3—σ_1 面之间角度如图 6.46 和图 6.48 所示)，并有相应的流体压力(P_f)以及本征曲线(对于 3 个带，符合相对好品质的岩块流变学特征；Hoek and Brown，1980)。脉体极点(白色小点；Turner and Weiss，1963，并且它们密度等值线立体投影)绘制出，其最大密度带是在深灰色的包络线重点表示

表 6.8 显微测温数据(Dubois et al. 1996)

地带 深度/m	1 1400～1500	2 1625～1725	3 2075～2200
T_{mice}/℃	−2.0℃	−6.0℃	—
T_h/℃	139.0℃	135.0℃	—
ΔT/℃	7.85	8.85	12.24
P_f/bar	143.03	163.9	220.76
同等深度/m	143.30	163.0	220.6

注：相应的三个不同深度带 Soultz 石英脉在次生石英中的流体包裹体显微测温数值：冰点温度(T_{mice})、均一温度(T_h)、均一温度校正值(ΔT)和有关的流体压力值(P_f)。

测定和计算结果表明：在 1400～1500m 和 1625～1725m 地带展现相似的应力大小。最深的地带以 σ_1 和 σ_2 有比较高的值为特征，它们彼此非常接近(分别为 65MPa 和 60MPa)因此有高的 Φ 值(图 6.50 和表 6.9)。

表 6.9 各个深度带莫尔圆确定主应力大小(Andre et al., 2001)

地带深度/m	P_f/MPa	σ_1'/MPa	σ_1/MPa	σ_2'/MPa	σ_2/MPa	σ_3'/MPa	σ_3/MPa
1400～1500	14	30.5	44.5	23.3	37.3	11.0	25.0
1625～1725	16	26.8	42.8	21.7	37.7	8.8	24.8
2075～2220	22	42.7	64.7	38.0	60.0	17.5	39.5

5. 新方法的可靠性和有效性

该方法的应用需要几个条件：立体投影图的分析；显微测温数据；能够指出最后古应力准确与否的经验准则。

(1)在脉体系统中的裂隙，假设为是同时期和以前的岩石重新开放的结果，处于同一构造和静压环境而是间断的。确实，关于同一时期裂隙对于 θ_1 和 θ_2 角的测定是重要的，这种测定基本上立足于石英脉定向的几何学解释(图 6.46 和图 6.50)。

(2)流体压力以流体包裹体显微测温研究来估计，这种包裹体存在于次生石英在脉体中捕获。获得的 P_f 值代表岩体中真正静水状态下的平均值。在 Soultz 花岗岩中，许多流体事件被记录(Dubois et al.，1996)。这些符合花岗岩经历多期复杂的蚀变次数(Genter，1989)。于是，一定要注意识别和区分这些包裹体形成在重新开放的脉体系统中，以便于约束相应的流体压力。

(3)基于花岗岩本征曲线进行莫尔圆的调整(图 6.49)。岩石岩相学必须依据蚀变、裂缝密度和间距来分析，以便确定最佳拟合本征曲线。于是，对岩石质量必须进行非常精确的估计。它可以很大程度地影响破裂包络线的斜率，从而控制莫尔圆 σ_1-σ_3 的大小。在这研究中，脉体为新鲜的花岗岩，尽管有某些低程度蚀变。(“相对好品质岩体”鉴于 Hoek and Brown，1980 的图表)。这个分析符合实际的花岗岩岩相学。有所差异应该发生在断层活动期间实际岩石性质和它们的蚀变状态。虽然实验测试岩石本身得到本征曲线，这将考虑最低的本征曲线(图6.48)，从而确定古应力最小值。

所有这些参数引起的不确定性在莫尔圆最后调整中(图 6.49 和图 6.50)。因此，为了使用此方法得到较大可靠性和精确度，计算出 1400～1500m 深度带和加权这些不同的参数。P_f，θ_1 和 θ_2 和因此(获得的)R'和 Φ 的不同数值见表 6.10。

表 6.10　在深 1400～1500m 地带估计的不同古应力变化值

岩块质量	$2\theta_1$	$2\theta_2$	R'	Φ	P_f	σ_1/MPa	σ_2/MPa	σ_3/MPa
中等品质	114	129	0.184	0.632	14.30	44.5	37.3	25
中等品质	114	129	0.184	0.632	12.00	49.7	41.7	28.0
中等品质	114	129	0.184	0.632	16.00	48.4	41.0	28.3
中等品质	110	140	0.117	0.36	14.30	49.8	34.3	25.8
中等品质	119	120	0.25	0.97	14.30	41.8	41.3	24.2
质好品质	114	129	0.184	0.632	14.30	59.0	47.0	21.0
最小值						41.8	34.3	21.0
最大值						59.0	47.0	28.3

注：$2\theta_1$，$2\theta_2$，P_f，Φ，R'是人为地在和高估独立和真实 Soultz 情况比较(灰色地带，斜体的本文)。应力变化仍然很低，与总体偏差±4MPa，对于 σ_3 为±4MPa 对于 σ_1 为±15MPa。

正如已经被 Rispoli 和 Vasseur(1983)描写的，垂直和水平应力之间的相关性大小与深度可以建立如下关系式(Rummel and Baamgarlner，1991；Klee and Rummel，1993)

$$\sigma_h = 15.1 + 0.0179(z - 1458)$$

$$\sigma_H = 24.6 + 0.0198(z - 1458)$$

$$\sigma_V = 0.024z$$

式中，σ_h 为最小水平应力，MPa；σ_H 为最大水平应力，MPa；σ_V 为垂直应力，MPa；z 为深度，m。

根据这些关系，三个深度区域石英脉不同应力大小计算如图 6.51 所示。

现在和古代两个水平面中的古应力($\sigma_3 = \sigma_h$ 和 $\sigma_2 = \sigma_h$)可以绘制出一个随着深度而演化图(图 6.51)。

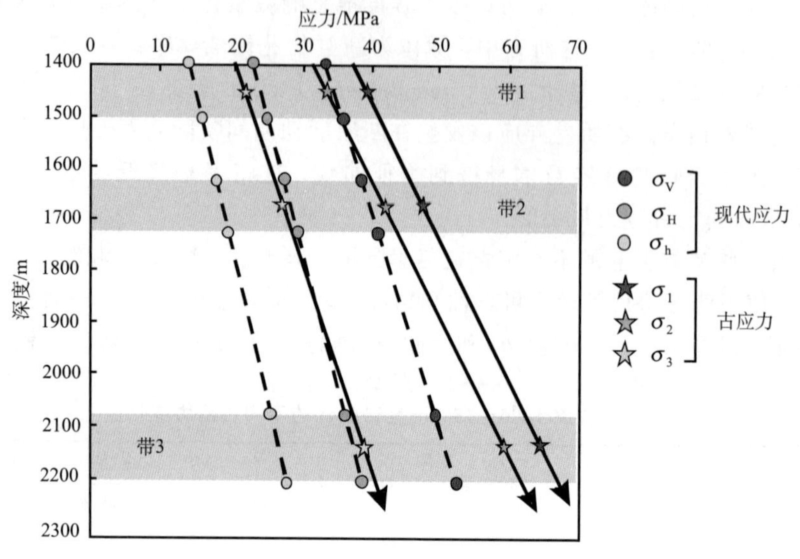

图 6.51　古应力随深度演变，与 Soultz GPKI 井中实际测定的应力比较(Rummel and Baumgarther, 1991)

6. 结论

这一方法基于脉体系统几何学分析，需要将流体压力和岩块品质所估计的古应力结合起来考虑。重要的一点是在脉体开放—渗透—封闭阶段流体压力影响控制最终合适的莫尔圆的绘制。因此，在静水力学条件下古应力值是能够确定的。

6.6　FIP 构造应力场的数值模拟

不同时期构造应力场的恢复可以给出构造应力的宏观分布趋势，对于地震预报有比较大的价值。为了节省大规模测定需要的许多人力、物资和时间成本，利用现代科技手段进行构造模拟实验是研究地应力场的方法之一。电子计算机模拟已经成为研究地应力场的通用方法，其中数学中的有限元法是一种有效而先进的方法。我们必须积极研究和掌握这一技术。

6.6.1　概述

在原岩中天然赋存的应力称为原岩应力，也称天然应力或初始应力，在地质力学中又称地应力。原岩应力在岩体空间有规律的分布状态称为原岩应力场。原岩应力主要是由岩体的自重和地质构造作用引起，它与岩体的特性、裂隙的方向和分布密度、岩体的流变性以及断层、褶皱等构造形迹有关。此外，影响原岩应力状态的因素还有地形、地震力、水压力、热应力等。不过这些因素所产生的应力大多是次要的，只有在特定情况下才予以考虑。对地震破坏作用来讲，主要应考虑重力应力和构造应力，因此，原岩应力可以认为是重力应力和构造应力叠加而成。

1. 重力应力(麦加林，1980)

地壳上部各种岩体由于受地心引力的作用而受到的应力称为重力应力，也就是说重力应力是由岩体自重引起的。岩体自重不仅产生铅垂应力，而且岩体的泊松效应和流变效应也会产生水平应力。研究岩体的重力应力时，一般把岩体视为均匀、连续且各向同性的弹性体，因而可以引用连续介质力学原理来探讨岩体的重力应力问题。将岩体视为半无限体，即上部以地表为界，下部及水平方向均无界限，那么，岩体中某点的重力应力可按以下方法求得。

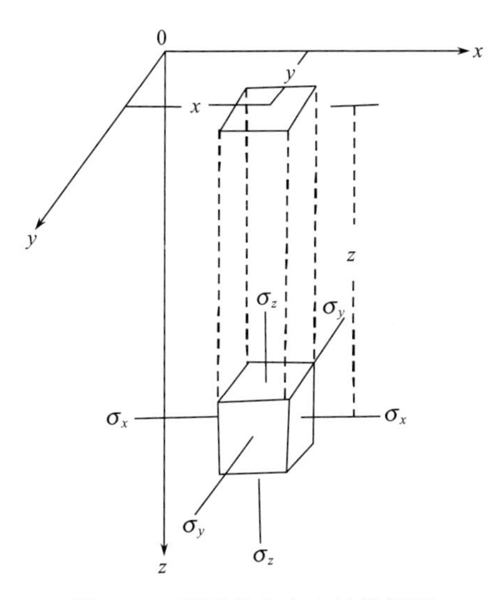

图 6.52　原岩重力应力计算简图

设在距地表以下 H 深度处取一单元体，如图 6.52 所示。在上覆岩层自重的作用下，单元体所受的铅垂应力 σ_g 可按下式计算，即

$$\sigma_g = \gamma H \tag{6.109}$$

式中，γ 为岩体的容重；H 为计算点岩体所处的深度。

单元体在铅垂应力 σ_g 的作用下，由于泊松效应，有产生横向变形的趋势。但因单元体受相邻岩体的约束，不可能产生横向变形，即 $\varepsilon_x = \varepsilon_y = 0$，而相邻岩体的阻挡作用就相当于对单元体施加了侧向应力 σ_x 和 σ_y。因为视岩体为各向同性体，所以有

$$\sigma_x = \sigma_y \tag{6.110}$$

又

$$\varepsilon_x = \varepsilon_y = 0 \tag{6.111}$$

根据广义胡克定律，有

$$\varepsilon_x = \frac{1}{E}[\sigma_x - \mu(\sigma_y + \sigma_z)]$$

$$\varepsilon_y = \frac{1}{E}[\sigma_y - \mu(\sigma_z + \sigma_x)] \tag{6.112}$$

联立式(6.110)～式(6.112)，可得

$$\varepsilon_x = \frac{1}{E}[\sigma_x - \mu(\sigma_y + \sigma_z)] = 0$$

$$\sigma_x - \mu\sigma_z - \mu\sigma_x = 0$$

所以

$$\sigma_x = \frac{\mu}{1-\mu}\sigma_z = \frac{\mu}{1-\mu}\gamma H \tag{6.113}$$

式中，E 为岩体的弹性模量；μ 为岩体的泊松比。令

$$\lambda = \frac{\mu}{1-\mu}$$

则式(6.113)可写成

$$\sigma_x = \sigma_y = \lambda\gamma H \tag{6.114}$$

λ 称为侧压系数，定义为某点的水平应力与该点铅垂应力的比值，即

$$\frac{\sigma_x}{\sigma_y} = \frac{\mu}{1-\mu} = \lambda$$

由于 z 轴为对称轴，单元体不可能产生上下错动，前后左右也不会歪斜，所以单元体六个面上均无剪应力，即 $\tau_{xy} = \tau_{yz} = \tau_{zx} = 0$，单元体六个面均为主平面，$\sigma_x$、$\sigma_y$ 和 σ_z 都是主应力。显然，最大主应力 $\sigma_{\max} = \sigma_x = \gamma H = \sigma_1$，而最小主应力 $\sigma_{\min} = \sigma_x = \sigma_y = \sigma_2 = \sigma_3 = \lambda\gamma H$。

如果在深度 H 范围内有多层岩石，当各层岩石容重不同时，最大主应力可按下式计算

$$\sigma_x = \sum_{i=1}^{n} \gamma_i h_i \tag{6.115}$$

最小主应力为

$$\sigma_x = \frac{\mu_i}{1-\mu_i}\sum_{i=1}^{n} \gamma_i h_i \tag{6.116}$$

式中，γ_i 为第 i 层岩石的容重，$i=1, 2, 3, \cdots, n$；h_i 为第 i 层岩石的铅垂厚度；μ_i 为第 i 层岩石的泊松比。

一般岩石的泊松比 $\mu = 0.2 \sim 0.35$，故侧压系数 λ 通常都小于 1，只有在岩石处于塑性状态时，λ 值才增大。当 $\mu = 0.5$ 时，$\lambda = 1$，它表示侧向水平应力与铅垂应力相等($\sigma_x = \sigma_y = \sigma_z$)，即所谓的静水应力状态(海姆假说)。海姆认为岩石长期受重力作用产生塑性变形，甚至在深度不大时也会发展成各向应力相等的隐塑性

状态。在地壳深处，温度随深度的增加而增高，温度梯度为 30°C/km。在高温高压下，坚硬的脆性岩石也将逐渐转变为塑性状态。据估算，此深度应在距地表 10km 以下。

2. 构造应力(麦加林，1980)

当人们还不能对原岩应力进行测量时，认为原岩应力是由岩体自重引起的，因此，把原岩应力单纯地看成重力应力。从重力应力场的分析可知，重力应力场中最大主应力的方向是铅垂的，然而，后来大量的实测资料说明，原岩应力并不完全符合重力应力场的规律，也就是说铅垂应力 $\sigma_V \neq \gamma H$，水平应力 $\sigma_H \neq \frac{\mu}{1-\mu}\gamma H$。同时发现铅垂应力 σ_V 不一定都大于水平应力 σ_H，有时会出现水平应力 σ_H 大于铅垂应力 σ_V 几倍到几十倍。很多实例证明，在岩体中不仅存在重力应力场，不少地区都有附加的应力场。这种附加应力场中最主要的应力是由于地质构造作用所产生的构造应力。

6.6.2 构造应力的概念和构成

1. 构造应力的概念(魏柏林，1983)

地壳形成之后，在漫长的地质历史中，在历次构造运动的作用下，有的地方隆起，有的地方下沉，如世界高峰——珠穆朗玛峰(8848m)，在两三千万年以前，还是一个与现今地中海相连的内陆海，而且现今它还在继续上升。这说明在地壳中长期存在着一种促使构造运动发生和发展的内在力量，这就是构造应力。构造应力在空间有规律的分布状态称为构造应力场。

目前，世界上原岩应力最深的测点已达 5000m，但多数测点的深度在 1000m 左右。从测出的数据来看原岩应力很不均匀，有的点最大主应力在水平方向，且较铅垂应力大很多，有的点铅垂应力就是最大主应力，还有的点最大主应力方向与水平面形成一定的夹角，这说明最大主应力方向是随地区而变化的。

近代地质力学的观点认为，从全球范围来看，构造应力分布的总规律是以水平应力为主。我国地质学家李四光认为，因地球自转角速度的变化而产生的地壳水平方向的运动是造成构造应力以水平应力为主的重要原因。

由于构造应力是地质构造作用在岩体内积存的应力，所以，根据地质构造运动的发展阶段，一般可把构造应力分成以下三种情况。

(1) 原始构造应力。原始构造应力一般是指新生代以前发生的地质构造运动使岩体变形而积存在岩体内的构造应力。这种构造应力与构造形迹是密切相关的，所以也称与构造形迹相联系的原始构造应力。由于每次构造运动都在地壳中留下一定的构造形迹，如断层、褶皱等，这些构造形迹与构造应力的性质、大小和方向是密切相关的。在构造形迹相同的情况下，越是陡峭的山坡，越出现高应力集中现象。

(2) 残余构造应力。远古时期的地质构造运动，使岩体变形并以弹性变形能的形式储存于岩层内，形成了原始构造应力。但是，经过漫长的地质历史，由于松弛效应，储积在岩体内的应力随之减少，而且每一次新的构造运动对上一次构造应力改变将引起应力释放，地貌的变动也会引起应力释放，故使原始构造应力大为降低。这种经过显著降低而仍残留在岩体内的构造应力称为残余构造应力。

各地区原始构造应力的松弛与释放程度很不相同，所以残余构造应力的差异较大。有的地区虽有构造形迹，但构造应力不明显或不存在，这是应力松弛与应力释放造成的结果。

(3) 现代构造应力(活动构造应力)。现代构造应力是现今正在形成某种构造体系和构造形迹的应力，也是导致当今地震和最新地壳变形的应力。这种构造应力的作用，开始时往往表现得不很强烈，也不会产生显著的变形，更不可能形成任何构造形迹。但在构造运动活跃地区，这种构造应力作用逐渐积累，以致造成不同强度的地震。在地壳内正在活动的现代构造应力和在地壳中已形成的构造形迹没有任何联系，也就是说现代构造应力是能量正在积聚和构造运动正在酝酿的构造应力，只有在适当的时期才会产生与之相适应的构造形迹。

2. 构造应力的构成(Reches，1987)

现今地应力场是地层经过构造作用变形、破裂等应力释放后的三轴应力状态及其空间分布。地层中某点的地应力由上覆岩层(应力)、四周岩石的围限(水平)应力、地层压力以及残余构造应力构成。一般都以三个方向应力大小来表示岩石单元的应力状态，即垂直主应力(σ_V)和两个水平主应力(σ_h、σ_H)。下面分析三个应力的构成。

1) 垂直主应力

垂直主应力(σ_V)一般由上覆岩层(垂直)应力及地层压力(P_b)构成。上覆岩层(垂直)应力由上覆岩层重量引起，可表示为

$$S_V = 10^3 \rho h g$$

式中，S_V 为上覆岩层(垂直)应力，MPa；ρ 为上覆岩层平均密度，g/cm^3；h 为埋深，m；g 为重力加速度，m/s^2。

垂直主应力 σ_V 可表示为

$$\sigma_V = S_V - P_b \tag{6.117}$$

式中，P_b 为地层压力，MPa。

2）水平主应力

水平主应力(σ_h、σ_H)一般由上覆岩层(垂直)应力诱导的水平围限应力、水平残余构造应力和地层压力构成。对于均质岩石来讲，上覆岩层(垂直)应力诱导的水平围限应力在任何方向上都是相同的，任意两个正交方向的水平围限应力值为

$$S_{h,H}=S_V\left(\frac{\nu}{1-\nu}\right)^{1/n}$$

式中，$S_{h,H}$为两个正交方向的水平围限应力，MPa；ν 为岩石泊松比；n 为经验常数，一般 $n=1$，碳酸盐岩地层 $n<1$。

实际上由于地层岩石是非均质的，所以诱导的水平围限应力在不同方向上也有差异。地层中水平应力为

$$\sigma_{h,H}=S_{h,H}+\sigma_g-P_b \tag{6.118}$$

式中，σ_g 为水平残余构造应力，MPa；$\sigma_{h,H}$为最小、最大水平主应力，MPa。

构造应力是由于地壳运动，地质体之间相互作用力传递到岩石内部产生的应力，地质体的大部分地区构造应力以水平应力形式存在，局部地区也可以表现为垂直应力形式。构造应力为挤压应力时定义为正值，为拉张应力时定义为负值。

3. *应力大小及分布*

通常情况下，用σ_1、σ_2、σ_3 来表示空间三个应力的大小，分别称为最大主应力、中间主应力、最小主应力。三个应力中哪个应力是垂直应力或水平最大、最小主应力，则要根据垂直应力及水平最大、最小主应力的大小顺序来判断。

6.6.3　地壳浅部原岩应力的变化规律

由于原岩应力分布的非均匀性，以及地质、地形、构造和岩石物理力学性质等方面的影响，使得我们在概括原岩应力状态及变化规律时比较困难。不过，从目前现有的实测资料来看，在 3000m 深度以内，地壳浅层原岩应力的变化规律大致可归纳为以下几点。

1. *原岩应力场是个相对稳定的非稳定应力场*(Larroque and Laurent，1988)

原岩应力场大多是以水平应力为主的三向不等压的空间应力场，三个主应力的大小和方向是随着空间和时间而变化的，它是个非稳定应力场。

原岩应力的空间变化程度，就小范围来讲，它的大小和和轴向都可以出现从一个地段到另一个地段的变化，变化幅度一般可达 25%～30%，但就某地区整体而论，原岩应力变化是不大的，只有发生地震时才可能出现突变。以我国华北地区为例，它的原岩应力场的主导应力为北西西到近东西向的压应力，但在具体地区原岩应力稍有变化。

原岩应力的时间变化程度，就人类工程活动所延续的时间而言是缓慢的，可以忽略不计。但在地震活动区域，它的变化还是相当大的。例如，1976 年 7 月 28 日唐山地区发生 7.8 级地震时，顺义县的吴雄寺测点在震前和震后的测量结果说明了应力从积累到释放的过程。在震前的 1971～1973 年，最大剪应力 τ_{max} 从 0.65MPa 积累到 1.1MPa；在震后的 1976 年 9 月～1977 年 7 月，最大剪应力 τ_{max} 由 0.95MPa 释放到 0.3MPa。

2. 实测垂直应力(σ_v)与上覆岩层重量(γH)的关系(Larroque and Laurent，1988)

布林综合世界各地地壳浅部原岩应力的实测数据指出，在深度为 25～2700m 范围内，σ_v 随深度呈线性增加，大致相当于按平均容重 $\gamma=27\text{kg/m}^3$ 计算出来的上覆岩层重量 γH，如图 6.53 所示。从图 6.53 中可以看出，除少数实测数据(特别是在地壳浅层)偏离较远外，一般分散度不大于 5%。

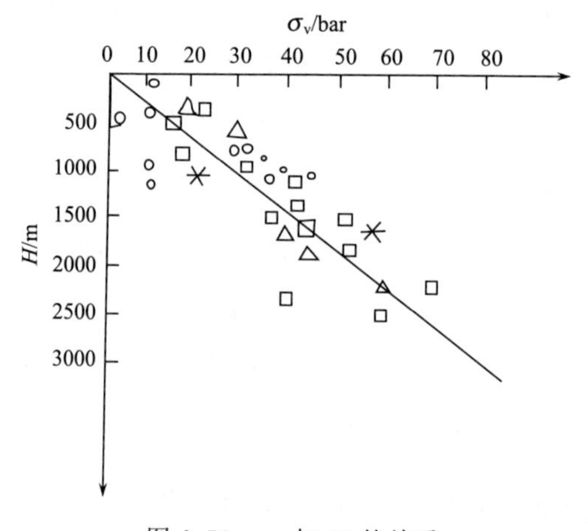

图 6.53 σ_v 与 H 的关系

3. 水平应力(σ_H)普遍大于垂直应力(σ_v)(Larroque and Laurent，1988)

水平应力 σ_H 与垂直应力 σ_v 的比值，即侧压系数 $\lambda(\lambda=\sigma_H/\sigma_v)$ 是对工程和计算很有影响的一个数值。重力应力场的观点认为 $\lambda\leqslant1$，地质力学的观点认为 $\lambda>1$。根据国内外实测资料统计来看，水平应力 σ_H 多数大于垂直应力 σ_v，即 $\lambda>1$ 居多，而最大水平应力与实测垂直应力的比值一般为 0.5～5.5，大部分在 0.8～1.2。有的最大值可达 30 以上，这主要是构造应力以水平应力为主造成的。

4. 平均水平应力(σ_H)与垂直应力(σ_v)的比值与深度(H)的关系

λ 是表征地区原岩应力场的指标。λ 与 H 的关系反映出在不同深度条件下垂直应力与水平应力的变化情况。实测表明，λ是随深度的增加而逐渐减小的，但在不同地区也有差异。Brown和Hoek提出用下列公式表示该值的变化范围，如图6.54所示。

$$\frac{100}{H}+0.30 \leqslant \lambda \leqslant \frac{1500}{H}+0.50 \tag{6.119}$$

当$H=500\text{m}$时，$\lambda=0.5\sim3.5$；当$H=2000\text{m}$时，$\lambda=0.35\sim1.25$。

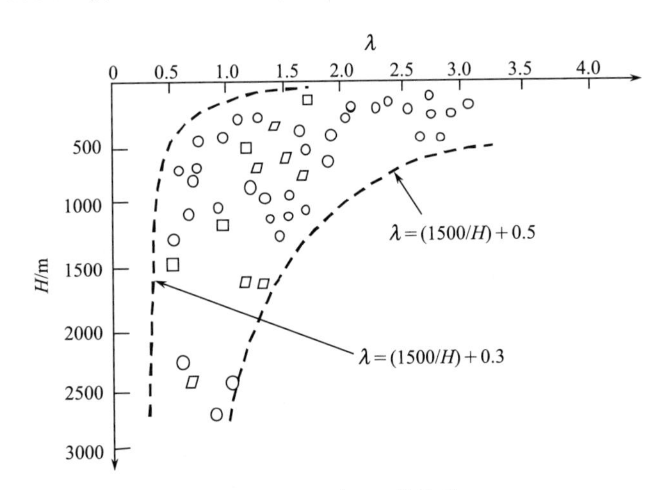

图6.54　λ与H的关系

从已有的实测资料来看也是如此。在深度不大的情况下($H<1000\text{m}$)，λ值很分散，且数值较大。随着深度的增加，λ值的分散度变小，并趋近于1，出现了静水应力状态。

5. 两个水平应力(σ_{Hx}与σ_{Hy})的关系

实测资料表明，在水平应力为主的情况下，不仅有$\sigma_{Hx}=\sigma_{Hy}$的情况，还有$\sigma_{Hx}>\sigma_{Hy}$和$\sigma_{Hx}<\sigma_{Hy}$的情况，这表明水平原岩应力的各向异性。

一般来说，不论是在大的区域还是在一个小的地区范围内，σ_{Hx}和σ_{Hy}的大小和方向都有一定的变化。

6. 应力轴与水平面的相对关系(Маркон，1983)

原岩应力的三个主应力轴一般与水平面有一定交角。根据这个关系，通常把原岩应力场分为水平应力场和非水平应力场两类。

水平应力场的特点是两个主应力轴呈水平或与水平面的夹角小于或等于30°，另一个主应力轴近垂直于水平面，或与水平面的夹角大于或等于60°。

非水平应力场的特点是一个主应力轴与水平面的夹角为45°左右，另外两个主应力轴与水平面的夹角为0°～45°。

在判断岩体中水平应力的方向时，应根据地应力实测资料，弹性波传播的各向异性，地下围岩破坏的特点，以及地质力学分析结果等方面来估计。

6.6.4 构造应力场的确定

地应力研究由点上升到场，这在理论概念和实践上都是一个飞跃。在实际工作中也是从点的地应力测量开始，逐步转向地应力场的研究。由于地应力场在大多数情况下为地球上的构造应力所致，因此一般情况下，地应力场也称为构造应力场。

在某一地区经常见到的岩层褶皱、断层、节理、劈理等构造形迹，是历次地壳运动在岩体中产生永久变形的痕迹。尽管这些构造形迹的形式和形态复杂多样，但一切构造形迹都是在一定构造应力作下发生的，且各有其力学本质。总的来说，它的力学性质不外乎是压应力、张(拉)应力和剪应力，以及这些应力间相互作用的结果。由于地质构造形迹保留在岩体中，它们的走向与形成时的构造应力方向有一定的关系，因此，根据各种构造形迹形成时构造应力性质的不同，即可确定构造应力的方向(Rispoli et al.，1983)。

鉴别某一地区地质构造应力场特征的步骤如下。

第一步，找出岩体压性构造形迹，即确定区域性构造线。所谓构造线是指区域性挤压应力所形成的构造形迹，换句话说，是指与产生地质构造运动的压应力方向垂直的平面和地面的交线。由此可知，垂直于构造线的方向就是最大主应力的方向。构造线方向可以从以下的构造形迹中寻找：①褶皱轴的走向，即背斜轴面、向斜轴面、倒转褶皱轴面的走向，尤其是紧密线性褶皱轴面的走向更具有代表性；②逆断层的走向；③区域性陡倾、直立岩层的走向；④岩脉的走向。确定构造线要根据多种标志综合判断，并结合区域性构造及地质情况来分析，以免把局部构造方向误认为构造线方向。

第二步，确定构造形迹的次序。一个地区的岩体在长时间的地质历史过程中，往往经受许多次强烈的地质构造运动，那么，产生的构造应力场也就有多次变化，每次地质构造运动形成一个构造体系，在这一体系中包括这一次运动产生的所有地质构造形迹。由于地质构造运动发生的时间有先有后，因此就有了构造体系的次序。例如，某一地区经受了三次地质构造运动，那么就要分清哪些构造形迹属于第一次序的地质构造形迹，哪些属于第二次序的地质构造形迹，哪些属于第三次序的地质构造形迹，根据其相对关系确定产生的先后次序。

第三步，确定最新构造应力场，找出主应力方向。按照地质力学的观点，某一地区应力场的主应力方向取决于该地区最新次序的构造应力场，也就是说只有最新构造体系才能代表该区域新近构造应力场的特点，但也有例外。因此，在一般情况下，只有确定大区域构造线，找出次序关系，才能避免判断上的错误。当最新构造应力场确定后，根据构造线，即可找出主应力的方向。

研究构造应力场常利用小构造进行动力学分析，建立应力场的良好标志。特别是微裂隙，在镜下观察和统计也很方便。但是，由于岩石在变形过程中产生的微裂隙会很快愈合消失，常因裂隙数量不够而达不到统计要求。若配合以次生包裹体，研究困难就可解决。因为赋存在显微构造裂隙中的包裹体不但不因愈合而消失，反而能长期保存下来。由于这类包裹体保持了原始微裂隙的方位和形态等特征，通过对它们进行统计测量可达到恢复古应力场的目的。

在构造带或构造场中存在大量次生和原生包裹体(在构造新形成矿物和因构造而重结晶矿物中)，特别是岩石和矿物中因受区域应力场作用而形成的大量次生包裹体，往往沿定向裂隙分布，在矿物中表现为串状展布，这种定向排列的流体包裹体串，可以看做是脆性变形的一种标志。研究表明，在大面积范围内，流体包裹体串的排列方向是明显的，它们的优选方位必然取决于区域应力场，它们与小型断裂具有相似的排列方向。

流体包裹体串的排列方向代表了 Ⅰ 型(张性)裂纹的方向，它们平行于 σ_1 的方向，与 σ_3 方向垂直。在缺少小型构造标志的情况下，利用流体包裹体串，有利于确定区域主应力方向。

6.6.5 地震断裂古应力场测试

在地震断裂作用中形成许多裂隙，宏观上比较大的裂隙形成脉体，微观上比较小的显微裂隙愈合形成 FIP，地震断裂作用中的脉体和 FIP 通常与形成年代的应力场对应。古构造应力场在地震研究中有着重要意义。古地震应力场，是其存在的地震时代古构造作用的动力。

测量古地震应力场方法有多种，此处介绍两种地震断裂古应力场测试方法。

1. 用赤平极射投影图解法分析不同性质断层的应力场(孙玉科和古讯，1980)

根据构造断裂形成的力学机制，并结合断裂面的产状和上、下盘相对错动方向，就可以用赤平极射投影方法，确定其形成时的应力场特征，即主应力轴的方向。

岩体中的裂隙(FIP 和脉体)是一定的应力场作用的产物。在构造断裂作用下，岩体产生两种形式的裂隙：张性裂隙和剪性裂隙。张性裂隙面产生于最小主应力 σ_3 方向，即最大引张方向的垂直面上。也就是说，张性裂隙面与 σ_1 和 σ_2 应力轴的方向一致。剪性裂隙面产生于与最大主应力 σ_1 方向夹角为 $45°-\phi/2$ 的平面上(ϕ 是岩体的内摩擦角，大约为 30°)，与 σ_1—σ_3 轴面互相垂直，并且共轭发育，其锐夹角的等分面为 σ_2—σ_1 轴面，它们的组合交线的方向与中间主应力 σ_2 的方向平行。

三种性质断层的动力学分析，可以得到三个主应力方向在地下空间的分布(图 6.55)。

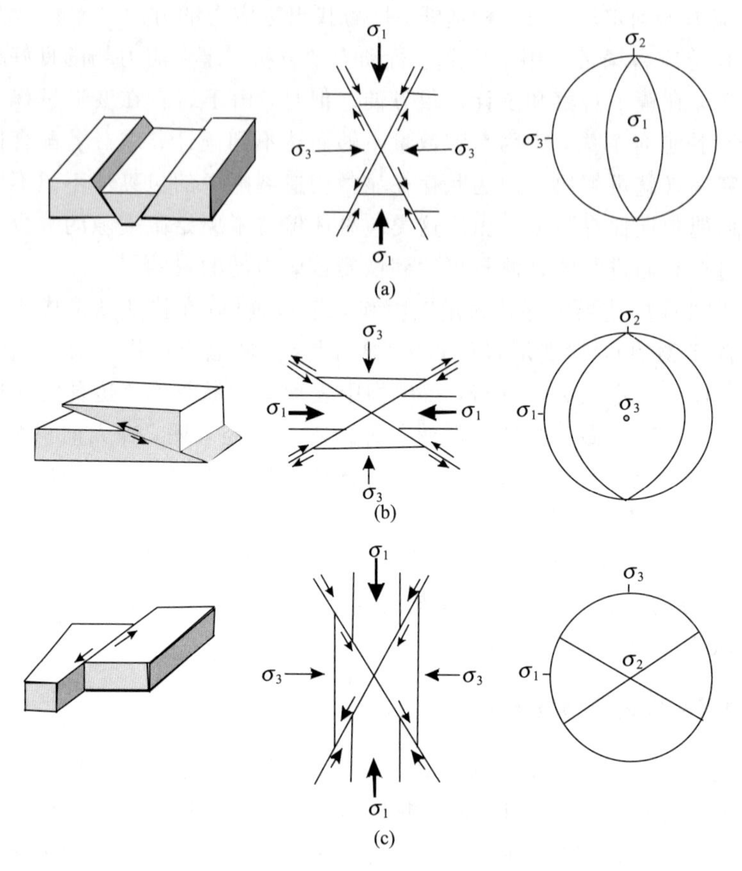

图 6.55　不同性质断层的应力场分析

(a)正断层；(b)逆断层；(c)平移断层。从左到右分别为断层滑动方向、主应力方位与断层滑动方向关系和赤平投影图，赤平投影图中弧形和直线表示共轭 FIP(或共轭裂隙脉体)面投影，σ_1、σ_2、σ_3 分别为最大主应力、中间主应力、最小主应力

通常需要观察在同一露头上的若干共轭 FIP 组才能判断断层形成时的应力场。另外需在许多不同地点确定出主应力轴方向来，从而便于进行统计分析，这时要将由于岩石性质不同而造成的测量值分散度通过平均加以消除。

用赤平投影网来确定主应力轴的方向相对于用大量共轭 FIP 组测量结果来恢复古应力场是行之有效的方法。在平面和剖面上画出主应力线(或应力轨迹线)即可以代表所恢复的古应力场。如果存在其他的共轭断层体系，就可能从它们的横切关系近似地判定它们的形成次序以及古应力场随时间的变化。

2. 用矢量计算法分析断裂应力场(Angelier，1979；刘建中等，2008)

凯利等(1974)提出用断层面擦痕方向估计其形成时代古应力主轴和主应力比。若地区的地形高差小，而且剪裂面形成后其上擦痕的产状在后来构造运动中的改变不大，则由该地区的露头和岩心中同一地质时代形成的剪裂面上的擦痕方向的统计，可求得区内裂隙面形成时代的平均主应力方向和大小比。

地理坐标系 $O—xyz$，原点取在剪裂面上，x 轴向东，y 轴向北，z 轴铅直向上(图 6.56)。剪裂面的方位用其上单位法向矢量 $\boldsymbol{n}$ 的方位表示。$\boldsymbol{n}$ 在水平面上的投影与 x 轴的夹角用 θ_n 表示，从 x 轴到 $\boldsymbol{n}$ 的水平投影以逆时针为正。$\boldsymbol{n}$ 的倾角为 $\boldsymbol{n}$ 与其在水平面的投影的夹角，用 ϕ_n 表示。剪裂面上的擦痕方向，用指示上盘滑动方向的单位矢量 $\boldsymbol{u}$ 表示，其倾向和倾角为 θ_u 和 ϕ_u。$\boldsymbol{n}$ 在剪裂面上与水平矢量 $\boldsymbol{e}$ 的夹角 λ 为滑动角，从 $\boldsymbol{e}$ 到 $\boldsymbol{n}$ 以逆时针为正。剪裂面上与 $\boldsymbol{n}$、$\boldsymbol{u}$ 成左旋垂直的单位矢量 $\boldsymbol{b}$ 的倾向和倾角为 θ_b、ϕ_b。于是，$\boldsymbol{n}$、$\boldsymbol{u}$、$\boldsymbol{b}$ 在地理坐标系中，可表示为：

$$
\begin{aligned}
\boldsymbol{n} &= \cos\theta_n\cos\phi_n\boldsymbol{i} + \sin\theta_n\cos\phi_n\boldsymbol{j} + \sin\theta_n\boldsymbol{k} \\
\boldsymbol{u} &= \cos\theta_u\cos\phi_u\boldsymbol{i} + \sin\theta_u\cos\phi_u\boldsymbol{j} + \sin\theta_u\boldsymbol{k} \\
\boldsymbol{b} &= \cos\theta_b\cos\phi_b\boldsymbol{i} + \sin\theta_b\cos\phi_b\boldsymbol{j} + \sin\theta_b\boldsymbol{k}
\end{aligned}
\tag{6.120}
$$

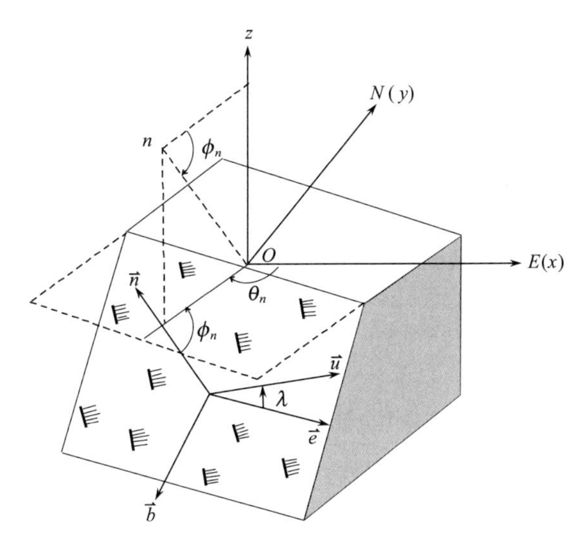

图 6.56　岩体剪裂面上盘单位滑动矢量方位在下盘(FIP)上的几何表示

其中，$\boldsymbol{i}$、$\boldsymbol{j}$、$\boldsymbol{k}$ 为坐标轴向单位矢量；$\boldsymbol{n}$、$\boldsymbol{u}$、$\boldsymbol{b}$ 的方位都可以从剪裂面上量得，或者在剪裂面上量取 θ、ϕ、λ(图 6.56)，得出

$$
\begin{aligned}
\cos\theta_u\cos\phi_u &= -\cos\theta_n\sin\phi_n\sin\lambda - \sin\theta_n\cos\lambda \\
\sin\theta_u\cos\phi_u &= -\sin\theta_n\sin\phi_n\sin\lambda + \cos\theta_n\cos\lambda \\
\cos\theta_b\cos\phi_b &= \cos\theta_n\sin\phi_n\cos\lambda - \sin\theta_n\sin\lambda \\
\sin\theta_b\cos\phi_b &= \sin\theta_n\sin\phi_n\cos\lambda - \mathrm{con}\theta_n\sin\lambda \\
\sin\phi_u &= \cos\phi_n\sin\lambda \\
\sin\phi_b &= -\cos\phi_n\cos\lambda
\end{aligned}
\tag{6.121}
$$

式(6.121)代入式(6.120)求得 $\boldsymbol{u}$、$\boldsymbol{b}$ 及其倾向和倾角 θ_u、ϕ_u、θ_b、ϕ_b 或者由 $\boldsymbol{n}$、$\boldsymbol{u}$ 求得 $\boldsymbol{b}$，从 $\boldsymbol{n}$ 向 $\boldsymbol{u}$ 左旋时，得

$$\boldsymbol{b}=\boldsymbol{n}\times\boldsymbol{u} \tag{6.122}$$

图 6.57 中主应力坐标系 O—123 中，铅直主应力 σ_{v} 所在的主轴 3 一般不与地理坐标系的 z 轴平行，二者之间有一般关系。令 O—12 面与 xy 面的交线为 $\boldsymbol{OL}$，α 为主轴 1 在 O—12 面上与 $\boldsymbol{OL}$ 的夹角，β 为主轴 3 与 z 轴的夹角，γ 为 x 轴在 xy 面上与 $\boldsymbol{OL}$ 的夹角。于是，求得 α、β、γ，便可知主坐标系在地理坐标系中的方位，即 3 个主应力的方向。主应力分量在地理坐标系中的方向余弦表示如表 6.11 所示。由此，地理坐标系中的应力分量可得。

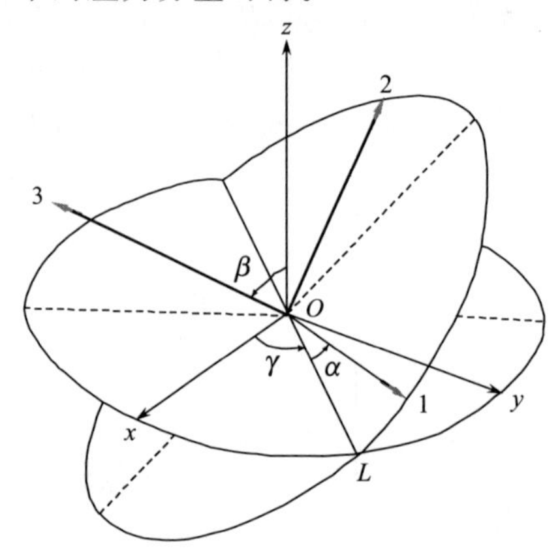

图 6.57　主坐标系与地理坐标系的欧拉关系

表 6.11　主应力分量在地理坐标系中的方向余弦

地理坐标系	主坐标系		
	主轴 1	主轴 2	主轴 3
x	$l_1=-\sin\alpha\cos\beta\sin\gamma+\cos\alpha\cos\gamma$	$l_2=-\sin\alpha\cos\beta\sin\gamma-\sin\alpha\cos\gamma$	$l_3=\sin\beta\sin\gamma$
y	$m_1=\sin\alpha\cos\beta\cos\gamma+\cos\alpha\sin\gamma$	$m_2=\cos\alpha\cos\beta\mathrm{con}\gamma+\sin\alpha\sin\gamma$	$m_3=\sin\beta\cos\gamma$
z	$n_1=\sin\alpha\sin\beta$	$n_2=\cos\alpha\sin\beta$	$n_3=\cos\beta$

注：l_1、m_1、n_1、l_2、m_2、n_2、l_3、m_3、n_3 是主应力分量在地理坐标系中的方向余弦。

$$\begin{cases}\sigma_x=l_1^2\sigma_1+l_2^2\sigma_2+l_3^2\sigma_3\\ \sigma_y=m_1^2\sigma_1+m_2^2\sigma_2+m_3^2\sigma_3\\ \sigma_z=n_1^2\sigma_1+n_2^2\sigma_2+n_3^2\sigma_3\\ \sigma_{xy}=l_1m_1\sigma_1+l_1m_2\sigma_2+l_1m_3\sigma_3\\ \sigma_{yz}=m_1n_1\sigma_1+m_2n_2\sigma_2+m_3n_3\sigma_3\\ \sigma_{zx}=n_1l_1\sigma_1+n_2l_2\sigma_2+n_3l_3\sigma_3\end{cases} \tag{6.123}$$

作用在裂隙面上的全应力表示为

$$S_{ij}=\begin{bmatrix}\sigma_x & \tau_{xy} & \tau_{xx}\\ \tau_{xy} & \sigma_y & \tau_{yz}\\ \tau_{xz} & \tau_{yz} & \sigma_z\end{bmatrix} \tag{6.124}$$

方向余弦列矩阵表示为

$$n=\begin{bmatrix}\cos\phi_n & \cos\theta_n\\ \cos\phi_n & \sin\theta_n\\ \sin\phi_n & \end{bmatrix} \tag{6.125}$$

单位矢量列矩阵为

$$I=\begin{bmatrix}i\\ j\\ k\end{bmatrix} \tag{6.126}$$

正应力矩阵为

$$\sigma_{ij}=\begin{bmatrix}\sigma_x & & \\ & \sigma_y & \\ & & \sigma_z\end{bmatrix} \tag{6.127}$$

沿裂隙面的剪切应力矩阵可以表示为

$$\tau_{ij}=S_{ij}-\sigma_{ij} \tag{6.128}$$

剪切应力用矢量表示

$$\boldsymbol{\tau}=\tau_{ij}\cdot n\cdot I \tag{6.129}$$

令

$$\rho_i=\boldsymbol{\tau}\cdot\boldsymbol{b}$$

由于

$$\boldsymbol{n}\cdot\boldsymbol{b}=\boldsymbol{n}\cdot\boldsymbol{n}\times\boldsymbol{u}=0 \tag{6.130}$$

当 $\rho_i\to0$ 时，$\boldsymbol{\tau}$ 沿着裂隙面，且与 $\boldsymbol{b}$ 垂直，因此 $\boldsymbol{\tau}$ 与 $\boldsymbol{u}$ 重合。从露头或岩心裂隙(FIP 和脉体)测定出的 $\boldsymbol{b}$ 共有 n 组，则问题变为求式(6.131)的最小值

$$Q=\sum_{i=1}^{n}|\rho_i| \tag{6.131}$$

式中

$$\begin{aligned}\rho_i=&[(\tau_{xy}\sin\theta_{ni}\cos\phi_{ni}+\tau_{xz}\sin\phi_{ni})\boldsymbol{i}+\tau_{yx}\cos\theta_{ni}\cos\phi_{ni}+\tau_{yz}\sin\phi_{ni})\boldsymbol{j}\\ &+(\tau_{zx}\cos\theta_{ni}\cos\phi_{ni}+\tau_{zy}\sin\theta_{ni}\cos\phi_{ni})\boldsymbol{k}\cos\theta_{bi}\cos\phi_{bi}\boldsymbol{i}+\sin\theta_{bi}\cos\phi_{bi}\boldsymbol{j}+\sin\phi_b\boldsymbol{k}]\end{aligned} \tag{6.132}$$

其中，θ_{ni}、ϕ_{ni}、θ_{bi}、ϕ_{bi} 可从裂隙面上量得。

归一化主应力为

$$\begin{cases}\boldsymbol{\sigma}_1 = \dfrac{h_1 h_2}{(h_1+1)(h_2+1)} \\ \boldsymbol{\sigma}_2 = \dfrac{h_1}{(h_1+1)(h_2+1)} \\ \boldsymbol{\sigma}_3 = \dfrac{1}{h_1+1}\end{cases} \tag{6.133}$$

用归一化主应力代替 σ_1、σ_2、σ_3，此时，$\boldsymbol{\sigma}_1+\boldsymbol{\sigma}_2+\boldsymbol{\sigma}_3=1$

取

$$\begin{cases}h_1 = \dfrac{\sigma_1+\sigma_2}{\sigma_3} \\ h_2 = \dfrac{\sigma_1}{\sigma_2}\end{cases} \tag{6.134}$$

待求变量 α、β、γ、h_1、h_2 可设定若干组，将 α、β、γ、h_1、h_2 依次代入式(6.133)、式(6.123)、式(6.132)、式(6.131)中计算，使 Q 值最小的一组为问题近似解。

由表 6.11，依据得到的 α、β、γ，求得 σ_1、σ_2、σ_3 在地理坐标系中的方向余弦 (l_1, m_1, n_1)、(l_2, m_2, n_2)、(l_3, m_3, n_3)。于是，可求得三个主应力在地理坐标系中的倾向 θ_i 和倾角 ϕ_i 为

$$\begin{aligned}&\theta_i = \tan^{-1}\left(\frac{l_i}{m_i}\right) \\ &\phi_i = \sin^{-1} n_i\end{aligned} \quad (i=1, 2, 3) \tag{6.135}$$

求得了 h_1、h_2，代入式(6.133)，可得三个归一化主应力 $\boldsymbol{\sigma}_1$、$\boldsymbol{\sigma}_2$、$\boldsymbol{\sigma}_3$，并可得三个主应力之比 $\sigma_1 : \sigma_2 : \sigma_3 = h_1 h_2 : h_1 : (h_2+1)$，用测区当时上覆岩体平均重力近似求得 σ_3，便可用式(6.133)估计应力场中 σ_1、σ_2 的绝对值。还可在一个地区求得应力场中的平均体积应力为

$$\sigma = \frac{1}{3}(\sigma_1+\sigma_2+\sigma_3) \tag{6.136}$$

若图 6.57 中主坐标系的主轴 3 铅直，则 $\beta=0$，此时的坐标变化方向余弦适于表 6.12，只剩下一个待定角 γ，它是水平最大主应力与 x 轴的夹角。σ_1、σ_2 在水平方向，由求得的 γ 可知 σ_1、σ_2 的水平方位角 θ_1、θ_2。

表 6.12　$\beta=0$ 时把主坐标系中的主应力分量变换到地理坐标系中的应力分量所用的方向余弦

地理坐标系	主坐标系		
	主轴 1	主轴 2	主轴 3
x	$l_1=\cos\gamma$	$l_2=-\sin\gamma$	$l_3=0$
y	$m_1=\sin\gamma$	$m_2=\mathrm{con}\gamma$	$m_3=0$
z	$n_1=0$	$n_2=0$	$n_3=1$

注：l_1、m_1、n_1、l_2、m_2、n_2、l_3、m_3、n_3 是主应力分量在地理坐标系中的方向余弦。

6.6.6　地震 FIP 有限元数值模拟方法(Dary et al.，2002；郝文化等，2004)

早在 20 世纪 60 年代，国外就有学者从构造本身的结构特征来探讨构造主曲率与裂隙发育的关系(Murray，1968)，并提出过裂隙岩体的力学模型(Goodman and Taylor，1968)。然而直到 70 年代末期和 80 年代初期，才有了从构造应力场入手应用岩石破裂准则定量预测裂隙分布规律的数值模拟方法(Ramstad and Quiblier，1977)。FIP 是流体渗透到显微裂隙中愈合而成，完全可以应用类似的方法进行模拟研究。

在模拟时，将一个复杂的地质体简化为一个平面区域，用二维的数值模拟进行构造 FIP 分布的定量预测，至今，国内外基本没有关于 FIP 定量预测数值模拟方面的报道。FIP 在构造地质和地震地质中的重要性，促使国内各方面对构造 FIP 分布规律进行定量预测的研究工作逐渐受到重视。十多年来，我国学者在这方面进行了一些尝试，对长江三角洲地区与地震有关的北西向断裂用数值模拟的方法进行了定量预测，实施了包括二维区域和三维区域的不同数值模拟技术，探索了关于地震断裂构造 FIP 数值模拟技术的规律。

通过 FIP 数值模拟的方法要计算出应力场中的三个主应力在空间的分布规律，虽然现今应力场不会导致新的构造 FIP，但它对存在的古构造 FIP 会有改造和使其发生演化变迁的作用。古构造应力场以及由此形成的 FIP 对地震地质研究具有重要意义，而现今应力场则对预测地震具有重要的作用。无论以何种目的为出发点，用数值模拟的方法获得构造应力场，都是首先必须要进行的工作。因此，FIP 数值模拟的实质是应力场的数值模拟。

现在，有许多数值方法用来模拟构造应力场，我们主要考虑利用有限元方法进行 FIP 数值模拟。

1. 地震地质体的有限元数值模拟

当前，力学体系的有限元方法已经是一种很成熟、很有效的计算结构形变及应力的数值方法。地质构造应力场的数值模拟主要是应用二维和三维有限元方法。但是，由于地质体是一个十分复杂的地下岩石块体，它的复杂性和进行数值模拟的困难主要体现在两方面。第一，地壳中各种地质构造形态、构造类型、构造成因是在漫长地质历史时期地质演化过程中形成的，这种复杂的地质演化过程不可能恢复。现在，我们只能用相对静止的观点和方法去处理岩石块体的问题，因此，模拟的对象既是确定的又是模糊的，计算过程中的条件和参数难以确切测定。第二，地层的构造覆盖范围很大，一般都有几十平方千米，又都深埋地下，影响控制岩石物理性质和地质构造特征的因素是变化的、多种多样的，不同地区有不同特点，即使是同一地区，甚至是同一地层，其特点也是不同的。因此，实际地质岩体呈现复杂的非均质性，而我们在计算中不可能考虑过于复杂的非均质岩体，只能用相对均匀的岩体去近似实际地质体，数值模拟中的模型误差就难以控制。

考虑到上面这些复杂的因素，用于构造 FIP 定量预测的有限元数值模拟就有其本身的特点。

在这一技术路线的实施过程中，需要解决处理好以下几个重要问题。

1)数值模拟和地震地质条件的关系

构造 FIP 定量预测的有限元数值模拟不是一个单一的数学、力学或地质问题，而是一个综合的互相渗透、互相结合、互相关联的系统。数值模拟的全过程要处理协调以下三个模型之间的关系。

a)地震地质模型

这是进行数值模拟的先决条件。首先要将地质体的目的层连同上、下盖层和岩石块体的隔离体作为计算模拟的对象，然后从地质上提出构造成因、构造 FIP 的特征、构造应力场的宏观特征及断层发育史。在此基础上恢复古构造剖面图，推断地质隔离体的受力方式及大小，设定边界条件并提出反演应力场及 FIP 的地质标准。除此以外还要尽可能搜集目的层局部采样点的地质资料，包括露头地质环境数值、岩心描述测定和测井数据以及油井、水井动态资料等。

综合以上资料，就可建立起一个模拟计算可用的宏观三维地质模型。

b)力学模型

需要确定地质体的力学性质，包括不同层位、不同构造的岩石物理参数，确定岩体的加载方式及约束的类型和方式，以及对断层的处理方案等。

现在，一般都从宏观效果出发，近似地将地质体看作分块或分片均匀的岩石块体。对于常见的砂岩一般将其作为脆性材料的弹性体来对待，对于地下处于较高温压下的岩体来说，通常将其作为脆性材料处理也是可以的，若要将其作为塑性岩体，则会导致数值计算中出现非线性问题。只有在能较准确地确定各种塑性物理参数的情况下，才可考虑按塑性岩体计算，否则不仅计算过程复杂，还可能使计算结果更偏离实际。

c)计算模型取决于所选用的数值计算方法

对于有限元方法，最重要的是根据地质构造的特点确定单元划分的原则和具体实施方案，再就是选用合适的有限元计算程序，确定计算岩石破裂的准则，判断 FIP 发育的特征，以及编制相应配套的专用程序，最终计算出的数值结果要经地质模型资料的检验修正。

以上三种模型紧密相关，且互相制约。

地质模型是由地质上有限个局部测定点的状况推断整体宏观的状况；数值模拟是由宏观上整体的定量描述来确定所需要的局部测定点的状况，所以数值模拟是对地质资料推断的进一步深入定量化的补充和完善，它们之间互相验证又互相补充。

因此，数值模拟的成功与否取决于地质模型的确定和完整与否，而地质模型空间分布的定量化又要以数值模拟的结果作为依据和补充。

2)确定反演标准

由于地质构造成因的多重性及复杂性，再加上构造型式的演化，影响控制构造 FIP 的因素难以准确的设定。因此，地质体构造应力场的计算实际上是一个反演过程，需要根据当前初步设定的物理参数和地质模型给出的条件，反推构造形成时的力学性质，从而确定正演计算时的加载方式、应力大小以及边界条件，由这种条件进行计算后，用地质反演标准检验修正最初的设定，这种反复试算的过程就是一种反演的过程。由于反演要确定的参数不是唯一的，因此，反演的结果也不可能是唯一的，至今尚没有一种适应不同情况且简便可靠的方法和标准来进行构造应力场的反演计算。实际工作中往往要试算数十种甚至上百种以上的计算方案。根据实践，反演标准有以下几种情况。

a)宏观相对标准

可以提出变形标准，目前通常以计算出的受载前后变形的趋势与地质构造图的变形趋势作对比，另外需要有应力方向标准，即结合构造断层、FIP 的类型，以主应力方向作为标准。这些标准可以综合应用，如在数值模拟中，综合应用应力方向和 FIP 倾角作为反演标准，使通过计算得到的中间主应力和 FIP 的倾角有 70％以上呈高角度状态，以此来最终设定加载方式、大小和边界条件。

b)绝对反演标准

由于在计算现代应力场时，可以通过地质的方法较准确地测出地质体上某些测定井点上应力的绝对值。因此，绝对反演标准一般用于现今应力场。利用现代应力场可以与模拟的古应力场比较，对于研究地震史和分析地震规律具有较大的价值。

反演方法的具体标准可以选取应力值、变形值、岩石破裂强度值等，对这些确定数值的反演标准，可以采用线性迭加原理进行计算，具体过程如下。

(1)有 N 个要通过反演确定的参数，设为 P_1，P_2，…，P_N。

(2)取 M 个可以测得的校核数值 Q_1，Q_2，…，$Q_M(M>N)$。

(3)取 $P_i=1(i=1, 2, \cdots, N)$进行反演计算，得到校核点的参数值 $a_{ij}(i=1, 2, \cdots, N; j=1, 2, \cdots, M)$；

(4)用以上数据做线性叠加得到 M 个方程

$$\sum_{n=1}^{N} a_{ij} P_i = Q_j \qquad (j=1, 2, \cdots, M)$$

用最小二乘法求解此方程组就可求出 N 个未知参数 P_1，P_2，…，P_M。

此计算过程可以重复核算直到符合要求。

但是，在实际应用时，以上线性迭加原理的计算并不方便。另外，以绝对数值作为反演标准过于苛刻，难以满足。因此，在实际工作中仍常采用应力方位作为宏观的反演标准进行计算。

3)单元划分要适应地震地质构造的特征

从有限元方法本身的精度要求，希望单元划分应尽量均匀一致，但是针对地质体的划分却要适应地质构造的特征。有两方面的因素是必须考虑的：第一是岩石的物性，不同物性的岩石要剖分为不同单元；第二是要根据地质体构造的特点来决定如何剖分和采取什么样的单元组合。

2. FIP 数值模拟能提供的参数

用宏观地质分析结合数值模拟的计算，对构造 FIP 进行定量预测可以提供以下几种关于 FIP 的信息和参数。

1)构造应力场的方位和大小

应力场包括古应力场和现代应力场，一般都能给出三个主应力 σ_1、σ_2 和 σ_3 的大小和方位，其空间的分布规律也可表示出来。

在平面上可以用输出点控制目的层的范围，纵向上可以分层切出剖面或用不同层位、不同深度的投影平面表示。

2)构造 FIP 的分布方位

包括 FIP 组系和目的层中不同组系 FIP 的倾角和走向，其表示方法与应力场的表示方法相同。

3)构造 FIP 发育区

通过前面定义的破裂率或其他方法可以圈定 FIP 发育区，在投影图上可以作出破裂率的等值线图，然后由破裂率的大小划分为最发育区、发育区、不发育区等。这样 FIP 的发育程度就有了定量的判断依据。

在张破裂的判断中，也曾用计算出来的 σ_1 作为等效张应力，通过差应力 $\Delta\sigma=\sigma_1$

$-\sigma_3$ 也可以作出等值线图，圈定发育区。

4)FIP 密度

迄今为止在构造的任一部位定量预测 FIP 密度仍是一个尚待研究的难题，仍没有成熟可靠的方法。利用能量法与 FIP 密度建立关系并计算 FIP 密度的方法，仅是一种探索性的方法，还有待进一步研究。这一方面是由于缺乏理论上合理的解释；另一方面要在区域上测得足够多而又准确的 FIP 密度才能进行有实际意义的标定和拟合，这在实际上是很难做到的。

3. 有限元数值模拟的优缺点

目前常利用三种数值模拟方法对具体构造进行计算，发现其方法原理各不相同。三种方法中，第一种板模型最简单易行；第二种壳模型的优点在于可简化处理薄层问题，即对模拟层采用弹性夹层的方法计算 FIP 参数，近似取得三维空间的效果；第三种是有限元数值模拟，能够比较真实地再现实际构造的分布，因而计算的 FIP 参数也更接近实际情况。

尽管三维有限元数值模拟的效果较好，但是它的难度和复杂程度较其他方法却大大增加。由于要提出反演标准，正确模拟出三个主应力空间位置的关系，而要设定的未知参数组合又太多，使得计算中很难满足要求；从理论上讲，真三维问题的岩石破裂准则还不成熟，仍是一个需要探讨的问题；三维有限元数值模拟方法本身计算量比二维方法要大很多，而对复杂庞大的地质体做一个真三维问题，还要正演和反演、重复计算上几十次到上百次，工作量很大，计算过程冗长；三维空间结果的转换和输出及图形表示也还有一些技术问题待解决；另外，要进行三维有限元数值模拟，就要求先提出一个可靠的三维地质模型，提供各种必要的参数，这比平面问题也要复杂和困难得多。

一般情况下，最先考虑的仍是三维有限元数值模拟，它代表了一般情况，而不必要考虑各种特殊条件的限制。对于无法分层的块状地层，只能用真三维有限元方法模拟。另外，断层发育的复杂地区，纵向上断距延伸长，地质情况有明显的变化，也只能用真三维有限元方法模拟。但是，处理复杂断层的三维有限元模拟还是一个有待进一步研究的难题。

虽然数值模拟定量预测的方法相对于单纯地质定性分析前进了一大步，但也有其局限性，主要是：①数值模拟受到地质条件的约束，要在足够充分和可靠的地质工作基础上才能得到好的数值模拟结果；②任何一种数值方法和力学规律都是在一定假设前提下成立，将其用于复杂的地质体时，要做一些简化假设，这些简化如果不适当就会导致数值模拟的失败。

数值模拟的具体方法很多，不仅有有限元方法一种，目前有限元方法用于地质构造已被证实是可行且有效的，然而，它还不能计算出地质体实际所需要的全部参数。现在其他一些方法，如概率统计方法、随机变量和模糊量的引入、力学上塑性模型、各向异性材料，甚至非线性材料等，都是正在发展和得到应用的方法，它们可作为与有限元数值模拟互相补充的手段和方法。古构造裂隙研究是从古应力场的研究入手，已形成了一套完整的技术路线和方法。而现代构造运动和变化是长期形变累积的结果，从形变场入手研究构造特性也是一种可行的方法。

就已应用的有限元数值模拟本身而言，由于地质体的复杂性，在数值模拟的具体计算中还有一些不完善，需要进一步研究探讨的问题如下。

1)力学参数的选取

裂隙数值模拟中，力学参数是由岩心的力学实验获得的，尽管此类实验可以模拟地下压力环境，但仍然不够准确，温度、时间的影响未能反映进去，岩石在三个方向上力学性质的差异也未体现出来，并且同一层组是由多种岩石组成的，而实验仅测量了几种岩石的力学参数，以此来表示整个复杂地质体的岩石力学性质肯定会有误差。

2)反演判据

构造 FIP 数值模拟是一个反演问题，那么如何判断其结果的正确性，这一直是人们关心的问题。有人提出用位移变形标准判断应力场反演的正确性，也有人利用断层位移来作为依据，这些还都不够成熟，因为反演的结果不是唯一的，即同样的结果可能是由不同的边界条件造成的。

3)长期断层活动的问题

单一的现今未活动断层容易处理，但现今仍然活动的复杂断层对 FIP 的影响在三维有限元数值模拟中仍是不容易解决的问题。另外，对不同期构造运动形成的 FIP，数值模拟采取分期模拟再进行线性叠加的方法，如何考虑前一期 FIP 对后一期 FIP 的影响，如同断层对 FIP 的影响一样，现今还没有成熟有效的方法。

6.6.7 构造裂隙的应力场模拟计算(刘建中等，2008)

在应力场模拟中，最大、最小水平主压应力和最大水平主应力方向是直接的计算结果，其他是派生的结果。裂隙密度分布由 K 值图表示。K 值的理论意义来自莫尔-库仑准则，该准则是建立在岩石出现破坏会伴随着摩擦滑动趋势增大这一过程的基础上。这个假定被大多数室内岩石实验所证实，即使是拉伸实验，也常常出现张剪性破坏。

在三维应力场模拟中，球形应力是三向主应力的平均值，在二维应力场模拟中则是二向主应力的平均值。

据弹性力学理论，张应力为正，压应力为负。地下应力总为压应力，因此，应力数值前的负号表示应力性质为压应力。

应力参数来自岩石波速各向异性实验、水力压裂数据以及脉体和 FIP 测定数据。岩石力学参数来自样品的岩石力学实验。

有限元方法的优点是能解决具有复杂介质力学性质、本构关系及边界条件的问题。以位移作为计算的基本量，方便易行。在立体单元中，一个节点的位移矢量可以用沿 x 轴的位移、沿 y 轴的位移、沿 z 轴的位移来表示，每一个节点表示为以坐标轴为自变量的多项式形式

$$
\begin{aligned}
u(x, y, z) &= a_1 + a_2 x + a_3 y + a_4 z + a_5 x^2 + a_6 y^2 + a_7 z^2 + a_8 x^3 + a_9 y^3 + a_{10} z^3 \\
v(x, y, z) &= b_1 + b_2 x + b_3 y + b_4 z + b_5 x^2 + b_6 y^2 + b_7 z^2 + b_8 x^3 + b_9 y^3 + b_{10} z^3 \\
w(x, y, z) &= c_1 + c_2 x + c_3 y + c_4 z + c_5 x^2 + c_6 y^2 + c_7 z^2 + c_8 x^3 + c_9 y^3 + c_{10} z^3
\end{aligned}
\tag{6.137}
$$

在十节点四面体单元中，可以建立 30 个这样的方程，确定 30 个常数，即

$$
\begin{aligned}
u_1(x, y, z) &= a_1 + a_2 x_1 + a_3 y_1 + a_4 z_1 + a_5 x_1^2 + a_6 y_1^2 + a_7 z_1^2 + a_8 x_1^3 + a_9 y_1^3 + a_{10} z_1^3 \\
v_1(x, y, z) &= b_1 + b_2 x_1 + b_3 y_1 + b_4 z_1 + b_5 x_1^2 + b_6 y_1^2 + b_7 z_1^2 + b_8 x_1^3 + b_9 y_1^3 + b_{10} z_1^3 \\
w_1(x, y, z) &= c_1 + c_2 x_1 + c_3 y_1 + c_4 z_1 + c_5 x_1^2 + c_6 y_1^2 + c_7 z_1^2 + c_8 x_1^3 + c_9 y_1^3 + c_{10} z_1^3 \\
u_2(x, y, z) &= a_1 + a_2 x_2 + a_3 y_2 + a_4 z_2 + a_5 x_2^2 + a_6 y_2^2 + a_7 z_2^2 + a_8 x_2^3 + a_9 y_2^3 + a_{10} z_2^3 \\
v_2(x, y, z) &= b_1 + b_2 x_2 + b_3 y_2 + b_4 z_2 + b_5 x_2^2 + b_6 y_2^2 + b_7 z_2^2 + b_8 x_2^3 + b_9 y_2^3 + b_{10} z_2^3 \\
w_2(x, y, z) &= c_1 + c_2 x_2 + c_3 y_2 + c_4 z_2 + c_5 x_2^2 + c_6 y_2^2 + c_7 z_2^2 + c_8 x_2^3 + c_9 y_2^3 + c_{10} z_2^3 \\
&\vdots \\
u_{10}(x, y, z) &= a_1 + a_2 x_{10} + a_3 y_{10} + a_4 z_{10} + a_5 x_{10}^2 + a_6 y_{10}^2 + a_7 z_{10}^2 + a_8 x_{10}^3 + a_9 y_{10}^3 + a_{10} z_{10}^3 \\
v_{10}(x, y, z) &= b_1 + b_2 x_{10} + b_3 y_{10} + b_4 z_{10} + b_5 x_{10}^2 + b_6 y_{10}^2 + b_7 z_{10}^2 + b_8 x_{10}^3 + b_9 y_{10}^3 + b_{10} z_{10}^3 \\
w_{10}(x, y, z) &= c_1 + c_2 x_{10} + c_3 y_{10} + c_4 z_{10} + c_5 x_{10}^2 + c_6 y_{10}^2 + c_7 z_{10}^2 + c_8 x_{10}^3 + c_9 y_{10}^3 + c_{10} z_{10}^3
\end{aligned}
\tag{6.138}
$$

写成矩阵形式

$$
\begin{cases}
u(x, y, z) = TA \\
v(x, y, z) = TB \\
w(x, y, z) = TC
\end{cases}
\tag{6.139}
$$

$$
u(x, y, z) = \begin{bmatrix} U_1 \\ U_2 \\ \vdots \\ U_{10} \end{bmatrix}
\tag{6.140}
$$

$$
v(x, y, z) = \begin{bmatrix} V_1 \\ V_2 \\ \vdots \\ V_{10} \end{bmatrix}
\tag{6.141}
$$

$$w(x, y, z)=\begin{bmatrix} W_1 \\ W_2 \\ \vdots \\ W_{10} \end{bmatrix} \tag{6.142}$$

$$T=\begin{bmatrix} 1 & x_1 & y_1 & z_1 & x_1^2 & y_1^2 & z_1^2 & x_1^3 & y_1^3 & z_1^3 \\ 1 & x_2 & y_2 & z_2 & x_2^2 & y_2^2 & z_2^2 & x_2^3 & y_2^3 & z_2^3 \\ 1 & x_3 & y_3 & z_3 & x_3^2 & y_3^2 & z_3^2 & x_3^3 & y_3^3 & z_3^3 \\ 1 & x_4 & y_4 & z_4 & x_4^2 & y_4^2 & z_4^2 & x_4^3 & y_4^3 & z_4^3 \\ 1 & x_5 & y_5 & z_5 & x_5^2 & y_5^2 & z_5^2 & x_5^3 & y_5^3 & z_5^3 \\ 1 & x_6 & y_6 & z_6 & x_6^2 & y_6^2 & z_6^2 & x_6^3 & y_6^3 & z_6^3 \\ 1 & x_7 & y_7 & z_7 & x_7^2 & y_7^2 & z_7^2 & x_7^3 & y_7^3 & z_7^3 \\ 1 & x_8 & y_8 & z_8 & x_8^2 & y_8^2 & z_8^2 & x_8^3 & y_8^3 & z_8^3 \\ 1 & x_9 & y_9 & z_9 & x_9^2 & y_9^2 & z_9^2 & x_9^3 & y_9^3 & z_9^3 \\ 1 & x_{10} & y_{10} & z_{10} & x_{10}^2 & y_{10}^2 & z_{10}^2 & x_{10}^3 & y_{10}^3 & z_{10}^3 \end{bmatrix} \tag{6.143}$$

$$\mathrm{A}=\begin{bmatrix} a_1 \\ a_2 \\ \vdots \\ a_{10} \end{bmatrix} \tag{6.144}$$

$$B=\begin{bmatrix} b_1 \\ b_2 \\ \vdots \\ b_{10} \end{bmatrix} \tag{6.145}$$

$$C=\begin{bmatrix} c_1 \\ c_2 \\ \vdots \\ c_{10} \end{bmatrix} \tag{6.146}$$

$$
\begin{aligned}
A &= T^{-1}u \\
B &= T^{-1}v \\
C &= T^{-1}w
\end{aligned}
\tag{6.147}
$$

这里，T^{-1}是 T 的逆矩阵，由式(6.147)可以求出位移系数，进而可以确定每个节点的位移、应变和应力。

应力场模拟可以给出最大水平主应力 S_{H}、最小水平主应力 S_{h}，垂向主应力 S_{V}，以及应力方向。据极值理论可以得出

$$
\begin{cases}
\sin 2\alpha = \dfrac{1}{\sqrt{1+\mu^2}} \\
\cos 2\alpha = \dfrac{-\mu}{\sqrt{1+\mu^2}}
\end{cases}
\tag{6.148}
$$

根据地下空间的分布有两种计算公式。

(1)当最大主应力为垂向，则最小水平应力为

$$
S_{\mathrm{h}} = \frac{\sqrt{1+\mu^2}-\mu}{\sqrt{1+\mu^2}+\mu} S_{\mathrm{V}} + \rho_0 \frac{\mu}{\sqrt{1+\mu^2}+\mu}
\tag{6.149}
$$

(2)当最小主应力为垂向，则最小水平应力为

$$
S_{\mathrm{n}} = \frac{\sqrt{1+\mu^2}+\mu}{\sqrt{1+\mu^2}-\mu} S_{\mathrm{V}} - \rho_0 \frac{\mu}{\sqrt{1+\mu^2}-\mu}
\tag{6.150}
$$

式中，α 为 σ_1 与作用面的外法线夹角；μ 为内摩擦系数；ρ_0 为孔隙水密度；S_{h} 为最小水平应力；S_{V} 为垂向应力。

由式(6.148)～式(6.150)，可以得下列判别式，式中 S_1、S_2 分别为最大主应力和最小主应力，它们都可能为水平方向或者垂直方向

$$
\frac{S_1 - S_2}{S_1 + S_2 - 2\rho_0} \geqslant \frac{\mu}{\sqrt{1+\mu^2}}
\tag{6.151}
$$

式(6.151)表明，当$\dfrac{S_1-S_2}{S_1+S_2-2\rho_0}$大于一个用介质参数表示的数值时，就会有裂隙(FIP 和脉体)产生，对于一个确定的地区，介质参数分布在一个确定的范围内。因此，$\dfrac{S_1-S_2}{S_1+S_2-2p_0}$越大，小于这个数值的介质参数点就越多，裂隙产生几率也大，把$\dfrac{S_1-S_2}{S_1+S_2-2\rho_0}$简写为 K 值，即

$$
K = \frac{S_1 - S_2}{S_1 + S_2 - 2\rho_0}
\tag{6.152}
$$

式(6.152)的分子是差应力，是形成裂隙(FIP 和脉体)的动力；分母是有效球形应力，是阻止裂隙形成的作用力，K 值越大，裂隙形成的几率越高。因此，K 值可以作为判断岩体裂隙密度分布的参数。该参数适合逆冲、平移、倾滑断层等，层面具有滑动趋势的裂隙生成机制及有关的裂隙密度分布，仅在判断纯拉张机制形成的裂隙密度时存在较大的误差。但地下裂隙很少有纯拉张裂隙。数值模拟可以给出裂隙(FIP 和脉体)的密度、方向。

6.6.8 裂隙地应力场模拟的应用

地应力有限元数值模拟法是定量预测构造裂隙的一种有效方法，主要包括模型的建立、断层的处理、反演标准的确定和裂隙密度的计算等。通过实践证明，地应力有限元数值模拟法可以作为一种地应力裂隙定量预测法。

1. 岩体构造裂隙数值模拟流程(Angelier，1989；李黎明，2005)

有限元数值模拟法是将复杂地质体划分为足够小的、数量有限的小块体(有限单元)。对每个互不重叠的单元体来说，它是均匀、连续的弹性体。单元体之间以节点连接，形成一种以单元集合体代替复杂地质体的模型。首先计算每个单元体的构造应力场，然后将这些单元体综合起来，再计算整个地质体的构造应力场，并进行地质体 FIP 预测。该方法主要利用研究区已有的地质和地震测试数值以及动态变化数值建立地质模型，确定相应的边界条件、反演标准，结合研究区构造应力场演化的研究及岩心三轴高温高压岩石物理实验结果，确定地质体的力学性质、加载方式、约束条件和岩石力学参数，然后利用力学分析软件计算地质模型各单元体的应力分布情况，最后结合岩石破裂准则，判断破裂发育区及 FIP 方位。该方法流程如图 6.58 所示。

2. 有限元应力场 FIP 数值模拟结果

有限元应力场 FIP 数值模拟可以给出区域最大、最小水平主应力，应力方向，以及 FIP 分布趋势和全局特征，为 FIP 分布细节研究提供佐证和指导。

图 6.59 为单一断裂的最大主应力等值线图；图 6.60 为折线状断裂的最大剪应力等值线图。

3. 注意问题

作者多年来的研究表明，FIP 在地震构造研究，特别是古应力分析中是完全可以应用的。

用 FIP 分析来重建古应力场的第一个问题是主应力绝对值大小问题。只有将这种应力场中的绝对应力值计算出来，才能重建完整的应力场。因此必须用岩石

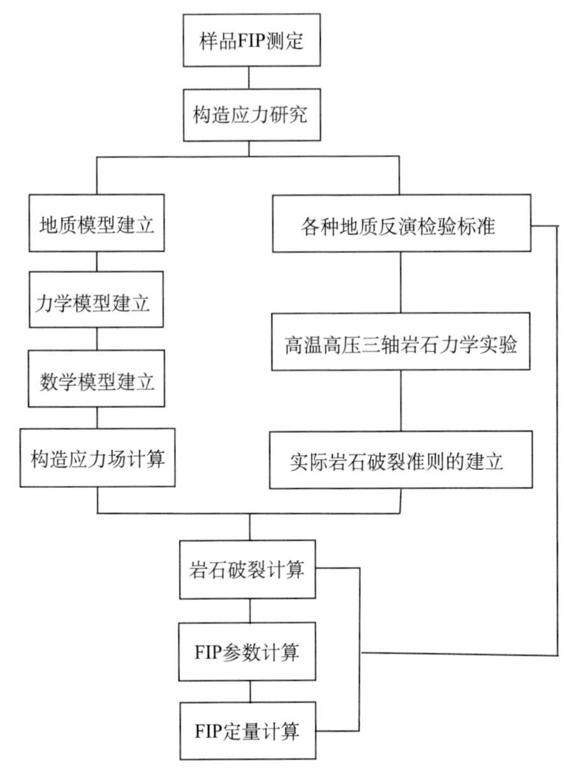

图 6.58　有限元应力场 FIP 数值模拟流程

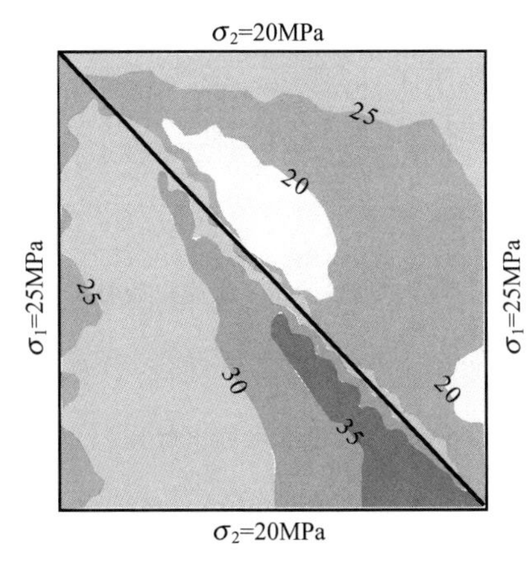

图 6.59　断裂附近最大主应力（单位：MPa；$\phi=10°$）

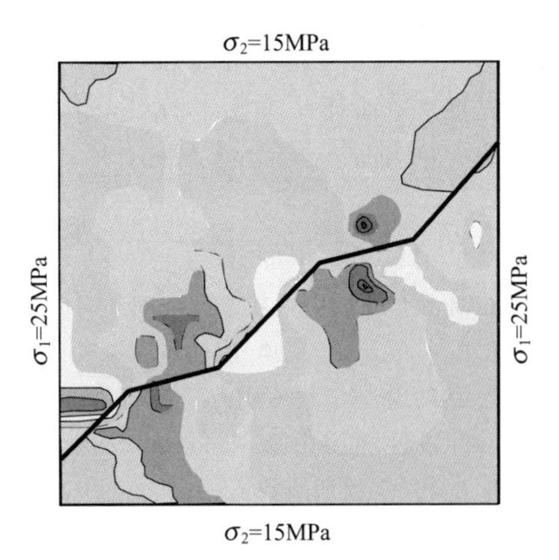

图 6.60　断裂附近最大剪应力(单位:MPa；$\phi=10°$)

的三轴实验来确定内聚力 τ_0 和内摩擦角 ϕ 等，考虑到它们与岩石剪切强度的关系，还必须考虑流体压力的影响。在确定这些物理参数以及进行地质时期内地质事件查定时遇到的一个困难问题是：从现今收集到的样品中得到的数据不同于断层形成时的性质，若断层形成以后地层的固化程度已经很高，则这个问题影响不大。在火成岩中也可以不考虑这个问题。然而在大多数沉积岩中必须研究地层年龄和地层破坏强度之间的关系，而且必须对测量结果进行适当的修正。

第二个问题是“力学各向异性”。我们一般假定发生破坏的物质是均匀的，且就机械破裂准则而言也是各向同性的，但在自然界中，大多数岩石和地层既不是均匀的又不是各向同性的，这就是说，库仑方程中的常数 τ_0 和 ϕ 将随着方向而变化，并且会影响到主应力方向和断层面产状之间的关系。

Jaeger(1960)从板岩的破裂实验中发现，一个剪切破裂面发生在各向异性岩体和在各向同性岩体中有所区别。Donath(1961)用板岩进行了一系列三轴实验来检验当载荷轴(即 σ_1 轴)和板状劈理面改变时各向异性对剪切角的影响，他的实验结果也支持了 Jaeger 的理论。Jaeger 的概念基于如下假设：库仑准则 $|\tau|=\tau_0+\sigma\tan\phi$ 中的 τ_0 不是一个常数，而是按 $\tau_0=a-b\cos(\alpha-\beta)$ 的关系连续变化的，α 和 β 分别是 σ_1 轴与任意平面和各向异性面之间的夹角，a 和 b 则是由材料的物理性质导出的特定常数。

当用这种方法来考虑各向异性的影响时，共轭 FIP 得到的主应力轴方向和实际情况可能有很大的差异。因此必须认真检查 FIP 的分析结果，在根据有一个主导方向的共轭 FIP 组来恢复应力场时更是如此。

另外一个实际问题就是由 FIP 分析得到的应力场并不总能反映区域应力场。当区域应力场中形成断层或发生地震时，产生的弹性波会引起一个次生的应力场，从而导致了派生断层和派生裂隙(其中一些为 FIP)的形成。因为这种次生应力场的方向与原始应力场方向有所不同，在分析时就需要特别注意。

主要参考文献

巴杜金. 原状岩体的应力状态在空间和时间上的变化.地壳应力变化. 北京：地震出版社
大野博之，小岛圭二. 1990. 岩体破裂系的分数维.地震地质译丛，10(2)：1-6
谷德振. 1979.岩体工程地质力学基础.北京：科学出版社
郝文化，叶裕明，刘春山等. 2004. ANSYS 土木工程应用实例. 北京：中国水利出版社
何满潮. 2006. 工程地质数值法. 北京：科学出版社
黄健全，罗明高，胡雪涛.1998.实用计算机地质制图.北京：地质出版社
黄云飞，冯静. 1992. 计算工程地质学. 北京：兵器工业出版社
李黎明. 2005. ANSYS 有限元分析实用教程. 北京：清华大学出版社.
刘建中，孙庆友，徐国明等. 2008. 油气田储层裂缝研究. 北京：石油工业出版社
麦加林. 1980. 地壳内部的应力状态. 地震地质译丛，3：4

米哈依洛夫. 1960.岩石裂隙的野外研究方法.北京:地质出版社

潘别桐.1987.岩体结构面网络模拟及应用. 武汉:中国地质大学出版社

苏生瑞,黄润秋,王士天.2002. 断裂构造对地应力场的影响及其工程应用.北京:科学出版社

孙玉科,古讯. 1980. 赤平极射投影在岩体工程地质力学中的应用. 北京:科学出版社

魏柏林.1983. 震源应力场与构造应力场. 西北地震学报, 5:3

伍法权. 1993. 统计岩石力学原理. 武汉:中国地质大学出版社

谢和平.1995.岩石节理的分形描述.岩土工程学报, 17(1):18-23

许志琴. 1984. 地质变形与显微构造. 北京:地质出版社

严士健,王隽骧,刘秀芳. 2009. 概率论基础. 北京:科学出版社

易顺民,朱珍德.2005.裂隙岩体损伤力学导论.北京:科学出版社

钟增球,郭宝罗. 1991. 构造岩与显微构造. 武汉:中国地质大学出版社

钟增球. 1994. 构造岩研究的新进展.地学前缘, 21:162-169

Andre A S, Sausse J, Lespirtasse M. 2001. New approach for the quantification of paleostress magnitudes: application to the Soultz vein system (Rhine graben, France). Tectonophysics, 336: 215-231

Angelier J. 1979. Determination of the mean principal stresses for a given fault population.Tectonophysics, 56:17-26

Angelier J. 1989. From orientation to magnitudes in paleostress determination using fault slip data.Journal of Structural Geology, 11:37-50

Atkinson B K. 1987. Fracture Mechanics of Rock. Orlando: Academic Press

Aviles C A, Seholz C H, Boatwright J.1987. Fractal analysis applied to characteristic segments of the San Andreas fault. Journal of Geophysical Research,92(B1):331-334

Bury K V.1989. Reliability Models of the Mohr failure failuritenjon for mass concrete. London: The 5th International Conference on Structural Safety and Reliability

Carmichael R S. 1990. Practical Handbook of Physical Properties of Rocks and Minerals. London: CRC Press

Carreras J. 1980. 组构和显微构造. 何永年译. 北京:科学出版社

Dary L L. 2002. 有限元方法基础教程. 伍义生译. 北京:电子工业出版社

Davis G H, Rernolds S J. 1996. Structural Geology of rocks and regions. New York: John Wiley and Sons

Davis J C. 1986. Statistics and data analysis in geology, Second Edition. New York: John Wiley and Sons

Dell'Angelo L N, Tullis J. 1989. Fabric development in experimentally sheared quartzite. Tectonophysics.169, 1-21

Dezayes C, Villemin T, Genter A, et al. 1995. Analysis of fractures in boreholes of Hot Dry Rock project at Soultz-sous-Forets (Rhine Graben, France) . Journal of Scientific Drilling, 5 (1): 31-41

Digby P J, Murrell S A F.1970. The theory of brittle fracture initiation under triaxial stress conditions(Par 1 and Part 2). Geophysics Journal, 19:309-334,499-512

Dubois M, Ayt Ougougdal M, Meere P,et al. 1996. Temperature of paleo-to modern self sealing within a continental rift basin: the fluid inclusion data (Soultz-sous-Forets, Rhine graben, France). European Journal of Mineralogy, 8:1065-1080

FalconerK J. 1991.分形几何.辽宁:东北大学出版社

FalconerK J. 1999.分形几何中的技巧.辽宁:东北大学出版社

Feder J. 1988. Fractals. New York: Plenum Press

Genter A, Traineau H. 1996. Analysis of macroscopic fractures in granite in the HDR geothermal well EPS-1, Soultz-sous-Forets, France.Journal of Volcanology and Geothermal Research, 72: 121-141

Hielke A J, Huizenga J M, Touret J L R. 1998. Fluids and epigenetic gold mineralization at Shamva Mine, Zimbabwe: a combined structural and fluid inclusion study. Journal of African Earth Sciences, 27(1):55-70

Hirata T,Satoh T, Ito K. 1987. Fractal structure of spatial distribution of mierof racturlng in rock. Geophysical Journal International,90(2):369-374

Hoek E, Bray J W. 1981. Rock Slope Engineering. Third Edition. Taylor & Francis

Hoek E, Brown E T. 1980. Underground Excavations in Rock. London: Institution of Mining and Metallurgy

Hoek E.1983. Strength of jointed rock masses. Geotechnique, 33(3):187-223

Jaegger J C, Cook N G W. 1969. Fundamentals of Rock Mechanics. London: Methuen

Jolly R J H, Sanderson D J. 1997. A Mohr circle construction for the opening of a pre-existing fracture. Journal of Structural Geology, 19 (6): 887-892

Kachanov M A. 1982. Microcrack Model of Rock Inelasticity Part II: Propagation of Microcracks. Mechanical of Materials, 1: 29~41

Larroque J M, Laurent P. 1988. Evolution of the stress field pattern in the south of the Rhine Graben from Eocene to the present.Tectonophysics, 148:41-58

Ledesert B, Dubois J, Genter A, et al. 1993. Fractal analysis of fractures applied to Soultz-sous-Forets hot dry rock geothermal program. Journal of Volcanology and Geothermal Research, 57:1-17

Neveu J B. 1965. Mathematical Foundations of the Calculus of Probability. New York: Holden-Day

Reches Z. 1987. Determination of the tectonic stress tenss tensor from slip along fault that obey the coulomb yield conditions. Tectonics, 6:849-861

Rispoli R, Vasseur G. 1983. Variation with depth of the stress tensor anisotropy inferred from microfaults analysis.Tectonophysics, 93:169-184

Rowe K J, Rutter E H. 1990. Paleostress estimation using calcite twinning: experimental calibration and application to nature.Journal of Structural Geology, 12 (1): 1-17

Rummel F, Baumgartner J. 1991. Hydraulic Fracturation measurements in the GPK1 borehole,

Soultz-sous-Forets// Bresee J C. London. Geothermal Energy in Europe. The Soultz Hot Dry Rock Project. Gerdon and Breach Science Publishers.

Sibson R H. 2000. Fluid involvement in normal faulting. Journal of Geodynamics, 29:469-499

Spiers C J, Rutter E H. 1984. A calcite twinning paleopiezomete//Henderson. Progress in Experimental Petrology.London: Natural Environment Research Louncil.

Tourneret C, Laurent P. 1990. Paleostress orientation from calcite twins in the north Pyrenean foreland, determined by the Etchecopar inverse method.Tectonophysics, 180:287-302

Tullis T E. 1980. The use of mechanical twinning in minerals as a measure of shear stress magnitudes. Journal Geophysical Research, 85:6263-6268.

Turner F J, Weis L E. 1963. Structural Analysis of MetamorphicTectonices. London: Literary Licensing.

Vernon R H. 1974.变质反应与显微构造. 北京:地质出版社

Walsh J, Watterson J, Yielding G.1991. The importance of small-scale faulting in regional extension.Nature, 351:391en-dash393

Wilks S S. 1962. Mathematical Statistics. New York: John Wiley and Sons

Yi S M,Tang H M.1995. Fractal structure features of landslide activities and their significanc. Netherlands:Balkema Publishers

Yi S M,Tang H M.1996. The fractal structure characteristics of the Zameila Mountain Landslide in Tibet,China//Advances in engineering geology. Beijing: Three Gorge Press

Маркон ГА. 1983. 地壳上部岩体中水平挤压应力的成因和表现规律.国家地震局地壳应力研究所情报室编译,地应力测量原理及应用,北京: 地质出版社

第7章 流体包裹体在古地震构造研究方面的应用

7.1 流体包裹体在古地震构造中的研究

地震流体对地壳构造的演化及其地质过程起着极其重要的作用。地震构造作用发生时伴随的热流体，产生热量的传递，组分的迁移，造成岩石的变质、变形，形成热液蚀变和矿床堆积；盆地中的构造活动是水、油、气的生、集、散动力来源；地下流体活动会造成热泉形成和诱发地震等。

流体包裹体赋存在地壳各种构造之中，构造流体包裹体研究对于分析板块俯冲过程的动力，了解岩石圈不同层次地震构造活动发生、发展并判断构造环境，分析岩石变质变形特征，确定构造变动时代，以及阐明成矿作用机制和油气运集规律等都是十分宝贵的信息来源。

地震流体包裹体研究就是分析地震性质、构造环境、应力状态、力源与流体之间的相互关系及其规律性。地震流体包裹体研究作为地震构造地质学的一种微观研究手段，目前已取得了一些研究成果，并且被国内外学者公认为行之有效的方法。

流体包裹体在构造地质中的应用研究十分广泛，下面列举的几个方面仅仅是这一领域应用的一小部分。

7.1.1 板块构造活动研究

地震构造流体包裹体无疑对分析这些板块作用过程的动力问题具有一定意义。

从板块内部到板块边界—俯冲带、双变质带和岛弧，大洋岩石圈与蛇绿岩，壳幔作用与岩石圈演化，块内岩浆作用与地幔柱，花岗岩成因与地壳增生，以及超—高压变质与深俯冲等，不同地质环境下形成的不同时代、不同成因的地质体中所赋存的包裹体特征各有差异。不同大地构造单元中包裹体特征和热力学参数的计算，为大地构造和地震活动问题研究提供了新的途径。

1) 流体在板块构造中的作用(Mian and Tozer，1990)

板块构造活动发生的基本原因在于水流体的热传输和润滑剂作用促进了岩石圈的力学破坏。因此，没有水就没有板块构造运动。板块碰撞作用与流体作用的关系最近十几年才真正为人们所重视。许多地质学家开展了针对现代板块俯冲带、增生楔中流体作用的广泛深入的调查和研究。人们十分关注在造山作用中流体与岩石应变、微裂隙开合、褶皱、断裂、成岩、变质、岩浆和构造作用的相互关系，特别是增生楔中流体的来源、分布，热能和化学物质的传送，楔中流体的排出机制、运移途径与构造过程的关系，变形式样和岩石性质的变化及相关的主要水文地质特征，渗透性随着岩性、应力和应变的变化，流体对沉积物和岩石力学性质及杂岩增生能量的影响，增生环境从一种类型向另一种类型的转变，俯冲的变化(如速度、角度、俯冲板块上沉积物厚度等)所产生的不同结果，俯冲带的热构造及 $P—T—t$ 轨迹，地幔楔的流体渗透和部分熔融，以及流体对俯冲带地球化学分馏的影响等。增生杂岩中流体及其作用的研究，近年来已成为研究的热点。

2) 板块构造中流体的深部来源(Mian and Tozer，1990)

现代板块构造研究认为，当板块俯冲时，把地下水带到了地下数千米，甚至数十千米的深处，这些水(至少是一部分)又通过循环回到了地表，其中一部分可能在地下深处被固定在含水的矿物(如滑石、金云母、角闪石)以及其他相中。因此可知，地壳中存在着相当数量的流体，海水(水圈)、地壳和地幔中的流体处于相对平衡状态，并且是循环的。

构造作用中的流体，部分来自地表，但也有不少来自深部，深部流体在构造作用中起着积极作用，深部流体的研究已开始得到重视。组成上地幔流体的元素主要为 H、C、O，其次为 S、N、F、Cl。深部流体的形成、流动与构造的关系极为密切：地幔离析是一种由脱蛇蚊石化引起的超基性物质从俯冲岩石圈板块向上大规模运移的作用过程，这一作用的关键在于深部有超压流体相自由固体颗粒存在。从这种意义上看，地幔离析实际上是岩石流体化和贯入的一种特殊形式。

从全球构造而言更离不开深部构造流体：地幔分异即为深部构造流体化；在地幔与下地壳之间的物质交换中，构造流体具有关键作用。因此，加强深部构造流体的研究，可进一步了解地幔蠕动、板块活动、构造变动的过程与机制，从而有助于研究大陆动力学和建立新的构造模型。

3) 探讨地震构造演化规律和形成机制(Rodder，1994)

必须系统地研究特定构造与流体之间的关系，用流体包裹体测定构造形成时的压力、温度，恢复构造演化过程，探讨构造形成的机制。以俯冲构造为例，当饱含海水的低密度物质俯冲时，由于板块之间的挤压作用，流体首先被机械挤出；当板块继续俯冲时，温度、压力增高，低温含水矿物可转化为无水或少水矿物，其内的 H_2O、F、C1、CO_2、As、S、K、Na 等组分活化形成流体，流体的排出反过来会影响增生棱柱体的热演化和流变学演化，并为深海生物群落提供养料；当板块俯冲至更深部，温度、压力进一步增高，不仅会使很多矿物脱去晶格中的水分，并会诱发部分熔融反应，富 K、Si、Na、Al 等的物质开始熔融，形成富含气体和液体的熔体或岩浆，从而可改变上覆地体的总成分。由此可见，这些机械挤出、脱水释放、局部熔融产生的流体组合便是俯冲构造流体的特征。这些流体与地震构造之间的相互关系也加深了对俯冲构造演化规律和形成机制的认识。

7.1.2　地震断裂带的研究

近几年，国内外学者研究流体作用的触角已从现代板块边缘延伸到地震断裂带，对其中的流体进行了较深入的研究，并对地震断裂带整个过程中的流体活动进行了初步的探讨。以上这些研究成果无疑给地震断裂带中的流体作用研究带来了明确的思路、有效的方法和实际的参照，并打下了坚实的理论基础。地震断裂带的研究可以有如下内容（Fyfe et al.，1978；Pecher et al.，1985；Lespinasse，1999）。

1）地震断裂带中流体的运移和分布规律

重建古流体的迁移场是近期研究的热点。流体的运移和分布受地震断裂带中构造变形、岩石化学性质、孔隙度、孔隙压力和地热梯度等多方面的控制。不同地震断裂带中流体活动的特点不同，研究侧重的内容差异明显。

（1）地震断裂带中流体活动特征。地震断裂带中的流体最活跃。地震断裂样式和性质等对流体活动的反映有差异，流体的运移通量和方向等可以作为研究课题。

（2）地震断裂带构造格局与流体活动域的划分。地震断裂带结构分带是岩石流变学性质决定的，除了与深部构造、物质组成、热结构和岩石地球化学有关外，还与流体有密切联系。在地震断裂带外、中、内带及过渡带，流体活动方式、运移特征及其产物应有明显区别，可建立时间—平均流体状态和流体域的深演变规律，揭示深部基底流体呈现的不同形式以及在各种断裂岩体中的运移规律。

（3）地球化学场与流体活动轨迹的关系。由于断裂带活动，流体被排挤出来，它们既传递热量又搬运化学溶解物质，与围岩发生化学反应，扰动了原来的化学平衡系统。由于与围岩的差异，流体在运移通道中和活动范围内留下明显的地球化学轨迹。

（4）不同阶段地震断裂带与流体成分的演化。对于地震断裂带活动过程中各种地质作用的研究表明，流体参与了地震断裂带的一切地质作用过程。流体进入断裂带，降低断裂带抗剪能力，增强运移能力，加深了变形强度；流体促进或抑制变质反应的进行，改变了岩石和矿物成分；流体控制了元素的运移和交换以及同位素系统，对地球化学场进行了重新调整，方便了成矿物质的富集。流体参与这些作用的具体表现及对这些作用的影响程度，是当今流体研究的主要课题。

2）断裂带地震作用与流体活动幕次关系

在断裂带地震活动过程中的各个阶段，伴随着地质流体与周围环境进行物质和能量的交换，在不同时期留下各具特色的痕迹。因此，断裂带地震活动历史的详细构造学恢复，给流体活动的幕次和顺序及各种与其相关的热流事件的鉴别提供了框架；反之，对流体作用现象的历史分析及对流体自身形成、演化的反演，可以较细致地重建断裂带地震作用变化历史。流体活动本身的一些历史分析手段，成为断裂带地震研究的又一有效方法。

3）地震断裂带流体作用与成矿作用(Pecher et al. ,1985)

目前对矿床规模和成因控制因素的认识，已转向构造体制与流体运移过程综合控制的动态分析上。地震断裂带控制着流体流动系统，导致许多重要能源和矿产的形成。地质流体与成矿有密切联系，是人们普遍关心的问题。在地震断裂带构造区域中主要研究如下问题：①不同来源的地震流体与各种矿产形成的关系；②构造格架与流体运矿和储矿的关系；③断裂流体对油气生成、搬运和储存的影响；④地震断裂热液活动与成矿期的关系。

7.1.3　地震构造应力场研究

地震构造应力场研究是地震构造地质学中研究的重点之一。尤其是当前地震规律、地震控矿构造的研究，都侧重从构造应力场演化方面来追溯地震震源、探讨构造应力场转换与地震的关系。因而，应力场研究就显得特别重要(Lespinasse and Pecher，1986)。

1）探讨构造应力场特征

利用FIP研究构造应力场常结合其他小构造进行，如共轭剪节理、初始雁列脉、断面擦痕等。利用显微构造(如石英变形纹、光轴、扭折带、微裂隙)等可以进行动力学分析，建立应力场的良好标志。特别是微裂隙，在镜下观察和统计也很方便。但是，由于岩石在变形过程中产生的微裂隙会很快愈合消失，常因裂隙数量不够达不到统计要求。若配合次生包裹体，研究的困难就可得到解决。因为赋存在显微构造裂隙中的包裹体不但不因愈合而消失，反而能长期保存下来。由于这类包裹体保持了原始微裂隙的方位和形态等特征，通过对它们进行统计测量可达到恢复古应力场的目的。

近年来，显微—超显微构造的研究，在解析板块构造、大中型构造方面取得成果，从而开始进入研究构造运动学和动力学的新领域。例如，Lespinasse和Pecher(1986)对法国中央地块西北部的一个海西期花岗岩体进行了研究，研究重点放在该岩体的一个名叫LeBernardan的采石场(面积小于0.05km^2)中。他们把在采石场尺度下确定的包裹体的优选方位与岩体其他部位测得的结果进行对比后得出结论：①充填于微张裂隙并愈合的包裹体迹面(包裹体串组成)与花岗岩中观察到的微张裂隙有相似方向；②包裹体在大面积内(上百米甚至达千米)定向显著且均匀排列是区域应力场作用的结果；③不同期包裹体串的定向与相应期应力场轨迹相关性很好；④包裹体串是张性裂隙，与整个岩石中σ_1(最大压应力轴)方向平行，垂直于σ_3方向(Roedder，1994)。

2) 应力方向判别和应力绝对值的计算

岩石和矿物中因受区域应力场作用而形成的大量次生包裹体，往往沿定向裂隙分布。研究表明，在大面积范围内，流体包裹体串的排列方向是明显的，它们的优选方位必然取决于区域应力场，它们与小型断裂具有相似的排列方向。

流体包裹体串的排列方向代表了Ⅰ型(张性)裂纹的方向，它们平行于σ_1的方向，与σ_3方向垂直。在缺少小型构造标志的情况下，利用流体包裹体串，有利于确定区域主应力方向。

流体包裹体迹面表征参数测定有助于获得应力场动力学参数，再结合显微测温，可获得 FIP 热力学参数，特别是压力数值，从而可以计算应力场中应力绝对值大小，为应力场分析提供可靠的数据。

7.1.4 地震构造岩石变形研究

地震作用常常引起岩石变形，在不同的温度、不同深度的地震构造作用中产生的岩石变形表现出不同的性质，也反映在矿物中包裹体分布特征上。深源地震作用发生在高温高压条件下，岩石变形以塑性流变为主，包裹体(注意区别于糜棱岩中定向排列的次生包裹体)大多是新生矿物中的原生包裹体。因为岩石韧性大，不易产生微型裂隙，加之岩石的重结晶作用，强烈被封闭的包裹体以原生为主。而浅源地震作用发生在低温低压条件下，岩石变形表现为以脆性破裂为主，同构造期形成的微裂隙发育，充填一系列次生包裹体。因此，通过统计测量某一地震作用变形期形成的原生包裹体与次生包裹体的相对丰度和密度，可推测岩石韧性变形与脆性变形的相对强度及构造叠加作用强度以及地震作用对岩石产生破坏的程度(O'Hara，1994；Lespinasse，1999)。

通常在镜下常见到两组或两组以上不同期次的次生包裹体串(FIP)沿显微裂隙分布。这是矿物在遭受脆性变形过程中，晶体破裂，流体充填，并很快愈合而保存下来的多期地震构造变动的产物，据此划分地震构造活动期次，结论较为可靠。

多期次形成的次生包裹体串，或近于相互直交，或平行排列分布。在镜下仔细观察它们的形态、带宽和大小等特征，或借助组分分析，易于区别其先后关系，为进一步分析地震强度、频率大小提供可靠数值依据。

7.1.5 地震构造流体势的研究

流体的异常活动是地震前兆之一，在地震前后不同时期，流体运移的流体势是不相同的，因此流体势的研究不但可以获得古地震的流体信息，而且对于地震前兆研究具有实际应用价值(Dahlberg，1982)。

流体动力学理论告诉我们，在地下充满水的地层中流体运移方向不全取决于压力，而总是取决于“势”。地质学家将势能原理应用到分散状态的地下流体中，建立了流体运移的流体势理论的动力学分析方法。

在同一地下流体系统内，气、液各相流体的势能虽有着一定的联系，但是相对势能是不同的，我们根据达尔伯格(Dahlberg)相对势能分析方法，导出了相对势能的计算公式为

$$V=\frac{\rho_w}{\rho_w-\rho_v}\cdot\frac{\phi_w}{g}$$

$$U=\frac{\rho_v}{\rho_w-\rho_v}\cdot\frac{\phi_v}{g}=V-z$$

式中，V 为同一地下流体系统内相对于气体的地下水势，即水的相对势能，m；U 为同一地下流体系统内相对于地下水的气势，即气体的相对势能，m；ρ_w，ρ_v 为地下水和气体的密度，kg/m^3；ϕ_w，ϕ_v 为地下水势和气势，J；z 为该点相对于某一基准面的高程，m。

(1) 流体势参数的计算。在流体势方程中，计算出各参数的精确值是求解方程的关键，利用流体包裹体可以精确地计算如下参数：①形成压力(P)；②流体密度(ρ)；③高程(z)。

(2) 气势、水势等值线图的绘制和分析。根据各个地点所获得的流体势数值，在平面图中可以绘制具有一定差值的流体势等值线，得到包裹体的某一阶段流体势等值线平面图。由于流体运移规律是沿垂直于等势线的方向从高势区指向低势区，因此利用这一平面图，可以判别流体运移方向，低势线封闭区是当时流体聚集地带。流体聚集地带也是岩石最易破裂的地带，同时也是地震中地表破坏最大的地带。

7.2　冲绳海槽现代火山岩中流体包裹体特征及其板块地震活动与金属成矿作用

7.2.1　冲绳海槽现代地震构造

冲绳海槽位于中国东海大陆架—琉球群岛之间、菲律宾板块西侧俯冲构造带中。形似新月、向东南凸出的冲绳海槽为北北东—北东—南西走向、海槽长约12000km，宽 140～200km，面积为 22 万 km^2；海槽底长为 840km，底宽 6～120km，槽体北深 700m，南深超过 1000m，最深处为 2719m(25°14′N，124°2′E)(刘申叔和李上卿，2001)。

冲绳海槽区发育了许多至今仍在不断喷发的火山，特别在海槽东坡发育了一列火山岛，根据海底岩石拖网和深潜艇海底观测，在海槽中心张裂地堑内发现了大量更新世以来的岩浆岩，发现的许多双峰态高铝系列玄武岩，其K—Ar年龄仅为42±0.19 Ma B.P.，因此冲绳海槽是一条正在活动的弧后裂谷，其南端可能还与台湾岛台东纵谷相连，冲绳海槽属于新构造裂谷弧后扩张和岛弧型地震构造(李乃胜，2000)。早中新世的弧后扩张作用使琉球群岛与钓鱼岛隆褶带分离，形成冲绳海槽。中新世—上新世晚期沉积了下冲绳盆地统，其岩性为陆相浅海相及深海相火山碎屑岩、火山熔岩，厚334 m，早更新世为上冲绳盆地统，岩性为浅海相灰黄色中—粗粒砂岩及部分砾质砂岩，厚51m。从中新世开始，东海的沉积中心转移到冲绳海槽，使上新统和更新统沉积厚度达5000m。冲绳海槽北段新构造扩张速率为12mm/a，南段扩张速率为46mm/a，其张裂断陷始于1.9Ma，主扩张期为上新世—更新世，目前仍处于活动状态。沿海槽发育一系列北北东向的山脊和地堑。山脊主要由双峰式火山岩构成，上部流纹岩系属钙碱性系列，具岛弧属性；下部玄武岩具N-MORB地球化学特征(候增谦等，1999)。海槽内裂隙十分发育，深部岩浆沿裂隙频繁活动，形成不同类型的海底火山岩。通过测定不同性质火山岩斑晶中的不混溶熔体和气液流体包裹体，可获得岩浆结晶时的温度和压力，推测地震震源深度，并且了解地震作用金属元素的溶解、迁移、沉积成矿过程。

冲绳海槽构造格架和主要热水活动区的分布如图7.1所示。

7.2.2 流体包裹体研究

1. 流体包裹体特征

火山岩斑晶中具有丰富的熔体、熔体-气液流体以及气液流体包裹体，根据包裹体成分，可以分成下列三种类型。

(1) 熔体包裹体：熔体包裹体主要有两种类型，一是部分脱玻化的熔体包裹体；二是玻璃质的熔体包裹体。它们有的为单相熔体成分，没有气泡出现，有的为熔体加气泡(近于真空成分泡)的两相包裹体。

(2) 熔体-气液流体包裹体：按气泡个数分为两种类型，一种是单个气泡的熔体-气液流体包裹体；另一种为多个气泡的熔体-气液流体包裹体。

(3) 气液流体包裹体：气液成分主要为CO_2和H_2O，有的为单相，有的为气、液两相。形状主要有圆粒状和长管状两种，它们的长轴常常平行分布，长轴方向与岩浆流动方向一致。

火山斑晶中熔体和气液挥发分流体包裹体照片如图7.2所示。

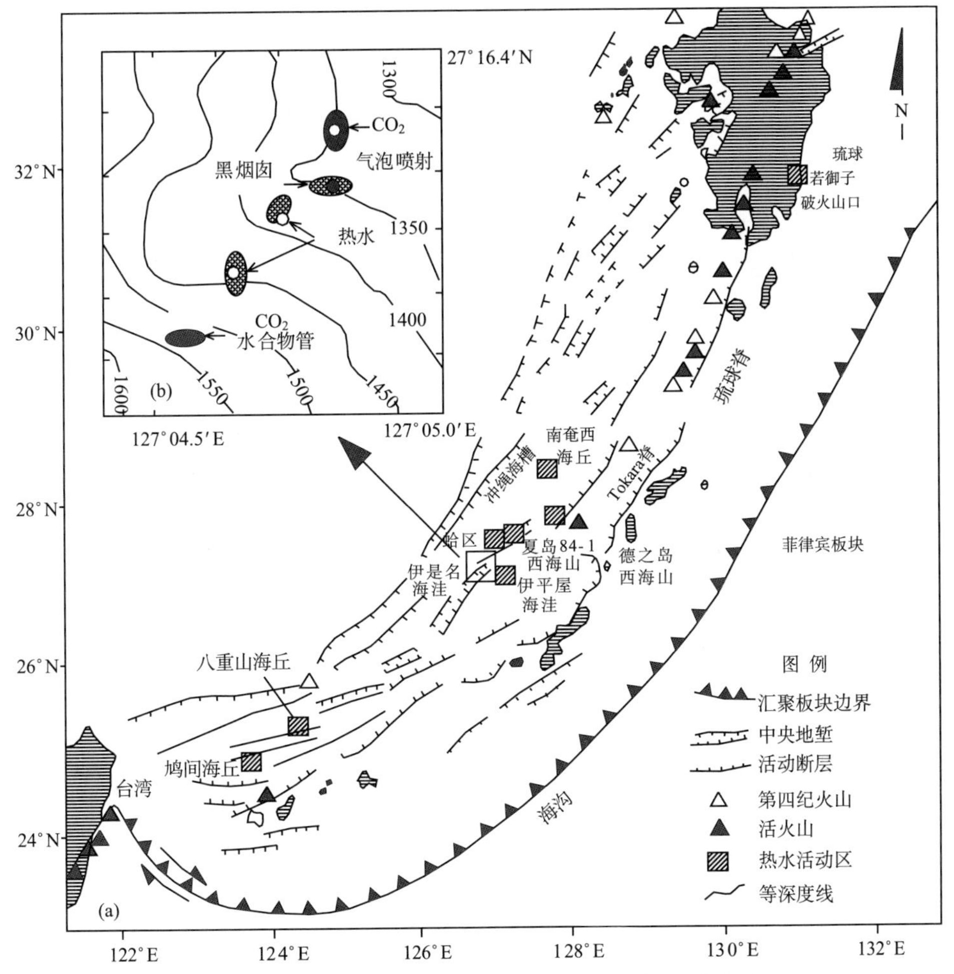

图 7.1　冲绳海槽构造格架和主要热水活动区的分布(翟世奎等，1997)

(a)冲绳海槽构造格架和主要热水活动区；(b)JADE 热水区的烟囱及热水喷口分布

2. 测定和计算的热力学参数

1）包裹体的测定

本书研究对包裹体中熔体、主矿物以及火山岩玻璃熔体进行了电子探针成分分析，为了准确分析熔体包裹体，特别是脱玻化作用结晶形成的硅酸盐矿物微晶的熔体成分，将它们加热使包裹体均一化(一般加热到 1200℃左右)，然后淬火使之形成玻璃，再分析它们的成分，这样可以避免结晶作用造成的成分分布不均引起的探针分析偏差。测定和分析结果如表 7.1 所示。

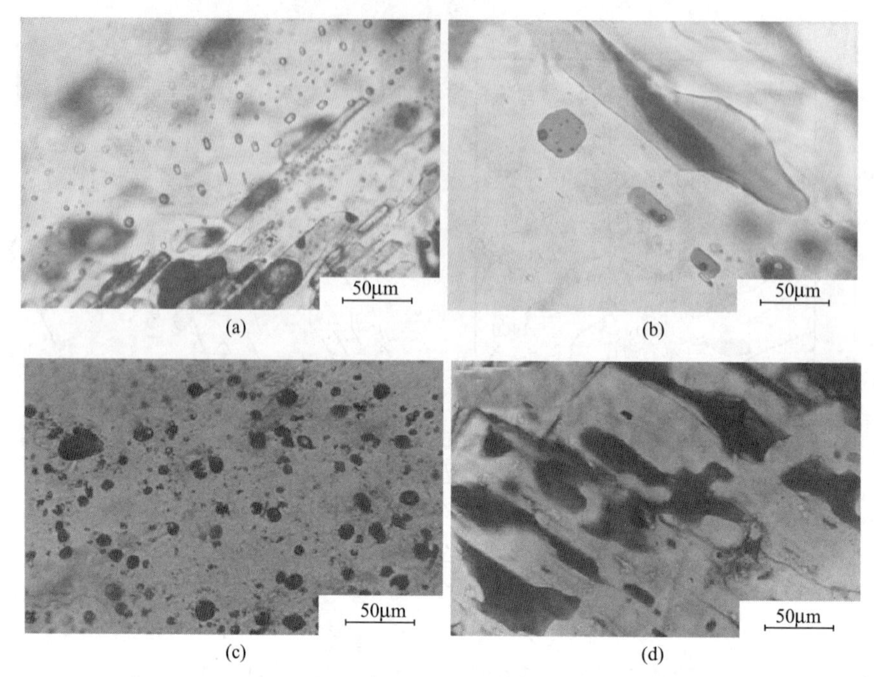

图 7.2 冲绳海槽火山岩斑晶中分布的熔体和气液挥发流体包裹体

(a) 斜长石中管状不混溶熔体包裹体，两种熔体分别为同一包裹体捕获，周围是细小圆粒状的熔体包裹体，熔体成分与管状包裹体中浅色熔体相同，两种形状的包裹体为同时捕获的不混溶熔体包裹体对(916 站)；(b) 斜长石中布丁状不混溶熔体包裹体，两种熔体(稍酸性为浅色，稍基性为深色)分别为同一包裹体捕获(样品编号：D023-1)；(c) 辉石中圆粒状的熔体流体包裹体，一些气泡中气液流体泄漏成真空泡，造成光线不均匀样品编号：D0981；(d)辉石中布丁状熔体包裹体，熔体中基性成分比较高，颜色较深(样品编号：D023-1)

对熔体包裹体、熔体-气液流体包裹体进行成分分析，采用淬火法测定，淬火温度从 800℃开始，恒温 8～24h，升温间隔是 25℃/h，直到均一化为止，最后的均一化温度近于包裹体捕获时的温度。

对气液流体进行了显微测温，对于那些流体成分泄漏的包裹体，测定的数值不能代表包裹体捕获时的热力学状态，由于没有可靠的数据，因此没有列出。

2) 热力学参数计算

根据包裹体的测定和分析结果来进行热力学参数计算。不同情况采用不同的计算方法。

(1) 熔体包裹体的均一化温度近于包裹体捕获时的温度，可以把它作为形成温度的近似值。另外还有下列方法计算形成温度和压力。

表 7.1　熔体包裹体、主矿物和火山岩玻璃基质电子探针成分分析结果

样号	分析对象	Na_2O	MgO	Al_2O_3	SiO_2	K_2O	CaO	TiO_2	MnO	FeO	P_2O_5	Cr_2O_3	总量
916 站	石英中熔体包裹体	1.53	0.14	11.64	72.73	2.07	0.89	0.15	0.04	0.79	0.01	0	89.96
	石英中熔体包裹体	1.21	0.09	11.74	79.58	2.13	0.65	0.09	0.07	0.067	0.01	0	96.24
	长石中熔体包裹体中心	9.48	0	36.24	46.32	0.29	6.97	0.18	0.11	0	0	0.4	100.00
	长石中熔体包裹体边缘	7.92	0	37.35	43.42	0.3	10.13	0	0	0.26	0	0.62	100.00
172 站	辉石中熔体包裹体	1.53	0.48	12.66	68.19	1.99	2.07	0.54	0.1	2.72	0.03	0	90.34
D098	辉石中熔体包裹体	2.06	0	13.46	76.76	2.37	2.08	0.55	0	2.72	0	0	100.00
	辉石中熔体包裹体	1.97	0	13.27	77.12	2.24	2.07	0.58	0	2.74	0	0	100.00
	单斜辉石		14.2	1.44	52.4	0	20.81	0.47	0.59	10.3	0	0	100.57
	长石中熔体包裹体	1.91	1.3	14.5	62.53	1.73	4.18	0.74	0.17	5.41	0.23	0	92.69
D099	长石中熔体包裹体	2.35	0	13	17.12	2.43	3.19	0.68	0	3.41	0	0.82	100.00
D023-4	安山岩玻璃	2.63	3.54	17.62	49.37	2.92	7.47	2.93	0.2	8.63	0.56	0	95.86
	长石中熔体包裹体	1.36	0.46	12.53	70.18	1.87	1.74	0.46	0.06	2.28	0.08	0	91.07
D023-4	斜长石	5.13	0.05	28.87	54.17	0.2	10.61	0.06	0.02	0.5	0.02	0	99.62
	棕色火山岩玻璃	1.95	0.38	12.76	68.96	1.99	1.79	0.52	0.09	2.44	0.06	0	90.95
	石英中熔体包裹体	1.38	0.15	11.58	72.81	2.34	0.81	0.24	0.04	0.93	0	0	90.25
	无色火山岩玻璃	1.58	0.12	12.7	71.78	2.72	0.83	0.19	0.04	1.4	0	0	91.36
	辉石中熔体包裹体	0.87	0.13	11.66	72.21	1.97	1.01	0.13	0.05	1.86	0.02	0	89.9
	斜方辉石	0.06	16.8	0.54	50.28	0.02	0.81	0.03	1.35	30.3	0	0	100.27

注：由南京大学地球科学系分析中心测定，仪器为日本产 JEOL JXA.8800M 电子探针分析仪；部分样品由上海硅酸盐研究所分析，仪器为 EPMA-8705QH2 电子探针分析仪与 TN-5502 能谱组合仪，成分含量为质量百分比。

(2) 对于斜长石斑晶，根据斜长石电子探针分析的成分数据和捕获的熔体包裹体分析的成分数据或者是火山玻璃分析的成分数据，利用我们修正的 Kudo (1970)和 Mathez (1973)斜长石地质温度计(刘斌等，2000)，可以获得它们的温度和压力关系

$$\ln(\lambda/\sigma') + 1.29 \times 10^4 (\Phi'/T) = A \cdot T - B \tag{7.1}$$

式中，T 为温度，为所求的未知变量，K。

其他参数计算如下：

$$\lambda = \frac{x_{Na} \cdot x_{Si}}{x_{Ca} \cdot x_{Al}}$$

$$\sigma' = \frac{\gamma_{Ab} \cdot x_{Ab}}{\gamma_{An} \cdot x_{An}}$$

$$\Phi' = x_{Ca} + x_{Al} - X_{Na} - x_{Si}$$

式中，x_{Ca}、x_{Al}、x_{Na}、x_{Si}为基质火山玻璃中 Ca、Al、Na、Si 氧化物的摩尔分数；x_{Ab}、x_{An}为斜长石斑晶中钠长石分子(Ab)、钙长石分子(An)的摩尔分数；A，B 为与压力(P)有关的函数。

$$A = 0.01176 - 54.00005 \times 10^{-6} P + 3.240003 \times 10^{-9} \cdot P^2$$

$$B = 19.01 - 1.195001 \times 10^{-2} \cdot P + 8.700005 \times 10^{-6} \cdot P^2$$

另 $$\gamma_{Ab}/\gamma_{An} = \gamma_0 + \gamma_1 \cdot x_{An} + \gamma_2 \cdot x_{An}^2 + \gamma_3 \cdot x_{An}^2$$

其中，γ_0，γ_1，γ_2，γ_3 在不同岩石中有不同数值：①超基性、基性和中性岩中 $\gamma_0 = 104.1418$，$\gamma_1 = -0.7467859$，$\gamma_2 = 1.163316 \times 10^{-2}$，$\gamma_3 = -5.648579 \times 10^{-3}$；②酸性岩中 $\gamma_0 = 109.2657$，$\gamma_1 = -0.2375472$，$\gamma_2 = 3.642141 \times 10^{-3}$，$\gamma_3 = -1.622865 \times 10^{-5}$。

将式(7.1)与下面的 SiO_2 熔体活度[$a(SiO_2)$]方程[式(7.3)]联立计算，可以同时获得形成时的温度和压力(刘斌，1999)。计算结果见表 7.2。计算的形成温度与熔体包裹体均一温度相差很小。

(3) 对于辉石斑晶，可以利用辉石电子探针分析的成分数据和捕获的熔体包裹体分析的成分数据或者是火山岩玻璃分析的成分数据，利用辉石地质温度计(Mercier，1976)，可以计算它们形成的温度

$$T = (t_1 \times \ln K'_w + t_2)/D \tag{7.2}$$

其他参数按不同种类的辉石，采用不同的数值。

(1) 斜方辉石：$t_1 = -6308.5$，$t_2 = 45449$；D 的计算式为

$$D = \ln K_w \cdot \ln K_a - 8.387 \ln K_w + 2.26 \ln K_a + 25.218$$

式中

$$K_w = (5.714w)/(1-2w)$$

$$K_a = [0.9 + 2.84(N_{Cr}/A^3)] \times A/(1-A)$$

$$w = N_{Ca}/(N_{Ca} + N_{Mg} + N_{Fe^{2+}} + N_{Mn})$$

$$A = (N_{Al} + N_{Cr} - N_{Na})/2$$

其中，N_{Ca}、N_{Mg}、$N_{Fe^{2+}}$、N_{Mn}、N_{Al}、N_{Cr}、N_{Na} 分别为辉石晶体化学式中 Ca、Mg、Fe^{2+}、Mn、Al、Cr、Na 的原子数或离子数。

单斜辉石，$t_1 = -3168.1$，$t_2 = 53754$；D 的计算式为

$$D = \ln K_w \cdot \ln K_a - 6.208\ln K_w + 2.26\ln K_a + 31.037$$

式中

$$K_w = (1-2w)/(0.862 + 0.276w)$$

$$K_a = (3.298 - 1.781N_{Mg} + 0.128\ln K_w) \times A/(1-A)$$

（4）对于石英斑晶，根据熔体包裹体电子探针分析的成分数据，或者是火山岩玻璃分析的成分数据，利用 SiO_2 熔体活度[$a(SiO_2)$]方程（Nicholls，1971），将熔体包裹体的均一温度或上述矿物温度计求得的形成温度代入，可以计算它们形成的压力。

因为

$$SiO_2(l) = SiO_2(\beta - Qz)$$

则有

$$\ln[a(SiO_2)] = -309/T + 0.183 - 0.0239/T \times (P - P^0) \tag{7.3}$$

式中，P 为压力，为所求之未知数，10^5 Pa，$P^0 = 10^5$ Pa。

[$a(SiO_2)$]可以利用熔体包裹体或者是火山岩玻璃的 SiO_2 的成分 x_{Si} 代替计算。

（5）埋藏的深度 D/km：利用形成的压力（P/bar）计算（刘斌，2005）

$$D = P/(d \times 100) \tag{7.4}$$

式中，d 为上伏岩石的密度，对于本区的中基性火山岩，一般 $d = 2.75\text{g/cm}^3$。

有关计算结果如表 7.2 所示。

表 7.2　显微测温及有关热力学参数计算结果

样品编号	分析计算对象	显微测温 Th/℃	成分分析 斜长石 An	Ab	包裹体或火山岩玻璃 x_{Si}	x_{Al}	x_{Ca}	x_{Na}	计算参数 公式中计算参数 λ	Φ'	$\ln(\lambda/\sigma')$	热力学参数计算 形成温度/℃	形成压力/MPa	埋藏深度/km
916 站	斜长石*		35.1	62.9										
	斜长石		45.6	53.5										
	斜长石		31.8	66.5										
	斜长石中熔体	1150			0.4	0.369	0.065	0.159	2.652	−0.125	1.103	1134.2		
	包裹体中心**										0.5255	1199.8	510	18.5
	斜长石中熔体				0.378	0.384	0.095	0.134	1.388	0.033	0.456	1348.3		
	包裹体边缘										−0.123	1382.3		
D023-1	斜长石		0.527	0.461										
	斜长石中熔体包裹体	950			0.74	0.156	0.0197	0.014	3.32	−0.578	1.844	896.66	460	16.7
	棕色火山岩玻璃**				0.724	0.157	0.02	0.0198	4.565	−0.567	2.163	991.35		
			K_w		K_a		D	$\ln K_w$		$\ln K_a$				
D098	单斜辉石		0.16166		0.0606		51.76	−1.82228		−2.8032			1173.67	
	辉石中熔体包裹体	1100											498	18.1
HD12-2	斜方辉石		0.100006		0.01121		44.726	−2.303		−4.49114		1067.8		
样品编号	分析计算对象	显微测温	石英 x_{Si}	石英中熔体包裹体 x_{Si}										
HD12-2	石英中熔体包裹体	1150		0.77								1167.0		
	石英中熔体包裹体			0.8									493.88	17.96
	石英中熔体包裹体			0.79									393.85	14.32
	石英中熔体包裹体	1050		0.773								1067.84	361.31	13.14

注：* 斜长石和捕获的熔体包裹体(或火山岩玻璃)利用斜长石地质温度计算(Mathez，1973)；

** 辉石和捕获的熔体包裹体(或火山岩玻璃)利用辉石地质温度计算(Mercier，1976)；

*** 石英和捕获的熔体包裹体(或火山岩玻璃)利用 SiO_2 活度方程计算形成压力(Nicholls，1971)。

7.2.3　板块地震活动和金属成矿作用

冲绳海槽处于菲律宾板块西侧俯冲构造带中，地下岩浆活动形成罕见的高热流区，目前统计有 257 个热流值测点资料，其中最高热流值为 6008W/m^2，最低热流值仅为 9mW/m^2，平均热流值为 694.59mW/m^2。有学者从 257 个热流值中选出 215 个较可靠的数据。其中最高热流值为 10109mW/m^2，最低值为9mW/m^2，平均热流值为 458.48mW/m^2，仍然表现出高热流值区特征。图 7.3 是冲绳海槽及其东部邻区的热流等值线图，热流等值线北北东向延伸，与冲绳海槽等深线的走向几乎完全一致，琉球海沟到琉球岛弧外缘为明显的热流低值带，大部分热流值小于 30mW/m^2，而琉球岛弧之后的冲绳海槽热流值大幅度升高，至冲绳海槽张裂轴，热流值升到最高。总体上看，沿冲绳海槽轴向，有一条北北东弧形走向的热流高值带，带宽 10km，带长 1200km，从北端鹿儿岛湾南延伸到台湾东部纵谷断裂，构成了西北太平洋边缘一条醒目的高热流异常带。

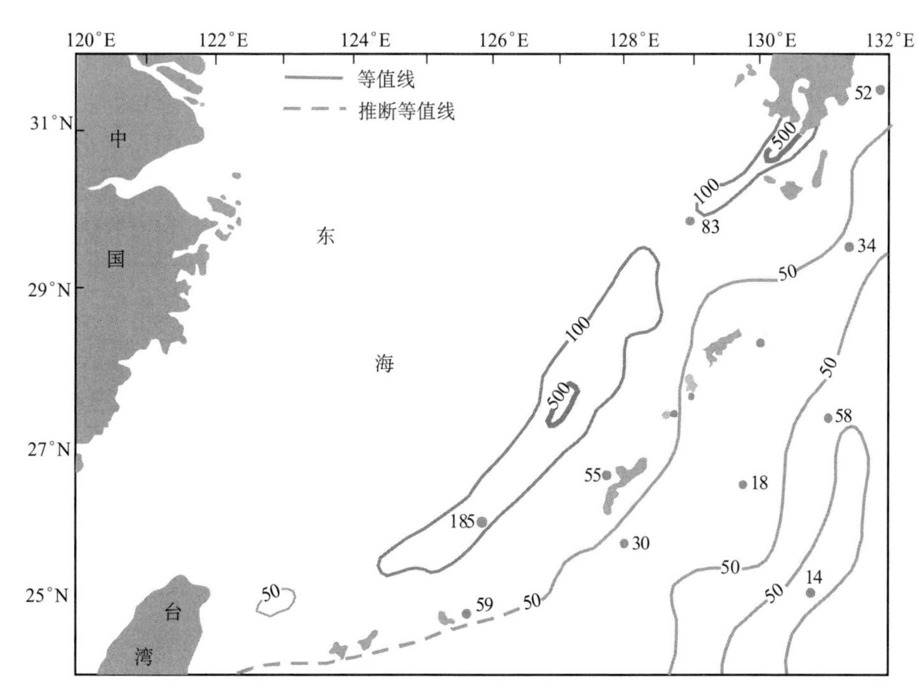

图 7.3　冲绳海槽热流等值线图(据李乃胜，2000)

(1) 冲绳海槽火山岩斑晶中分布大量的熔体-流体包裹体，它们为熔体、熔体-气液流体以及气液不混溶流体的复杂组合所组成，计算出它们形成时的热力学条件，研究结果表明火山岩浆具有多种成分、不同的来源。菲律宾板块向西侧俯冲，岩浆上涌，引起异常高热流的出现和复杂不混溶流体的活动，岩浆不断演化、流体对流循环对地震作用具有较大影响，同时对金属成矿也有较明显的控制作用。

(2) 火山岩斑晶结晶时的深度为13～20km，岩浆活动至少在这一深度下，由此推测，这一深度为震源深度。近年来，日本及我国台湾不少地震也与这一震源深度相吻合。

(3) 火山岩斑晶除了辉石矿物外，还有斜长石以及石英晶体，斜长石为中基性，而石英矿物一般为中酸性岩浆结晶产物，说明岩浆发生演化时，产生安山质或英安质岩浆。斑晶矿物的多样性说明岩浆在分异过程中的复杂性(翟世奎，1997)。

(4) 大量出现的熔体包裹体、熔体-气液流体包裹体以及气液流体包裹体，说明岩石形成过程之中有这些不混溶的熔体-气液流体存在，单气泡和多气泡熔体包裹体的存在，不但反映矿物结晶时间的长短，也反映分异的岩浆成分不同。气液流体成分主要为 H_2O 和 CO_2，进一步说明岩石曾经发生脱水和脱碳作用。

(5) 由流体包裹体研究可知：板块俯冲作用打乱了地幔的动力平衡，从而导致地幔物质在一定范围内发生对流作用和板块的弧后扩张作用，在板块俯冲到达一定深度时，地热作用除产生熔体外，还发生含水矿物脱水和含碳酸盐矿物脱碳作用，因此有大量 H_2O 和 CO_2 逸出存在，它们上逸到十几公里到二十公里处，与结晶的矿物、残留熔体，构成复杂的流体不混溶体系，正在结晶的矿物斑晶捕获这些不混溶的熔体-气液流体。板块的弧后扩张作用产生摩擦热，热的积聚导致热异常，因此矿物结晶的温度较高。异常高热流的出现，使岩浆演化速度加快、物质交换加强；复杂不混溶流体的活动、对流循环和水-岩相互作用，对金属元素的溶解、迁移、沉积有着至关重要的影响，控制了金属成矿过程。

根据上述研究可以分析，冲绳海槽是板块俯冲作用“沟—弧—盆”体系的一部分。菲律宾海板块在琉球海沟向东亚大陆地壳板块之下俯冲的过程中，产生五种效应：①地震效应；②弧后扩张作用；③流体聚集作用；④物质对流作用；⑤热异常效应。由流体包裹体研究进一步得到证实。

7.3 由FIP分析东海小洋山地震构造应力场

7.3.1 地质概况

小洋山位于长江口南侧，钱塘江口外，崎岖列岛的北端杭州湾口，距上海南汇芦潮港约27.5km，小洋山是舟山群岛北部崎岖列岛西北端的一个小岛(图7.4)，与其南端的大洋山遥相呼应，其地理位置为30°28′N、122°03′E，总面积为1.76 km²。全岛遍布中生代燕山期中粗粒花岗岩，岩体内节理与断裂系统十分发育，主要受NEE—SWW向及NW—SE向与NE—SW向的断裂构造控制，常见细晶岩脉、伟晶岩脉及石英脉贯入其中，并时有含完好长石、石英晶体的晶洞产出。

大、小洋山岛链所属的崎岖列岛原是浙江天台山余脉，在更新世晚期的全球大冰期时(距今 18000 年左右)最低海平面位于现今东海大陆架边缘转折处(即现水深 150～160m)，该地区为陆上低山丘陵区。约六到七千年前，海平面回升到接近现今海岸线位置附近，现露出海面的岛屿为当时的山峰部位(董光鑫和宫相霖，2003)。

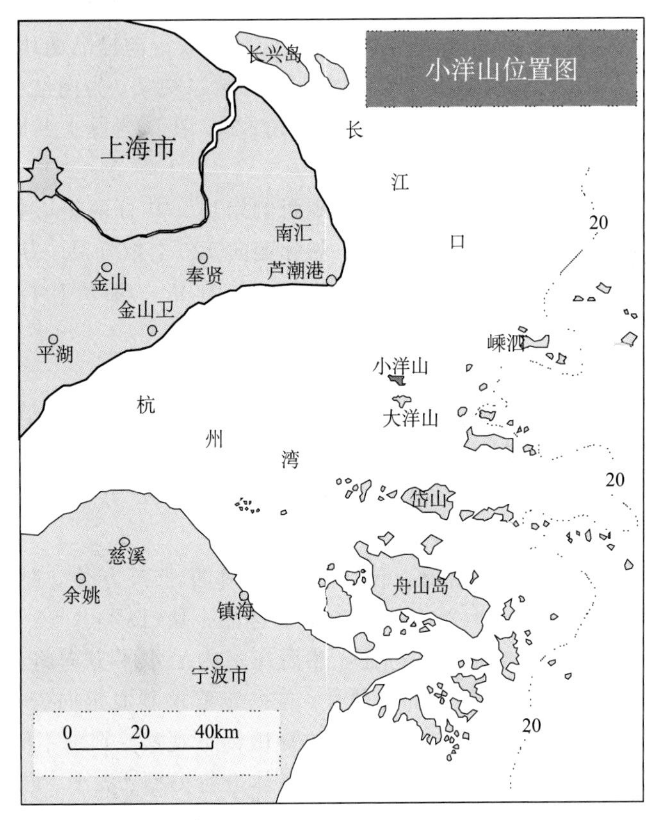

图 7.4　小洋山位置图

7.3.2　样品采集和测定方法

本书研究主要采集花岗岩中分布的伟晶岩、细晶岩和石英脉样品，这些脉体主要赋存在后期构造裂隙中，由于花岗岩是在中生代燕山期形成，花岗岩中由于构造作用产生的流体包裹体迹面(FIP)，可以反映中生代燕山期以后的地质活动信息。因此本书的研究采集了不同地点的伟晶岩、细晶岩和石英脉样品，样品信息如下。

1. 小洋山样品

(1) 岩脉一：伟晶岩脉，位于小高泥滩西侧，围岩为肉红色花岗岩。该岩脉宽度为2.85m，走向65°，倾向154°，倾角60°。岩脉中发育两组后期裂隙，走向分别为314°和60°。在该岩脉共取定向样品三块(X-1、X-2、X-3)及非定向样品三块(参考样品，未编号)。

(2) 岩脉二：细晶岩脉，位于哑鸡东侧，肉红色细晶花岗岩脉。该岩脉宽5.5cm，走向86°，倾向176°，倾角73°。在该岩脉共取定向样品两块(X-4、X-5)。

(3) 岩脉三：细晶岩脉，位于哑鸡东侧，与岩脉二交叉，为肉红色细晶花岗岩脉。该岩脉宽22cm，走向10°，倾向95°，倾角82°。在该岩脉上共取定向样品两块(X-6、X-7)。

(4) 岩脉四：细晶岩脉，位于姐妹沙滩西侧岸边。共分两组，主脉走向67°，倾向157°，倾角53°，取样品一块(X-8)；侧脉走向120°，取样品一块(X-9)。

(5) 岩脉五：石英脉，位于姐妹石西100m，取样品一块(X-10)。

2. 大洋山样品

(1) 岩脉一：花岗细晶岩脉，位于移民村南西262°方位，距离移民村约700m。脉厚约40cm，倾向162°，倾角86°，取样品一块(D-1)。

(2) 岩脉二：花岗细晶岩脉，位于移民村南西262°方位，距离移民村约600m。倾向60°，取样品一块(D-2)。

(3) 岩脉三：花岗细晶岩脉，位于移民村南西262°方位，距离移民村约500m。脉厚7～8cm，倾向342°，倾角60°，取样品一块(D-3)。

在野外采集样品时，必须定向标志，然后在室内沿水平方向将其切割，将这些样品磨制成0.2～0.3mm的两面光薄片，按一定要求制成定向岩石薄片，利用费氏五轴旋转台进行FIP方位测定，再通过显微镜下观察，判别不同方位FIP形成的先后次序，然后对不同时期FIP中的包裹体进行类型、大小、形态、相态、成分、产状的观察和描述，最后利用冷热台(Linkam THM 600)对不同类型包裹体进行显微测温，根据显微测温数值计算出流体包裹体的形成温度、形成压力、含盐度、流体成分等方面的数据。对代表性的包裹体进行喇曼探针分析(由中国西安地质矿产研究所采用Yvon-jobin RAMANOR U1000光谱仪测定)。

7.3.3 流体包裹体迹面(FIP)分析

1. FIP分析原理

流体包裹体迹面(FIP)是地质作用过程中的流体渗透迁移到变形结构和显微

裂隙中，因它们愈合、封闭而形成的流体活动轨迹。20 世纪 80 年代以来，利用流体包裹体迹面来探索古流体渗流动力学过程，已成为构造地质领域一个新的研究热点(Lespinasse，1999;刘斌，2008)。

不同时期构造活动发育不同应力性质的充填岩脉和显微构造 FIP，由于主矿物生成、变形结构和显微裂隙形成的地质环境不同，参与流体的性质(温度、压力、流体密度、含盐度、化学成分、流体逸度等)是不同的，因此捕获不同的流体包裹体，组成不同类型的 FIP(Tuttle，1949)。

利用 FIP 进行显微构造分析是以区域地质为背景，运用构造力学的原理和方法，研究地质构造的痕迹，确定构造线方向，分析构造应力场特征，进行地质构造配套和组合，在显微尺度下，从 FIP 的性质、组合特征及其构造力学特性，认识多期构造岩体受力后它的应力应变特性和破坏规律，进一步分析和研究该地区地质构造运动的发展历史(Lespinasse et al.，1991)。

2. FIP 成因类型

按照构造力学的观点，FIP 可以划分为五种类型。①压性 FIP：通常由构造挤压作用形成；②张性 FIP：通常由构造张裂作用形成；③扭(剪)性 FIP：通常由构造扭裂或剪裂作用形成；④压-扭性 FIP：通常由构造压-扭作用形成；⑤张-扭性 FIP：通常由构造张-扭作用形成。在这五类 FIP 中，压、张、扭三类 FIP 是最基本的。构造活动在地质体内所产生的 FIP 是多种多样的，但从力学观点来分析，它们都可归为上述三种基本类型(Stearns and Friedman，1972)。因此，对压、张、扭三类 FIP 的分析和鉴定，在研究岩体构造问题中是非常重要的。

3. FIP 分析要点

FIP 研究是恢复古构造应力场的方法之一，要准确地恢复和判断在地质历史上存在过的构造应力场，必须认真研究现今存在于岩体中的 FIP 的特征，即要重视 FIP 类型的形成、联合与复合问题。在 FIP 研究中，首先应该分析不同形态、不同性质、不同等级、不同序次和具有内在成因联系的 FIP 要素，以及与它们之间所夹的地块或岩体组合而成的 FIP 组合总体，即各构造 FIP 在区域中的排列、组合和展布规律等(Boullier，1999)。

7.3.4　构造应力特征

1. 构造应力分析基本规律

当测定出许多 FIP 数据后，在分析 FIP 构造力学性质时，可以遵循这样的基本规律：在垂直主压应力方向产生一系列的压性 FIP；在平行主压应力方向上产生一系列张性 FIP；在与主压应力呈锐角方向上则产生两组剪性平移 FIP(扭性 FIP)(Lespinasse and Pecher，1986)。

以莫尔-库仑准则为基础进行显微构造 FIP 分析时，是以最大剪应力理论作为基础的，即当岩体受力达到极限破坏强度时(产生显微构造 FIP 时)，是最大剪应力作用的结果，各种显微构造 FIP 的产生都是力的作用使岩体变形破坏的印记。在应力场的分析中，最大主应力一般视为压应力，最小主应力视为拉应力，在最大和最小主应力之间，存在一对共轭的大小相等的最大剪应力。上述三种类型的 FIP，就是由这三种不同的力的作用形成的，即压性 FIP 为最大主压应力所形成，张性 FIP 为最大拉应力所致，扭性 FIP (常成对出现)为一对最大剪应力所形成。

2. 构造应力性质

根据伟晶岩、细晶岩和石英脉形成的构造环境和后期变形形成的 FIP 形态特征、相互穿插关系，判断出它们生成的先后关系，得到小洋山的不同构造时期和构造应力性质。

① 第 1 期：张性构造应力作用，主要形成 NE 向伟晶岩脉；同时有 NE 向、NNE 向和 NNW 向(330°)细晶花岗岩脉；② 第 2 期：扭性构造应力作用，形成平整状“X”型愈合微裂隙所构成的三组 FIP；③ 第 3 期：张性构造应力作用，形成不规则分布的面弯曲较大的愈合微裂隙所构成的两组 FIP；④ 第 4 期：压性构造应力作用，形成不平整状愈合微裂隙所构成的两组 FIP(表 7.3)。

3. 主应力方向的确定

根据这种应力分析方法，对小洋山各个样品中岩脉和其中 FIP 形成时的构造作用主应力方向进行分析。利用在野外采集的定向样品，在室内磨制成定向岩石薄片，在费氏五轴旋转台进行定向数据测定，将 FIP 走向方位和统计数量在赤平投影图上作出 FIP 走向玫瑰花图，赤平投影图的上半部分就可以表示它们走向的方位性质(图 7.5)。

4. 应力场势图

本书的研究测定了小洋山 49 个地点的 FIP 应力方向和分布密度，测定结果见表 7.3。

绘制主应力场势图需要的数值比较多，单靠有限的数据测定是满足不了要求的，我们采用应力反分析法弥补测定基础信息的不足。由于小洋山构造作用分为 4 个时期，我们这里只尝试第 2 期和第 4 期构造作用主应力方向分布图的绘制，(图 7.6 和图 7.7)。

表 7.3　构造作用的 FIP 应力方向和分布密度测定数值

采样点编号	平均应力方向/(°)	分布密度/(条/cm²)	采样点编号	平均应力方向/(°)	分布密度/(条/cm²)	采样点编号	平均应力方向/(°)	分布密度/(条/cm²)	采样点编号	平均应力方向/(°)	分布密度/(条/cm²)
1	310	26	16	310	23	31	323	22	46	327	34
2	308	24	17	310	23	32	324	26	47	329	35
3	306	30	18	311	23	33	322	23	48	328	38
4	302	36	19	313	20	34	317	27	49	331	37
5	307	20	20	314	24	35	318	30			
6	309	27	21	315	27	36	318	31			
7	310	24	22	324	24	37	320	34			
8	308	29	23	326	25	38	325	30			
9	310	28	24	328	29	39	321	33			
10	311	27	25	327	23	40	320	35			
11	304	30	26	325	26	41	323	30			
12	302	35	27	329	28	42	325	33			
13	303	30	28	330	31	43	326	33			
14	306	27	29	332	33	44	326	30			
15	308	24	30	334	35	45	327	35			

注:表中编号数值为各个地点的代号,与图 7.6 中的编号对应。

从主应力方向分布图看，第 2 期主应力主要为 NW 向，西部地区比东部地区方向稍有反时针向西转移倾向；各部位主应力分布密度基本相同。但是晚期(图 7.7)比较早期(图 7.6)主应力方向稍向西逆时针方向偏离。

5. FIP 的分维特征

在分析应力状况时，FIP 发育于那些伴随区域应力作用发生破裂、容易愈合捕获并保存流体的矿物(如石英)中，FIP 的发育与矿物的结晶性质无关(Lespinasse，1991)。

为了有效地利用 FIP 对断裂构造应力性质进行分析，我们尝试采用分形维数方法进行定量推算。在对显微裂隙构造面发育的研究中，Barton 等规定了节理构造的糙度系数 JRC(joint roughness coefficient)，他们测定了标准 JRC 位形的分

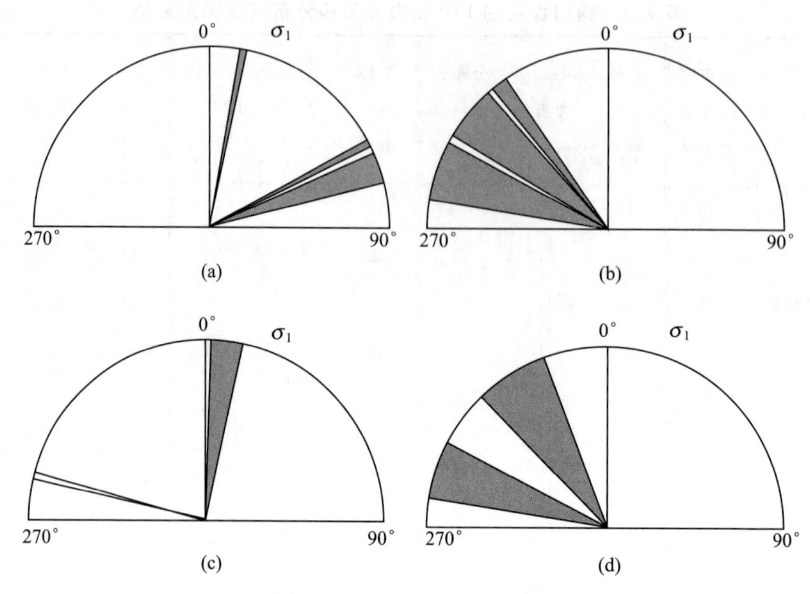

图 7.5　主应力方向变化图

(a) 伟晶岩、细晶岩和石英脉等张性裂隙充填体，为中生代燕山期以后早期形成，其区域主应力的方向为 NEE 向(65°～86°)，少数为 NNE 向(10°)，其内部愈合微裂隙所构成的 FIP 为晚期形成；(b) 两组方向平整状"X"型愈合微裂隙所构成的 FIP，其构造主应力的方向主要为 NW 向，它们有 278°～296°、300°～318°和 319°～324°三个方向；(c) 不规则分布的面弯曲较大的愈合微裂隙所构成的 FIP，其构造主应力的方向主要为 NNE 向(2°～13°)，少数为 NWW 向(286°)；(d) 不平整状愈合微裂隙所构成的 FIP，其构造主应力的方向主要为 NW 向，又分为 NWW 向(277°～298°)和 NNW 向(312°～340°)两个方向

维，找到分维与标准 JRC 的对应关系(Barton，1977)。FIP 的几何与结构特征以及组合方式是构造动力学的直接反映，因而也是反演构造动力学特征的直接证据(Brace and Bombolakis，1963；易顺民和朱珍德，2005)。

对于理想的均匀材料来说，剪切压性应力形成的裂隙面常常为平直的；而拉伸张性应力形成的裂隙面常常为粗糙的(Onasch，1990)。但是自然界中的情况十分复杂，裂隙面粗糙度与矿物的种类、结晶程度等因素有关。我们采集小洋山花岗岩样品，经过室内不同性质应力实验，结果发现显微裂隙糙度系数(JRC)与应力性质密切相关，经过分形维数计算，得到相关数值(表 7.4)。

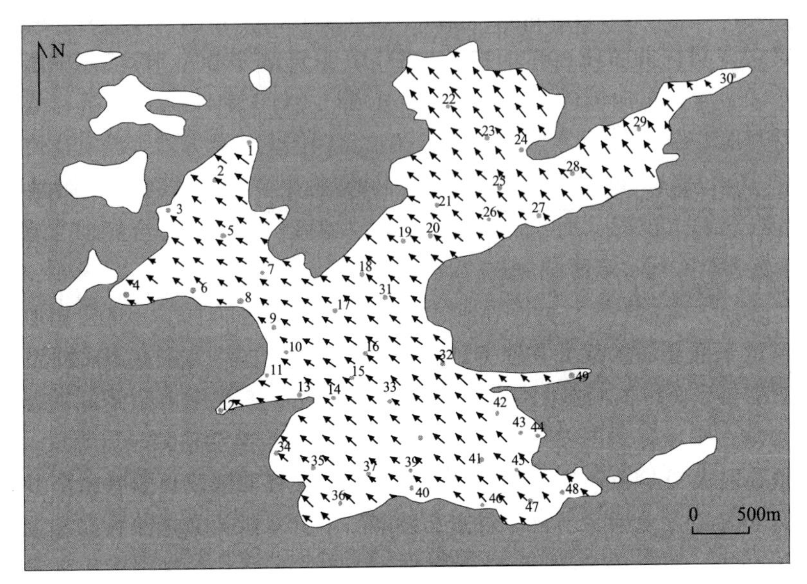

图 7.6　小洋山第 2 期构造作用主应力方向分布图

图中箭头方向代表主应力方位；数字为采样点编号，与表 7.3 对应

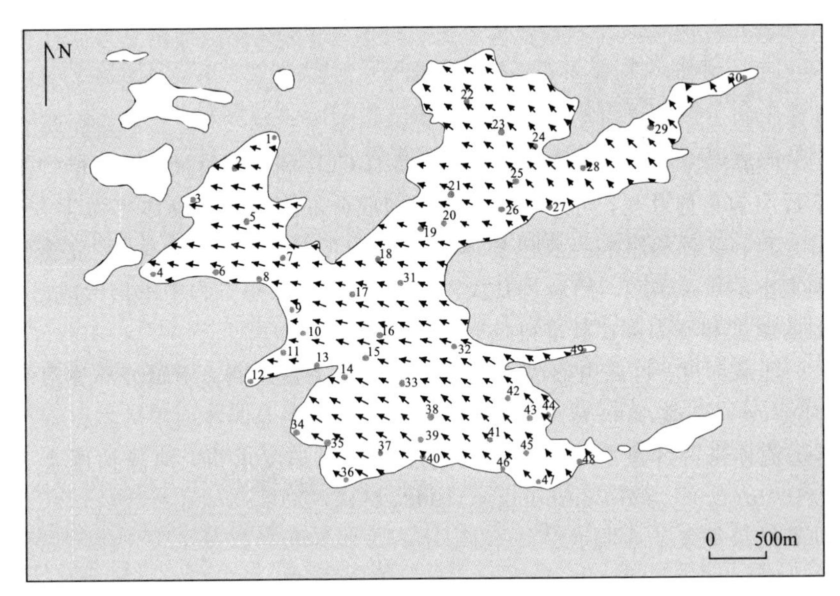

图 7.7　小洋山第 4 期构造作用主应力方向分布图

图中箭头方向代表主应力方位；数字代表采样地点编号（平均应力方向和分布密度没有列出）

表 7.4 小洋山伟晶岩中 FIP 应力性质、裂隙糙度系数(JRC)和分形维数的关系

应力性质	压性	压性	压扭	压扭	压扭	张扭	张扭	张扭	张性	张性
标准 JRC 数值	0～2	2～4	4～6	6～8	8～10	10～12	12～14	14～16	16～18	18～20
分形维数 D	1.001	1.002	1.003	1.004	1.005	1.006	1.007	1.008	1.009	1.012

注：$JRC=0.8704+37.7844\times[(D-1)/0.015]-16.9304\times[(D-1)/0.015]^2$。

我们对小洋山伟晶岩之中的 FIP 进行测定，它在岩石薄片平面上为一条迹线，用长度为 d 的码尺量测该迹线，共得 N 步，变换 d，得到一组数据对 $N(d)$ 和 d，则有计算公式（杨展如，1996；Kenneth，1999）

$$N(d) \sim d^{-D}$$

式中，D 为该迹线的分维；d 为欧基里德维数。

由公式可以得到迹面粗糙度和分形维数的定量结果，根据表 7.4 中它们与应力性质的关系，确定迹面形成的应力性质和裂隙面的张闭性质，测定结果见表 7.5。

由分维方法计算结果可知，除了第 1 期张性构造外，对于其他 3 期构造作用，构造应力性质从压性—压扭性应力变化到后来张性—张扭性应力，而构造裂隙面从闭合到微张开演化。

7.3.5 形成的热力学条件

(1) 形成温度和压力：包裹体组合中常有 CO_2 和盐水溶液、气相和 CO_2 水溶液等不混溶包裹体共生，可以利用两种不同成分的不混溶包裹体热力学方程，联立求解计算；或者利用水溶液包裹体（一般为 CO_2—H_2O 包裹体）的完全均一温度来确定它的形成温度，然后将其代入 CO_2 包裹体状态方程中求出形成压力，这样得到的温度和压力都比较准确（刘斌，1988）。

(2) 埋藏深度：可以由形成压力和上覆岩石密度求得，上覆岩石密度本书采用 $2.65g/cm^3$（刘斌，2002）。

(3) 流体来源深度：可以由形成温度和地温梯度求得，地温梯度本书采用 3.0℃/100m（Brace and Bombolakis，1963；刘斌，2002）。

计算结果如表 7.6 所示。

表 7.5　小洋山伟晶岩中 FIP 裂隙糙度系数(JRC)、分形维数、应力性质和裂隙闭合度的关系

FIP 相对形成时间	相对构造阶段	样品号码	FIP 特征	标准 JRC 数值	分形维数	构造应力性质	裂隙面闭合度
新 ↑ 老	4	X2-6-9	平行分布的一组愈合微裂隙，面不太平直	4～8	1.002～1.004	压扭性	闭合—张开
		X1-3-4-7	平行分布的一组愈合微裂隙，面不太平直	1～6	1.001～1.003	压性为主	闭合为主
	3	X2	不规则分布的愈合微裂隙，面弯曲较大	12～18	1.007～1.009	张性—张扭性	张开为主
		X1-5-7	不规则分布的愈合微裂隙，面弯曲较大	10～15	1.006～1.0085	张扭性—张性	张开为主
	2	X4-5-6	“X”型愈合微裂隙，面平直(两组)	3～8	1.003～1.004	压扭性	闭合为主
		X1-2	“X”型愈合微裂隙，面平直(两组)	2～7	1.002～1.0035	压扭性	闭合为主
		X3-8	“X”型愈合微裂隙，面平直(两组)	1～6	1.0005～1.003	压扭性	闭合为主

表 7.6 小洋山 FIP 应力特征和流体活动的热力学参数

FIP形成时间	相对构造阶段	样品编号	应力性质	包裹体特征			FIP 测定结果			包裹体测定参数					形成条件	
				FIP 特征	成因类型	成分类型	测定数目/条	FIP 平均走向方位方位/(°)	区域应力方向/(°)	CO_2和气相充填度/%	CO_2含量/x_{CO_2}	含盐度(质量百分数)/%	流体密度/(g/cm³)	均一温度*/℃	形成温度*/℃	形成压力/MPa
新↑老	4	X2-6-9	压性	平行分布的一组愈合微裂隙，面不太平直	次生	CO_2 水溶液和气相	4×3	277～298	277～298	0.16～0.173	0.025	—	0.855～0.905	175～210	175～210	34～37
	4	X1-3-4-7	压性	平行分布的一组愈合微裂隙，面不太平直	次生	CO_2 水溶液和气相	5×4	315～340	315～340	0.16～0.172	0.026	—	0.906～0.924	165～185	165～185	37.5～44
	3	X2	张性	不规则分布的愈合微裂隙，面弯曲比较大	次生	水溶液和气相	3	283～289	286	0.13	—	2.56	0.868	215	250	44.5
	3	X1-5-7	张性	不规则分布的愈合微裂隙，面弯曲比较大	次生	水溶液和气相	5×3	2～13	2～13	0.1～0.13	—	2.5～2.55	0.874～0.905	185～210	230～250	50.6～55
	2	X4-5-6	扭性	“X”形愈合微裂隙，面平直（两组）	次生	CO_2 水溶液和气相	8×3	一组:315～343;另一组:60～80	279～302	0.159～0.167	0.03	—	0.897～0.904	150～170	150～170	42～45.2
	2	X1-2	扭性	“X”形愈合微裂隙，面平直（两组）	次生	CO_2 水溶液和气相	10×2	一组：280～298;另一组：330～340	307～320	0.1～0.13	0.03	—	0.929～0.934	155～165	155～165	51～56.3
	1	X6-7	张性	细晶花岗岩脉，脉宽 22cm，走向 10°	原生	水溶液和气相	2	10	10	0.235	—	3.05	0.765	285	350	71.4
	1	X4-5	张性	细晶花岗岩脉，脉宽 5.5cm，走向 67°和 86°	原生	水溶液和气相	2	67～86	67～86	0.21	—	2.88	0.799	265	325	74
	1	X1-2-3	张性	伟晶岩脉，脉宽度为 2.85m，走向 65°	原生	CO_2 水溶液和气相	3	65	65	0.22	—	3.69	0.782	280	380	106

注：* 本地区捕获的包裹体为 CO_2-H_2O-NaCl 成分低盐度水溶液，因此 CO_2 溶解在盐水中的温度，即 CO_2 在盐水中消失的温度（均一温度 T_h）代表包裹体捕获温度（形成温度 T_f）。

由表7.6、图7.6和图7.7可以看出，区域构造主应力方向发生反复变化：① 早期形成的张性岩脉，NEE向主应力比较常见，少见NNE向主应力；② 扭性应力作用形成的“X”型愈合微裂隙FIP，主应力有NNW向和NWW向两个方向；③ 张性应力作用形成的不规则分布的面弯曲较大的愈合微裂隙FIP，主应力主要为NE向；④ 压性应力作用形成的不平整状愈合微裂隙FIP，主应力主要为NW向。

利用岩脉中原生包裹体和FIP中赋存的流体包裹体可以测定和计算流体活动的热动力条件：形成温度和形成压力。不同构造时期形成的岩脉和FIP的热力学参数有所不同：① 早期形成的张性岩脉形成温度较高、形成压力较大，其中以伟晶岩脉形成的温度最高、压力最大，次为细晶岩和石英脉；② 扭性应力作用形成的“X”型愈合微裂隙FIP，其形成温度较低、形成压力较高；③ 张性应力作用形成的不规则分布的面弯曲较大的愈合微裂隙FIP，其形成温度较高、形成压力较低；④ 压性应力作用形成的不平整状愈合微裂隙FIP，其形成温度低、形成压力较高。

7.3.6　研究结果分析

(1) 通过小洋山不同构造时期形成的岩脉和FIP的特征分析可以得到流体活动和构造作用的特征。本区脉体的形成主要为拉张作用形成的张性裂隙被花岗岩质成分充填而成。花岗岩体中的流体包裹体面是Ⅰ型裂隙面，其优势定向方位代表垂直于最小主压应力轴σ_3的方位。洋山岛FIP的极点等密图和走向玫瑰花图均显示出FIP主要发育的两个最优势定向方位为NW向和NEE向，这表明形成这两个方位的FIP的σ_3方位分别垂直于NW向和NEE向，且两个方位的FIP倾角普遍较陡，指示了σ_3是近水平的。此外根据镜下观察已判断NW走向FIP的形成晚于NEE走向的FIP。因此，可以推断，小洋山首先受到NEE向的挤压或NNW向的拉张，形成NEE向脉体和FIP；然后受到NW向的挤压或NE向的拉张，形成NW向脉体和FIP。这可能与古太平洋板块向华南板块之下俯冲，造成中国大陆东部向北西挤压和缩短有关(毛景文等，2008)。

(2) 小洋山位于东亚大陆边缘地区，由于远离菲律宾板块俯冲带前沿，主要产生水平应力张弛。早期形成的岩脉(伟晶岩脉、细晶岩脉和石英脉)走向以NE向为主，构造主应力方向也是NE向为主的张性应力，这一时期NE向构造活动较强。

(3) 通过小洋山不同时期FIP的分析可知，本区区域构造主应力方向反复发生变化，FIP的定向方位反映了该区古应力场由NNW向水平拉张构造应力场向NW向挤压构造应力场的转变。这也指示了古太平洋低角度俯冲板片对大陆腹地的远程效应随时间推移而发生的变化，即从拉张到挤压的构造转换。这与本书通过 FIP 研究所获得的区域古应力场的结果是一致的。

（4）小洋山不同时期流体特征：对应于不同应力场、不同世代的流体包裹体面可以捕获不同性质的流体，因此详细研究不同世代流体包裹体面的定向、先后关系及流体包裹体组成和形成条件特征，可以获得反映特定构造热事件的应力场、流体性质及演化等方面的资料。

（5）小洋山中脉体和 FIP 主要有两个优势方向：NEE 向和 NW 向，NW 向 FIP 切穿 NEE 向 FIP，表明 NEE 向 FIP 的形成早于 NW 向 FIP。

（6）小洋山研究的 NW 向和 NEE 向 FIP，对应了 NNW 向水平拉张和 NW 向挤压的区域应力场方位变化。每一组 FIP 中的流体包裹体具有独特的温度、盐度等方面的性质，反映出特定的构造事件与特定性质的流体渗透有关。

（7）小洋山中流体包裹体主要都为 $NaCl—H_2O$ 型包裹体，所含气体成分相似，都含 CO_2 和 N_2。图 7.8 和图 7.9 可以显示出两种应力性质流体包裹体的形态和成分特征。

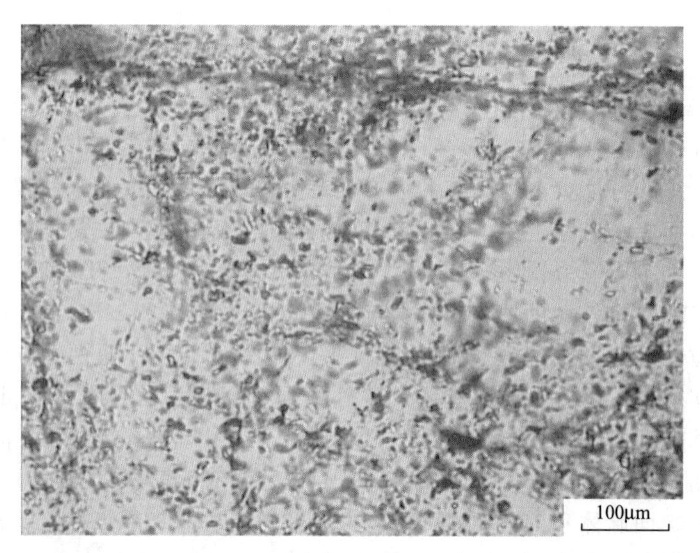

图 7.8　扭性应力作用形成的“X”型愈合微裂隙 FIP(样品号:X6)

7.3.7　主要结论

（1）小洋山中脉体主要有两个优势方向：NEE 向和 NW 向。NW 向脉体切穿 NEE 向脉体，表明 NEE 向脉体的形成早于 NW 向脉体。

（2）小洋山中 FIP 的定向受区域应力场控制，两组 FIP 反应区域应力场由 NNW 向的水平拉张应力场向 NW 向的挤压构造应力场转化。相对应的构造事件为古太平洋板块向华南板块之下低角度俯冲，造成大陆腹地发生从弧后拉张到挤

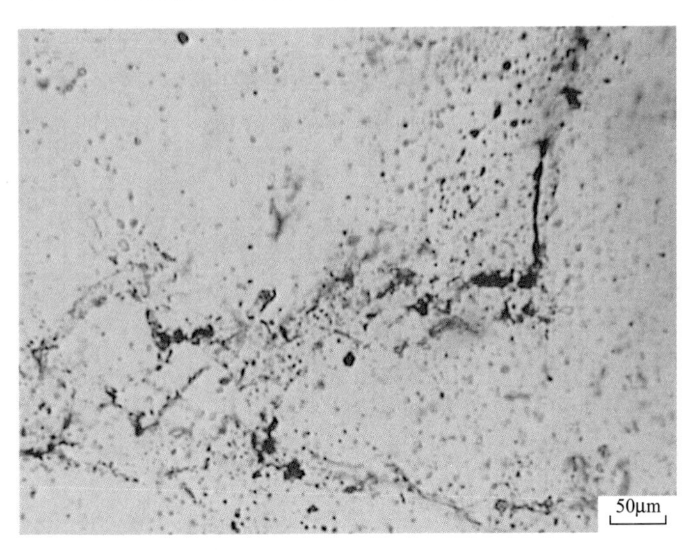

图 7.9　张性应力作用形成的不规则的面弯曲较大的愈合微裂隙 FIP(样品号:X2)

压的构造转换。

(3) NEE 向的和 NW 向 FIP 中的流体包裹体主要都为 NaCl—H_2O 型包裹体，所含气体成分相似，都含 CO_2 和 N_2。流体演化的总体趋势为由早期高温度、高盐度、低密度型流体向晚期低温度、低盐度、高密度型流体演化。

(4) 小洋山中 FIP 分维方法计算表明，从第 1 期到第 4 期构造作用，主应力性质变化为张性—压扭性—张扭性—压扭性；裂隙面闭合程度变化为张开—闭合—张开—闭合。

(5) 利用有限元反分析法弥补测定数据的不足，绘制出主应力方向分布图，在 FIP 研究中是一种有发展前途的数值分析方法。

(6) 小洋山 FIP 分析表明，FIP 为构造研究提供有价值的数值资料，为重塑板块构造热动力学模型和地震活动的研究提供了一种新的途径。

7.4　汶川地震断裂带中流体包裹体研究——以 WFSD-1 井为例

7.4.1　概述

汶川断裂带是龙门山构造带的组成部分。龙门山构造带是一个多期次、多层次、典型的陆内造山带，它的形成经历了较长时期的发展。研究表明，龙门山构造带有其独特的形成发展历史，经历了基底形成期、扬子地台裂解期、构造反转—褶皱隆升期和推覆滑覆叠加期四个演化阶段，展示了一个复杂的演变过程，而每一个过程都是造山作用的一个发展阶段。龙门山构造带同时具有东西分带、南北分段、上下分层的构造变形特点，发育大量的构造样式，如叠瓦冲断带、花状构造、背冲断层、断滑褶皱等，并且具有推覆滑覆多期叠加的特征。喜马拉雅期由于印度板块向欧亚板块的俯冲碰撞，青藏高原隆升，引起强烈的边缘效应，龙门山构造带发生了强烈的逆冲推覆滑覆构造运动，进一步改造演化并定型为现今的构造格局，这一强烈挤压使龙门山区以几大断裂为界的块体产生由北西向南东的强烈推覆作用和稍后的滑覆作用。汶川 8.0 级大地震就是青藏高原强烈的边缘效应在龙门山构造带的一次充分体现(Chen and Wilson，1996；刘树根等，2003)。龙门山断裂构造带和震中分布示意图如图 7.10 所示，褶皱—冲断带构造纲要图如图 7.11 所示。

无数事实证明，地震过程中，地下流体动力条件发生改变，从而导致地下流体发生相应的物理和化学变化，成为发震前的一个重要地质现象。地质构造作用，特别是断裂地震过程中，地下流体往往因断裂带的愈合、封闭而被保存在构造岩的原生和次生包裹体中，保存了地震活动时的流体样品，这就为研究古地震与流体作用的关系、阐明地震活动过程、揭示临震流体活动的规律，提供了重要信息和研究途径。汶川龙门山地震断裂带 WFSD-1(汶川地震断裂带科学钻探 1 号井)钻孔中构造脉体中赋存的许多包裹体是地震活动时流体样品，通过其中包裹体的室内测试和研究，明确是 2 个地震构造阶段主应力性质和方向。论述汶川断裂带地震过程中流体活动的规律性及流体活动特征，得到断裂带流体压力的间歇性变化与断裂破裂过程相互联系和制约的变化规律，从而证实这种耦合机制的断裂阀模型(Kerrich et al.，1984；Sibson，1994；Andre et al.，2001)。

7.4.2 样品采集和样品加工

1. 样品采集

对流体包裹体的任何研究都应从岩相学研究入手。这样做的目的是描述包裹体在岩石组构中的背景，以便把它们归入与样品历史特征相关的不同组构中。特别了解岩石中矿物的生长和破裂过程中最为明显的历史印记特征。

地震作用是十分复杂的地质构造作用，其中流体的活动也同样十分复杂，在地震作用每一个阶段都有流体活动，其中一部分流体为矿物生长时捕获的流体，一部分为沿后来显微裂隙贯入而被封闭在其中的流体，不同构造时期有不同的显微裂隙产生，捕获不同的流体，形成成分不同、成因不同、时期不同的复杂包裹体群，理清这些复杂包裹体群，才能有效地进行研究，因此必须从野外样品采集第一步开始考虑。

我们主要采集与地震构造作用有关的样品，由于脉体是构造作用的产物，我

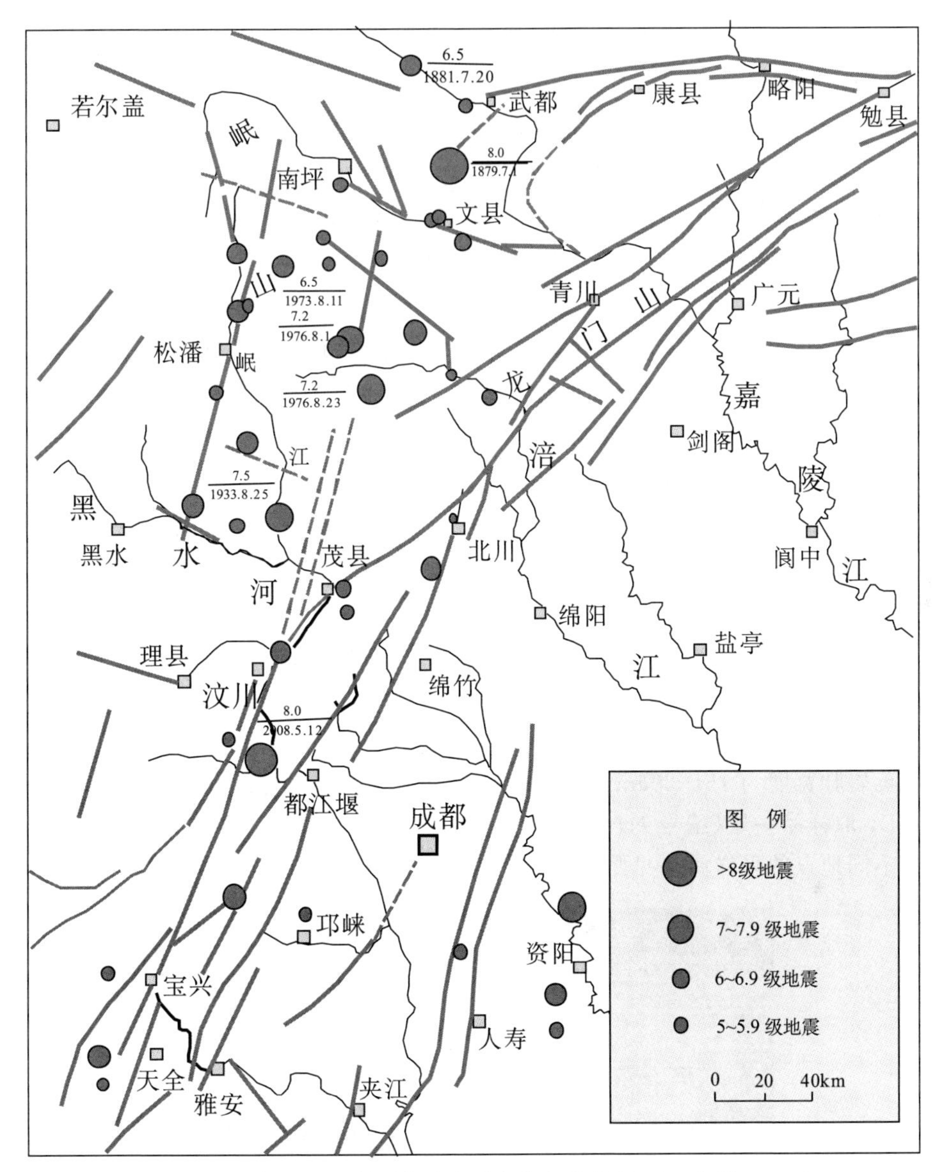

图 7.10 龙门山地震断裂构造和震中分布示意图(王二七等，2001)

们主要采集汶川断裂1号钻孔岩心中的脉体——石英和方解石脉，这些脉体主要在三叠纪地层产出，通过它们的研究可以了解三叠纪以后的地震活动信息。为了弥补样品的不足，我们还在地表采集了一些样品进行补充。

1) 地表样品

我们在钻孔周围四个地点采集了石英和方解石脉样品六块，样品信息如下。

(1) 地点一：WFSD-1井南100m河谷东岸，围岩为火山岩。该岩脉宽度为

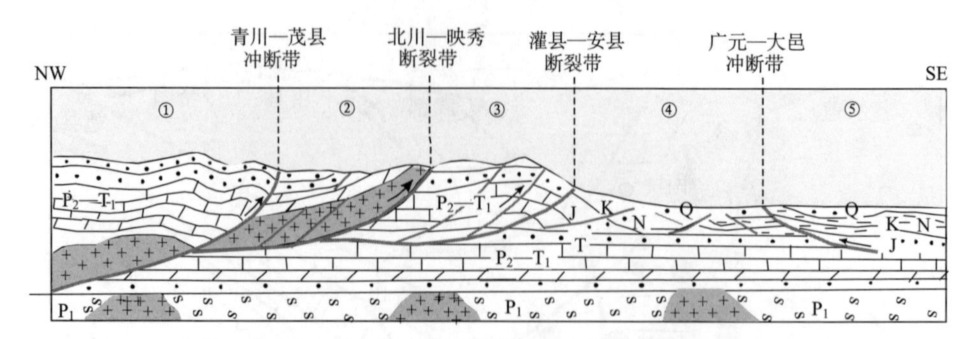

图 7.11　龙门山褶皱—冲断带构造纲要图(据刘和甫，1994，已修改)

①复理石褶皱—冲断带；②相似褶皱—韧性剪切带；③同心褶皱—叠瓦冲断带；④反向冲断带；⑤前缘向斜带

15cm 左右，走向 NW，取样品一块(编号 N1)。

(2) 地点二：WFSD-1 井南 50m 河谷东岸，围岩为火山岩。石英岩脉共分两组，一组走向 NW，该岩脉宽度为 15cm 左右，取样品一块(编号 N2-1)；另外一组岩脉走向 NE，取样品一块(编号 N2-2)。

(3) 地点三：WFSD-1 井北 60m 大路边。围岩和岩脉走向不清，为石英岩脉，取样品一块(编号 N3)。

(4) 地点四：WFSD-1 井南 200m 河谷西岸。岩脉共分两组，一组走向 NW，该石英岩脉宽度为 15～20cm，取样品一块(编号 N4-1)；另外一组方解石岩脉走向 NE，取样品一块(编号 N4-2)。

不同地点的采样露头见野外照片(图 7.12 和图 7.13)。

图 7.12　NE 向的石英脉(WFSD-1 井南 100m 河谷东岸)

图7.13　NW向的方解石脉(WFSD-1井南200m河谷西岸)

2）钻孔样品

我们基本在钻孔岩心中不同深度分别采集了脉体样品，共七块。

样品为石英和方解石脉岩，按照岩心埋藏深度从浅到深分别为M-8、M-1、M-4、M-3、M-7和M-6，样品重量钻井岩心多少决定，一般在100～500g。

所采集的七块脉体样品，基本合适并且满足一般研究要求。

钻孔岩心中岩性特征如图7.14所示。野外采样和钻孔样品目录如表7.7所示。

表7.7　采集样品目录

序号	送样号	样品编号或钻井编号	采样位置(岩心埋深)/m	层位	岩石定名	备注
N-1	N-1	N-1	地表	上三叠统	石英脉岩	样品重量由钻井岩心多少决定，一般在100～500g
N-2-1	N-2-1	N-2-1	地表		石英脉岩	
N-2-2	N-2-2	N-2-2	地表		石英脉岩	
N-3	N-3	N-3	地表		石英脉岩	
N-4	N-4	N-4	地表		石英—方解石脉脉岩	
M-8	M-8	B40P57P3c	250		石英脉岩	
M-1	M-1	B180r315P1f	500		方解石脉岩	
M-4	M-4	B312r90P2f	720		石英脉岩	
M-3	M-3	B365r148P4f	800		石英脉岩	
M-7	M-7	B500r299P2n	1000		石英脉岩	
M-5	M-5	B541r357P8a	1100		石英脉岩	
M-6	M-6	B547P363P8f	1180		方解石脉岩	

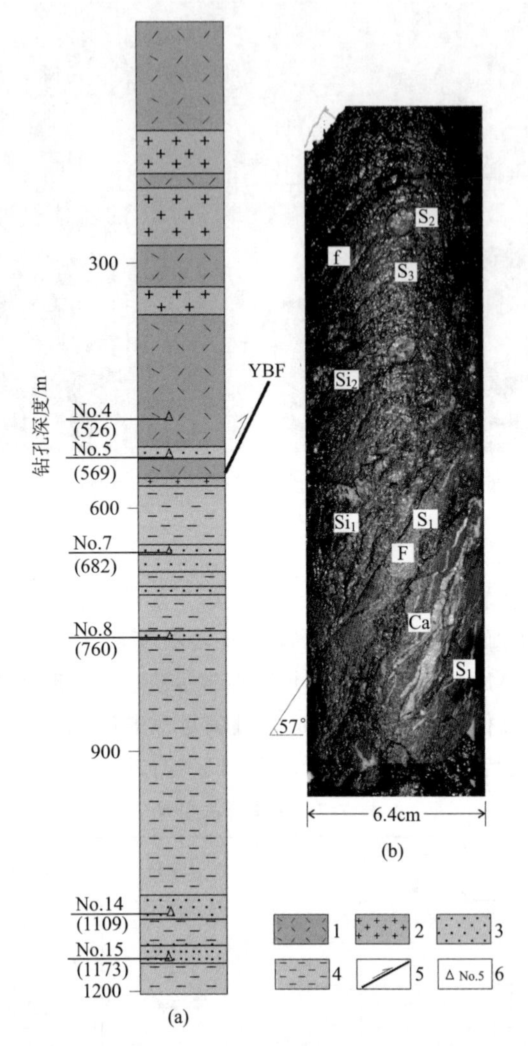

图 7.14　WFSD-1 井钻孔岩性剖面

(a)钻孔地层和岩性：新元古界彭灌杂岩；(b) 720～720.24m 孔深段岩心 1. 震旦系变质火山岩；2. 新元古代花岗岩；上三叠统；3. 砂岩；4. 粉砂岩；5. 冲断裂；6. 样品点位置和样品编号。(a) 岩性剖面：No. 4～No. 15. 采样编号，括号中数字为钻孔深度(m)；YBF. 映秀—北川断层。(b) 钻孔岩心照片：S_1. 发育密集裂隙的片状砂岩(上三叠统须家河组)；S_2. 砂岩角砾；S_3. 砂岩碎屑；Ca. 方解石脉；Si_1. 石英岩脉；Si_2. 石英岩脉角砾；F. 向 NW 倾斜、倾角为 57°的微断层，断层上部为由煤系地层组成的片状断层泥，含大量透镜状砂岩和石英脉角砾，断层下部为发育密集裂隙的砂岩层；f. 微裂隙

不同地点的采样露头见野外采样露头照片。

2. 样品加工和测定

首先，在室内将这些样品切割，磨制成0.2～0.5mm的两面光薄片，由于我们没有采集到定向样品，因此岩石薄片不能进行FIP方位测定。

其次，通过显微镜下观察，分清不同时期形成的流体包裹体，判别它们形成的特点。然后对不同时期脉体中的包裹体进行类型、大小、形态、相态、成分、产状的观察和描述，利用冷热台(Linkam THM 600)对不同类型包裹体进行显微测温，根据显微测温数值计算出流体包裹体的形成温度、形成压力、含盐度、流体成分等方面的数据。

为了获得单个包裹体中的成分，选择有代表性的包裹体进行喇曼探针分析(由中国西安地质矿产研究所采用 Yvon-jobin RAMANOR U1000 光谱仪测定)。

7.4.3　显微镜观察

在显微镜下对包裹体中各个成分类型进行区分是一个十分重要的步骤。

本地区脉体中的包裹体据其相态分为水溶液、气相包裹体；据成因分为原生、次生包裹体；据含有的成分为CH_4—CO_2—H_2O—NaCl体系的包裹体，又可以细分为CH_4—H_2O、CH_4—CO_2—H_2O、CH_4—H_2O—NaCl和CH_4—CO_2—H_2O—NaCl四种亚类包裹体。

1. 包裹体的特征

包裹体的特征包括包裹体的形状、大小、气液比以及分布等。包裹体形状的描述主要以主矿物的结晶晶形来进行对照衡量，两者接近即为规则形状，表明矿物结晶比较缓慢；反之，则为不规则形状，可能由于矿物结晶速度比较快所致。包裹体的大小一般指其长径。包裹体的充填度(气液比)指气相占包裹体总体积的比例，充填度的大小在一定程度上反映了被包裹溶液的原始温度和压力与常温常压差值的大小，同时也反映了溶液本身的性质。包裹体的分布包括各类包裹体在样品中所占的比例以及包裹体的赋存状态，这对于确定包裹体的期次及其所经历的不同构造作用有着重要的意义。

1) 水溶液包裹体的鉴定

根据观察，本地区脉体中主要为水溶液包裹体，室温下常常有两相出现：气相和液相。其中的气相一般呈球形或椭球形气泡存在于液相中，其成分主要是CH_4，其次是CO_2，另外还有一些H_2S、N_2等；样品倾斜或受热时气泡会来回不停地跳动，在加热过程中，气泡会收缩，达到一定温度时，气泡会消失。液相为以低含量Na^+和Cl^-为主的盐水溶液。

表 7.8　流体包裹体特征及其测温数值

样品编号	钻孔编号	井深/m	产状	地层	大小/μm	气液比（气相/%）	形态	主矿物	成因类型	均一温度/℃	冰点/℃	含盐度（NaCl/%）	包裹体类型
N1	—	地表	脉中分散分布	T_3	13×10	<10	圆粒状	石英	原生	127～137	−1.5～−2.2	2.75～3.71	水溶液
			裂隙 1 中分布		15×7	<15	圆粒状	石英	次生	140～155	−0.5～−1.4	0.88～2.41	水溶液
			裂隙 2 中分布		12×7	<15	圆粒状	石英	次生	141～154	−0.6～−1.5	1.05～2.57	水溶液
N2	—	地表	脉中分散分布	T_3	13×10	<15	圆粒状	石英	原生	128～148	−1.2～−2.3	2.07～3.87	水溶液
			裂隙 1 中分布		12×7	<15	圆粒状	石英	次生	149～168	−0.5～−1.7	0.88～2.90	水溶液
			裂隙 2 中分布		12×9	<18	圆粒状	石英	次生	126～165	−0.3～−1.8	0.53～3.06	水溶液
			裂隙 1、2 中分布		24×20	>70	粒状	石英	次生	—	—	—	气相
N3	—	地表	脉中分散分布	T_3	23×10	<20	圆粒状	石英	原生	157～172	−1.5～−2.7	2.57～4.49	水溶液
			裂隙 1 中分布		15×9	<15	圆粒状	石英	次生	165～175	−0.9～−2.0	1.57～3.39	水溶液
			裂隙 2 中分布		12×9	<18	圆粒状	石英	次生	168～178	−0.6～−1.6	1.05～2.74	水溶液
N4	—	地表	脉中分散分布	T_3	6×4	<15	圆粒状	石英	原生	134～151	−1.7～−2.4	2.90～4.03	水溶液
			裂隙 1 中分布		5×3	<15	圆粒状	石英	次生	145～158	−0.2～−1.1	0.35～1.91	水溶液
			裂隙 2 中分布		5×2	<18	圆粒状	石英	次生	147～159	−0.6～−1.9	1.05～3.23	水溶液
			裂隙 1、2 中分布		14×10	>70	粒状	石英	次生	—	—	—	气相
M8	B40P57P3d	250	脉中分散分布	T_3	15×10	<15	圆粒状	石英	原生	165～176	−1.7～−2.5	2.90～4.18	水溶液
			裂隙 1 中分布		10×7	<15	圆粒状	石英	次生	185～197	−0.8～−1.5	1.40～2.57	水溶液
			裂隙 2 中分布		12×9	<18	圆粒状	石英	次生	186～194	−0.9～−1.7	1.57～2.90	水溶液
M1	B180R315P1F	500	脉中分散分布	T_3	13×10	<15	圆粒状	方解石	原生	183～192	−1.5～−2.4	2.57～4.03	水溶液
			脉中分散分布	T_3	16×6	>70	不规则状	石英	原生	—	—	—	气相
			裂隙 1 中分布		11×7	<15	圆粒状	方解石	次生	228～241	−0.5～−1.6	0.88～2.74	水溶液
			裂隙 2 中分布		10×8	<18	圆粒状	方解石	次生	230～242	−0.8～−1.2	1.40～2.07	水溶液

续表

样品编号	钻孔编号	井深/m	产状	地层	大小/μm	气液比（气相/%）	形态	主矿物	成因类型	均一温度/℃	冰点/℃	含盐度（NaCl/%）	包裹体类型
M4	B312R90P2F	720	脉中分散分布	T_3	8×6	＜15	圆粒状	石英	原生	208～247	−1.8～−2.7	3.06～4.49	水溶液
			裂隙1中分布		7×6	＜15	圆粒状	石英	次生	244～260	−1.3～−2.1	2.24～3.55	水溶液
			裂隙2中分布		8×5	＜15	圆粒状	石英	次生	247～265	−0.9	1.57	水溶液
M3	B365R148P4F	800	脉中分散分布	T_3	11×10	＜15	圆粒状	石英	原生	211～230	−2.0～−3.0	3.39～4.96	水溶液
			裂隙中分布		6×5	＜15	圆粒状	石英	次生	249～288	−0.7～−1.9	1.23～3.23	水溶液
			裂隙1、2中分布		9×6	＞70	不规则状	石英	次生	—	—	—	气相
M7	B500R299P2n	1000	脉中分散分布	T_3	13×10	＜15	粒状	方解石	原生	262～289	−1.9～−3.2	3.23～5.26	水溶液
			裂隙1中分布		15×7	＜15	粒状	方解石	次生	291～305	−0.9～−1.5	1.57～2.57	水溶液
			裂隙2中分布		12×9	＜18	粒状	方解石	次生	291～304	−0.6～−2.0	1.05～3.39	水溶液
M5	B541R357P8a	1100	脉中分散分布	T_3	9×8	＜15	圆粒状	方解石	原生	268～283	−2.0～−3.1	3.39～5.11	水溶液
			脉中分散分布		11×9	＞75	粒状	方解石	原生	—	—	—	气相
			裂隙1中分布		9×7	＜15	圆粒状	方解石	次生	280～327	−1.6～−2.0	2.74～3.39	水溶液
			裂隙2中分布		9×7	＜15	圆粒状	方解石	次生	279～326	−0.6～−2.1	1.05～3.55	水溶液
M6	B547R363P8f	1180	脉中分散分布	T_3	13×10	＜15	圆粒状	石英	原生	305～314	−2.8～−3.2	4.63～5.26	水溶液
			裂隙1中分布		10×7	＜15	圆粒状	石英	次生	311～329	−1.5～−2.2	2.57～3.71	水溶液
			裂隙2中分布		10×7	＜18	圆粒状	石英	次生	318～330	−1.0～−1.7	1.74～2.90	水溶液
			裂隙1、2中分布		9×7	＞70	粒状	石英	次生	—	—	—	气相

2）气相包裹体的鉴定

气相包裹体的挥发组分复杂，在加热过程中，气泡会扩大，达到一定温度时，气泡扩大到整个包裹体，实际测定中对它的鉴定较为困难。大量气体分布在包裹体中心部位，少量液体常常附着在包裹体壁上，由于包裹体壁往往不规则，其中液体薄膜肉眼通常难以分辨，因此也难以测定。

本地区脉体中流体包裹体的特征如表 7.8 所示。不同类型显微裂隙中捕获的流体包裹体特征照片如图 7.15～图 7.18 所示。

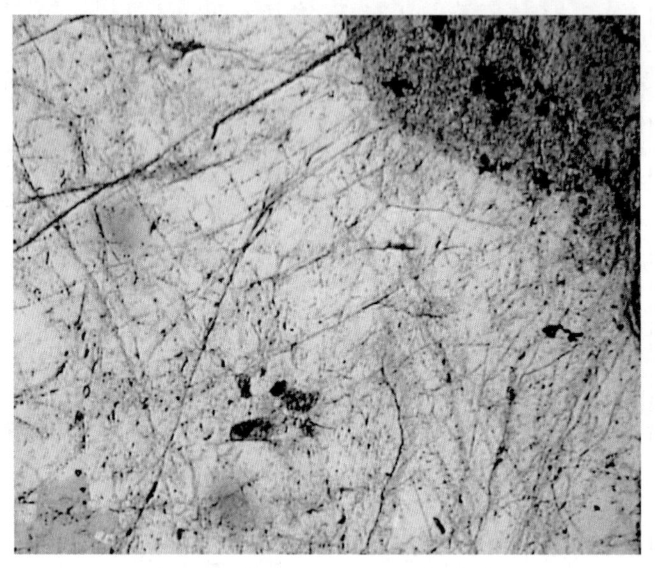

图 7.15　矿物中"X"型显微裂隙发育，包裹体沿裂隙产出，矿物中有包裹体分散分布（10×20 倍）

2. 包裹体分类

1）包裹体成因分类

（1）原生包裹体：在脉体中与主矿物同时形成，因此它占据着主矿物的结晶构造位置，其形状大多具有一定的规则性，它所包含的溶液即是主矿物的流体溶液，它的性质代表了该矿物形成时溶液的成分和物理化学条件（温度、压力、流体密度、含盐度等）。不少比较大的包裹体由于后期地震破裂作用，形态发生变形，其中的成分也发生不同程度的泄漏。

（2）次生包裹体：在脉体中是在矿物形成之后，后期流体沿裂隙、解理等侵入其中，裂隙愈合而形成，呈流体包裹体迹面（FIP）赋存，是地质作用过程的流体渗透迁移到显微裂隙中的结果，代表主矿物中显微裂隙愈合、封闭而形成的流体活动轨迹，它所包含的流体代表了后期流体活动的性质。本地区次生包裹体基本

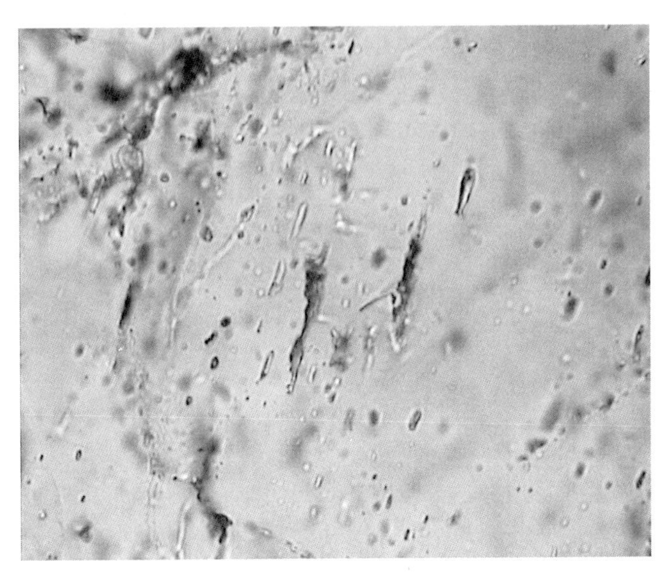

图 7.16　分散分布的粒度大者为不规则状，为气相包裹体；裂隙中粒度细小者为水溶液包裹体，为图 7.15 放大图(10×50 倍)

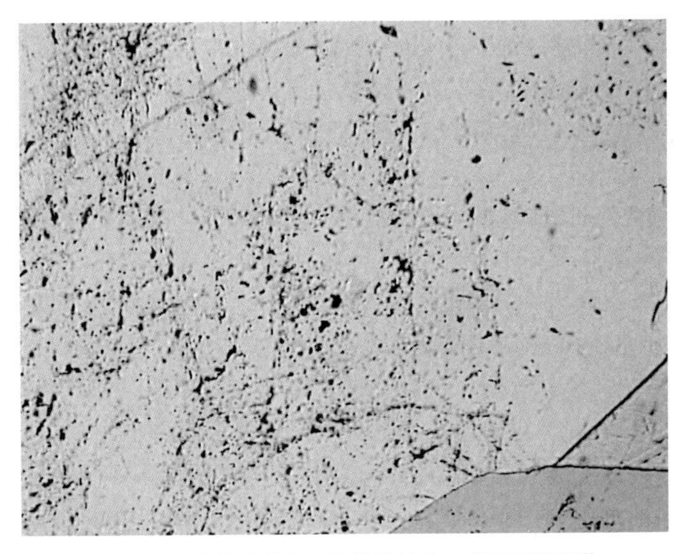

图 7.17　矿物石英中，显微裂纹和一组"X"型显微裂隙都发育(10×20 倍)

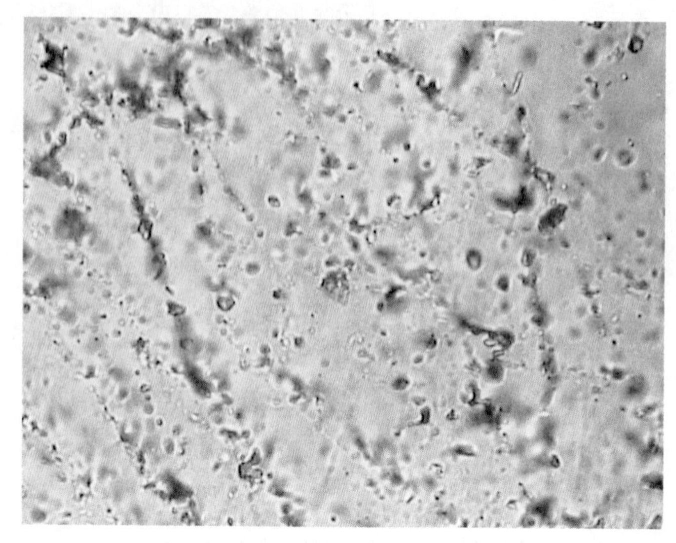

图 7.18 矿物石英显微裂隙和裂纹中赋存的水溶液包裹体和气相包裹体，为图 7.17 放大图(10×50 倍)

上赋存在“X”型的显微裂隙中，呈串珠状分布，粒状居多。

2）包裹体成分分类

包裹体中流体主要为 CH_4-CO_2-H_2O-NaCl 成分体系，由于不同脉体、不同产状的包裹体成分的差异不一，可细分为四种类型。

(1) CH_4-H_2O 包裹体(含甲烷水溶液包裹体)：以水为主，少量 CH_4 成分。

(2) CH_4-CO_2-H_2O 包裹体(含甲烷、二氧化碳水溶液包裹体)：以水为主，少量 CH_4 和 CO_2 成分。

(3) CH_4-H_2O-NaCl 包裹体(含甲烷盐水包裹体)：以水为主，水中溶解少量 CH_4 和 NaCl 成分。

(4) CH_4-CO_2-H_2O-NaCl 包裹体(含甲烷、二氧化碳盐水包裹体)：以水为主，水中溶解少量 CH_4、CO_2 和 NaCl 成分。

7.4.4 包裹体测温

1. 均一法

当前室温下所观察到的包裹体中呈现气相＋液相的相态，是包裹体被捕获的流体溶液随着温度下降而收缩的结果。从捕获环境到室温状态，随着温度的改变，各相的量比也会发生变化。利用冷热台测定包裹体时，从现在室温加热到一定温度时，其中两相或多相会转变为一个相，这就是均一，此时的温度为均一温度。均一温度只是一个相对的温度，一般来说，包裹体达到均一时基本上恢复了它被捕获时的原始状态，通过压力的校正后，可以将其作为形成温度的下限。

测定均一温度前，先区分包裹体类型，以便分别测定；对于同一类包裹体应选择腔边细，气液相界限清楚且不易泄漏的样品进行测定。测温时，以5～10℃/min的速度均匀升温，并连续观察包裹体在升温过程中相的变化，直到两相均一到一相时记下此瞬间温度，即为均一温度。判断均一温度的准确与否，可以将温度降低，观察包裹体均一后又出现两相时的瞬间温度，它与均一温度的误差不能超过5%。

2. 冷冻法

由于不同浓度的盐水溶液具有不同的冰点，因此利用冷冻的手段，测定气液包裹体中液体的冰点或者水合物熔点后，就可以求得溶液的盐度、大致成分及密度。

冰点的测定：首先选择要测定的气液包裹体，将其在冷热台中过冷却，使其所含的液体全部冷冻为冰晶，然后慢慢升温解冻，同时在显微镜下观察其变化。随着温度的缓慢上升，冰晶逐渐融化，最后一粒冰晶融化时的温度即为冰点。测冰点时，解冻的速度一般不能太快，否则冰点不易测准。

本地区脉体中流体包裹体显微镜测温数值同样见表7.8。

7.4.5　包裹体形成时热力学参数的计算

包裹体形成时热力学参数很多，下面主要计算下列热力学参数：成分、含盐度、形成温度、形成压力和流体来源深度。

1. 成分的分析

某些简单成分体系的包裹体有的可以由显微镜下相态特征和组合来判别，本地区地震构造过程中捕获的包裹体，其中某些成分（如CO_2、CH_4）可作为本地区断裂地震的特征成分。为了分析包裹体中液体成分，这里我们利用激光喇曼探针分析单个包裹体中的气相和液相成分，了解水溶液成分组合特征。

2. 含盐度的确定

地震水溶液流体中含有大量的溶解气体，最常见的是CH_4和CO_2，而H_2S和N_2可能局部富集，其他气体则可能少量存在。当含有大量溶解气的水溶液在包裹体中凝结时，这些气体大多数可形成被称为笼形化合物的水合物，在低温（接近0℃时）和中等压力条件下稳定。笼形化合物可依据其低折射率，或者通常是由其高于0℃的熔化温度检测出。笼形化合物形成时，其结构排斥阳离子，引起剩余水的盐度增加，此时，用冰的熔化温度指示流体总盐度就会产生错误。然而，笼形化合物自身的熔化温度也由于溶液中离子的存在而降低，笼形化合物的熔化温度可以用来估计盐度。由于本地区地震强烈，地震活动后期将原来形成的包裹体大量破坏，特别是使粒度比较大的包裹体产生形态变形和成分泄漏，保存下来的未变形和未发生成分泄漏的包裹体都很小，因此在测定过程中，笼形化合物难以被发现和观察(Liu，1987)。

由于本地区水溶液中包裹体盐度较低(一般小于5%)，利用通常使用的Potter(1978)、Hall(1988)和Bodnar(1992)由冰点温度计算盐度的公式或图表计算出的盐度，与利用笼形化合物自身的熔化温度计算出的盐度差别不很大。因此采用这种通常使用的方法来计算水溶液的大致含盐度(Liu，1988)。

3. 形成温度和压力的计算

利用流体包裹体计算形成温度和压力，有两种计算方法(刘斌，1986，1987)。

(1) 流体包裹体与共生主矿物平衡热力学计算法。

(2) 共生不混溶包裹体计算法。

对不同情况捕获的包裹体应用不同的方法来计算。根据本地区特点，我们采用共生不混溶包裹体计算法进行计算比较合适，这种方法在相关专著中已经详细叙述(O'Hara，1994)，这里不再赘述。根据本地区特点，利用盐水溶液和气态挥发分包裹体组合来计算。

1) 形成温度的计算

利用盐水溶液包裹体中气态挥发分溶解温度确定形成温度：由于在一定温度和压力下挥发分溶解在水溶液中有一定的比值，现在的包裹体中所看到的含气态挥发分相是原来包裹体单相状态温度和压力下溶解在水溶液中的气态挥发分在现在室内温度下分离的结果，因此现在测定的均一温度(最小充填度的端元组分包裹体)，可以代表原来包裹体单相状态时的温度，即它的形成温度(Liu，1987，1988)。

2) 形成压力的计算

利用含CH_4(+CO_2)水溶液状态方程计算形成压力(Liu，1987，1988)。

(1) 首先，测定出含CH_4(+CO_2)水溶液包裹体中的CH_4(+CO_2)相和水溶液相充填度，即测定流体包裹体在室温下(25℃)两相(气相和水溶液相)的充填度。

(2) 第二，计算出包裹体流体密度：根据室温下25℃时水溶液的含盐度，可以计算出水溶液的流体密度；根据气相的均一温度，可以计算出气相的流体密度，再由水溶液相和气相的充填度，计算出包裹体总的流体密度。(Jean Dubessy and all，2001，Chemical Geology)。

表 7.9　WFSD-1 井流体包裹体形成温度、形成压力和来源深度计算汇总表

编号	样品编号或钻井编号	样品埋藏深度/m	石英、方解石脉体中散布包裹体			显微裂隙中包裹体(FIP)		
			捕获温度 T/℃	捕获压力 P/kbar	来源深度 D/km	捕获温度 T/℃	捕获压力 P/kbar	来源深度 D/km
N-1	N-1	地表	125～138	0.82～0.93	3.6～4.1	140～155	1.13～1.27	4.2～4.7
N-2-1	N-2-1	地表	130～148	0.87～1.00	3.8～4.4	149～168	1.22～1.40	4.5～5.1
N-2-2	N-2-2	地表	128～145	0.84～0.98	3.7～4.3	152～163	1.24～1.32	4.6～4.9
N-3	N-3	地表	155～172	1.05～1.19	4.6～5.2	165～178	1.35～1.46	5.0～5.4
N-4	N-4	地表	134～151	0.89～1.03	3.9～4.5	145～158	1.16～1.3	4.3～4.8
M-8	B40P57P3c	250	165～177	1.14～1.23	5.0～5.4	182～197	1.51～1.65	5.6～6.1
M-1	B180r315P1f	500	183～192	1.28～1.35	5.6～5.9	228～242	1.92～2.05	7.1～7.6
M-4	B312r90P2f	720	208～247	1.44～1.76	6.3～7.7	244～265	2.05～2.27	7.6～8.4
M-3	B365r148P4f	800	211～230	1.48～1.64	6.5～7.2	249～288	2.11～2.46	7.8～9.1
M-7	B500r299P2n	1000	262～289	1.87～2.07	8.2～9.1	289～305	2.46～2.62	9.1～9.7
M-5	B541r357P8a	1100	268～283	1.92～2.03	8.4～8.9	279～327	2.38～2.83	8.8～10.4
M-6	B547P363P8f	1180	305～315	2.21～2.28	9.7～10.0	319～330	2.73～2.84	10.1～10.5

（3）最后，计算形成压力：利用含 CH_4-CO_2-H_2O-NaCl 水溶液的状态方程（P-V-T）来计算它的形成压力。

4. 流体来源深度

流体来源深度可以由形成温度和地温梯度求得，地温梯度这里采用 3.0°C / 100 m。

本地区脉体中流体包裹体形成时热力学参数计算结果见表 7.9。

7.4.6 不同时期动力学参数的测定

观察本地区许多露头和钻孔岩心样品中脉体大部分为张性裂隙形成；而显微裂隙愈合都趋向于形成剪性的 FIP，这些 FIP 呈网状出现，与地震构造，特别与活动断层具有特定的空间关系。

本地区断裂构造形成的脆性裂隙，较大的为矿物充填形成脉体，在脉体中又有后来“X”型共轭显微裂隙形成，它们愈合时捕获周围介质流体形成 FIP。脉体和共轭“X”型 FIP 是不同地震构造阶段的产物，它们的分布、形态和力学性质等与构造事件密切相关。因此我们首先分别测定它们的产状，根据裂隙形态分析它们的力学性质和主应力方向(Jolly and Sanderson，1997)。

由于钻孔岩心样品难以确定方向，我们采集地表 3 个地点的定向样品：A——1 号钻孔处；B——1 号钻孔南 100m 处；C——1 号钻孔南 200m 处。

在野外测定出的脉体产状，在显微镜下测定出 FIP 的产状，其投影图如图 7.19 所示。分析可知：① 脉体形成阶段发生区域伸展作用，主应力 σ_1 近于垂直，出现不同水平方向的拉张作用；② 共轭“X”型 FIP 形成阶段区域上产生 S—N 向拉张与 E—W 向挤压作用，形成共轭 FIP 组合。

7.4.7 地震作用与流体活动

对本地区不同构造地震形成的岩脉和 FIP 的特征进行分析可以得到地震过程中流体活动特征。

（1）流体活动与地震作用相互联系、相互影响。地震断裂作用引起流体活动，地震作用周期与流体活动的重复性、间隔期密切相关。不同断裂地震形成的岩脉和 FIP 为流体活动、循环和再分配提供了证据，FIP 的变化记录了地震构造作用中流体活动的旋回和强度。

（2）不同地震应力作用形成的岩脉数量，提供了最少的强烈地震构造作用活动旋回次数。

（3）不同地震构造作用捕获的流体包裹体热力学参数表明，本地区地震环境为低—中等温度、中等压力(上覆静压力)；流体来源深度较浅(＜10km)，说明本

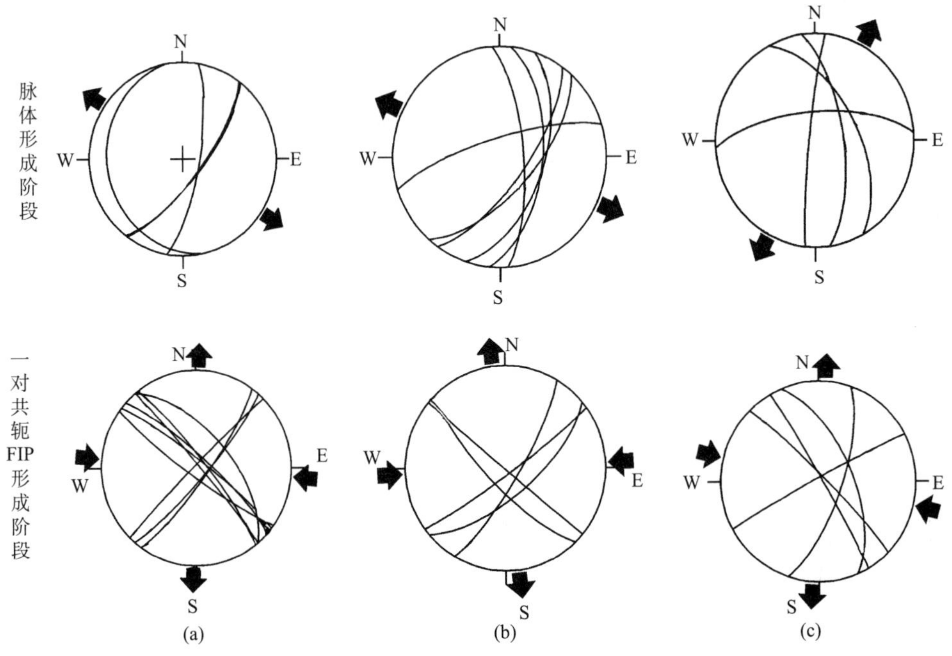

图7.19　3个地点、2个构造阶段裂隙(脉体和共轭“X”型FIP)方位及其主应力关系投影图

地区震源较浅。

(4)不同地震构造捕获的流体包裹体成分表明，本断裂中除了水溶液外，CH_4含量比较高，其次有CO_2成分，只有少量H_2、H_2S成分。水溶液的含盐度较低，最高不超过5%(质量百分数)。

(5)岩脉中原生和次生包裹体代表2个不同地震阶段捕获的包裹体。

原生包裹体为强烈地震岩石破裂形成的张性裂隙脉体中结晶矿物捕获的流体包裹体；次生包裹体为地震过程中剪切作用在岩石和矿物中形成的剪切显微裂隙愈合而捕获的流体包裹体。同一样品中原生包裹体和次生包裹体热力学参数比较可以看出：① 原生包裹体比次生包裹体的含盐度稍高，说明地震岩石破裂时期的水溶液含盐度稍高于岩石剪切时期的水溶液含盐度；② 原生包裹体比次生包裹体的捕获温度要低，说明地震岩石破裂时期的水溶液温度低于岩石剪切时期的水溶液温度；③ 原生包裹体比次生包裹体的捕获压力要低，说明地震岩石破裂时期的水溶液压力低于岩石剪切时期的水溶液压力；④ 原生包裹体比次生包裹体的热流体深度要浅，说明地震岩石破裂时期的水溶液热流体深度低于岩石剪切时期的水溶液热流体深度。

对不同埋藏深度样品中的流体包裹体热力学数值进行比较，总体看来孕震过程比岩石破裂过程流体温度、压力、热流体深度偏高，而含盐度则相反，呈现偏低趋势。

(6) 岩脉和 FIP 代表 2 个不同地震阶段构造作用。脉体形成阶段主要发生区域伸展作用，出现不同水平方向的拉张作用，主应力 σ_1 近于垂直。共轭“X”型 FIP 形成阶段主要发生区域拉张与挤压共同作用，S—N 向为拉张，E—W 向为挤压。

7.4.8 结论和讨论

1. 孕震前后断裂中岩体裂隙的演变及其地下流体的活动

孕震前后断裂中岩体裂隙主要有两种赋存形式。

第一种为脉体。在地震过程中，由于构造拉张作用，岩石形成许多大小不同的裂隙，这些裂隙被在压力驱驰下的变质分溶溶液中晶出的矿物所充填，构成复杂的脉体系统。详细研究这些脉体分布及其内部构造及矿物生长方向等特征，不仅可以确定裂隙性质，还可确定变形中应变方向等构造组构动力学参数。

第二种为流体包裹体迹面(FIP)：在地震过程中，由于构造挤压作用，脉体中形成许多“X”型的 FIP。

根据脉体和“X”型 FIP 的分布特征，可以了解孕震前后岩体裂隙的演变及流体活动状态。

断裂带中为拉张应力作用产生的脉体，可能为上一次地震留下的产物，也可能为新地震发生前的构造拉张作用所致，孕震前主要发生的是构造挤压作用，由于断裂带两边应力大小的差异，常常产生剪切作用，因此在早期留下来的脉体中，由于剪切应力常常形成共轭“X”型裂隙，地下流体渗透作用使裂隙愈合形成“X”型 FIP。它们的形成和演化可以用图 3.19 分析。

从断层与裂隙(脉体和 FIP)之间的分布关系，有可能确定它们形成时的主应力方向或加载方向。同样，已知断层面及与之相伴生的裂隙(脉体和 FIP)的方位也可以确定断层的运动方向。我们成功地利用构造岩中裂隙的方位确定了江阴—常熟断裂带、茅山断裂带等若干地区断层活动的构造应力和演化特征。

2. 流体包裹体中 CH_4 和 CO_2 等成分含量的变化与地震前兆异常机理的探讨

地下水中的溶解气体如 CH_4、CO_2 等，它可以来自大气，也可以由土壤中生物化学作用形成，而深层热水由于所处的地球化学环境的影响，由火山活动从地壳深部带来，也可以由碳酸盐类岩石遇热分解而产生。地壳中广泛分布的沉积岩，特别是石灰岩中自有大量的碳，这种“过量”的碳必定以主要的稳定碳气(CO_2、CH_4)从地球内部运移到地表，使地下水中往往还含有反映深部成因的

CH_4、CO_2、H_2S 和 Rn 气等。

地震前引起 CO_2、CH_4 含量变化的原因我们认为主要有以下几个。

（1）震前区域应力场的加强引起地下水中 CO_2、CH_4 溶解度的增大。

震前强大构造应力的作用，使含水层的静压力增加，因而使 CO_2、CH_4 在水中的溶解度大幅度的上升。

（2）微破裂引起封闭在岩石中的 CO_2 释放和深部 CO_2 的上涌。

地震前强大的应力作用，使断裂附近含水岩层的微破裂增加并不断发展，引起封闭的 CO_2 气体释放，深部成因的 CO_2 气体上涌，因而震前观测到 CO_2 气体含量明显增高。

我们对长江三角洲地区活断层中流体包裹体测定发现，断层岩中显微构造裂隙中的包裹体中 CO_2 含量偏高为其特征。在汶川断裂带的包裹体中同样有 CO_2 含量高的特征。

（3）CO_2 集中出露与区域地震活动性密切相关。

在我们观测长江三角洲地区活动断层中流体包裹体时，测定出其中 CH_4、CO_2 成分，证实了古地震含量的变化异常情况，现在从汶川断裂带中测定出的 CH_4、CO_2 异常为 CH_4、CO_2 流体预报地震提供了另外可能的途径。

7.5　测定三峡库区断裂中 FIP 预测水库诱发地震

7.5.1　概述

现代水库诱发断层活动时，断层岩中地应力集中部位的矿物晶体很容易发生形变，已经赋存的 FIP 参数和包裹体成分必然发生改变。另外，我们通过岩石力学实验测定不同应力作用下已有包裹体的变形参数，有力地说明了原来赋存在岩石中的流体包裹体成分发生泄漏，而且 FIP 产生变形或破裂。这一现象也完全可以辅证：通过采集地表样品，测定其中赋存变形包裹体成分变化(热力学参数变化)和 FIP 形变(FIP 特征参数变化)，从而可以预测现今断层活动状态(张文淮和杨巍然，1996)。

虽然长江三峡大坝工程的地基选择在所谓的“安全岛”上，但是建设后长时间的水库蓄排水使水位反复升降变化，除了滑坡、地基塌陷、地裂、边坡失稳等地质灾害外，库区断层中地应力场未来有何改变？断层是否重新活动且趋势如何(特别警惕的是何种程度可能诱发地震)？如何定量预测水库诱发断层地震的时间和危险地段？这些是我们迫切需要解决的问题(胡毓良，1979；国家地震局地震研究所，1984；高士钧，1986)。

断层中变形流体包裹体热动力学和 FIP 参数变化反映了现今断层构造活动的信息，它是了解现今地质环境变化时引起岩石变形、岩块位移、断层位错的“窗口”，并且灵敏地反映了断层岩石变形、位移、位错、破坏活动的迹象，不少仪器的灵敏度难以测定出岩石这些变形参数，而断层构造岩石中的流体包裹体均有信息反映，这些都是其他方法难以比拟的(Lespinasse and Pecher，1986；Lespinasse et al. ,1991)。变形流体包裹体研究可以为这些问题的研究提供机会，比其他许多地震测定方法投资少、见效快，数值可靠，并且也是地震地形变观测技术很好的补充。本书就是利用这一“密码”，打开断层岩体变形、位移、位错、破坏等变化所隐藏的信息的大门，为预测水库诱发地震研究探索一种具有发展前景的新方法。

在天然地震预测研究中，国内外学者公认，地壳形变观测手段是地震预测最有前景的方法之一，其最大优点是可描述预报地区或断层现今的运动细节，对地壳块体活动形态和应力场变化，包括方向、范围、空间图像、时间进程和区域地震活动背景信息的获得有重要意义。

利用地壳和岩石形变直接观测的数值进行地震研究，需要在可能发生地震的区域和断层设点监测观察，由于设点投资花费比较大，对于某些重点区域和断层基本上进行了设点监察，而对于广大可疑地震区域和断层，目前还难以进行部署。

为了弥补上述不足，多年来的实践表明，利用岩石构造变形作用所产生的显微构造——流体包裹体及 FIP 预测水库诱发地震是完全可行的。

7.5.2 样品采集和岩石力学实验

我们选择曾经发生断裂活动的黑岩子、仙女山、秭归三条断层，采集断层中分布广泛的灰岩进行了岩石力学实验(试件尺寸：长×宽×高＝50mm×50mm×50mm)，在不同压力强度下(施加载荷：38.7～173.8kN，相应压应力：15.21～68.48MPa)进行实验。

随后将实验样品磨制成薄片，进行流体包裹体观察和测试，测定结果表明，随着应力的加大、岩石破裂增强，其中的流体包裹体发生不同程度的成分泄漏，特别是流体包裹体的均一温度变化较大。另外原来岩石中的 FIP 发生不同程度的形变，FIP 和裂隙系数(裂隙间距、闭合度、渗透率等)变化明显。从这种实验可以说明，断层活动产生岩体变形，从而引起其中的显微构造(裂隙、FIP 等)发生变化。

我们分别对黑岩子、仙女山、秭归三条断层分段，并在蓄排水时期定时、定位重复采集同一层位中同一岩性或脉体样品，进行系统地测定和分析。

三峡库区三条活动断层分布如图 7.20 所示。

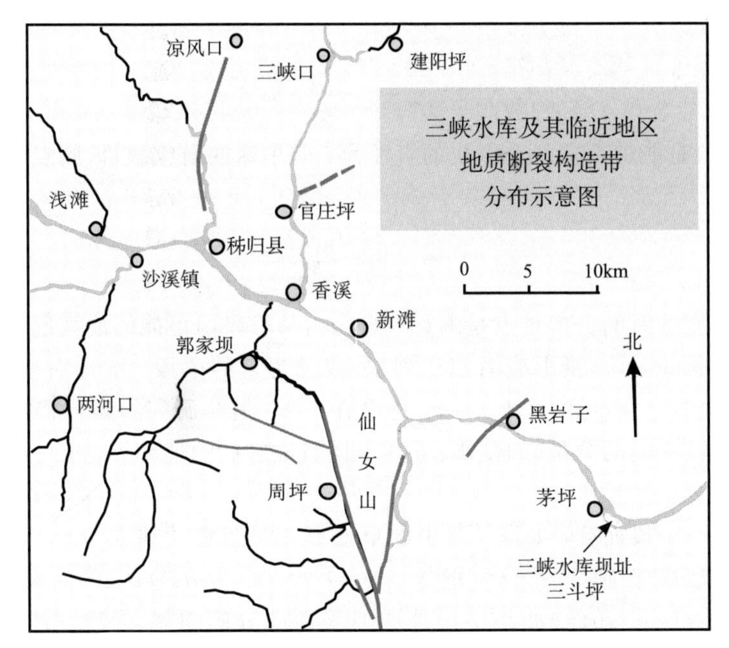

图 7.20　三峡库区黑岩子、仙女山、秭归三条活动断层分布图

7.5.3　断裂岩石形变分形测算及其应用

为了研究岩体断裂活动的动态演化规律，突破传统概念的束缚，引进新的分形分析方法，这是十分必要的。

1. 断裂岩石形变多重分形测算原理概述

分形理论是一种几何理论，将其用于地壳形变研究属几何方法，相应地将连续介质力学用于地壳形变研究可谓力学方法。近代非线性动力学研究已经揭示，时间序列蕴藏着参与动态的全部其他变量的痕迹，通过吸引子积分关联函数可以计算其维数，当维数介于 0、1、2 和介于 2 与 3 时，分别对应稳定平衡点、稳定的周期振荡和混沌，从而揭示复杂系统的动力学性质，通过几何途径将分形与动力学联系起来。

具有自相似或仿射特征的对象叫分形，其测算叫分维，显然水库区或某断层子块体上的地壳形变观测系统具有此种特征，但迄今有关利用形变分形方法直接对水库诱发地震危险性进行研究十分缺乏。面对多种分维定义，利用形变资料对容量维 D_1、信息维 D_2、关联维 D_3 等进行计算并综合运用于库区危险性判定的资料很少，本书内容也处于起步研究阶段。

2. 断裂岩石形变时间分形测算

1）计算容量维 D_0 的“数盒子法”

若 $N(\varepsilon)$ 是能够覆盖一个点集的直径为 ε 的小球的最少数目，则点集的容量维定义为

$$D_0 = -\lim_{\varepsilon \to 0} \frac{\ln N(\varepsilon)}{\ln \varepsilon} \tag{7.5}$$

岩石形变的时间分形重点是测算地震区内某时段内可能的地震危险性。

把相当长的时段（指形变时间序列）分成长为 ε 的子段，统计对应形变段 d_i 是否 $\geqslant d_{00}$ 的形变分布情况（d_{00} 为 d_1 的均值）。d_i 是解研究的某一特定形变参数及其导出量或它们的分量（如位移、应变、倾斜或它们的速率等，也可以是这些量分析等预处理后的量值）。

对每一个子段而言，如该子段中的形变或相当量满足 $d_i \geqslant d_{00}$，则该子段的 $N_i(\varepsilon)$ 计数为 1，否则计数为 0；记 $N(\varepsilon) = \sum N_i(\varepsilon)$ 为 $d_i \geqslant d_{00}$ 的时段总数，则双对数坐标 $\ln N(\varepsilon)$—$\ln(\varepsilon)$ 曲线中线性或似线性部分的斜率，就是待求的容量维 D。此种测算 D_0 的方法称为“数盒子法”。

2）具体实施方案

（1）取某时段 T 内 $N(\geqslant 6)$ 个形变资料：时间量值为 t_0，t_1，t_2，…，t_r，…，t_{n-1}；对应形变量为 d_0，d_1，d_2，…，d_r，…，d_{n-1}。

（2）对 $t_i(i=0, 1, \cdots, n-1)$ 进行归一化处理，设 $t=t_{n-1}-t_0$，则

$$\bar{t}_i = \frac{t_i - t_0}{T} \quad (i=0, 1, 2, \cdots, n-1) \tag{7.6}$$

经归一化时间处理后新时间序列与形变资料新的对应关系如下。

归一化时间

$$\bar{t}_0, \bar{t}_1, \bar{t}_2, \cdots, \bar{t}_r, \cdots, \bar{t}_{n-1}$$

对应形变量

$$d_0, d_1, d_2, \cdots, d_r, \cdots, d_{n-1}$$

（3）用一个 r 阶的高次多项式$[(n-1)-r>2]$来拟合 $\bar{t}_i$ 与 $d_i(i=0, 1, 2, \cdots, n-1)$数列，令其为如下函数形式

$$f(d) = a_r\bar{t}^r + a_{r-1}\bar{t}^{r-1} + a_2\bar{t}^2 + a_1\bar{t} + a_0 \tag{7.7}$$

式(7.6)和式(7.7)对 d_i，$\bar{t}_i(i=0, 1, 2, \cdots, n-1)$一组已知数来说共有 $r+1$ 个未知数 a_r，a_{r-1}，…，a_2，a_1，a_0；由于 $n-(r+1)=(n-1)-r>2$，故可用 Householder 法确定式(7.7)中的 $r+1$ 个系数值。

(4) 解出 a_r，a_{r-1}，…，a_2，a_1，a_0 后，可将归一化时间 $\bar{t}_i$ 代入式(7.4)，计算出 n 个 f_i 值，按等权间接观测验后单位权方差公式计算式(7.7)的拟合精度中误差 σ_0

$$\sigma_0^2=\frac{[\nu\nu]}{n-(r+1)} \tag{7.8}$$

式中，$\nu_i= f_i - d_i$。

(5) 盒子长度 ε 的确定。现令

$$\varepsilon_k=2^{-k}\quad(k=0, 1, 2, \cdots, 12) \tag{7.9}$$

k 与 ε_k 的对应数列为

$$k=\{0,\ 1,\ 2,\ 3,\ 4,\ 5,\ 6,\ 7,\ 8,\ 9,\ 10,\ 11,\ 12\}$$
$$\varepsilon_k=\{1^{-1},\ 2^{-1},\ 4^{-1},\ 8^{-1},\ 16^{-1},\ 32^{-1},\ 64^{-1},\ 128^{-1},\ 256^{-1},\ 512^{-1},\ 1024^{-1},\ 2048^{-1},\ 4096^{-1}\} \tag{7.10}$$

由式(7.10)可见，当 $k=12$ 时，这时最少可将已知归一化时段划分成为 4096 段(或格)，由于 $4096^{-1}=2.44\times10^{-4}\to0$，故 $\varepsilon\to0$，其可生成 4096+1 个新的资料，而对于分维数为 2 的测算而言，一般有 2000 个资料已经足够，因此前面确定 $\varepsilon_{12}=4096$ 作为盒子长度是合理的。

(6) 计算最小盒子各左端点的形变量。令

$$t_p=p\cdot\varepsilon_{12}=p\cdot2^{-k}(k=12;\ p=0, 1, 2, \cdots, 4096) \tag{7.11}$$

代入式(7.7)计算与 t_p 相对应的形变量 f_p，同时求其均值

$$f_{00}=\frac{\sum_0^p f_p}{p+1} \tag{7.12}$$

并将 f_{00} 作为对 f_p 比较的阈值。

(7) 水库区的水对形变的作用一般是导致岩体膨胀而形变量增大，故取大于 f_{00} 的 f_p 作为“数盒子法”中有点集的准则是合理的(也可以用大于 $2f_{00}$ 或 2～3 倍中误差来做形变统计)，即对任何一个盒子 ε，如 $f_p>f_{00}$，则取 $N(\varepsilon)=1$，否则 $N(\varepsilon)=0$。

(8) 进行数盒子计数时，依式(7.10)中的对应数列分别取盒子长度为 ε_k，即为以[0, 1)，[1, 2)，…，[10, 11) [11, 12)等左半开或右半开区间计数，统计 ε_k 及对应的 $N(\varepsilon_k)$值(表 7.10)，表 7.10 中的 $N(\varepsilon_k)$为虚拟数量值。

表 7.10　数盒子计算

k	归一化时间区间可划分的盒子数	盒子长度 ε_k	满足的 $f_p > f_{00}$ 盒子数数目 $N(\varepsilon_k)$	
0	1	1	$N(\varepsilon_0)$	1
1	2	1/2	$N(\varepsilon_1)$	1
2	4	1/4	$N(\varepsilon_2)$	2
3	8	1/8	$N(\varepsilon_3)$	3
4	16	1/16	$N(\varepsilon_4)$	6
5	32	1/32	$N(\varepsilon_5)$	18
⋮	⋮	⋮	⋮	⋮
11	2048	1/2048	$N(\varepsilon_{11})$	690
12	4096	1/4096	$N(\varepsilon_{12})$	1380

(9) 计算 $\ln \varepsilon_k$ 和 $\ln N(\varepsilon_k)$，并绘制 $\ln N(\varepsilon_k)$—$\ln \varepsilon_k$ 曲线 FR(图 7.21)。

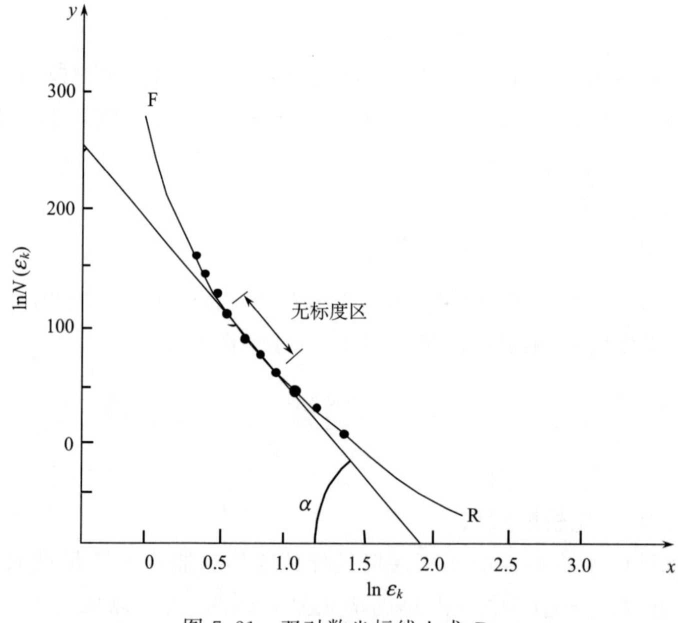

图 7.21　双对数坐标线上求 D_0

(10) 把 $\ln N(\varepsilon_k)$作为 y 轴，$\ln \varepsilon_k$ 作为 x 轴，过曲线上任意两点作直线，其与 x 轴的交角为α，依斜率的定义可知，$\ln N(\varepsilon_k)$与 $\ln \varepsilon_k$ 数对中任两点的斜率 k 为

$$k_{ij}=\tan\alpha_{ij}=\frac{y_j-y_i}{x_j-x_i} \tag{7.13}$$

(11) 依次排列各 k_{ij} 值，其中稳定不变的一组 k_{ij} 值(设定相应的允许差)，即为所求的 D_0，这一组所对应的直线段区间即为无标度区。

(12) 对另一时段或更多的时段，重复上面的计算。如果这些时段为蓄水前后或水库水位变化的时段，则所求形变各时段的 D_0 如果出现降维现象，就意味着有前兆异常，是时间上的危险预兆。

3) 岩石形变时间分形中信息维 D_1 的计算

在信息维 D_1 的定义内，只考虑了所需球的个数，而对每个球所覆盖的点数未加区别，设 P_i 是一个点落在第 i 个球中的概率，则信息维定义为

$$D_1=-\lim_{\varepsilon\to 0}\frac{\ln\sum P_i\cdot\ln(1/P_i)}{\ln\varepsilon} \tag{7.14}$$

式中，$\sum P_i\cdot\ln(1/P_i)=-\sum_{i=1}^{N(\varepsilon)}(P_i\cdot\ln P_i)=I$，是用尺寸为 ε 的盒子进行测算所得的信息量，在计算容量维 D_0 的同时，也可以同时计算信息维 D_1，它可作为对形变时间分形出现危险性的辅助判定参数。

3. 断裂岩石形变空间分形测算

断裂岩石形变空间分形测算的目标：测算断裂中某块体孕震过程中某一时段形变在空间上的容量维 D_0 和信息维 D_1，研究同一断裂在不同时段的 D_0 值变化或降维特征，以判断测算地带在空间上可能的地震危险性。

断裂岩石形变空间分形测算的要点与时间分形测算类似，仍按“数盒子法”测算 D_0 和 D_1，所不同的是取用资料为空间序列，预处理生成数据用二元高次方程替代一元高次方程，盒子用一定面积的矩形或正方形取代线段，故计算更为复杂。

1) 用“数盒子法”计算 D_0 的步骤

(1) 取活断层内某一块体在某时段内空间上的 $n(\geqslant 12)$ 个形变资料：空间点位为 (φ_1, λ_1)，(φ_2, λ_2)，…，(φ_r, λ_r)，…，(φ_n, λ_n)；对应形变值为 d_1，d_2，…，d_r，…，d_n。

(2) 对资料区域面积进行归一化处理，设

$$\begin{aligned}\varphi&=\varphi_{\max}-\varphi_{\min}\\ \lambda&=\lambda_{\max}-\lambda_{\min}\end{aligned} \tag{7.15}$$

式中，$\varphi_{\max}$，$\varphi_{\min}$，$\lambda_{\max}$，$\lambda_{\min}$ 分别为 φ_i，$\lambda_i(i=1, 2, \cdots, n)$ 中的最大、最小值，则

$$\bar{\varphi}_i = \frac{\varphi_i - \varphi_{\min}}{\varphi}$$
$$\bar{\lambda}_i = \frac{\lambda_i - \lambda_{\min}}{\lambda} \tag{7.16}$$

显然 $\bar{\varphi}_i, \bar{\lambda}_i$ 与 d_i 成为新的空间序列，此时已将待算区转化为量度不同但长宽均为1的矩形。

(3) 将 $\bar{\varphi}_i, \bar{\lambda}_i$ 与 d_i 的对应数据用一个 q 项一元高次多项式(为一多维曲面，$q \geqslant 3$，$n-q \geqslant 2$)来拟合，令

$$\begin{aligned} f(d) = & a_{00} + a_{10}\bar{\varphi} + a_{01}\bar{\lambda} + a_{20}\bar{\varphi}^2 + a_{11}\bar{\varphi}\bar{\lambda} + a_{02}\bar{\lambda}^2 + a_{30}\bar{\varphi}^3 + a_{21}\bar{\varphi}^2\bar{\lambda} \\ & + a_{12}\bar{\varphi}\bar{\lambda}^2 + a_{03}\bar{\lambda}^3 + a_{40}\bar{\varphi}^4 + a_{31}\bar{\varphi}^3\bar{\lambda} + a_{22}\bar{\varphi}^2\bar{\lambda}^2 + a_{13}\bar{\varphi}\bar{\lambda}^3 + a_{04}\bar{\lambda}^4 \\ & + a_{50}\bar{\varphi}^5 + a_{41}\bar{\varphi}^4\bar{\lambda} + a_{32}\bar{\varphi}^3\bar{\lambda}^2 + a_{23}\bar{\varphi}^2\bar{\lambda}^3 + a_{14}\bar{\varphi}\bar{\lambda}^4 + a_5\bar{\varphi}^5 \end{aligned} \tag{7.17}$$

式(7.17)的项数与多项式阶数有关，同时对所需资料的数量也有不同的限制(表7.11)。

表7.11　多项式项数与所需资料数统计

多项式阶数	各阶项数	总项数	所需最少资料数
0	1		
1	2	3	4
2	3	6	7
3	4	10	11
4	5	15	16
5	6	21	22
6	7	28	28
7	8	36	38
8	9	45	46
9	10	55	56
10	11	66	67

注：总项数＝待定系数(未知数个数)。

为了用 Householder 法确定式(7.17)中的系数，可按表7.11依已知资料数确定多项式的阶数：通常20个资料以上，用4阶多项式；35个资料以上用6阶多项式。当阶数依研究区具体测点的资料数确定后，即可用 Householder 法确定式(7.17)中的各系数 a_{ij}。

(4) 将归一化的资料 $\bar{\varphi}$，$\bar{\lambda}$ 和已解出的各系数 a_{ij} 代入式(7.17)，求出对应的

$f_i(\bar{d})$，则可计算

$$\nu_i = f_i(\bar{d}) - d_i \tag{7.18}$$

然后计算验后拟合精度

$$\sigma_0^2 = \frac{[\nu\nu]}{n-u} \tag{7.19}$$

式中，u 为式(7.17)中未知数的个数，σ_0^2 为方差。

(5) 确定盒子的面积 ε

为方便起见，通常采用矩形盒，设矩形盒的长、宽分别为 ε_φ 和 ε_λ，则

$$\varepsilon_k = \varepsilon_\varphi \varepsilon_\lambda \tag{7.20}$$

参照式(7.9)，取

$$\begin{aligned} \varepsilon_\varphi &= 2^{-l} \quad (l = 0, 1, 2, \cdots, 6, \cdots) \\ \varepsilon_\lambda &= 2^{-m} \quad (m = 0, 1, 2, \cdots, 6, \cdots) \end{aligned} \tag{7.21}$$

则格子数可按表 7.12 得出。

表 7.12　矩形盒子数计算表

m	l	0	1	2	3	4	5	6	7	…	11
	ε_φ / ε_λ	1^{-1}	2^{-1}	4^{-1}	8^{-1}	16^{-1}	32^{-1}	64^{-1}	128^{-1}	…	2048^{-1}
0	1	1	1/2	1/4	1/8	1/16	1/32	1/64	1/128	…	1/2048
1	1/2	1/2	1/4	1/8	1/16	1/32	1/64	1/128	1/256	…	1/4096
2	1/4	1/4	1/8	1/16	1/32	1/64	1/128	1/256	1/512	…	1/8182
3	1/8	1/8	1/16	1/32	1/64	1/128	1/256	1/512	1/1024	…	1/16384
4	1/16	1/16	1/32	1/64	1/128	1/256	1/512	1/1024	1/2048	…	1/32768
5	1/32	1/32	1/64	1/128	1/256	1/512	1/1024	1/2048	1/4096	…	1/65536
6	1/64	1/64	1/128	1/256	1/512	1/1024	1/2048	1/4096	1/8182	…	1/131072
7	1/128	1/128	1/256	1/512	1/1024	1/2048	1/4096	1/8182	1/16384	…	1/262144
⋮	⋮	⋮	⋮	⋮	⋮	⋮	⋮	⋮	⋮	…	⋮
11	1/2048	1/2048	1/4096							…	1/4194304

表 7.12 中数字表示边长为 ε_φ 和 ε_λ 时的面积，可见取 $l=6$，$m=6$，也可将归一化算区面积划为 4096 块，对每一小块面积，按式(7.17)计算相应 $f(\bar{d})$值，这时已可生成新的形变数据 4096 个，按一般计算二维左右分维数的资料数要求(≥2000 个)来考虑已够用，故本处暂选取 $l=6$ 和 $m=6$。

（6）计算生成格网点的形变值

$$\begin{aligned} &\varphi = l_l \cdot 2^{-1} \quad (l=6;\ l_l=0,1,2,\cdots,2^l) \\ &\lambda = m_l \cdot 2^{-m} \quad (m=6;\ m_l=0,1,2,\cdots,2^m) \end{aligned} \tag{7.22}$$

将式(7.22)代入式(7.17)计算各格点相应的 $f_{\varphi\lambda}(d)$ 值。

（7）确定 $f(d)$的阈值，取均值

$$f_s = \frac{\sum f_{\varphi\lambda}(d)}{n} \tag{7.23}$$

（8）对任一格子而言，如果其中有 $f_{\varphi\lambda} > f_s$ 个网点存在，则取 $N(\varepsilon_{\varphi\lambda})=1$，否则取 $N(\varepsilon_{\varphi\lambda})=0$。

（9）进行数盒子计数，按表7.12可得满足 $f_{\varphi\lambda} > f_s$ 的盒子数(表7.13,某一算例结果)。

表 7.13 某算例数盒子计数结果

m_l	归一化区域可划分的盒子数	盒子矩形尺寸 $\varepsilon_k(\varepsilon_\varphi\varepsilon_\lambda)$	满足 $f_{\varphi\lambda} > f_s$ 的盒子数
0	1×1	$1^{-1}\times1^{-1}$	$N(\varepsilon_0)=1$
1	2×2	$2^{-1}\times2^{-1}$	$N(\varepsilon_1)=2$
2	4×4	$4^{-1}\times4^{-1}$	$N(\varepsilon_2)=3$
3	8×8	$8^{-1}\times8^{-1}$	$N(\varepsilon_3)=7$
4	16×16	$16^{-1}\times16^{-1}$	$N(\varepsilon_4)=15$
5	32×32	$32^{-1}\times32^{-1}$	$N(\varepsilon_5)=60$
6	64×64	$64^{-1}\times64^{-1}$	$N(\varepsilon_6)=184$

（10）计算 $\ln\varepsilon_k$ 并绘制 $\ln N(\varepsilon_k)$-$\ln\varepsilon_k$ 曲线，且依照形变时间分形方法求无标度区及 D_0值。

（11）在新的时段内获得新的形变资料，则可重复上述步骤的计算，比较同区不同时段的形变空间分形的 D_0 值，如果有降维现象，意味着该区可能预示着是地震的危险区。

2）信息维 D_1 的计算

同形变时间分形类似，在计算 D_0 的同时也可计算信息维 D_1，它可作为对形变空间分形出现危险性的辅助判定参量，一般有 $D_0 \leqslant D_1$。

4. 断裂岩石形变系统动力学性质的定量判定(D_2 和 D_L 测算)

由于断裂带岩石形变或地块相对运动具非线性特征，故在求解断裂活动的两个变量的非线性方程时，常会出现类似大气预报中 lorenz 方程的奇怪吸引子。经研究已知奇怪吸引子断面总是分数维结构，对其进行分维测算可了解断裂带某岩石形变系统的动力学性质。

1）计算关联维 D_2 的方法

（1）取某时段 T 内 $n(\geqslant 6)$个形变资料 $d_r(r=0, 1, 2\cdots, n-1)$，对应的时间为 t_r；对其进行归一化时间处理，即先取 $T=t_{n-1}-t_0$，则新的时间为

$$\bar{t}_r=\frac{t_r-t_0}{T} \tag{7.24}$$

（2）将经归一化时间处理后的新时序 $\bar{t}_r$ 与 d_r用一个 r 阶的高次多项式[$(n-1)-r>2$]来拟合，并用 Householder 法解算 $r+1$ 个未知数 a_r，a_{r-1}，…，a_1，a_0。

（3）将形变序列 d_r 的数目扩展。对于分维数为 2 的测算而言，一般有 2000 个资料已足够；对 n 个数目的形变序列而言，按三维相空间可生成 $n-2$ 个相空间点，能计算出的欧氏距离（或范数）为

$$S_i=\frac{1}{2}(n-2)(n-1) \tag{7.25}$$

当设 $S_i=2000$ 时，解式(7.25)取最大正整数值为 $r=65$，当 $r<65$ 时，可将 0～1 的时序以 1/ 65 等时间间隔的值，即 $t_r=i\ /\ 65(i=0, 1, 2, \cdots, 65)$代入式(7.7)计算出新时序的形变序列解 $d_i(i=0, 1, 2, \cdots, 65)$。

（4）依上面的形变序列建立一个相空间（以三维相空间为例）

$$\left.\begin{array}{r} X_0(d_0, d_1, d_2) \\ X_1(d_1, d_2, d_3) \\ X_2(d_2, d_3, d_4) \\ \vdots \\ X_{62}(d_{62}, d_{63}, d_{64}) \\ X_{63}(d_{63}, d_{64}, d_{65}) \end{array}\right\} \text{此处共有 } n=54 \text{ 个点} \tag{7.26}$$

（5）从点 X_i 开始计算它到其余 $n-1$ 个点间的距离（欧氏距离或范数）

$$S_i=|X_i-X_j|=\{(X_{i1}-X_{j1})^2+(X_{i2}-X_{j2})^2+\cdots+(X_{in}-X_{jn})^2\}^{0.5} \tag{7.27}$$

显然，当 $r=65$ 时，S_i 共有 $R=0.5\times 64\times 63=2006$ 个值。

（6）在 R 个范数中求出其最大值 $S_{\max}$、最小值 $S_{\min}$、距离最大差值 d_s，并依 d_s 的大小在 R 个范数值内挑适当的 ε 初值 ε_0，一般可取

$$\varepsilon_0=S_{\min} \tag{7.28}$$

考虑到计算工作量和保证求解的 D_2 值的可信度，对递增 $\Delta\varepsilon$ 值的选取主要依 d_s 的大小。

(7) 计算关联维 D_2 值。关联维定义为

$$D_2 = -\lim \frac{\ln C(\varepsilon)}{\ln\varepsilon} \tag{7.29}$$

式中，$C(\varepsilon)$ 为相关函数，其表达式为

$$C(\varepsilon) = \frac{1}{N^2}\sum_{i}^{N}\sum_{j}^{N} Q(\varepsilon - |y_i - y_j|) \quad (i \neq j) \tag{7.30}$$

$y_i(i=1, 2, \cdots, N)$ 是系统的一个解系列，Q 是 Heaviside 函数

$$Q(\varepsilon - |y_i - y_j|) = \begin{cases} 1 & \varepsilon - |y_i - y_j| \geqslant 0 \\ 0 & \varepsilon - |y_i - y_j| < 0 \end{cases} \tag{7.31}$$

若设 D 为常见的整数维(即拓扑维)，则有

$$D \leqslant D_2 \leqslant D_1 \leqslant D_0 \tag{7.32}$$

由式(7.29)和式(7.30)，根据不同的 ε 值计算 $C(\varepsilon)$，并且求斜率的办法计算关联维 D_2 值。

2) Lyapunov 指数与维数的计算

(1) 已知时序的连续化，设已知岩石形变参数的时间序列为离散序列

$$\bar{d}_0 = \{\bar{d}_0(t_0), \bar{d}_0(t_1), \bar{d}_0(t_2), \cdots, \bar{d}_0(t_r), \cdots\}$$

时间序列长度为 T，用拟合法(如三次样条函数插值、切比雪夫与二次曲线平滑等)将其连续化。

(2) 已连续化形变参数时间序列的多级等时距采样。将连续化的时间序列等间隔采样长度取 $t_m = T / m$，m 为正整数，所求等时距的新序列为

$$\bar{d}_1(t) = \{\bar{d}_1^0, \bar{d}_1^1, \cdots, \bar{d}_1^{m-1}\} \tag{7.33}$$

其中

$$\begin{aligned} \bar{d}_1^0 &= \bar{d}_0(t_0) \\ \bar{d}_1^1 &= \bar{d}_1(t_0 + t_m) \\ \bar{d}_1^2 &= \bar{d}_1(t_0 + 2t_m) \\ &\vdots \\ \bar{d}_1^{m-1} &= \bar{d}_1[t_0 + (m-1)t_m] \end{aligned} \tag{7.34}$$

进一步在 $[\bar{d}_1^0, \bar{d}_1^1)$ 右半开区间等间隔采样，其间隔设为 ε，采样点数 n，可得到在 $[\bar{d}_1^0, \bar{d}_1^1)$ 区间的子序列

$$\bar{d}_0(t_0) = \{\bar{d}_1^0, \bar{d}_1^1, \cdots, \bar{d}_1^n\} \tag{7.35}$$

其中

$$\begin{aligned} \bar{d}_1^0 &= \bar{d}_0(t_0) \\ \bar{d}_1^1 &= \bar{d}_1(t_0 + \varepsilon) \\ \bar{d}_1^2 &= \bar{d}_1(t_0 + 2\varepsilon) \\ &\vdots \\ \bar{d}_1^n &= \bar{d}_1(t_0 + t_m - \varepsilon) = \bar{d}_1(t_0 + n\varepsilon) \end{aligned} \tag{7.36}$$

(3) 求 Lyapunov 指数。若记

$$\Delta\bar{d}_1^j(0) = \bar{d}_1^j - \bar{d}_1^0 = \bar{d}_1(t_0 + j\varepsilon) - \bar{d}_1(t_0) \quad (j = 1, 2, \cdots, n) \tag{7.37}$$

经过时间 τ 后，式(7.37)为

$$\Delta\bar{d}_1^j(\tau) = \bar{d}_1(t + j\varepsilon + \tau) - \bar{d}_1(t_0 + \tau) \quad (j = 1, 2, \cdots, n) \tag{7.38}$$

如果 ε 非常小，$\Delta\bar{d}_1^j(\tau)$ 由于近似于线性，则可表示为

$$\Delta\bar{d}_1^j(\tau) = A_1(\tau) \cdot \Delta\bar{d}_1^j(0) \quad (j = 1, 2, \cdots, n) \tag{7.39}$$

利用最小二乘法对式(7.39)求解，$A_1(\tau)$为

$$A_1(\tau) = \frac{\sum_{j=1}^{n} \Delta\bar{d}_1^j(0) \cdot \Delta\bar{d}_1^j(\tau)}{\sum_{j=1}^{n} \{\Delta\bar{d}_1^j(0) \cdot \Delta\bar{d}_1^j(0)\}} \tag{7.40}$$

则可求得在 $[\bar{d}_1^0, \bar{d}_1^1)$ 时段内的一个 Lyapunov 指数为

$$\lambda_1(\tau) = \frac{1}{\tau}\log A_1(\tau) \tag{7.41}$$

(4) 计算 Lyapunov 维数(或 Kaplan-York 维数)。

将上述步骤对 $[\bar{d}_1^1, \bar{d}_1^2)$，$[\bar{d}_1^2, \bar{d}_1^3)$，…，$[\bar{d}_1^{m-2}, \bar{d}_1^{m-1}]$重复执行，可求得 M 个 Lyapunov 指数 $\lambda_i(\tau)$，$(i=1, 2, \cdots, m)$，用排序法将这些数按大小排列后，可按下式计算 Lyapunov 维数 D_L

$$D_L = J - \frac{\lambda_1 + \lambda_2 + \cdots + \lambda}{\lambda} \tag{7.42}$$

式中，J 为在 $\lambda_1 + \lambda_2 + \cdots + \lambda$ 为负值的范围内最小的，即

$$J = \min\left\{n \sum_{j=1}^{n} \lambda_j < 0\right\} \tag{7.43}$$

D_L 应是吸引子分数维的下限，一般认为 Lyanunov 维数与信息维数相

等，即

$$D_L = D_1 \tag{7.44}$$

对于同一组资料，用本途径计算的 D_L 与用前述统计概率方法计算的 D_1 可作为校核，以提高对危险性定量判定的可信度。

7.5.4 三峡库区断裂岩石形变的分形测算与地震危险性判定的模拟计算

顾及三峡库区具典型河谷型水库区特点，考虑三峡地震地质、断裂活动和地球物理化学场研究现况，以及库区形变监测资料尚在获测和积累之中，对所选研的断裂岩石形变预测方法，进行实际的或仿真模拟计算和综合运用处于探索阶段，尚需在今后研究中不断修正和完善，这一新的研究途径较为困难。

按照所选研的对水库诱发地震形变预测方法的数据要求，目前在三峡库区尚没有大量利用数据进行具体计算。但按前面所述三峡库区形变监测的布设情况，可接近来采用假设的办法，对三峡库区蓄水后利用形变观资料可能获得的三峡水库子块体应变状态和稳定变异等定量预测参数，进行仿真模拟计算。

随着三峡大坝水库蓄水和排水不同时期样品的采集和数据的测定，一旦有了满足计算要求的资料，即可利用本书所述水库诱发地震的形变预测方法，实施三峡水库地震危险性监测与预报工作。

该项计算由活动断层中断裂岩石形变预测方法的工作软件完成，它可以进行三个方面的计算：断裂岩石形变的时间分形测算（计算时间上的容量维 D_0 与信息维 D_1）、断裂岩石形变的空间分形测算（计算空间上的容量维 D_0 与信息维 D_1）、活动断层岩石形变系统动力学性质的定量判定（测算关联维 D_2 和 Lyapunov 维数 D_L）。下面给出这方面的部分计算结果。

1. 三峡库区断裂岩石形变时间分形的模拟计算

断裂岩石形变时间分形测算对数据的要求与其他几种形变预测方法稍有不同，它需要各点位上较长时段内的多组数据，且一般要求时段数或某点位观测期数 $n \geqslant 6$，即 n 个时段内对应 n 个形变观测数据。计算中可选用测定的三峡断裂岩石形变时间较短的资料，对于时间间隔较长的形变观测资料，随着水库使用时间的增长，同样也有用这种方法计算的可能。下面给出一个三峡水库蓄水过程中依某点位（或某块体）形变观测量变化进行时间分形测算的模拟算例，以了解本方法的有效性。

设定具有准连续时序观测数据 30 个，其变化随时间而异（图 7.22）。图 7.22 中数据变化的物理含义也假定为：7～15 时序段水库开始蓄水后水位不断上升，测点处随之下沉；15～17 时序段水位持续上升时形变量变化趋于稳定；17 以后的时序段水位缓慢上升但形变量反向变化，即开始不断上升直到再次稳定。对此过程下面将进行 7 段地壳形变时间分形测算，分段处标在图 7.22 中。

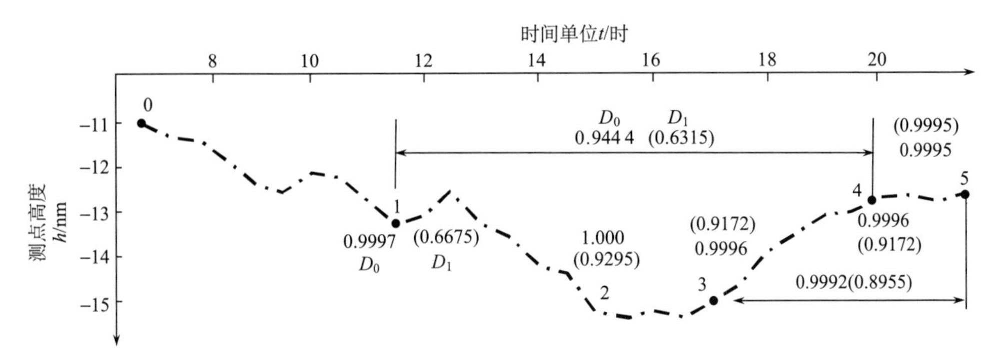

图 7.22　三峡库区某测点在蓄水过程中 FIP 形变量变化引起 D_0、D_1 变化示意图

利用形变预测方法和软件，依图 7.21 计算的结果标于表 7.14 和图 7.22。

表 7.14　断裂岩石形变时间分形测算模拟计算结果

时间区段	测点数	未知数	D_0（无标度区）	D_0波动范围	D_1（无标度区）	D_1 波动范围
04(7～12)	10	8	0.9997(3～12)	0.9037～0.9997	0.6675(3～7)	0.6675～0.7733
05(7～15)	17	14	1.0(1～2)	0.9915～1.0	0.9295(1～5)	0.0～0.9846
06(7～17)	21	16	0.9996(6～10)	0.9738～1.0	0.9172(6～10)	0.9172～0.9823
07(7～20)	27	21	0.9996(3～12)	0.9924～1.0	0.1305(6～8)	0.1305～0.9383
08(7～22)	30	23	0.9995(4～12)	0.9834～1.0	0.9995(4～12)	0.9995
09(12～20)	18	13	0.9994(3～12)	0.9630～0.9994	0.6315(6～8)	0.6315
10(15～22)	14	11	－0.9992(1～12)	0.9535～1.0	0.8955(1～3)	0.8955

表 7.14 的结果说明：利用此方法测算断裂岩石形变的时间分形，通过容量维 D_0 和信息维 D_1 的变化可方便地获得断层深部岩体自身参量的变化状况，则可以对各子块体的降维情况进行定量分析，无疑可对前述方法的结果进行有效佐证。

2. 三峡库区断裂岩石形变空间分形测算的模拟计算

为了与前面形变预测方法进行对比和综合分析，仍取断裂岩石形变观测数据，用软件有关功能进行计算。

由于断裂岩石形变的空间分形测算对数据的要求是在某一时段内的 i 个空间点位上有相应的形变观测资料，且 $i \geqslant 12$。为此，仅取 B1、B3 两组进行计算，计算结果列于表 7.15 中。

表 7.15　断裂岩石形变空间分形测算模拟计算结果

块名		观测点数	未知数	斜率 K	D_0 值	D_0(无标度区)	D_1 值	D_1(无标度区)
B1	1	33	28	21	1.0000	0～6	0.8712	0～4
	2				1.0000	0～6	0.8704	0～4
	3				0.9997	0～6	0.8695	0～4
B3	1	36	28	21	1.0000	0～6	0.7418	0～4
	2				0.9993	0～6	0.7312	0～4
	3				0.9672	0～6	0.7103	0～4

从表 7.15 的结果可以看出，在其他方法中被判定为失稳的子块 B3，其 D_0、D_1 值的降维现象稍有显示，而 B1 子块则基本上无降维显示，但这种模拟计算与未来长江三峡水库蓄水后所获实际资料计算的结果会出现多大的差距，现在难以预估，这里只能说明，本书选研的形变预测方法能从不同角度对不同类型的形变观测资料进行计算，并可给出同一研究客体较为可信的结果，但决无绝对正确的效能。

3. 三峡库区断裂岩石形变系统动力学性质定量判定的模拟计算

为了便于分析对比，特取表 7.14 计算结果的原始数值，采用软件有关功能进行计算，其结果列于表 7.16 中。

表 7.16　关联维 D_2 和 Lyapunov 维数 D_L 的模拟计算结果

时间区段	测点数	样本数	斜率 K_1	D_2(无标度区)	D_2 波动范围	K_p 数	D_1 值
04(7～12)	10	5823	3	1.2996(1～3)	1.2996	58	0.4386
05(7～15)	17	5909	15	0.4855(4～6)	0.4855	59	0.3255
06(7～17)	21	5929	21	0.4404(5～7)	0.4404～0.8566	59	0.4179
07(7～20)	27	5947	71	0.4247(5～7)	0.4247～0.9434	59	0.5129
08(7～22)	30	5953	91	0.4191(5～7)	0.4191～0.8580	59	0.2681
09(12～20)	18	5915	15	0.4865(4～6)	0.4865	59	0.4555
10(15～22)	14	5884	10	0.6196(3～5)	0.6196	58	0.5212

注：精度限定值 eps＝0.001；范数阀门增量值 $\Delta\varepsilon=1.0$；相空间维数 $s=3$。

从表 7.14 和表 7.16 的结果可以看出，利用形变分形分析方法，对三峡库区各类形变观测资料进行多重形变测算是可能的，但如何依据 D_0、D_1、D_2 及 D_L 等的变化及它们相互间的差异，来定量判定库区某子块体因蓄水或水位变化导致的动力学性质变化和诱发地震的危险程度，尚需在今后的实践中探索。作为岩石形变预测的一种方法，应与前人应用的其他形变预测方法比较，并且进行综合运用，确保定量判定的可靠性，这是今后需要重视的问题。

7.5.5 结论

运用断裂岩石形变观测资料进行水库诱发地震的预测，可对于长江三峡水库及其他地震断裂带进行研究，但因其难度极大、涉及的问题很多，且对这些问题的研究刚刚起步，本书所叙述的方法仅仅是在较短的时间内提出的便于应用的部分方法，也仅仅是一种初探。

如何进一步从水库蓄水导致多次断裂岩石形变这一机理出发，深入研究水变化—断裂岩石形变量变化—诱发地震前兆信息产生，并确切提析诱发地震危险信息，将是今后研究的主要课题之一。

本书对于综合利用 FIP 形变资料及相应的预测方法，从目标与思路、理论与方法及具体实施等方面均进行了详细的阐述，其相应的工作软件多数已编制完成，在普通的计算机上已能使用，其移置与修改也十分方便，对未来进行长江三峡水库可能发生的水库诱发地震的预测奠定了较好的基础。当然，本书提出的这些方法及其综合应用，从长远发展来看，仅能起到承上启下的作用。

7.6 FIP 在地震岩体滑坡分析中的应用——以白鹤岭滑坡为例

7.6.1 导言

地质作用过程会产生大量的微裂隙，这些微裂隙对应的裂隙面也被称为流体包裹体迹面(FIP)，因为微裂隙封闭过程中捕获周围流体介质可形成流体包裹体。地质学家对 FIP 的研究一直比较重视并在地质应力与构造演化分析中取得了许多成果(浙江省地质矿产局，1989；Lespinasse and Cathelineau，1990；Liu，1995；Barton and Choubey，1977；Boullier，1999；Goldstein，2001)；我们于 1991 年和 1995 年还测定了 FIP 迹面特征参数，获得了包裹体热动力学参数变化与断层活动、岩体变形之间的一些关系。岩体滑坡是大量微裂隙产生、扩展、聚集、贯通并形成具有一定宽度断裂带的结果(Brace，1963，1966；王学仁，1982；杨展如，1996；Boullier，1999)。

滑坡过程不仅产生大量的岩体变形，分布在其中的 FIP 也会发生变形和破裂，使 FIP 迹面特征参数和包裹体热动力学参数发生改变。因此，FIP 参数变化提供了岩体变形破裂的重要信息。我们以白鹤岭铁路隧道岩体滑坡为例，在垂直滑坡面的 4 条剖面上采集了不同变形状态的 16 个岩石定向样品，测定了流体包裹体迹面(FIP)特征参数(包括 FIP 长度、形态、贯通性、闭合度、粗糙度、交叉网络性质等)和包裹体热动力学参数(包括 FIP 中包裹体的均一温度、压力、流体密度、成分、氧逸度等)。将样品中裂隙分布分维数作为描述岩石变形破裂的定量指标，采用反馈式逐步回归方法分析这些分维数与所选 7 个 FIP 参数的定量关系。结果显示，影响岩体变形和破裂的主要微观参数包括两个 FIP 特征参数(粗糙度系数和分布密度)和 2 个包裹体热力学参数(水溶液包裹体均一温度和 CO_2—H_2O 包裹体均一温度)。岩体的变形破裂可使 FIP 中包裹体成分泄漏、迹面特征参数和包裹体热动力学参数发生改变，因此，岩体滑坡中流体包裹体参数的逐步回归分析结果对研究岩体变形和破裂过程具有重要的参考价值。

本书在测定白鹤岭铁路隧道岩体滑坡 FIP 参数的基础上，利用 ANSYS 有限元分析包分析了岩体边坡中的应力与位移分布，得出滑坡面中部位移远大于坡顶处位移，与基底的岩石裂隙分布分维值分析结果基本一致。

7.6.2 地质概况

白鹤岭滑坡(图 7.23)位于中国浙江省湖州市西北，杭州—长兴铁路以近乎南北的方向穿过白鹤岭滑坡。滑坡边坡距白鹤岭隧道北洞口约 100m，线路原以路堑形式通过，路堑高 23.5m，长约 200m。地表附近是厚度为 0.3～3.0 m 的第四系残积—坡积层，出露岩石主要为二叠纪、三叠纪、侏罗纪的灰岩与白垩纪的岩浆岩。断裂构造分三组：① 逆断层，近东西向，与区域主要褶皱轴平行或微斜交；② 正断层，走向与第一组逆断层基本一致；③ 横断层，与区域主要褶皱轴垂直或斜交。岩层中裂隙和 FIP 主要发育三组：NW320°～ 340°∠50°～ 60°、SW188°～ 254°∠55°～ 60°、NE20°～ 45°∠45°～70°，以 NW 和 SW 两组最为发育(属张性裂隙或张性 FIP)，裂隙和 FIP 分布密度大，其中第二组裂隙和相应 FIP 与边坡方向夹角仅为 6°、基本顺坡向发育、对边坡稳定性起控制作用。

根据已有的地面调查和钻孔资料，岩体滑坡外表形态明显，长约 100m。滑坡地段下伏基岩为极易风化的龙潭煤系(P_1)长石砂岩，岩石中节理极为发育并把岩层切割成许多碎块，边坡附近有两个大断层通过。滑坡发生在受强烈构造影响的长石砂岩全风化带中，多次滑动形成了多个滑坡台阶。坡体及其附近出现了大量裂隙，这些裂隙包括滑坡陡坎、坡体后缘陡壁的擦痕及张裂隙、坡体后部与滑坡陡坎间的巨大未充填张裂隙、滑坡体上部边缘外侧多条短小张裂隙、滑坡体第二台阶右侧砂岩中的滑坡擦痕、滑坡体左侧侵入岩体中的剪切裂隙。滑动面为严重破碎的岩石或含水量很大的黏土。

本地区滑坡面上岩石中分布有变形流体包裹体(FIP)，不同采样点中流体包裹体特征如图 7.24 和图 7.25 所示。

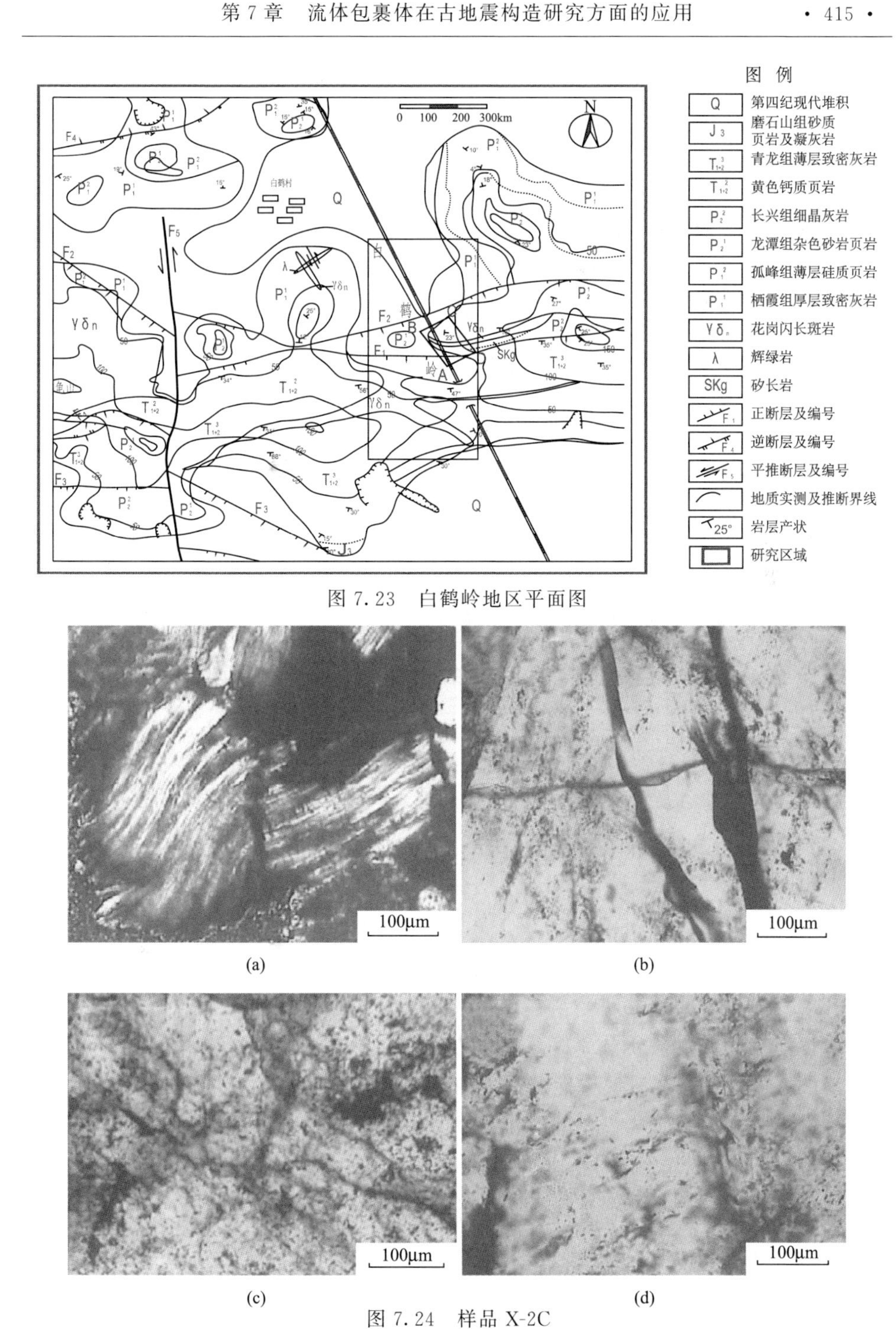

图 7.23 白鹤岭地区平面图

(a) (b) (c) (d)

图 7.24 样品 X-2C

(a) 滑坡岩石中白云母矿物发生扭曲变形；(b) 岩石矿物产生新的裂隙；(c)、(d) 矿物产生新裂纹，大包裹体发生一些破坏

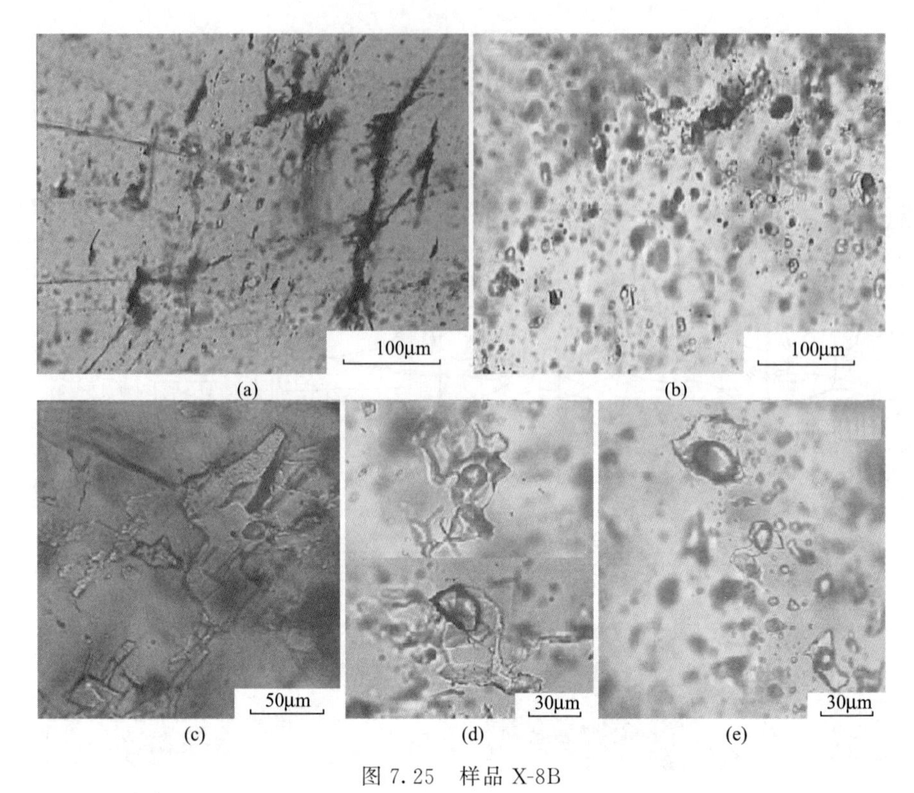

图 7.25 样品 X-8B

(a)、(b) 岩石矿物产生新的裂隙；(c)、(d)、(e) 包裹体发生一些破坏，两相包裹体中气泡大小不等，说明包裹体成分发生泄漏

7.6.3 分析方法

1. 样品采集

根据地形和岩石露头的实际分布情况，根据岩性和层位尽量相同、走向基本垂直滑坡面的原则，在滑坡体北翼滑坡面下部基岩中选择 4 条剖面采集样品。各剖面始端为基本不变形岩石(相应样品编号为 $i=1$)，末端为滑坡面附近岩石(相应样品编号为 N)，始端和末端之间距离恒定(相应样品编号为 2，3，4，…，$N-1$)。样品采集剖面和采样点位置如图 7.26 所示。

2. 测定和计算 FIP 参数

由于 FIP 参数与岩体变形和破裂的关系不尽相同，建立模型时尽可能多地考虑了有关参数，开始选择的参数尽量互相独立并能定量表述。通过筛选，选择两参数类型中的 7 个参数进行分析，这两参数类型中的 7 个参数如下。

表 7.17　白鹤岭滑坡包裹体的 FIP 特征参数和热力学参数

剖面	样品编号	裂隙分布的分维数 D	岩石类型	FIP 特征参数			包裹体的热力学参数			
				张开度 μ /μm	粗糙度系数 JRC	分布密度 /(条/cm^3)	水溶液包裹体均一温度 /℃	CO_2-H_2O 溶液包裹体均一温度/℃	水溶液包裹体流体密度 /(g/cm^3)	CO_2-H_2O 溶液包裹体流体密度 /(g/cm^3)
Ⅰ	Ⅰ-1	1.18	灰岩和砂岩	0.2～1.2	2～6	45～75	135～165	180～210	0.94～0.97	0.90～0.92
	Ⅰ-3	1.36		0.4～1.8	3～7	50～78	125～180	175～260	0.93～0.97	0.83～0.93
	Ⅰ-5	1.58		0.3～2.1	3～8	70～115	155～220	215～270	0.88～0.95	0.82～0.89
Ⅱ	Ⅱ-1	1.20	灰岩	0.2～1.5	2～7	45～70	105～155	160～195	0.95～0.99	0.91～0.94
	Ⅱ-3	1.37		0.4～1.6	3～7	50～75	125～175	175～260	0.93～0.97	0.83～0.93
	Ⅱ-4	1.58		0.3～2.0	2～8	70～115	130～190	215～270	0.92～0.97	0.82～0.89
	Ⅱ-5	1.62		0.3～2.2	3～8	70～125	165～185	200～300	0.92～0.94	0.77～0.90
Ⅲ	Ⅲ-1	1.08	灰岩	0.2～1.0	2～5	45～65	115～175	160～195	0.93～0.98	0.91～0.94
	Ⅲ-2	1.22		0.3～1.5	3～7	50～80	125～180	175～260	0.92～0.97	0.83～0.93
	Ⅲ-4	1.60		0.3～2.1	2～8	60～95	130～190	215～270	0.91～0.97	0.82～0.89
	Ⅲ-5	1.65		0.3～2.3	3～8	80～110	165～185	210～290	0.92～0.94	0.78～0.89
Ⅳ	Ⅳ-1	1.10	灰岩和岩脉	0.2～1.1	2～5	45～95	105～155	160～205	0.95～0.99	0.90～0.94
	Ⅳ-2	1.18		0.4～1.8	3～6	50～98	125～175	155～280	0.93～0.97	0.80～0.95
	Ⅳ-3	1.32		0.3～2.0	3～8	60～95	130～190	215～295	0.92～0.97	0.78～0.89
	Ⅳ-4	1.56		0.3～2.2	3～8	80～105	145～185	210～305	0.92～0.96	0.76～0.89
	Ⅳ-5	1.54		0.3～2.3	3～7	90～120	155～205	210～315	0.90～0.95	0.74～0.89

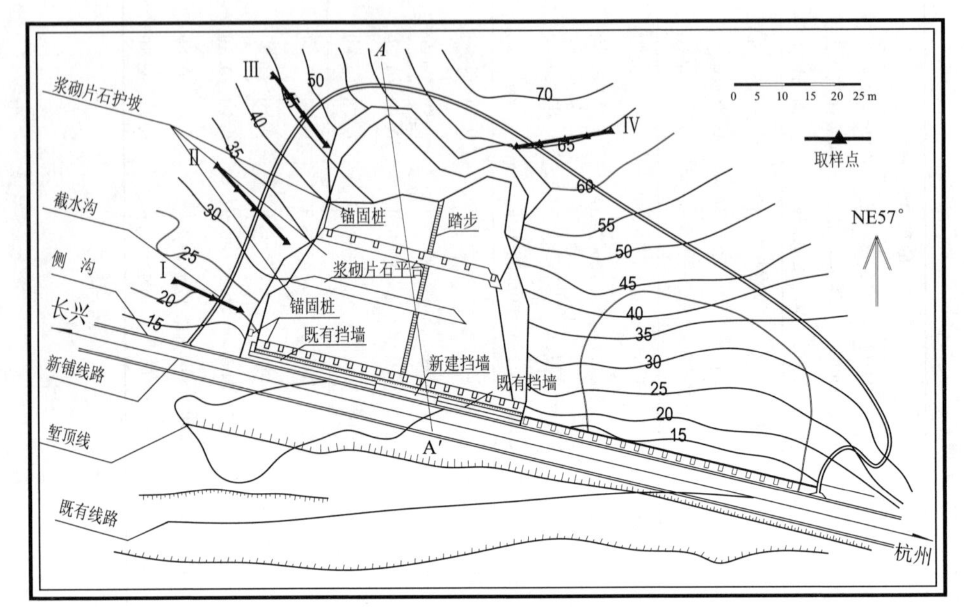

图 7.26　白鹤岭地区取样位置图

(1) FIP 迹面特征参数：① 张开度 μ(μm)；② 粗糙度系数 JRC；③ 分布密度(条/cm^3)。这 3 个参数中的 JRC 可根据 JRC$=-0.8704+37.7844\times[(D-1)/0.015]-16.9304\times[(D-1)/0.05]^2$求得(Barton，1973)，其余 2 个参数可直接测定。

(2) 包裹体热动力学参数：① 水溶液包裹体均一温度(℃)；② CO_2—H_2O 包裹体均一温度(℃)；③ 水溶液流体密度(g/ cm^3)；④ CO_2—H_2O 流体密度(g/cm^3)。包裹体均一温度可在冷热台上直接测定求出，包裹体密度需利用相关计算公式求出。

这些参数的具体计算数值如表 7.17 所示。

样品测定时显微照片如图 7.24 和图 7.25 所示。

3. 计算裂隙分布分维值

本书使用反馈式逐步回归方法分析各 FIP 参数与微裂隙分布密度之间的关系。如果不同尺度(L_1，L_2，L_3，…，L_k)下各样品中裂隙分布数量为 $N(L_1)$，$N(L_2)$，$N(L_3)$，…，$N(L_k)$(张国瑞；刘斌，1995)，则

$$N(L)\propto L^{-D} \tag{7.45}$$

在 $N(L_1)-L$ 的双对数图上，直线段斜率即为裂隙分布分维数 D_1，D_2，D_3，…，D_L，以这些分维数作为回归分析中的反应值 Y。岩石裂隙分布的分维数

同样如表 7.17 所示。

7.6.4　逐步回归分析结果

利用多变量逐步回归分析方法，对于不同步骤的统计判断情况如表 7.18 所示。表 7.18 中，R_{MSE} 为多元回归分析均方差平方根，其值越小，则拟合效果越好；R^2 为复相关系数的平方，它总是在 0～1，其值越大拟合效果越好。R_{MSE} 和 R^2 分别根据式(7.46)和式(7.47)进行计算：

$$R_{\text{MSE}} = \sqrt{\frac{\sum_{i=1}^{n}(y'_i - y_i)^2}{n-m}} \tag{7.46}$$

$$R^2 = \frac{1}{\sum_{i=1}^{n}\left(y_i - \frac{1}{n}\sum_{k=1}^{n} y_k\right)^2} \sum_{i=1}^{m}\left[\sum_{k=1}^{n}\left(x_{ik} - \frac{1}{n}\sum_{k=1}^{n} x_{ik}\right)\left(y_k \ \frac{1}{n}\sum_{k=1}^{n} y_k\right)\right]\beta_i \tag{7.47}$$

表 7.18　不同步骤的判断结果

步骤	回归系数		置信区间		R_{MSE}	R^2
	列	数值	下限值	上限值		
0	1	0.004979	−0.1734	0.1833	0.07561	0.9271
	2	0.2503	0.1261	0.3745		
	3	0.008135	0.001683	0.01459		
	4	0.01635	−0.004884	0.03758		
	5	−0.005943	−0.009655	−0.00223		
	6	11.79	−8.545	32.13		
	7	−0.1135	−4.16	3.933		
1	1	0.003521	−0.1629	0.17	0.07253	0.9161
	2	0.2243	0.1322	0.3164		
	3	0.009294	0.004984	0.0136		
	4	0.004253	0.00009428	0.008411		
	5	−0.005156	−0.008034	−0.002277		
2	2	0.2243	0.1373	0.3133	0.06916	0.9161
	3	0.009303	0.005252	0.01335		
	4	0.004262	0.0003588	0.008166		
	5	−0.005152	−0.007867	−0.002437		

式中，m 为各步回归分析的变量数，$m=7$；n 为样本数，$n=16$；y'_i为第 i 个样本的估计值；y_i 为第 i 个样本的实测值；x_{ik} 为第 i 个样本第 k 个参数的实测值。

由表 7.18 可以看出，第 6、7 个参数在第一步即可剔除；剩余 5 个参数重新计算后，第 1 参数在第二步可以剔除；此后，再不能剔除其他参数了。因此，第 2、3、4、5 个参数被保留了下来。换句话说，FIP 的粗糙度系数和分布密度、水溶液和 CO_2-H_2O 溶液包裹体均一温度对岩体变形破坏具有主要影响，而 FIP 的张开度、水溶液和 CO_2-H_2O 溶液流体密度影响不大。由表 7.18 可知，裂隙分布分维数 Y 与 FIP 粗糙度系数 x_2、FIP 分布密度 x_3、水溶液包裹体均一温度 x_4 和 CO_2—H_2O 溶液包裹体均一温度 x_5 之间的关系为

$$Y=0.0524+0.2243x_2+0.009303x_3+0.004262x_4-0.005152x_5 \tag{7.48}$$

由式(7.48)可以看出，FIP 粗糙度系数 x_2 和分布密度 x_3 为主要参数，两种包裹体均一温度 x_4、x_5 为次要参数；x_2 越大则裂隙分布分维值 Y 越大、岩体变形破坏也越强烈。

7.6.5 有限元方法模拟

为了进一步说明使用 FIP 参数进行反馈式逐步回归分析对岩体边坡稳定性研究的可行性，我们使用有限元方法进行反分析，采用目前国际上通常流行使用的 ANSYS-10.0 分析包来模拟边坡进行验证。有限元方法分析应力与变形已经在浅基础、基坑工程、桩基础与边坡工程等岩土工程问题分析中得到了广泛应用(Lee et al.，Ou et al.，1996；Kong et al.，2005；Zheng and Zhao，2005)。这里不预备对其进行详细讨论，而只对几何模型和材料性质进行简要说明。

建模时，假定为平面应变问题，水平方向外延长度为 50m，分析基面和远端侧位移都假定为零，同时施加了重力和水平构造应力(后者垂直梯度假设为 0.1MPa/m)，岩石和土均为莫尔-库仑材料并使用相关联的德鲁克—普拉格流动准则，土和下伏基岩界面假设为接触单元。有限元分析时的参数列于表 7.19。由于数值模拟时“参数有限”，表 7.19 中的一些参数使用了附近地区的资料(叶金汉等，1991)。

表 7.19　使用有限元方法模拟边坡变形时使用的参数

材料类型	内聚力 C /Pa	内摩擦角 ϕ /(°)	膨胀角 ϕ_f /(°)	密度 ρ /(g/cm³)	弹性模量 E /Pa	泊松比 μ
坡积土	1.0×10^5	18	15	2.1	2×10^7	0.30
长兴灰岩	1.5×10^6	30	28	2.6	6×10^9	0.25

所作 $A—A'$ 剖面沿白鹤岭滑坡体中脊线切面，图 7.27 是有限元分析剖面，图 7.28 是有限元分析网格。图 7.29 为白鹤岭边坡使用有限元分析的位移分布结

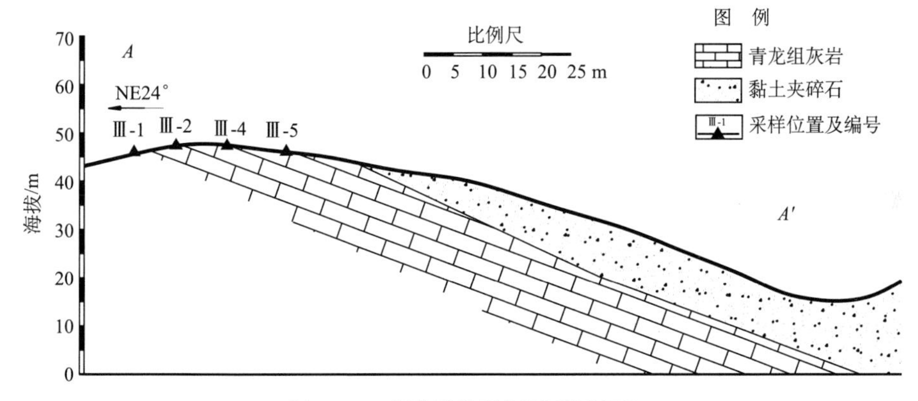

图 7.27　有限元分析剖面(Ⅲ剖面)

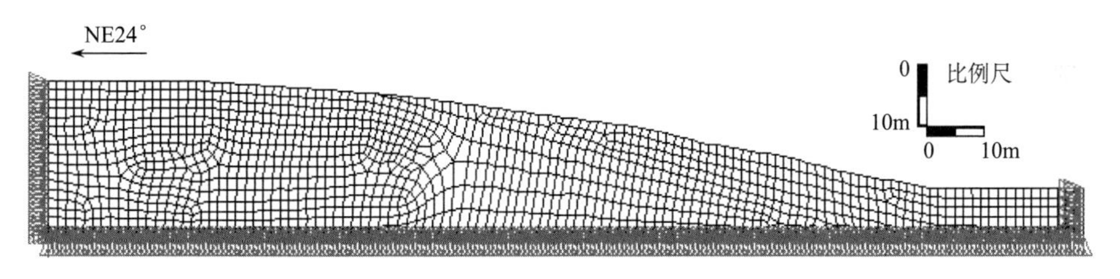

图 7.28　白鹤岭边坡的有限元分析网格

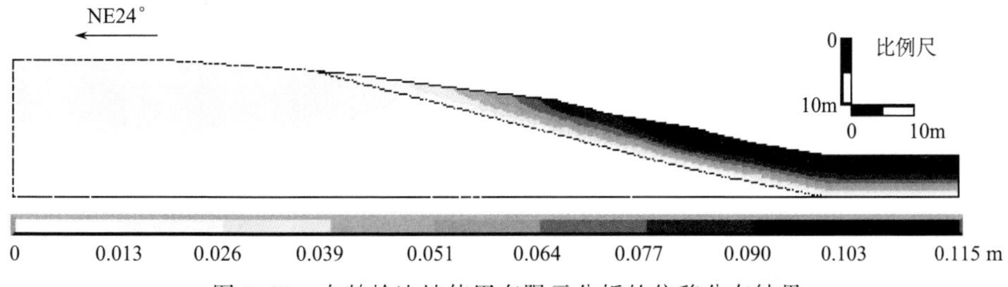

图 7.29　白鹤岭边坡使用有限元分析的位移分布结果

果。从图 7.29 可以看出，滑坡体坡脚位移远大于坡顶位移，达到 0.115m。采集的样品来自于滑坡基底岩石。这些样品中，滑坡面中部(Ⅱ、Ⅲ剖面)采样点 5 岩石中裂隙分布分维值较大(D =1.62 和 D =1.65)，相应点位置的位移也比较大(0.089～0.09)；坡顶(Ⅳ剖面)采样点 5 岩石中裂隙分布分维值最小(D =1.54)，相应点位置的位移也最小(0.05 左右)，这与有限元分析的位移分布结果一致。Ⅰ剖面采样点 5 为坡脚基底岩石，裂隙分布分维值不大，而位移变化范围比较大，可能是上覆滑坡体重量压迫、岩石具有弹性作用而应力没有释放、脆性破裂相对不多的缘故。

7.6.6 结论

(1) 本书以白鹤岭铁路隧道岩体滑坡分析为例，测定了岩体边坡中 4 个剖面 16 个样品的 FIP 参数(包括 FIP 特征参数和流体包裹体参数)，计算了相应的裂隙分布分维值。采用逐步回归分析方法，研究了 FIP 参数与裂隙分布分维数之间的关系，获得了相应的回归方程。

(2) 逐步回归分析结果显示，对白鹤岭边坡的岩体变形和破坏来说，FIP 的粗糙度系数和分布密度、水溶液和 CO_2-H_2O 溶液包裹体均一温度(尤其是前 2 个参数)对岩体变形破坏具有主要影响，而 FIP 张开度、水溶液和 CO_2-H_2O 溶液流体密度影响不大；FIP 粗糙度系数越大，则裂隙分布分维值越大、岩体变形破坏越强烈。

(3) 我们利用 ANSYS-10.0 有限元分析包分析了岩体边坡中的应力与位移分布，得出滑坡面中部位移远大于坡顶位移，与基底的岩石裂隙分布分维值分析结果基本上一致。

(4) 利用 FIP 参数分析和预测岩体滑坡的工作刚刚起步，还有不少问题需要解决。

主要参考文献

董光鑫，宫相霖. 2003. 小洋岛现代海岸类型及其特征. 上海地质，1:17-19

高士钧. 1986. 长江三峡坝区构造水库应力场及其未来水库诱发地震，地震学报，增刊:8

国家地震局地震研究所. 1984. 中国水库诱发地震文集. 北京:地震出版社

侯增谦，艾永德，曲晓明等. 1999. 岩浆流体对冲绳海沟海底成矿热水系统的可能贡献. 地质学报，73(1):57-59

胡毓良. 1979. 我国的水库地震及其有关成因问题的研究，地震地质，1(4):45-57

黄建安，王思敬. 1983. 含量断续节理岩体断裂力学数值分析. 岩土工程学报，3:39-52

李兆麟. 1988. 实验地球化学. 北京:地质出版社

刘斌，沈爱君，高灯亮等. 1992. 上海及邻区断裂系统中变形岩石、矿物、流体包裹体的研究及其构造作用和地震活动特征//现代地质学研究文集. 南京:南京大学出版社

刘斌,沈昆. 1998. 包裹体流体势图在油气运聚研究中的应用. 地质科技情报，Sl：81-87

刘斌,沈昆. 1999. 流体包裹体热力学. 北京：地质出版社

刘斌,朱思林,沈昆. 2000. 流体包裹体热力学参数计算软件及算例. 北京:地质出版社

刘斌. 1988. 不混溶流体包裹体作为地质温度计和地质压力计. 科学通报，8:1846-1848

刘斌. 1995. 流体包裹体在工程地质学中的应用. 同济大学学报，23：355-359

刘斌. 2002. 利用流体包裹体计算地层剥蚀厚度——以东海盆地 3 个凹陷为例. 石油实验地质，24(2):172-176

刘斌. 2005. 烃类包裹体热动力学. 北京:科学出版社

刘申叔,李上卿. 2001. 东海油气地球物理勘探. 北京:地质出版社

刘树根,罗志立,赵锡奎. 2003. 中国西部盆山系统的耦合关系及其动力模式——以龙门山川西前陆盆地系统为例. 地质学报，77(2):177-186

卢焕章. 1998. 流体包裹体地球化学. 北京:地质出版社

王二七,孟庆任,陈智梁. 2001. 龙门山断裂带印支期左旋走滑运动及其大地构造成因. 地学前缘，8(2):375-383

王学仁. 1982. 地质数据的多变量统计分析. 北京:科学出版社

杨展如. 1996. 分形物理. 上海:上海科技教育出版社

易顺民,朱珍德. 2005. 裂隙岩体损伤力学导论. 北京:科学出版社

余金生,李裕伟. 1985. 地质因子分析. 北京:地质出版社

翟世奎 陈丽蓉 王镇等. 1997. 冲绳海槽浮岩岩浆活动模式浅析. 海洋地质与第四纪地质，17(1):59-65

张文淮,杨巍然. 1996. 断裂性质与流体包裹体组合特征. 地球科学，21(3):285-290

浙江省地质矿产局. 1989. 浙江省区域地质志(1 区域地质第 11 号). 北京:地质出版社

朱令人,陈顒. 2000. 地震分形. 北京:地震出版社

Andre A S, Sausse J, Lespirtasse M. 2001. New approach for the quantification of paleostress magnitudes: application to the Soultz vein system (Rhine graben, France), Tectonophysics, 336:215-231

Barton N, Choubey V. 1977. The shear strength of rock joint in theory and practic. Rock Mechanics, 10: 1-54

Boullier A M. 1999. Fluid inclusions :tectonic indicator. Journal of Structural Geology, 21: 1229-1235

Brace W F, Bombolakis E G. 1963. A note on brittle rock growth in compression. Journal of Geophysical Research, 68: 3709-3713

Chen S F, Wilson C J L. 1996. Emplacement of the Longmen Shen thrust - Nappe Belt along the eastern margin of the Tibetan Plateau. Journal of Structural Geology, 18(4): 413-430

Dahlberg E C. 1982. Applied hydrodynamics in petroleum exploration, Springer Verlag. New York: Heideberg Berlin

Fyfe W S, Price N J, Thompson A B. 1978. Fluid in the Earth's crust. Holland:Elsevier Scientific Publishing Company

Goldstein R H. 2001. Fluid inclusions in sedimentary and diagenetic systems. Lithos, 55: 159-193.

Hoek E, Brow E T. 1988. Underground Excavation in Rock. Hertford. Austin & Sons Ltd

Jolly R J H, Sanderson D J. 1997. A Mohr circle construction for the opening of a pre-existing fracture. Journal of Structural Geology, 19(6):887-892

Kenneth J. 1999. 分形几何中技巧. 曾文曲,王向阳,陆夷译. 沈阳:东北大学出版社

Kerrich R, La Tour T E, Willmore L. 1984. Fluid participation in deep fault zones: evidence from geological, geochemical, and 180/160 relations. Journal of Geophysical Research, 89 (6): 4331-44343

Klee G, Rummel F. 1993. Hydrofrac Stress Data for the European HDR Research Project Test Soultz-Sous-Forets. International Journal of Rock Mechanics and Mining Sciences & Geomechanics. Abstracts, 30(7):973-976

Lespinasse M, Cathelineau M, Poty B. 1991. Time/space reconsttruction of fluid percolation in fault systems: The use of fluid inclusion planes//Sourrce, (editors. Pagel and Leroy) Transport and Deposition of Metals. Balkema. Rotterdam

Lespinasse M, Cathelineau M. 1990. F1uid percolations in a fault zone:A study of fluid inclusion planes(F1P) in the St Sylvestre granite (Nw Freoch Massif Centra1). Tectonophyslcs, 184: 173-187.

Lespinasse M, Pecher A. 1986. Microfracturing and regional stress field: a study of preferred orientation of fluid inclusion planes in a granite from the Massif Central, France. Journal of Structural Geology, 8: 169-180

Lespinasse M. 1999. Are fluid inclusion planes useful in structural geology? Journal of Structural Geology, 21: 1237-1243

Liu B. 1987. Immiscible fluid inclusions as geothermometers and geobarometers: Kexue Tongbao July(CHINE 科学通报), 32(14):978-982

Liu B. 1988. Calculation of formation temperatures and pressures by use of thermodynamic equations for equilibrium of fluid inclusions with paragenetic host minerals. Scientia Sinica Series B Chemical Biological Agricultural Medical and Earth sciences, 31:344

Mathez E A. 1973. Refinement of the Kuodo-Well plagioclase thermometer and its application to basaltic roks. Contributions to Mineralogy and Petrology, 41:61-72

Mercier J C C. 1976. Single-pyroxene geothermometry and georometry. American Mineralogist, 61:603-615

Mian Z U, Tozer D C. 1990. Nowater, no plate tetonics: convective heat trasfer and the planetary surface of Venus and Earth. Terra Nova, 2: 455-459

Nicholls J, Camichael I S E, Stormetr J C. 1971. Silica activity and Ptotal in igneous rocks. Contributions to Mineralogy and Petrology, 33:1-20

O'Hara K D. 1994. Fluid-rock interaction in crustal shear zones: A directed percolation approach. Geology, 22: 843-846

Onasch C M.1990. Microfractures and their role in deformation of a quartz arenite from the central Appalachian foreland. Journal of Structural Geology，12：883-894

Pecher A，Lespinasse M，Leroy J. 1985. Relations between fluid inclusion trails and regional stress field：a tool for fluid chronology：An example of intragranitic uranium ore deposit (northwest massif，central France). Lithos，18：229-237

Roedder E. 1994. Fluid inclusion evidence of mantle fluids// De Vivo B，Frezzotti M L. Fluid Inclusions in Minerals，Methods and Applications. Blacksburg：Virginia Tech

Sibson R H. 1994，Crustal Stress，faulting and fluid flow//Parnell J. Geofluids：Origln，Migratton and Evolution of F1uids in Sedlmentary Basins. Geological Society Special Publication，78：69-84

Stearns D W，Friedman M. 1972. Reservoirs in Fractured Rock. American Association of Petroleum Geoloists，16：82-100

Tumer F J，Weis L E. 1963. Structural Analysis of Metamorphic. Tectonites：545

Tuttle O F. 1949. Structural petrology of planes of liquid inclusios. Journal of Geology，57：331-356

第8章 现代地震前兆中流体包裹体特征和地震预报思路

8.1 地震前兆包裹体参数异常、定量判定方法及其地震预报思路

8.1.1 地震预报方法和前兆中包裹体参数异常预报地震原理

1. 地震预报方法(国家地震局预测预防司，1997)

地震是一种自然现象，有着发生的规律，掌握其规律就能够进行预报。但是目前对地震发生的具体过程和影响因素还了解得不够清楚，这就给地震预报造成了很大的困难。尽管如此，随着科技的进步，测定手段的改进，以及人们认识的提高，地震发生的规律是可以掌握的，地震预报问题的彻底解决只是时间问题而已。

目前地震预报的研究方法主要包括三个方面。

(1) 地震地质方法。应力积累是大地构造活动的结果，所以地震的发生必然和一定的地质环境有联系。

(2) 地震统计方法。地震归因于岩层的错动，但地球是不均匀的，在积累着的构造应力作用下，岩石在何时、何处发生断裂，决定于局部的弱点，而这些弱点的分布常常是不清楚的。另外，地震还可能受一些未知因素的影响。由于这些原因，当已知的因素还不够的时候，地震预报有时就归结为计算地震发生的概率的问题。当一种现象的物理机制还不清楚的时候，人们通常利用统计的方法去获知它发生的概率。

(3) 地震前兆方法。地震不是孤立发生的，它只是整个构造活动过程中的一个时段。在这个时段之前，还会发生其他的事件。如果能够确认地震前所发生的任何一个事件，就可以利用它作为前兆来预报地震。

这三种方法并不是彼此独立不相关的，而是互相联系的，且如果能够将三种方法配合使用，效果会更好。

由于在地震的长期孕育过程中总是伴随着地球物理和地球化学异常，所以实现地震预报的问题将取决于我们怎样才能尽快地学会识别这些异常和确定这些异常与未来地震震级和地震发生地点的关系，弄清为什么有的地震会出现各种前兆，而有的地震只出现某些特殊的前兆。

2. 利用包裹体参数异常预报地震的原理

地震孕育必将伴随着岩石应力应变状态的变化，也引起了充填在岩石孔隙和裂隙中的流体——水和气体的流动和反应。这种流动和反应表现为流体动力或流体地球化学效应。地应力的变化属于流体动力学前兆，地下流体成分的变化则属于流体地球化学前兆。

构造地震捕获的 FIP 可以反映地下热迁移与流体运动的信息，也可反映地震构造内部不同部位释放的某一种流体量的变化特征，因此 FIP 特征具有可以反映流体地震前兆的可能性。

震时与震前的地震流体效应具有本质的差异，这些差异主要取决于介质应力应变状态逐渐变化的地震孕育长期过程的特征，以及震时应力的瞬时释放。如果说人们对震时主要的地震流体效应已经研究得很好，对震前地震流体效应的研究程度尚不能令人满意。但是构造地震前捕获的 FIP 常常不因地震作用而消失，许多震前捕获的 FIP 保存下来，它们反映的流体地震前兆信息也保存下来，从而弥补了震前流体效应研究的不足。

利用包裹体参数异常预报地震的原理是地震流体地球化学中最重要的基础理论问题，该原理的核心部分则是包裹体参数异常与地震的孕育和发生过程之间存在的成因联系。此外，为预报地震，还要建立一套分析预报方法，对实际观测到的包裹体参数异常进行综合的分析判断，提出地震预报意见。

对于以往的古地震活动，可以通过当时形成的古流体包裹体信息获得。然而对于现代地震，我们很难采集到地下深处现代断层活动中流体包裹体形成的样品来进行测定，现今地表出露的岩石，即使产生变形和破裂，在地表温度和压力条件下，新的显微裂隙难以愈合，也难以在地表以封闭形式形成流体包裹体或 FIP。

现代地震活动中岩石产生应力作用，其中赋存的地质历史时期捕获的包裹体或 FIP 不可避免地发生变形，应力达到一定程度时，特别是在应力集中处，包裹体发生破裂、成分发生泄漏。地震使包裹体成分发生泄漏和 FIP 变形在断裂带地表是普遍存在的，这为我们观察断层地震活动提供了宝贵的信息。

因此我们可以采集地表活断层中样品，特别是在断层端点和转折处采集软弱层或后期穿插的岩脉等样品。这些都是应力集中处，矿物变形和破裂常常发生，其中的原来赋存的流体包裹体的热动力学性质(均一温度、压力、流体密度、主要成分等)会由于包裹体中流体泄漏而发生改变；另外这些早先遗留的 FIP 表征参数(长度、形态、贯通性、闭合度、粗糙度、交叉组合网络性质、应力大小和方向及其应力场性质等)常常由于现代地震活动发生异常变化。正是由于应力集中产生的矿物变形广泛分布在现今的断层岩石之中，并且对于现代断层活动的动力环境变化反应十分敏感，因此对这些遗留的变形包裹体参数异常变化进行测定，结合当今地震前岩石变形产生的微裂隙测定，可以帮助我们了解当今构造断层对岩石变形的影响，进而监测断层的活动性，进一步预报现代地震。

8.1.2 包裹体参数异常的定量判定方法

包裹体参数异常，是指包裹体表征参数和热力学参数以及地球化学组分含量在正常捕获后的背景上出现的反常变化。

包裹体参数异常产生的原因是多方面的。引起包裹体参数异常变化的因素可分为两大类。一类是非地震活动因素，即人为活动因素，如采集和加工样品时的污染、样品测定过程中仪器误差的影响等，这类因素造成的异常，一般来说与地震的活动无关，故称之为干扰。另一类为地震构造活动因素，如地壳的升降、断层的蠕动、地震的孕育与发生等。在地震预报中，通常所说的包裹体参数异常，即指地壳的各种构造活动所造成的变化。

需要指出的是，在地震前兆过程中，岩石变形产生的新的裂隙裂纹，由于不断扩展，致使原来捕获的包裹体迹面发生变形和成分泄漏，虽然这些新的裂隙和裂纹没有捕获流体，我们同样测定它们的特征参数，作为数值的补充。

对包裹体参数异常的判定，一般按四个步骤进行，即数据收集与处理、异常的数学判定、异常可靠性落实及异常目录的编制。

目前，使用较广泛的包裹体参数异常判定方法有许多，这里列出常用的几种判定方法(表 8.1)。需要指出的是，对于同一组观测数据，若采用不同的判定方法，所给出的包裹体参数异常的时间和数量是不完全相同的，自然，用于地震预报的效果也有差别。为此，在实际分析预报中，需选用恰当的判定方法，以获得较好的预报实效(国家地震局预测预防司，1997;刘耀炜等，2010)。

表 8.1 包裹体参数异常的几种定量判定方法

序号	名称	适用条件	功能
1	原始测值曲线法	近直线及构造周期动态变化测定点	判定突跳、突发性及部分趋势性异常变化
2	差分法	构造周期动态变化测定点	压制较长周期、突出较短周期变化
3	自适应阈值法	构造周期动态变化测定点	滤去了周期大于 1 的各种变化成分
4	变化速率分析法	构造周期动态变化测定点	提取变化斜率大和变化稳定的短周期变化
5	剩余曲线法	构造周期动态变化测定点	提取突发性短期变化
6	线性趋势分析法	观测曲线呈长趋势变化的测定点	从长趋势变化背景上提取短期的变化
7	中短时期均值法	近直线及呈构造周期变化测定点	判定出趋势异常或长趋势异常

续表

序号	名称	适用条件	功能
8	平滑滤波法	除近直线型变化以外的测定点	提取趋势性异常变化异常作为资料前处理
9	分形方法	构造周期动态变化测定点	判定出趋势异常或长趋势异常
10	小波分析方法	各种长短构造周期动态变化测定点	异常信息提取
11	HHT 分析方法	各种长短构造周期动态变化测定点	异常信息提取

作为地震活动保留下来的变形痕迹，对于较弱变形是难以保存的，这是由于后期地震活动，特别是大的构造作用将原来的痕迹破坏，因此现存的变形痕迹反映的是大的构造作用产生大地震的变形产物，它的时间周期比较长，运用上述方法的好坏，还需实践中进一步验证。

8.1.3　流体包裹体参数地震前兆异常信息提取

地震流体包裹体参数地震前兆异常观测数据量常常很大，对于这些数量庞大的数据，只有通过计算机分析，才能进行异常信息提取，由于提取异常信息的方法较多，这里介绍比较先进的几种方法。

1. 原始测值曲线法(Ohnaka and Mogi，1982)

原始测值曲线法是以观测数据的均方误差为判定的阈值，从短时期观测值中提取异常的一种数学判定方法。

具体做法是以包裹体参数短时期观测值作为判定异常的数据序列，计算出全部观测值的均方差 σ

$$\sigma = \sqrt{\frac{\sum \Delta X_i^2}{n}}$$

式中，X_i 为观测值；ΔX_i 为观测值与平均观测值的差值。

即

$$\Delta X_i = X_i - \frac{\sum_{i=1}^{n} X_i}{n}$$

然后，取平均观测值与 2～3 倍均方差之和作为异常的判定阈值(G)。如果观测值超过异常的判定阈值，则视该值为异常。对于多数包裹体参数测项，一般只取正异常。因统计分析的需要，待提取出异常之后，要进一步确定异常变化的次数。规定若两个相邻的异常值之间的时间间隔小于某一时长，两个异常值属于同一次异常；反之，则属于不同的两次异常变化。

以四川康定姑咱泉为例，1972～1982 年水氡观测值的平均值为 35.9Bq/L，测值的 3 倍正均方差为 7.8Bq/L，两者之和为 43.7Bq/L，以该值作为异常判定的阈值，可提取出水氡的突跳异常(赵日升等，1986)(图 8.1)。这明显说明在炉霍地震(7.9 级)前水氡异常情况。

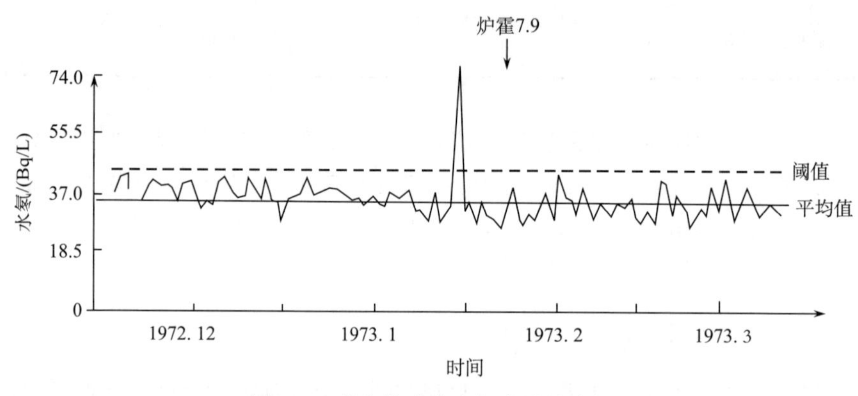

图 8.1　康定姑咱泉水氡突跳异常图

采用原始测值曲线法所判定出的异常，大多数为时间较短的突发性异常。该方法给出的异常能比较客观地反映观测值的实际变化过程，且操作简便，故运用最为普遍。

2. *差分法*(国家地震局预测预防司，1997)

差分法又称梯度法或速率法，该方法可看做是一种压制较长周期、突出较短周期变化的线性数字滤波方法，用以提取观测序列中的高频变化异常信息，该方法的物理含义清楚，计算简单，也是一种运用广泛的分析方法。

第一步，按下式计算出观测数据序列的一阶差分值

$$\Delta X_i = X_{i+1} - X_i$$

式中，ΔX_i 为差分值；X_i 为短期(如 1 日)观测值，$i=1, 2, 3, \cdots, n$。

然后，求差分绝对值的平均值

$$|\overline{\Delta X_i}| = \frac{\sum_{i=1}^{n} |\Delta X_i|}{n}$$

式中，n 为参加计算的观测值数。

第二步，取 3 倍的 $|\overline{\Delta X_i}|$ 为判定异常的阈值，凡差分绝对值达到或大于阈值者视为异常，如图 8.2 所示。

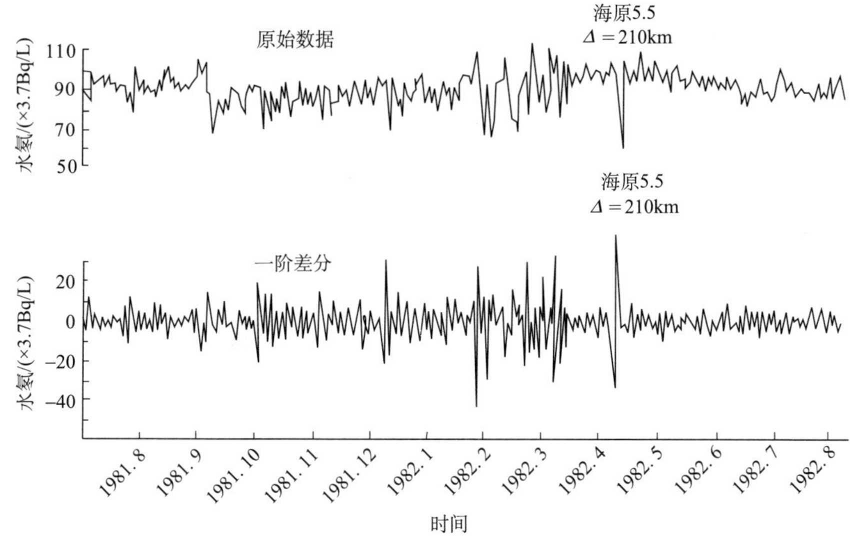

图 8.2　清水温泉水氡原始值、差分值曲线(据刘耀炜等，1999)

3. 小波分析方法(国家地震局预测预防司，1997)

数字化前兆变化过程是典型的观测信号非平稳过程，具有不稳定、变化快等时频特点。因此对此类数据采用现代的时频分析方法，在提取和分析地震异常信息方面可获得较好的效果。小波分析方法在时、频两域都具有表征信号局部特征的能力，尤其对于频率成分比较简单的确定性信号，可以将其表示成各频率成分的叠加和的形式，特别适合于分析地震前兆这类不稳定的复杂信号。

1）小波变换原理

小波变换是指在任意 $L^2(R)$空间中，函数 $z(t)$在小波基下进行展开

$$WT_z(a,b)=\langle z(t)\cdot\varphi_{a,b}(t)\rangle=\frac{1}{\sqrt{a}}\int_R z(t)\varphi\left(\frac{t-b}{a}\right)\mathrm{d}t \tag{8.1}$$

这里，$WT_z(a,b)$称为小波变换系数，$\langle z(t)\cdot\varphi_{a,b}(t)$表示内积，$\varphi_{a,b}(t)$为小波母函数，$a$ 和 b 分别为尺度和平移参数。小波变换具有多分辨特性，即多尺度性，可由粗到细逐步观察信号。适当的选择尺度因子和平移参数，可得到一个伸缩窗，在选择了基本小波后，就可以用来在时域和频域两方面分析信号局部的特征。

根据小波理论，在 $L^2(R)$空间的信号，当满足一定条件时，可以进行正交小

波分解。例如，一离散信号 f_i 可被分解为

$$f_i = g_{i-1} + \cdots + g_{i-1} + f_{i-1} \tag{8.2}$$

式中，f_{i-1} 为逼近成分。

任一级子空间可由下一级子空间以及它的正交补空间相加而成，序列 W_m 相互之间无重叠，是正交系。子空间序列 V_m、W_m 称为函数空间 $L^2(R)$ 上的一个多尺度分析，定义 $\varphi_{m,n}$ 为尺度函数，m、n 分别为尺度、平移参数。存在与 $\varphi_{m,n}$ 相应的函数 $\Theta_{m,n}$，通过平移能够生成 W_m，$\Theta_{m,n}$ 即为所求小波基，在伸缩和平移变换下都是正交的。

对于任意函数 $f(t) \in V_0$，可以在下一级尺度空间 V_1 和小波空间 W_1 上进行分解，如下所示

$$f_i(t) = p_1 f(t) + q_1 f(t) \tag{8.3}$$

式中

$$p_1 f(t) = \sum_k C_{1k} \varphi_{1,k}$$

$$q_1 f(t) = \sum_k D_{1k} \Theta_{1,k}$$

其中，$p_1 f(t)$ 为逼近部分；$q_1 f(t)$ 为细节部分。迭代公式为

$$p_{m-1} f_i(t) = p_m f(t) + q_m f(t) = \sum_k C_{m,k} \varphi_{m,k} + \sum_k D_{m,k} \Theta_{m,k} \tag{8.4}$$

式中，$C_m = HC_{m-1}$；$D_m = GC_{m-1}$ H 是低通滤波器。每一次分解，$p_m f(t)$ 的采样都比原来稀疏两倍，分辨率越来越粗，波形越来越光滑；G 是 H 的镜像高通滤波器，带宽每次也以两倍缩减。分解的最终目的是力求构造一个在频率上高度逼近 $L^2(R)$ 空间的正交小波基，这些分辨率不同的正交小波基相当于带宽各异的带通滤波器。从图 8.3 中看到，多分辨率分析只对低频空间进行进一步信号分解，使频率的分辨率变得越来越高。低频信息主要反映趋势变化过程，而高频信息则反映短期变化过程，通过小波分析方法，可以对不同频率范围内的信息进行识别与分离。

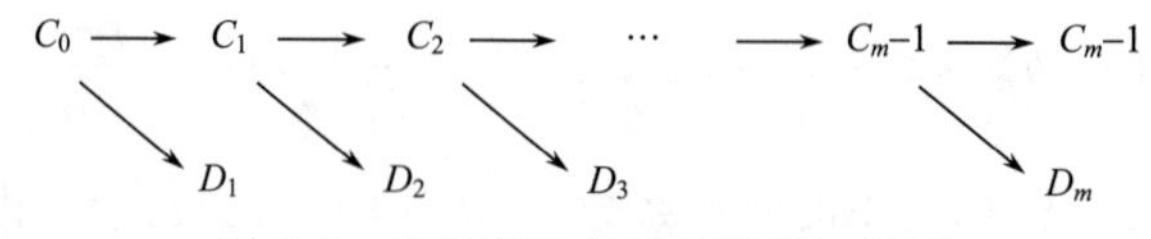

图 8.3　原始信号分解树结构示意图

2）地震实例

高大、开远观测站分别距离 2007 年 6 月 3 日宁洱 6.4 级地震震中 215km、240km。高大台水位观测数据在用小波分解后，在第 5、6 阶小波高频信息中可以

较明显地看到震前 2 个月左右，高频信息量增大，而且出现的次数增多[图 8.4(a)]。开远台水位小波分解后高阶信息的第 5、6 阶均显示在震前 2 个月信息量增加，特别是在 2007 年 4 月高频信息量连续出现，增加了异常的可信度[图 8.4(b)]。图 8.5 为用小波分析方法提取弥勒水温整点值地震异常图，显示 6 阶分解出现异常变化。

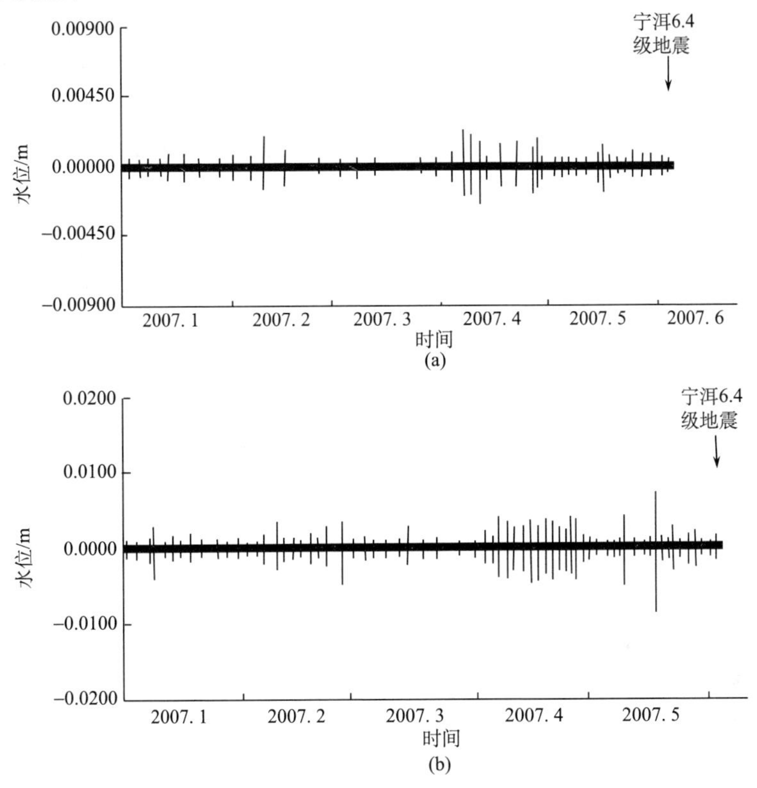

图 8.4　小波分解后高阶信息曲线图

(a)通海高大台水位小波分解第 5 阶数据时间进程曲线；
(b)开远台水位小波分解第 6 阶数据时间进程曲线

4. HHT 分析方法(Hodgkins and Stewart，1994)

Huang-Hilbert Transformation(HHT)是 1998 年由美国 NASA 的 Norden Huang等提出，作为另一种时频分析方法被采用。它完全独立于 Fourier 变换，能够进行非线性、非平稳信号分析处理，被认为是近年来对以 Fourier 变换为基础的非线性和非稳态谱分析的一个重大突破，能绘出信号在任意时刻的瞬时频率分布，有效地揭示信号的内在结构，加深了对非线性非平稳信号的认识。

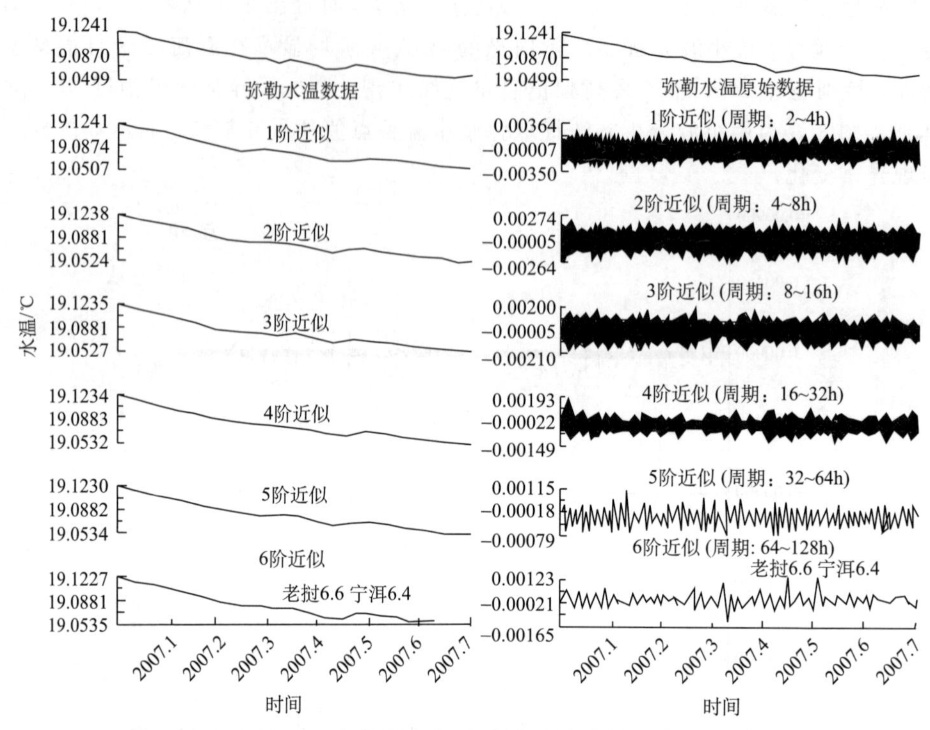

图 8.5　用小波分析方法提取弥勒水温整点值地震异常曲线图

1）经验模态分解

HHT 分析方法的核心内容为经验模态分解（empirical mode decomposition，EMD），即将原始信号进行此种分解，分解为若干的固有模态函数（intrinsic mode function，IMF），在这个过程中原始信号中各种频率的成分以不同 IMF 的形式从原时间信号中分解出来。EMD 的目的是通过对非线性非平稳信号的分解获得一系列表征信号特征时间尺度的 IMF，使得各个 IMF 成为窄带信号，可以进行 Hilbert 分析。其中 IMF 是满足以下两个条件的信号：①整个时间序列中，极大值、极小值的数目与过零点数目相等或最多相差 1；②时间序列的任意点上，由极大值确定的包络与由极小值确定的包络的均值始终为 0，即信号关于时间轴局部对称。

Huang 认为，在 HHT 变换中表征信号交变的基本量不是频率，而是瞬时频率（imstantaneous frequency）。瞬时频率只对 IMF 才具有物理意义，实际信号常常是复合信号，因此，对实际信号进行时频分析时，需要先将信号分解成 IMF 之和，这一过程就被称作 EMD。

求 IMF 函数，即 EMD 的具体过程如下。

(1) 设原始时间序列为 $x(t)$，首先确定 $x(t)$上的所有极值点，然后将所有极大值点和所有极小值点分别用三次样条函数拟合为两条曲线，使两条曲线间包含所有的信号数据。将这两条曲线分别作为 $x(t)$的上、下包络线，并且设两条曲线分别为 $u(t)$和 $v(t)$，且上、下包路线的平均值为

$$m(t) = [u(t) + v(t)]/2 \tag{8.5}$$

(2) 将原始序列减去 $m(t)$得到一个新的低频序列

$$t_1(t) = x(t) - m(t) \tag{8.6}$$

(3) 对于 $t_1(t)$，一般并不满足 IMF 的条件，需要重复上述过程，用 $t_1(t)$代替 $x(t)$，再求出其上、下包络线 $u_1(t)$、$v_1(t)$，并重复此过程，即

$$\begin{aligned} m_1(t) &= [u_1(t) + v_1(t)]/2 \\ &\vdots \\ m_{k-1}(t) &= [u_{k-1}(t) + v_{k-1}(t)]/2 \\ t_k(t) &= t_{k-1}(t) - m_{k-1}(t) \end{aligned} \tag{8.7}$$

直到 $t_k(t)$满足 IMF 条件，这时得到第一个 IMF，记为 $c_1(t)$，以及信号剩余部分 $r_1(t)$，即

$$\begin{aligned} c_1(t) &= t_k(t) \\ r_1(t) &= x(t) - c_1(t) \end{aligned} \tag{8.8}$$

(4) 对信号的剩余部分 $r_1(t)$继续进行 EMD，直到所得到的剩余部分为单一信号或者其值小于设定值时，分解完成。最终得到所有的 IMF 及残余量

$$r_2 = r_1 - c_2, \cdots, r_n = r_{n-1} - c_n$$

r_n 为原序列的残余项，通常表示 $x(t)$的趋势或均值，而原始 $x(t)$是所有 IMF 及残余项之和

$$x(t) = \sum_{i=1}^{n} c_i + r_n \tag{8.9}$$

式(8.9)表示原始数据为 IMF 分量和一个残余项 r_n 之和，代表信号的平均趋势。

2) Hilbert 变换和 Hilbert 谱

一个实数值函数 $S(t)$的 Hilbert 变换指将信号 $S(t)$与 $1/\pi t$ 作卷积，其特点是强调局部属性。通过 EMD 得到的 IMF 经过 Hilbert 变换，可得到瞬时频率，

从而得 Hilbert 谱。

对 IMF 作 Hilbert 变换

$$C_{\mathrm{H}}(t)=\frac{1}{\pi}\mathrm{PV}\int\frac{C(t)}{1-t}\mathrm{d}t \tag{8.10}$$

式中，PV 为 Cauchy 主值，用 $C(t)$和 $C_{\mathrm{H}}(t)$定义 $C(t)$的解析信号

$$z(t)=C(t)+iC_{\mathrm{H}}(t)=a(t)\mathrm{e}^{i\theta(t)} \tag{8.11}$$

式中

$$a(t)=[C^2(t)+C_{\mathrm{H}}^2(t)]^{1/2}$$

$$\theta(t)=\arctan\frac{C_{\mathrm{H}}(t)}{C(t)} \tag{8.12}$$

式(8.11)和式(8.12)表达了瞬时振幅和瞬时相位，反映了数据的瞬时特性，在此基础上定义 IMF 分量瞬时频率为

$$\omega(t)=\frac{\mathrm{d}\theta(t)}{\mathrm{d}t} \tag{8.13}$$

由式(8.10)～式(8.13)可知，Hilbert 变换得出的振幅和频率都是时间的函数，如果把振幅显示在频率—时间平面上，就可以得到 $H(\omega,t)$，称 Hilbert 谱，记作

$$H(\omega,t)=\mathrm{Re}\sum_{j=1}^{n}a_j(t)\mathrm{e}^{i\int\omega_j(t)\mathrm{d}t} \tag{8.14}$$

3）地震实例

图 8.6 是 2004 年 3 月～2004 年 8 月昭通水位数字化观测整点值曲线图，图 8.7 是经过 EMD 后的各阶 IMF。其中，IMF4 在震前 1 个月左右有较明显高频信息(图 8.8)。

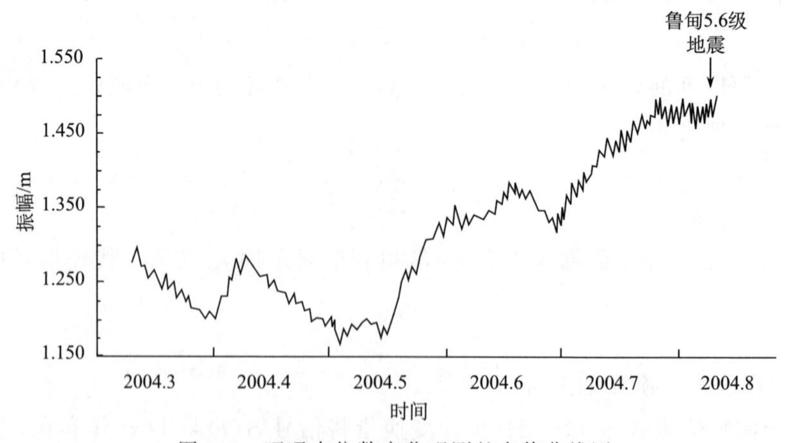

图 8.6　昭通水位数字化观测整点值曲线图

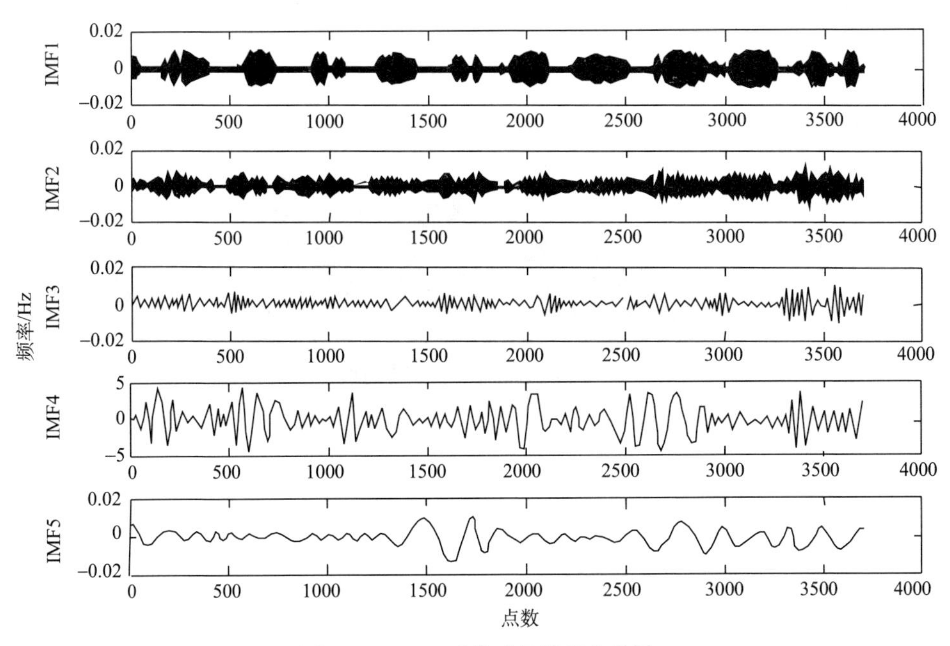

图 8.7　EMD 后的时间进程曲线图

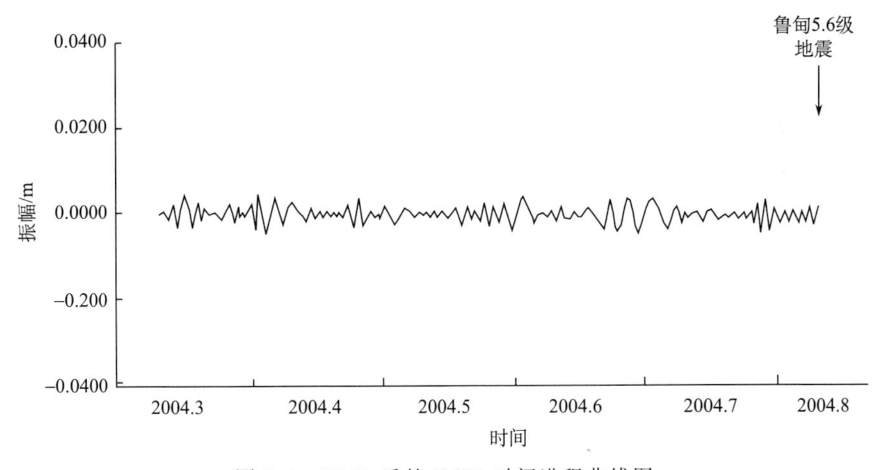

图 8.8　EMD 后的 IMF4 时间进程曲线图

在三维时频谱阵图中，峰值出现处与震前 1 个月左右的区域有也有所对应。水位振幅的增大应该是孔隙压力增大所致，即震前 1 个月的异常可能预示着 2004 年 8 月 10 日鲁甸 5.6 级地震前，附近地区出现了孔隙压力增大的现象(图 8.9)。

因此，在震前出现相对高频成分更多的现象，说明通过这种分析方法对震前不稳定状态的信息能有所表征。

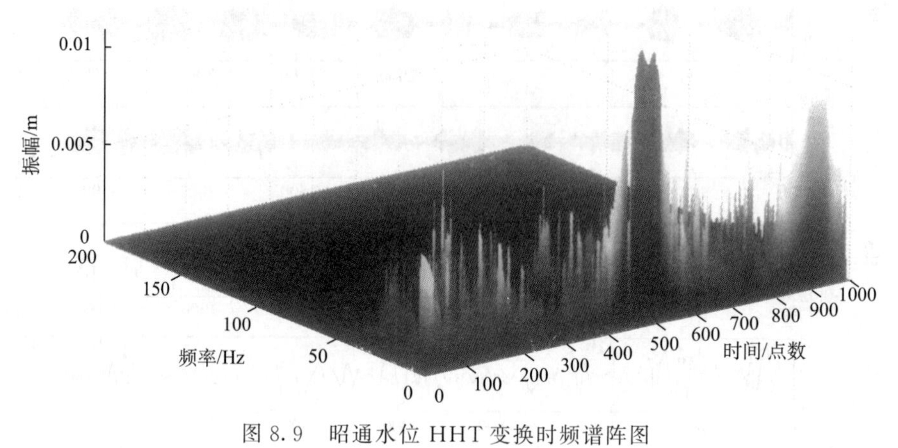

图 8.9　昭通水位 HHT 变换时频谱阵图

8.1.4　包裹体测定参数动态异常的基本特征

包裹体测定参数异常有个体异常和群体异常之分。从地震预报的角度，我们特别重视在地震前出现的包裹体参数群体异常特征。震前包裹体参数的异常群体显示的某种有规律的异常图像，即为地震的包裹体参数前兆。下面分别讨论包裹体参数的个体异常、群体异常及包裹体参数前兆图像的一些主要特征。

1. 包裹体参数个体异常特征

包裹体参数的个体异常是指单个测定点的某个测项出现的一次异常变化。其特征如下。

1）异常形态的多样性

包裹体参数个体异常的形态是复杂多样的，表现为在同一个测定点和测项在不同的时间里出现的异常形态是不同的；同一测定点的不同测项，其异常形态也有差异；不同的测定点或不同的测项，异常显示也不相似。可以说很难找到两个形态完全相同的个体异常。

按包裹体参数异常的形态和持续时间，通常将异常划分为三类：第一类是突发性异常，异常的持续时间比较短；第二类是趋势性异常，异常的持续时间为中等；第三类是长趋势异常，异常的持续时间比较长。

2）异常变化曲线的层次性

包裹体参数单点单项异常在不同的时间坐标尺度上，所显示的异常形态和个数是不同的。在自然界中，很多现象都具有层次性的特点，这就是包裹体参数个体异常变化的层次性。

对于某个测定点来说，如果以短时期为时间坐标单位，绘制出包裹体参数的短期变化曲线图，则可以显示出包裹体参数的突发性异常图形；如果改用观测值的中等时期均值来绘图，所显示的则可能是趋势性异常；如果以长时期均值来作图，有时还可能表现出长趋势异常变化。另外，时间坐标尺度越小，异常显示的数量越多；相反，时间坐标的尺度越大，显示的异常数量也越少。

现在还没有包裹体参数测定的系统数值，以唐山地震时河北省滦县安各庄热水井为例，1973 年至 1976 年 7 月，显示出十分明显的水氡异常。从水氡的日测值曲线上可见，出现了多次突发性异常；在水氡的月均值曲线上，则出现了三、四次趋势性异常；而在年均值曲线上则只显示出一次长趋势的上升(图 8.10)。

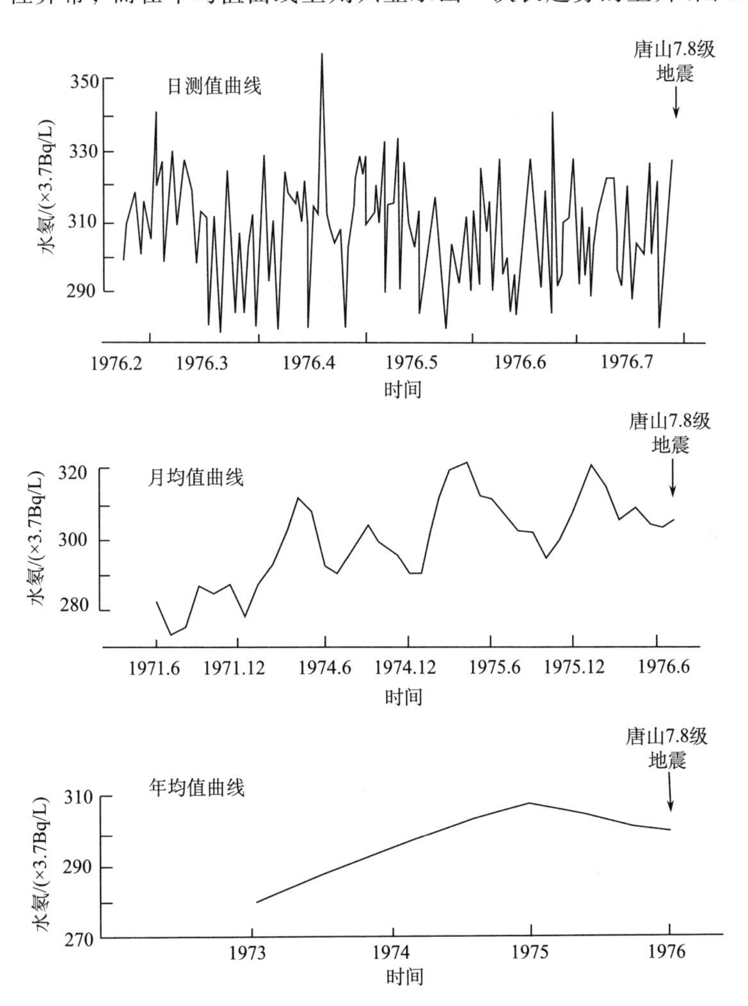

图 8.10　唐山地震河北滦县安各庄热水井水氡测定值在不同的时间坐标上显示的异常变化

由上可见，在一定的时间段内，某个测定点测项出现何种类型的异常(突发性或趋势性)，并不是绝对的。在很多情况下，这与所采用的坐标尺度有关(刘耀炜等，1999)。

3) 异常点分布的不连续性

包裹体参数异常点分布的不连续性，表现为有异常的测定点和无异常的测定点是相间出现的。资料表明，在绝大多数的情况下，两个相邻的测定点的异常显示是不相同的。例如，江阴—常熟断裂中，为同一构造阶段捕获的同样盐度的水溶液流体包裹体，彼此相距不过几十公里，但两者的均一温度不同，江阴地区包裹体均一温度异常不明显，而常熟地区包裹体均一温度显示出异常变化。

这说明异常点分布的不连续性是因为不同测定点的构造部位、水文地质、水文地球化学以及其他条件等有很大差异，而这些条件又直接关系到测定点反映构造活动的灵敏程度。因此，即使是相邻的测定点，也不一定都有异常显示(陆明勇等，2010)。

2. 包裹体参数群体异常特征

包裹体参数的群体异常是指彼此之间存在着内在联系的多个个体异常所构成的异常集合体。包裹体参数的群体异常既可理解为某个测定点测项多次异常的集合体，也可以理解为多点多测项的多个异常的集合体。

与个体异常比较，群体异常的显示具有明显的规律性。在分析包裹体参数群体异常和包裹体参数前兆图像的特征时，主要采用由原始曲线法或差分法所判定出的个体异常。当然，利用其他方法判定出的异常，也可进行同样的分析。

1) 异常演变趋势的差别性

包裹体参数异常显示在时间分布上是不均一的。异常群体随时间的变化主要有两种趋势：一是增长趋势，二是衰减趋势。前者是包裹体参数的单个异常随时间的显示越来越多，后者则相反，个体异常的数量随时间变得越来越少。

在同一区域内，不同的测定点与测项，其包裹体参数异常的演变趋势并不是完全一致的，而是有很大的差异。

不同测定点测项异常演变趋势的差异性是一个十分重要的特点，因为异常的演变趋势不同，所提供的地震的前兆信息也不同。

2) 异常演变过程的阶段性

一个包裹体参数群体异常演变的全过程，大都可分为以下两个阶段。

(1) 加速变化阶段：包裹体参数个体异常的个数随时间不断增多，如果绘制出异常频次的累加曲线，则曲线呈现凹向纵坐标(异常频次)轴的上弯形态，且异常数的累加值$\sum N$与时间t之间呈指数函数关系

$$\sum N = a\mathrm{e}^{bt} \qquad (b > 0)$$

(2) 减速变化阶段：包裹体参数异常的个数随时间不断减少，异常频次的累加曲线呈凹向横坐标（时间）轴的下弯形态，异常数的累加值$\sum N$与时间t之间呈幂函数或对数函数伪关系

$$\sum N = at^b \qquad (0 < b < 1)$$

或

$$\sum N = a + b\lg t \qquad (b \geqslant 0)$$

一般来说，多点多项异常群体所表现的演变趋势的阶段性特点较为清楚，但有些单点单项如果出现的异常个数较多时，其异常的演变也有明显的阶段性。

3）异常演变图形的自相似性

所谓自相似，是层次结构的一种特性，即“当适当地放大或缩小几何尺寸，整个结构并不改变”，这就是分形特征。

异常群体演变图形的自相似性表现为异常群体在三种不同的时间坐标上，都可以呈现出彼此相似的“增强—衰减”或“加速—减速”的变化图形，并且时间坐标的尺度越大，异常变化图形出现的数目越少。

以上介绍了包裹体参数的群体异常随时间演变的一些重要特点，即异常演变的差异性、阶段性和自相似性。了解这些特点，有助于深刻理解包裹体参数异常显示的地震前特征。

3. 包裹体参数地震前兆图像特征

包裹体参数地震前兆是指可作为预报地震依据的、可重复出现的、与地震的孕育和发生过程有内在联系的特征参数。它与包裹体参数异常是不完全相同的两个概念。

在地震的活跃期和平静期，地震的包裹体参数前兆特征是有差别的。这里讨论的主要是短时期的地震活动时段中、强震和较强地震的包裹体参数前兆特征。

需要说明的是，目前尚未测定出包裹体参数与中长期、中短期和短临前兆图形相似的临震前兆异常和图像。本书以前人获得的水文地球化学数值来分析，这些分析同样可以适用于包裹体参数测定和分析。

1）异常显示的加速性

地震前包裹体参数异常群体显示随时间不断增多，这就是异常显示的加速性。地震与异常的关系，可归结为“增长—地震”或“加速—地震”的简单形式。

异常群体显示的加速性，从异常频次图（图 8.11）上清楚可见。一般可采用变化速率法和异常累加法来定量地判别异常群体是否呈现了加速。

2）异常显示的多层次性

强震发生前，在不同的时间坐标尺度上，包裹体参数的异常群体均呈现出增

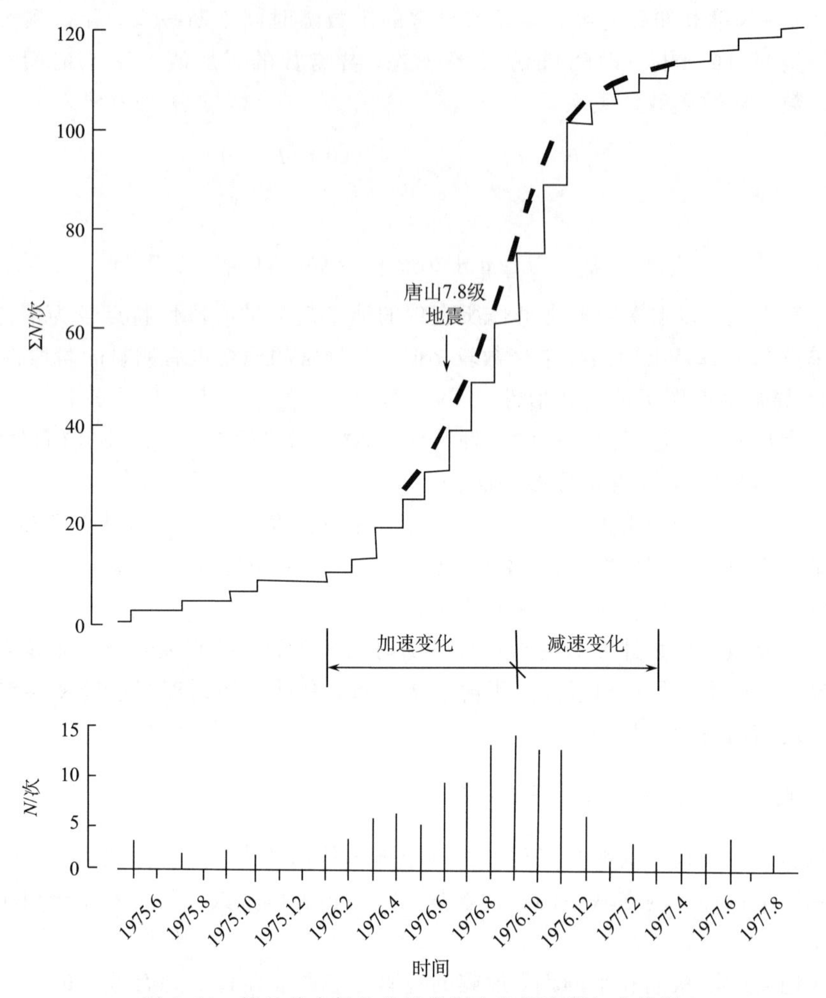

图 8.11 雄县井水氡差分异常频次和频次累加曲线图

长或加速的变化图形，从而构成中长期、中短期和短临的异常前兆图像。这种图像也称之为“多层次加速前兆图像”，是预测发震时间的重要依据。其特点如下。

中长期前兆：从强震前 3～5 年开始，在以半年为单位的时间坐标上，一定区域内的多点多项异常群体演变总体上呈加速趋势。异常群体加速的持续时间为 2.5～3 年，结束于震前 1～2 年。

中短期前兆：强震前 6～10 个月开始，在以月为单位的时间坐标上，异常群体呈现出增长或加速的变化趋势。一般持续时间为 5～7 个月，于震前 2～4 个月结束。

短临前兆：强震前 2～3 个月内，以旬为单位的时间坐标上，异常群体呈现增长或加速的变化图形。一般持续7旬左右，于震前1～2旬结束。

图8.12为1976年唐山7.8级地震的水氡前兆图像，构成该图像的水氡异常系由差分法判定给出。从图8.12中可见，中长期、中短期和短临的异常加速图形彼此是十分相似的。

在地震的活动时段，继主要的强震发生之后，还可能发生强余震。这些地震前也大都有类似的中短期或短临的前兆显示。

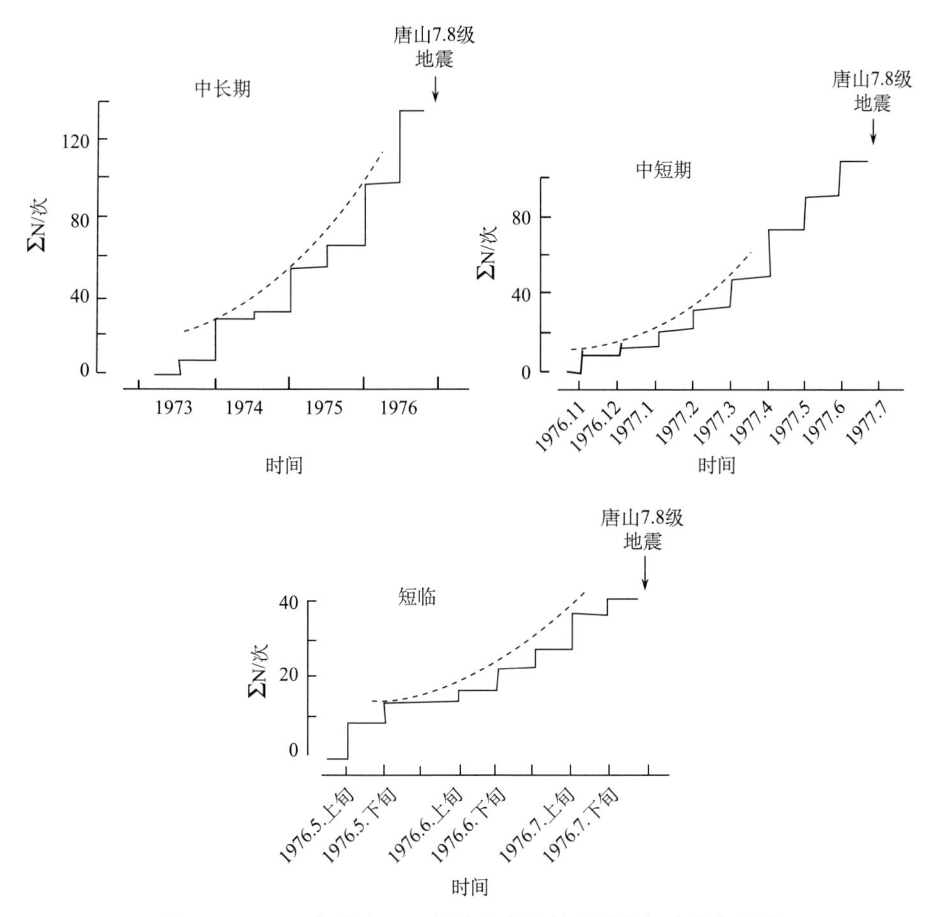

图8.12　1976年唐山7.8级地震的水氡多层次加速前兆图像

……加速段

3）异常分布的成带性

在地震活跃期间，实际上在广大的空间范围内，包裹体参数的异常点都普遍增多。包裹体参数异常点的分布是不均一的，它们呈现出种种相对集中的异常图像。其中与地震关系密切的是包裹体参数异常点呈带状展布的图像，可称其为异常分布的成带性，即异常带的概念，它们是由多个异常点所组成的带状图像(邵永新等，2000)。

在地壳构造块体的边界带或地震活动带上出现的包裹体参数异常带可长达数百公里，宽度可达数十公里。这类异常带与震中的关系密切。强震一般发生在两条异常带的交汇处。在地质构造复杂、地震活动强烈的地区，异常带与震中之间可能是另外一种复杂的关系。

上面介绍了地震参数个体异常、群体异常以及地震参数前兆图像的基本特征。这些特征是拟定包裹体参数地震分析预报方法的主要参考。

8.1.5 包裹体参数异常预报地震的思路

1. 包裹体参数异常地震预报的技术路线

地震和包裹体参数异常，两者都是现代地壳构造运动的产物和表现，它们之间具有复杂多样的因果关系。

讨论包裹体参数异常与地震的关系，首先要涉及地震的孕育和发生问题(Ohnaka and Mogi，1982)。目前，人们对地震成因问题的认识还很不一致，对其研究尚处于提出科学假说的阶段。下面介绍一种比较适合于解释包裹体参数前兆产生机制的蠕动—扩展模式。

地震的孕育和发生过程决定了包裹体参数前兆的成因、类型和特征。实际观测到的包裹体参数异常，其产生原因主要有以下两种。

一是浅部断层活动引起的异常变化。在地壳浅层的几公里内，当断层发生蠕动时，加速了岩体空隙中水气的逸出，使不同化学成分的水气混合并改变了热动力条件，从而造成水化学组分含量和性质的异常变化。在国外已观测到断层蠕动引起地下流体化学组分含量变化的实例(图 8.13)。

二是震源体变形破坏引起的异常变化。在震源体岩石产生剪切变形、断层疲劳扩展以及最后的大破裂过程中，岩体空隙变化与断层扩展引起震源体内及邻近部位的水气迁移，不同化学成分的水气迁移混合，并引起多种物理化学变化，从而产生捕获的包裹体参数异常。

由上可见，包裹体参数异常是多成因的，异常与地震的发生具有同源性，并且有直接的或间接的成因联系。因此，不论是地壳浅层或其他层的断层加速蠕动所产生的异常，还是由震源体变形破坏直接引起的异常，都有用于地震预报的可能。

包裹体参数异常预报地震方法的基本思路是：在地震区、地震活动带上，对于包裹体样品采集网点进行测定，获得包括地震孕育在内的各种现代地壳构造活动的包裹体参数异常信息；从大量的包裹体参数异常信息中，提取出地震的包裹体参数前兆图

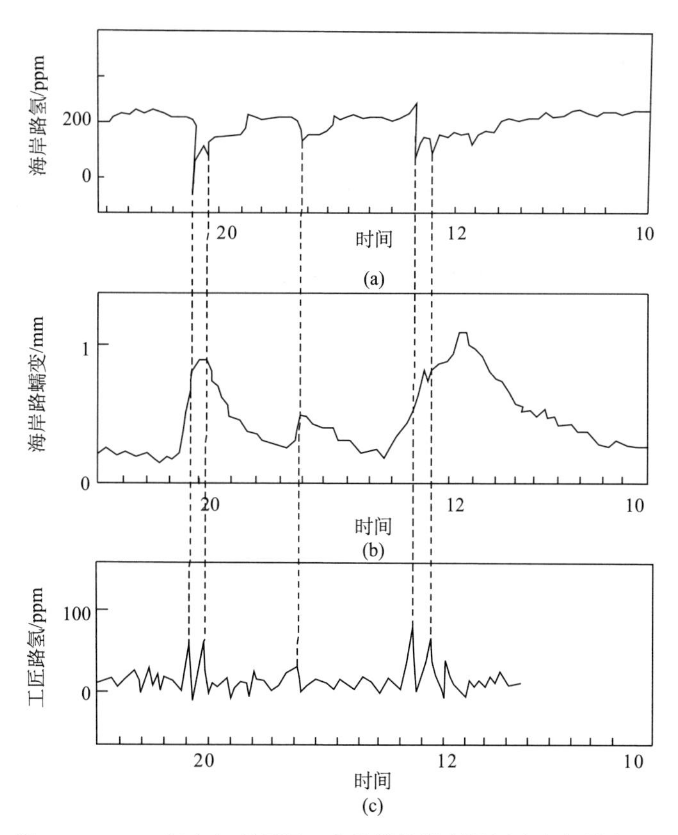

图 8.13　1982 年中加利福尼亚卡拉维拉斯断层蠕变和氢异常

工匠路测点上非日变氢事件(c)与海岸路测点上振荡断层滑动(b)与氢事件(a)的同时性(据 M. Sato 等)

像，而后根据包裹体参数的预报判据和标志，对未来地震的三要素进行预测。

地震前出现的包裹体参数异常现象是非常复杂的。为此，必须采用一定的方法才能从实际观测到的大量异常资料中，提取有规律的地震前兆图像。强震的包裹体参数前兆图像的重要特征是加速性、多层次性和成带性。根据异常群体显示的加速性和多层次性，可拟定出发震时间的预测方法；而利用包裹体参数异常点的成带性，可推测地震发生的地点。地震震级的预测，则主要考虑震级大小与异常群体强度的关系。

2. 包裹体参数前兆资料处理和异常认识

1）地震前兆观测数据的处理

（1）对于大部分测定点的地震观测，主要寻找标志性的变化（如突跳等）与发震时刻的直观对应关系。

(2) 按欲提取的标志性物理化学量(FIP和新生的裂隙、裂纹的表征参数、热力学参数)收集相应的观测数据，然后进行相应的计算(如应力大小和方向及应力场改变等)。

(3) 前兆量变化过程与地震参数之间关系的探索，常用统计等方法。例如，前兆量起始、转折、恢复的时间和过程与发生地震的震级、震中距的关系。

多项地震前兆观测数据的处理。在单项分析的基础上汇总、分析、判断，形成了综合预报法。它是在地震预报过程中自然形成的，将多种前兆联合使用，增强前兆信息，以期比较合理、可靠地进行预报，也是由地震过程的复杂性决定的。

2) 对地震前兆异常的一些认识

前人经过多年分析、总结认为，地震前兆特征可以分为两类：长期缓慢变化的趋势性前兆和短期快速的突跳性前兆。7级以上的大震前兆具有变化的同步性(时域上)和由源向外扩展的趋势(空间域—时间域)，异常持续时间与震级有一定关系，异常发生的空间范围总体上也与震级正相关。岩石形变区平均半径与震级的统计关系表明，对于大震，60％的前兆异常发生在源区和近源区；而对于中强震，82％的前兆异常发生在远源区。异常分布具有离散性，即“异常点”出现在“无异常区”中。长期、短期异常往往不是在同一测定点出现，可见，情况相当复杂。异常特征与地震的类型有关，如不同性质的活断层，异常大小、异常范围、异常强弱都有差别。这些认识都可以作为包裹体(包括新生裂隙、裂纹)分析地震前兆异常的参考

还有一些可能发生的问题，如预测出地震前兆，但结果并未发生地震的情况可能出现；还可能发现在同一构造带上，强震前兆异常有很大差异，反映了各种异常在时空和强度分布上的复杂性，规律尚不清楚，还需要更加深入地进行地震机理的研究。

8.2 现代地震前兆中应力场变化

地震能否预报早在20世纪60年代就曾发生过争议。李四光首先提出地震是可以预报的。他认为地震是现今地壳运动的一种表现形式，它的分布与现今活动构造带密切相关，它的发生主要是地应力活动与地壳岩石抵抗能力之间矛盾激化的结果。因此研究地壳中地应力的变化、发展，即地应力集中地点应力的形成、加强、突变，实质就是研究地应力场的形成发展和变化，这是解决地震预报问题的关键。经过20多年的实践证明，这是一条地震预报的正确途径，是大有前景的(汪素云和许忠淮，1985)。

8.2.1　地下水动力学前兆展示的震前应力场基本特征

许多地震实例表明，由于地应力场的转换变化，在震前数天至数小时，水位和水温前兆大多数分布于震中区附近，并以水位上升、流量增大、水温升高等现象为主，同时伴有变色、变味、翻花、冒泡等现象，距震中较远的地区前兆则较少，其变化方向具有区域性特征。

唐山地震前的应力场在距震中大约 50km 范围内，存在一个以压性应力为主的应力集中区，长期处于比较稳定的状态，地下岩石在震前数天才开始出现明显的破裂，而广大外围地区则始终处于压张性应变状态。这就是唐山地震前应力场的基本特征，而且是由震源物理过程所决定的。图 8.14 表示唐山地震前地下水的异常特征。

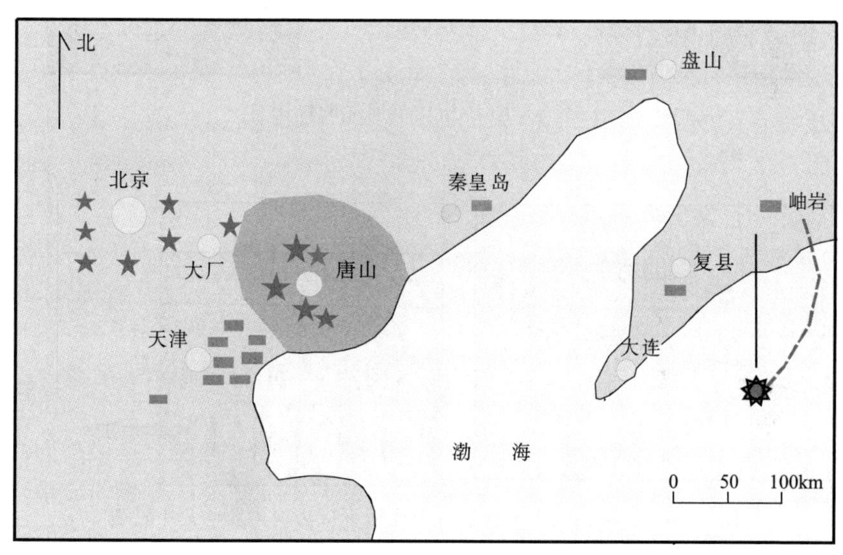

图 8.14　唐山地震地下水位前兆升、降点及临震宏观前兆分布网

红五角星．水位前兆开点；蓝长方形．水位前兆降点；橘红色部分为宏观前兆分布区

各类地下水动力学前兆在时空分布上显示的唐山地震前应力场的基本特征，标志着震中外围地区长期处于压性或张性受力状态，而且其开始时间远远早于震中区水位和水温前兆出现的时间。这就得出一个判断发震地点的基本概念：如果开展长期连续观测，有可能在震前较长时间内首先得到反映弹性应变形成的趋势前兆资料，并在时空分布上显示出震中区暂未出现前兆，在某种程度上相当于地震活动性给出的围空区概念。

唐山震中区地下水位观测层位于地壳表层，深度不足 1km。目前尚无资料证实或否定地下水直接参与了震源过程，或与震源有直接的水力联系。所以，很难单独用地下水位资料直接推演震源过程。但由于地下水自身具有不可压缩(弹性变形为 10～6 级)、可流动性和能传递静水压力的优越力学特性，当储水岩层构成封闭或半封闭的承压含水层时，能很好地反映周围介质的应力活动方式。因此，可认为震中区地下水位异常变化特征反映了震源应力场的演化过程，并据此推测震源体的形变破坏，以及伴随产生的应变能积累和释放过程(表 8.2)。应力场变化机理如图 8.15 和图 8.16 所示。但仍需指出，由于地表与震源介质的不同和环境的不同，地下与地表之间是存在差别的。

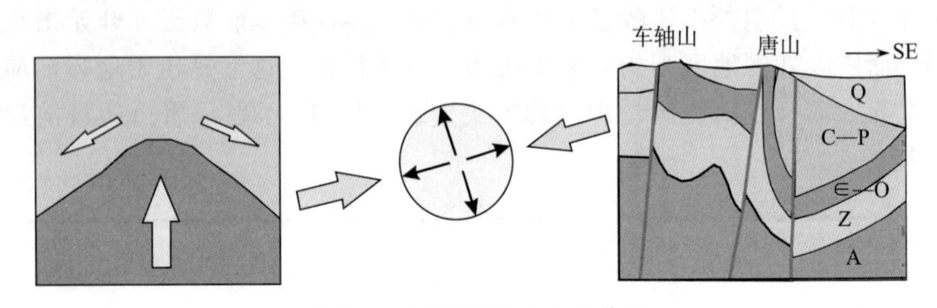

图 8.15　震中区垂向上的作用

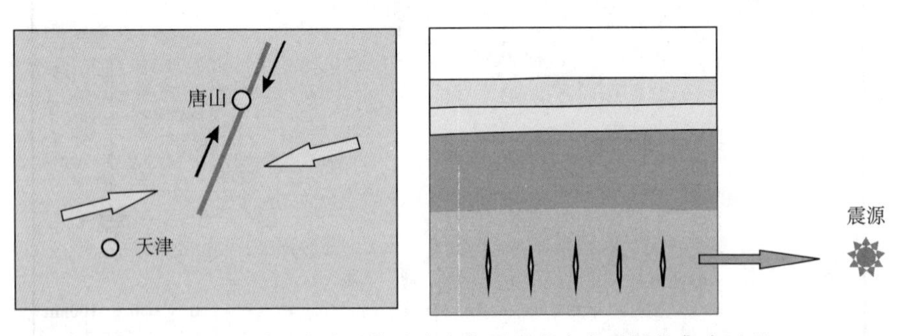

图 8.16　区域强大水平构造应力作用下应力向震源的集中过程

最初，1970 年以前，地下水位正常动态阶段，地下水位变化比较平稳，表明观测水层层间压力没有变化，含水层无显著体应变。这反映了区域构造应力场稳态发展，震源可能处于弹性变形阶段，后来逐渐发展进入异常阶段(华祥文，1980)。

唐山地震地下水位变化阶段如下。

(1) 地下水位长期缓慢—快速下降异常阶段：1970 年 8 月～1975 年 7 月，初期地下水位缓慢下降，1973 年初转为快速下降，表明观测水层层间压力两次减小，含水层产生了持续性张性体应变，水头压力(水位)急剧变化，反映震源应力场第一次由弱至强的过程。推测震源体进入弹性变形向非弹性变形的过渡阶段。

表 8.2　震中地下水异常与震源特征演化

<table>
<tr><th>震中区地下水异常阶段</th><th>速率</th><th>震源应力场演化阶段</th><th>应力场变化性质</th><th>震源体变形破坏过程</th><th>震源应变能积累和释放过程</th></tr>
<tr><td>长期缓慢—快速下降异常阶段</td><td>0.05～0.38m/月</td><td>第一次应力强化</td><td>应力场逐渐增强</td><td>弹性变形向非弹性变形的过渡阶段</td><td rowspan="3">应变能积累阶段</td></tr>
<tr><td>中期缓慢下降异常阶段</td><td>0.08m/月</td><td rowspan="5">第二次应力强化</td><td>应力场相对稳定</td><td>塑性变形阶段</td></tr>
<tr><td>短期加速下降异常阶段</td><td>0.75m/月</td><td>应力场加速发展</td><td>塑性硬化阶段</td></tr>
<tr><td>临震回升异常阶段</td><td>0.13m/月</td><td>应力场转向</td><td>初始破裂阶段</td><td rowspan="2">应变能释放阶段</td></tr>
<tr><td>震时急速回升阶段</td><td></td><td>应力场解体</td><td>主破裂阶段</td></tr>
<tr><td>震后异常恢复阶段</td><td></td><td>残余应力场</td><td>残余应变阶段</td><td>残余应变能释放阶段</td></tr>
</table>

（2）地下水位中期缓慢下降异常阶段：1975 年 8 月～1976 年 4 月，地下水位下降速率显著减慢，表明观测水层张性体应变速率显著减慢，可认为其反映出震源应力场相对稳定，震源体处于塑性变形阶段。

（3）地下水位短期加速下降异常阶段：1976 年 5 月到震前数天，地下水位加速下降，出现 65～95cm/月的最大下降速率，表明观测水层快速引张，含水层层间压力急剧减小，水动力学特性已遭到破坏，出现了违背承压水位降深与涌水量的线性关系，反映震源应力场已转入第二次加速发展过程，推测震源体可能处于破裂前的塑性硬化阶段。

（4）地下水位临震回升异常阶段：震前数天，地下水位有趋势下降异常背景的观测井，水位突转回升，表明观测水层应力状态开始发生改变，反映震源应力场转向，推测震源处发生了大破裂前的预滑，或震源介质发生了新的重大变化。

（5）地下水位震时急速回升阶段：地下水位有趋势下降异常背景的观测井，震时水位急速回升，表明观测水层层间压力急速恢复，反映震源应力场解体，标志主破裂发生，震源处于应变能大释放阶段。

（6）地下水位震后异常恢复阶段：震后，地下水位有趋势异常背景的观测井，由快变慢的起伏上升，到 1977 年，在余震活动频繁的背景上，初现年动态特征，反映震源残余应力场的活动转入区域构造应力场的恢复调整时期。

8.2.2 构造应力场与裂隙(脉体和 FIP)的关系

地壳中的应力分布或构造应力场是造成各种构造变形的根本原因。

严格地说，岩石中产生的破裂都是由于应力达到或超过岩石的强度极限时，岩石内部的结合力遭到破坏，岩石失去了连续完整性而发生的断裂变形(Pecher et al.，1985)。

在外力持续作用下，一些构造形成后继续变形，常发生构造应力场的转化，从而引起构造形态力学性质的转化。一个较小尺度(如显微尺度)的实验研究表明：如图 8.17 所示，岩层在挤压变形不大的情况下，沿压应力迹线方向上的受力性质是挤压，可形成一对早期平面“X”型剪裂隙。但是，当变形较大时，垂直压应力迹线方向岩层就会产生褶皱，当此褶皱的岩层弯曲到一定程度时，边界条件发生变化，构造应力场从而也发生了改变。在背斜弯曲的上部，原来的压应力迹线变为张应力迹线，两组最大剪应力迹线也与原来不同，即其锐交角指向褶皱枢纽，且两组最大剪应力所反映的剪切方向恰好与原来的方向相反。从而形成一对晚期平面“X”型剪裂隙，两组共轭剪裂隙的锐交角所指方向与早期不同，与褶皱枢纽方向一致。在显微尺度中形成的裂隙，常常充填周围流体介质，捕获并愈合成为 FIP。

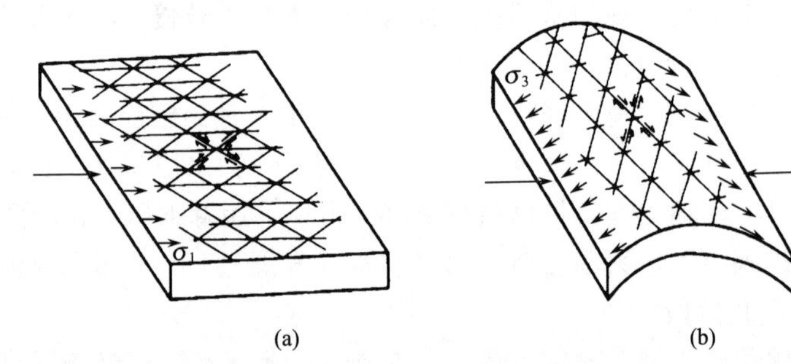

图 8.17 挤压变形时构造应力场的变化

(a) 褶皱前的应力网络；(b) 背斜形成时的应力网络

在漫长的地质发展历史进程中，一个地区往往受到多次地壳运动的影响，也就造成不同时期不同构造应力场所形成的地质构造在同一地区中重叠，或先期构造受到改造。因此构造应力场的大小、方向和变化控制了各种构造(包括 FIP)形迹的形成、组合及其变化规律(Larroque and Laurent，1988)。

1. 裂隙(脉体和 FIP)发育方向与地应力的关系

三轴向地应力产生的 FIP 为一组平行于最大主应力方向的张裂隙和两组共

轭剪裂隙，两组共轭剪裂隙的锐夹角平分线平行于最大主应力，各组裂隙的交线平行于中间主应力。因此，当垂向应力为中间主应力时，产生的三组裂隙都是垂直裂隙；当垂向应力为最大主应力时，产生的张裂隙为垂直的，剪裂隙为高角度的；当垂向应力为最小主应力时，张裂隙为水平的，剪裂隙为低角度的。但在实际地层中由于岩石的非均质性，三组裂隙并不总是都发育，往往只有其中一组裂隙发育。此外，在构造变形强烈的部位，因岩层的弯曲会产生一组走向垂直于最大主应力方向的十分重要的纵张裂隙。

2. 裂隙(脉体和 FIP)发育程度与地应力场强度的关系

大量研究成果表明，控制构造裂隙发育程度的外因主要是构造应力场强度，在相同的地质背景条件下，一方面构造应力场强度越大，破裂程度越高，脉体和 FIP 越发育；另一方面，水平构造应力的非平衡性越强，裂隙越发育，脉体和 FIP 也越发育。

无论是古构造应力产生的古构造裂隙，还是现代构造应力产生的现代构造裂隙，其发育方向和发育程度都符合上述规律。因此有效张性脉体和 FIP 都是在最大水平主压应力方向发育，在与最大水平主压应力夹角为 $45°-\phi/2$ 的方向上有效剪切脉体和 FIP 也发育(ϕ 为岩石内摩擦角)。

3. FIP 发育程度与岩石力学性质的关系

许多研究者对野外样品和岩心样品的显微薄片观察统计表明，强度小的高孔渗石灰岩主要发育颗粒裂纹等 FIP，其长度、宽度一般在 0.5mm 以下。强度大的低孔渗较致密石灰岩主要发育比较大的裂隙(后来形成显微脉体或宏观脉体)，微细 FIP 相对欠发育。

高孔渗地层与致密隔夹层频繁间互的地层结构决定了宏观裂缝的剖面分布模式，裂隙主要分布于地层之间的致密隔夹层中。

据分析，宏观显微脉体的纵向分布模式主要受地应力性质和地层结构控制，在地应力增加缓慢并以上覆岩层压力为最大主应力的条件下，较疏松的高孔渗岩层粒间、粒内孔发育，颗粒强度小，主要以颗粒破裂形式释放应力，虽然裂隙发育，但所产生的裂隙主要为微细颗粒内 FIP；低孔渗的致密隔夹层岩石颗粒间和颗粒内胶结紧密，岩石强度大，颗粒破裂难，随着相邻孔隙层应力的释放，致密隔层内地应力更加集中，最后以岩石破裂形式，产生宏观裂隙(后来形成显微脉体或者宏观脉体)释放应力。

8.2.3　断层应力场的有限元模拟

利用裂隙进行断层应力场模拟，结合裂隙(脉体和 FIP)的性质、组合特征，运用构造力学的原理和方法，建立构造力学模型，应用有限元反分析，计算出构造古应力参数。研究地质构造的痕迹，确定构造线方向，分析构造应力场特征，进行地质构造配套和组合，认识多期构造岩体受力后的应力应变特性和破坏规律。

对于一个构造应力场来说，应用有限元可以计算出构造古应力参数，包括最大主应力及其他应力(拉应力及剪应力)的大小、方位和分布密度等，绘制出构造古应力场分布图，为分析构造应力场规律和变化提供可视的直观图形。

研究应力场，只能计算出以往应力场中的三个主应力在空间的分布，绘制出的只是古构造应力场图形，而不能获得现今应力场的分布情况，而现今应力场对预报地震具有重要的作用。虽然现今应力场不会导致新的构造裂隙形成，但它对存在的古构造裂隙会有改造和使其发生演化变迁的作用，而现代构造运动和变化是长时期形变累积的结果，从形变场入手研究构造特性也是一种可行的方法。因此可以测定不同时期应力场，分析它们变化规律，研究它们的变化趋势，比较应力场变化，为地震预报提供依据(Larroque and Laurent，1988；宋惠珍等，2012)。

1. 断层 FIP 有限元模型概念

断层运动将对断层局部区域应力场产生扰动作用，不同的断层运动模拟将导致不同的局部应力场特征。因此，断层活动性质的有限元分析是进行构造力学计算的主要内容之一，而简化和抽象断层运动的复杂性质，并用有限元公式描述便成为关键问题。例如，分析局部应力状态参数的关键在于断层运动的数学模型描述是否有效。本书将以岩石断裂力学理论为基础，建立断层的 FIP 有限元模型，这里我们提出的断层裂纹有限元模型的术语区别于一般的裂纹概念，虽然我们引用了 FIP 概念和理论，但研究对象是宏观的断层运动，也就是说当断层的宽度(也称厚度)可以忽略时，对于断层两盘的相互运动，既可用固体接触问题的有限元模型模拟断层滑动性质，也可以用 Goodman 节理元模拟断层面滑动运动，不过这两种模型都是将断层面处理为不连续面，继而借用岩石断裂力学的研究方法描述断层面的滑动运动，所以，我们称其为断层 FIP 有限元模型，以区别于一般的破裂扩展问题。同时为了检验将 FIP 概念应用于宏观大规模断层运动的有效性，下面将给出两种断层 FIP 有限元模型及其相关应用。

2. 断层中 FIP 力学分析有限元程序框图

断层中 FIP 力学分析有限元程序如图 8.18 所示。

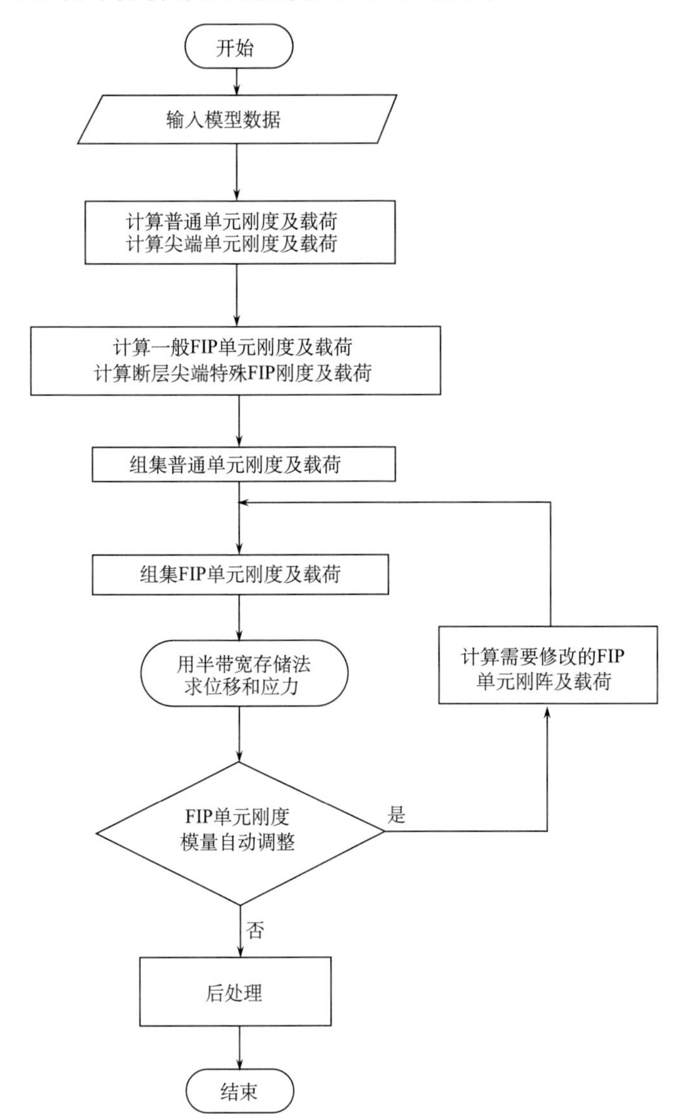

图 8.18　断层中 FIP 力学分析有限元程序框图

利用有限元模拟计算某断层的应力等值线如图 8.19 所示。

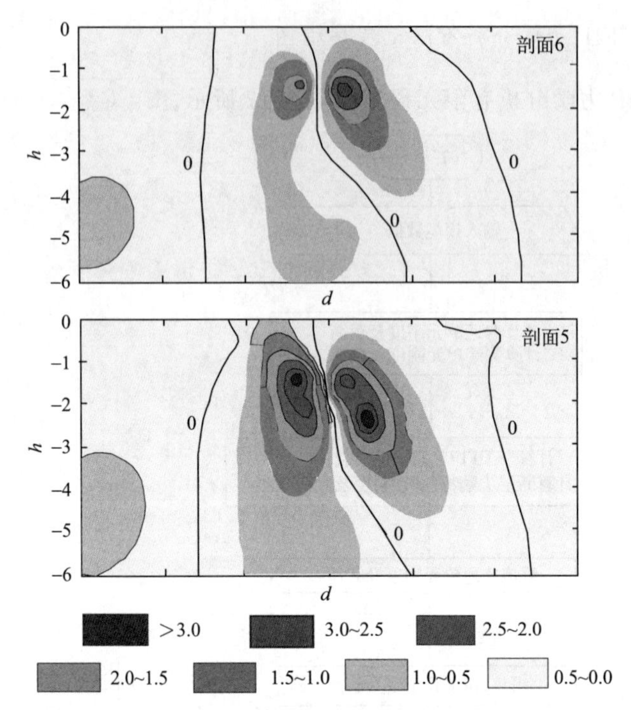

图 8.19　利用有限元模拟计算某断层的应力等值线图

等值线数字为应力，单位为 MPa

8.2.4　地应力场地震预报

根据预报发震时间长短的不同，可分为趋势性和短临预报两大类。

1. *趋势性地震预报与地应力*

趋势性地震预报的主要目的是通过研究工作确定未来地震发生的部位及震级大小。目前对其研究方法很多，这里仅从现今地应力场的角度举例讨论之(杜兴信和邵辉成，1999)。

根据北京地区现今区域地应力场的现今地壳形变等资料进行综合分析(图 8.20)，该区现今构造活动仍以新华夏系为主，因此在进行明胶网格法模拟实验时，采用南北向反扭加力。据测算结果编制能量相对等值线图，之后选取北京地区 6 级以上的历史地震震中与之对应，发现它们大都分布在能量集中部位附近，显示彼此关系十分密切。

又如，北京大学王仁教授等提出地震预报的反演方法。他们在对华北地区地震迁移规律的数学模拟研究工作中，采用有限元法计算了本区在均匀边界外力作

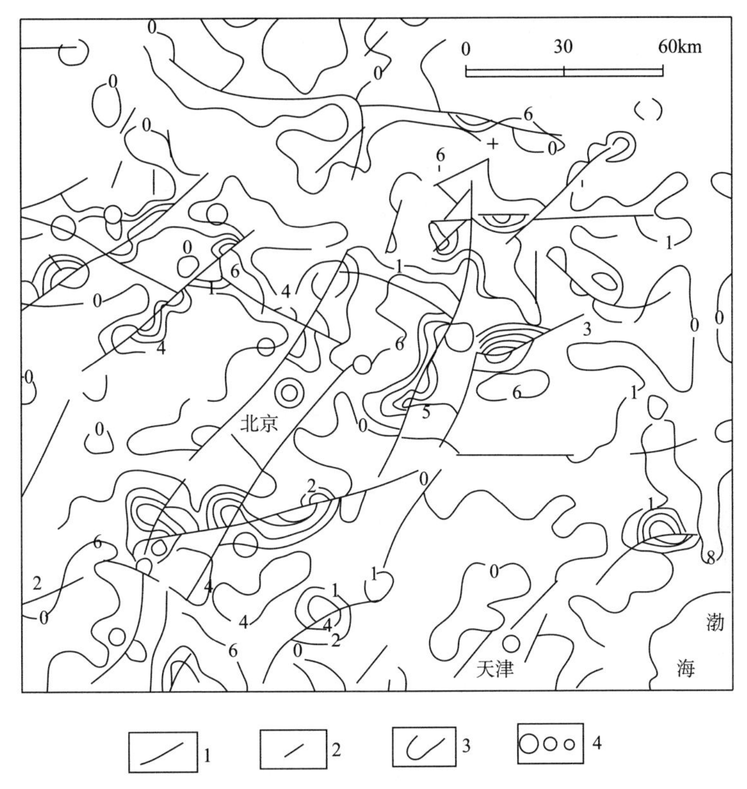

图 8.20　北京地区现今能量相对等值线图

1. 断层；2. 挤压带及规模较小的断裂；3. 应变能相对等值线；4. 8 级、7～6.6 级、6.5～6.0 级地震震中

用下，存在发生地震危险性的地带，然后用逐次降低断层内摩擦系数的办法，模拟 1966 年邢台大震以来的历次大地震，计算应力释放后应力场的变化、断层的错动。结果表明，该方法能够基本重现十多年来的地震迁移规律，并可望对未来地震危险区的预测提出参考意见。

这是一个时间加空间的反演问题，其研究方案及程序用图 8.21 说明。

2. 短临地震预报与地应力

短临地震预报的主要研究任务是在趋势性地震预报的基础上，通过各种地震前兆资料分析研究，预测即将发生的地震，并对它的震级、时间、地点提出具体意见。由于现在没有大量适合地震预报的地震流体包裹体数值，本书引用其他方法测定数值，这里是我国压磁电感法地应力相对值观测台网的测量资料，对地应力预报地震的方法进行简要介绍，同样可以应用到地震流体包裹体中去。

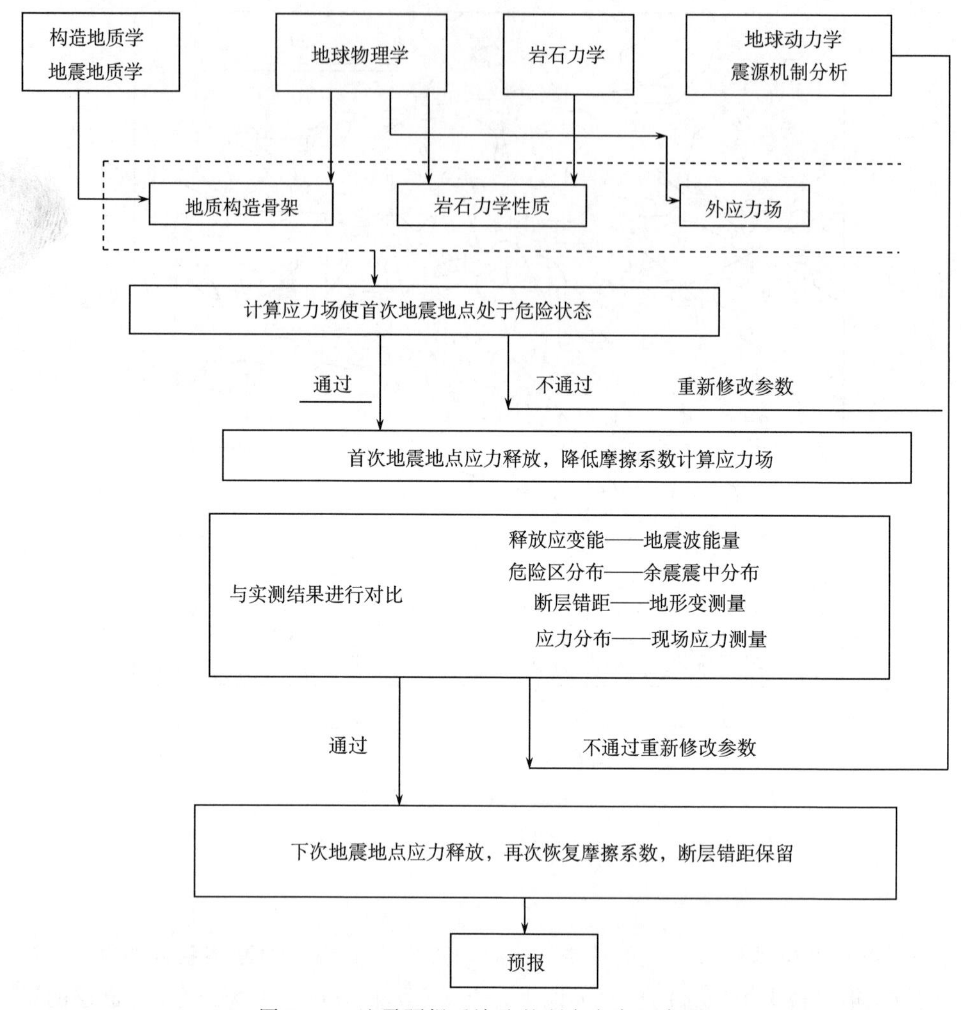

图 8.21 地震预报反演法的研究方案程序图

根据中国地震局十多年的电感法地应力相对值连续观测和分析研究结果发现，在地应力总的背景值上，一些附加地应力的变化，是由于"震前震源应力场"变化引起的，也即地应力变化的地震前兆异常(国家地震局震源机制研究小组，1974)。

1）震前震源应力场的表现

第一，地应力趋势(正、负)异常在地应力曲线上往往表现为"凹兜"或"鼓包"两种形式，异常持续时间可从十几天、几个月到一年多。地震多在异常之后数天，半月乃至几个月发生，且往往可以对应几百公里以内的地震。

第二，地应力变化速率异常，一般在一天内出现压应力急速加强，地震多发生在该异常后的几天到十几天内，个别可以更长些，这也是预报发震时间的重要依据之一。

第三，有时在地震发生的数月至几天以前，地应力相对变化曲线往往出现一种急速突跳式的变化，即地应力跳动异常(图 8.22 和图 8.23)，这类异常多数表现为张性的向上突跳，是地震即将发生的一种短临标志。

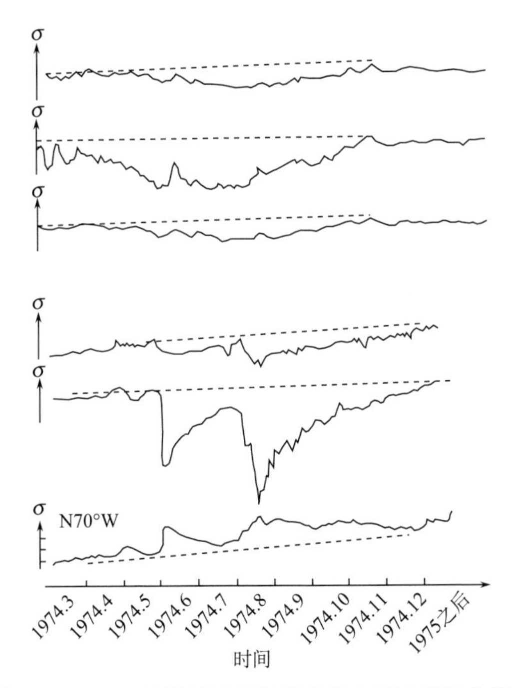

图 8.22　1975 年海城地震以前地应力相对变化曲线的趋势异常图(国家地震局震源机制研究小组，1983)

2) 发震地点的预报与主应力方向

预报发震地点往往难度最大，因此常采用综合分析判断的方法。这里介绍异常主应力方向指向震中的交汇法(图 8.24)。震前地应力相对变化曲线的两类异常(凹兜、鼓包)的主应力方向，往往指向或逐步转向震中，这是一种很有意义的特性，因此可利用多地异常的主应力方向去交汇未来的震中(Lay and Wallace，1995)。

地质力学的观点认为，由于地应力作用促使断层两侧块体发生相对运动，且往往在共交错部位因遇阻而发生闭锁。在某种条件下，闭锁区内的应力不断加强，最终导致突然破裂，促使断层剧烈错动。这是构造地震发生的一种主要的形式和过程，且都是地壳内水平作用力推动的结果。

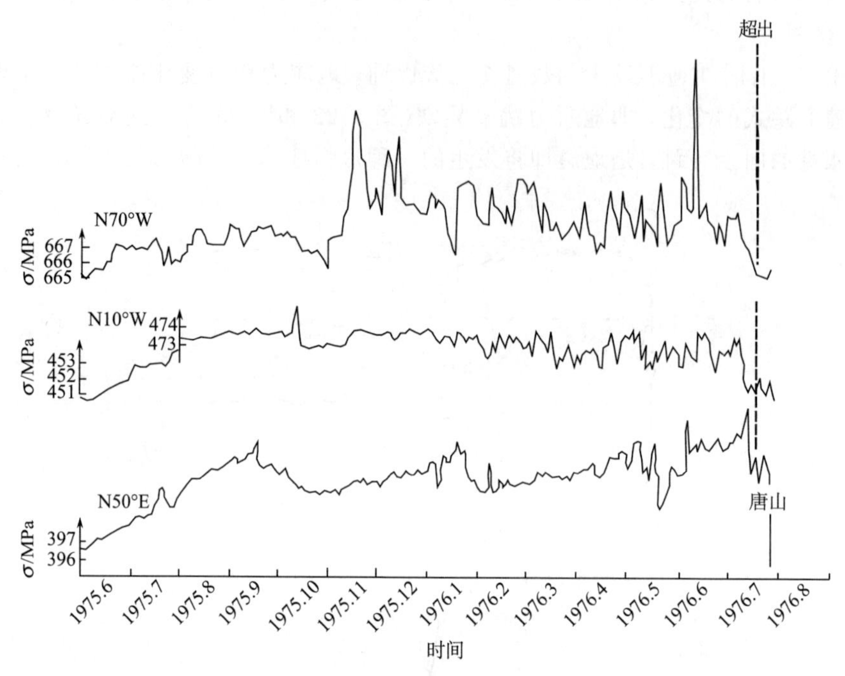

图 8.23 1976 年唐山地震前唐山地应力观测站记录到的地应力跳动异常曲线图(国家地震局震源机制研究小组，1983)

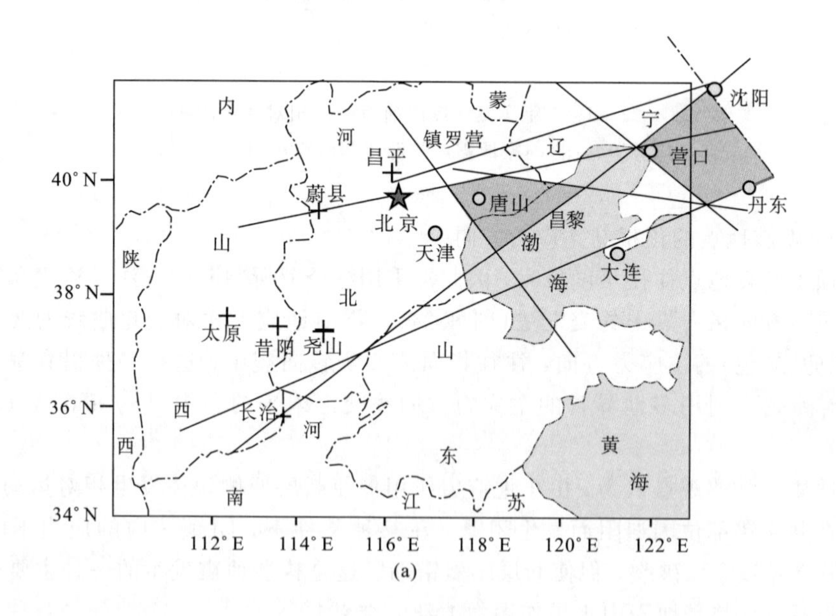

(a)

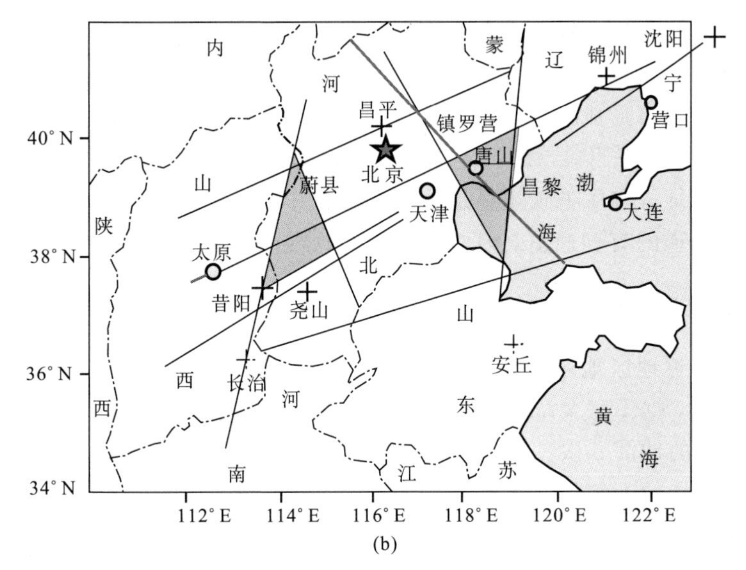

图 8.24　震前地应力相对变化曲线的主应力方向
交汇震中图(国家地震局地震研究所，1984)
(a) 海城地震前的交汇震中图；(b) 唐山地震前的交汇震中图
(＋) 地震台站的最大主应力方向

此外，通过多次地应力观测发现，一次大地震来临以前，异常主应力方向有在摆动中偏向震中方向的现象，这反映了震前震源应力场的一种展布特点。它们除了受断层走向控制外，还与应力集中方式、区域应力作用方式及源外断层其他部位的力学状态有关，并随时间而变化。相对于绝对地应力场来说，它只是一种附加应力场，显然在强度上会随着距离震源远近的不同有较明显的变化(Larroque and Laurent,1988)。

8.3　现代地震热动力学前兆

8.3.1　热异常与地震的关系

1. 热异常形成原因

热异常形成原因很多，主要包括：① 薄地壳是造成某一地区地温梯度普遍偏高的基本原因。② 高凸起控制地热异常区的分布，第一种情况是岩溶裂隙发育，连通性好，易于热对流的形成；另外一种情况是发育易于进行热传导的岩性，如白云质灰岩和灰质白云岩。总之，高凸起上岩溶、裂隙发育，连通性好，以及岩石的热导率高，有利于地热异常区的形成。

对于活断层来说，断层开启是造成局部地热异常的重要因素，但并非断裂带附近都能形成地热异常区。只有起通道作用的断层，有利于深部高温流体上涌，因而在断层附近可形成地热异常区。例如，天津南马庄地热异常区位于南马庄西断裂的东侧，呈长条形，与断层走向一致。根据不同深度和不同层位水质分析资料的相似性特征，南马庄西断裂是上下连通的开启断层，这种开启断层是地下深处高温向上传递的有利通道，因而形成局部地热异常区(张永仙，1999)。

2. 地热异常与地震的关系

天津及邻近地区地热异常相当发育，但分布很不均匀。地震活动相当频繁，而且强度很大，据不完全统计，1010～1980 年共发生震级≥5 级的地震 65 次，其中震级≥7 级的地震 6 次。该区地热异常与地震的关系有如下特征。

(1) 地温场的不均匀性是该区地震活动强度大的重要原因之一(车用太等，2008)。地震是地壳构造运动的一种表现形式，而地壳构造运动是在应力场作用下发生的。如前所述，该区地热异常相当发育，地温梯度普遍偏高，而且变化很大，最大在 10℃/100m 以上，最小不到 1℃/100m。地壳热能丰富而极不均匀的分布，使应力比较易于积累，并在某些地段易于高度集中，进而导致地震的发生。因此认为，该区地温场的不均匀性是造成本区地震活动强度大的原因之一。在一些大的地震之后，井、泉温度突然升高也从反面说明了这一点。例如，三河、平谷 8 级大地震后“小米集产生地裂出现出温泉”。松潘—平武大地震后在某处 1m 深的土层中测得 97℃的高温。这种情况说明，地壳某一地段大量热能的积累是地震发生的动力来源。

(2) 地热异常区热能易于释放，发生强震的可能性小，而其周边地温梯度变化大的地带易于热应力的积累，发生强震的可能性大(国家地震局预测预防司，1997)。

从图 8.25 可以看出，天津及邻区一些强震多分布于地热异常区的周边。例如，1888 年渤海 7·1/3 级大地震发生于海中隆起地热异常区的东南侧；1966 年宁晋东汪 7.2 级地震发生于宁晋地热异常区的东侧；1976 年唐山两次 7 级以上强震发生于唐山东地热异常区西侧等，而在研究范围内的地热异常区内则没有强震发生。

以上这种分布特点并不是偶然出现的，而是有其内在的根据。我国地震工作者早就指出“地震活动的过程是区域受力，弱点释放，多点集中，强点突破”。地热异常区是地下热能传递的通道区，而且本区的地热异常区均分布在高凸起上，起保温作用的盖层一般很薄，厚度仅为几百米，因而热应力易于释放而不易积累，发生强震的可能性小；而在热异常区的周边，或因断层封闭性强，或因岩石的热导率低，造成地温梯度低。在地温变化比较大的地带，有利于热能的积累，

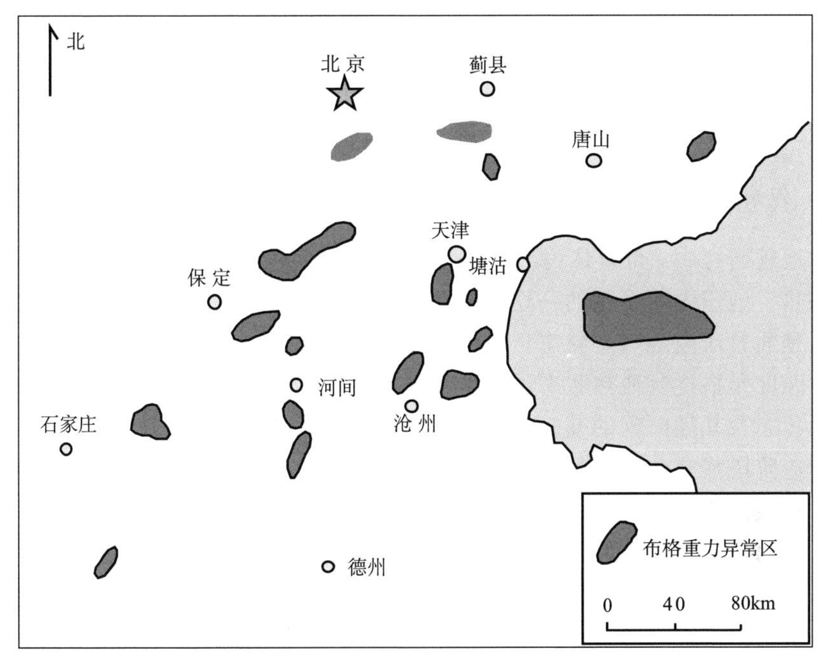

图 8.25　天津及邻区布格重力异常图

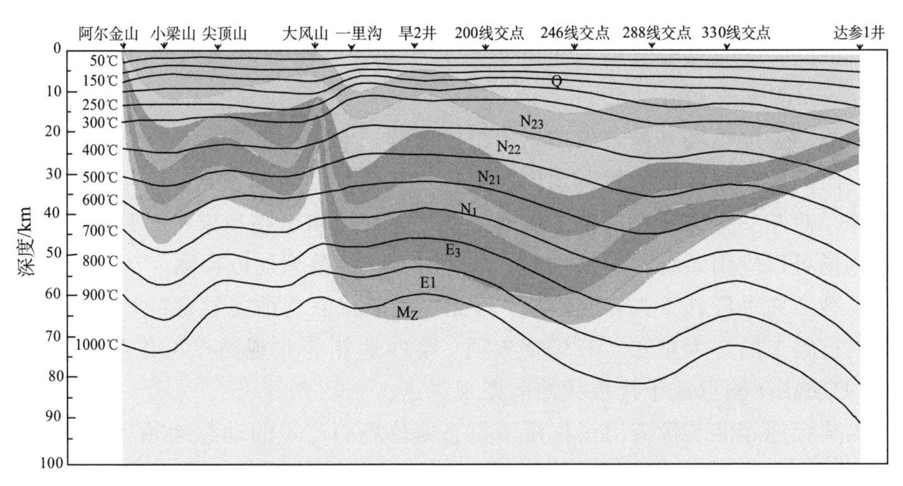

图 8.26　柴达木盆地东西向深部温度剖面图

图中 200 线交点为地震测线与本图剖面的交点位置，其他类同

而这种热能的积累则是发生强震的必要条件(牛志仁，1976)。

1975 年海城 7.3 级地震，1976 年龙陵 7.2 级地震、和林格尔 6.3 级地震及唐山 7.8 级地震均如此。尤其唐山地震的地下水动力学前兆时空分布特征十分明显，即距震中 50km 以内的地区，分布着大量的二类和四类前兆，而且集中出现于震前 1～2 天之内，而绝大多数一类前兆则分布于距震中 50km 以外的地区，它们出现的时间远早于前者。

8.3.2 包裹体地热动态测定的技术思路

在地震研究中，可以认为地球中存在两个最重要的作用因素，一个是力，另一个是热。地球中所发生的一切作用几乎无不与这两个因素有关。包裹体地热前兆方法是通过研究地球热状态，特别是地表的热状态及其随时间的变化进行地震预报。温度是描述物质热状态的基本物理量，可以从包裹体的两个方面去测定地球的热状态及其随时间的变化。第一是测量包裹体捕获温度；第二是对不同深度同一构造阶段捕获包裹体的样品进行测量。两个相距一定距离的深度点的温度差与两点距离之比为温度梯度(Cathelineau et al.，1994)。

如果将特定的研究区域视作一个系统，该系统由发震构造、地质条件(含介质和水的作用等)、地热背景等组成。地震孕育阶段，震源力作为一个输入作用在这个系统上。在震源力作用下，该系统将同外部发生能量和信息的交换，系统内部也相互联系、相互依赖、相互制约、相互作用，使地热场发生变化。观测记录系统作为这个系统的输出将记录到上述的变化，包括正常动态地热场、干扰及附加地热场的信息。震源应力场和干扰作为这个系统的输入，将叠加在正常地热场上。因此，系统的输出包括正常动态地热场、干扰及附加地热场三部分信息(Steim and Wysession，2003)。

正常动态地热场是稳态地热场的组成部分。它是由于某些地球物理因素作用而表现出的地热观测值的短时期周期变化与其他规则周期变化，或某种特定形态变化等。对于一个测定点的特定观测部位，这个规律也是稳定的。所以，正常动态地热场可以应用系统科学提供的方法，用不同的模型加以预测。

各种前兆手段几乎都存在干扰，因此干扰的排除与前兆异常的识别便成为地震预报道路上的一大难题。有证据表明，某些地热前兆观测点可以被认为是“无干扰”的前兆观测点或干扰极少的前兆观测点。

由孕育地震的震源应力场作用于稳态地热场而产生的动态地热场，被定义为附加地热场。附加地热场包括前兆、同震反应、震后调整及强余震前兆。这样的附加地热场应与地震唯一对应。研究附加地热场的形成机制、演变过程、特征及其与地震的关系，就是地热前兆实用于短临预报的关键。附加地热场应该是能够恢复的，这种恢复是指能恢复到震前的稳态值，或在新的值上稳定。这是因为附加地热场是在震源应力作用下产生的，震后这种作用结束，地热场本身作为一阶惯性系统也应能很快稳定下来。这也符合系统论关于“系统要走向最稳定的结构”

的结论。

地震地热动态观测的目的是利用系统科学方法对稳态地热场及正常地热场的未来进行观测，经排除干扰，取得可能与地震孕育有关的附加地热场信息，研究附加地热场的形成、特征、演化过程及其与地震的关系。这一研究的关键是取得准确、连续、可靠和完整的地热变化的资料。

图 8.27 和图 8.28 是江苏茅山断裂带中—新生代温度、压力变化图，从中可以了解中生代以来温度、压力变化趋势，为苏南地区地震预报提供可靠数值资料（刘斌，2006）。

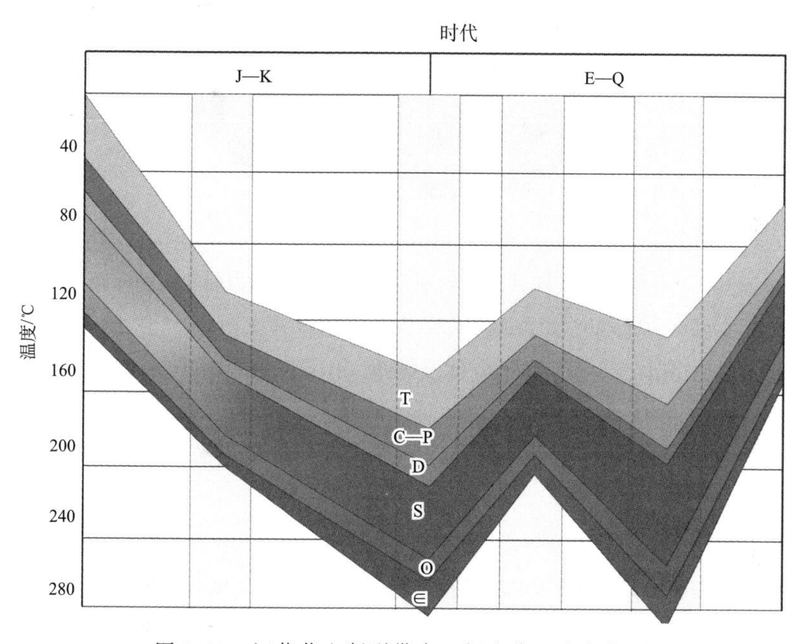

图 8.27　江苏茅山断裂带中—新生代温度变化图

8.3.3　包裹体流体势测定在地震预报中的应用

地震作用过程中的流体，它们的流动受一定的热动力条件制约。流体动力学理论告诉我们，地层中的折算压力和静止压力均不能作为流体运移方向的判据，这是因为在地下充满水的断层中地下水流动方向不全取决于压力，而总是取决于“势”。实际上，推动地下水沿断层流动的根本原因是由于存在着水势和水势梯度，而不是地层压力和地层压力梯度。地下水的流动和聚集不管多么复杂，作为一种流体的运动和平衡，同样要服从力学的基本原理——势能原理。同样将势能原理应用到分散状态的地震地下水流动中，建立了地震地下水流动流体势理论的动力学分析方法。当测定出地层中水势（或水势梯度）、气势（或气势梯度），通常

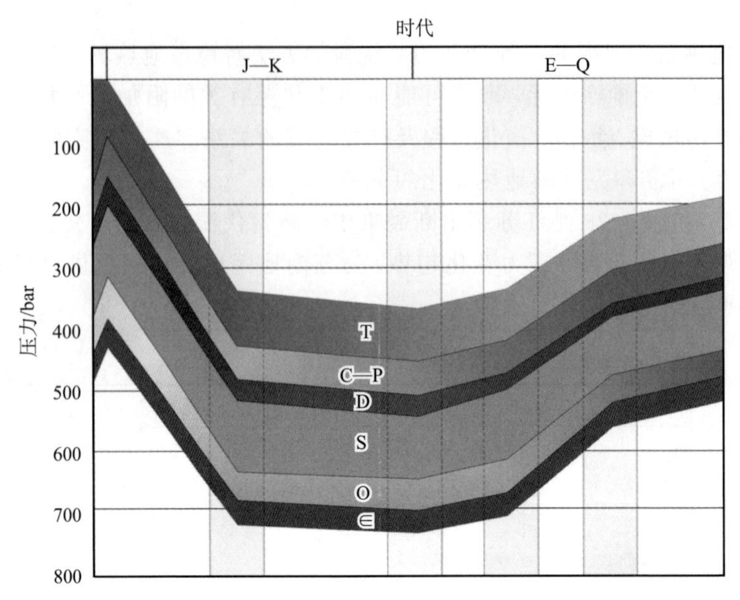

图 8.28　江苏茅山断裂带中—新生代压力变化图

泛指为流体势(fluid potential)和流体势梯度(fluid potential gradient)，根据它们的高低可判别地震地下水流动方向和聚集地带。

关于流体势公式的有多种，我们以最为常用 Hubbert(1957)的表达式为例

$$\Phi = g \cdot z + \int_0^p \frac{\mathrm{d}p}{\rho} + \frac{1}{2}q^2 \tag{8.15}$$

式中，Φ 为流体势，J；g 为重力加速度，m/s^2；z 为该点相对于某一基准面的高程，m；p 为该点流体压力，MPa；ρ 为该点流体密度，kg/m^3；q 为该点流速，m/s。

地震前兆前地下流体的流速通常是极缓慢的，当 $q \approx 0$ 时，流体势定义为单位质量流体的势能

$$\Phi = g \cdot z + \int_0^p \frac{\mathrm{d}p}{\rho} \tag{8.16}$$

在地下同一构造层中，气、水通常可以看作压缩变化不大的流体，其密度 ρ 在同一构造层压力变化范围不大的情况下，可以看做一个常数，因此 ρ 可以从积分号下提出，这时的公式为

$$\Phi = g \cdot z + \frac{p}{\rho} \tag{8.17}$$

式(8.17)中等号右端的第一项可以看作将单位质量的流体从基准面移至高程

z 处克服重力所做的功；第二项则可看作将单位质量的流体从压力为零处移至压力为 p 处克服压力所做的功。从而可知，单位质量流体的势能是重力势能和弹性位能的总和，二者共同决定流体的流动方向，即由高势区流向低势区。需要指出的是，当地层中压力变化较大时，其密度 ρ 随压力而变化，将密度随压力变化的关系式代入，才能获得流体势的精确数值。

在流体势方程中，计算出各参数的精确值是求解方程的关键，利用流体包裹体可以精确地计算如下参数（刘斌和沈昆，1998）。

（1）高程。由于地震构造运动造成地壳多次上升或下降，致使地层多次剥蚀和沉积，因此现有地层中样品的高程不能代表流体运移时包裹体被捕获那一刻的古高程，为了求得古高程，首先需要计算地层剥蚀厚度，然后求得当时温度与深度的变化率（古地温梯度）或压力与深度的变化率（古地压梯度）测定出流体压力后，根据现高程来恢复古相对高程。

（2）压力。我们常常利用将不混溶流体包裹体作为地质温度计和压力计的方法计算压力。

（3）流体密度。用显微测温方法测定水溶液包裹体，根据包裹体完全均一温度和含盐度的有关图表或公式，求得水溶液的流体密度；对于气相包裹体，根据其中成分以及它与水溶液包裹体的不混溶流体包裹体组合的 P-T-V-x 热力学方程式可以获得其流体密度。

（4）流体势。将高程、压力、流体密度代入到上面所列流体势公式中即可求得流体势值。

根据各个测点所获得的流体势数值，在平面图中可以绘制具有一定差值的流体势等值线，得到某一地震时期气、水势等值线平面图，如图 8.29 和图 8.30 所示。

由于流体环境中的任何物体总是向着各自势降低的方向运动，所以地下岩层中气势和水势的分布就决定着气、水在地震地层中的运移和聚集。在地震地层流体系统中，气势受着水势的影响又自成系统。已知地层中的流体，无论是水还是气，都是向着各自的低势区运动的，怎样确定流体势前面已有讲述，现在的问题是将这些参数描绘到平面和剖面上，并结合地质剖面和构造图，判断有利的流体聚集部位。这一部位即是岩体软弱部位，是流体渗透率最大的部位，也是地震中最容易发生破裂的部位。

由于流体运移方向是沿垂直于等势线的方向从高势区指向低势区，因此利用流体势图，可以判别气、水运移方向，低势线封闭区是当时气、水聚集地带，也可以间接证明是地震破坏最强、裂隙最发育地带。

利用不同地震构造活动阶段流体势等值线图可以定量地判别多期地震构造活动方向，恢复地震构造热动力史，为古流体热力场的演化和地震预报提供可靠数

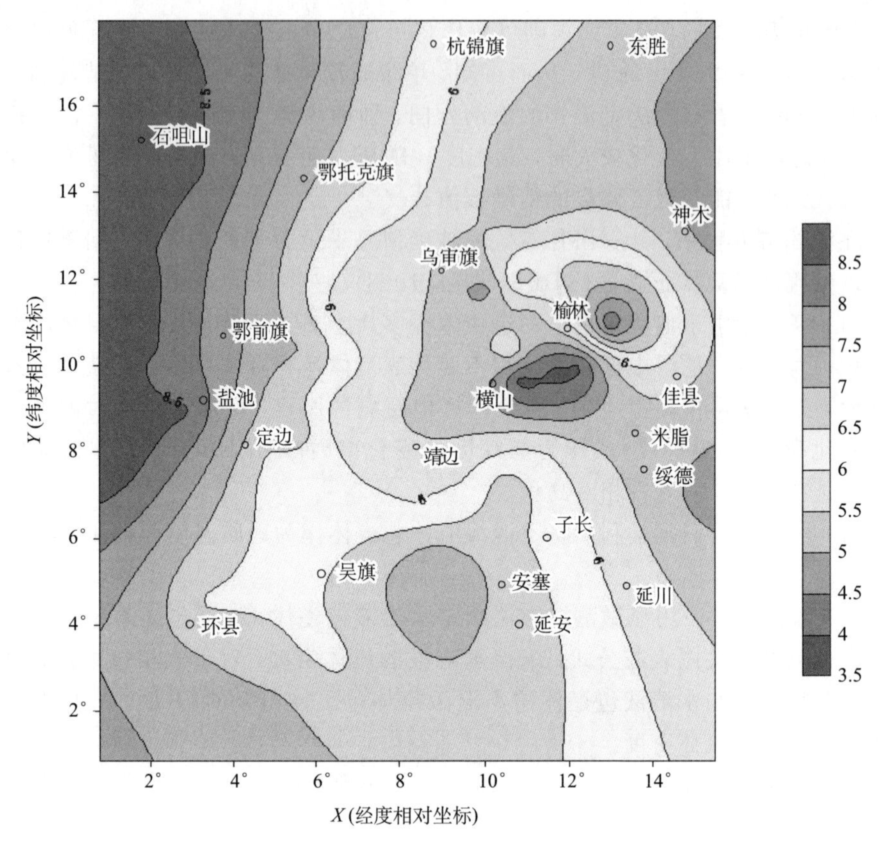

图 8.29　鄂尔多斯盆地中件罗世水势等值线平面图(刘斌，2008)

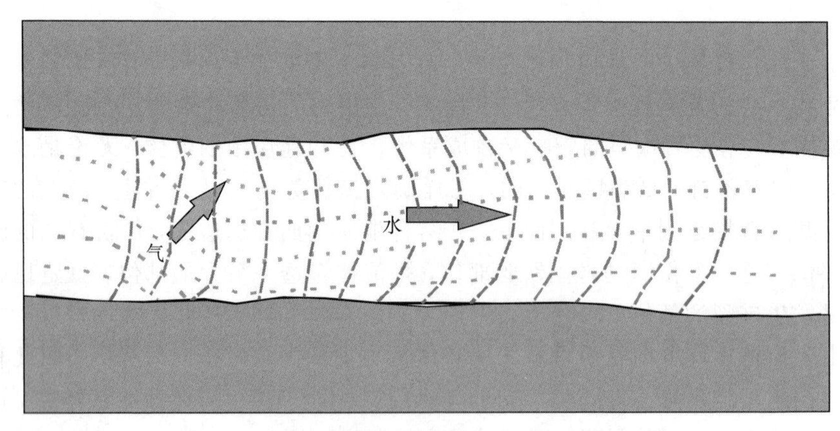

图 8.30　江苏油田某地层气势、水势等值线剖面图
渗透率变化对气势、水势分布的影响

值依据。

从以上分析可看出，气势、水势分析对一个地震区来说，是十分重要的。特别是利用流体势作图简单易行，既可进行局部地区的地震评价，又可利用构造图和等水势图迭加进行区域性地震评价，这种方法的应用显然是十分有意义的。

需要指出的是，进行流体势分析，首先需要有不同地点、同一时期大量可靠的测压资料和准确的地层对比资料，否则，根据不同时期的数值获得的等水势图是没有对比价值的。另外，将互不连通的两组岩层当做同一组岩层进行分析，由于压力系统不同，是不可能得出正确结论的。对于一些呈透镜状或不连通而具异常高压的岩层，应用这种方法时更需要慎重。

8.3.4　地震活动性模拟

地震活动性理论模拟研究是近年来国际上新兴的一项前沿性研究课题。Robinson 和 Benites(1996)开展了 Wellington 地区(包含 5 个主要断层)的地震活动仿真模拟，计算出了世界上第一个区域性理论地震目录。他们所采用的断层单元破裂准则是简单的恒定摩擦系数的库仑准则，没有考虑断层破裂的传播时间对应力迁移的延迟效应、破裂单元的愈合过程对断层后续破裂的影响等非线性物理过程，其模型是一种准静态理论地震活动性的模拟模型。周仕勇等(2006)对模型进行了一定的改进，从而可以直接应用 GPS 等跨断层形变速率观测资料作为模型力源的加载参数。下面对该模型的基本原理进行简单介绍(周仕勇和许忠淮，2010)。

考虑三维半无限弹性空间中包含 N 个断层的情况，根据所要模拟的地震目录的震级下限要求，设定网格大小，将每个断层进行如图 8.31 所示的网格化(离散成子断层单元)，根据岩石破裂实验结果和关于断层各段物性的地震学或地质学调查结果，设定断层面的破裂强度分布和初始应力分布。

各子断层单元上剪切应力的走向分量 τ_s 与倾向分量 τ_d 由下式计算

$$\begin{aligned}\tau_s(k,m,t)=\tau_{s0}(k,m)+\sum_{l,n=1,1}^{L_m,N_f}K_{ss}(k,m;l,n)[V_{sn}t-u_s(l,n)]\\+\sum_{l,n=1,1}^{L_m,N_f}K_{sd}(k,m;l,n)[V_{dn}t-u_d(n,l)]\end{aligned}\tag{8.18}$$

$$\begin{aligned}\tau_d(k,m,t)=\tau_{d0}(k,m)+\sum_{l,n=1,1}^{L_m,N_f}K_{ds}(k,m;l,n)[V_{sn}t-u_s(l,n)]\\+\sum_{l,n=1,1}^{L_m,N_f}K_{dd}(k,m;l,n)[V_{dn}t-u_d(n,l)]\end{aligned}\tag{8.19}$$

式中，k 为研究区域中断层的序号；m 为 k 号断层上划分的子断层单元的序号；s，d 下标为断层面上的剪切应力的走向和倾向分量；τ_{s0}，τ_{d0} 为地震活动性模型中设

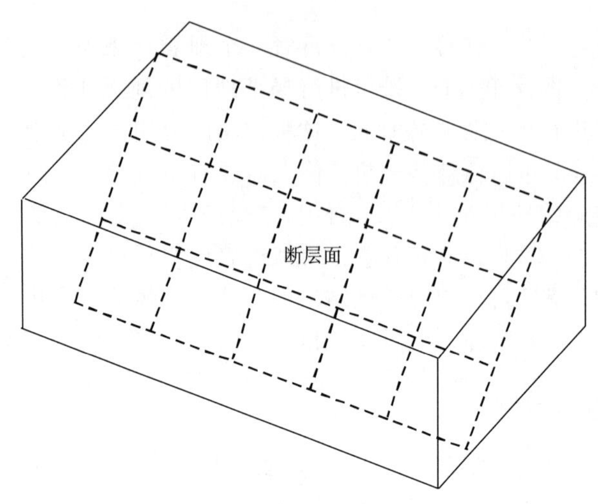

图 8.31　将断层面离散成 N 个子断层单元

置在子断层单元(k, m)上的初始剪切应力；N_f 为研究区域中断层的数量；L_m 为 k 号断层上所划分的子断层单元的数量；V_{sn}，V_{dn} 为 n 号断层上剪切形变速率的走向和倾向分量，由 GPS 等现代形变观测结果给定；$u_s(n, l)$，$u_d(n, l)$为 t 时刻前(n, l)断层单元上所发生的累积位错的走向和倾向分量；$K_{ss}(k, m; l, n)$，$K_{sd}(k, m; l, n)$，$K_{ds}(k, m; l, n)$，$K_{dd}(k, m; l, n)$为(n, l)单元发生的位错对(k, m)单元上作用的剪切应力的触发系数(triggering coefficients)，应用弹性力学理论可求得。

抑制断层单元滑动(破裂)的静态强度由下式确定

$$S_{静}(k, m, t) = -\mu^* [L + \delta\sigma_n(k, m, t) + P_{base} + \delta P(k, m, t)] \quad (8.20)$$

式中，$S_{静}(k, m, t)$为断层单元(k, m)的摩擦阻力；μ^* 为摩擦系数；L 为断层单元处的静岩压力(压应力为负，下同)；$\delta\sigma_n$ 为构造运动加载、研究区 t 时刻前诸断层单元的破裂所造成的(l, n)断层单元上正压力的变化(确定方法与断层单元上剪切应力的计算方法类同)；P_{base} 为孔隙压力(恒定部分)；δP 为诸断层单元的破裂在(k, m)单元处所造成的孔隙压力变化。

断层单元上的剪切应力及剪破裂强度如下

$$\tau = \sqrt{\tau_s^2 + \tau_d^2} \quad (8.21)$$

$$S = \max[S_{动}(t) \cdot S_{静}(t) - \Delta S \cdot v(t)/v_c] \quad (8.22)$$

式中，$S_{动}$ 为动破裂强度，$S_{动} = dyn \cdot S_{静}$，岩石破裂实验结果表明 $dyn = 0.4 \sim 0.6$；$\Delta S = S_{静} - S_{动}$；$v(t)$为子断层单元破裂的滑动速率；v_c 为模型设定的临

界滑动速率，大量观测表明 1m/s 是比较合适的取值。

当子断层单元破裂，子断层单元中蕴藏的部分弹性能将释放，作用在子断层单元上的剪切应力将降低，失稳的子断层单元的剪应力降为

$$\Delta\tau = \tau - \mathrm{arr} \cdot S_{静} \tag{8.23}$$

式中，arr 为应力捕获因子，岩石破裂实验结果表明其在 0.3±dyn。

在 t 时刻，当研究区域中的某个子断层单元上由式(8.20)定义的剪切应力大于式(8.22)定义的剪破裂强度时，将表示一次地震开始发生，该子断层单元的位置为该地震的初始破裂点。由于该子断层单元的破裂将在研究区各点产生扰动应力场，扰动应力可能使与该子断层单元同断层的其他子断层单元相继破裂，宏观上表现为断层破裂的传播过程，同一断层上相继发生的子断层单元破裂都会在研究区各点产生扰动应力场，追踪这种应力场的动态变化，当扰动应力场不再能引起同一断层上其他任何子断层单元破裂时，表示该地震过程结束。当然，子断层单元破裂产生的扰动应力场也可能引起研究区域其他断层上子断层单元的破裂，如果同一时间多个断层上都存在子断层单元破裂，我们将其视为多震事件，将不同断层上的破裂视为多个独立的地震事件追踪，但在计算扰动应力场时要同时考虑同断层和不同断层在该地震过程中破裂的影响。在一次地震过程中，最后一个子断层单元破裂与第一个子断层单元破裂的时间差为该地震过程的持续时间。该地震的地震矩为

$$M_0 = G\sum Au_n \tag{8.24}$$

式中，G 为介质的剪切模量；A 为基本破裂单元的面积；u_n 为该断层上第 n 个子断层单元在 n 次地震过程中发生的累积位错(滑动)。

该地震的矩震级 M_w 可由如下经验关系式简单确定

$$M_w = 0.67gM_0 - 6.03 \tag{8.25}$$

本模型考虑到了如下非线性因素的影响，如图 8.32 所示。

(1) 破裂愈合。即子断层单元破裂后，强度立即由静破裂强度降低至动态破裂强度，为了有效表示破裂单元在环境应力作用下自愈合(强度恢复)的过程，本研究区设置子断层单元破裂愈合时间为 3.0s。由于破裂的子断层单元可以自愈合，因此在同一地震过程中；一个子断层单元可以多次破裂。图 8.32 给出了子断层单元上剪切应力、破裂强度及破裂状态的动态曲线，从中读者可以了解计算追踪子单元破裂条件的大体思路。

(2) 应力传递的时间延迟。子断层单元破裂产生的扰动应力不是瞬时传递，而是以模型介质 S 波速度的 0.9 倍传递。

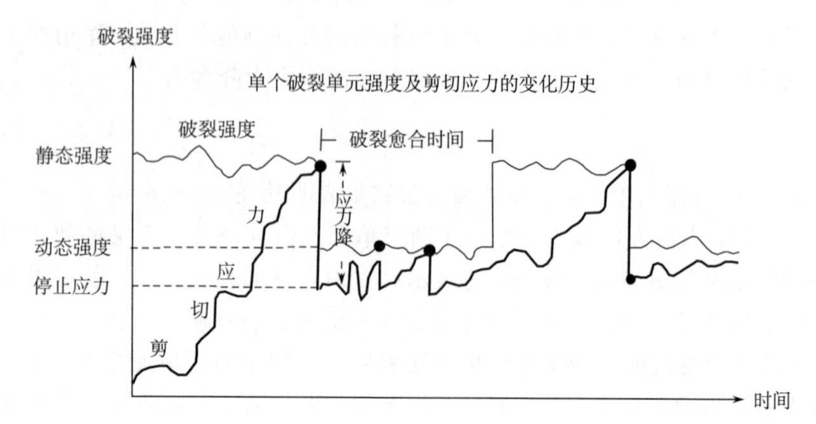

图 8.32 某子断层单元上剪切应力、破裂强度、破裂发生(黑点)时间演化过程示意图
为清晰起见，时间轴的标度是不固定的，其中破裂的子断层单元愈合时间及动态破裂时间段对应的时间轴仅为几秒和几十秒，而加载时间段(左端第 1 个黑点左侧)对应的时间轴为数年或数百年

8.3.5 地震流体包裹体热动力学前兆存在问题

已有的震前流体包裹体热动力效应资料可作为最有意义的地震前兆之一，然而，至今这些前兆的可靠观测资料不多，大多属于各种流体包裹体地质条件和地震条件前兆特征的研究还开展得不够。不少地震实例说明，震前效应的幅度是不同的，也出现了流体包裹体热动力效应特征与发生地震不明显相关的情况，也有发生了地震而震前没有出现流体包裹体热动力效应的现象，对此可以解释为观测的不准确或地震孕育过程是多样的。

实际上，各种干扰阻碍了对流体包裹体热动力效应前兆的识别，或者干扰本身就是出现假前兆的原因。大多数情况下，干扰既是不容忽视的，也是需要排除的。

由于观测资料有限，至今我们还没有找到由不同类型活动断层地震捕获的流体包裹体热动力效应有哪些不同的特征。可以设想，今后将会在逐渐弄清这些问题的实质后，进一步提高识别地震流体包裹体热动力效应前兆的可靠性。

8.4 现代地震地球化学前兆

8.4.1 地震地球化学前兆产生的原因

震前产生的水文地球化学异常是地震孕育的物理化学过程引起的。岩石断裂的物理化学过程只能影响到毗邻震源的地区，不可能波及距震源几百公里的地方，只有当应力和弹性形变（压缩或拉伸）出现在离孕震区很远的范围内时，才能够直接地测量到。所以，应力和应变的变化被认为是产生水文地球化学地震前兆的根本原因。

饱水岩石压缩或拉伸将引起岩石渗透率、水压、原有裂隙的张开和闭合情况等发生变化。与此同时，地下水的渗流通道受到破坏，加强或减弱了不同岩层或不同地带之间水的运移。渗流的这种变化将引起水文地球化学的各种异常。

位于狭窄的构造裂隙带上、主要由孔隙和裂隙少的岩块组成的致密岩体渗透性最不均匀，沿着这个地带易形成最活动的水循环。

在构造裂隙带上和整体性比较好的岩体上，以及渗透性强的岩层和与其邻接的黏土层中，地下水的成分和矿化度一般是各不相同的。弱渗透和强渗透的地块之间被认为是特定的水交替平衡地带，而在没有外力作用的情况下，水交替平衡地带上水的成分随着时间的变化也很少改变。但是，在地震孕育时，如果地块上的应力增大了，那么将导致平衡的破坏，地块各部分之间的水渗流增强，水的成分发生变化。计算表明，在非均质地块上应力的增大可明显地产生水文地球化学异常——水中的盐离子和气体成分及同位素比发生变化。

这样，形成水文地球化学地震前兆的一个基本原因（但并非唯一原因）可以认为是由附加应力引起了水动力条件的变化。应力增长越快，以及在岩石的物理性质与其中的水化学指标差异越大的地块中，这些前兆越明显。

显而易见，产生水文地球化学前兆的这种机理与这些前兆表现的多样性相一致。

至今，对地震前水文地球化学异常的实质、形成条件还缺少研究。第一个试图解释这些异常，并把异常和地震孕育的机制联系在一起的是乌洛莫夫(1974)，他把 1966 年塔什干地震前地下水中氡含量的变化归结为震源区岩石的形变发展影响，并认为这种发展具有以下阶段性。

第一阶段——应力增大和岩石压缩，孔隙压力增大，逸散到层间水中的氡含量增加；第二阶段——剪切形变和岩石破裂，伴随着超声振动，水中氡含量快速增加；第三阶段——接近于塑性过程的岩石形变，这时，氡的溶解趋于稳定；第四阶段——主震时，震源区应力释放，与此同时，氡含量明显下降。对氡异常的这种解释与在塔什干地震前观测到的图像的氡浓度长趋势增长相吻合，但氡异常与此相反的情况也不少。

地震孕育的主要阶段当然也能够反映在地下水—气的化学动态上。但是，与地震孕育有关的地下水化学动态的变化可能因各地区的具体条件不同而又有差异。为了解释水文地球化学前兆的本质，应当考虑这种前兆的两个重要特征：无论是未来的近震还是强远震(几百公里)，都应能够观测到这些前兆，水文地球化学前兆可能是短期的，也可能是长期的(汪成民等，1991)。

8.4.2 影响水文地球化学前兆的主要因素

为了区分出水文地球化学前兆，必须剔除与地震活动无关的地下水化学成分指标的变化。为此目的，第一，要确定地下水矿物、气体成分的背景值，将超出背景浓度界线的异常与地震活动性进行对比，这是应用最广泛的一种方法；第二，可以研究水文地球化学指标变化特征的成因。这种研究途径显然是复杂的，需要深入分析水文地球化学动态以及影响水文地球化学动态的各种因素(潘传楚，1991)。

本书不详细研究表8.3中所列出的各种因素对水交替活跃带地下水水文地球化学动态的影响。在这些因素的强烈作用下(特别是降水的渗入，蒸发，地下水的开采、灌溉水的渗入)，水的常量组分发生了相当明显的变化。因此在大多数情况下，利用位于水交替活跃带的钻孔或井进行地震前兆探索时，只能用一些特殊组分的变化来分析，如氦的变化。

表8.3　影响水文地球化学动态的主要因素(据 Stumm Morgan，1987 修改)

影响因素	含水层或裂隙区所处条件	
	水交替活跃	水交替困难
自然因素		
降水和溶化水的渗入	矿化度和饱气度下降	
大气压的变化	压力下降促使隋性气体逸出，压力升高阻碍惰性气体逸出	
表层水位以及与其有关的壅水和排泄	壅水时深部组分浓度下降，排泄时升高	
蒸发	浓缩作用或深部水上渗使矿化度增高	
海潮	滨海区盐渍化	
固体潮	气体—化学组分发生周期性变化	
人为因素		
地下水、石油、天然气的开采；地下埋设污水沟	由于水自邻近含水层(区)流出，黏土中结合水的进入和脱气体作用引起气体化学成分的变化	化学成分变化
灌溉水和污水的渗入	化学成分变化	
表层水位以及与其变化有关的壅水和排泄	壅水时深部组分浓度下降，排泄时升高	

下面来研究与地震孕育有关的水文地球化学异常，也就是水文地球化学前兆的特征。在此应注意在水文地球化学前兆研究中得出的以下几点经验。

(1) 各种自然因素，特别是人为因素，都对地下水中离子成分和气体成分的浓度产生相当大的影响。为了有根据地区分出地震的水文地球化学前兆，必须对浓度变化的背景特征(与地震无关)进行研究。

(2) 附加应力对岩石块体作用引起的变形在岩体的不同部位（在孔隙—裂隙空间的结构和弹性特征上有明显的区别）是不同的。与此相关的是流体压力梯度的变化以及岩体不同部分之间水流的变化，这些都导致了水化学和气体成分的变化。分析结果证明，这种机制可用来阐明水文地球化学指标的潮汐变化和震前水文地球化学异常的形成。

(3)水文地球化学前兆的形成首先与受附加应力控制的水动力变化有关。在应力的作用下，根据弹性动态，水的压力应发生很快的变化，随后在岩体不同部位，开始发生空间分布不均匀的压力的缓慢松弛过程。

(4) 按照水文地球化学短期前兆形成的机理，可以预测，当岩体中应力增加时，由于浓缩的水由弱透水区和滞流区流入，可导致水中个别组分含量的增加。

(5) 形成和发现水文地球化学短期前兆最有利的地点，是在由不同渗透性组成、弹性特性不均一、岩层中饱含的水的水文地球化学指标有明显差异的岩体中。

(6) 毫无疑问，不可能发现一种万能的水文地球化学前兆。显然，通过今后的深入研究，将会找到最有意义的、综合的、适用于不同地区的水文地球化学地震前兆。

8.4.3　地球化学组分短临异常与短临预报的讨论

许多地震预报失败的教训表明，一定要做好短临异常的判断。

这些短临异常前兆现象大多数出现于震前数小时至数天，表现为强度大、发展迅速、分布地区比较集中，并往往配套出现，故可作为判断发震时间和地点的短临前兆综合指标。但是，由于它们都是震源体发生破裂而引起的直接或派生前兆现象，多受断裂带或破碎带控制，故其空间分布的规律性较差，往往在地壳最薄弱、最易发生破裂的部位出观，因此与张压性应变前兆不同，随震中距的远近变化，其出现时间无明显的先后次序，又因出现时间短，给分析带来一定困难。

对于 1976 年 4 月前后出现的水氡转折变化和其他多种组分的异常同步出现，经现场调查研究，虽用现已认识到的干扰因素无法解释，但又不敢轻易相信。作者认为，如果能够找出短临异常阶段的特征性标志并进行及时、准确的判断，在大地震发生前，就有时间去深入研究那些能够判定地震强度的长趋势异常，同时，也就可以有准备、有目的地捕捉临震信息。因此，研究短临异常阶段的特征具有承上启下的作用。

水化学组分的短临异常具有空间上相对集中、时间上大体同步、变化剧烈的特点，它有可能是孕震进入短临阶段而必然发生地震的标志。水化学组分的变化与地球物理场的某些指标，如地震活动性、波速比异常区、地电阻率异常区等有大体一致的分布范围。唐山地震前，基本上集中于北京—天津—吕黎地区，说明水化学组分变化在空间上并不是独立的。在时间上，对大地震前某些中短期异常特征的研究表明，测震学获得的短临异常比水化学组分等测定的异常来得早，说明该阶段地下深部的介质应变已明显而剧烈地牵动地表，使以观测浅部变化为主的水化学组分出现突出的变化。而在临震阶段，水化学组分异常又比地下水位、地电、地声、地光及动物行为异常出现得早(图 8.33)。图 8.33 中表示了以唐山地震为主的多次地震的统计结果。由此可见，地下水位和地电临震异常时间相近，但均晚于水氡突跳，这说明因气体的比重和黏滞性均低于水，在临震阶段，岩石—水—气体平衡体系遭到强烈破坏，而气体的运动速度则快于水而先被观测到异常，气体和水的运移、喷涌成为地声、地光和动物异常的可能原因之一。由此，在短临和临震阶段可大体形成一个有利于震情判断的时空序列。水化学组分短临异常是孕震短临阶段的标志之一(朱宏锋，1991)。

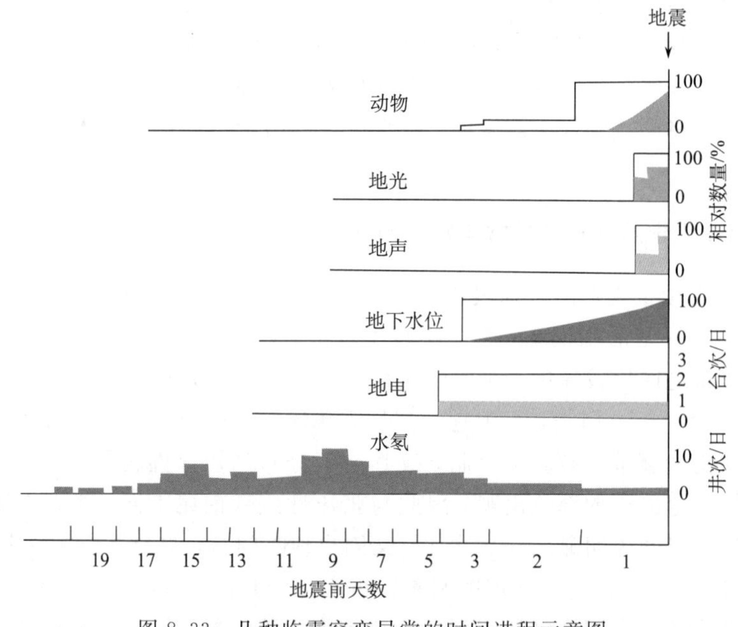

图 8.33 几种临震突变异常的时间进程示意图

然而在实践中，我们很难找到地质构造、水文地质条件和地球化学环境都很理想的测点。处于不同地质体中的各个测点，其异常受各点构造、岩性、结构和各自的应力应变变化制约。从多次地震的宏观调查来看，震前的破裂不可能仅从一个点向外扩展，也不可能从各个方向向一个点集中，而很可能在很大的空间内同时发育着多个应力集中点和多个大小不同的破裂。因此，水氡等化学组分及其他前兆手段有大体同步的异常阶段和广泛而又相对集中的空间分布，而异常形态多样、幅度不等且与震中距无明显关系，长、中、短、临异常阶段是多个测点异常时间演变的综合，大多数测点往往仅具有一两个异常阶段而不同时具备四个完整的阶段。这些可能就是水化学组分异常机理复杂多样的具体体现。把水化学组分异常的区域性特点和局部性特点结合起来研究，才有可能把握水化学组分短临异常的实质，提高短临预报的水平(汪成民，1991)。

8.4.4 地震流体地球化学组分异常

地下水中溶解了各种气体及其他化学成分，研究溶解于地下水中的这些化学成分的变化与地震之间的关系，发现氧、氯、亚硝酸根等在震前都有异常反映，地震学家对地下水的其他化学组分也提出过异常机制。例如，奥希卡等(1977)用地下水沿构造裂隙带和断裂垂直运移来解释氯离子等的大幅度异常。

由于观测井所处的地质构造、水文地质条件不同，地下水化学组分的异常特征及演变过程不同，因而难以用单一的模式加以解释(Dubois et al.，1996)。我国海城地震前的异常具有时间长、幅度大、波及面广、受构造控制等特点，其中时间长、幅度大是很突出的。为了解释这种现象，必然应想到物质来源问题。表 8.4 是 1978 年 9 月 1 日所测的盘山地区 500m、1100m、2775m 水层的钙、镁、氯离子含量。从表 8.4 中可以看出，深层水上溢可以解释氯离子异常，但难以解释总硬度异常，还需要考虑其他可能性。

表 8.4　盘山地区 500m、1100m、2775m 水层的钙、镁、氯离子含量

井深/m	镁离子/(mg/L)	钙离子/(mg/L)	氯离子/(mg/L)
500	53.5～55.0	58.5～60.5	48.0～51.0
1100	48.2～48.3	56.5～57.5	33.5～34.5
2775	7.0	4.65	595.0

地震的孕育和发生是一个复杂和长时间的过程。根据茂木(1968)、肖尔茨(1968)的实验，在应力作用下，岩石开始产生较均匀的微破裂，随着时间的推移，微破裂逐渐集中到未来的主破裂面附近。伴随这种破裂的形成，地下水作为活跃的因素，开始发生运移，使不同层位的水层之间产生水力联系。同时，由于大气降水渗入率的改变，使浅部水和深部水之间的循环加剧。当水流动经过某些离子富集带时，离子就被运移到其他地方，而且由离子浓度大向离子浓度小的水中扩散，当观测井处于适宜的位置时就能观测到异常。总之，地下水的运移是这些异常形成的可能机制，这与深层水的上溢不矛盾。浅部水和深层水间循环的加剧，实际上也是一种运移的加强，富集在一定层位(如表层)的钙、镁离子有可能被带到其他层位的水层之中，引起总硬度异常。

二氧化碳的异常常出现在碎屑岩和石灰岩含水层积极交替带内。鞍钢给水厂满足这种条件，而其他几个测点不具备这种条件，因而未能显示明显异常。震前由于循环加剧，大气成因的氧比平时更多地进入土壤之中，并消耗于有机质的分解，使二氧化碳的含量不断增加，这就是二氧化碳异常形成的可能机制之一。另一种可能可能的机制是由深部水上溢带来的。

根据以上设想，也可以解释异常受构造控制的特点。与海城地震之前的重力、形变等异常相似，这种水的运移首先在辽东半岛地区出现，因此沿金州断裂附近的井孔异常起始时间早，延续时间长。当微裂隙逐渐集中到主破裂时，位于主破裂面附近的阜新、丹东等观测井显示出明显的中短期或短临异常。

至于临震异常，由于观测周期不定等原因，尚未发现。不过，如果能加密观测可能也会发现临震异常。临震异常也无非是上述运移过程，只不过是突然出现、幅度更大而已。辽阳汤河温泉井水氡临震异常是最典型的例子，震前的突变异常是深部高氡水向浅部低氡水运移引起的。

8.4.5　地震地球化学前兆的几种成分特征

1. 水氡

1）概述

地下水中溶解了各种气体及其他化学成分，特别是氡（氡是一种放射性气体，半衰期很短，只有 3.825 天）的含量作为前兆手段应用得最普遍。

我国是将地下水氡的测量和研究作为水文地球化学研究的一部分来进行的。在 8.1 章节列举了多处地下水氡含量在不同时间的变化曲线，在此不再赘述。

除了放射性氡，地下水汞也常常作为前兆研究手段，图 8.34 就是京津地区地下水汞、氡含量变化与小地震活动的动态对比。此外，还有多种离子（硝酸根离子、氯离子等）可以作为地震前兆参与预报。

包括唐山地震在内的 7 级以上大地震，它们水化学前兆反应，不是从震中向外推移，而是具有从外围向震中方向推移的特点。表 8.5 列出了 1966～1976 年发生在我国的几个观测到震前氡含量异常的比较大的地震。1975～1976 年发生的五次地震，除了 1976 年 7 月 28 日的唐山地震外，其余四次均成功预报。唐山地震没有被成功预报的原因大致归结为两方面：①震前没有观测到特别明显的前兆现象；②当时处于动乱时期，社会背景复杂，多方面原因导致最后预报失败。但是仅从记载到的地球化学前兆来看，完全有可能发出预报。

当时这些地震的成功预报，是将各种前兆现象集中在一个机构，进行综合研究推断，而获得的系统成果。其中专业和群测人员之间积极有效的合作，以及集

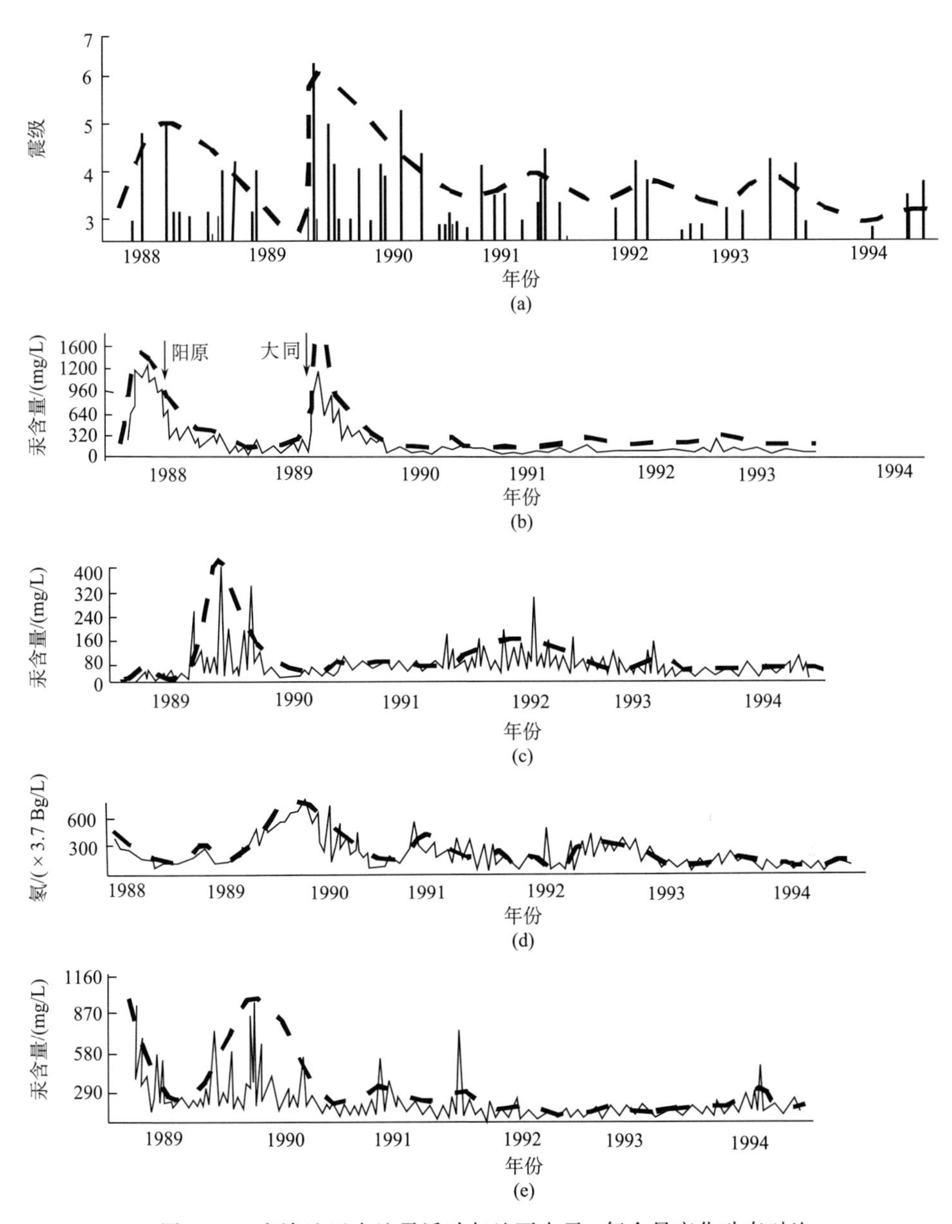

图 8.34　京津地区小地震活动与地下水汞、氡含量变化动态对比

(a) 首都圈地震活动图；(b) 五里营井水汞含量变化曲线；(c) 松山泉汞含量变化曲线；
(d) 八宝山断层气氡含量变化曲线；(e) 宝坻王 4 井汞含量变化曲线

表 8.5　1966～1976 年中国的地震预报和地球化学前兆

地震位置	时　间	震级	地球化学前兆
渤海湾海域	1969 年 7 月 18 日	7.4	天津地区许多水井观测到氡浓度增加
四川省炉霍	1973 年 2 月 6 日	7.9	地震前 7 天，在四川省姑咱(200km 区域)观测到一个脉冲型的氡浓度变化(＋120％)
云南省永善—大关	1974 年 5 月 11 日	7.1	四川西昌(140km 区域)氡浓度减少(30％)
辽宁省海城	1975 年 2 月 4 日	7.3	沿构造带的许多水井显示异常，在震中 200km 范围内的井记录到氡浓度正异常(20％～40％)
云南省龙陵	1976 年 5 月 29 日	7.5 7.6	多数井、温泉和泉水中的氡浓度发生变化，有些发生在 460km 的震中距处
河北省唐山	1976 年 7 月 28 日	7.8 7.1	距震中 200km 范围内的 20 个水井观测到氡浓度增加 20％的同步变化；地下水、气体和油类喷出等。其中 77％的异常集中发生在地震前的 3～5 天
四川省松潘—平武	1976 年 8 月 16 日 1976 年 8 月 23 日	7.2 7.2	观测的 24 口井中，发现 10 口井有氡浓度异常，其中最远的水井距震中 550km
四川和云南两省交界的盐源—宁蒗	1976 年 11 月 7 日 1976 年 12 月 13 日	6.9 6.8	距震中 160km 和 270km 的观测井中观测到氡浓度异常和水位的变化

中对地下水进行地球化学的研究和观测起了决定性的作用。测定的内容除了地下水的水位和氡浓度，还有涌水量和水温等。

一般来说，氡浓度异常的变化是复杂的，明显的异常是极少的。异常曲线虽然因井而异，但应当注意的是，异常的出现与恢复时间似乎大体相同。在许多情况下，氡浓度异常和地磁、地电及地壳的运动等都有内部相关性。因此可以认为，氡浓度的异常曲线反映了地壳应力的积累、释放和恢复过程。

氡浓度异常所及的范围，一般在距震中 200～300km，有时远达 600km，浓度变化的幅度为 20％～100％。据龙陵地震时观测到震中距、氡浓度的变化幅度和异常出现时间三者的相互关系，距震中越近的井，异常的幅度越大，异常出现的时间越早(潘传楚，1991；国家地震局预测预防司，1997)。

2）水氡异常与地震的关系

分析水氡异常与地震的关系，似可见到震中与相应的异常点都位于同方向的断裂或其附近。从图 8.35 可以看出：云南龙陵地震震中位于南北向怒江断裂附近，与之对应的汤池温泉异常点也位于南北向小江断裂附近；宁蒗地震震中位于北西向盐源—木卫断裂附近，与之对应的曲江温泉同样位于北西向曲江断裂上。下关温泉异常点出露于北西向红河断裂和南北向程海断裂的交汇地区，所以两次地震水氡都有异常反应。

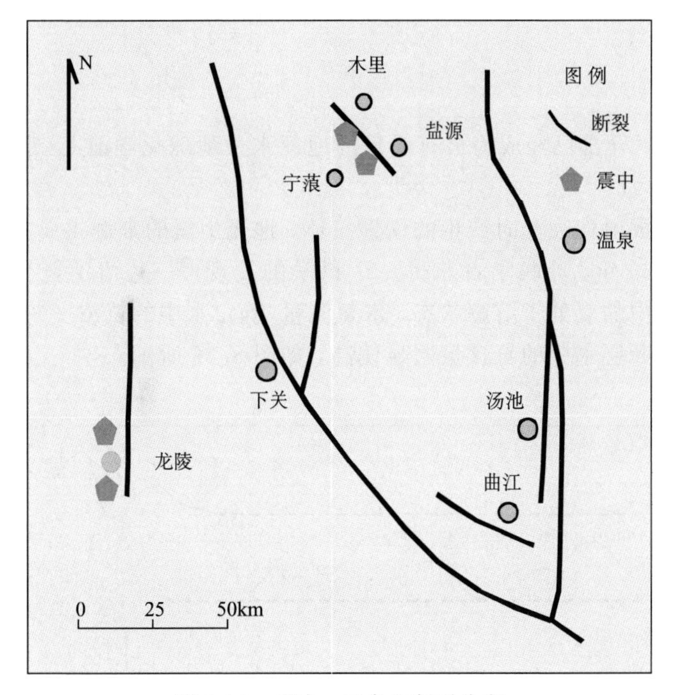

图8.35　震中、温泉和断裂分布

上述现象不是偶然的，它可能反映了震源区与水氡异常点之间并不是主从关系，可能是平行关系，也就是在同一力源作用下形成的多点应力集中现象。川滇地区的应力场及其变化，主要由鲜水河断裂、安宁河—小江断裂、红河—金沙江断裂所围控的菱形断块的活动方式所控制。模拟实验表明：菱形断块受印度洋板块的推挤向南南东方向移动时，断块边界及邻近地区的北西向断裂出现应力集中。反之，断块向南南东方向移动不明显时，应力主要集中在南北向断裂上。

结合地震实例分析，1970～1974年，在菱形断块及邻近地区先后发生了通海、炉霍和永善—大关三次7级以上大地震，这三次大地震均发生在北西向断裂或其附近，这可能标志着是菱形断块向南南东方向移动造成应力释放，断块的这种运动状态暂时得到缓和，区域应力场的调整可能促使南北向断裂上的应力得到加强，在怒江断裂附近发生了龙陵地震，在小江断裂上的汤池温泉出现水氡异常。龙陵地震后，断块的南南东向运动可能又有所增强，但规模和强度要小得多，可能属于后期的调整阶段，于是，在北西向盐源—木里断裂附近发生了宁蒗地震，在曲江温泉出现水氡异常。

上述在同一构造运动作用下表现出来的应力集中、释放、调整所造成的多点应力集中现象，有其自身的规律。从这一认识出发，今后在布置水观测点，判断未来地震可能发生的地区时，应该考虑异常有选择性这一点(汪成民等，1991)。

2. 氦

近年来，氦异常已经成为最有前景的地震水文地球化学前兆(宇文欣，1991；刘耀炜等，1999)。

氦是一种放射性衰变时产生的惰性气体，地壳中氦的来源主要是放射性强的花岗岩层。1969 年，苏联学者获得一个科学的发现——查清了氦异常与深断裂有关。地下水中的氦处于溶解状态，水氦测量(确定水中的氦浓度)是识别构造断层的好方法。断层水中的氦含量明显偏高，如图 8.36 所示。

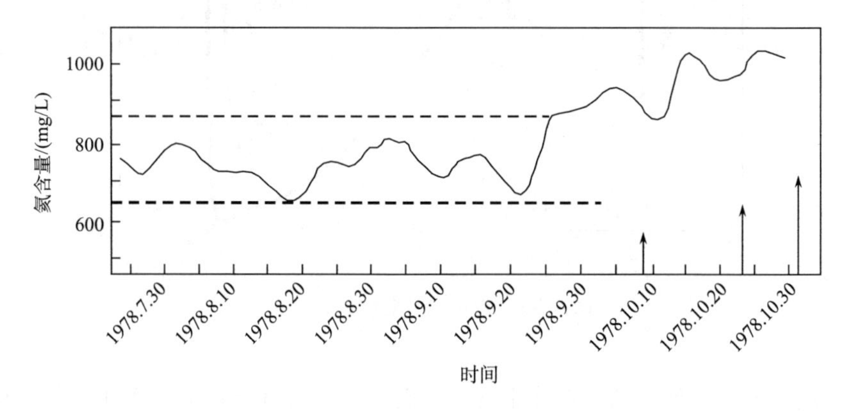

图 8.36 亚夫罗兹矿热水钻孔中氦的平均含量变化(据 Барсуковидр，1979)

垂直箭头表示时间；虚线是平静期氦浓度的变化范围

马梅林等提出了利用同位素比值$^{3}He/^{4}He$ 进行地震预报的方法。在天然气中都含有^{4}He，地幔成因的氦富集同位素 ^{3}He，而地壳中的氦却缺少这种同位素。如果在地震孕育时氦流发生变化并出现氦的补给源，则 $^{3}He/^{4}He$ 值也相应地发生变化。

地壳中应力的变化影响着裂隙的张裂和渗透性，所以也影响着地下水中的氦含量。总而言之，地下水中氦含量的变化有可能成为地震孕育的标志。

氦异常是一种短临地震前兆,这种异常的大小和持续时间与所对应的地震强度成比例。另外氦的长期(几个月)异常——北天山地震带的某些地震前地下水中氦浓度增大。但并非所有的这种异常都伴随有地震。根据塔什干学者的观测，在 1976 年的加兹里地震前 3～7 天，地下水中的氦含量下降了。由此可见，不同地区在地震前氦异常形态不同。

有意思的是，在无震区，地下水中氦浓度随着时间也有明显的变化。由此可见，氡异常不仅出现在地震孕育时，而且还是地球内部某些其他过程的结果。

3. CO_2

近年来，不少人想利用地下水的各种化学特征——气体、盐离子、微量元素和同位素成分的变化来探索地震前兆(上官志冠，1991)。

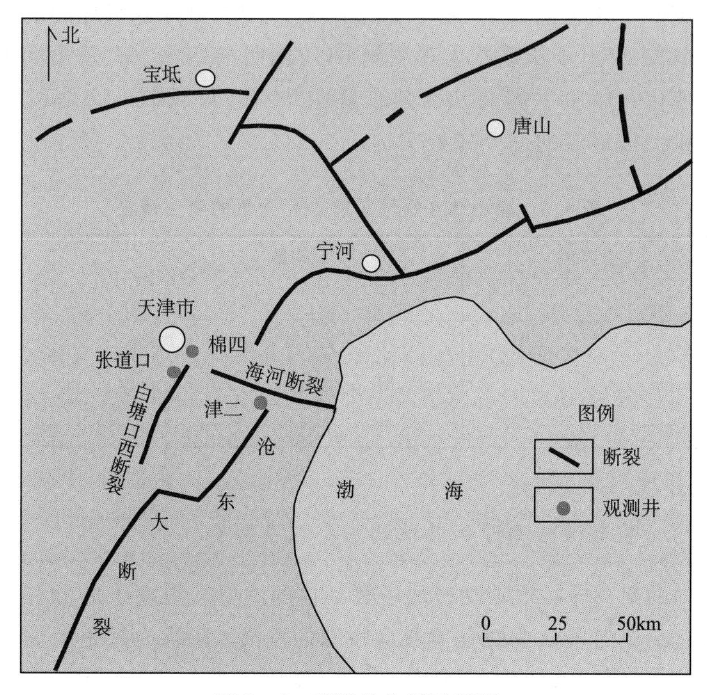

图 8.37　观测井位置示意图

在气体组分中，最有意义的是 CO_2。碳酸水的产生与深部过程有关，而在这种水中，CO_2 的含量可作为这种过程进行强弱的标志。

地下水中的溶解气体，如 N_2、O_2 等，一般来源于大气，而深层热水井由于受所处的地球化学环境的影响，地下水中往往还含有反映深部成因的 CO_2、CH_4、H_2S 和氦气等。

以唐山地震为例，如图 8.37 所示，由于水样的分析是在恒温(30±1℃)条件下经过真空脱气，并进行了气压校正，这就排除了温度和气压的影响，使 CO_2 测值稳定，一般变化幅度在 10%左右。但在唐山地震前 CO_2 发生了非常明显的变化，二者之间存在明显的相关性，其特征如下。

(1) 异常持续时间长，变化趋势同步性好。

从 1976 年 1 月开始三口井的 CO_2 迅速上升，并先后于 2 月和 3 月中旬达到最高值，然后逐渐下降，降至背景值发震，异常持续时间达半年之久。

(2) 异常幅度大，最高值为背景值的 2～5 倍(表 8.6)。

1976 年 11 月 15 日宁河 6.9 级强余震前，津二、张道口两口井于 9 月 20 日前后均出现正异常，10 月上旬异常发生转折，11 月 15 日发震。从异常开始至发震为持续约 2 个月。而棉四井异常时间很短，仅在震前半个月出现异常。1977 年 5 月 12 日宁河 6.2 级地震及 1978 年 5 月 18 日辽宁海城 6.0 级地震前都有异常反应。此后至 1981 年上半年基本未观测到 CO_2 的明显变化。上述事实说明，三口井 CO_2 含量变化在唐山主震及几次强余震中均有较好反映，这是利用地下水中 CO_2 气体含量预报地震的一个较好实例。

表 8.6　唐山 7.8 级地震前 CO_2 含量的变化情况

井名	背景值		最高值		震中距/km
	mL/L	%	mL/L	时间	
棉 4	1～1.80	8	8.31	3 月 20～3 月 25 日均值	100
津 2	7.0～8.50	25	14.67	3 月 1～3 月 5 日均值	90
张道口	13.50～14.50	55	33.03	2 月 1～2 月 5 日均值	110

4. 氯离子、重碳酸根离子和其他的主要盐类离子

地下水中的氯离子、重碳酸根离子和其他的主要盐类离子成分在地震孕育时都有可能变化。奥希卡认为氯元素具有特殊的意义，他认为氯是高加索地震最明显的水文地球化学前兆(1979)。例如，1966 年阿纳普地震和 1970 年索奇地震前几天，邻近地区地下水中氯化物的含量增大了 1～3 倍，而 1970 年达格斯坦地震前夕在距震中 80km 的格罗兹内地区的钻孔中，水中氯化物的含量增大了 4 倍(刘耀炜等，2004)。

巴尔苏可夫等(1979)根据在塔吉克斯坦的观测确定了不同震源深度的地震孕育时水文地球化学指标的变化。深源地震前氯离子有异常，而地方性浅源地震前地下水中的重碳酸根含量出现异常。

地下水中盐类离子成分和总矿化度的变化表现在水的物理指标方面，也可作为地震前兆。例如，在达格斯坦某些地震前夕，地下水的总矿化度增大的同时，其电导率也增大了。

在高矿化度的地下水中，通常富集各种微量元素。对震前微量元素浓度的变化还缺乏研究，但是已经获得的资料说明有些微量元素很有希望成为地震前兆。苏勒坦霍德扎耶夫、阿齐佐夫等发现，加兹里地震前，东费尔干纳实验场钻孔深层水中氟浓度下降了。这里地震之前氟含量则明显地上升，如图 8.38 所示。

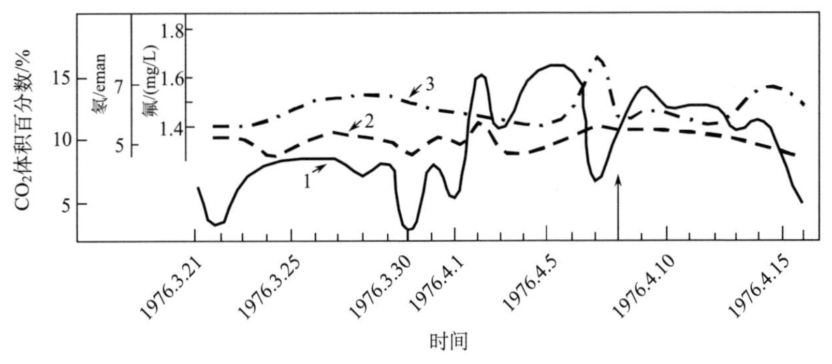

图 8.38　1976 年 4 月 8 日加兹里地震前南阿拉梅希克钻孔水中 CO_2、氡和氟含量的变化

1. CO_2；2. 氡；3. 氟

$1\text{eman}=10^{-10}\text{Ci/L}=3.7\times10^{3}\text{Bq/m}^{3}$

8.4.6　流体包裹体中 CO_2、CH_4 前兆异常机理的探讨

地下水中的 CO_2、CH_4 来源较多，可以来自大气，也可以由土壤中生物化学作用形成；既可以由火山活动从地壳深部带来，也可以由碳酸盐类岩石遇热分解而产生。

地壳中广泛分布的沉积岩，特别是石灰岩中本身含有大量的碳，这种“过量”的碳必定以主要的稳定碳气(CO_2、CH_4)形式从地球内部运移到地表。那么，地震前引起流体包裹体中 CO_2、CH_4 含量变化的原因是什么呢？本书认为主要有以下几个原因。

(1) 震前区域应力场的加强引起水中 CO_2、CH_4 溶解度的增大。

活动断裂在地震孕育过程中，区域应力的加强和集中在断裂带能得到较好的反映。震前强大构造应力的作用使含水层的静压力增加，因而使水中 CO_2、CH_4 的溶解度增加，造成震前 CO_2、CH_4 含量大幅增加。

(2) 微破裂引起封闭在岩石中的 CO_2 释放和深部 CO_2 的上涌。

活动断裂中，派生构造裂隙相当发育，地震前强大的区域应力作用使断裂附近含水岩层的微破裂增加并不断发展，引起封闭的 CO_2、CH_4 气体释放，深部成因的 CO_2、CH_4 气体上涌，因而震前观测到 CO_2、CH_4 气体含量明显增高；而震后由于岩石变形，其中 CO_2、CH_4 大量逸出。

加尔德尼等通过不同的岩石实验发现，当对样品施加应力时，样品会释放出被封闭的 H_2、CH_4、CO_2 等气体。释放气体的体积是岩石应力的函数，气体释放的最大速度在岩石破坏时出现。

1971 年以来，我国学者曾多次利用矿山爆破研究地下水中 CO_2 等气体的爆破效应，以模拟地震活动。实验结果证明，每次爆破后都观测到 CO_2 气体含量持续性的增加，变化时间为几小时至几十小时，变化幅度达 10%～20%。这种岩石破裂所释放的 CO_2 与地震前后观测到的变化十分相似(上官志冠，1991)。

(3) CO_2 富集与区域地震活动性密切相关。

作者曾经对汶川地震断裂带中流体包裹体进行测定，流体包裹体中 CO_2、CH_4 等气体成分明显高于其他非地震断裂带中的岩体。

美国的巴恩斯等研究 CO_2 的全球性分布发现，CO_2 的富集事实上受全世界主要地震带的控制。CO_2、CH_4 等气体成分的聚集，可能显示一个潜在的地震断裂区，因而 CO_2、CH_4 等气体可作为地震预报的较好指示剂。

8.4.7　地震流体包裹体稳定同位素地球化学前兆预报

稳定同位素地球化学是研究稳定同位素分布及其在各种地质条件下的运动规律，并用于解决地质问题的学科。近年来，稳定同位素的研究在解决成矿条件、物质来源等方面起着极为重要的作用。同时，国内外也正在开展稳定同位素在地震预报研究方面的应用研究(高清武，1991;车用太和鱼金子，2006)。

1. 用稳定同位素地球化学方法进行地震预报的可能性

目前已发现的天然稳定同位素约有 300 种，研究较多的有氢、氦、锂、铍、硼，碳、氧、氮、硅、硫、钾、锶、铅等，其中以氢、碳、氧和硫的同位素化学研究最有成效，其原因是由于这些元素的同位素相对质量和在自然条件下的组成差异大。

地震孕育和发生的过程中伴随有温度、压力的变化，以及破裂、振动和不同相之间的相互作用等，因而同位素分馏作用必然伴随发生，其结果则导致同位素地球化学行为的变化。对这些变化进行研究，有可能为地震发生机制的研究，甚至为预报指标的研究提供新资料。

国内外多次地震实例资料表明，地震活动断裂带中的气流强度明显变化，氢、碳氢化合物、CO_2 浓度及某些元素的同位素组成也发生变化。

(1) 1975 年 8 月 1 日在美国中加利福尼亚北部地区发生 5.7 级地震后很短的时间内，地下水中的 δD 值升高 2‰～3‰；而在 1976 年 1 月 4.0 级地震时 δD 值增加 2‰；1977 年 1 月在一个地震群的前一天 δD 值增加 1‰强。

(2) 1980 年 3 月美国圣安德烈斯断层带发生了一系列地震，最大震级为 4.8 级。在这一个月内，地下水的 δD 和 $\delta^{18}O$ 值有明显的同步下降。

(3) 1975 年苏联高加索地区一次近 6 级地震，距震中 40km 处，采样点的 CH_4 和 CO_2 中的 $\delta^{13}C$ 值有显著变化。

(4) 1974 年 8 月 11 日中国和苏联边界附近阿拉依地震的余震活动期间，CO_2 同位素分析表明有过量的^{13}C，取自震中的水样中有最高的 $\delta^{13}C$ 值。

(5) 1974～1975 年，苏联塔什干自流盆地地下水中 CO_2 的同位素分析表明，震前和地震期间 $\delta^{13}C$ 有明显变化。例如，在地震平静期，胜利公园热水井中碳同位素比值为 1.94，而地震前夕比值增至 0.90；再次地震时，这些现象再次出现。另外，苏联在 1970～1974 年也多次测到过达格斯坦地震期间碳同位素组成的变化。

(6)1980 年前后日本山崎断层土壤气中氢同位素测定表明，土壤气中分子氢的 D/H 值可以作为一种断层活动的标志。并根据同位素分馏系数与温度的关系，用 δD 值推断地下水与断层活动产生的压裂岩石新鲜表面发生反应的深度。

(7) 日本 1975 年开始在川崎地区地表异常隆起期间进行 δD、δC^{13} 和 δO^{18} 的测定，以期寻找地震发生的征兆。

以上资料表明，苏联、美国、日本等国都先后开展了稳定同位素地震预报的研究，取得了一些地下水中稳定同位素比值在地震前后发生变化的实际资料。我国地下水预报地震研究进展很快，已积累了多次大震前水气异常资料，如 1976 年唐山 7.8 级大地震及其余震前多井孔的 CO_2、H_2 等异常十分明显。其中氢、碳、氧等稳定同位素组成是否异常？这还些气体的产生机制如何解释？这还需要我们去探索和研究。

2. 氢、碳、氧稳定同位素在地震预报中的应用

1）氢

氢有两个天然稳定同位素，它们的丰度差别很大，其中氕(H)的丰度为 99.984%，而氘(D)仅为 0.0156%。由于二者相对质量差大，在自然界循环过程中容易分馏，不同成因水中的氢同位素组成有明显差异。为了研究地震水 δD 值的变化，我们采用金属铀法，从流体包裹体中提取氢，得到可供质谱分析的样品。

由氢同位素数值，分析地震流体来源，可以作为地震预报的主要参数之一。

2）碳

碳有^{12}C 和^{13}C 两种稳定同位素，相对丰度分别为 98.89%和 1.11%。不同成因的碳同位素组成有很大差异。有的重碳酸盐的 $\delta^{13}C$ 值大于 20‰，轻甲烷中的 $\delta^{13}C$ 为 90‰。

测定流体包裹体中碳的稳定同位素，了解它们的成因，可为地震预报提供可靠数值基础。

3）氧

氧是一个非常活泼的化学元素，在地球化学过程中有其独特的作用。氧的稳定同位素为^{16}O、^{17}O 和^{18}O，它们的相对丰度分别为 99.763%、0.0375% 和

0.1995%。自然界中$^{18}O/^{16}O$值变化可达10%。

流体包裹体中氧的稳定同位素测定采用CO_2-H_2O平衡法，研究地震流体包裹体中氧同位素的变化规律，从而查明引起其变化的原因。

8.5 地震预报的进展、困难和前景

对一个自然现象的预测，往往有两种途径。其一是研究并掌握自然现象的形成机制和受控因素，通过测定有关因子的数值，按照该自然现象的成因规律对其做出准确的预测和预报。其二是根据该自然现象与其他现象之间的关系，应用实践中积累的大量资料，总结各种现象与预测对象之间的经验性和统计性关系，从而进行预测和预报。

地震预报也是通过上述两种途径进行广泛探索，其一是关于孕震过程和地震模式的理论和实验研究；另一途径是根据在长期实践中积累的大量地震实例资料，总结出经验性规律推广应用于未来地震的预测和预报(安艺敬，1987)。

8.5.1 地震预报的现状进展

目前，在地震预报的理论研究方面，对地震孕育过程中的前兆表现及其物理机制进行了广泛的探讨，根据实践和理论研究结果，对地震类型及地震前异常进行了物理解释，并提出了一些地震孕育的理论和模式，如“红肿学说”、“组合模式”、“膨胀蠕动模式”等。尽管这些理论实验结果和孕震模式在解释复杂的地震孕育问题时遇到了许多困难，但都对地震孕育过程及其前兆现象进行了不同程度的机理阐述，为地震预报奠定了一定的物理基础。

通过广泛的实践和深入的研究，地震预报工作从毫无方向的状态向科学预报的方向迈出了坚实的一步，并对部分地震进行了不同程度的预报，其中对海城7.3级地震的预报，在世界上树立了成功预报和减轻震灾的先例，成为世界地震科学史上新的一页(胡聿贤，2006)。

8.5.2 地震预报的面临的主要困难

地震预报是一个世界上尚未解决的科学难题。已经取得的进展离突破地震预报的最终目标还有相当遥远的距离。虽然已有部分较为成功的预报实例，但虚报、漏报和错报还占有相当大的比例。近年来，世界上一些地震研究先进国家的地震重点监测地区，如中国的澜沧、苏联的亚美尼亚、美国的旧金山附近发生了一系列7级以上大地震，尽管震前都有不同程度的长期乃至中期预报，但均未能作出短临预报。究其原因，主要在于当前的科学技术水平尚未达到完全掌握地震自身规律的程度。在这方面，虽然对地震的孕育及其前兆已取得了许多重要的认

识，也提出了一些有重要学术价值的思想和观点，但这些认识还是初步的、经验性的，并且所提出的一些观点是带有推测性的(陈运泰等，2004)。

那么，地震预报究竟难在哪里？为什么那么难？归纳起来，地震预报的困难主要有三点：①地球内部的“不可入性”；② 大地震的“非频发性”；③ 地震物理过程的复杂性(Bolt，2000)。

1. 地球内部的“不可入性”

地球内部的“不可入性”是古希腊人的一种说法。本书在这里指的是人类目前还不能深入到处在高温高压状态的地球内部设置台站、安装观测仪器来对震源直接进行观测。同样，人类也不能深入到处在高温高压状态的地球内部采集“震中岩石样品”。“地质火箭”、“地心探测器”已不再是法国著名科幻小说家儒勒·凡尔纳小说中的科学幻想，科学家已经从技术层面提出了虽然大胆，但却比较务实的具体构想，只不过目前尚未提到实施的议事日程上罢了。迄今最深的钻井是苏联科拉半岛的超深钻井，深度达 10km。尽管如此，这些世界上最深的钻井和地球平均半径(6370km)相比，达到的深度还只是“皮毛”，况且这类深钻并不在地震活动区内进行，虽然其自身有着其他重大的科学意义，但还是解决不了直接对震源进行观测的问题。国际著名的俄国地震学家伽利津曾经说过：“可以把每次地震比作一盏灯，它燃着的时间很短，但照亮着地球的内部，从而使我们能观察到那里发生了些什么。这盏灯的光虽然目前还很暗淡，但毋庸置疑，随着时间的流逝它将越来越明亮，并将使我们能明了这些自然界的复杂现象……”。

地球表面约 70％为海洋所覆盖，地震学家只能在地球表面(在许多情况下是在占地球表面面积仅约 30％的陆地上)和距离地球表面很浅的地球内部(至多是几千米深的井下)，用相当稀疏、很不均匀的观测台网进行观测，利用由此获取的很不完整、很不充足、有时甚至很不精确的资料来反推“反演”地球内部的情况。地球内部是很不均匀的，也并不“透明”，地震学家在地球表面“看”地球内部尚不及“雾里看花”，就好比是透过浓雾去看被哈哈镜扭曲了的地球内部的影像。这些因素都极大地限制了人类对震源所在环境及对震源本身的了解。

2. 大地震的“非频发性”

大地震是一种稀少的“非频发”事件，大地震的复发时间相对于人的寿命和有现代仪器观测以来的时间要长得多，这限制了作为一门观测科学的地震学在对现象的观测和对经验规律的认知上的进展。迄今对大地震之前的前兆现象的研究仍然处于对各个地震实例进行总结阶段，缺乏建立地震发生理论所必需的切实可靠的经验规律，而经验规律的总结概括以及理论的建立验证都因大地震是一种稀少的“非频发”事件而受到限制。作为一种自然灾害，人们痛感地震灾害频繁，可是当要去研究它的规律性时，又深受“样本”稀少之限。

3. 地震物理化学过程的复杂性

从常识上说，地震是发生于极为复杂的地质环境中的一种自然现象，地震过程是高度非线性的、极为复杂的物理化学过程。地震前兆出现的复杂性和多变性可能与地震震源区地质环境的复杂性以及地震过程的高度非线性、复杂性密切相关。

从专业技术层面具体地说，地震物理化学过程的复杂性指的是地震物理化学过程在宏观到微观的所有层次上都是很复杂的。宏观上，地震的复杂性表现为在同一断层段上两次地震破裂之间的时间间隔长短不一，不同地区地球化学环境变化很大，地震的发生是非周期性的；地震在很宽的震级范围内遵从古登堡—里克特定律；在同一断层段上不同时间发生的地震其断层面上滑动量的分布图像很不相同。大地震通常伴随着大量的余震，而且大的余震常常还有自己的余震。单个地震也是很复杂的，如发生地震破裂时，破裂面前沿具有不规则性，地震发生后断层面上的剩余应力震后分布具有不均匀性，等等。微观上，地震的复杂性表现为在地震的起始也是很复杂的，先是在“成核区”内缓慢演化，然后突然快速动态破裂、“级联”式地骤然演变成一次大地震。这些复杂性是否彼此有关联？如果有，是什么样的一种关系？非常值得深究。从基础科学的观点来看，研究地震的复杂性有助于深入理解地震现象和类似于地震的其他现象的普遍适用性。反过来，对于地震现象和类似于地震的其他现象的普遍适用性的认识必将有助于深化对地震现象的认识,从而有助于预防与减轻地震灾害。

8.5.3 地震预测的前景

1. 地震是可预测的

目前地震预测的困难主要源于我们不可能高精度测量断层及其邻区的状态，并且对于其中的物理定律几乎仍然一无所知。如果这两方面的情况能有所改善，将来做到提前几年的地震预测还是有可能的。提前几年的地震预测的难度与气象学家目前进行提前几小时的天气预报的难度是差不多的，只不过进行地震预测所需要的地球内部信息远比进行天气预报所需要的大气方面的信息复杂得多，而且也不易获取，因为这些信息的获取都受到地球内部的“不可入性”的制约。这样一来，地震的可预测性的限制是因为得不到大量的信息，只要假以时日，不断积累资料信息，那么人类在未来的某一天必然能够实现对地震的预测。

2. 实现地震预测的途径

1）依靠科技进步和科学家群体

地震预测面临的困难不是今天才冒出来的，也不是今天的新“发现”，地震预测研究的性质或特点本质上也是包括地震学在内的固体地球科学的性质或特点。困难既是挑战，也是机遇。事实上，一部近代地震学历史也就是地震学家不断迎接挑战、不断克服困难、不断前进的历史。解决地震预测面临的困难既不能单纯依靠经验性方法，也不能不顾迫切的社会需求，坐待几十年后的某一天基础研究的飞跃进展和重大突破。经过几代地震学家的努力，对地震的认识有了很大进步，然而对地震不了解之处仍然很多。目前进行地震预测的能力还是很低，与迫切的社会需求相去甚远。科学家在当前研究的基础上应该勇负责任，把当前有关地震的信息如实传递给公众，应当说实话且永远说实话！另一方面，科学家应当倾其所能把代表当前科技最高水平的知识用于地震预测。做到这两点，通过长期的探索，依靠科技的进步和科学家的努力，人类终有一天会取得地震预报事业的成功。

2）强化对地震及其前兆的观测

为了克服地震预测面临的观测困难，近年来地震学家在世界各地大量布设地震观测台网，形成了从全球性至区域性直至地方性的多层次地震观测系统。但是在大多数地区，限于财力和自然条件，地震观测台网密度仍然很低，台距比较大。因此现在的状况一方面是“信息过剩”，目前对数字地震观测台网获得的大量数据使用得不够，不能充分利用，造成浪费；另一方面则是“信息饥渴”，地震观测台网在某些地区密度低、台距很大，以至于在检测地震或开展地震研究时资料不足。同样，对于地震流体包裹体，由于过去没有重视这一领域的研究，测定数值很少，资料十分缺乏，研究深度明显很浅。

因此，地震学家应努力变“被动观测”为“主动观测”，在规则加密现有固定式地震观测台网的同时，重点要增加与研究地区布设的流动地震观测台网相对应的地震流体包裹体采集点，进一步加密观测，改善采集点过大、不利于研究分析解释地震流体包裹体的数值缺乏状况；加强利用天然地震断裂样品，并且进行岩石力学实验及其现代计算机模拟，这样能获得更多、更精细的信息。

在地震前兆观测与研究方面，应继续强化对地震前兆现象的监测，拓宽对地震前兆的探索范围，构制自由度较小的定量物理模型进行模拟、反复验证，或许可以更快地阐明地震前兆与地震发生的内在联系，实现地震预测。实际上，一次大地震发生时其释放的能量可达1015J，如此之大的能量，在地震发生之前不可能没有任何前兆。目前已知的地震前兆如前所述，包括了地球物理、地质、地球化学等许多学科的内容。在现有基础上，还应当积极探索新的前兆，并加强多学科的合作。20世纪90年代以来，空间对地观测技术和数字地震观测的进步，使得观测技术有了飞跃的发展；全球定位系统、卫星孔径雷达干涉测量技术等在地球科学中的应用为地震预测研究带来了新的机遇，多学科协同配合和相互渗透是寻找、发现与可靠地确定地震前兆的有力手段。

3）坚持地震预测的科学实验——建立地震预测实验场

地震既发生在板块边界、也发生在板块内部，地震前兆出现的复杂性和多变性可能与地震发生场所的地质环境的复杂性密切相关。因地而异，即在不同地震危险区采取不同的“战略”，各有侧重地检验与发展不同的预测方法，不但在科学上是合理的，而且在财政上也是经济的。应充分利用我国的地域优势，总结包括我国的地震预测实验场在内的世界各国地震预测实验场的经验教训，通过地震预测实验场这样一种行之有效的方式，开展在严格的、可控制的条件下进行的，可用事先明确的可接受的准则检验的地震预测科学实验研究，选准地区，多学科互相配合，加密观测，监测、研究、预测预报三者密切结合，坚持不懈，可望获得在不同构造环境下断层活动、形变、地震前兆、地震活动性等十分有价值的资料，从而有助于增进对地震的了解、攻克地震预测难关。

4）加强国内外的研究合作

地震预测研究深受建立地震理论的基础经验规律所需“样本”太少所造成的困难的限制。目前在刊登有关地震预测实践论文的绝大多数学术刊物中几乎都不提供相关的原始资料，以致其他研究人员阅读之后也无从进行独立的检验与评估，此外，资料不能被共享，更加剧了上述困难。人们应当正视并改变地震预测研究实际上的封闭状况，广泛深入地开展国内、国际学术交流与合作。加强地震信息基础设施的建设，促成资料共享，充分利用信息时代的便利条件，建立没有围墙的、虚拟的、分布式的联合研究中心，使得从事地震预测的研究人员，地不分南北东西，人不分专业机构内外，都能使用仪器设备 获取观测资料，使用计算设施和资源，方便地与同行交流切磋。

目前，地震预测作为一个既迫切要求予以回答、又需要通过长期探索方能解决的地球科学难题，它的进行的确非常困难。但是，特别需要乐观地指出的是，与几十年前相比，地震学家今天面临的科学难题依旧，这些难题比先前暴露得更加清楚。20 世纪 60 年代以来地震观测技术的进步、高新技术的发展与应用为地震预测研究带来了历史性的机遇。依靠科技进步，强化对地震及其前兆的观测，开展并坚持以建立地震预测实验场为重要方式的地震预测科学实验，系统开展基础性的对地球内部及对地层的观测、探测与研究，并坚持不懈地进行，实现地震预测具有乐观前景(国家地震局预测预防司，1997)。

利用 FIP 探索地震前兆的工作开展不久，现在，这项研究工作已在一些地震活动带上展开，未来还将在地震断裂带打更多的钻孔，采集更多流体包裹体样品，利用地震 FIP 地球化学前兆预报地震已取得了一定的有用数值和资料。

地震预报是现代科学的前沿问题，地震学家和地球化学家应为解决这个问题而努力。现代科学技术的进展，现代数学、物理、化学最新理论的融合，最先进、最精密的大型测定仪器的武装，结合现代卫星遥感技术和计算技术手段的应用，在不久的将来，地震预报难题将得到顺利解决。

主要参考文献

车用太，刘成龙，鱼金子. 2008. 井水温度微动态及其形成机制(一). 地震,28(4):20-28

车用太，刘五洲，鱼金子. 1998. 地壳流体与地震活动关系及其在强震预测中的意义(一). 地震地质,20(4):431-436

车用太，鱼金子，刘五洲. 1997. 水氡异常的水动力学机制. 地震地质,19(4):353-357

车用太，鱼金子. 2006. 地震地下流体学. 北京:气象出版社

陈德福，罗荣祥，利国培. 1993. 地壳形变动力学观测与研究. 北京:海洋出版社

陈运泰，吴忠良，王培德. 2004. 数字地震学. 北京:地震出版社

杜兴信，邵辉成. 1999. 由震源机制解反演中国大陆现代构造应力场. 地震学报，21(4):354-360

高清武. 1991. 用放射性气体测量方法研究活断层//汪成民. 断层气测量在地震科学中的应用. 北京:地质出版社

国家地震局地质研究所. 1994. 现代地壳运动研究. 北京:地震出版社

国家地震局预测预防司. 1997. 地下流体地震预报方法. 北京:地震出版社

国家地震局震源机制研究小组. 1974. 中国地震震源机制研究(一)、(二)集. 北京:中国科学出版社

国家减灾委员会——科学技术部抗震救灾专家组. 2009. 汶川地震灾害综合分析与评估. 北京:科学出版社

胡聿贤. 2006. 地震工程学(第二版). 北京:地震出版社

华祥文. 1980. 唐山强震前后北京、天津地区应力的变化过程. 地震学报,2:130-146

刘斌，沈昆. 1998. 包裹体流体势图在油气运聚研究中的应用. 地质科技情报,Sl:72(17):81-87

刘斌. 2006. 烃类包裹体热动力学. 北京:科学出版社

刘耀炜，曹玲玲，平建军. 2004. 地下流体短期前兆典型特征分析. 中国地震，24(4): 275-249

刘耀炜，范世宏，曹玲玲. 1999. 地下流体中短期异常与地震活动性指标. 地震,19(1):19-25

刘耀炜，陆明勇，付虹等. 2010. 地下流体动态信息提取与强震预测技术研究. 北京:地震出版社

陆明勇,范雪芳,周伟等. 2010. 华北强震前地下流体长趋势变化特征及其产生机理的研究. 西北地震学报，32(2):129-138

牛安福，张雁滨，柯丽君. 1999. 地震前地壳形变异常分布的非均匀性研究. 地震，19(2):149-154

牛志仁. 1976. 构造地震的前兆理论. 地球物理学报，19(3):214

潘传楚. 1991,构造地球化学对研究构造活动性的意义//汪成民. 断层气测量在地震科学中的应用. 北京:地质出版社

上官志冠. 1991. 断层气体二氧化碳的物质来源及其在地震前后的异常释放//汪成民. 断层气测量在地震科学中的应用. 北京:地质出版社

邵永新，李君英，李一兵. 2000. 地下流体动态异常分布与构造的关系. 西北地震学报，22(3):284-287

宋惠珍，薛世峰，曾海容. 2012. 构造应力场与有限单元法. 东营:中国石油大学出版社

汪成民，李宣瑚，魏柏林. 1991. 断层气测量在地震科学中的应用. 北京:地质出版社

汪成民. 1991. 我国断层气测量在地震科学研究中的应用现状//汪成民. 断层气测量在地震科学中的应用. 北京:地质出版社

汪素云，许忠淮. 1985. 中国东部大陆的地震构造应力场. 地震学报，7:1-5

易立新，刘香，侯建伟. 2007. 地震研究中的断层流体动力学问题. 地震，27(1):1-8

宇文欣. 1991. 在活动断裂上氡气定点测量用于地震监测预报可能性的初步研究//汪成民. 断层气测量在地震科学中的应用. 北京:地质出版社

赵水红. 1995. 受压岩石中裂纹发育过程及分维变化特征. 科学通报，40(7):621-623

中国地震局地质研究所. 1997. 地震监测预报的新思路与新方法. 北京:地震出版社

周仕勇，许忠淮. 2010. 现代地震学教程. 北京:北京大学出版社

朱宏锋. 1991. 地震烈度的气体地球化学标度//汪成民. 断层气测量在地震科学中的应用. 北京:地质出版社

Aki K，Richoards P G. 1987. 定量地震学. 李钦祖译. 北京:地震出版社

Bolt B A. 2000. 地震九讲. 马杏垣译. 北京:地震出版社

Brodsky E E，Roclofs E A，Woodcock D，et al. 2003. A mechanism for sustained groundwater pressure changes induced by distant earthquakes. Journal of Geophysical Research，108 (BS)，doi：10. 1029/2002JB00232

Cathelineau M，Lespinasse M，Boiron M C. 1994. Fluid inclusions planes：a geochemical and structural tool for the reconstruction of paleofluid migration//De Vivo，Frezotti. Short course "Fluid Inclusions in Minerals：Methods and Applications". Blacksburg：Virginia Tech

Dubois M，Ayt Ougougdal M，Meere P，et al. 1996. Temperature of paleo-to modern self sealing within a continental rift basin：the fluid inclusion data (Soultz-sous-Forets，Rhine graben，France). European Journal of Mineralogy，8：1065-1080

Falconer K. 1990. Fractal Geometry-Mathematical Foundations and Applications. New York：Wiley

Hodgkins M A，Stewart K G. 1994. The use of fluid inclusions t costrain fault zone pressure，temperature and kinematic history：an example from the Alpi Apuane，Italy. Journal of Structural Geology，16:85-96

Hubbert M K，Willis D G. 1957. Mechanics of hydraulic fracturing. Transactions of AIME，210:153-166.

Larroque J M，Laurent P. 1988. Evolution of the stress field pattern in the south of the Rhine Graben from Eocene to the present. Tectonophysics，148:41-58

Lay T，Wallace T C. 2002. New Manual of Seismological Observatory Practice //Modern Global Seismology. London:Academic Press

Muir-Wood R，King G. 1993. Hydrological signatures associated with earthquake strain. Journal of Geophysical Research，98：22035-22068

Ohnaka M, Mogi K. 1982. Frequency characteristics and its relation to the fracturing process to failure. Journal of Geophysical Research, 87 (B5): 3873-3884

Pecher A, Lespinasse M, Leroy J. 1985. Relations between fluid inclusion trails and regional strres field: a tool for fluid chronology: An example of intragranitic uranium ore deposit (northwest massif, central France), Lithos, 18: 229-237

Srivastava D C, Engelder T. 1991. Fluid evolution history of brittle-ductile shear zones in the hanging wall of Yellow Spring Thrust, Valley and Ridge Province, Pennsylvania, USA. Tectonophysics, 198: 23-34

Steim S, Wysession M. 2003. An Introduction to Seismology, Earthquakes, and Earth structure. Berlin: Blackwell Publishing